できる® Outlook パーフェクトブック

アウトルック

困った!&便利ワザ大全

2019/2016/2013&Microsoft 365 対応

三沢友治 & できるシリーズ編集部

インプレス

ご購入・ご利用の前に必ずお読みください

本書は、2020年7月現在の情報をもとにWindows版の「Microsoft 365のOutlook」「Microsoft Outlook 2019」「Microsoft Outlook 2016」「Microsoft Outlook 2013」の操作方法について解説しています。本書の発行後に「Outlook」の機能や操作方法、画面などが変更された場合、本書の掲載内容通りに操作できなくなる可能性があります。本書発行後の情報については、弊社のWebページ（https://book.impress.co.jp/）などで可能な限りお知らせいたしますが、すべての情報の即時掲載ならびに、確実な解決をお約束することはできかねます。また本書の運用により生じる、直接的、または間接的な損害について、著者ならびに弊社では一切の責任を負いかねます。あらかじめご理解、ご了承ください。

本書で紹介している内容のご質問につきましては、巻末をご参照のうえ、お問い合わせフォームかメールにてお問い合わせください。電話やFAX等でのご質問には対応しておりません。また、本書の発行後に発生した利用手順やサービスの変更に関しては、お答えしかねる場合があることをご了承ください。

動画について

操作を確認できる動画を弊社Webサイトで参照できます。画面の動きがそのまま見られるので、より理解が深まります。

▼動画一覧ページ
https://dekiru.net/outlook2019pb

●用語の使い方

本文中で使用している用語は、基本的に実際の画面に表示される名称に則っています。

●本書の前提

本書では、「Windows 10」に「Outlook 2019」がインストールされているパソコンで、インターネットに常時接続されている環境を前提に画面を再現しています。他のバージョンのOutlookの場合は、お使いの環境と画面解像度が異なることもありますが、基本的に同じ要領で進めることができます。

まえがき

OutlookはMicrosoft Officeの一員でメールやスケジュールの管理を行うためのアプリです。しかし、有名なExcelやWordと比べて名前を知らない方も多いのではないでしょうか。

2020年は急速に一般ユーザーのIT利用が加速した年となっています。これは、学校や会社に行かずに授業や仕事を行う「リモートワーク」が活用され始めたことが一因です。マイクロソフトによると通常2年かけて行われるデジタルトランスフォーメーションが、2か月で行われたと分析されており、すべての業界においてITの有効利用は急務となっています。

Outlookは言わばコミュニケーションの柱となるもので、リモートワークにおける情報連携、スケジュール調整など多岐にわたり活躍できるポテンシャルを秘めています。未曾有の状況下となった現在、欠かせないアプリの1つとなったといっても過言ではありません。

そんなOutlookですが様々な機能が登載されていることもあり、有効活用できていない人が多いツールでもあります。本書はそういった方でもOutlookを活用できるようにという思いを込めて制作されました。機能別に章立てを行い、解らないことを解決していくコンセプトのもと、QA形式で答えていく形式としています。Outlookの辞書として手元に置いていただければ必ず役に立ちます。

長期にわたるリモートワークで、仕事に押される形で作業時間にメリハリをつけにくくなったという話を最近よく聞きます。Outlookは予定管理機能が一つの売りとなっています。まずはメール、次に予定表といった流れでOutlookを利用してください。これらを活用すると作業に充てるべき時間、休憩をする時間、家族と楽しむ時間をうまく区分けしていけることでしょう。区分けできた時間を活用して久しくやれていなかった趣味の時間を作り出すのもよいかもしれません。必ずしも美しい予定表ダイヤグラムを作りあげる必要はありません。自分に合ったやり方でコミュニケーションを管理していく。本書はそんな要求に応える本となっています。

最後に、本書の制作にご協力くださったすべての方に心よりお礼申し上げます。

2020年7月　三沢 友治

本書の読み方

対応バージョン

ワザが実行できるバージョンを表しています。

New! マーク

Outlook 2019とMicrosoft 365の新機能を使ったワザを表しています。

中項目

各章は、内容に応じて複数の中項目に分かれています。あるテーマについて詳しく知りたいときは、同じ中項目のワザを通して読むと効果的です。

ワザ

各ワザは目的や知りたいことからQ&A形式で探せます。

イチ押し①

ワザはQ&A形式で紹介しているため、A（回答）で大まかな答えを、本文では詳細な解説で理解が深まります。

イチ押し②

操作手順を丁寧かつ簡潔な説明で紹介！ パソコン操作をしながらでも、ささっと効率的に読み進められます。

第3章 メールの管理とトラブル対策

メールの削除と保管

メールは外部からどんどん送られてきます。フォルダーを使って必要なメールを保管・管理しながら、不要なメールを削除していきましょう。

Q191 365 2019 2016 2013　お役立ち度 ★★★

メールを削除したい NEW!

A ［削除］か［項目を削除］をクリックします

プロバイダーメールの場合はパソコンに、GmailやOutlook.com、Exchange Onlineの場合はクラウド上にデータが保存されます。多くのメールサービスは、数GBのメールボックス容量が提供されています。大きな容量とはいえ、画像やファイルのやり取りですぐに容量不足になることがあります。容量がメールボックスサイズを超えると送受信ができなくなるので、そうなる前に不要なメールは削除しておきましょう。メールは削除後も一定期間残ります。完全に削除するまではメールボックスの容量は空かないので、容量が足りない場合はワザ194を参照しましょう。なお、Outlook 2013ではビューに［削除］のボタンは表示されません。

➡メールボックス……P.313

●リボンから削除する

1 ［ホーム］タブをクリック
2 削除するメールをクリック
3 ［削除］をクリック

メールが削除される

●ビューから削除する

1 削除するメールの［項目を削除］をクリック

メールが削除された

用語参照

分かりにくい用語や、操作に必要な用語を巻末の用語集（キーワード）で調べられます。操作しながら用語を覚えることで、効率的にOutlookの知識が身に付きます。

イチ押し③

ボタンの位置や重要なポイントが分かりやすい画面で解説！ 目的の操作が迷わず行えるようになっています。

解説

「困った!」への対処方法を回答付きで解説しています。

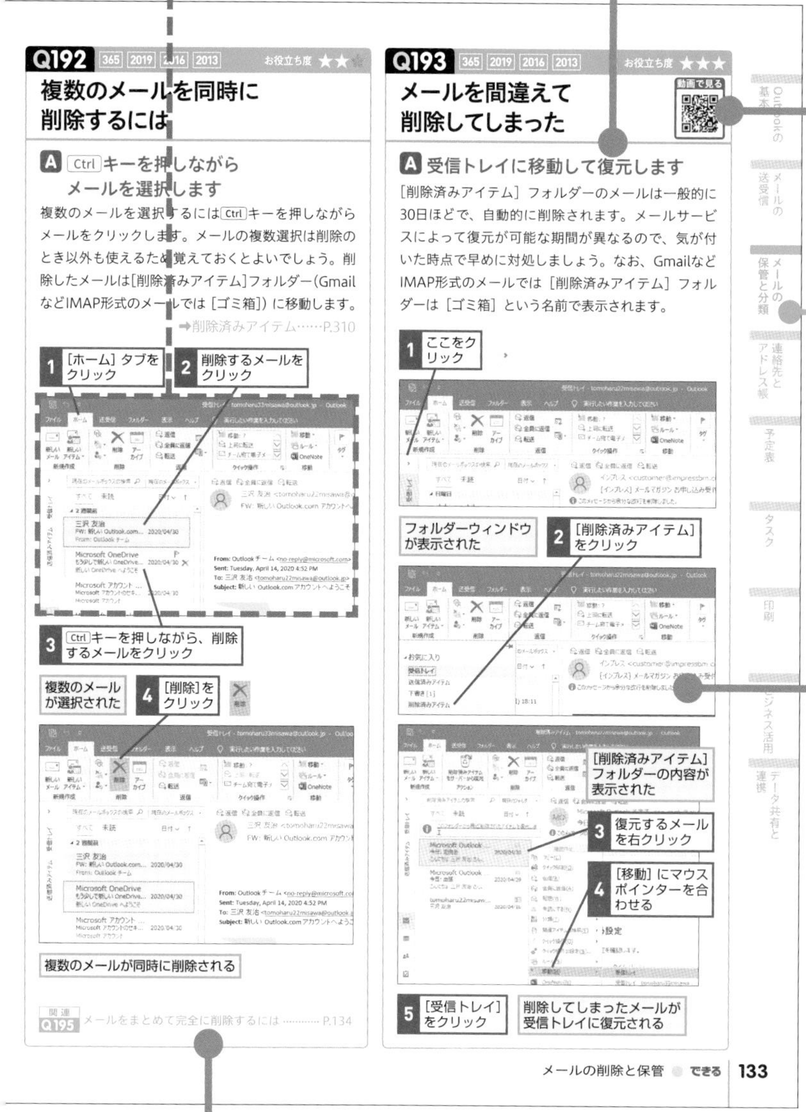

Q192 365 2019 2016 2013 お役立ち度 ★★☆

複数のメールを同時に削除するには

A Ctrl キーを押しながらメールを選択します

複数のメールを選択するには Ctrl キーを押しながらメールをクリックします。メールの複数選択は削除のとき以外も使えるため覚えておくとよいでしょう。削除したメールは[削除済みアイテム]フォルダー(GmailなどIMAP形式のメールでは［ゴミ箱］)に移動します。

➡削除済みアイテム……P.310

1 ［ホーム］タブをクリック

2 削除するメールをクリック

3 Ctrl キーを押しながら、削除するメールをクリック

複数のメールが選択された

4 [削除]をクリック

複数のメールが同時に削除される

関連 Q195 メールをまとめて完全に削除するには……P.134

Q193 365 2019 2016 2013 お役立ち度 ★★★

メールを間違えて削除してしまった

動画で見る

A 受信トレイに移動して復元します

［削除済みアイテム］フォルダーのメールは一般的に30日ほどで、自動的に削除されます。メールサービスによって復元が可能な期間が異なるので、気が付いた時点で早めに対処しましょう。なお、GmailなどIMAP形式のメールでは［削除済みアイテム］フォルダーは［ゴミ箱］という名前で表示されます。

1 ここをクリック

フォルダーウィンドウが表示された

2 ［削除済みアイテム］をクリック

［削除済みアイテム］フォルダーの内容が表示された

3 復元するメールを右クリック

4 ［移動］にマウスポインターを合わせる

5 ［受信トレイ］をクリック

削除してしまったメールが受信トレイに復元される

メールの削除と保管 できる 133

解説動画

ワザで解説している操作を動画で見られます。QRコードをスマホで読み取るか、Webブラウザーで「できるネット」の動画一覧ページにアクセスしてください。動画一覧ページは2ページで紹介しています。

Outlookの基本 / メールの送受信 / メールの保管と分類 / 連絡先とアドレス帳 / 予定表 / タスク / 印刷 / ビジネス活用 / データ共有と連携

左右のつめでは、カテゴリーでワザを探せます。ほかの章もすぐに開けます。

手 順

解説

操作の前提や意味、操作結果について解説しています。

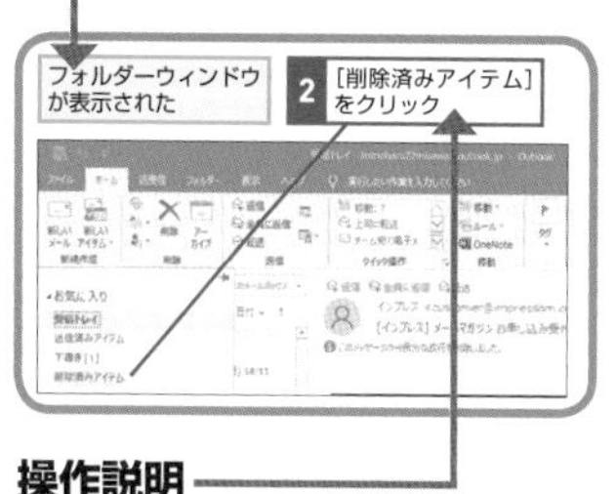

操作説明

「〇〇をクリック」など、それぞれの手順での実際の操作です。番号順に操作してください。

関連ワザ参照

紹介しているワザに関連する機能や、併せて知っておくと便利なワザを紹介しています。

※ここに紹介しているのは紙面のイメージです。本書の内容とは異なります。

目次

Outlookの基本

メールアカウントの設定 39

画面構成と表示の切り替え 48

Outlookの基本

メールの確認と作成

第2章 メールを送受信する

受信メールを読む 60

受信メールの表示を変更する　70

画像や添付ファイルを確認する　75

メールを効率的に読むワザ　81

新規メールの作成と送信 84

メールの形式と書式の編集 94

署名と定型文の作成 101

ファイルやWebページの共有 110

メール送信を効率化する便利ワザ 122

第3章　メールの管理とトラブル対策

メールの削除と保管　132

メールを自動で振り分ける　142

メールの保管・トラブル対策

メールをカテゴリー分類する 149

迷惑メールの設定 154

メールのトラブルを解決するワザ 159

第4章 連絡先とアドレス帳を管理する

連絡先を作成する 164

個人情報をグループで管理する 172

連絡先の検索と表示 176

連絡先を利用する 181

連絡先の保存と外部データの取り込み 187

第5章 予定表を使う

予定表の利用

予定表の利用

複数の予定を管理する 217

タスクの登録・依頼

第6章 タスクを管理する

タスクを登録する 224

登録したタスクを管理する 233

タスクを共有する 241

第7章　メールや予定表の印刷方法

第8章　ビジネスでOutlookを快適に使う応用ワザ

Outlook Todayを活用する　256

予定表やタスクをコンパクトに表示する　259

Exchangeでメールやタスクの機能を使いこなす　264

ビジネス活用

Exchangeで予定を共有し、作業を快適にする 272

第9章　ほかのソフトとの連携ワザ

OneNoteとの連携ワザ　286

Teamsとの連携ワザ　289

Outlook.comの利用　292

スマートフォンアプリの利用　295

第1章 Outlookの基本ワザ

Outlookについて知ろう

ここでは、Outlookの利用を開始する前に知っておきたい設定や、Outlookを含むOffice製品について説明しています。この内容を覚えておけばOutlookを使うための事前準備は完璧です。

Q001 365 2019 2016 2013 お役立ち度 ★★★

Outlookとは

A 仕事に必要な情報を統合的に管理できるツールです

Outlookとは、マイクロソフトが開発している高機能なメールソフトです。単品販売以外に「Office」という名前でWord、Excelとともにセットでも販売されています。特徴はメールの管理以外にタスクや予定表を扱える点です。Officeに含まれるそのほかのソフトと連動しながら、利用者がその日の活動を快適にこなすことができるように支援してくれる機能が詰まっています。また、利用者が1人で利用する機能だけでなく、所属するチーム内のやり取りを円滑化する機能も持っているため、情報共有のためのグループウェアとして多くの企業で利用されています。

➡グループウェア……P.310

●Outlookのメール画面

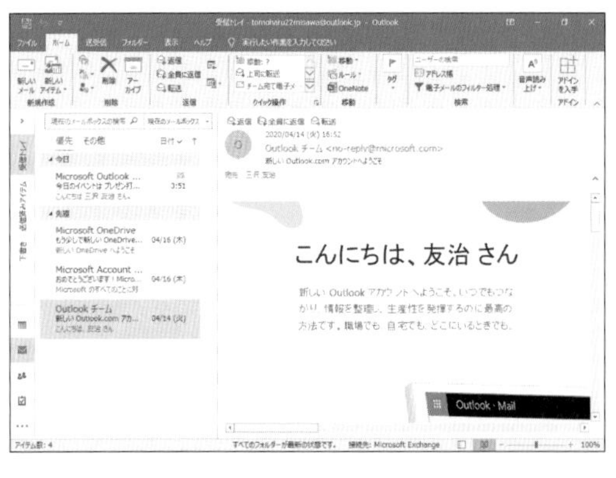

Q002 365 2019 2016 2013 お役立ち度 ★★★

Outlook って何ができるの？

A 電子メール、予定表、連絡先、タスクなどを効率的に連携できます

メールのやり取りをするための［メール］機能だけでなく、作業の期限を管理する［タスク］機能やスケジュールを管理できる［予定表］機能、メールのあて先や電話番号、住所などを管理する［連絡先］機能、さらに手軽にメッセージを書き留めるための［メモ］機能も備えています。Outlookの最大の特徴は、チームでの利用を考慮していることです。［タスク］機能でチームメンバーの作業状況を確認してから［予定表］機能で会議を設定し［メール］機能で関係者に連絡する流れをOutlook1つで実現できます。

➡タスク……P.311

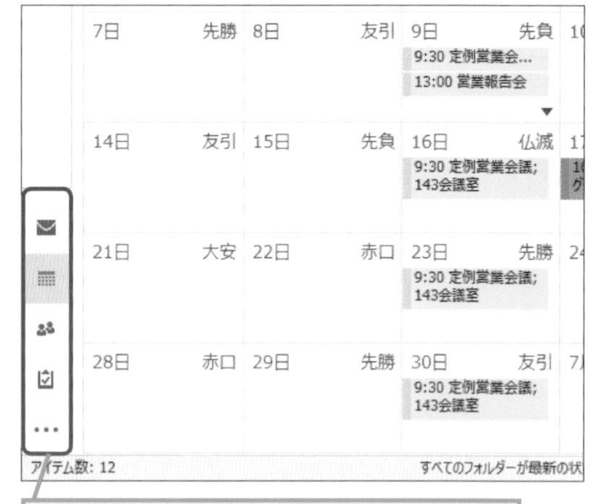

ここをクリックすると、電子メール、予定表、連絡先などの画面に切り替えることができる

Q003 365 2019 2016 2013 お役立ち度 ★★★

OfficeやOutlookの買い方を知りたい

A 月額で利用する方法と購入する方法があります

Outlookを入手方法は大きく2つあります。パソコンに付属しているケースと、量販店やインターネットなどで購入するケースです。量販店やインターネットでは個人向けに以下の表の3種類のライセンスが販売されています。Microsoft 365 Personalは月額や年額の料金を支払い、支払いを行った期間だけ利用できる製品です。一方でOffice 2019とOutlook 2019は購入時の支払いで永久に使い続けることができます。インストールできる台数やサポート期間、含まれるソフトは3種類で異なるので用途に合った製品を選びましょう。

➡Microsoft 365……P.307

●個人向け製品の特徴

	Microsoft 365 Personal	Office 2019	Outlook 2019
ライセンス	サブスクリプション（月または年ごとの支払い）	購入（永続ライセンス）	購入（永続ライセンス）
インストールできる端末	Windows パソコン、Mac、タブレット、スマートフォンなど何台でも使用可、同時使用は 5 台まで	2 台 ま で の Windows 10 パソコンと Mac ※	2 台 ま で の Windows 10 パソコンと Mac
新機能の追加	常に最新版	なし	なし
OneDrive	1TB 使用可能	–	–
主なラインナップ	–	Home & Business / Personal / Professional	–

※ パソコンにプリインストールされているOffice製品の場合、そのパソコン1台のみの使用となります。パソコンが壊れると使用できなくなります

Q004 365 2019 2016 2013 お役立ち度 ★★★

Office 2019やMicrosoft 365で利用できるソフトを知りたい

A 製品によって含まれるソフトが変わります

Microsoft 365や、Office 2019は複数のソフトで構成されています。Microsoft 365はすべてのソフトを利用できますが、Office 2019は利用できるソフトの種類によって4つのラインアップがあります。違いはビジネス用途で利用されることが多いプレゼンテーション作成ソフトの「PowerPoint」とデータベース作成ソフトの「Access」、チラシを作成できるDTPソフトの「Publisher」の有無です。メールソフトの「Outlook」はワープロソフトの「Word」や表計算ソフトの「Excel」と同様に、どの製品にも含まれています。

➡Microsoft 365……P.307

●Office製品に同梱されているソフトウェアの一覧

	Microsoft 365 Personal	Office 2019			
		Personal	Home & Business	Professional	Professional Academic
Word	●	●	●	●	●
Excel	●	●	●	●	●
PowerPoint	●	—	●	●	●
Outlook	●	●	●	●	●
Publisher	●	—	—	●	●
Access	●	—	—	●	●

Q005 365 2019 2016 2013 お役立ち度 ★★★

Microsoft 365って何？

A 常に最新版が利用できるサブスクリプション製品です

Microsoft 365とは、マイクロソフトが提供するサブスクリプション製品の総称です。月または年間で契約し、契約期間中のみ製品を利用できる権利（ライセンス）を購入すると利用できます。「Microsoft 365 Personal」は家庭向けですが、一般法人向けや、Officeアプリのみを提供する製品も展開されています。Microsoft 365の特徴は、定期的に新機能が提供されることです。そのためAIといった最新のトレンドを取り込んだ機能が利用できます。また、インターネット上のサービスと連携する機能はMicrosoft 365のみで提供されることが多いです。さらに、大規模にバージョンアップすることがなくインターネット経由で更新ができるため、バージョンアップにかかる手間も少ないです。家庭向けと一般法人向けの大きな違いは、メールの機能を最大限に活用できるExchange Onlineの有無です。家庭向けはOutlook.com、一般法人向けはExchange Onlineが含まれます。そのほかにも一般法人向けにはインスタントメッセージとWeb会議ができるTeamsや、多数のユーザーを管理する管理者向けに、監査ログを用いたセキュリティ状態が確認できる機能が含まれています。もともと「Microsoft 365 Personal」は2020年4月まではOffice 365 Soloの名で販売されていました。「Microsoft 365 Personal」は家庭向けの製品ですが、商用利用可能なライセンスです。

➡Microsoft 365……P.307

●Microsoft 365の主なラインナップとその違い

※ 2020年7月現在の消費税10%込みでの金額
※Microsoft 365 Businessはいずれも年間契約の価格

	家庭向け	一般法人向け		
	Microsoft 365 Personal	Microsoft 365 Business Basic	Microsoft 365 Business Standard	Microsoft 365 Business Premium
価格	1,284円／月	594円／月	1,496円／月	2,398円／月
含まれるOfficeアプリ	Word、Excel、PowerPoint、OneNote、Outlook、Access（WindowsPCのみ）、Publisher（WindowsPCのみ）	なし	Word、Excel、PowerPoint、Outlook、Access（WindowsPCのみ）、PublisherX（WindowsPCのみ）	Word、Excel、PowerPoint、Outlook、Access（WindowsPCのみ）、Publisher（WindowsPCのみ）
含まれるサービス	OneDrive、Skype	Microsoft Exchange、OneDrive、SharePoint、Teams	Exchange Online、OneDrive for Business、SharePoint、Teams	Exchange Online、OneDrive for Business、SharePoint、Teams、Intune、Azure Information Protection

Q006 365 2019 2016 2013 お役立ち度 ★★★

Outlookのデータをクラウドで管理したい

A Outlook.comなどのクラウドサービスを利用します

Outlookで取り扱うメールや予定表のデータは、パソコン内部で管理するほかに、Outlook.comや法人向けのExchange Onlineで管理することもできます。Outlook.comやExchange Onlineとはマイクロソフトが提供するクラウドサービスです。メールや予定表のデータとメールアプリを組み合わせた形で提供されています。クラウドサービスはWebブラウザーからアクセスするため、専用のアプリが不要です。データもパソコン内に保存していないため、さまざまなデバイスからデータにアクセスできます。また、Outlookはクラウドサービス上のデータにアクセスし、パソコンにコピーを取り込むことで、インターネット環境がない場所でも利用できます。

Q007 365 2019 2016 2013

お役立ち度 ★★★

Exchange Onlineって何？

A マイクロソフトのメールサービスです

Exchange Onlineはマイクロソフトが提供する法人向けクラウド型のメールサービスです。組織内にサーバーを構築して利用する「Exchange Server」と合わせて「Microsoft Exchange」と呼ばれます。メールサービスではメールを預かったり、メールを送信したりする機能提供しています。Outlookはこういったメールサービスと連携してメールを送受信します。メールサービスとしてExchange Onlineを利用すると、メールや予定表、連絡先を組織内で一元管理できます。また、法人向けの仕組みとなるため、メールアドレスの「@」より後ろにある「ドメイン」を独自に持てます。携帯電話のドメイン（@docomo.ne.jpなど）やGmailのドメイン（@gmail.com）は、個人で利用しているイメージが強いですが、独自ドメインのメールアドレスを利用するとより法人らしさが増します。Outlookを法人内で利用する場合、個人個人がメールの利用設定を行わなくても、Windowsにログインし、管理者が決めたメール設定ですぐに利用できます。

➡Exchange Online……P.306

関連 Q005 Microsoft 365って何？……P.28
関連 Q443 Exchange Onlineのアカウントを追加したい……P.264
関連 Q444 プロジェクト単位でメールを管理したい……P.265
関連 Q464 みんなの空き時間に予定を入れるには……P.276

Q008 365 2019 2016 2013

お役立ち度 ★★☆

個人利用のときはExchange Onlineは必要ないの？

A 個人でも予定表などを、家族や別の人と共有したい場合は購入しましょう

利用する機能が主にメールのみの場合や、自分自身の予定の管理だけができればよい場合はMicrosoft 365 Personalに付属するOutlook.comで十分です。しかし大容量のメールボックスや、打ち合わせ時間の調整、備品や会議室の利用調整などを行いたい場合、これらの機能が利用可能なExchange Onlineの購入をお薦めします。Microsoft 365 PersonalやOffice 2019でExchange Onlineを利用したい場合、個別に契約するか、Exchange Onlineが含まれるMicrosoft 365 Businessへアップグレードすることで利用できます。なお、Office 2019にもExchange Onlineは付属されていません。

➡Outlook.com……P.307

Q009 365 2019 2016 2013 お役立ち度 ★★★

Outlook って何がいいの？

A Officeアプリとの連携に優れています

Outlookを利用する最大の利点は、マイクロソフトが販売しているOfficeアプリとの連携に優れていることです。例えば、Outlookの連絡先とWordやExcelの差し込み印刷の機能を連携することで、連絡先の名前を差し込んだ資料を作成できます。また、どのOfficeアプリも機能がまとまった領域であるリボンを用いて操作するため、同じ操作性を持っています。高度な利用においてはマクロやVBAも同じように使えます。さらにマイクロソフトのクラウドサービスを利用すると、同じユーザー情報でOfficeアプリにサインインできるため、アプリ起動がより簡単になります。

➡Office……P.307

関連 Q001 Outlookとは……P.26
関連 Q003 OfficeやOutlookの買い方を知りたい……P.27

Q010 365 2019 2016 2013 お役立ち度 ★★★

Outlookアプリとメールサービスの関係が分からない！

A メールサービスによって使える機能が異なります

Outlookは、使用するメールサービスによって使える機能が異なります。以下の表で、Outlookアプリで使える機能とメールサービスの関係を表しました。Microsoft ExchangeはOutlookのフル機能を利用できる唯一のサービスです。Microsoft Exchangeはもともとサーバー製品のExchange Serverとして提供されており、その構築に掛かる重厚さから企業向けのグループウェアとして利用されていました。しかし、Microsoft 365の登場後はExchange Onlineとして、個人ユーザーも利用できるようになりました。Outlook.comは無料で利用できるサービスです。Microsoft Exchangeと基本的な機能は同じですが、Microsoft Exchangeのみで利用できる会議の予約など、ほかのユーザーと予定表を共有する機能は使えません。その他のメールはGmailやプロバイダーメールといったメールの機能のみを提供しているメールサービスです。これらのサービスを使っている場合、Outlookではメールの送受信や予定表の参照など、限定された機能のみしか利用できません。

➡Microsoft Exchange……P.307

●Outlookで使える機能とメールサービスの関係

	Microsoft Exchange	Outlook.com	その他のメールサービス
Outlook 2019	●	○	△
Microsoft 365	◎	○	△

◎：フル機能
●：メール、予定、連絡先などの基本機能、共有機能は利用可能。AIなどのクラウドサービスを利用する機能が使えない
○：メール、予定、連絡先などの基本機能は利用可能。ただし共有機能に制限あり
△：メールの送受信や予定表の参照など、限られた機能のみ使える

関連 Q005 Microsoft 365 って何？……P.28
関連 Q007 Exchange Online って何？……P.29

Outlookの機能をフルに使う方法って？

A Microsoft Exchangeを利用します

Outlookの機能をフルに利用するにはMicrosoft Exchangeが必要です。Microsoft Exchangeとはマイクロソフトのメールサービスで、多くの一般企業や学校、市町村でも採用されています。Microsoft Exchangeは組織内にサーバーを構築して利用する「Exchange Server」と、クラウドサービスとして提供される「Exchange Online」の2種類でサービス展開されており、どちらでもOutlookの機能をフルに使えます。Exchange Onlineは一般法人向けの「Microsoft 365 Business Standard」や「Microsoft 365 Business Premium」に含まれています。そのほか、単体のサービスとしてExchange Onlineプランとしても販売されています。購入にはクレジットカードが必要です。また、機能をフルに利用するときはチーム内での利用になるため、チームメンバー分のライセンス購入が必要となるので注意しましょう。

➡ライセンス……P.313

●Excnage OnlineのWebページ

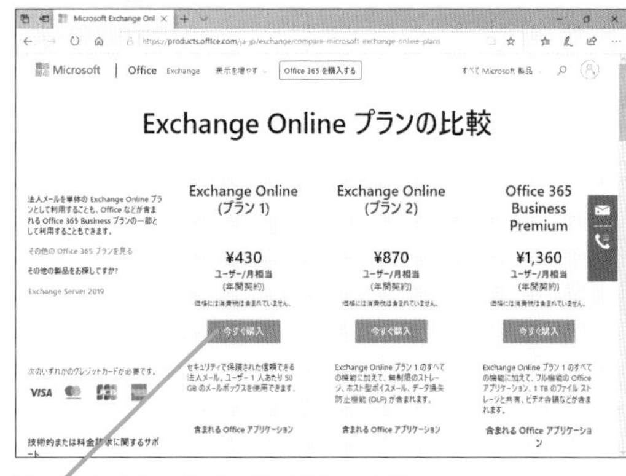

[今すぐ購入] をクリックすると、購入手続きを行える

●Exchangeを利用すると使える機能

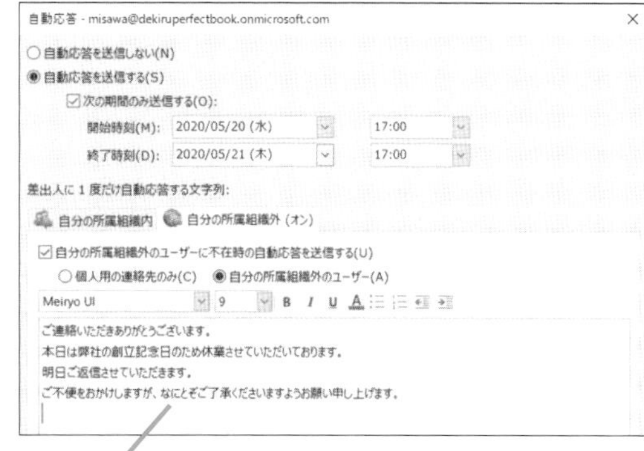

[自動応答] では自分の組織外用の自動応答メッセージを設定できる

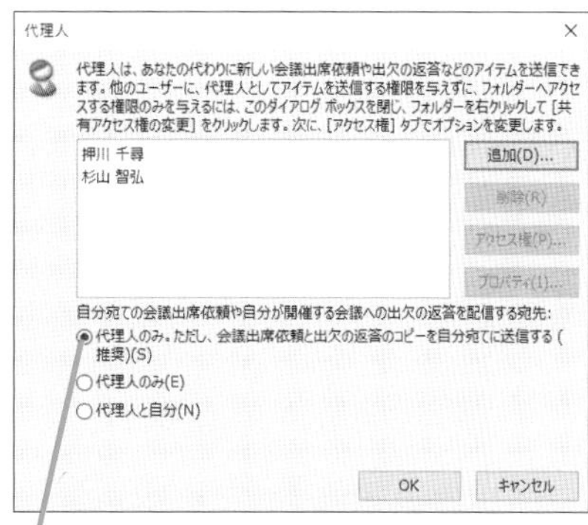

[代理人] 機能では自分以外の人にメールを閲覧・送信してもらう設定ができる

●各プランの主な違い

	Exchange Online（プラン1）	Exchange Online（プラン2）	Microsoft 365 Business Standard
価格	430円／月	870円／月	1,360円／月
メールボックスの容量	50GB	100 GB	50GB
含まれる Office アプリケーション	なし	なし	Outlook、Word、Excel、PowerPoint、Publisher（Windows PC のみ）、Access（Windows PC のみ）
独自ドメインの設定	不可	不可	可

※2020年7月現在の税抜きでの金額
※いずれも年間契約のプラン

Q012 365 2019 2016 2013 お役立ち度 ★★★

Outlook 2019の新機能って何？ NEW!

A 「優先受信トレイ」「音声読み上げ」などがあります

AIを利用し広告やスパムメール以外の利用者が特に読む必要があるメールを表示する［優先受信トレイ］や、メール内容の読み上げる［音声読み上げ］、削除したメールの自動開封、新しい画像フォーマットであるSVGファイルへの対応などが追加されました。さらにタブレットへの対応としてペンで文字を描画する［描画］タブの機能も追加され、文字だけでは伝えにくい内容もペンを利用することで細かく伝えられるようになりました。 ➡Office……P.307

●優先受信トレイ

［優先］タブには重要なメールだけが表示される

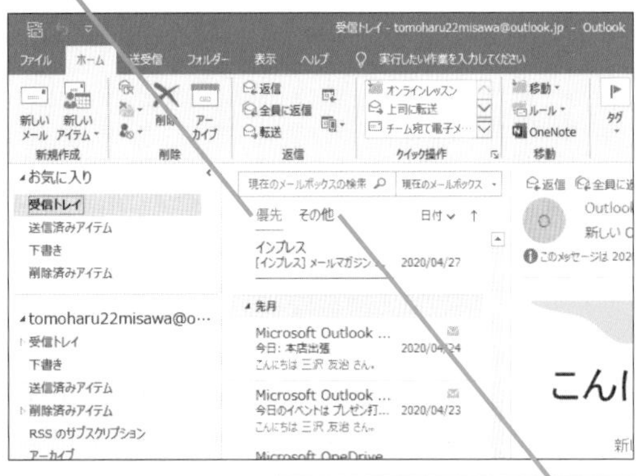

［その他］タブには［優先］タブ以外メールが表示される

●音声読み上げ

［音声読み上げ］をクリックするとメールの内容が音声で聞ける

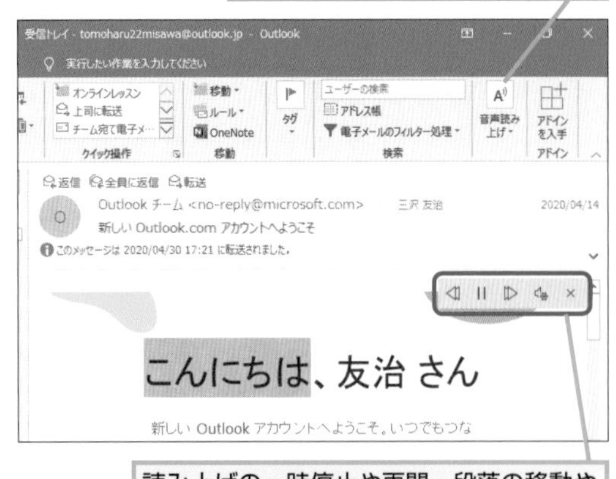

読み上げの一時停止や再開、段落の移動や読み上げ速度の調整などができる

●［描画］タブ

［描画］タブの［ペン］を使うと、手書きの文字を入力できる

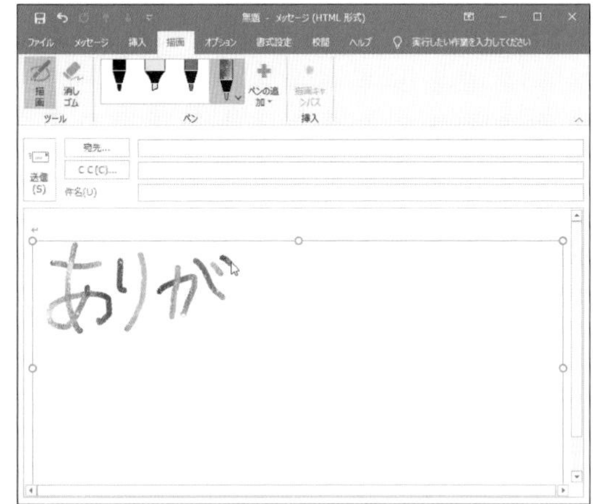

関連 Q068 ［優先受信トレイ］の機能を使わないようにしたい……P.66
関連 Q138 手書きの文字を入力したい……P.100

Q013 365 2019 2016 2013 お役立ち度 ★★★

Microsoft 365だけで使える機能って何？ NEW!

A Outlook 2019にはない新機能が定期的に提供されます

Microsoft 365のOutlookは最新機能が定期的に提供されます。2020年の更新では、無償で約8,000種類の画像が利用できる［ストック画像］機能や、リボンを縮小化してよく利用する機能だけを表示する［シンプルリボン］機能が追加されました。そのほかにもクラウド上にあるファイルを直接添付する［クラウドからダウンロード］機能や、メールと利用できる機能を一挙に検索できる［新検索］機能が追加されています。

➡シンプルリボン……P.310

●ストック画像

［ストック画像］では無料で約8,000種類の画像が利用できる

関連 Q005 Microsoft 365って何？……P.28

関連 Q014 一般公開前の新機能をいち早く使ってみたい！……P.33

関連 Q198 削除するメールをすべて既読にしたい……P.136

Q014 365 2019 2016 2013 お役立ち度 ★★★

一般公開前の新機能をいち早く使ってみたい！

A Insider Programを利用します

「Insider Program」は更新予定の機能をいち早く検証し、レポートを上げることができるプログラムです。Microsoft 365を利用している方なら誰でも無償で参加できます。参加すると動作サポートのない一般公開前の状態となるMicrosoft 365のOutlookが実際に使えます。サポートのない実装途中のバージョンとなるため、問題発生時は自分で解決する必要があることに注意しましょう。特にサポートが行われないので、業務用のパソコンでの利用は控えることが重要です。なおInsider Programは設定を解除することで次回の製品更新で通常のバージョンに戻ります。それまでの間はInsider Programは解除されません。

➡Microsoft 365……P.307

◆［Office Insiderに参加］の画面

開発中の機能を使うことになるため十分に注意して参加する必要がある

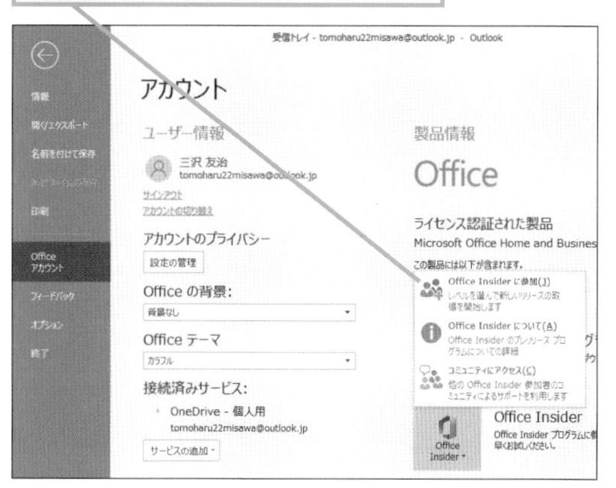

関連 Q005 Microsoft 365って何？……P.28

関連 Q013 Microsoft 365だけで使える機能って何？……P.33

Q015 365 2019 2016 2013

お役立ち度 ★★★

いろんな機器からOutlookを使いたい！

A Outlook.comを活用します

さまざまな機器でOutlookの機能を利用する場合は、パソコンにデータを保存するのではなく、Outlook.comを利用してデータをクラウドに保存しましょう。クラウドにデータを保存しておくとスマートフォンやタブレットでもパソコンと同じメールや予定を見ることができます。無料で取得できるMicrosoftアカウントがあればOutlook.comが使えます。

なおスマートフォン、タブレットのアプリを無償利用できるのは個人での利用範囲に限定されています。企業内で利用するなどビジネス用途で利用する場合は、Microsoft 365 Personalや一般法人向けのMicrosoft 365などMicrosoft 365の契約が必要です。

Outlookでメールや連絡先、予定を一括管理する

Outlook.comを介して、複数の機器間で常に最新のメールや連絡先、予定を共有できる

Q016 365 2019 2016 2013

お役立ち度 ★★★

手動で最新のプログラムに更新するには

A Office更新プログラムを適用します

「更新プログラム」は、Outlookの不具合の修正やセキュリティの強化、機能の追加などアプリが発売された後に追加されるプログラムのことです。更新プログラムはインターネットに接続されていれば自動的にパソコンにインストールされます。手動で更新するには以下の操作を行いましょう。

➡インターネット……P.309

1 ［ファイル］タブをクリック

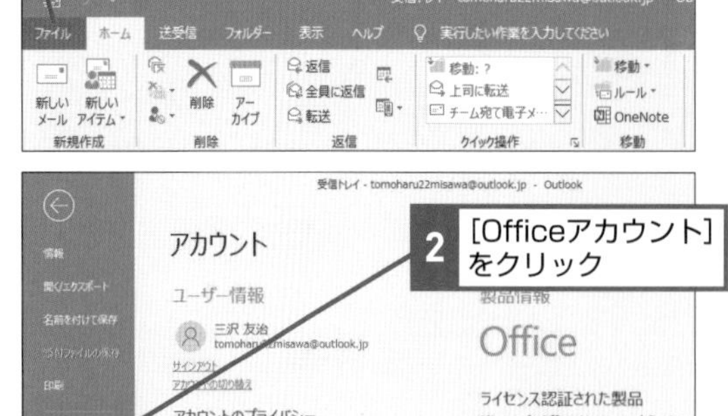

2 ［Officeアカウント］をクリック

3 ［更新オプション］をクリック

4 ［今すぐ更新］をクリック

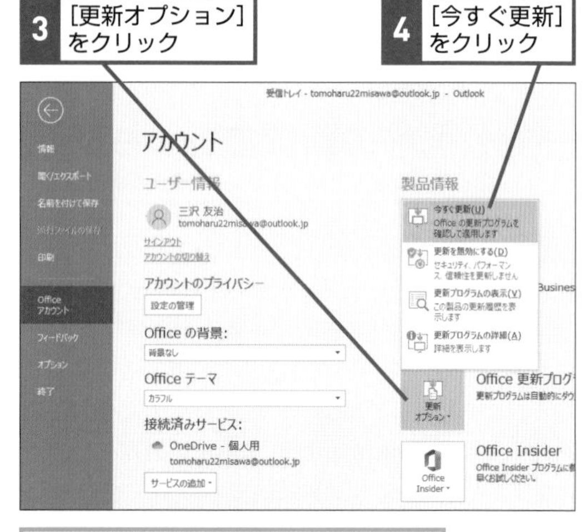

更新後のバージョンはここで確認できる

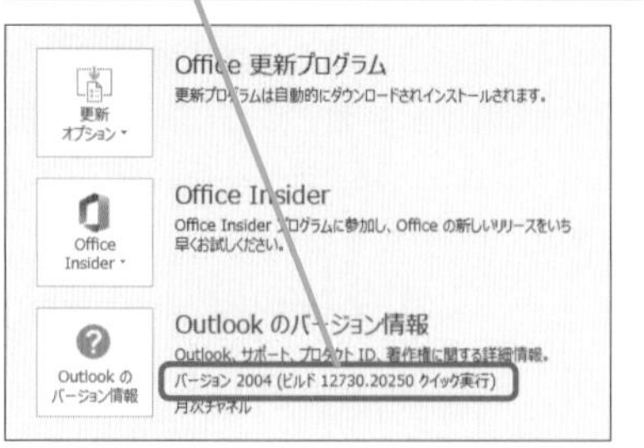

STEP UP! 半年毎にプログラムが更新される!

Microsoft 365は日々機能の更新が行われます。法人内で利用している場合、利用者のサポートの観点から、月に1回もしくは半年に1度の更新間隔に変更できます。事前に動作検証を行ったOutlookを組織全体に配る形で、半年に1度の更新としている場合が多いです。この更新間隔は一般法人向けのMicrosoft 365の場合に利用者が適宜変更できますが、情報システム部門など、会社全体で管理されている場合は設定変更ができないように制御されていることもあります。

Q017 365 2019 2016 2013 お役立ち度 ★★★

メールのフォルダーが英語になっていた!

A クラウドサービスのサイトで設定を変更します

クラウドサービスは日本国内だけでなく、世界中で利用されているため、初期設定が英語になっているときがあります。Outlookのフォルダー名はクラウドサービスの設定に依存するため、日本語化しておきましょう。以下の手順はOutlook.comでの手順です。言語を設定したら、同じ画面でタイムゾーンも日本時間になっているか確認しておきましょう。Exchange Onlineなどのクラウド型のメールサービスを使っている場合は、若干画面構成が異なりますが、基本的に同様の手順で言語設定を変更できます。

➡クラウド……P.310

1 [ファイル]タブをクリック

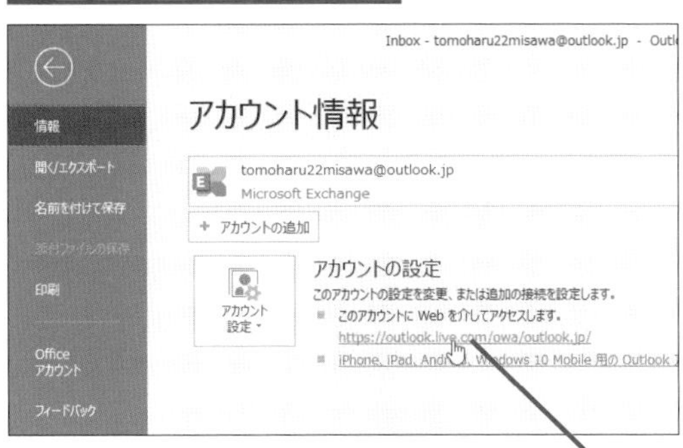

2 クラウドサービスへのリンクをクリック

クラウドサービスのサイトが表示された

3 [Settings]をクリック

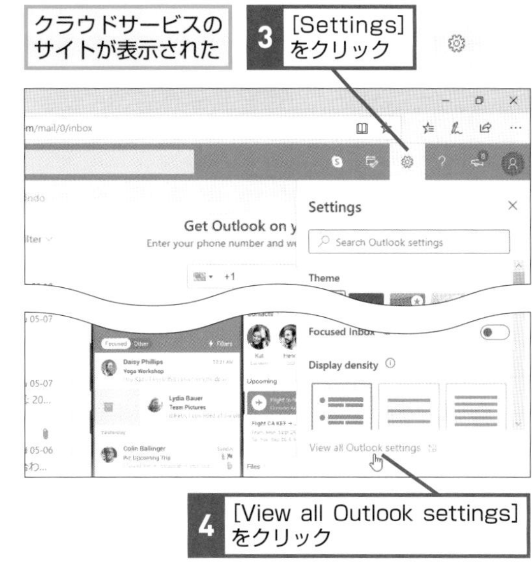

4 [View all Outlook settings]をクリック

[Settings]画面が表示された

5 [General]をクリック

6 ここをクリックして[日本語]を選択

7 [Save]をクリック

Q018 365 2019 2016 2013 お役立ち度 ★★★

Outlookのバージョンを確認するには

A ［Outlookのバージョン情報］画面を開きます

利用しているOutlookのバージョンが分からなくなった場合は、以下の手順でバージョン情報を確認できます。Microsoft 365は、時期によってOffice 365 MSOからMicrosoft 365 MSOの表記に変更されている場合がありますが、どちらもMicrosoft 365です。

➡Microsoft 365……P.307

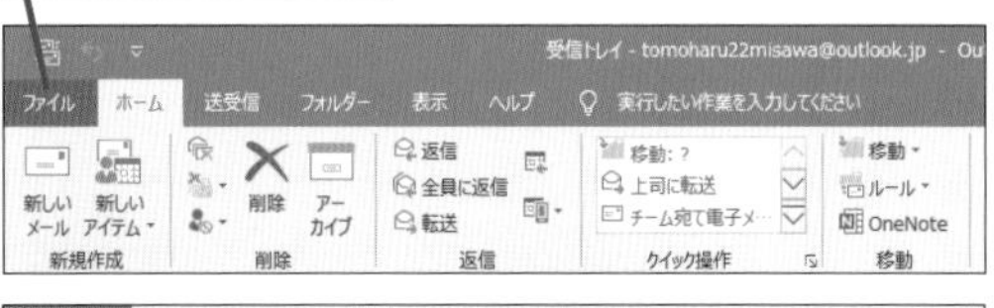

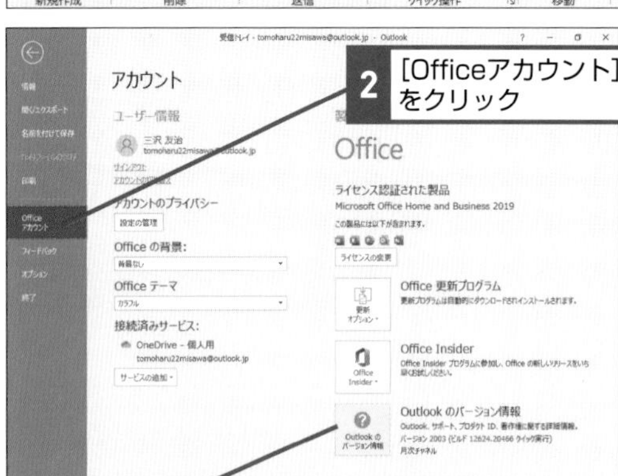

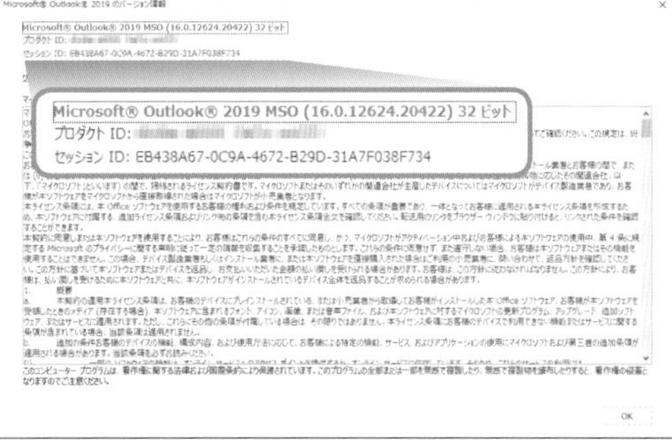

Q019 365 2019 2016 2013 お役立ち度 ★★★

Outlook全体の設定を変更するには

A ［ファイル］タブから［オプション］を選択します

Outlookの全体の設定変更は［Outlookのオプション］ダイアログボックスで行います。以下の手順で操作すると［Outlookのオプション］ダイアログボックスを表示できます。 ➡ダイアログボックス……P.311

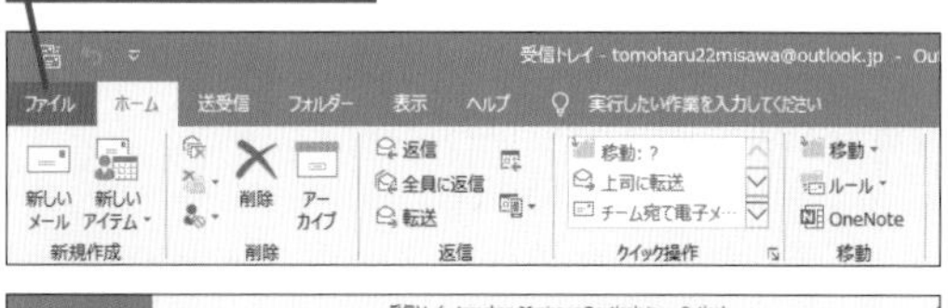

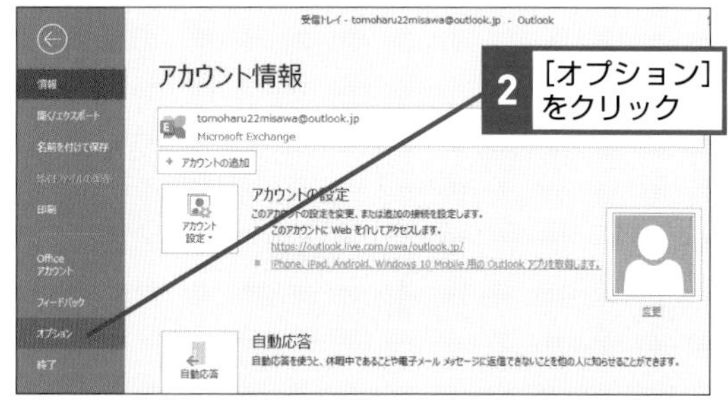

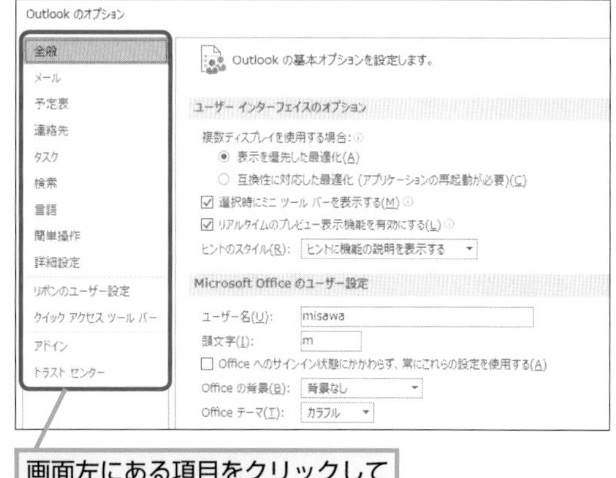

起動と終了

起動と終了はOutlookを利用するためのスタートラインです。起動と終了の方法をしっかりと覚えておきましょう。

Q020 365 2019 2016 2013 お役立ち度 ★★★

Outlookを起動するには

A [スタート] ボタンから [Outlook] をクリックします

Outlookを起動するには以下のようにスタートメニューからOutlookを選択します。スタートメニューにあるアルファベットを選択すると索引表示になるので、索引表示で「O」を選択するとOutlook付近に移動できます。また、検索ボックスに「Outlook」と入力しても起動します。検索ボックスは ⊞ キー押すと入力モードになります。部分一致でも検索できるため ⊞ キー押した後「out」と入力すると素早くOutlookが起動可能です。どの起動方法でも同じ動作なので使いやすい方法を選びましょう。

➡起動……P.309

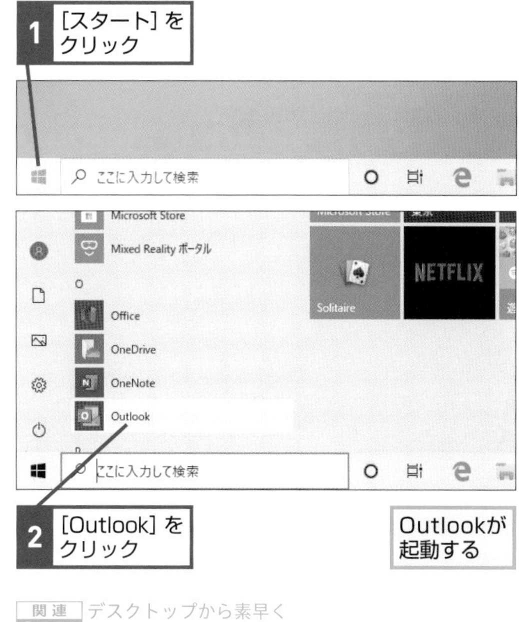

関連 Q022 デスクトップから素早く起動できるようにするには……P.38

Q021 365 2019 2016 2013 お役立ち度 ★★★

タスクバーから簡単に起動できるようにしたい

A タスクバーにピン留めします

Outlookを頻繁に利用する場合はタスクバーにピン留めすると便利です。タスクバーとはスタートボタンの右側にある、起動しているアプリが一覧表示される場所です。ピン留めしておくと、ボタンをクリックするだけで簡単にOutlookを起動できます。

➡タスクバー……P.311

[スタート]メニューを表示しておく

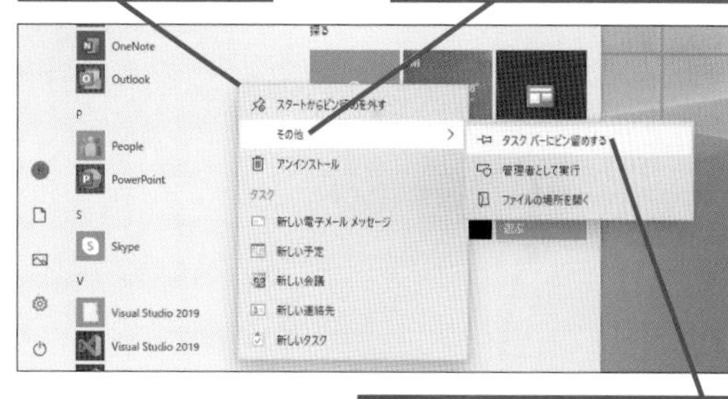

タスクバーにOutlookのボタンが作成された

関連 Q022 デスクトップから素早く起動できるようにするには……P.38
関連 Q023 Outlookを終了するには……P.38

Q022 365 2019 2016 2013 お役立ち度 ★★★

デスクトップから素早く起動できるようにするには

A デスクトップにショートカットアイコンを作ります

デスクトップにショートカットアイコンを作成してOutlookを起動させることも可能です。以下の操作でデスクトップにOutlookのショートカットを配置でき、ダブルクリックで素早くOutlookを起動できます。アイコンをデスクトップにドラッグしてコピーするため、ほかのアプリなどを起動している場合は一旦閉じて、デスクトップ領域を表示した状態でコピーしましょう。

➡デスクトップ……P.311

[スタート] メニューからOutlookのアイコンを表示しておく

1 [Outlook]をここまでドラッグ

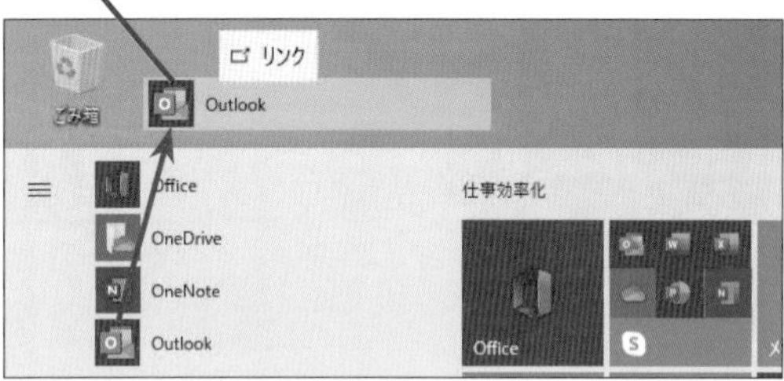

デスクトップにショートカットアイコンが作成された

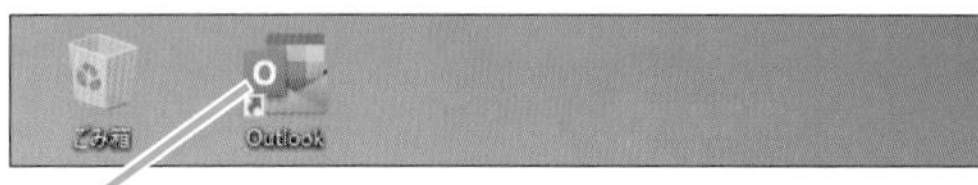

アイコンをダブルクリックするとOutlookが起動する

関連 Q020 Outlookを起動するには……P.37
関連 Q021 タスクバーから簡単に起動できるようにしたい……P.37

Q023 365 2019 2016 2013 お役立ち度 ★★★

Outlookを終了するには

A [閉じる] ボタンをクリックします

[閉じる] ボタンは複数の場所にあります。Outlookを終了するときは、下記のようにウィンドウの右上やタスクバーのメニューから閉じましょう。終了時に編集中のメールや予定がある場合は保存を確認するメッセージが表示されます。保存してから終了する場合は [はい] を、保存せずに終了する場合は [いいえ] を、Outlookを閉じるのをやめる場合は [キャンセル] をクリックしましょう。

➡タスクバー……P.311

●Outlookの画面から終了する

1 [閉じる]をクリック

●タスクバーから終了する

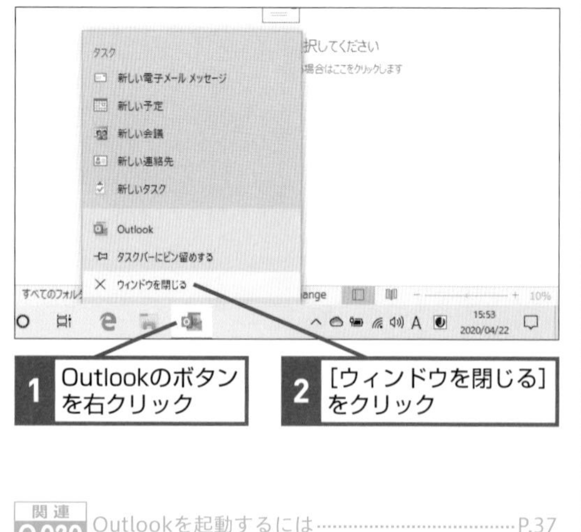

1 Outlookのボタンを右クリック

2 [ウィンドウを閉じる]をクリック

関連 Q020 Outlookを起動するには……P.37

メールアカウントの設定

Outlookを利用するにはまずアカウントの設定が必要です。一度設定してしまえば何度もやり直す必要はありません。手順を見ながら設定しましょう。

Q024 365 2019 2016 2013　お役立ち度 ★★★

Outlookが接続できるメールサービスって？

A ほとんどのメールサービスはOutlookで接続できます

メールサービスはメールのやり取りを中継するサービスです。サービスを郵便で表すと自宅のポストをOutlook、宅配サービスをメールサービスに置き換えてイメージするとよいでしょう。現実の宅配サービスが郵便と宅配便に分かれているように、メールサービスもいくつかの種類に分かれています。Outlookは一般的に利用されているMAPI、IMAP、POP/SMTPに対応しており、MAPIのOutlook.comやMicrosoft Exchange、IMAPのGmailやYahooメール、POP/SMTPのキャリアメールやプロバイダーメールといったメールサービスを利用できます。このうち、MAPIを利用する場合に、予定表との連携など、Outlookの真価が発揮できます。そのため、Outlook.comといったクラウドサービスを利用することがお薦めです。

➡メールサービス……P.313

●代表的なメールサービス

Outlook.com／Exchange online

例 ○△×@outlook.jp

メールの設定方法→**ワザ026**

マイクロソフトが提供するメールサービスです。メールのやり取りだけでなく予定表のチーム内連携などが行えます。

Gmail

例 ○△×@gmail.com

Googleが提供するメールサービスです。通常はブラウザーやスマホアプリから利用しますがOutlookに受信できるよう設定できます。

Gmailアカウントの追加方法 →**ワザ027**

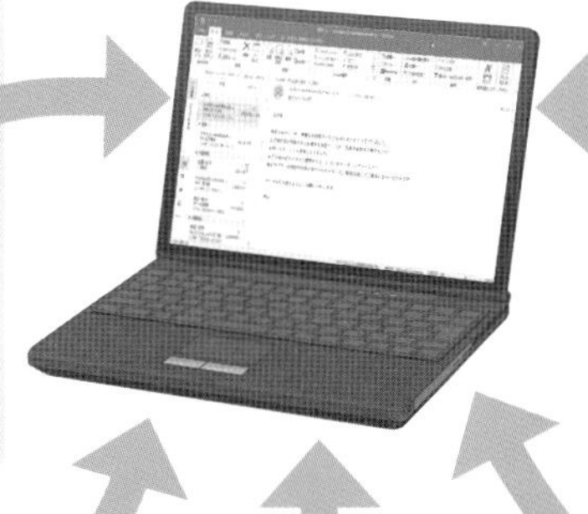

キャリアメール

例 ○△×@docomo.ne.jp
○△×@i.softbank.jp

携帯電話事業者各社がスマートフォン／フィーチャーフォン向けに提供しているメールサービスです。Outlookにメールが届くよう設定することが可能です。

プロバイダーのメールサービス

例 ○△×@xxx.biglobe.ne.jp
○△×@aa2.so-net.ne.jp

インターネットを提供するプロバイダーのメールサービスです。

メールの設定方法→**ワザ028**

企業や学校のメール

例 ○△×@（企業名）.co.jp

企業や学校固有のドメインを持ったメールを指します。企業向けのMicrosoft 365やGmailの企業向けサービスであるG Suiteがよく利用されています。

メールの設定方法→**ワザ026、ワザ027、ワザ028**

Q025 365 2019 2016 2013 お役立ち度 ★★★

Microsoftアカウントを新規で取得したい

A Outloook.comのWebページから取得します

MicrosoftアカウントとはWindows 10やOutlook.comのメールだけでなく、Office、Skype、OneDrive、Xbox Live、Bing、Microsoft Storeといったマイクロソフトが提供するすべてのサービスにログインするためのユーザー情報です。アカウントを1つ持っていれば、同じアカウントとパスワードでアクセスできるため、複数の情報を覚える必要がありません。また、無料で15GBのメール、さらに5GBのOneDriveストレージが利用できます。

➡Microsoftアカウント……P.307

デスクトップを表示しておく

1 [Microsoft Edge]をクリック

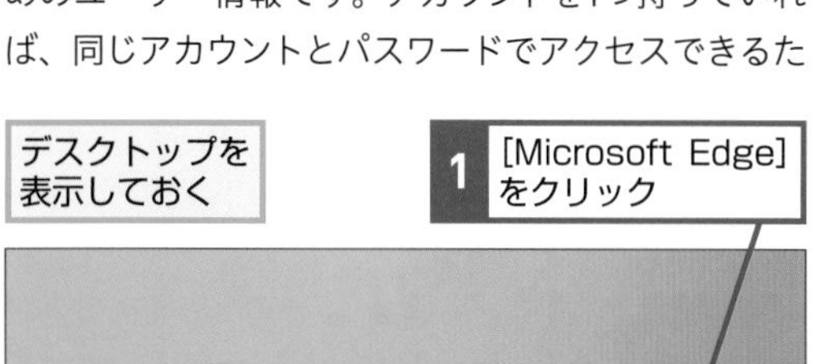

Microsoft Edgeが起動した

2 アドレスバーに下記のURLを入力

3 Enterキーを押す

▼Outlook.comのWebページ
https://outlook.com

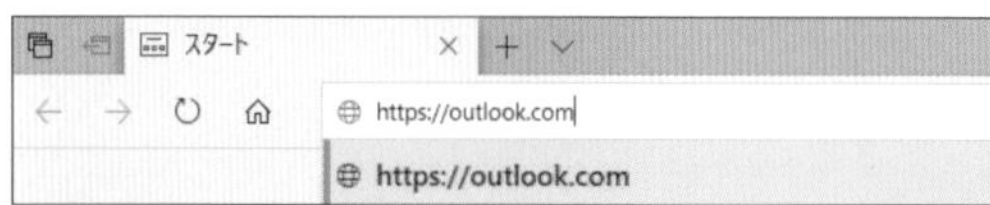

Outlook.comのWebページが表示された

4 [無料アカウントを作成]をクリック

アカウントの作成画面が表示された

5 希望のユーザー名を入力

6 ここをクリックしてドメイン名を選択

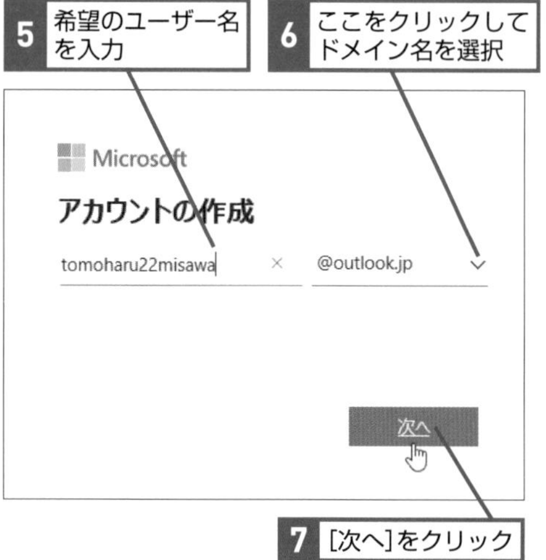

7 [次へ]をクリック

Microsoftアカウントで利用するパスワードを入力する

パスワードは半角の英数字や記号などを組み合わせて8文字以上にする

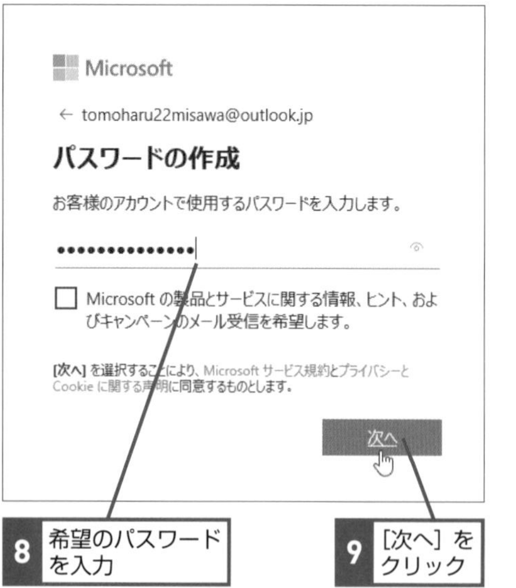

8 希望のパスワードを入力

9 [次へ]をクリック

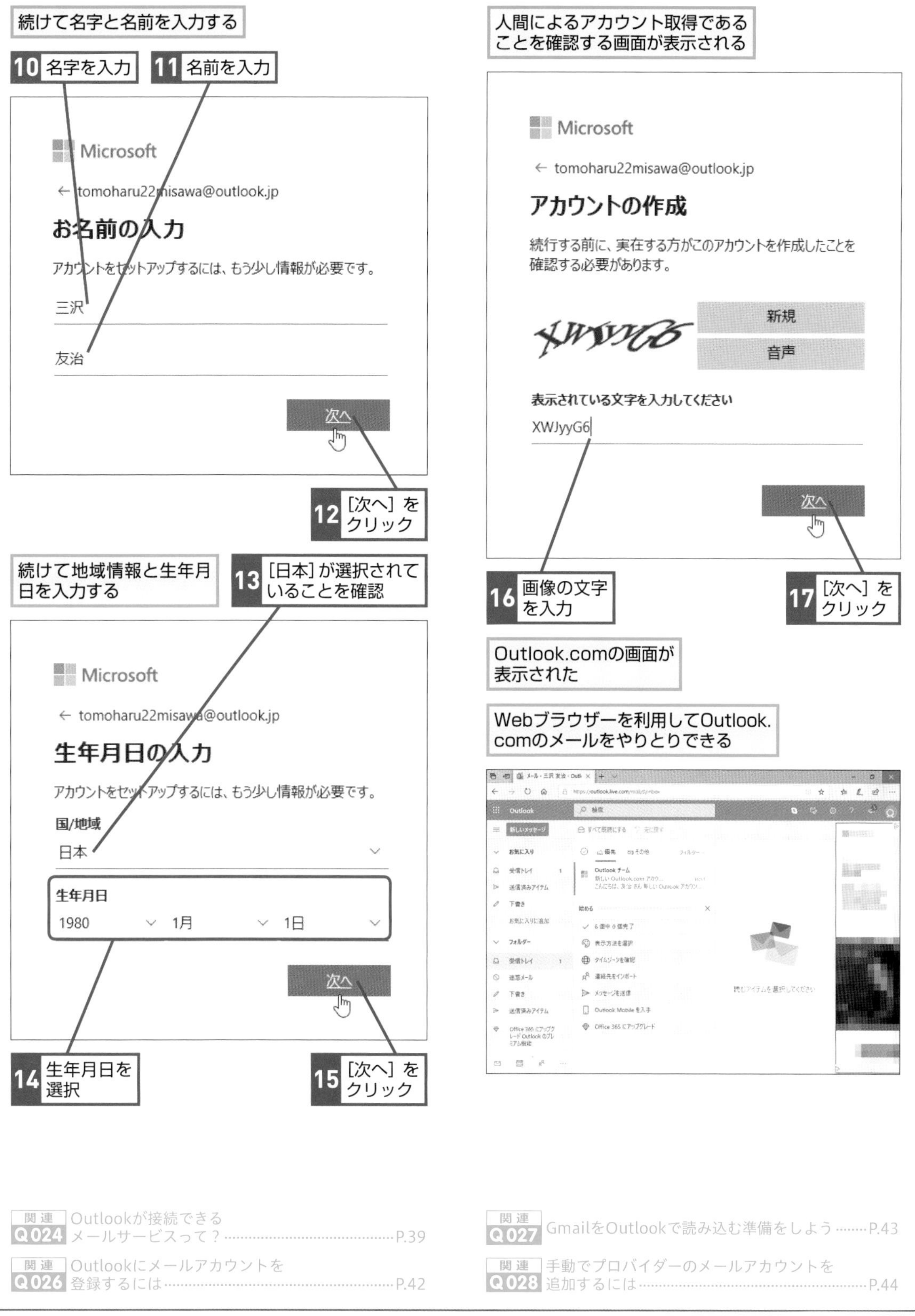

関連 Q024 Outlookが接続できるメールサービスって？……P.39
関連 Q026 Outlookにメールアカウントを登録するには……P.42
関連 Q027 GmailをOutlookで読み込む準備をしよう……P.43
関連 Q028 手動でプロバイダーのメールアカウントを追加するには……P.44

Q026 365 2019 2016 2013 お役立ち度 ★★★

Outlookにメールアカウントを登録するには

A Outlookを最初に起動したときに登録します

Outlookを利用するにはまずメールサービスのメールアカウントを登録しましょう。ここではOutlook.comのメールアドレスを登録します。Outlookを初めて起動する場合は初期設定が必要となるため自動的に以下の画面が表示されます。Outlook 2019ではメールアドレスから各種情報を自動設定する機能が備わっているため、簡単な入力だけですぐにメールサービスの登録が完了します。なお、Outlook 2013の場合は［電子メールアカウントの追加］画面で［はい］をオンにし、［次へ］をクリックし、表示される画面で名前とメールアドレス、パスワードを入力します。

➡Outlook.com……P.307

ワザ020を参考に、Outlookを起動しておく

Outlookを最初に起動したとき、初期設定の画面が表示される

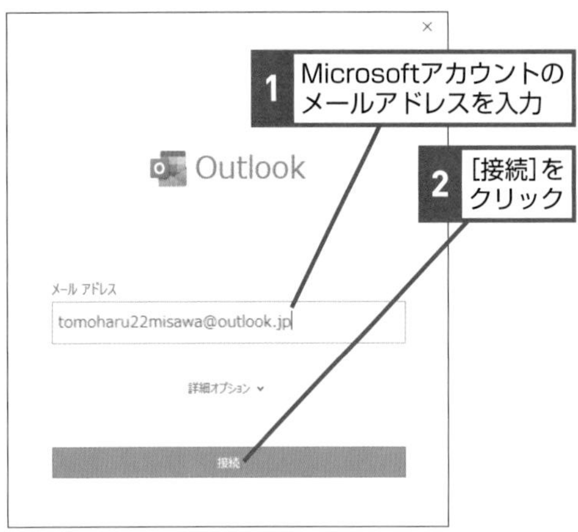

1 Microsoftアカウントのメールアドレスを入力

2 ［接続］をクリック

パスワードの入力画面が表示された

3 Microsoftアカウントのパスワードを入力

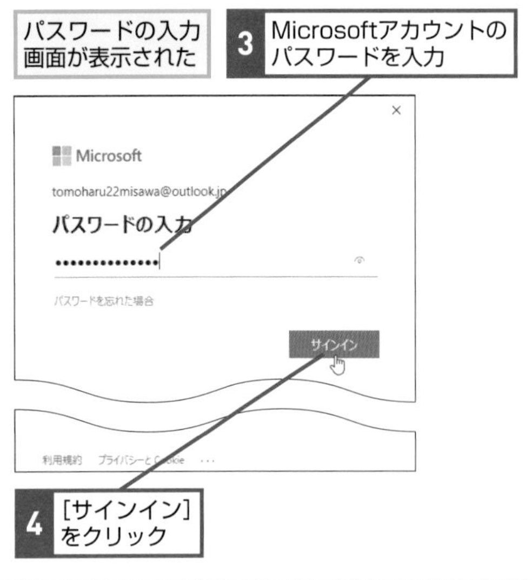

4 ［サインイン］をクリック

MicrosoftアカウントをWindowsに記憶させるか確認される

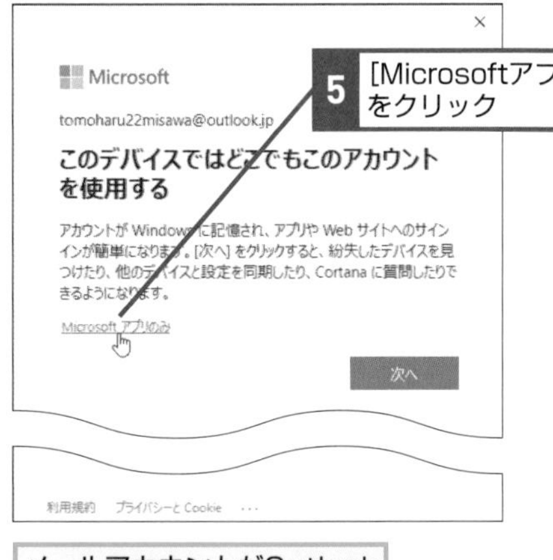

5 ［Microsoftアプリのみ］をクリック

メールアカウントがOutlookに追加された

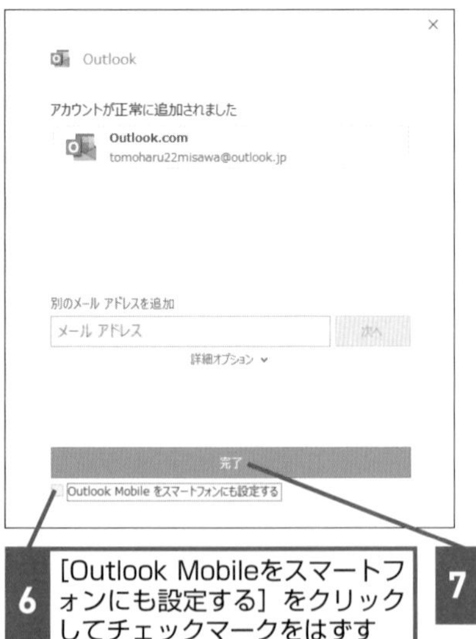

6 ［Outlook Mobileをスマートフォンにも設定する］をクリックしてチェックマークをはずす

7 ［完了］をクリック

Q027 365 2019 2016 2013 お役立ち度 ★★★

GmailをOutlookで読み込む準備をしよう

A Gmail で IMAP を有効化します

OutlookでGmailを扱う場合、Gmail側での設定変更が必要です。GmailにはIMAPとPOPの2種類、Outlookと接続する方法が用意されています。IMAPで接続するとGmail内にメールを残すことができ、OutlookアプリとWebブラウザーを併用できます。Gmailを引き続きWebブラウザーで利用したい場合はIMAPでの接続がお薦めです。OutlookでGmailを扱えるようにすると、インターネットに接続していなくてもメールの作成や閲覧ができるようになります。以下の手順で、操作1の後に［クイック操作］の画面が表示された場合は、［すべての設定を表示］をクリックしてください。

➡Gmail……P.306

Webブラウザーで Gmail にアクセスしておく

1 ［ここ］をクリック

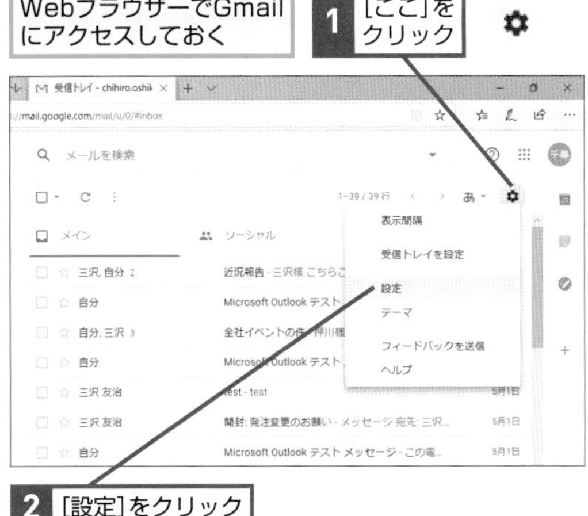

2 ［設定］をクリック

［設定］画面が表示された

3 ［メール転送とPOP/IMAP］をクリック

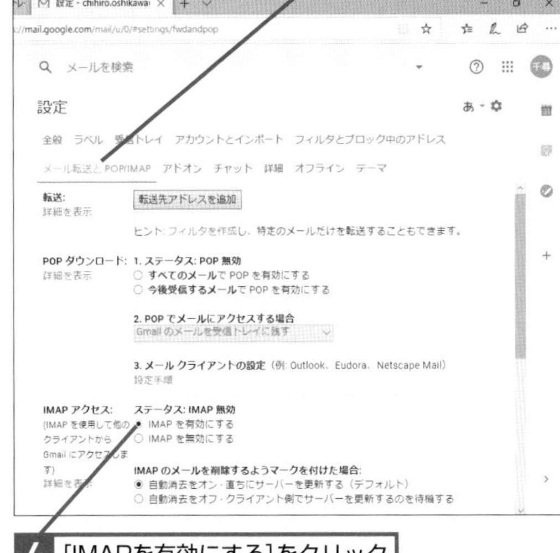

4 ［IMAPを有効にする］をクリック

5 ここを下にドラッグしてスクロール

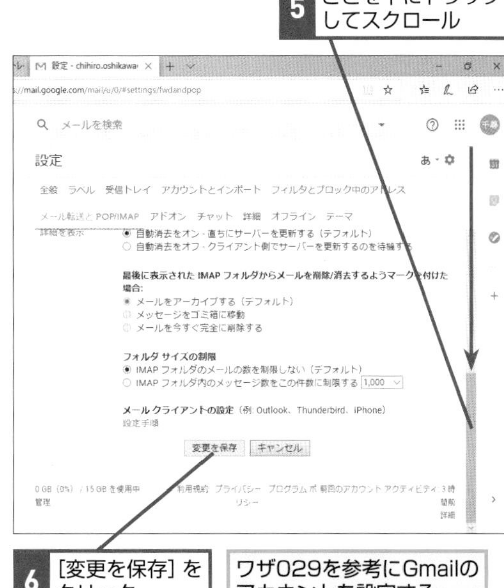

6 ［変更を保存］をクリック

ワザ029を参考にGmailのアカウントを設定する

● ［設定］画面が表示されない場合

1 ［クイック操作］をクリック

2 ［すべての設定を表示］をクリック

Outlookの基本 / メールの送受信 / メールの保管と分類 / 連絡先とアドレス帳 / 予定表 / タスク / 印刷 / ビジネス活用 / データ共有と連携

手動でプロバイダーのメールアカウントを追加するには

A アカウントとの種類として［POP］または［IMAP］を選択します

プロバイダーなどのメールサービスはPOPやIMAPといった電子機器間で通信する際の取り決め（通信規約）が利用されています。POPはパソコン内にメールデータを貯める方式、IMAPはプロバイダーのメールサービス内にメールを貯めておき、同期した情報をパソコンなどの端末から閲覧する方式です。これらプロバイダーのメールサービスと共にOutlook.comやGmailを設定しておくとOutlookでメールを一手に管理できます。各社が用意した設定情報を元に以下の手順で設定を行いましょう。なお、Outlook 2013では［アカウントの追加］画面で［自分で電子メールやその他サービスを使うための設定をする（手動設定）］をクリックし、［次へ］をクリックします。次に［POPまたはIMAP］を選択し、［次へ］をクリックして［アカウント追加］画面で接続先のサーバー情報などそれぞれの項目を入力します。そして［次へ］をクリックし、アカウント設定のテストが完了したら［完了］をクリックしましょう。

1 ［ファイル］タブをクリック

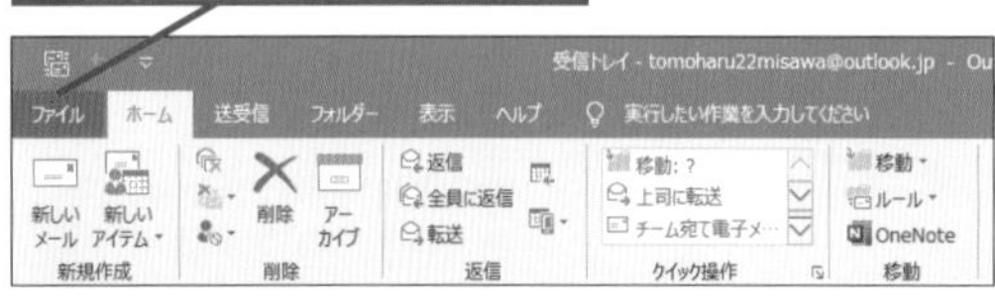

2 ［アカウントの追加］をクリック

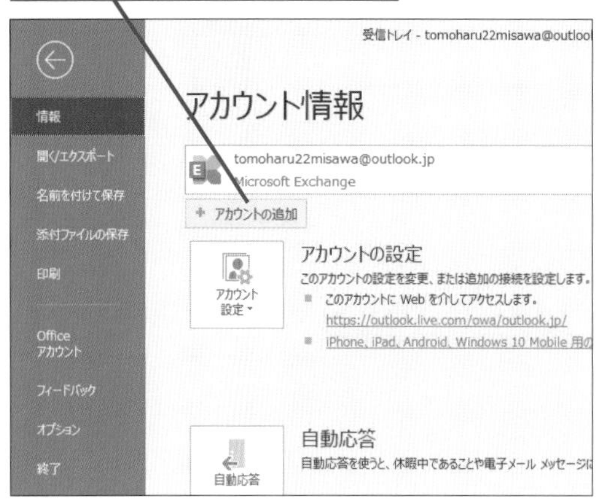

アカウントの追加画面が表示された

3 追加するメールアドレスを入力

4 ［自分で自分のアカウントを手動で設定］をクリックしてチェックマークを付ける

5 ［接続］をクリック

アカウントの種類を選択する

ここではPOPアカウントを設定する

6 ［POP］をクリック

サーバー情報の設定画面が表示された

プロバイダーから送付された書面などを確認して、サーバー情報を入力する

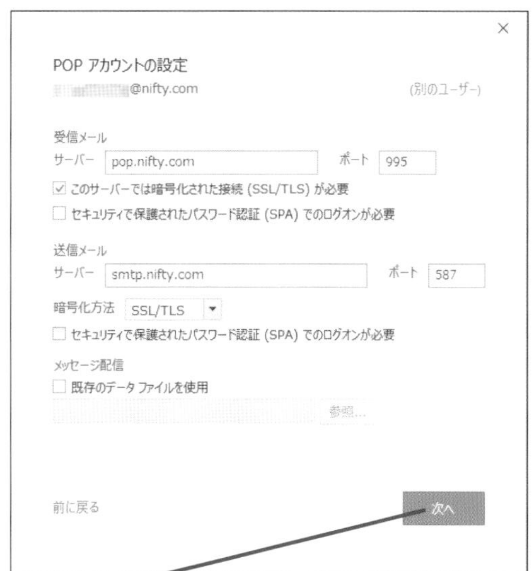

7 [次へ]をクリック

パスワードを入力してメールサーバーに接続する

8 パスワードを入力

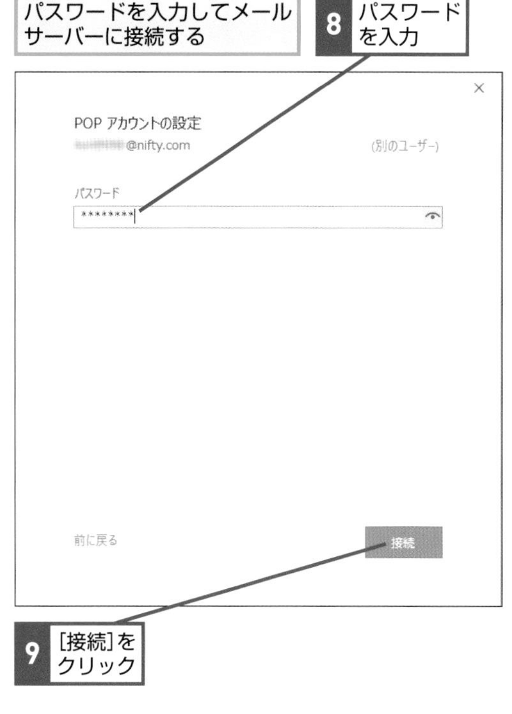

9 [接続]をクリック

Outlookでメールを送受信するための設定が完了した

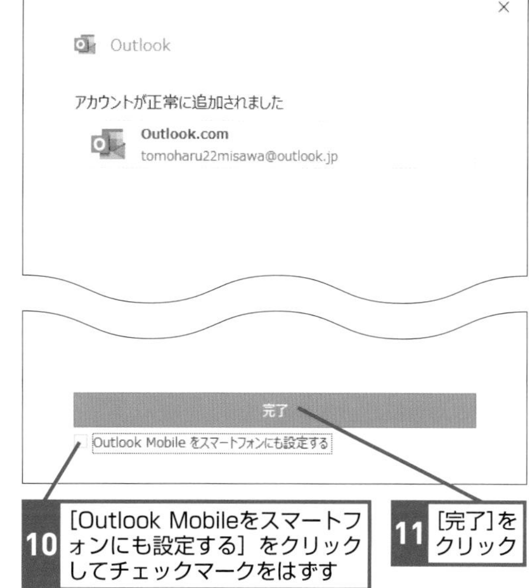

10 [Outlook Mobileをスマートフォンにも設定する]をクリックしてチェックマークをはずす

11 [完了]をクリック

関連 Q024 Outlookが接続できるメールサービスって？ P.39

STEP UP! 「Outlook」という名前の今昔

Outlookと名前がよく似たOutlook Expressという製品がWindows 98からWindows XPまでのOSに付属していました。このOutlook Expressもメールを読むための製品なのですが、Outlookとは異なり予定表などの機能を持たない純粋なメールソフトでした。Windows 10がリリースされた現在Outlook ExpressはOS標準付属の［メール］に引き継がれ今日に至っています。一方Outlookは当初［Microsoft Schedule+］という名前で、Exchange Serverのクライアントソフトとしてリリースされていました。その名の通り予定表が中心のソフトウェアでしたが、こちらは中心機能をメールに置き換えながら今ではOutlookとして提供され続けています。

Q029 365 2019 2016 2013 お役立ち度 ★★★

Gmailアカウントを追加するには

A Backstageビューで［アカウントの追加］をクリックします

Googleが提供するメールサービスであるGmailのアカウントもOutlookに追加できます。Gmailはクラウドサービスなので、データはパソコン内ではなくクラウドに保存されています。そのためクラウドへのアクセス情報をOutlookに設定します。設定前には、必ずGmail側でIMAPを有効化しておきましょう。Outlook 2016ではアカウントとパスワード以外に接続先のサーバー情報などが必要でしたが、Outlook 2019の場合メールアドレスとパスワードだけで設定が完了します。ただし、Outlook 2013では簡易的なアクセスに対応していないため手順が大幅に異なります。

▼受信メールサーバー（IMAP）と送信メールサーバー（SMTP）の設定情報
https://support.google.com/mail/answer/7126229?hl=ja

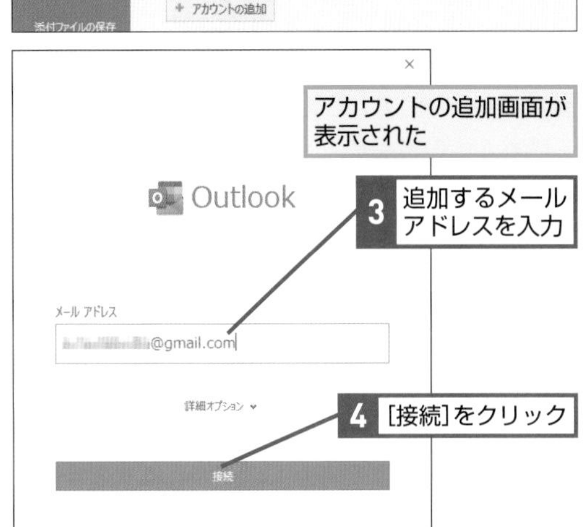

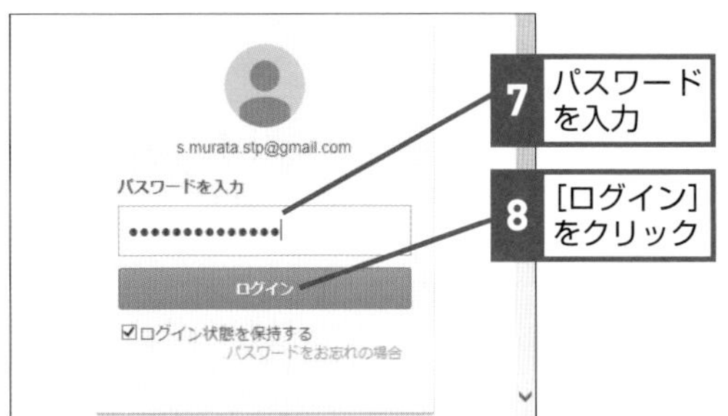

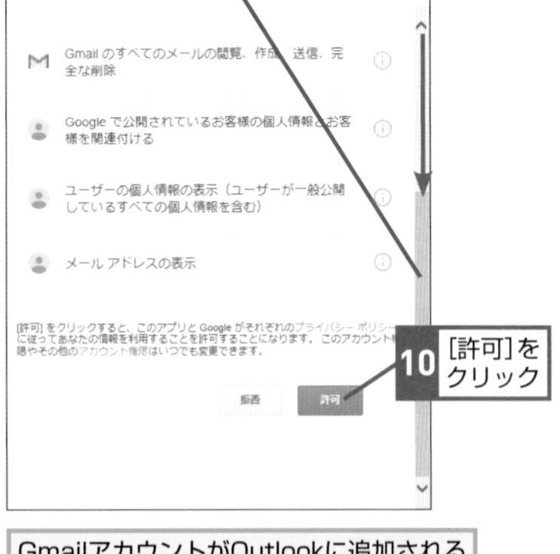

Gmailアカウントが Outlookに追加される

Q030 365 2019 2016 2013 お役立ち度 ★★★

どんなメールサービスなら利用できるの？

A POP、IMAP形式のサーバー情報があれば利用できます

Outlookがサポートするメールサービスは受信関連で「MAPI」「POP」「IMAP」の3種類、送信関連で「MAPI」、「SMTP」の2種類です。MAPIはOutlook.comとMicrosoft Exchange独自の形式ですが、IMAPとPOP、SMTPは世の中のメールサービスの大半がサポートしている形式となります。POPは、サーバーに届いたメールをパソコンなどの端末に移動させるタイプの仕組みです。そのため、パソコンにメールを移動させるとメールサービス側にはメールが残りません。一方のIMAPはインターネットを使用してメールをメールサービス側に残し、それをメールソフトで閲覧するタイプの仕組みです。SMTPはメールを別のサーバーに送信する仕組みとなっています。

Q031 365 2019 2016 2013 お役立ち度 ★★★

メールアカウントの登録に必要な情報って？

A プロバイダーから送られたメールや書面を確認します

メールサービスをOutlookに設定するためにはメールアドレスとアカウント、パスワードのほかにメールサーバーの情報が必要です。メールサーバーはメールの送信時と受信時で別のサーバーとなることもあります。送信はSMTP、受信はPOPまたはIMAPというケースが多いです。これらの情報はプロバイダーなどのメールサービス提供会社に問い合わせることで入手できます。

➡サーバー……P.310
➡プロバイダー……P.312

関連 Q010 Outlookアプリとメールサービスの関係が分からない！……P.30

Q032 365 2019 2016 2013 お役立ち度 ★★★

メールアカウントが登録できない！

A アカウント設定に誤りがないか見直します

メールの設定を間違えると［問題が発生しました］という画面が表示されます。大抵の場合は入力文字のミスなので、メールアドレスに間違えはないか、アカウントとパスワードは合っているかもう一度確認してから、［アカウント設定の変更］をクリックして修正しましょう。POPやIMAP形式の場合はポート番号という数値や暗号化の有無でOutlook.comと比べ設定項目が多くなります。これらの数値や暗号化の有無も併せて確認しておきましょう。

➡IMAP……P.306
➡POP……P.307

アカウント設定に失敗すると「問題が発生しました」と表示される

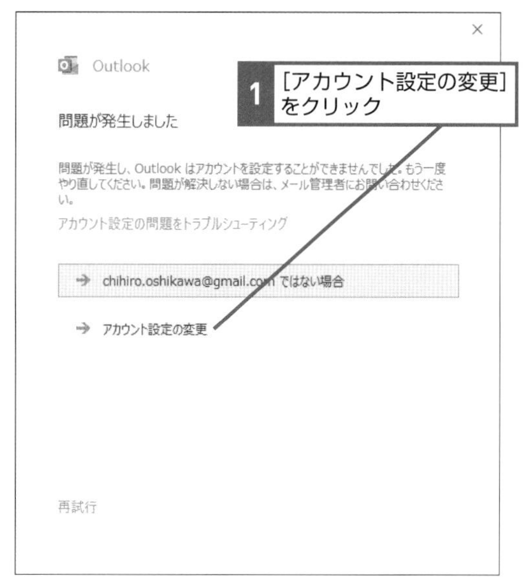

関連 Q027 GmailをOutlookで読み込む準備をしよう……P.43
関連 Q028 手動でプロバイダーのメールアカウントを追加するには……P.44

画面構成と表示の切り替え

Outlookはさまざまな機能の集合体です。それらの機能を1つの画面で使えるように画面構成は統一されています。画面構成を覚えておけばすべての画面で活用できます。

Q033 365 2019 2016 2013 お役立ち度 ★★★

Outlook 2019の各部の名称と役割が知りたい

A Outlookのウィンドウは複数の「ペイン」に分かれています

Outlookは1つの画面にたくさんの情報が表示されます。情報をひとまとめにした区画を意味する［ペイン］というグループで整頓されているため、どのような機能がどこにあるかを覚えておくとよいでしょう。特に［フォルダーウィンドウ］［ビュー］［閲覧ウィンドウ］［リボン］は頻繁に利用するペインです。フォルダーウィンドウには情報の格納場所が一覧表示され、ビューには選択したフォルダーのアイテムが表示されます。また、リボンには、メールの作成や送受信など、さまざまな機能がタブごとに集約されています。

➡ビュー……P.312

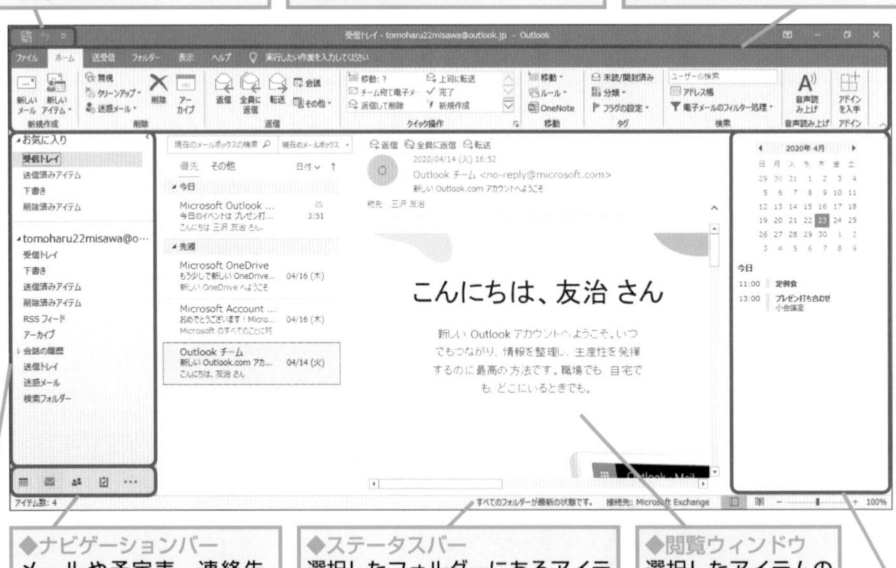

Q034 365 2019 2016 2013 お役立ち度 ★★★

Outlookの機能を切り替えるには

A ナビゲーションバーのボタンをクリックします

左下に表示されているナビゲーションバーで機能を切り替えられます。ボタンをクリックするとフォルダーウィンドウとビューの内容が切り替わり、[メール][予定表][連絡先][タスク][メモ][フォルダー][ショートカット]の各機能に応じた内容が表示されます。ナビゲーションバーにアイコンが表示されない場合はフォルダーウィンドウがピン留めされておらず最小化されている可能性があります。その場合は[…]ボタンをクリックして必要な機能を選択しましょう。なお、Outlook 2019とMicrosoft 365のOutlookでは、ボタンのデザインが少し異なります。

➡フォルダーウィンドウ……P.312

●Outlook 2019のナビゲーションバー

●Microsoft 365のナビゲーションバー

●ナビゲーションバーのボタンとそれぞれの機能

名称	アイコン	概要
予定表		カレンダーの表示や予定、会議の登録などができます
メール		メールの一覧表示や、メールの送受信などができます
連絡先		連絡先が一覧表示され、連絡先からメールを送信したり会議の相手を選択したりできます
タスク		タスクを入力したり、タスクを一覧表示したりできます
その他	•••	メモやフォルダーなど、利用頻度の低い機能が一覧で表示されます

関連 Q035 ナビゲーションバーのボタンを文字の表示に変えたい……P.49
関連 Q036 ナビゲーションバーのボタンを増やしたい……P.50

Q035 365 2019 2016 2013 お役立ち度 ★★★

ナビゲーションバーのボタンを文字の表示に変えたい

A コンパクトナビゲーションの設定を解除します

ナビゲーションバーのボタンは、最初はアイコンで表示されていますが、文字に変更できます。文字表示に変更すると大きくて分かりやすくなります。それだけではなく、アイコンの場合と異なりフォルダーウィンドウから分離されるため、フォルダーウィンドウを最小化しても、常にボタンが表示されます。文字表示に変更するには以下の手順を行いましょう。

➡ナビゲーションバー……P.312

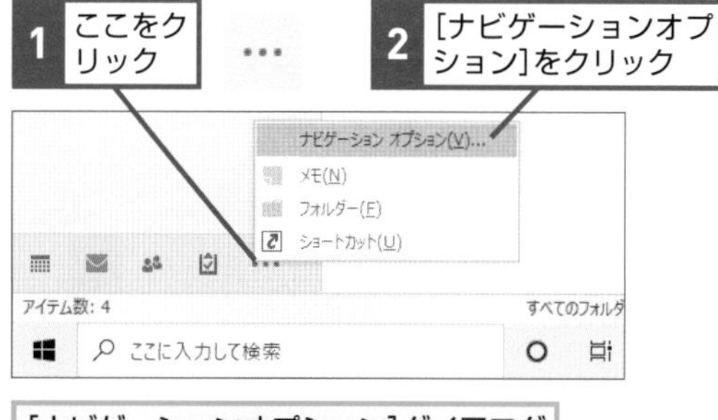

[ナビゲーションオプション]ダイアログボックスが表示された

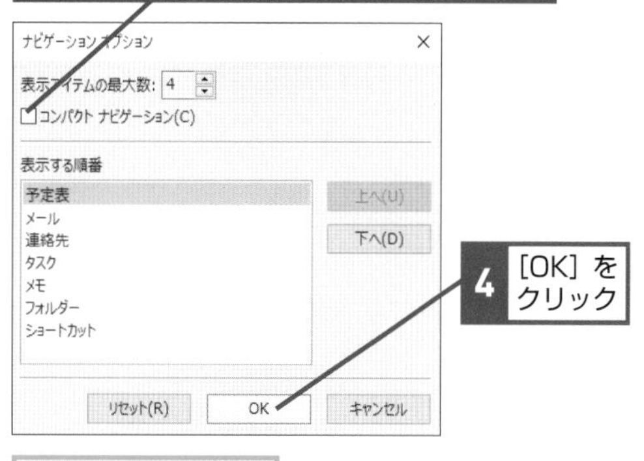

ナビゲーションバーが文字で表示された

Q036 365 2019 2016 2013 お役立ち度 ★★★

ナビゲーションバーのボタンを増やしたい

A 表示アイテムの最大数を増やします

ナビゲーションバーを文字表示にしている場合は［その他］に表示される機能を減らして、すべての機能をナビゲーションバーに表示しておくと便利です。下記の方法でボタンの数を増やしましょう。なお［表示アイテムの最大数］で設定した数よりも下にある［表示する順番］の機能が［その他］に移動されます。また文字だけではなくアイコン表示でも増やすことができますがナビゲーションウィンドウの幅に左右される為、設定した数以下の表示数になることがあります。

➡アイテム……P.308

ワザ035を参考に［ナビゲーションオプション］ダイアログボックスを表示しておく

1 ［表示アイテムの最大数］のここをクリック

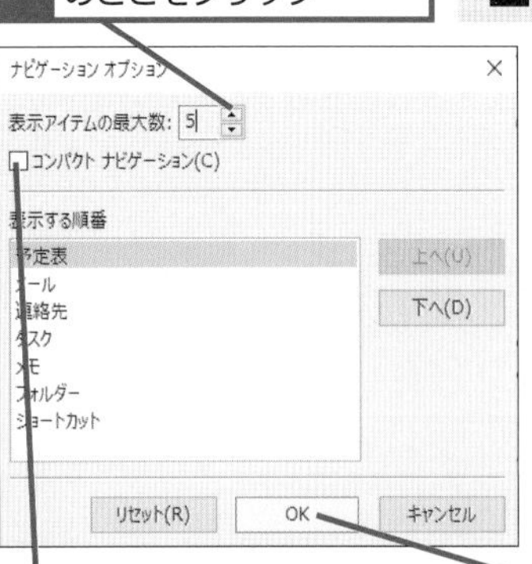

2 ［コンパクトナビゲーション］をクリックしてチェックマークをはずす

3 ［OK］をクリック

ナビゲーションバーに［メモ］が表示されるようになった

予定表 メール 連絡先 タスク メモ …
アイテム数: 4 すべてのフォルダーが最新の状態

関連 Q034 Outlookの機能を切り替えるには……P.49
関連 Q035 ナビゲーションバーのボタンを文字の表示に変えたい……P.49

Q037 365 2019 2016 2013 お役立ち度 ★★

メイン画面を大きく表示したい

A 画面表示を［閲覧ビュー］に切り替えます

Outlookで特によく使うペインはメイン画面（閲覧ウィンドウ）です。フォルダーウィンドウとTo Doバーを最小化する［閲覧ビュー］は、メイン画面のみが表示され作業領域が広くなります。ステータスバーで［閲覧ビュー］と［標準ビュー］を切り替えられます。

1 ［閲覧ビュー］をクリック

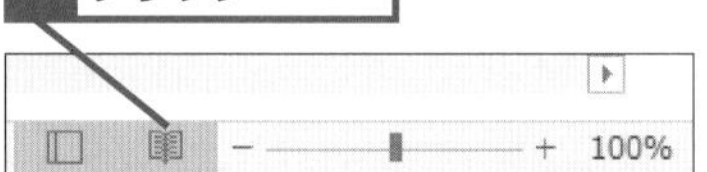

フォルダーウィンドウが折りたたまれ、閲覧ウィンドウが大きく表示される

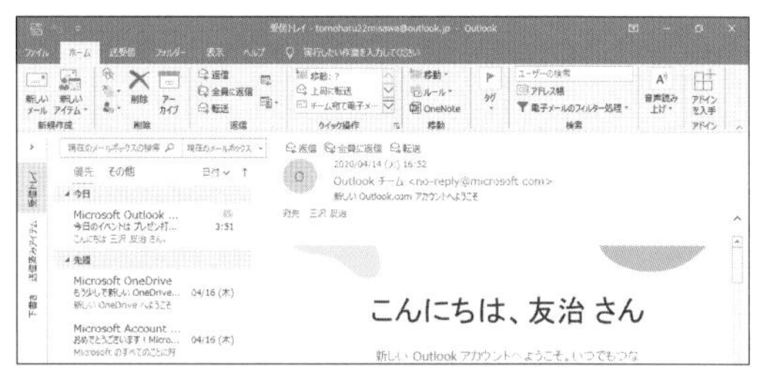

Q038 365 2019 2016 2013 お役立ち度 ★★

画面の表示倍率を大きくするには

A ズームスライダーで表示倍率を変更します

文字が見えにくい場合はステータスバーで文字の倍率を変えましょう。

左右にドラッグすると画面の表示をズームできる

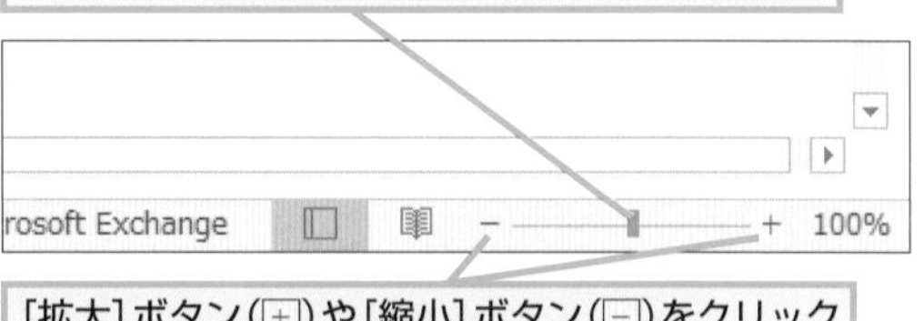

［拡大］ボタン（+）や［縮小］ボタン（−）をクリックすると10%ずつ表示倍率を変更できる

Q039 365 2019 2016 2013 お役立ち度 ★★★

閲覧ウィンドウを非表示にしたい

A メッセージのプレビュー表示をオフに設定します

メールを選択しただけで既読になるのを避けたい場合、閲覧ウィンドウを非表示にしましょう。以下の手順で閲覧ウィンドウを非表示にできます。この手順では設定したフォルダーにのみ適用されるため、[表示] タブの [ビューの変更] より [現在のビューを他のメールフォルダーに適用する] をクリックしてほかのフォルダーにも適用していきましょう。

閲覧ウィンドウを非表示に設定する

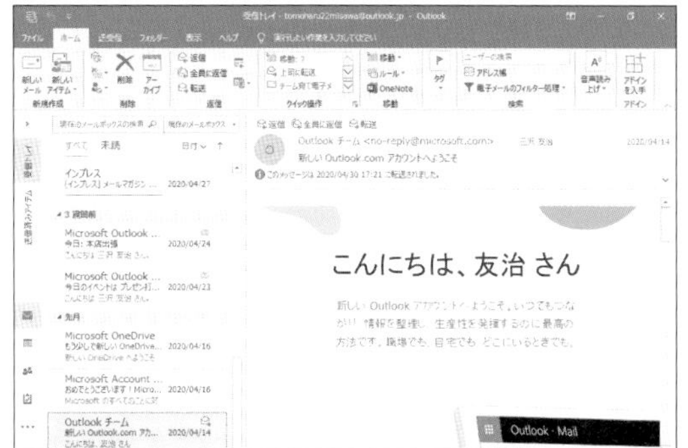

1 [表示] タブをクリック

2 [閲覧ウィンドウ] をクリック

3 [オフ] をクリック

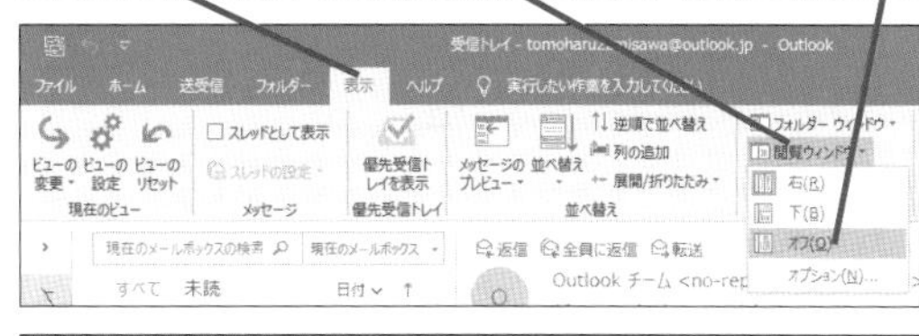

閲覧ウィンドウが非表示に設定された

Q040 365 2019 2016 2013 お役立ち度 ★★★

[ファイル] タブで操作できることって何?

A アカウントの設定を変更したりファイルを開いたりできます

[ファイル] タブをクリックすると、ほかのリボンとは異なり [Backstageビュー] が表示されます。このBackstageビューではオプションの変更画面や、ファイルと設定のインポート/エクスポート、ファイル保存や印刷などのOutlook標準画面に収まり切らなかったさまざまな操作が行えます。中でも [情報] 画面はアカウントの追加やユーザープロファイルの変更、[Officeアカウント] の設定画面はOfficeの更新や利用者の確認などで頻繁に利用します。[情報] 画面ではほかにもOutlook.comやスマホアプリへのリンクなどが用意されています。

1 [ファイル] タブをクリック

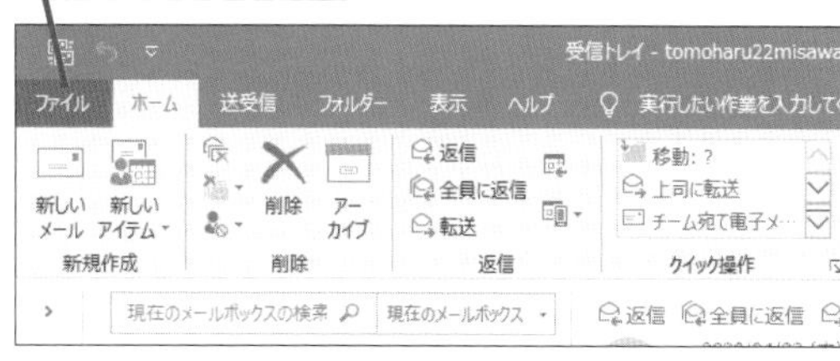

Backstageビューが表示された

アカウントの設定やファイル操作などを行える

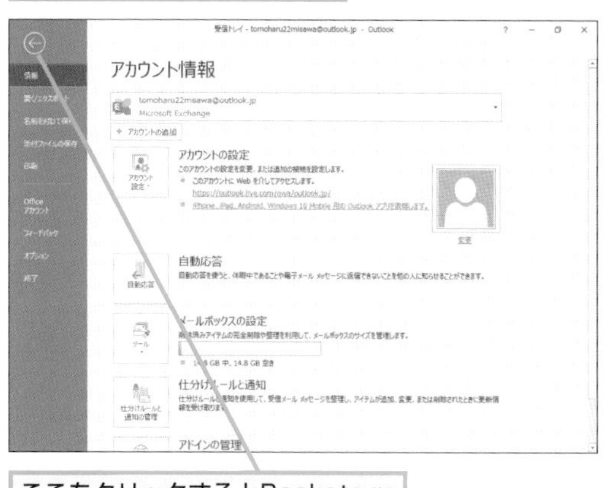

ここをクリックするとBackstageビューが閉じる

Q041 365 2019 2016 2013 お役立ち度 ★★★

リボンを折りたたみたい

A ［リボンを折りたたむ］をクリックします

リボンの領域は画面解像度が低いとそこそこの高さの領域を占めるため、利用しないときはリボン右下の矢印をクリックし折りたたんでおきましょう。Outlook 2019ではタブ表示のみとなりますがMicrosoft 365 AppsのOutlookではシンプルリボンという機能が導入されたためタブと内容の計2行表示となります。Microsoft 365 AppsのOutlookでOutlook 2019同様に折りたたみたい場合は、ウィンドウ上部の最小化ボタンの左隣りにあるボタンで［タブの表示］を選択しましょう。

➡タブ……P.311

●Office 2019のリボン

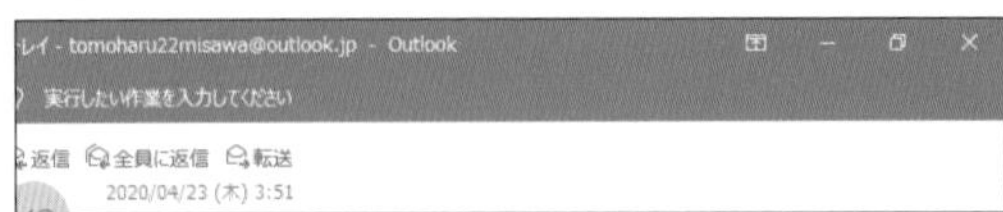

●Microsoft 365のリボン

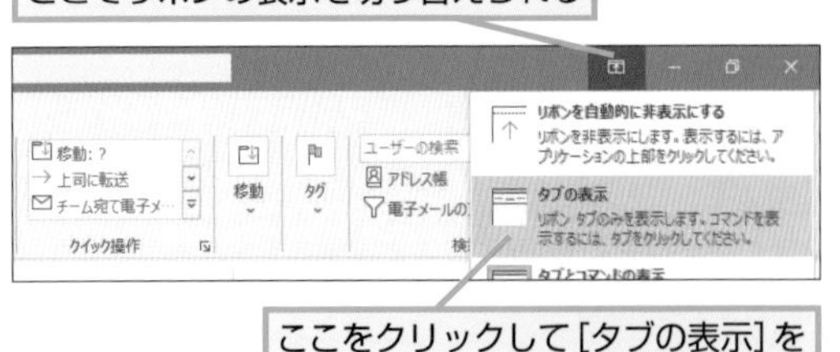

Q042 365 2019 2016 2013 お役立ち度 ★★★

表示されているボタンの機能を確かめるには

A マウスカーソルを合わせて少し待ちます

ボタンの機能の意味が分からない場合は、ボタンにマウスを合わせることで表示されるポップヒントという注釈文を確認しましょう。

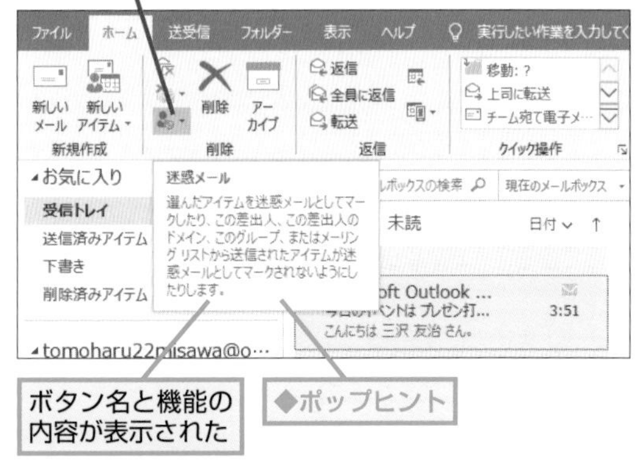

Q043 365 2019 2016 2013 お役立ち度 ★★★

編集画面に表示される小さなツールバーは何？

A 「ミニツールバー」です

メールや予定を書いているときに文字を選択すると小さなツールバーが表示されることがあります。これは「ミニツールバー」と呼ばれ、選択した文字のフォントや色などの装飾を変更できます。［メッセージ］タブの［フォント］グループにある内容のうち、よく利用される機能が表示されるのでマウスの移動量を大幅に削減できます。

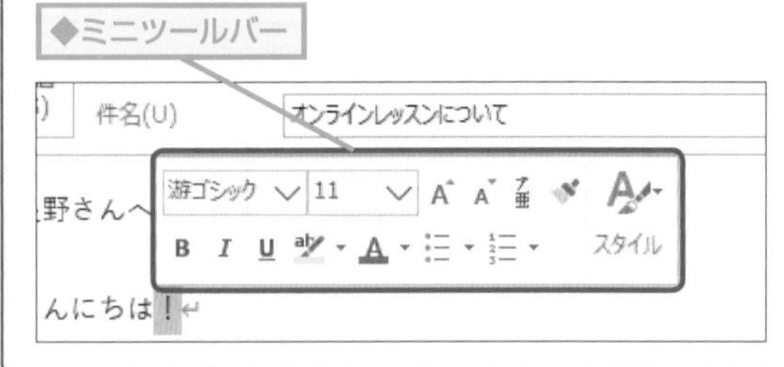

Q044 365 2019 2016 2013 お役立ち度 ★★★

使いたい機能がどこにあるのか分からない

A 「操作アシスト」機能を使って検索しましょう

Outlookは機能が多様にあるため、すべての機能の場所を覚えることは現実的ではありません。そこで［操作アシスト］という機能を用いて、やりたいことを探す方法を覚えておきましょう。行いたい作業内容をフリーワードで入力すると、関連するメニューや方法を示してくれます。Microsoft 365のOutlookは［操作アシスト］の表示場所が異なります。Outlookのメイン画面ではタイトルバーに、予定表やメッセージの編集画面ではリボンのタブと同じ並びに表示されます。なお、Outlookのメイン画面では検索機能と操作アシストの機能が統合されています。

➡リボン……P.313

1 ［実行したい作業を入力してください］をクリック

2 「添付ファイル」と入力

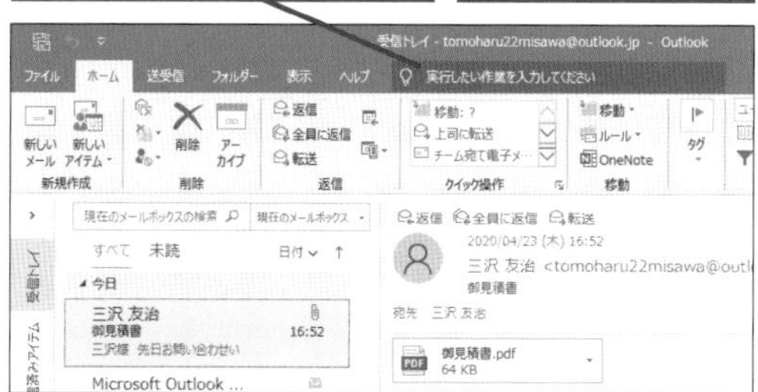

キーワードに関連する機能やヘルプ項目が表示された

項目をクリックすると、機能の実行やヘルプを参照できる

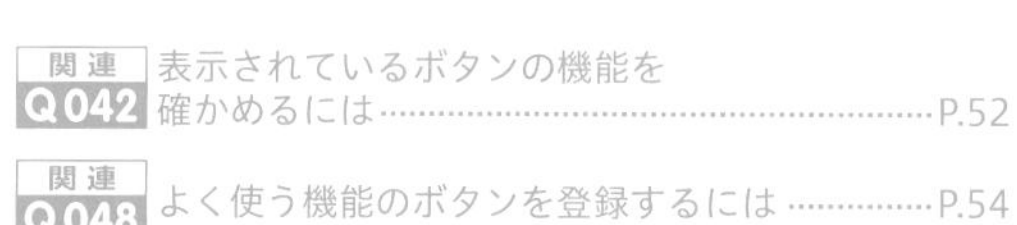

関連 Q042 表示されているボタンの機能を確かめるには……P.52

関連 Q048 よく使う機能のボタンを登録するには……P.54

Q045 365 2019 2016 2013 お役立ち度 ★★★

ショートカットキーでリボンやメニューを操作するには?

A Alt キーを押します

マウスやタッチ操作でリボンにある機能を選択できますが、キーボードのみで操作するショートカットキーも用意されています。Alt キーを押すとリボンに文字が表示されるので、その文字のキーを押すと目的の機能を利用できます。

1 Alt キーを押す

リボン上の機能を使用するためのショートカットキーが表示された

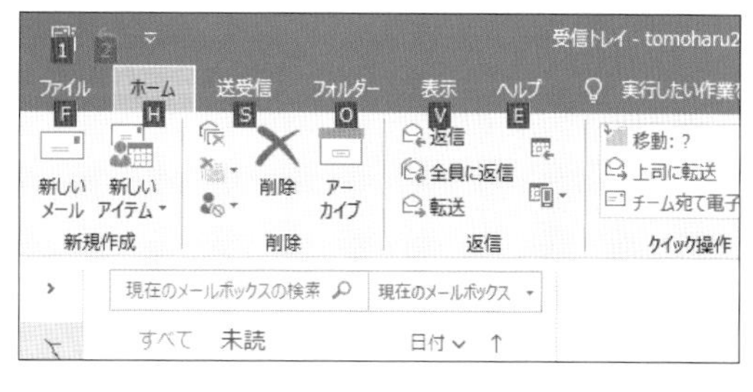

Q046 365 2019 2016 2013 お役立ち度 ★★★

見慣れないタブがリボンに表示された

A 操作の対象によってタブの内容が切り替わります

画像を挿入したり、表を作って選択したりするとリボンに見慣れないタブが表示されることがあります。これはコンテキストタブと呼ばれるタブです。操作の内容によって、それぞれの操作に合わせた項目が表示されます。例えば、SmartArtを選択すると［SmartArtツール］タブが表示され、レイアウトの変更を行えます。

◆コンテキストタブ

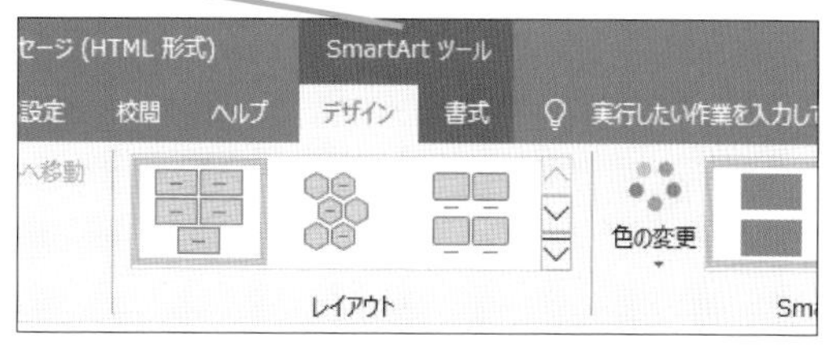

Q047 365 2019 2016 2013 お役立ち度 ★★★

Officeのテーマを変更したい

A ［Officeアカウント］の画面で設定を変更します

ExcelやWordなどのOffice製品は共通のテーマで各アプリのデザインを統一できます。以下の方法でテーマを変更しましょう。なお、Outlook 2016と2013では以下の手順にある［黒］は選べません。

1 ［ファイル］タブをクリック

2 ［Officeアカウント］をクリック

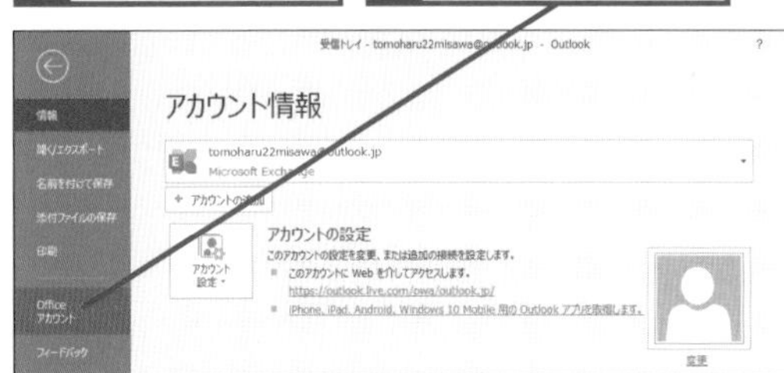

3 ［Officeテーマ］のここをクリック

4 ［黒］をクリック

Officeのテーマが［黒］に変更された

Q048 365 2019 2016 2013 お役立ち度 ★★★

よく使う機能のボタンを登録するには

A クイックアクセスツールバーに登録します

［クイックアクセスツールバー］には、リボンのボタンを登録できます。ここにボタンを登録すると、リボンを切り替える手間が省け、簡単に機能を選択できます。例えば会議を設定しておけば、［メール］の画面に居ながらに会議を作成できます。また、クイックアクセスツールバーにあるボタンにマウスポインターを合わせるとショートカットキーがある場合はかっこ内にキーが表示されます。そのためクイックツールバーに登録したボタンは、ショートカットキーで素早く操作することも可能です。

➡ショートカットキー……P.310

ワザ019を参考に、［Outlookのオプション］ダイアログボックスを表示しておく

1 ［クイックアクセスツールバー］をクリック

2 ここをクリックしてコマンドの種類を選択

3 登録したい機能名をクリック

4 ［追加］をクリック

5 ［OK］をクリック

クイックアクセスツールバーに選択した機能のボタンが追加された

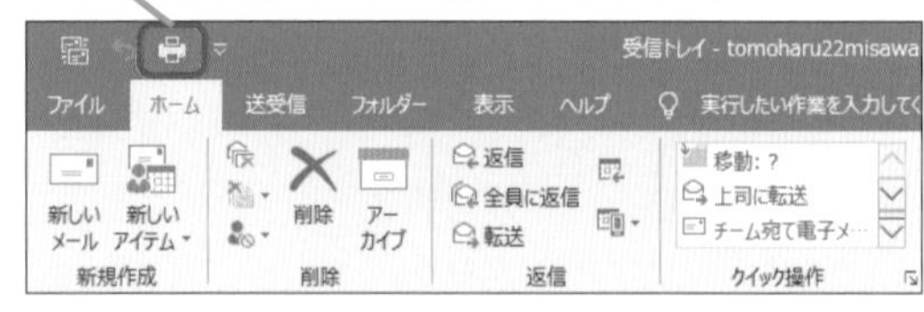

関連 Q049 登録したボタンを削除するには……P.55
関連 Q051 オリジナルのタブによく使う機能のボタンを登録するには……P.56

Q049 365 2019 2016 2013 お役立ち度 ★★★

登録したボタンを削除するには

A クイックアクセスツールバーの ユーザー設定をリセットします

[クイックアクセスツールバー] にボタンを登録していくと、数が多くなってしまい収拾がつかなくなることがあります。その場合は以下の操作を行うと初期表示に戻ります。一部のボタンのみを削除したい場合は、[その他のコマンド] をクリックした後、削除したい機能をクリックし、中央にある[削除]をクリックしたのち [OK] ボタンをクリックしてください。

1 [クイックアクセスツールバーのユーザー設定をクリック]

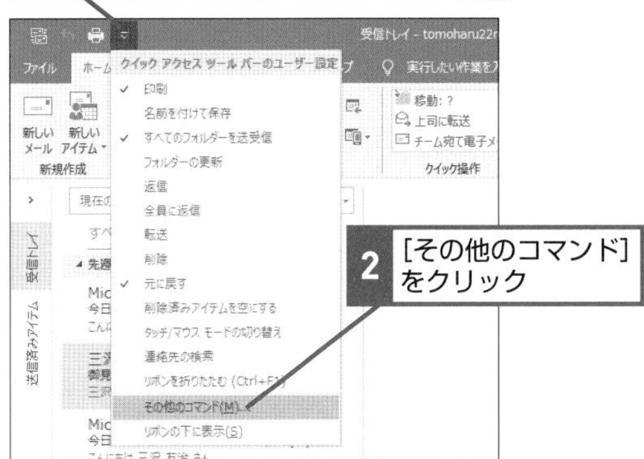

2 [その他のコマンド]をクリック

3 [ユーザー設定]のここをクリック

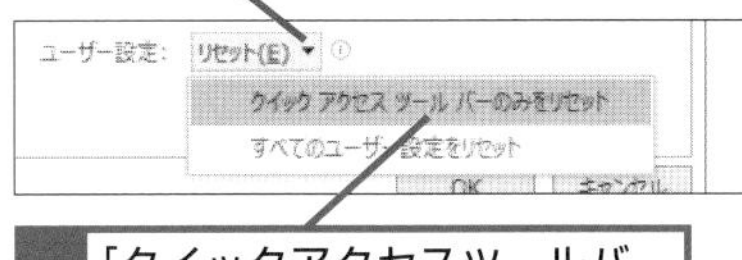

4 [クイックアクセスツールバーのみをリセット]をクリック

ユーザー設定のリセットを確認する画面が表示された

5 [はい]をクリック

6 [OK]をクリック

クイックアクセスツールバーのユーザー設定がリセットされる

Q050 365 2019 2016 2013 お役立ち度 ★★★

起動後に表示される画面を変更するには

A 起動時に表示するフォルダーを 変更します

初期設定ではOutlookの起動直後は [メール] の画面が表示されるようになっていますが、利用用途によっては予定表を表示したいケースがあるかもしれません。そういった場合は以下の設定を行うことで予定表を起動時に表示できます。

ワザ019を参考に [Outlookのオプション] ダイアログボックスを表示しておく

1 [詳細設定]をクリック

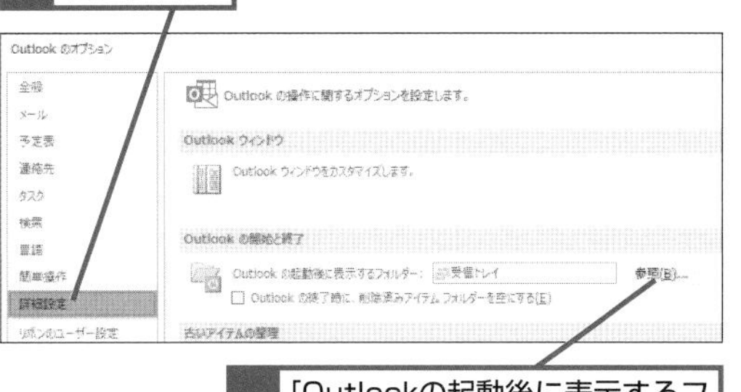

2 [Outlookの起動後に表示するフォルダー]の[参照]をクリック

[フォルダーの選択]ダイアログボックスが表示された

3 [予定表] をクリック

4 [OK] をクリック

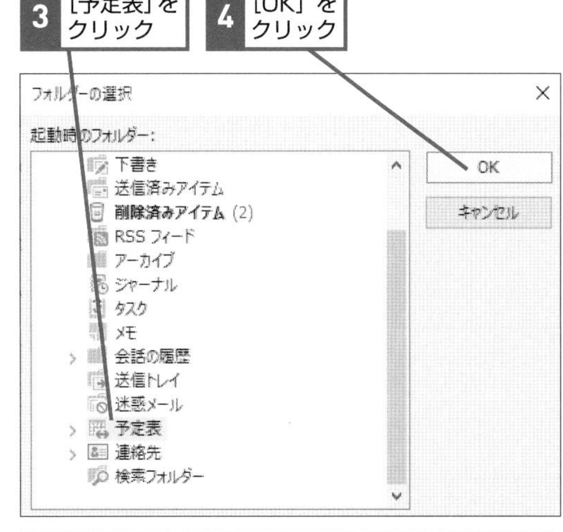

5 [OK] をクリック

Outlookの起動後に [予定表] の画面が表示されるようになる

Q051 365 2019 2016 2013 お役立ち度 ★★★

オリジナルのタブによく使う機能のボタンを登録するには

動画で見る

A [リボンのユーザー設定] で新しいタブを作ります

[クイックアクセスツールバー] では数個のボタン登録が限度です。もっと多くのボタンを登録したい場合は、リボンにオリジナルのタブを作りましょう。以下の手順でオリジナルのタブを作成すると、表示している画面の機能にとらわれずさまざまな種類のボタンを配置できます。

このタブは表示している画面に設定されます。[メール] 画面のリボンにタブを追加したい場合は [メール] 画面からボタンの登録を実施してください。また、タブ以外にも [ホーム] タブに新しいグループを作成し項目を追加することも可能です。

➡タブ……P.311

ワザ019を参考に [Outlookのオプション] ダイアログボックスを表示しておく

1 [リボンのユーザー設定]をクリック

2 [新しいタブ] をクリック

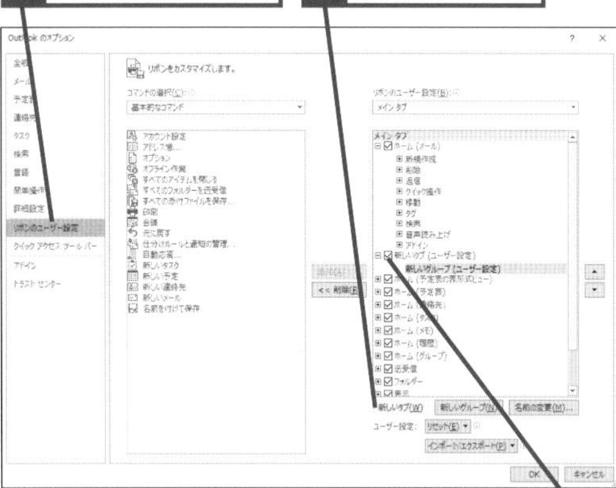

3 [新しいタブ] にチェックマークが付いていることを確認

4 ここをクリックしてコマンドの種類を選択

5 登録したい機能名をクリック

6 [追加]をクリック

選択した機能が項目に追加された

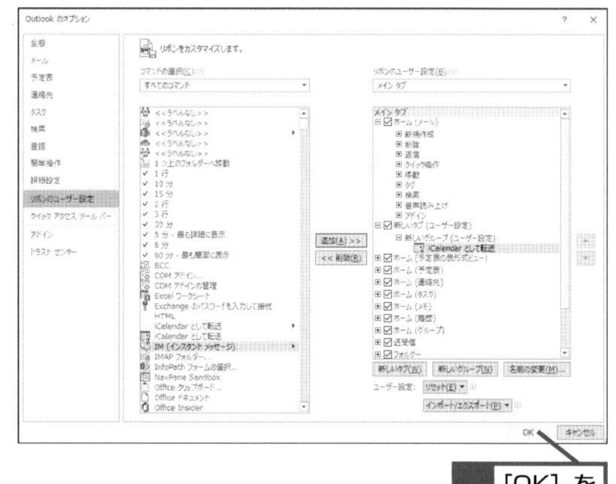

7 [OK] をクリック

新しいタブがリボンに追加され、登録した機能のボタンが表示された

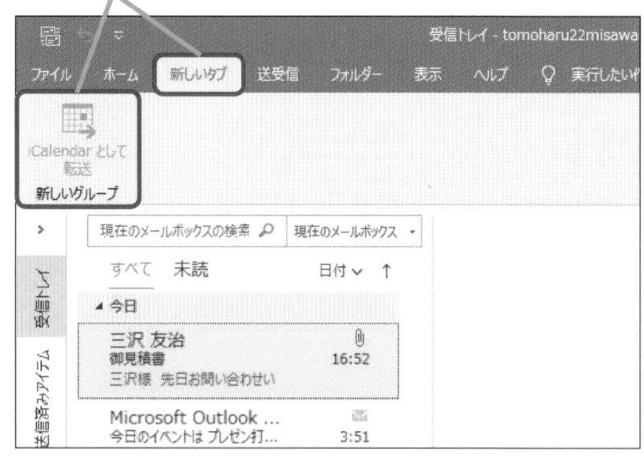

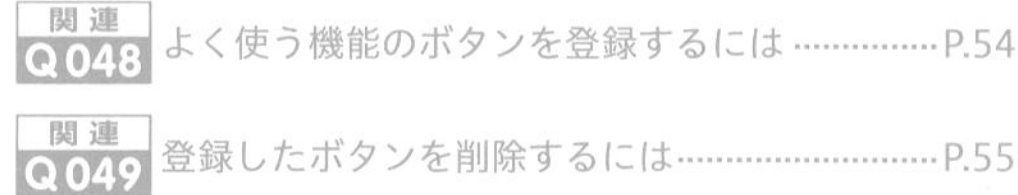

関連 Q048 よく使う機能のボタンを登録するには……………P.54

関連 Q049 登録したボタンを削除するには……………P.55

Q052 365 2019 2016 2013 お役立ち度 ★★★

リボンやタブに表示される言語を変更したい

A Office.comから言語パックをインストールします

日本語以外の表記にしたいときは言語の追加を行いましょう。言語を追加しておくと、メッセージの校正に利用される言語も増えるため、複数の言語でメールを送付する場合にも設定しておくと便利です。Outlook 2016は［Windowsの設定言語はここで変更します］をクリックし、表示されるWindowsの［設定］アプリ画面で［優先する言語を追加する］をクリックします。そして、追加したい言語を選択し、［次へ］をクリックして、［インストール］をクリックしましょう。インストールが完了したら操作6以降と同じ手順で設定できます。

ワザ019を参考に［Outlookのオプション］ダイアログボックスを表示しておく

1 ［言語］をクリック

2 ［Office.comから追加の表示言語をインストール］をクリック

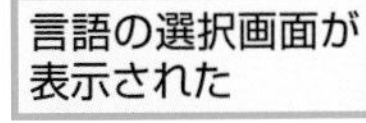

3 インストールする言語をクリック

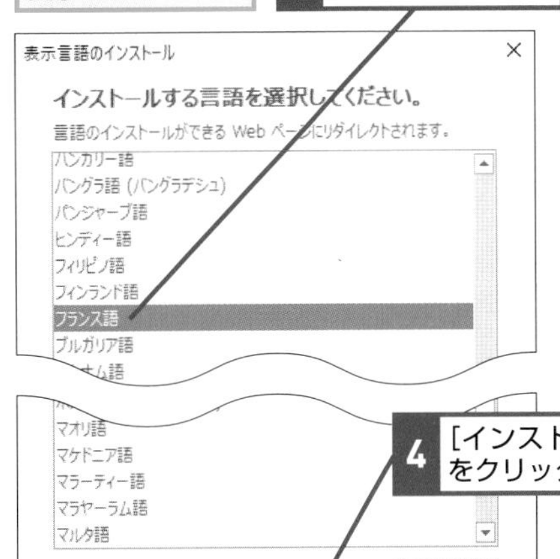

4 ［インストール］をクリック

Microsoft Edgeが起動し、言語のダウンロードページが表示された

5 ［Download］をクリック

Install the French Language Pack for 32-bit Office

Click Download to get the language pack, then run the downloaded file.

ダウンロードしたファイルを実行し、指示に従ってインストールを完了しておく

Outlookを再起動して、［Outlookのオプション］ダイアログボックスを表示しておく

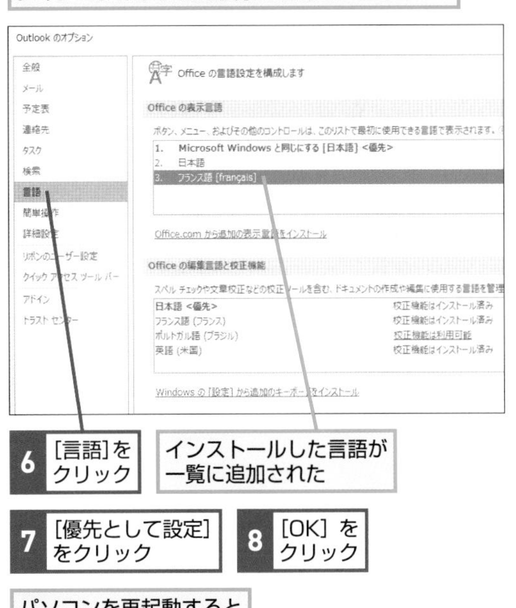

パソコンを再起動すると表示言語が変更される

Q053 365 2019 2016 2013 お役立ち度 ★★★

Outlookでどんなタッチ操作ができるの?

A タップやスライドなどの操作ができます

タッチ操作はマウスの操作を代替できます。マウスの操作と一部やり方が異なっていたり呼び方が違っていたりするため用語をしっかり覚えておきましょう。マウス操作の［クリック］は［タップ］、［ダブルクリック］は［ダブルタップ］、［右クリック］は［長押し］、［ドラッグ］は［スライド］と呼びます。またタッチ操作では、指を滑らせる［スワイプ］やズームを行う［ピンチ］、画面外にスワイプする［フリック］といった操作も可能です。タッチ操作に似たものに、ペン操作があります。ペン操作でもタッチ操作同様に操作できます。

➡タッチモード……P.311

●タップ

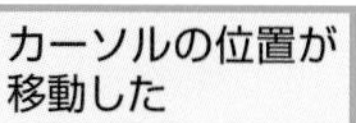

●ダブルタップ

1 指でトントンと2回たたく

マウス操作のダブルクリックに相当する

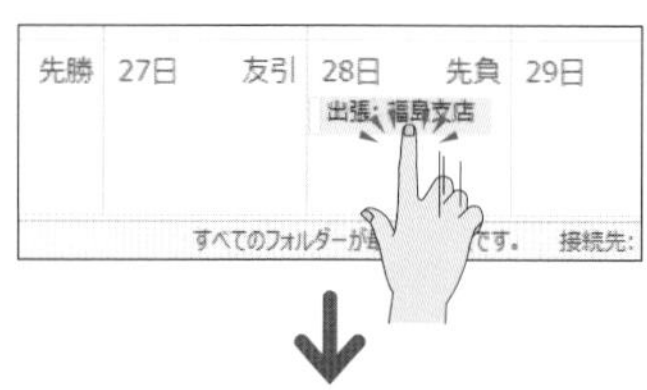

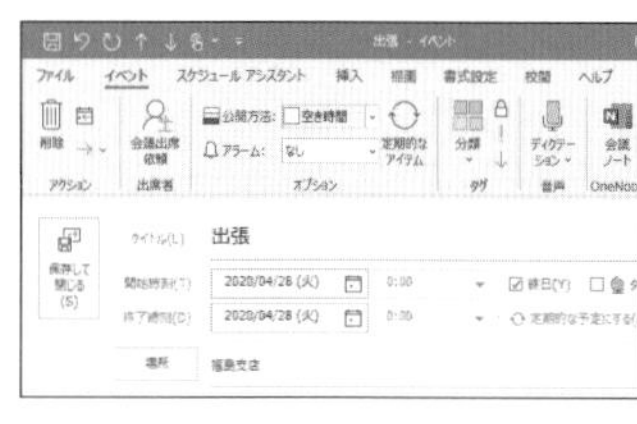

［予定］ウィンドウが表示された

●長押し

1 画面をタッチし続け、半透明の四角形が表示されたら手を話す

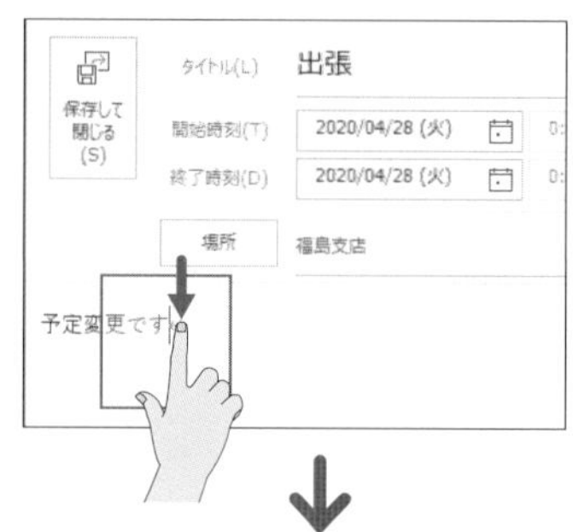

マウス操作の右クリックに相当する

●スライド（ドラッグ）

1 タッチしたまま上下左右に動かす

マウス操作のドラッグに相当する

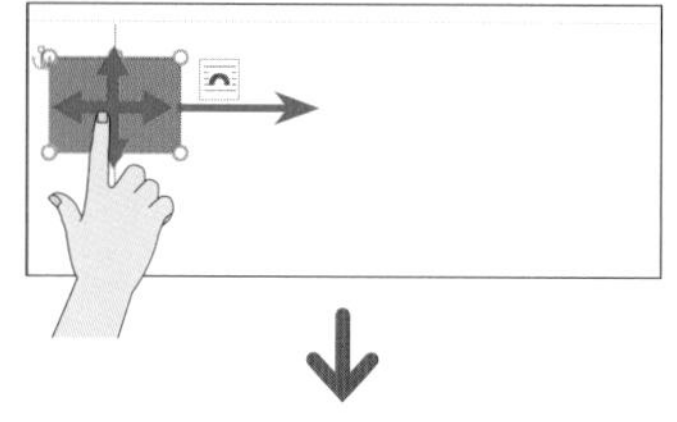

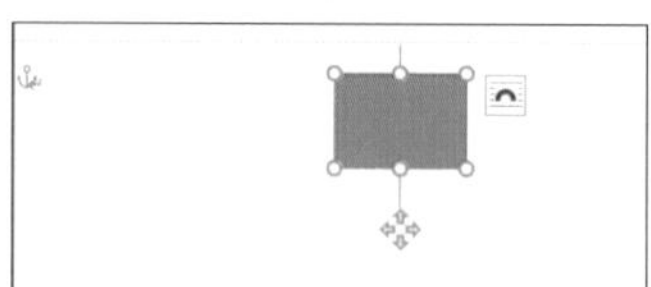

図形が移動した

関連 Q054 タッチ操作をしやすくするには？ ……P.59
関連 Q055 タッチ操作で手書きの文字を入れたい ……P.59

Q054 365 2019 2016 2013 お役立ち度 ★★★

タッチ操作をしやすくするには？

A ボタン同士の間隔を広げましょう

タッチ操作をしていると隣のボタンを押してしまうことがあります。そんなときは、コマンド間隔を最適化しましょう。以下の操作で、指で押しやすい間隔にボタンが大きくなります。

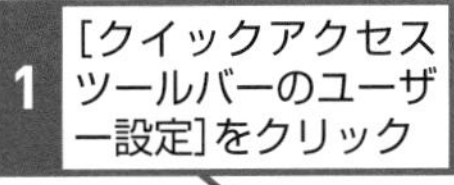

1 [クイックアクセスツールバーのユーザー設定]をクリック

2 [タッチ/マウスモードの切り替え]をクリック

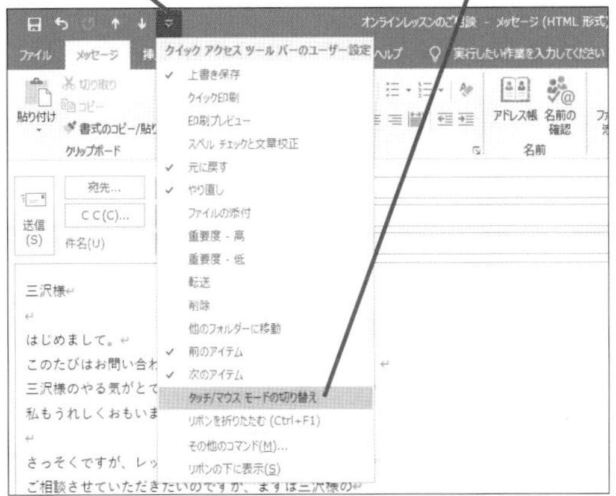

クイックアクセスツールバーにボタンが追加された

3 [タッチ/マウスモードの切り替え]をクリック

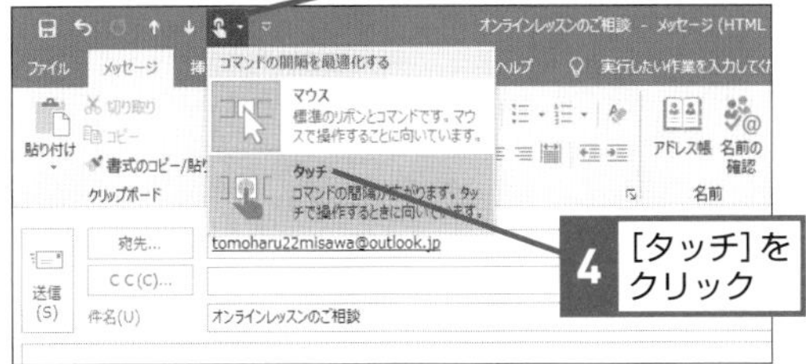

4 [タッチ]をクリック

ボタンの間隔が広がり、タッチ操作がしやすくなった

Q055 365 2019 2016 2013 お役立ち度 ★★★

タッチ操作で手書きの文字を入れたい NEW!

A [描画] タブで [描画キャンバス] を選択します

Outlook 2019より手書きの文字も入力できるようになりました。

ワザ054を参考に、タッチモードをオンにしておく

ワザ106を参考に、メッセージのウィンドウを表示しておく

1 ここをクリック

2 [描画キャンバス]をクリック

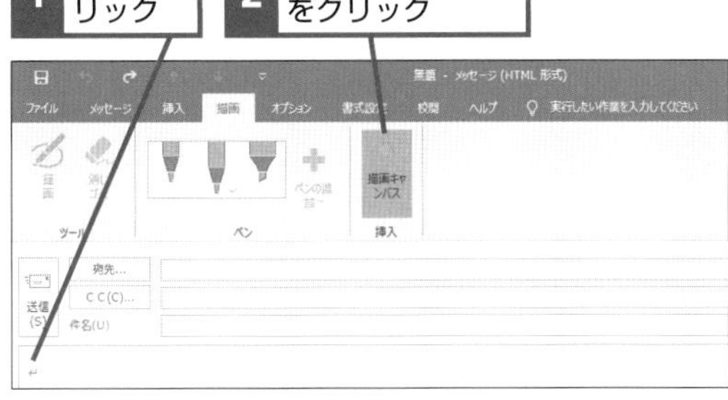

ペン入力のためのキャンバスが挿入された

3 [描画]をクリック

4 ここをクリック

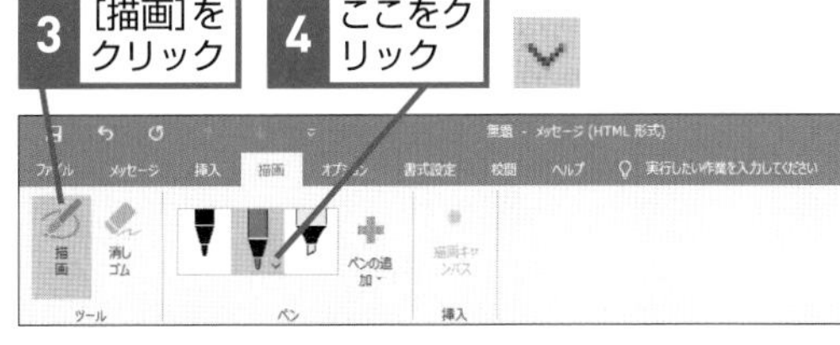

ペンの太さや色、飾りを選択する

5 [銀河]をクリック

6 タッチペンで文字を書き込む

手書きの文字が入力できた

第2章 メールを送受信する

受信メールを読む

メールはOutlookの最も基本的かつ利用頻度が高い機能です。基本を覚えておけばメールを素早く処理できます。

Q056 365 2019 2016 2013 お役立ち度 ★★☆

メール画面の主な構成が知りたい

A フォルダーウィンドウやビューで閲覧ウィンドウに表示する内容を切り替えます

Outlookは、複数のメールアドレスを一元管理できるように画面が構成されています。左側にあるフォルダーウィンドウはメールアドレスごとにフォルダーが表示されます。お気に入り登録を使って複数メールアドレスの受信ボックスを配置すれば、多数のメールを一気に確認できます。また、GmailなどのWebメールと違い、アプリであることの利点を生かして複数のメールを同時に開けます。メールを返信ごとにまとめられる［スレッド］機能などもメールのやり取りが多い場合には効果を発揮してくれます。

➡スレッド……P.311

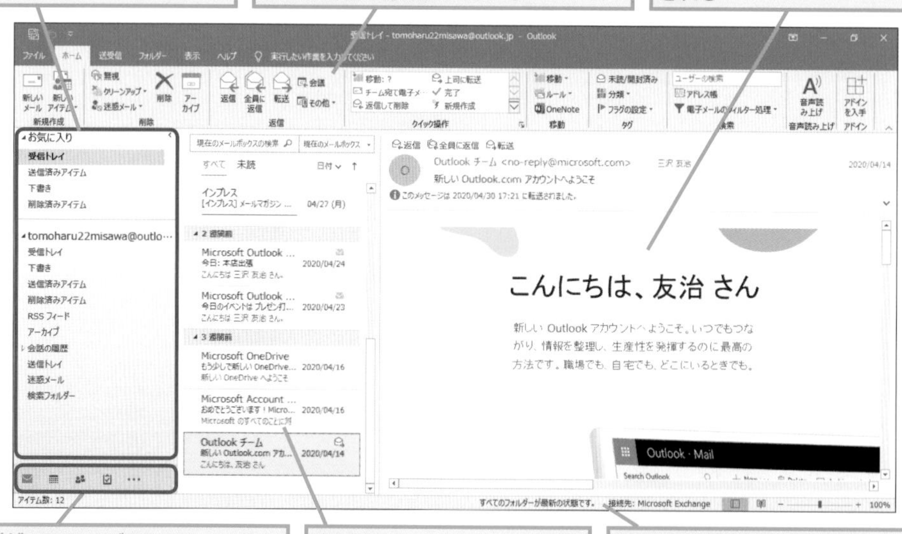

Q057 365 2019 2016 2013 お役立ち度 ★★★

フォルダーウィンドウにある各フォルダーの機能って？

A アイテムが種類ごとに分類されています

Outlookは［受信トレイ］や［送信済みアイテム］など、メールの役割ごとにフォルダーが分けられ、フォルダーウィンドウに一覧で表示されます。受信したメールは［受信トレイ］に入ります。Outlookを起動すると［受信トレイ］が選択された状態になるため、画面が小さい場合はフォルダーウィンドウを折りたたんでおくとよいでしょう。なお、フォルダーの名称はOutlook.comやGmailなどで若干異なります。

●フォルダーウィンドウの主なフォルダー

フォルダー	説明
受信トレイ	受信したメールが格納される。未読件数が横に表示されるので、新規メールがあるか一目で分かる
送信済みアイテム	送信が完了したメールがこのフォルダーに移動する。送信前のメールは［送信トレイ］に移動する
下書き	送信していないメールが保管される
削除済みアイテム	メールを削除するとこのフォルダーに移動する。フォルダー内のメールは一定期間が過ぎると自動的に削除される
アーカイブ	［アーカイブ］を設定したメールが格納される。通常、間違えて消したくないメールをこのフォルダーに格納する
迷惑メール	受信時に迷惑メールとして判定されたメールが格納される。フォルダー内のメールは30日で自動削除される
検索フォルダー	検索条件を設定し、条件と一致した検索結果がこのフォルダーに表示される。特定の人から来たメールなど、繰り返し検索したいときに利用する

●フォルダーウィンドウ

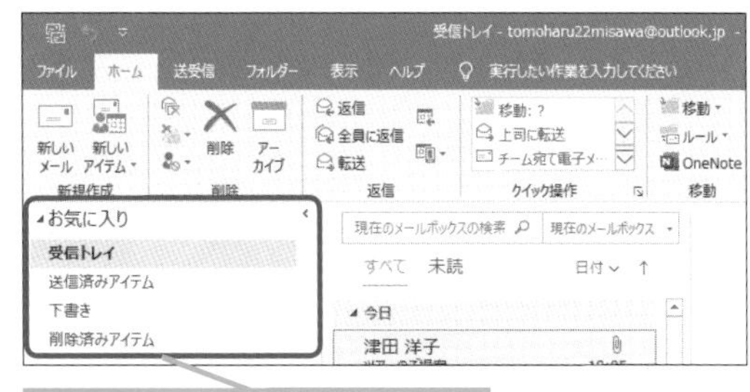

◆［お気に入り］フォルダー
よく使うフォルダーを登録できる

Q058 365 2019 2016 2013 お役立ち度 ★★★

受信したメールを読むには

A ［受信トレイ］から読みたいメールを選択します

メールが届くと［受信トレイ］に格納されます。Microsoft 365のOutlookを利用している場合は、AIによる重要度の判定によって［優先］と［その他］に分けられます。必ずしも優先度の高いメールのみが振り分けられるわけではないため、両方のトレイを確認してください。また、迷惑メールの疑いがある場合、［迷惑メール］フォルダーに格納されていることがあります。メールが見つからないときはそれぞれのフォルダーを見るようにしましょう。以降の説明ではフォルダーウィンドウを閉じています。フォルダーウィンドウを表示したい場合はワザ078を参照してください。

1 ［受信トレイ］をクリック

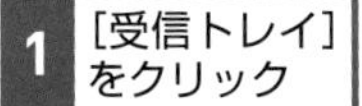

2 読みたいメールをクリック

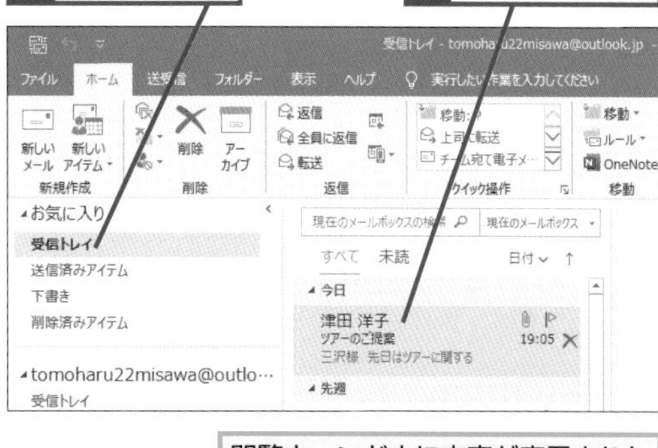

閲覧ウィンドウに内容が表示された

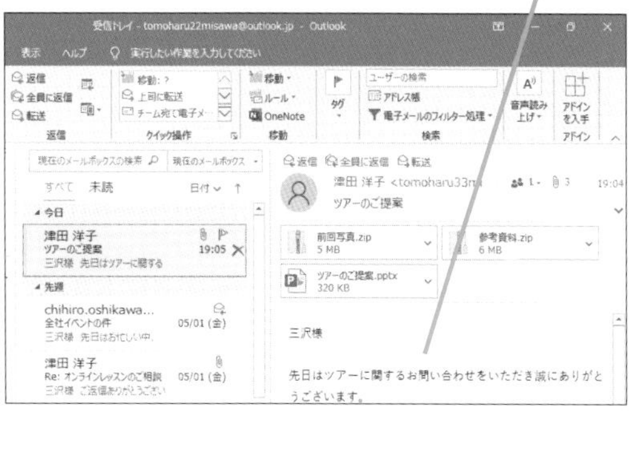

関連 Q109 メールを返信するには……P.86

Q059 365 2019 2016 2013 お役立ち度 ★★

メールを開封済みにするには

A 閲覧ウィンドウで表示してから移動します

メールは受信した直後は[未開封]として各フォルダーに格納されます。メールを読み、別のメールを選択するタイミングで［開封済み］に変化します。[未開封]の状態のメールがあるとフォルダー横に未開封のメールの件数が表示されます。ビューでメールを選択し、Ctrlキー＋Qキーで［開封済み］、Ctrl＋Uキーで［未開封］に切り替えられます。

➡フォルダー……P.312

未読のメールは太字で表示されている

メールを表示しただけでは既読にならない

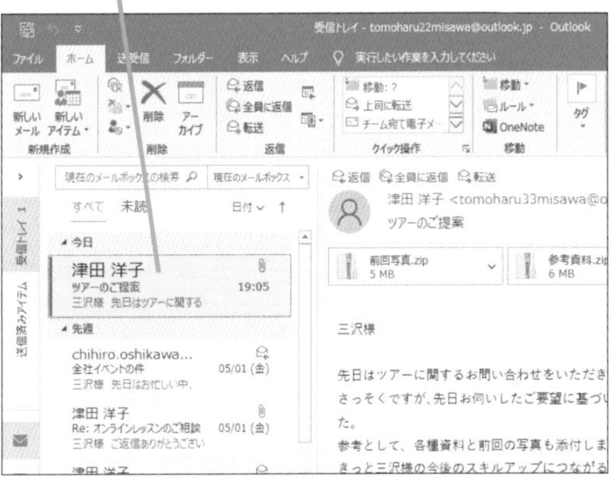

ほかのメールに移動すると既読になった

既読のメールは太字ではなくなる

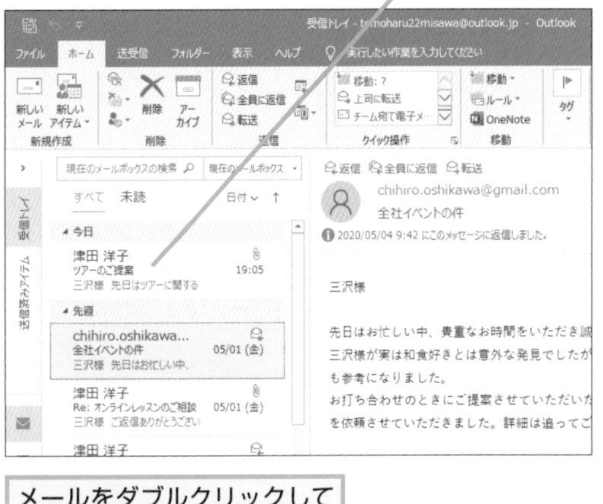

メールをダブルクリックして開いた場合も既読になる

Q060 365 2019 2016 2013 お役立ち度 ★★

メールを一定時間開いたら自動的に開封済みにしたい

A ［Outlookのオプション］画面で変更します

初期設定では別のメールに移動すると自動で［開封済み］となります。しかし、メールの中身を急ぎ確認してから、再読するような使い方をした場合、自動で開封済みになるとメールを確認したか分からなくなってしまいます。このようなときに、一定時間メールを開いていないと開封済みにならないようにしておくことで、タスク化のし忘れなどを防止できます。ただし、メールをダブルクリックして別のウィンドウで表示した場合は、この設定を行っていても開封済みになります。

ワザ019を参考に［Outlookのオプション］ダイアログボックスを表示しておく

1 ［詳細設定］をクリック

2 ［閲覧ウィンドウ］をクリック

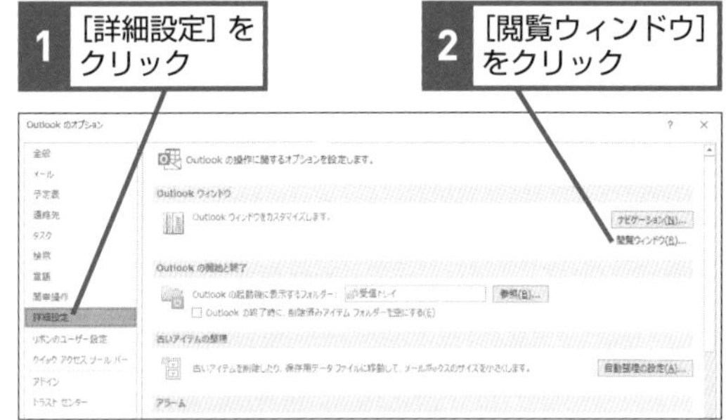

［閲覧ウィンドウ］ダイアログボックスが表示された

3 ［次の時間閲覧ウィンドウで表示するとアイテムを開封済みにする］をクリックしてチェックマークを付ける

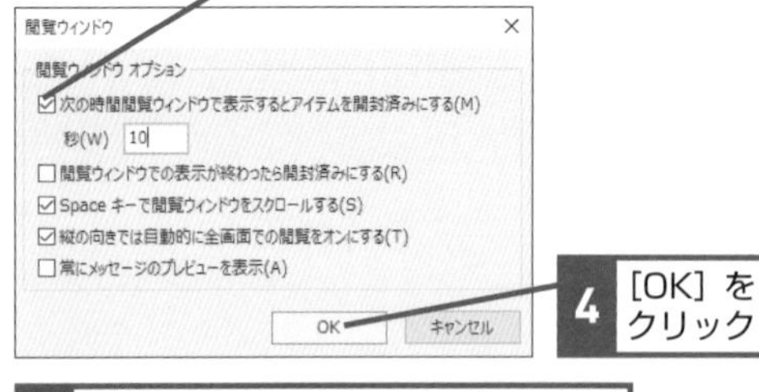

4 ［OK］をクリック

5 ［Outlookのオプション］ダイアログボックスで[OK]をクリック

Q061 365 2019 2016 2013 お役立ち度 ★★

メールをまとめて開封済みにするには

A [フォルダー] タブの [すべて開封済みにする] をクリックします

本来、受信したメールは [未開封] がない状態にしておくことが大切です。もし過去の未開封メールが多数残っている場合はまとめて開封済みにしておきましょう。一度開封済みにすると [戻る] ボタンでは [未開封] にできません。[開封済み] にしても問題ないときだけクリックするようにしましょう。

➡フォルダー……P.312

1 [受信トレイ] をクリック

2 [フォルダー] タブをクリック

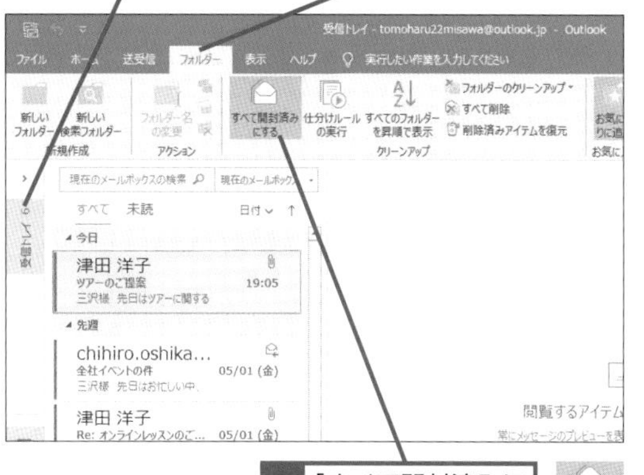

3 [すべて開封済みにする] をクリック

未読メールがすべて既読になった

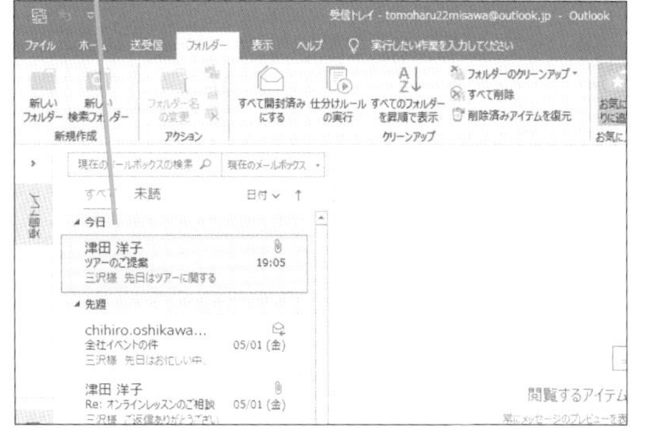

関連 Q064 読んでいないメールがどれだけあるか把握するには……P.64

Q062 365 2019 2016 2013 お役立ち度 ★★

読んだメールを未開封にしたい

A [ホーム] タブの [未読/開封済み] をクリックします

メールを誤って [開封済み] にした場合や、内容を確認したものの、後でまた読むために未開封にしたいメールがあったらこのボタンをクリックしましょう。ビューの左端にある青色のバー部分をクリックしても切り替えられます。

1 [受信トレイ] をクリック

2 未読にしたいメールをクリック

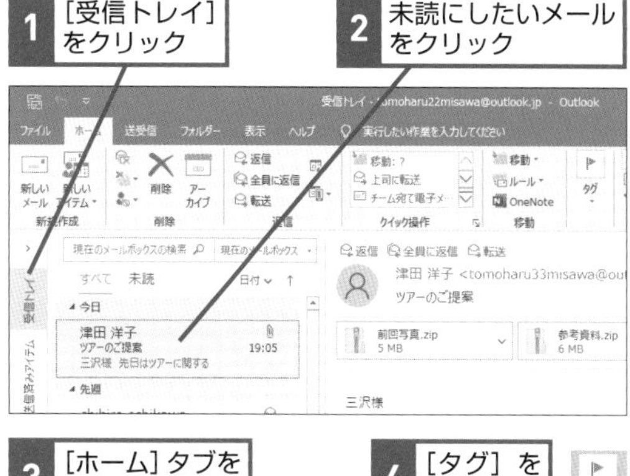

3 [ホーム] タブをクリック

4 [タグ] をクリック

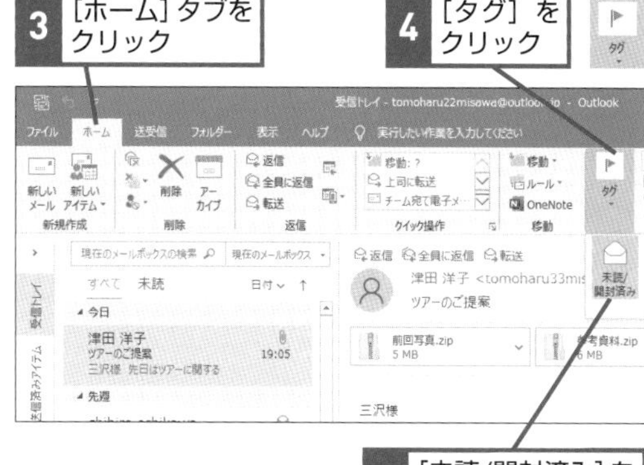

5 [未読/開封済み] をクリック

メールが未読になった

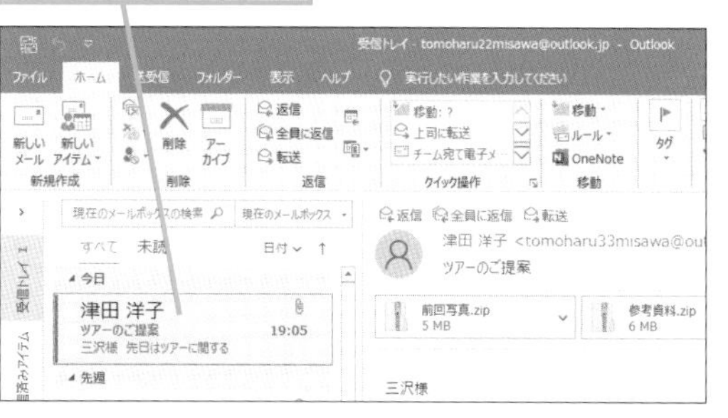

Q063 365 2019 2016 2013 お役立ち度 ★★

受信したメールを別画面で開きたい

A 読みたいメールをダブルクリックします

プレビュー画面で space キーを押すと、そのまま次のメールに移動します。しかしメールを別画面で表示した場合は space キーでのページ送りができないため、間違えて次のメールに移動してしまうことはありません。また、別画面でメールを開くとメールの文面が大きく表示されます。別画面表示のときは［クイックアクセスツールバー］の矢印マークをクリックすると、前後のメールに移動できます。なお、別画面で表示とするとメールは開封済みになります。

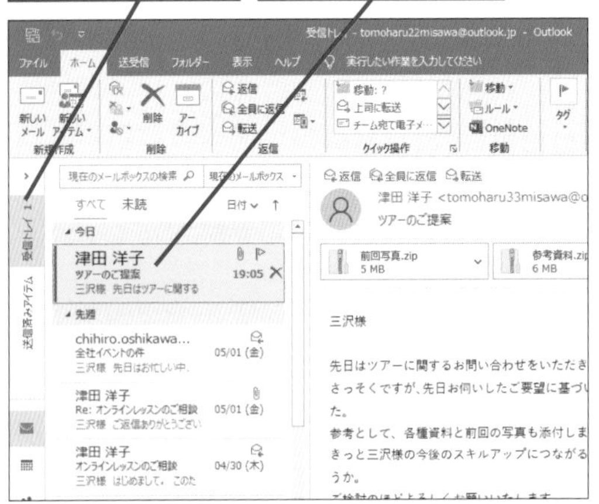

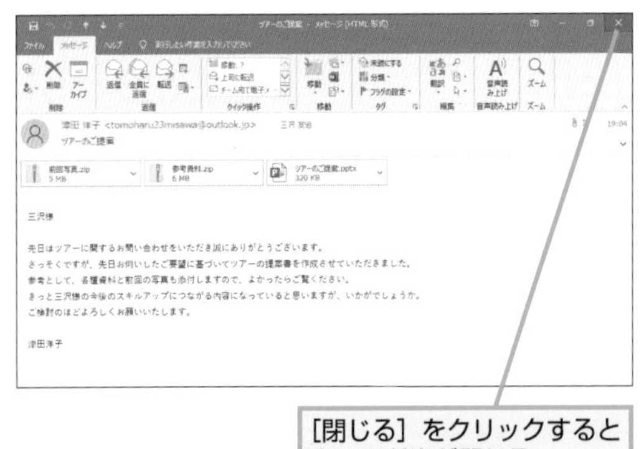

Q064 365 2019 2016 2013 お役立ち度 ★★

読んでいないメールがどれだけあるか把握するには

A ［未読］タブやフォルダーウィンドウで確認します

フォルダーごとに未読メールの件数が表示されます。この件数は都度計算しているわけではなく、未読がなくても1件と表示されることがあります。これはOutlookに作成されたキャッシュ情報とメールサービスの間で情報にずれが発生しているためです。その場合はフォルダーウィンドウでフォルダーを右クリックし、メニューの［プロパティ］から［オフラインアイテムをクリア］ボタンをクリックしてOutlookを再起動してください。メールをパソコンにダウンロードし直すため、ずれが解消されます。

●［未読］タブで確認する

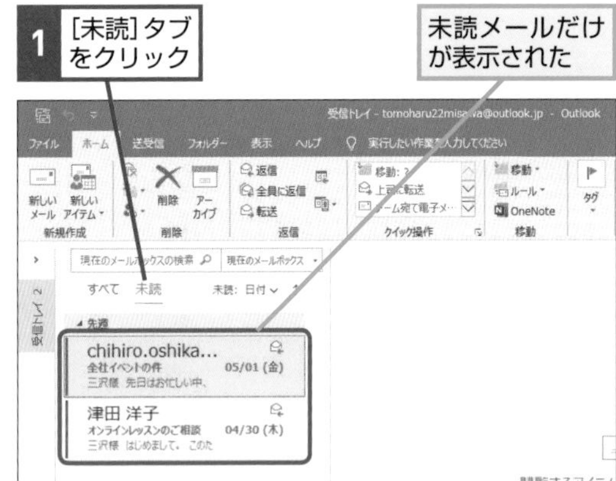

●フォルダーウィンドウで確認する

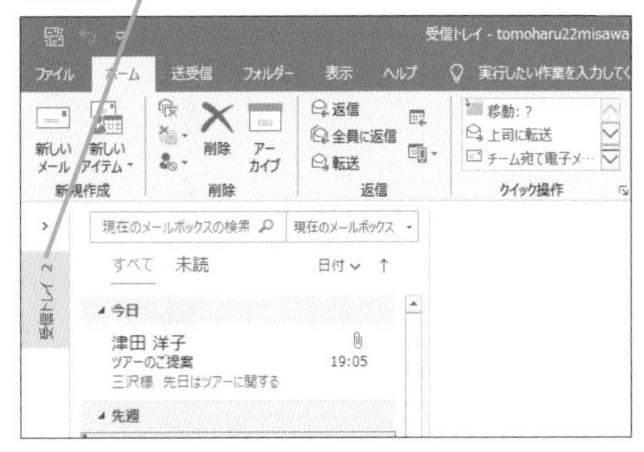

Q065 365 2019 2016 2013 お役立ち度 ★★☆

メールの一覧に表示される小さなアイコンは何？

A 添付ファイルの有無や返信済みなどを示します

アイコンは複数種類がありそれぞれ意味が異なります。[添付ファイル] のアイコンであれば、ファイルを探すときの目印になり、[返信済み] のアイコンであれば、返信漏れの有無が一目で分かります。アイコンは、表示だけのものや、中には操作が可能なものも存在します。

●メール一覧の主なアイコン

Office 2019	Microsoft 365	説明
(クリップ)	(クリップ)	添付ファイルがあるときに表示される
(返信済み)	(返信済み)	返信済みのメールに表示される
(転送)	(転送)	メールを転送すると表示される。返信してから転送した場合、後に操作したほうのアイコンが付く
(フラグ)	(フラグ)	タスクが設定されている際に付くアイコン。フラグをクリックすると完了とフラグを切り替えられる
!	!	重要度が [高] に設定されたメールに表示される
↓	↓	重要度が [低] に設定されたメールに表示される
(ベル)	(ベル)	会議の依頼メールなど、期限が設けられているアイテムに表示される

メールの内容や操作に応じたさまざまなアイコンが表示される

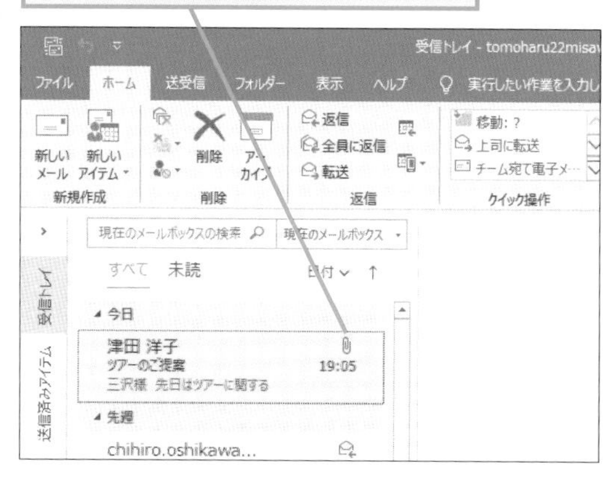

Q066 365 2019 2016 2013 お役立ち度 ★★☆

［優先受信トレイ］って何？

A 優先度の高いとOutlookが判断したメールが表示されます

AIが自動で判断した優先度の高いメールが表示されます。よく開くメールのあて先など、ユーザーの操作に応じて表示されるメールが変わります。クラウドサービスとしてExchange OnlineまたはOutlook.comを利用しているときに使える機能です。なお本書では[優先トレイ] をオフにした状態で解説を行っています。

[優先]タブには優先度が高いメールが表示される

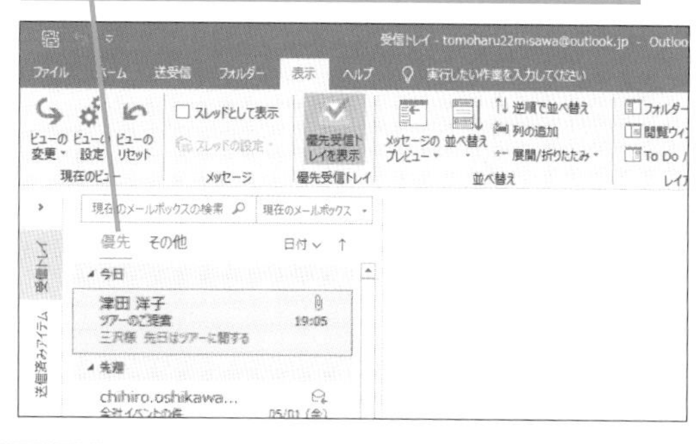

Q067 365 2019 2016 2013 お役立ち度 ★★☆

優先度の低いメールを読むには

A ［その他］タブをクリックします

[優先受信トレイ] は使い続けることで精度が上がっていきます。しかし、AIによる自動仕分けのため必ずしも優先度の高いメールのみを振り分けてくれるわけではありません。[その他] トレイもチェックを忘れないようにしましょう。

[その他]タブには優先度の低いメールが表示される

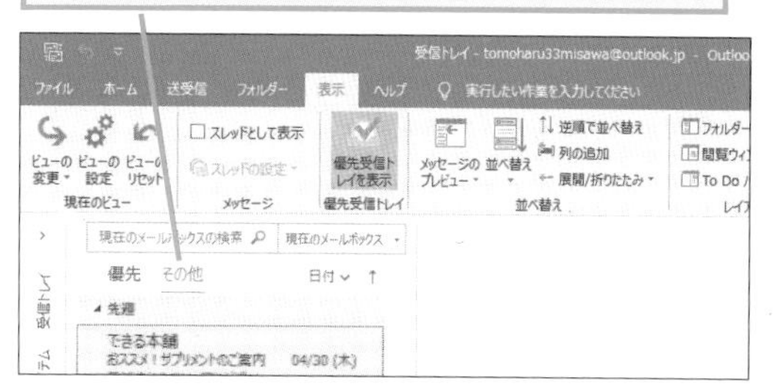

Outlookの基本 / メールの送受信 / メールの保管と分類 / 連絡先とアドレス帳 / 予定表 / タスク / 印刷 / ビジネス活用 / データ共有と連携

Q068 365 2019 2016 2013 お役立ち度 ★★★

［優先受信トレイ］の機能を使わないようにしたい

A ［表示］タブの［優先受信トレイを表示］をクリックします

［優先トレイ］は、AIが自動的に優先度の高そうなメールを振り分けたフォルダーです。特にOutlookを使い始めたばかりのときは精度が低いため、重要度が高いメールが［その他］に振り分けられることがあります。重要なメールを見落とさないようにするため［優先受信トレイ］の機能はオフにすることもできます。オフにするとすべてのメールと未読のメールの2種類を切り替えるボタンが表示されるようになります。

➡フォルダー……P.312

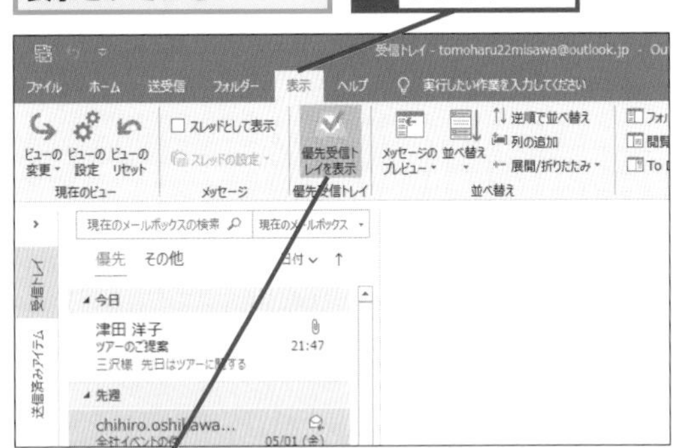

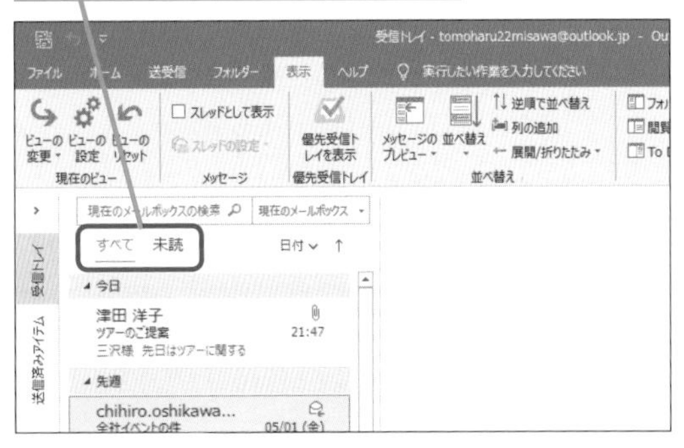

Q069 365 2019 2016 2013 お役立ち度 ★★

メールを受信した通知が出たらどうすればいい？

A 通知をクリックするとメールが表示されます

パソコンで作業をしていると、Outlookの画面を開いてメールの受信を都度確認している時間はありません。しかしそれでは大事なメールを見逃してしまいます。これを防ぐために通知機能を有効化しておきましょう。通知が有効になっているとメール受信時に着信の案内が表示されます。案内をクリックするとOutlookの画面に移動します。

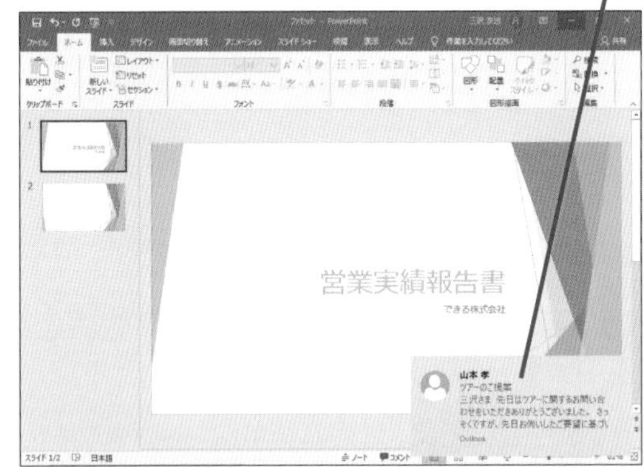

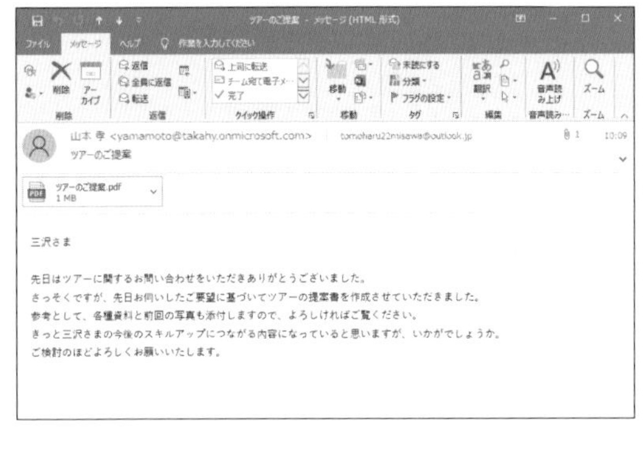

Q070 365 2019 2016 2013 お役立ち度 ★★

メールの通知がデスクトップに表示されない！

A ［Outlookのオプション］画面で設定します

メールの通知が表示されない場合は、まずOutlookの設定でオフになっていないか確認してみましょう。この操作でも通知が表示されないときはWindows 10の設定アプリから［システム］をクリックし、［通知とアクション］を表示して、Outlookの設定が［オン］になっていることを確認してください。そのほか、Windows 10のアクションセンターで［集中モード］が［オン］になっている場合もメールの通知が行われません。 ➡Windows 10……P.308

ワザ019を参考に［Outlookのオプション］ダイアログボックスを表示しておく

1 ［メール］をクリック

2 ［デスクトップ通知を表示する］をクリックしてチェックマークを付ける

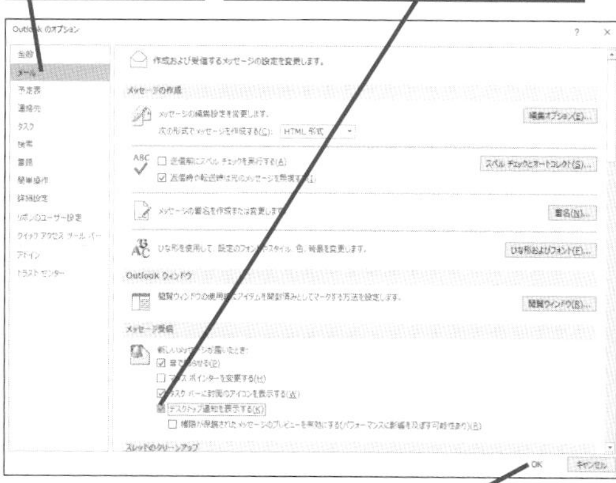

3 ［OK］をクリック

メールを受信したときに通知が表示されるようになる

Q071 365 2019 2016 2013 お役立ち度 ★★

Outlookのアイコンにメールのマークが付いた！

A メールが届いているので確認しましょう

Outlookではメールが届くとタスクバーのアイコンにメールマークが付き、タスクトレイに封書マークが表示されます。封書のアイコンをクリックするとOutlookがデスクトップの最前面に移動し、メール一覧の画面が表示されます。 ➡タスクバー……P.311

メールを受信するとタスクバーのアイコンにメールのマークが付く

通知領域にもメールのマークが付く

Q072 365 2019 2016 2013 お役立ち度 ★★

CCやBCC って何？

A メールのあて先以外にも送信したいときに使います

［CC］は、メールの内容を共有しておきたい人を指定します。例えば、同じプロジェクトを行っているメンバーにやり取りを共有したいときや、メール送信したことを上司に伝えたい場合に使います。一方で、［BCC］は受信した人にメールを別の人に送ったことを秘匿したいときに利用します。［宛先］や［CC］はそれぞれ誰に送ったか、受信した人にも分かるようになっていますが、［BCC］に指定した人は送り先の相手には表示されません。［BCC］の欄は初期状態では表示されないため、使うときはワザ113を確認してください。

Q073 365 2019 2016 2013 お役立ち度 ★★

自分のほかにメールを受信した人は誰か確認したい

A 閲覧ウィンドウの人のマークをクリックします

メールが複数人に送られるとプレビュー画面内のあて先が見切れてしまうことがあります。そのときはこの方法で一覧表示するとよいでしょう。Microsoft 365のOutlookでは人数が表示され、クリックすると［宛先］欄が広がります。

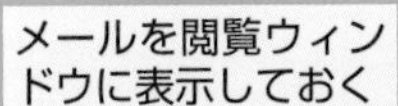

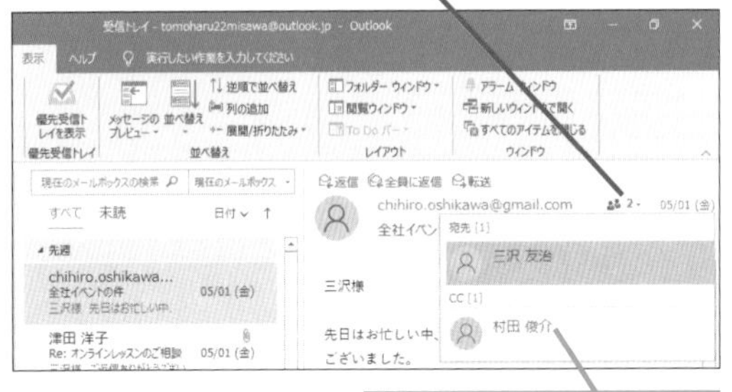

Q074 365 2019 2016 2013 お役立ち度 ★★

開封確認のメッセージが表示されたら？

A ［はい］をクリックすると送信者に開封確認が送信されます

開封確認画面が表示されるのはメールを送る側で送信時に、開封したら応答が返信されるよう設定しているためです。開封確認を行うとメールが送信者に返信されます。スパムメールに開封確認を行ってしまうとメールアドレスが有効であると知らせてしまうことになります。メールアドレスが信用できるときのみ［はい］をクリックするようにしましょう。

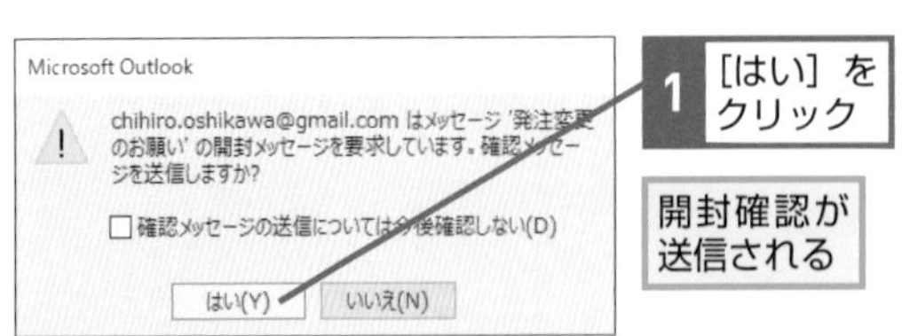

Q075 365 2019 2016 2013 お役立ち度 ★★

メールが来たことを確認したい

A ［すべてのフォルダーを送受信］ボタンをクリックします

Outlookを起動しておくとExchange OnlineやOutlook.comなどのクラウドサービスはリアルタイム、Gmailやプロバイダーメールは通常30分おきにメールを受信するようになっています。送ってもらったメールを今すぐ確認したいときにはこの手順を行いましょう。受信だけでなく送信も行われるため、インターネットに接続しない状態でメールを書き貯めていたときなどは、インターネット接続時にこのボタンを押して送信するとすぐに送付が開始されます。また、メールだけでなく予定表などの更新もこのボタンで実行されます。

➡起動……P.309

● ［送受信］タブから実行する

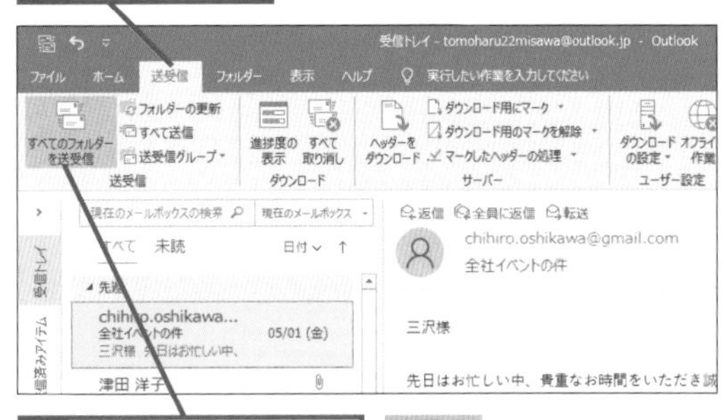

●クリックアクセスツールバーから実行する

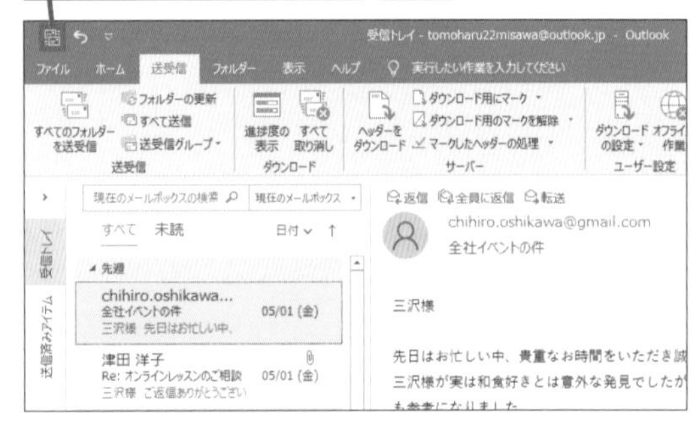

Q076 365 2019 2016 2013 お役立ち度 ★★

メールの受信状況を表示するには

A ［送受信］タブの［進捗度の表示］をクリックします

［進捗度の表示］画面はメールの送受信状態を表示する画面です。予定していたメールが届かないなど、うまくOutlookが動作していないと思ったらこのボタンをクリックしてみましょう。また、サイズの大きなメールを送信している最中などは、その間受信が行えないなど、そのほかの処理が止まって見えることがあります。そのときはこの画面で送受信のエラーがないかを確認するとよいでしょう。クラウドサービスとしてExchange OnlineやOutlook.comを使っているとリアルタイムで送受信されます。これらのサービスを使っている場合は、画面下のステータスバーに現在の状態が表示されます。

1 ［送受信］タブをクリック

2 ［進捗度の表示］をクリック

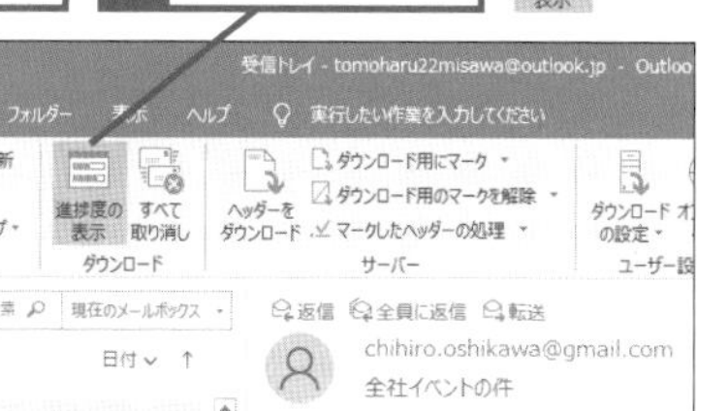

［Outlook送受信の進捗度］ダイアログボックスが表示された

Outlook 送受信の進捗度
1/1 のタスクが完了しました
すべて取り消し(C)
<< 詳細(D)
送受信中はこの画面を表示しない(S)
タスク エラー
名前 進行状況 残り
tomoharu22misawa@outlook.jp - 送... 完了
tomoharu22misawa@outlook.jp - 送信中
タスクの取り消し(T)

メールを送受信している場合は［タスク］タブに送受信の状況が表示される

確認が終わったら［閉じる］ボタンをクリックしてダイアログボックスを閉じておく

Q077 365 2019 2016 2013 お役立ち度 ★★

メールの受信頻度を変更したい

A ［Outlookのオプション］画面で変更します

Gmailやプロバイダーメールは通常30分間隔でOutlookにメールが来るようになっています。この間隔を狭めたいときは受信頻度を変更してください。この設定はメールアドレスごとに変更できます。

➡プロバイダーメール……P.312

ワザ019を参考に［Outlookのオプション］ダイアログボックスを表示しておく

1 ［詳細設定］をクリック

2 ここを下にドラッグしてスクロール

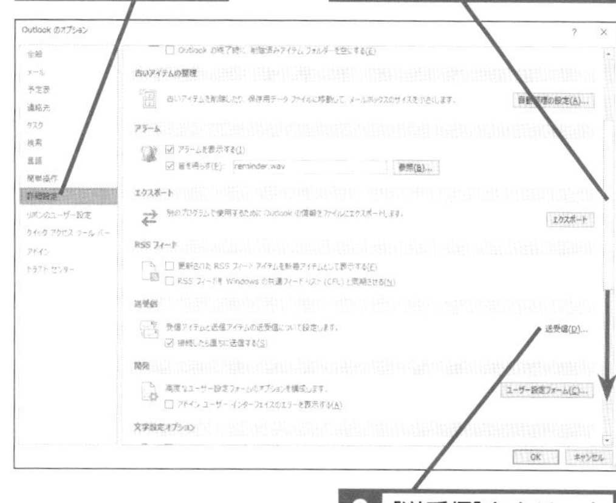

3 ［送受信］をクリック

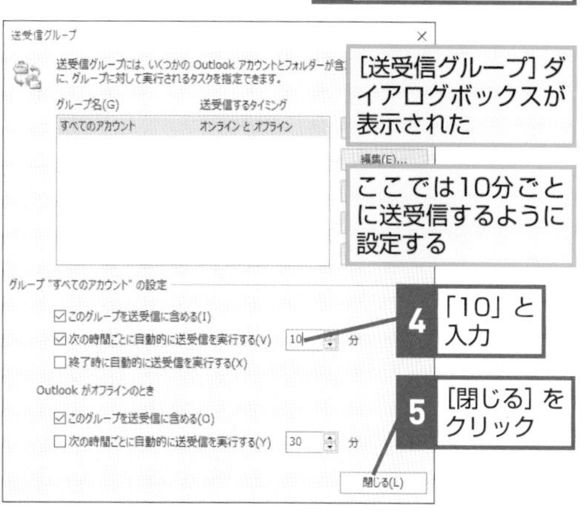

［送受信グループ］ダイアログボックスが表示された

ここでは10分ごとに送受信するように設定する

4 「10」と入力

5 ［閉じる］をクリック

6 ［Outlookのオプション］画面で［OK］をクリック

受信メールの表示を変更する

ここではメール一覧の表示順序や本文の表示を変更する方法を説明します。使いやすいように画面やフォルダーをカスタマイズしましょう。

Q078 365 2019 2016 2013 お役立ち度 ★★

フォルダーウィンドウの表示を切り替えたい

A フォルダーウィンドウの右にあるボタンをクリックします

フォルダーウィンドウは［受信トレイ］や［送信済みアイテム］など、メールアドレスに紐づくメールの格納先（フォルダー）を一覧表示します。

●フォルダーウィンドウを最小化する

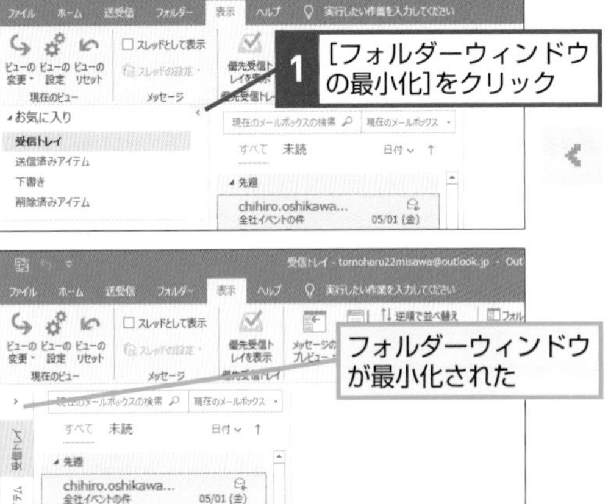

●フォルダーウィンドウを表示する

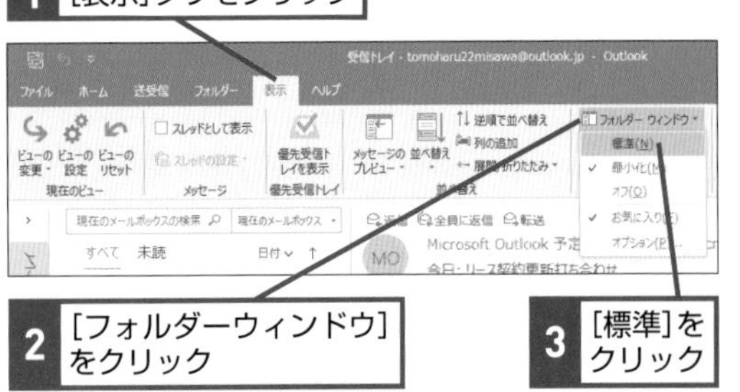

Q079 365 2019 2016 2013 お役立ち度 ★★

メールのプレビュー画面の位置を変更するには

A ［表示］タブの［閲覧ウィンドウ］ボタンをクリックします

メール一覧の下に表示すると［差出人］［受信日時］などの並び替え用のタイトルが表示され、タイトルや添付ファイルの有無での並び替えが行いやすくなります。また、件名の表示幅も広がるため、メールを俯瞰しやすくなります。メールのプレビュー自体をやめたいときは、［閲覧ウィンドウ］をクリックし、［オフ］を選択します。なお、閲覧ウィンドウの表示を［下］や［オフ］にした場合は、space キーでメール本文のページ送りはできません。

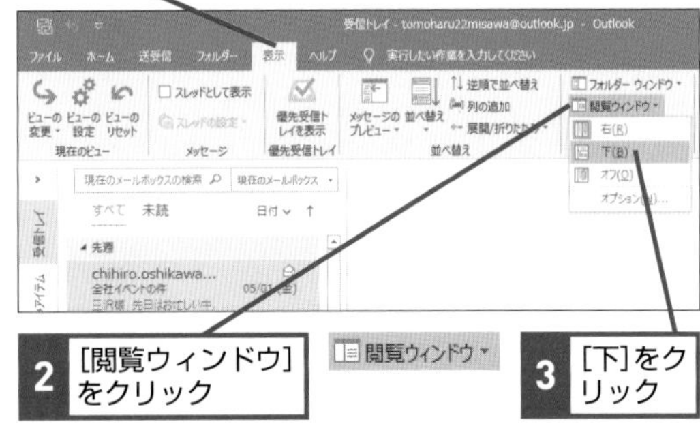

閲覧ウィンドウが画面の下部に表示された

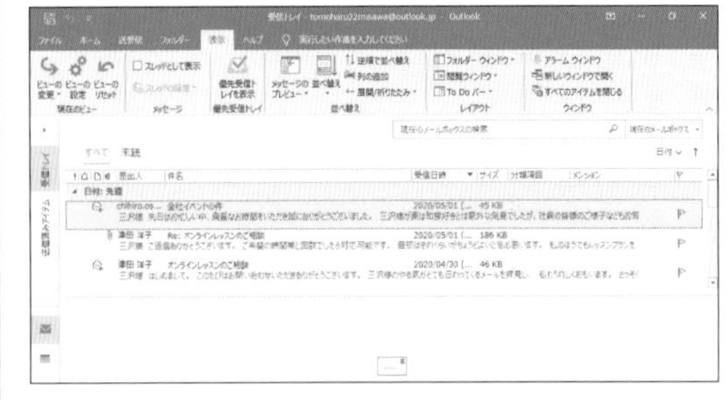

Q080 365 2019 2016 2013 お役立ち度 ★★☆

メールを送信してくれた人を一覧表示したい

A [表示] タブで [並べ替え] ボタンをクリックします

[並べ替え] で [差出人] をクリックすると、メールの一覧が送信者ごとにグループ化されます。過去のメールをメールの送信者ごとに並べて確認したいときに使いましょう。

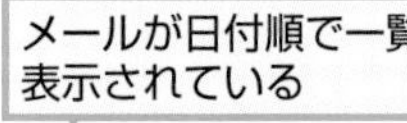

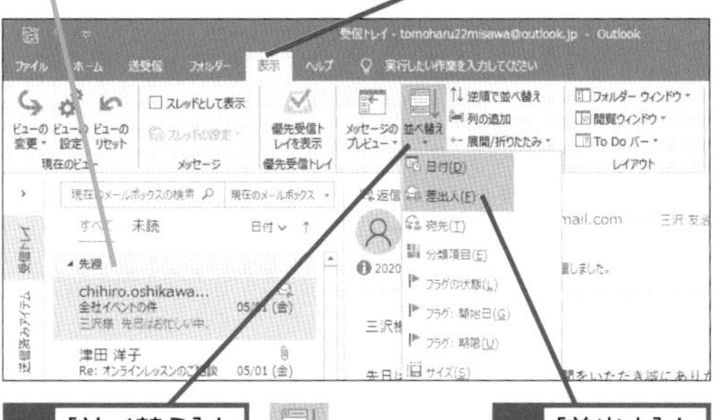

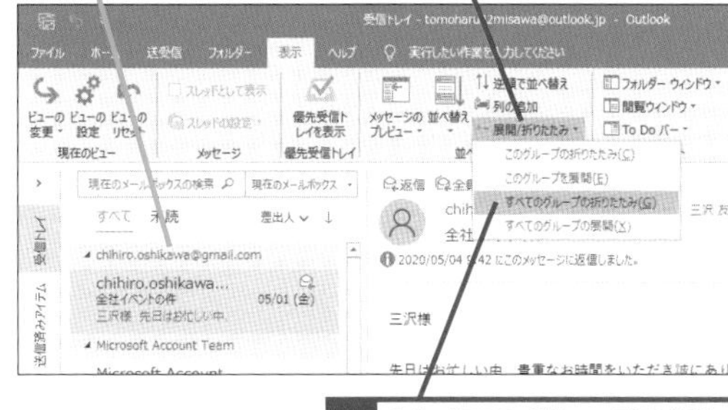

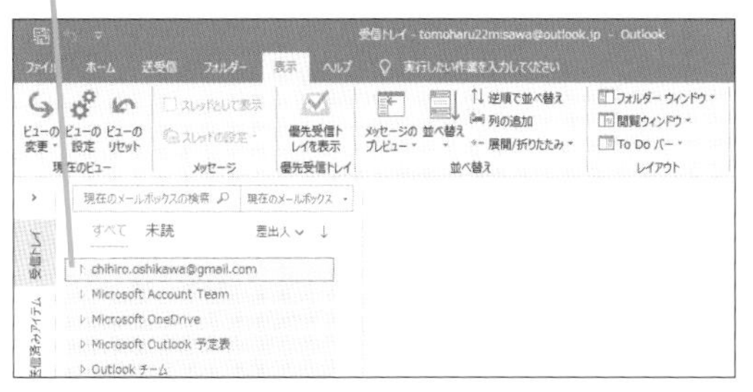

Q081 365 2019 2016 2013 お役立ち度 ★★☆

メールのプレビュー画面を表示したくない!

A [表示] タブで [ビューの変更] ボタンをクリックします

[閲覧ウィンドウ] を [オフ] にするとメールの一覧表示が広くなり、タイトル行が表示されるため受信日以外での並び替えがクリックで行えるようになります。同時に一覧表示できるメール件数も増えるので、メールの一覧を見たいときはこの設定を利用しましょう。

➡閲覧ウィンドウ……P.309

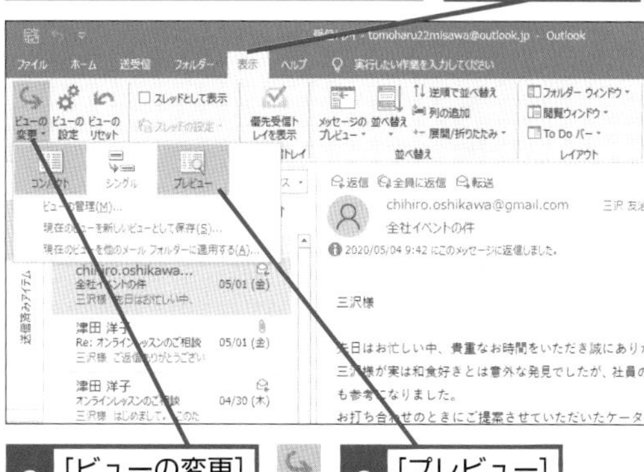

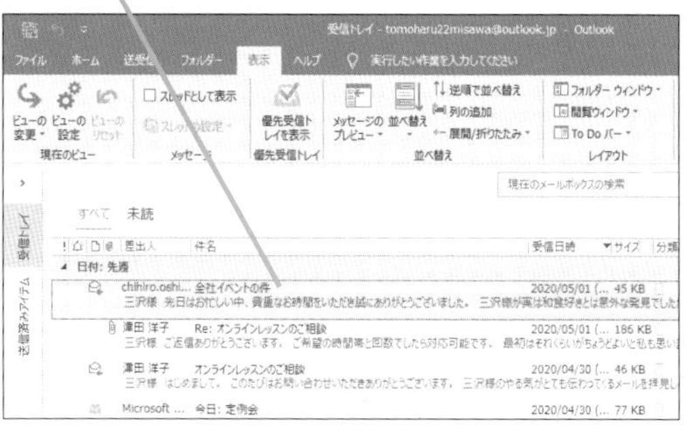

関連 Q079 メールのプレビュー画面の位置を変更するには……P.70
関連 Q085 メールの並び順を差出人ごとにしたい……P.73

Q082 365 2019 2016 2013 お役立ち度 ★★★

メール一覧の表示内容を変更したい

A [表示] タブの [ビューの設定] で変更します

[ビューの詳細設定] を使うと、表示内容の並びを細かくカスタマイズできます。最大4つの項目で並び替えを行え、グループ化も4階層で行えます。そのため、日付順、添付の有無順に並べ替え、あて先や件名ごとにグループ化するといった表示を行う場合に利用します。表示順序の変更だけでなく、項目の表示幅の変更や表示したくないあて先を除外することもできます。簡単に並び順を変えるだけならばメール一覧にある [表示] ボタンをクリックすることで行えますが、自分が使いやすいように整理したいときはこの機能を利用しましょう。

➡ビュー……P.312

ここでは差出人ごとにメール一覧を並べ替える

1 [表示] タブをクリック

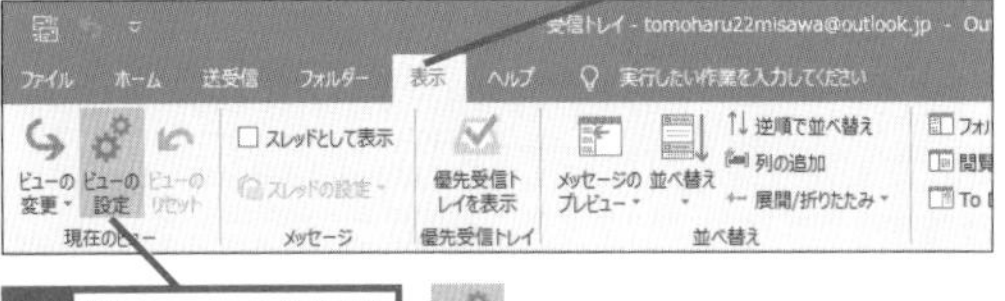

2 [ビューの設定] をクリック

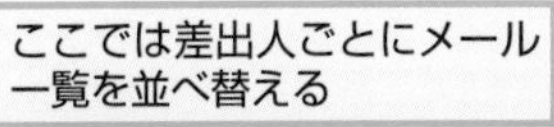

[ビューの詳細設定] ダイアログボックスが表示された

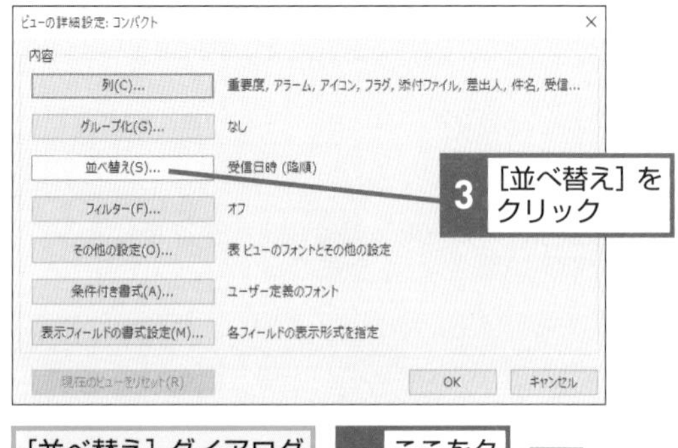

3 [並べ替え] をクリック

[並べ替え] ダイアログボックスが表示された

4 ここをクリック

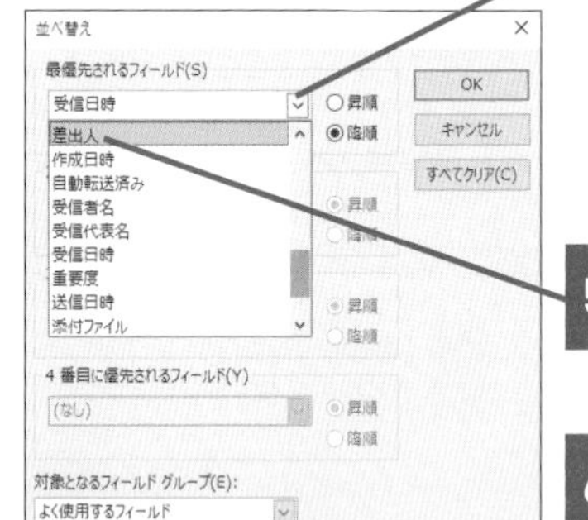

5 [差出人] をクリック

6 [OK] をクリック

7 [ビューの詳細設定] ダイアログボックスで [OK] をクリック

メールが差出人ごとに並べ替えられる

Q083 365 2019 2016 2013 お役立ち度 ★★

変更したメール一覧の表示方法を元に戻したい

A [表示] タブの [ビューのリセット] をクリックします

メール一覧の表示方法はいろいろな設定ができる反面、設定項目が多く自分がどのような設定を行ったか分からなくなり、必要なメールが表示されなくなることがあります。その際は一度リセットするとよいでしょう。この手順を行うことでOutlookをインストールしたときの状態に戻ります。

1 [表示] タブをクリック

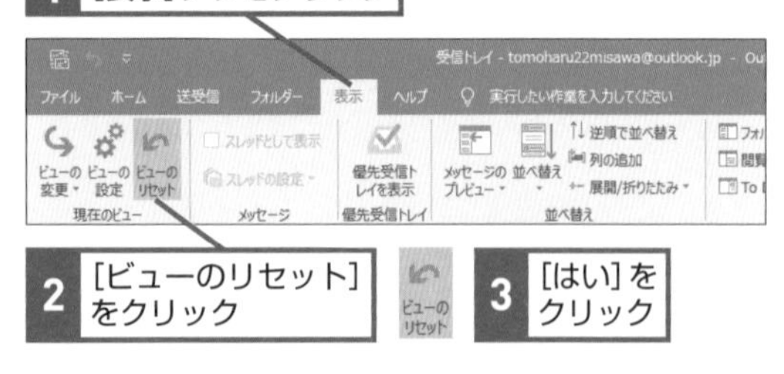

2 [ビューのリセット] をクリック

3 [はい] をクリック

Q084 365 2019 2016 2013 お役立ち度 ★★

添付ファイルがあるメールを先頭に表示したい

A ビューの右上のメニューで［添付ファイル］を選択します

受信日時が新しい順に、添付ファイルの付いたメールが表示されます。最近転送されたファイルなどを効率的に探せます。

1 ［日付］をクリック

一覧表示の条件が表示された

2 ［添付ファイル］をクリック

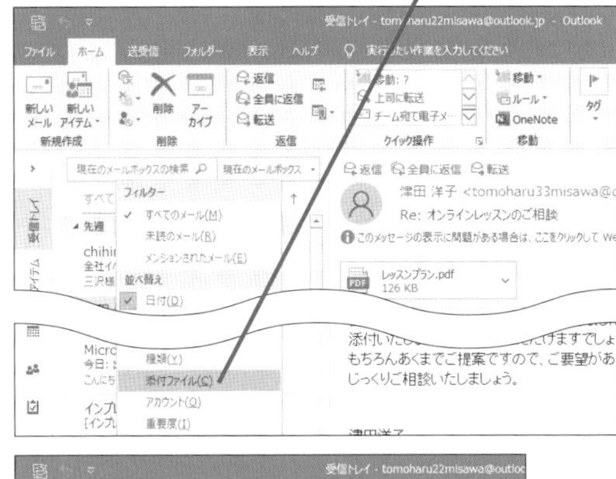

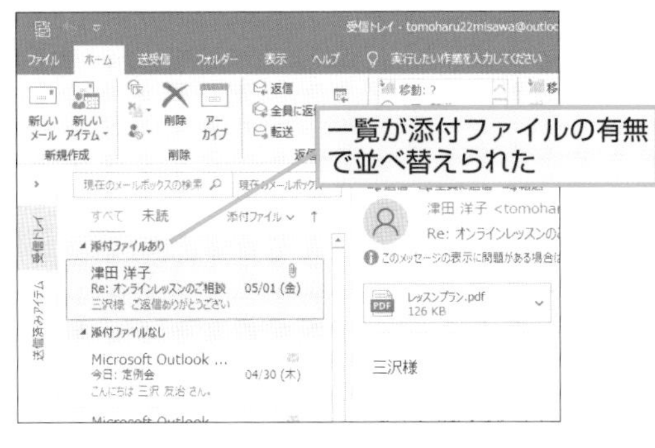

Q085 365 2019 2016 2013 お役立ち度 ★★

メールの並び順を差出人ごとにしたい

A ビューの右上のメニューで［差出人］を選択します

アルファベット順に差出人が並びます。差出人が分かっているメールを探すときはこの方法を利用すると便利です。

➡差出人……P.310

メール一覧は日付順に並んでいる

1 ［日付］をクリック

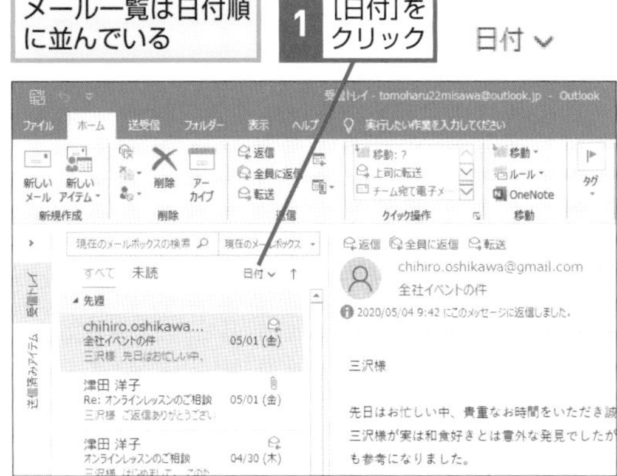

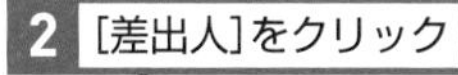

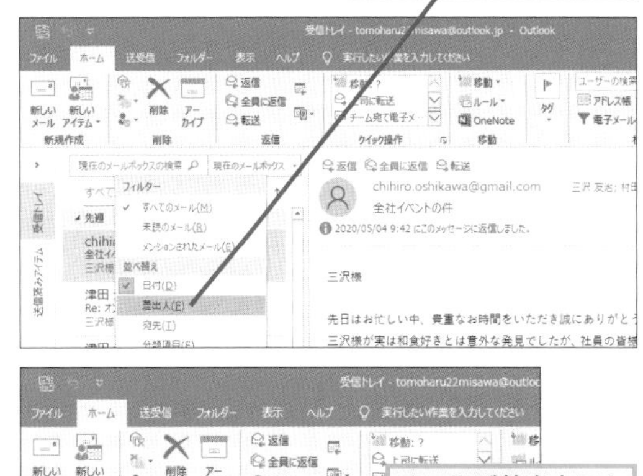

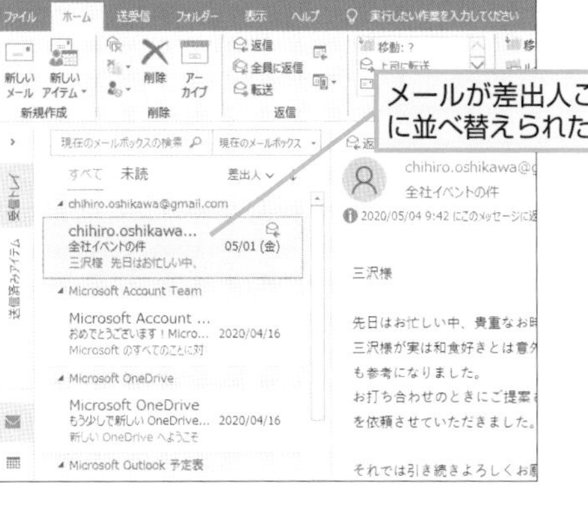

Q086 365 2019 2016 2013 お役立ち度 ★★

自分にあてられたメールだけを表示したい

A ビューの右上のメニューで［メンションされたメール］を選択します

TwitterやFacebookなどのSNSで利用されている［メンション］機能がOutlookでも利用できます。［メンション］を利用すると、自分がメンションされたメールだけを表示できます。クラウドサービスのExchange OnlineやOutlook.comで利用できます。

➡Outlook.com……P.307

ワザ084を参考に一覧表示の条件を表示しておく

1 ［メンションされたメール］をクリック

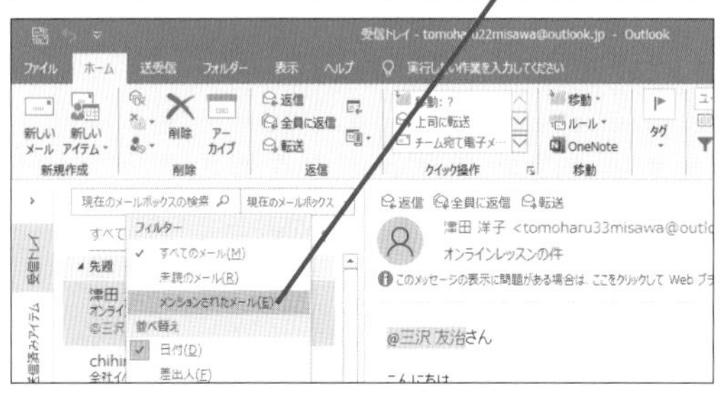

メンションされたメールだけが表示される

Q087 365 2019 2016 2013 お役立ち度 ★★

まだ読んでいないメールだけを表示したい

A ビューの右上のメニューで［未読のメール］を選択します

開封前のメールを表示したいときはこの手順を利用します。並び替えと合わせて設定ができるため、未読メールを差出人ごとに簡単に表示できます。［優先受信トレイ］をオフにしていても同じ操作で行えます。Outlook 2016とOutlook 2013にはプルダウンメニューに［未読のメール］がないので、メール一覧の上部にある［未読］タブをクリックしてください。

ワザ084を参考に一覧表示の条件を表示しておく

1 ［未読のメール］をクリック

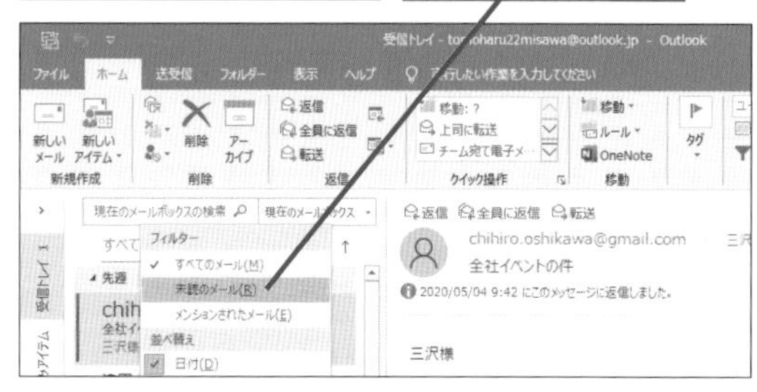

未読のメールだけが表示される

Q088 365 2019 2016 2013 お役立ち度 ★★

メールボックスの残り容量を知りたい

A ステータスバーを右クリックして［クォータ情報］をオンにします

クラウドサービスとしてExchange OnlineまたはOutlook.comを利用している場合、メールはクラウドに保存されます。データ量が残り少なくなると、メールの送受信ができなくなるため、以下の手順でクラウドの残りデータ量を確認しましょう。なお、Outlook.comは15GBの容量があるため利用開始後すぐに足りなくなることはありません。もし、容量が足りなくなってきたらMicrosoft 365 Personalにアップグレードするとよいでしょう。50GBまで容量が拡大されます。アップグレードせずに済ませたい場合、ワザ194を参照し、メールを削除して空き容量を増やしましょう。

ステータスバーを右クリックして［クォータ情報］をクリックしてオンにする

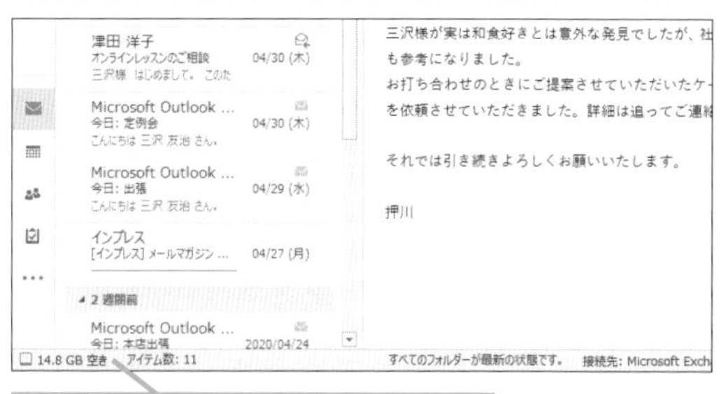

ステータスバーにメールボックスの残り容量が表示される

画像や添付ファイルを確認する

ここでは画像や添付ファイルの表示やダウンロード方法について紹介しています。設定を覚えて、ファイルや画像のやり取りを行えるようにしましょう。

Q089 365 2019 2016 2013 お役立ち度 ★★★

メールの中の画像を表示するには

A 情報バーの［画像のダウンロード］をクリックします

メールにインターネット上の画像リンクが含まれる場合、セキュリティ強化のために表示されない仕組みになっています。受信メールが信用できる場合は画像をダウンロードし画像が表示されるようにしましょう。

メール内の画像が自動的にダウンロードされないことを知らせる情報バーが表示されている

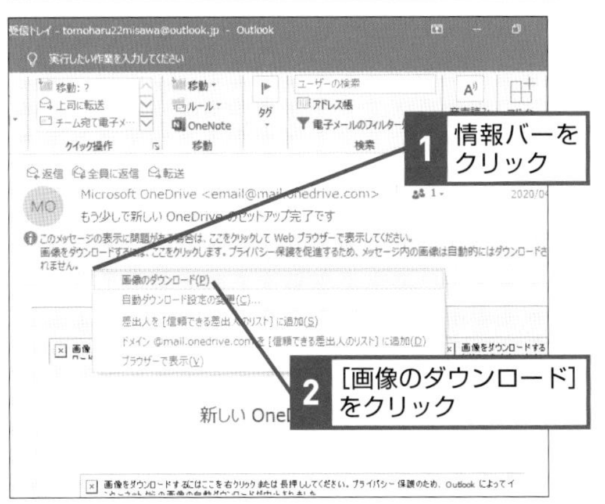

メール内の画像がダウンロードされた

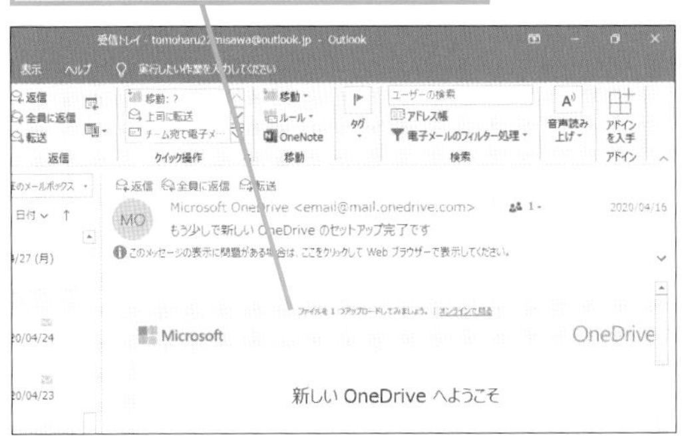

Q090 365 2019 2016 2013 お役立ち度 ★★★

差出人で画像表示の有無を設定したい

A 情報バーで差出人を［信頼できる指差出人リスト］に追加します

信頼できる人から来たメールは画像表示しても問題がないことが多いです。本設定を行うと自動的に画像が表示されます。［信頼できる差出人リスト］にはメールアドレスの「@」以降のドメイン部分（メールドメイン）を指定することもできます。

➡ドメイン……P.311

メール内の画像が自動的にダウンロードされないことを知らせる情報バーが表示されている

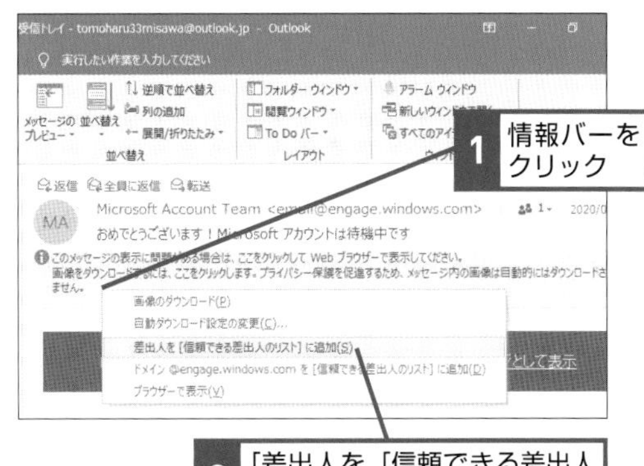

信頼できる差出人リストに追加するかどうか確認するダイアログボックスが表示された

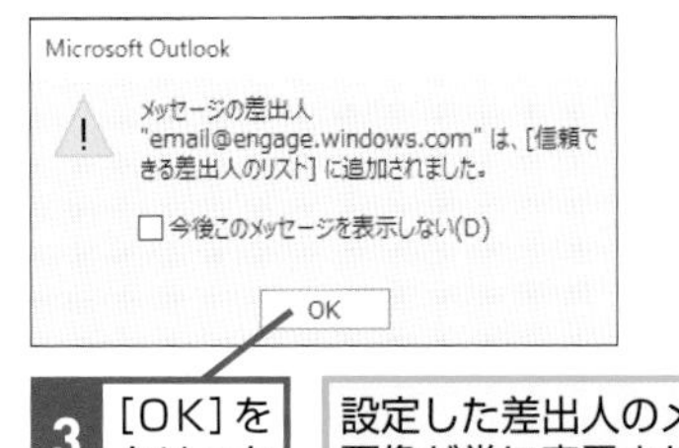

3 ［OK］をクリック

設定した差出人のメール内の画像が常に表示される

Q091 365 2019 2016 2013　お役立ち度 ★★

メールの画像を常に表示させたい

A ［Outlookのオプション］画面で設定します

受信したメールの中には宣伝を目的にした「スパムメール」と呼ばれる迷惑メールがあることがあります。このメールは画像サイズが極端に大きく、大量の画像が貼られていることなどが多いです。そのため、インターネット回線が従量課金型の場合などでは無駄な費用発生の原因となってしまいます。また、自動的に画像がダウンロードされることで差出人側ではメールアドレスが有効であることが分かり、迷惑メールの標的とされる可能性も高まります。そのため本設定を行っても問題ないか十分に検討を行ってください。

➡ダウンロード……P.311

ワザ019を参考に［Outlookのオプション］ダイアログボックスを表示しておく

1 ［トラストセンター］をクリック

2 ［トラストセンターの設定］をクリック

［トラストセンター］ダイアログボックスが表示された

3 ［自動ダウンロード］をクリック

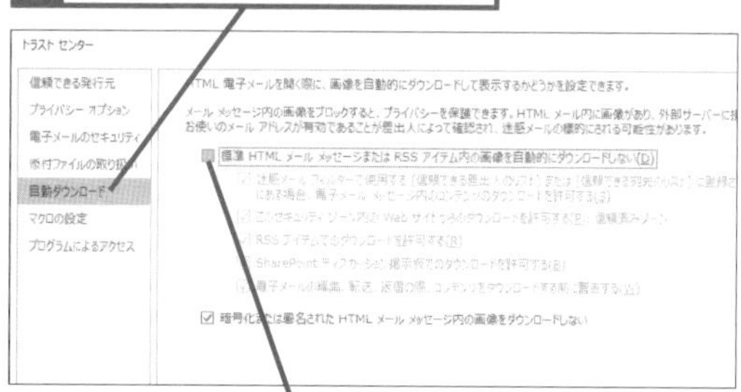

4 ［標準HTMLメッセージまたはRSSアイテム内の画像を自動的にダウンロードしない］をクリックしてチェックマークをはずす

5 ［OK］をクリック

6 ［Outlookのオプション］ダイアログボックスで［OK］をクリック

メール内の画像が自動的に表示されるようになった

関連 Q089 メールの中の画像を表示するには……P.75
関連 Q090 差出人で画像表示の有無を設定したい……P.75

STEP UP! Office 2019とMicrosoft 365のOutlookの違いは?

Outlookが含まれるOfficeには最新版として「Office 2019」と「Microsoft 365」の2種類が存在しています。Office 2019はMicrosoft 365の「2018年9月版」と同等の機能が提供されています。Office 2019は2018年11月リリースのため、リリース前にMicrosoft 365を利用していた場合、Office 2019の大概の機能はすでに使える状態となっていました。また、大きな差としてOffice 2019はインターネットなしでも利用できますが、Microsoft 365の利用はインターネットへの接続が必須です。インターネットへ接続ができない状態が30日以上続くと機能制限モードとなり、表示と印刷以外の機能が利用できなくなります。ただし、機能制限モードになった後でもインターネット環境へ接続すると元に戻ります。

Q092 365 2019 2016 2013 お役立ち度 ★★

添付ファイルの中身を保存せずに確認したい

A 閲覧ウィンドウで添付ファイルの［プレビュー］をクリックします

Outlookには添付ファイルをパソコンにコピーせず、直接Outlookの中で表示する機能が備わっています。直接表示できるためアプリを起動する手間を省けます。確認できるファイルはWord、Excel、PowerPointなどのOfficeアプリのほか、画像やテキストファイルなどが対象です。この機能を利用するためにはそれぞれのアプリがパソコンにインストールされている必要があります。 ➡Office……P.307

1 メールをクリック

閲覧ウィンドウに添付ファイルのアイコンが表示された

2 ここをクリック

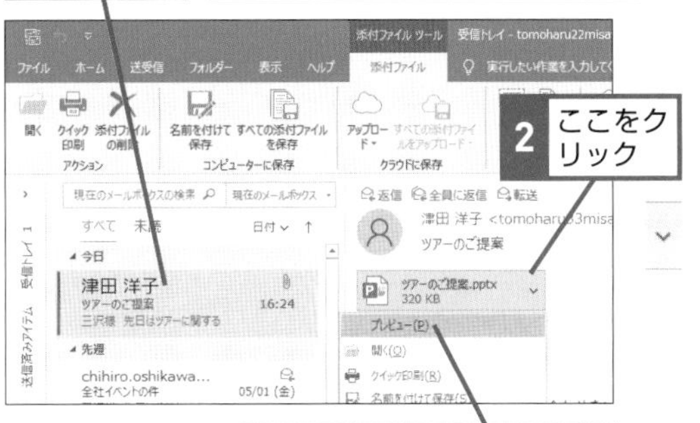

3 ［プレビュー］をクリック

添付ファイルの内容が表示された

［メッセージに戻る］をクリックすると閲覧ウィンドウにメール本文が表示される

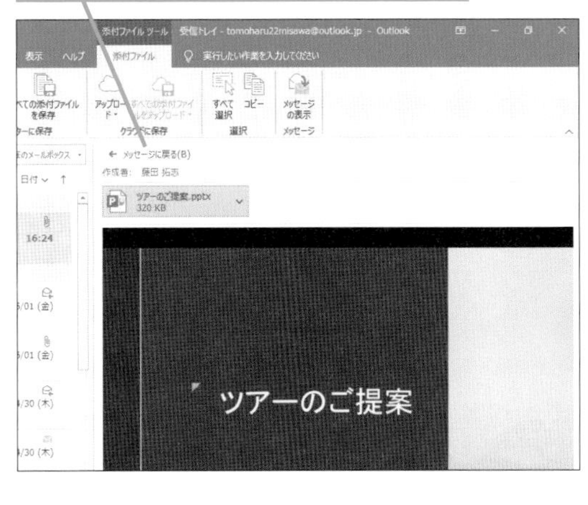

Q093 365 2019 2016 2013 お役立ち度 ★★

添付ファイルがプレビューできない！

A 添付ファイルをダブルクリックします

Outlookが対応していない添付ファイルはパソコンのアプリで開く必要があります。プレビューができないファイルは、Outlookでは安全なファイルなのか判断が付かないものです。この警告画面は安全ではない添付ファイルを誤って開いてしまうことがないように配慮されています。［この種類のファイルを開く前に必ず警告する］チェックボックスは極力オンのままにしておきましょう。信頼できる差出人からこういったファイルを受け取ったら、確認の上ダウンロードしてから表示を行ってください。

ここでは添付されたPDFファイルを開く

添付ファイルのプレビューを表示できないと表示された

1 添付ファイルをダブルクリック

［添付ファイルを開いています］ダイアログボックスが表示された

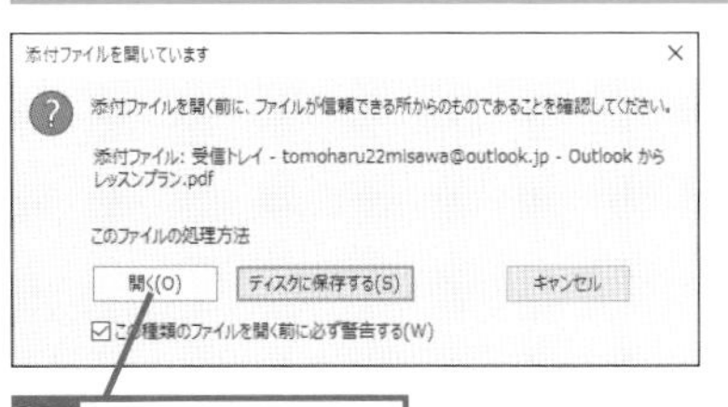

2 ［開く］をクリック

Webブラウザーが起動してPDFファイルの内容が表示される

Q094 365 2019 2016 2013　お役立ち度 ★★★

添付ファイルを保存したい

A 添付ファイルのメニューで［名前を付けて保存］をクリックします

メールに添付されている状態ではファイルを編集できませんが、パソコンに保存しておけば自由に操作や編集ができます。保存時は、ファイルを保存した場所を忘れないようにしましょう。また、保存場所を指定するときに、［添付ファイルの保存］ダイアログボックスで［新しいフォルダーの作成］ボタンをクリックすると、フォルダーを作れます。フォルダーを使って分かりやすいように整理しておきましょう。

➡添付ファイル……P.311

1 メールをクリック

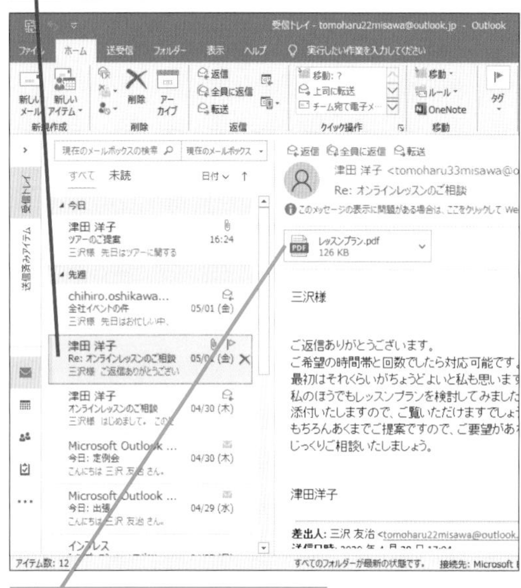

閲覧ウィンドウに添付ファイルのアイコンが表示された

2 ここをクリック

3 ［名前を付けて保存］をクリック

［添付ファイルの保存］ダイアログボックスが表示された

4 ここをクリックしてファイルの保存場所を選択

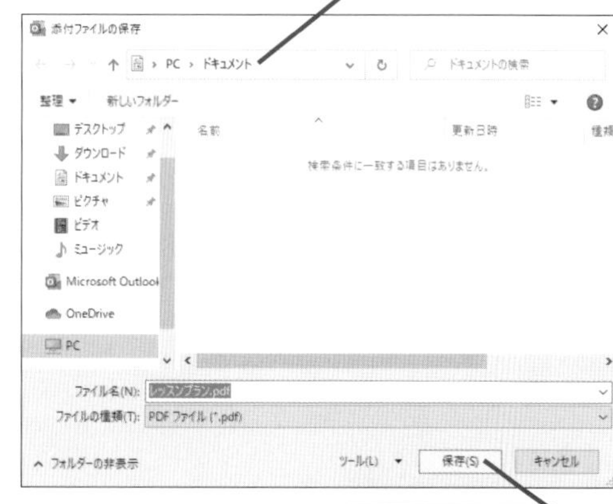

5 ［保存］をクリック

添付ファイルが保存される

関連 Q092 添付ファイルの中身を保存せずに確認したい……P.77
関連 Q093 添付ファイルがプレビューできない！……P.77

関連 Q095 複数の添付ファイルをすべて保存したい……P.79
関連 Q154 メールに資料を添付したい……P.110

Q095 365 2019 2016 2013

お役立ち度 ★★

複数の添付ファイルをすべて保存したい

A メニューで［すべての添付ファイルを保存］をクリックします

添付ファイルが数多くある場合、1つずつ保存するのは大変です。Outlookでは添付ファイルを一気に保存できます。なお、このときはファイル名の変更は行えません。

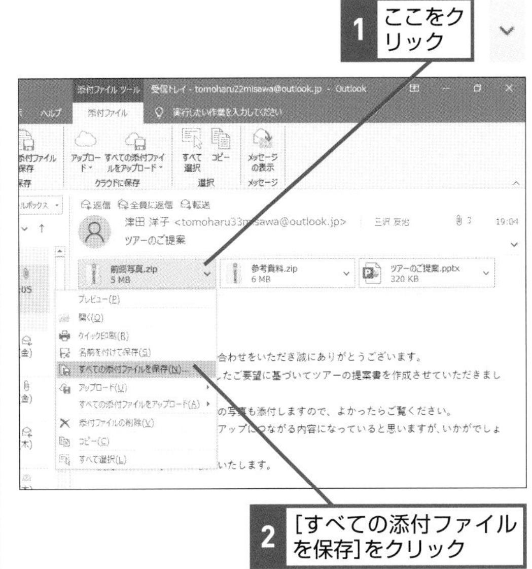

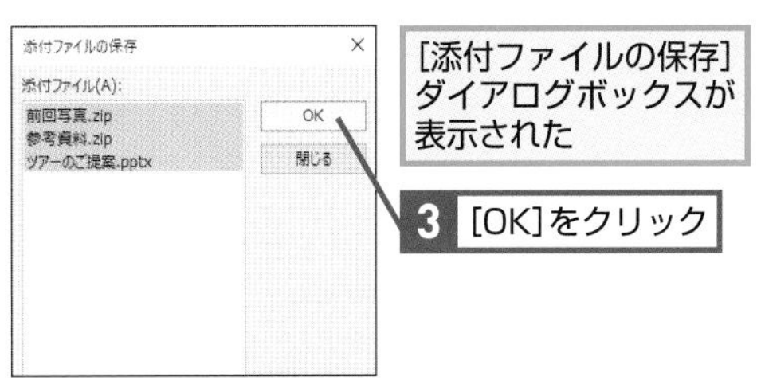

［すべての添付ファイルを保存］ダイアログボックスが表示された

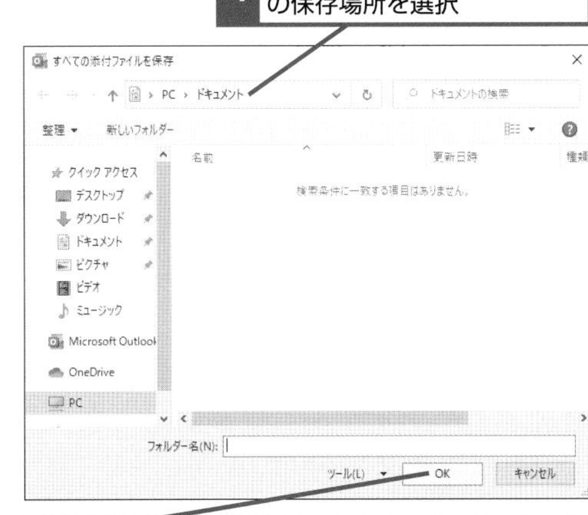

添付ファイルが保存される

Q096 365 2019 2016 2013

お役立ち度 ★★

添付ファイルの数を素早く確認するには

A 閲覧ウィンドウで確認できます

添付ファイルが複数あるときは、メールのプレビュー画面の右側で添付ファイルの数を確認できます。添付ファイルの数が多いときは、［すべての添付ファイルを保存］をクリックすると、1つ1つ保存するのに比べ、簡単にダウンロードできます。送信時はメールサイズ削減の観点から添付ファイル数は少なくするとよいでしょう。複数のファイルがある場合は、圧縮して相手がダウンロードしやすい形にしましょう。

➡ダウンロード……P.311

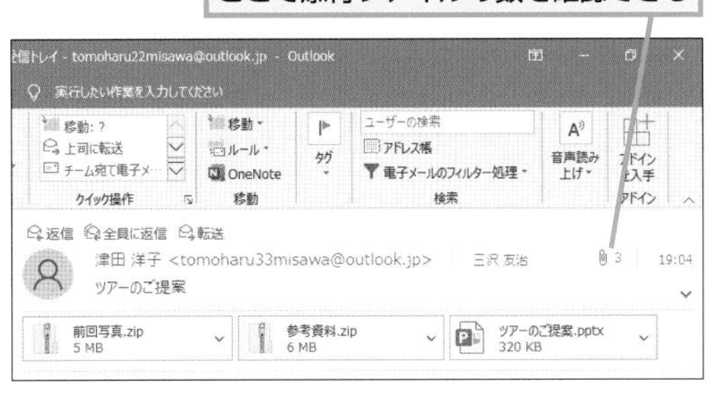

Q097 365 2019 2016 2013 お役立ち度 ★★☆

添付ファイルを削除するには

A 添付ファイルのメニューで［添付ファイルの削除］をクリックします

添付ファイルは一度削除すると戻せません。削除前に確認を忘れないようにしてください。

Q098 365 2019 2016 2013 お役立ち度 ★★☆

添付ファイルの入手先を確認する警告が表示された！

A 問題のないことが分かっているときにだけプレビューを表示します

添付ファイルがテキスト形式のときはプレビューする前に警告が表示されます。送信者が信頼できるときのみプレビューを行いましょう。

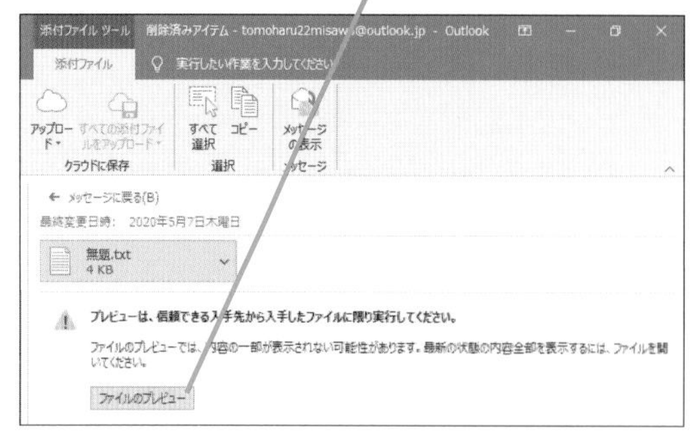

Q099 365 2019 2016 2013 お役立ち度 ★★☆

開けない添付ファイルがあるって本当？

A プログラムやアプリケーション形式の添付ファイルは開けません

添付されたファイルがアプリケーション形式のときは、ファイルを開けません。保存もできないので別のファイル形式で再送してもらいましょう。

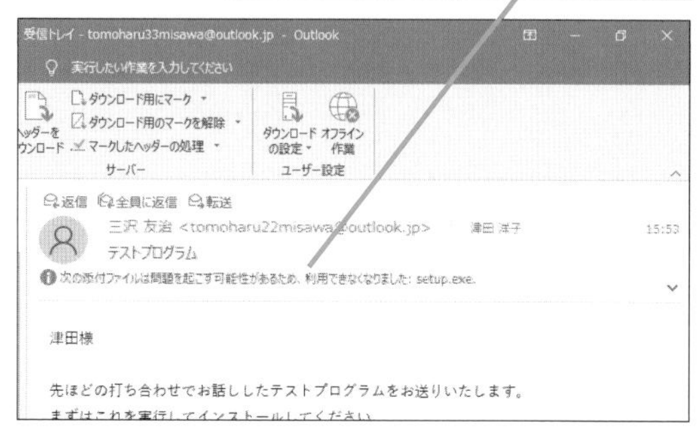

Q100 365 2019 2016 2013 お役立ち度 ★★☆

メールに記載されたリンクを開くには

A URLをクリックします

メールに書かれたURLをクリックするとWebブラウザーが起動します。このとき起動するWebブラウザーはWindowsで指定したWebブラウザーです。

メールを効率的に読むワザ

日々送付されるメールは膨大です。ここでは自分に関連するメールや関連しないメールを振り分け、効率よくメールを整理するための方法を解説しています。

Q101 365 2019 2016 2013 お役立ち度 ★★★

メールのやり取りをまとめて表示したい

A [表示] タブの [スレッドとして表示] をクリックします

メールは、通常日付順に整理されて表示されます。しかし、メールのやり取りの期間が空いてくると、間に関連のないメールが差し込まれて、参照したいメールが見つけにくくなります。このときに [スレッド] 機能を使うと、返信や転送したメールをまとめてくれるので便利です。また、[スレッド]を有効にするとビューの左側に三角印が付き、それを開くことでまとまったメールを一覧で見られます。会話のようなやり取りが続いている場合は、[スレッド] 表示にしておくと流れが一目で見られます。 ➡スレッド……P.311

1 [表示]タブをクリック

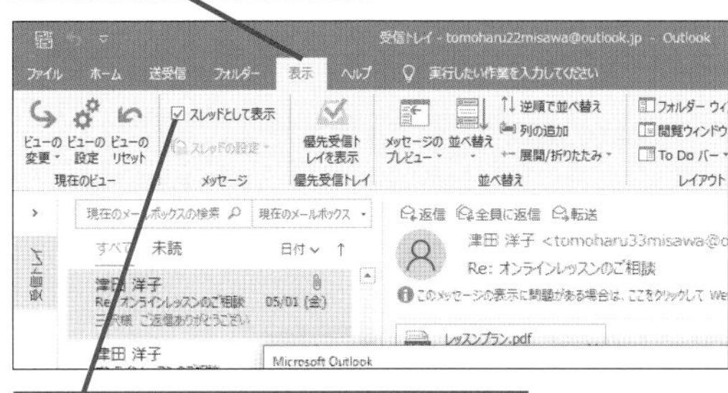

2 [スレッドとして表示] をクリックしてチェックマークを付ける

スレッド表示の対象を選択する画面が表示された

3 [すべてのメールボックス] をクリック

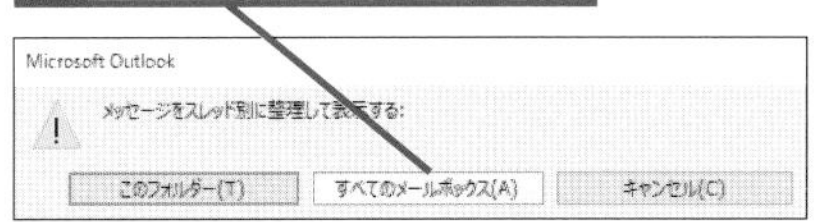

ビューのメールがスレッド表示に変わった

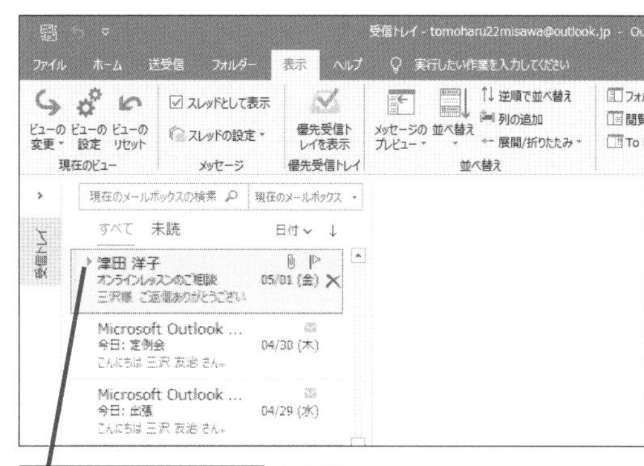

4 ここをクリック

メールのやり取りがまとめて表示された

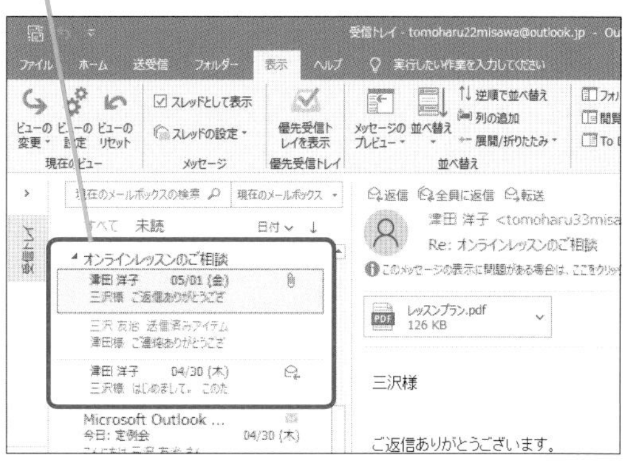

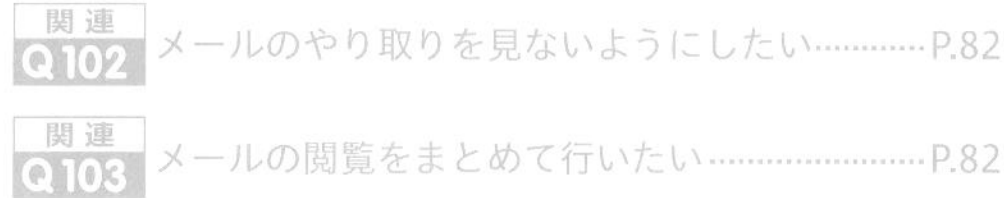

関連 Q102 メールのやり取りを見ないようにしたい…………P.82
関連 Q103 メールの閲覧をまとめて行いたい……………………P.82

Q102 365 2019 2016 2013 お役立ち度 ★★

メールのやり取りを見ないようにしたい

A ［ホーム］タブの［スレッドを無視］をクリックします

自分が［CC］に設定されているメールなどでやり取りが続いていると、それ以上見る必要がないメールが出てくることがあります。そのときはこの方法で関連するメールが来たら自動で削除されるように設定しましょう。受信したメールは［削除済みアイテム］フォルダーに移動されます。ただし、［削除済みアイテム］は、一定期間過ぎるとメールが削除されてしまいます。後で見たいときは［アーカイブ］フォルダーに移動しておきましょう。

1 無視したいスレッドのメールをクリック

2 ［ホーム］タブをクリック

3 ［スレッドを無視］をクリック

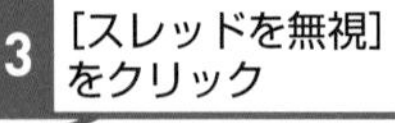

［スレッドの無視］ダイアログボックスが表示された

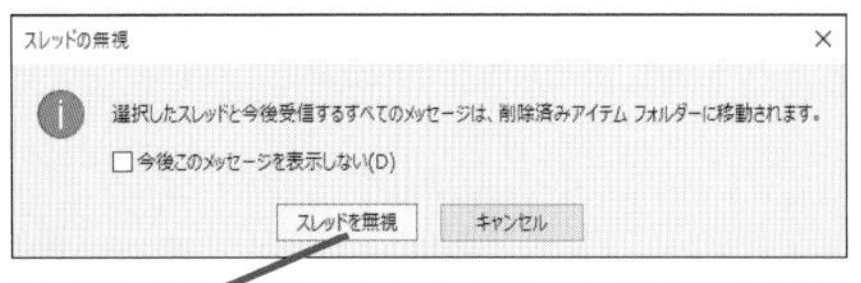

4 ［スレッドを無視］をクリック

選択したスレッドのやり取りが［削除済みアイテム］フォルダーに移動する

Q103 365 2019 2016 2013 お役立ち度 ★★

メールの閲覧をまとめて行いたい

A ［メッセージ］ウィンドウで上下の矢印をクリックします

メールを連続して確認したいときは、このボタンを利用すると便利です。メール一覧画面でもカーソルキーの上下でメールを移動できますが、以下の操作は大きな画面で確認を進めていくことが可能です。このボタンを押すと、メール一覧画面のメールも同時に進みます。

1 メールをダブルクリック

［メッセージ］ウィンドウが開いた

［前のアイテム］をクリックすると1つ前のメールが表示される

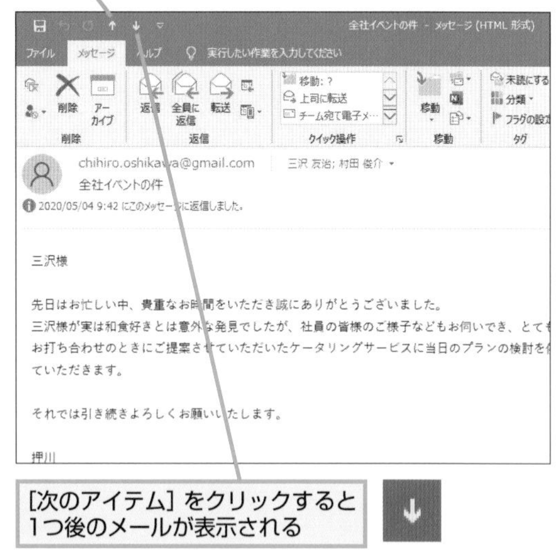

［次のアイテム］をクリックすると1つ後のメールが表示される

Q104 365 2019 2016 2013 お役立ち度 ★★

メール表示時に装飾をはずして見たい

A [Outlookのオプション] 画面で設定します

一般的なメールソフトは通常「HTMLメール」というWebブラウザーで見るときと同じ形式で表示されますが、Outlookなら「テキスト形式」というテキスト文だけで構成される表示に変更できます。テキスト文だけの表示では見栄えは劣りますが、非力なパソコンでもスムーズに表示でき、リンクがあった場所にはアクセス先のURLが表示されるため、安全性も増します。

ワザ019を参考に[Outlookのオプション]ダイアログボックスを表示しておく

1 [トラストセンター]をクリック

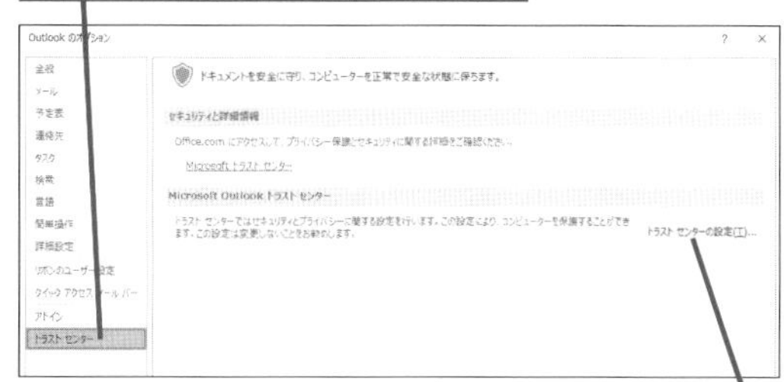

2 [トラストセンターの設定]をクリック

送信時はOutlookではメール形式として「HTML形式」「テキスト形式」「リッチテキスト形式」の3種類をサポートしています。なお、Outlook 2013では操作1で[セキュリティセンター]をクリックしてください。

[トラストセンター] ダイアログボックスが表示された

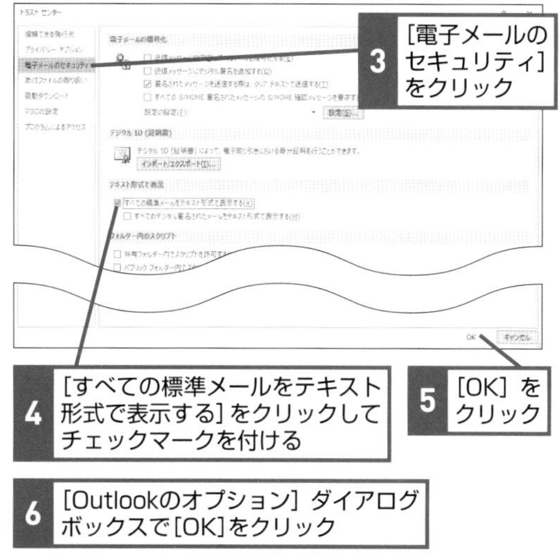

3 [電子メールのセキュリティ]をクリック

4 [すべての標準メールをテキスト形式で表示する]をクリックしてチェックマークを付ける

5 [OK]をクリック

6 [Outlookのオプション] ダイアログボックスで[OK]をクリック

メールがテキスト形式で表示される

Q105 365 2019 2016 2013 お役立ち度 ★★★

開いたメールをまとめて閉じるには

A [表示] タブの [すべてのアイテムを閉じる] をクリックします

メールを同時に開き、見比べながら作業すると、画面をたくさん開いてしまい収拾が付かなくなってきます。さらに作業が終わった後にメールを閉じるのも大変です。この操作であれば、別のウィンドウで開いた画面をまとめて閉じられます。 ➡タブ……P.311

1 [表示]タブをクリック

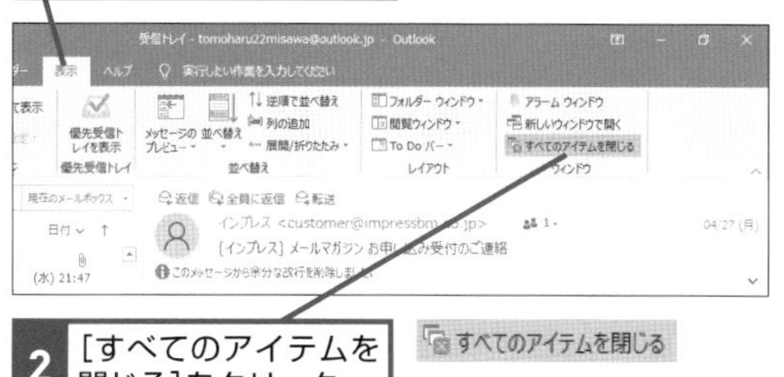

2 [すべてのアイテムを閉じる]をクリック

すべてのアイテムを閉じる

開いていた[メッセージ]ウィンドウがすべて閉じる

関連 Q103 メールの閲覧をまとめて行いたい……P.82

新規メールの作成と送信

基本的なメールの作成と送信方法を学びましょう。ここでは、送信やメールの作成に関わるさまざまなワザを解説します。

Q106 365 2019 2016 2013 お役立ち度 ★★★

メールを作成するには

A [ホーム] タブの [新しいメール] をクリックします

メールは、クリックするだけで簡単に送信ができるため、あて先を間違えないように注意しましょう。あて先はアドレス帳から選択する方法以外に、直接入力することも可能です。直接入力のときは、氏名など日本語で入力すると、アドレス帳や連絡先に登録された情報から候補が表示されます。

➡アドレス帳……P.308

●あて先に直接メールアドレスを入力する

1 [新しいメール] をクリック

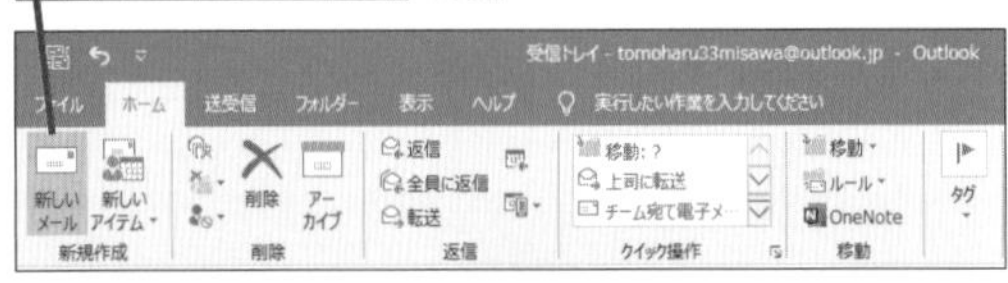

[メッセージ]ウィンドウが表示された

2 [宛先] にメールアドレスを入力

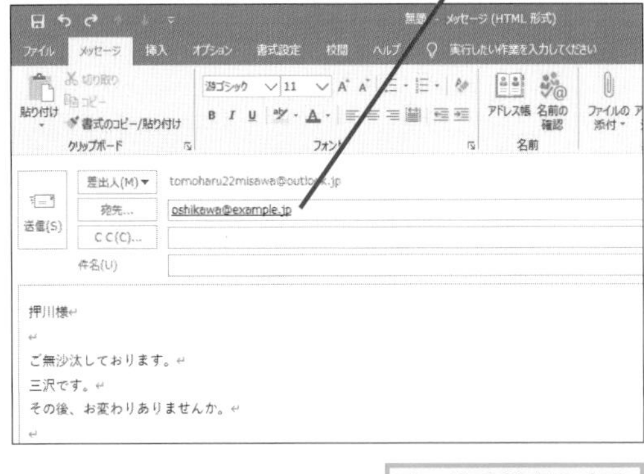

メールの件名や本文を入力する

●あて先をクリックして連絡先から選択する

[新しいメール] をクリックして [メッセージ] ウィンドウを表示しておく

1 [宛先] をクリック

[名前の選択：連絡先] ダイアログボックスが表示された

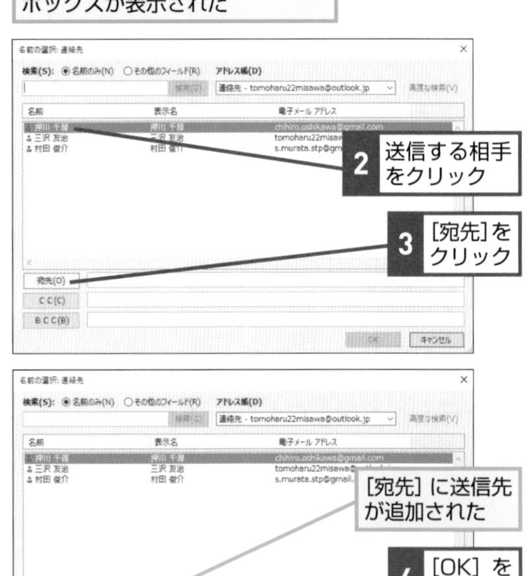

2 送信する相手をクリック

3 [宛先] をクリック

[宛先] に送信先が追加された

4 [OK] をクリック

[メッセージ]ウィンドウに戻る

Q107 365 2019 2016 2013 お役立ち度 ★★★

メールを送信するには

A [メッセージ] ウィンドウで[送信] ボタンをクリックします

メールの文面や添付ファイルはあて先以外の人には見せたくないことがほとんどです。特にビジネスメールでは機密情報のやり取りも考えられます。メールは一度送ると取り戻せません。誤送信を防ぐために、メールの送信前に[宛先]の欄を再確認する癖を付けましょう。また、メール本文にも間違えがないか確認しておくことも大切です。メール本文にはWordと同様の［スペルチェック］機能で文書を校正できます。［校閲］タブより［スペルチェックと文書校正］をクリックしてチェックしてから送信することを心掛けましょう。

メールが送信される

STEP UP! Outlookとセキュリティ機能の連動

Outlookでは、セキュリティを意識したメールの送受信を行うための機能が豊富に用意されています。[Windowsセキュリティ] などのウイルススキャンソフトが動作していない場合の警告表示や、HTML形式のメールが自動的にメール送信やデータ送信を行わないようにするなど、ユーザーが意図した操作以外を行わないようにする機能が提供されています。

Q108 365 2019 2016 2013 お役立ち度 ★★

複数の人にメールを送りたい

A セミコロンでメールアドレスを区切ります

あて先入力のときにセミコロン（;）で区切ると複数のメールアドレスがあると認識されます。しかし、セミコロンを入れ忘れることは多いので、1つメールアドレスを入力したらCtrl+Kキーを押して、確定させるようにしましょう。確定するとアドレスに下線が引かれます。そのまま2人目を入力すればセミコロンの入力は不要です。

●直接アドレスを入力する

ワザ106を参考に、［メッセージ］ウィンドウを表示しておく

1 セミコロンで区切って複数のメールアドレスを入力

●連絡先から選択する

ワザ106を参考に、連絡先からメールのあて先を入力しておく

2 [宛先]をクリック

[宛先]に送信先が追加される

区切りのセミコロンは自動で入力される

Q109 365 2019 2016 2013

お役立ち度 ★★★

メールを返信するには

A ［ホーム］タブの［返信］をクリックします

メールを返信するには以下の手順を行いましょう。メールの返信とはその名の通り送信されてきたメールを送信者に返す機能です。通常は[差出人]のみにメールは返信します。［宛先］に入力されたアドレスや名前が正しいことを確認してから［送信］ボタンをクリックするようにしてください。なおメール作成画面は右側に出てきますが、［ポップアウト］をクリックすると別画面にすることもできます。

ワザ058を参考に、［受信トレイ］を表示してメールをクリックしておく

1 ［ホーム］タブをクリック

2 ［返信］をクリック

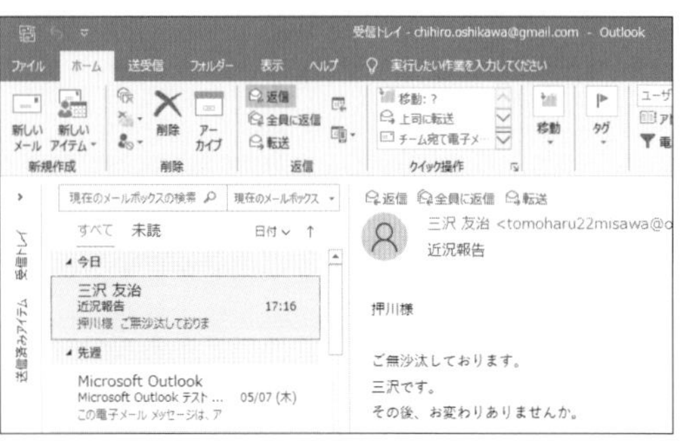

ウィンドウが切り替わった

あて先は自動的に入力される

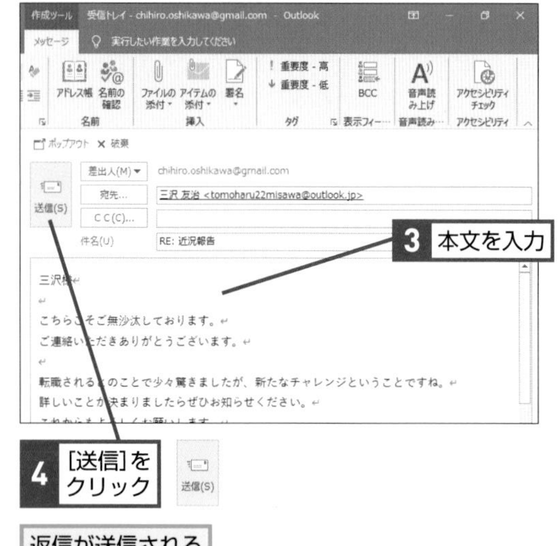

4 ［送信］をクリック

返信が送信される

関連 Q115 受信者全員にメールを返信するには………P.88

Q110 365 2019 2016 2013

お役立ち度 ★★

メールが送信されない！

A インターネットに接続されているか確認します

メールが送信できない原因は複数考えられます。例えば、パソコンや、Outlookがインターネットに接続されていない場合などです。そのほかにも、メールアドレスが間違っていたり、添付ファイルが大きすぎたり、添付ファイルが受け付けられない形式のときは、メールが送信されません。メールの［送信］ボタンを押した直後はエラーが表示されず、Outlookを閉じようとした際に警告が表示されます。パソコンがインターネットに接続されていない場合はWindows 10の［アクションセンター］で［機内モード］になっていないかを確認しましょう。Outlookがインターネットにつながっていない場合はOutlook画面右下に「オフライン作業中」の文字が出ます。その際は［送受信］タブの［オフライン作業］が押されていないことを確認してください。このボタンが表示されていないときはオンライン状態です。

Q111 365 2019 2016 2013 お役立ち度 ★★★

同じメールがほかの人にも届くようにするには

A [CC] に送信先のアドレスを入力します

メールは手紙と異なり、同じ内容を複数の人に送れる機能があります。[CC] は「カーボンコピー」の略で、手紙を書く際にカーボン紙を使ってメールをコピーしたことが名前の由来です。この欄にメールアドレスを入力しておくとあて先と同じメール内容が送付されます。この欄には「主体的に見てもらう必要はないけれど念のため送っておきたい人」を入力するようにしましょう。[CC] として送付されたメールは優先度が低く設定されるため、相手によっては見る必要がないメールとして受け取る可能性があります。[宛先] にもメールアドレスを複数設定できるため、この機能を利用するときは [宛先] とうまく使い分けましょう。

● [CC] に直接アドレスを入力する

ワザ106を参考に、[メッセージ] ウィンドウを表示しておく

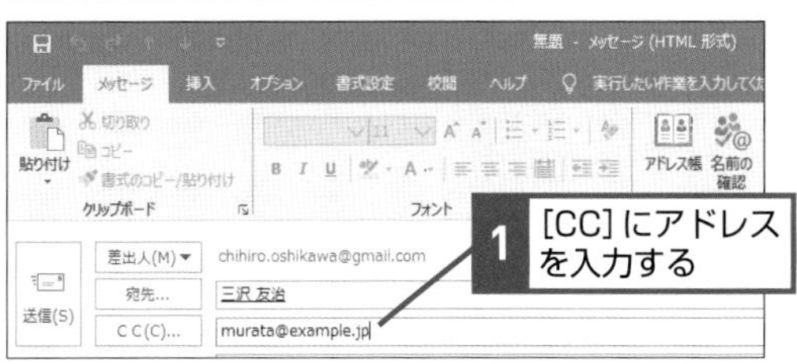

●連絡先からアドレスを選択する

ワザ106を参考に、[宛先] をクリックしてあて先を入力しておく

1 CCの送信先をクリック

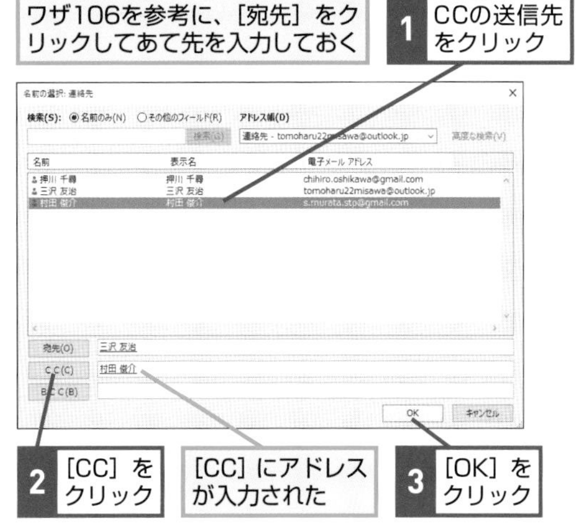

Q112 365 2019 2016 2013 お役立ち度 ★★

CCに設定されている人に返信したい

A メールのヘッダー表示されている人をダブルクリックします

[CC] に限らず特定のあて先にのみメールを送付したいときはこの方法を利用しましょう。この方法で作成されたメールは新規のメールとして扱われるため、[スレッド] 表示を行っている場合には別スレッドとして扱われます。特定のあて先に確認したいことがある場合や、連絡先にメールアドレスを登録していなかったときなどに利用します。 ➡CC……P.306

ワザ058を参考に、返信したいメールを表示しておく

1 返信したい人をダブルクリック

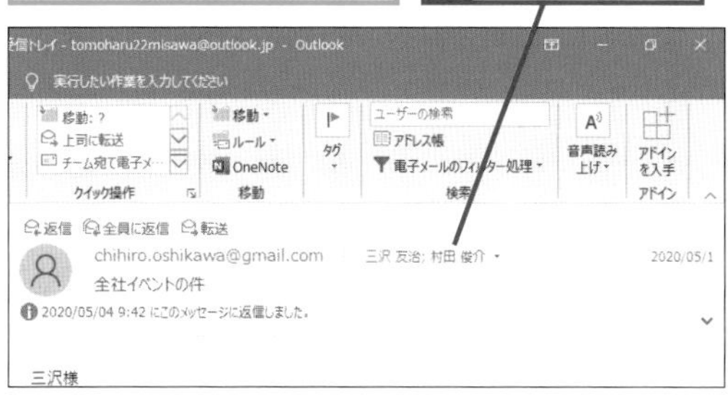

[連絡先] ウィンドウが表示された

2 [次の宛先に電子メールメッセージを送信します] をクリック

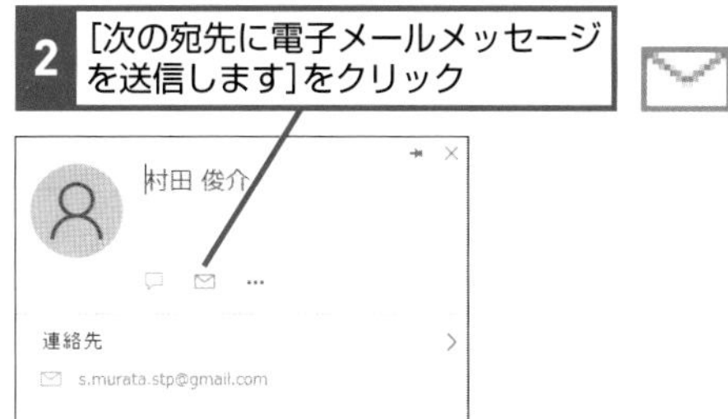

[メッセージ] ウィンドウが表示された

Q113 365 2019 2016 2013 お役立ち度 ★★★

ほかの人に気づかれないようにメッセージを送信したい

A [オプション] タブの [BCC] をクリックします

[宛先] や [CC] を使ってメールを送信すると、送信先の全員に誰にこのメールを送ったか分かるようになっています。ほかの人にメールを送ったことが分からないようにする必要があるときは [BCC] にメールアドレスを設定しましょう。この欄に入力したアドレスは送信先の人には表示されないため、送信したことを秘匿にできます。ただし、受信した側では [BCC] で送られたことを意識しないことが多く、返信されてしまうことがあります。送ったと思っていなかった人から返信が来るなどの事故にもつながるため、利用の際は慎重に設定しましょう。 ➡BCC……P.306

ワザ106を参考に、[メッセージ] ウィンドウを表示しておく

1 [オプション]タブをクリック

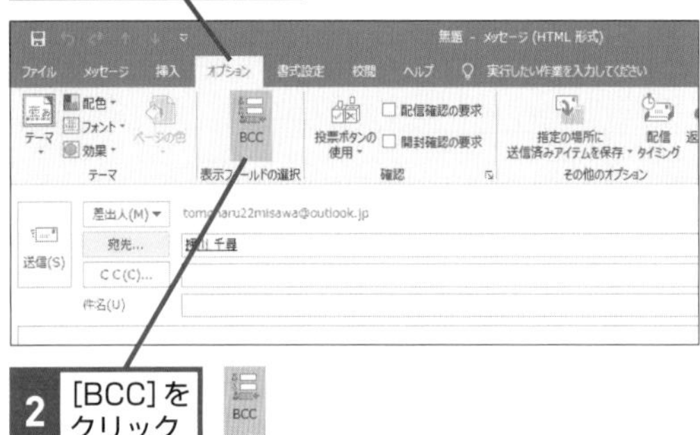

2 [BCC]をクリック

BCCを入力する欄が表示された

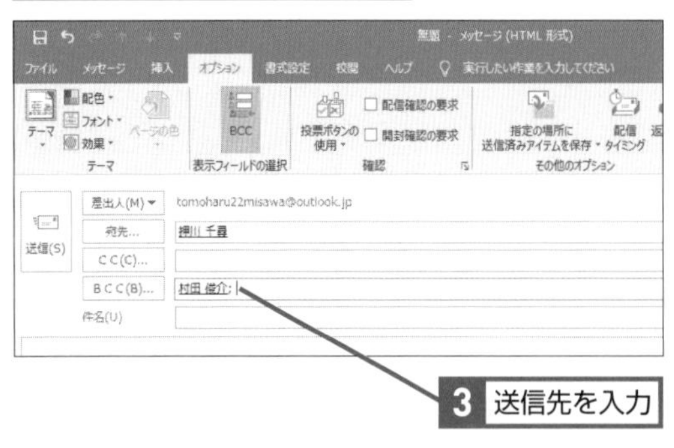

3 送信先を入力

Q114 365 2019 2016 2013 お役立ち度 ★★

送信前のメールを破棄するには

A [破棄] ボタンをクリックします

メールを作成している最中に返信が来た場合など、送信をやめたくなったときはメールを破棄しましょう。[破棄] ボタンをクリックすると注意画面は表示されず、そのまま削除されます。元に戻したい場合は削除済みアイテムから復元しましょう。

ワザ109を参考に、返信作成画面を表示しておく

1 [破棄]をクリック

✕ 破棄

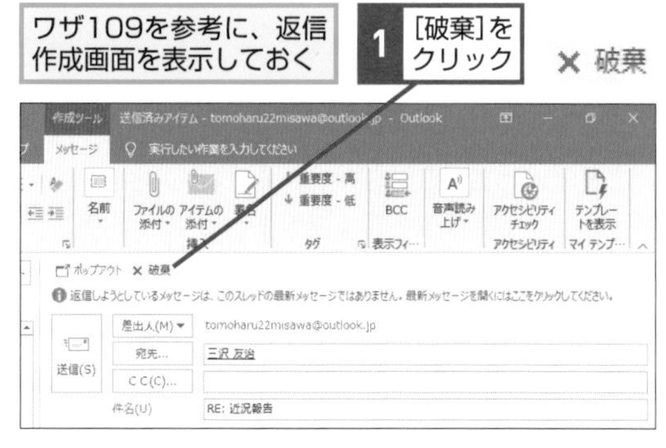

Q115 365 2019 2016 2013 お役立ち度 ★★★

受信者全員にメールを返信するには

A [全員に返信] ボタンをクリックします

[CC] の欄に設定されているあて先を含め、全員に返信をしたい場合に利用します。このとき、元の送信者と [宛先] に設定された人を [宛先] に、[CC] に設定された人を [CC] にしたメールが作成されます。Microsoft 365のOutlookは ↶ をクリックします。

ワザ058を参考に、メールを表示しておく

1 [全員に返信]をクリック

全員に返信

返信作成画面が表示される

Q116 365 2019 2016 2013 お役立ち度 ★★

メールを下書きに保存するには

A メールを作成してから［閉じる］をクリックします

メールを作成中に別の作業をしたいときは、メールを下書きに保存しておきましょう。メールを保存すると［下書き］フォルダーに保存され、メールを開いて［送信］ボタンをクリックするまでは送信されません。［下書き］フォルダーに入ったメールは、フォルダーウィンドウの右側に下書きメールの総数が表示されます。下書きを再開する案内は行われないため、送付漏れを防ぐためにも、ときどき下書きがないかチェックしておきましょう。 ➡フォルダー……P.312

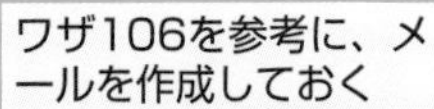

1 ［閉じる］をクリック

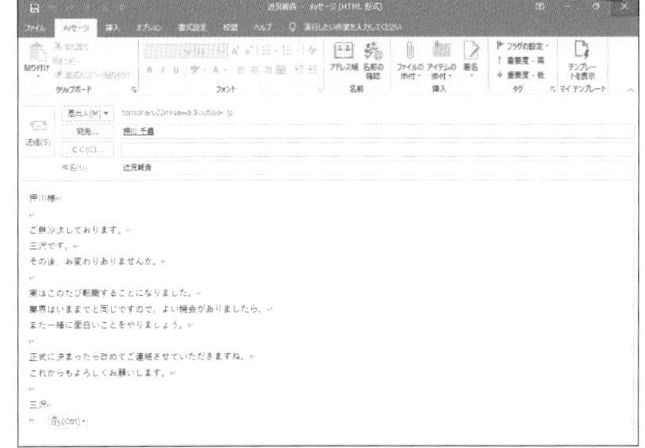

変更を保存するかどうか確認する画面が表示された

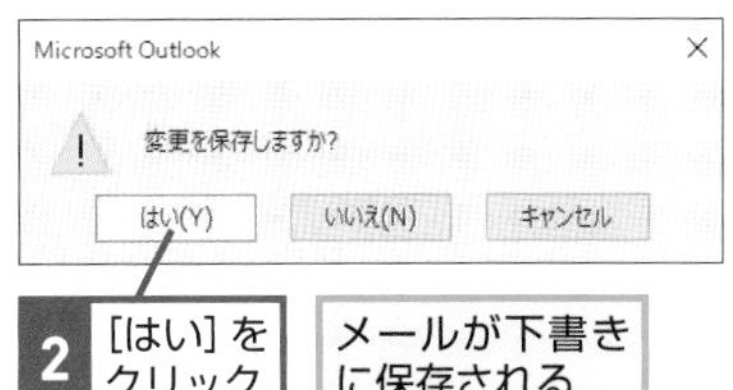

2 ［はい］をクリック

メールが下書きに保存される

関連 Q117 下書き保存したメールを送信したい……P.89
関連 Q118 下書き保存したメールを完全に削除するには……P.90

Q117 365 2019 2016 2013 お役立ち度 ★★

下書き保存したメールを送信したい

A ［下書き］フォルダーからメールを表示して送信します

下書き保存したメールは最終的にメールを完成させて送信することが必要です。下書きメールは忘れやすいので気が付いたときに送信するように心掛けておくとよいでしょう。

1 ここをクリック

フォルダーウィンドウが表示された

2 ［下書き］をクリック

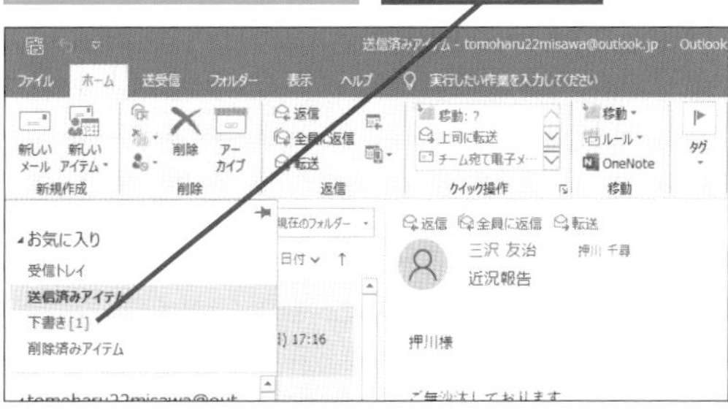

下書きが表示された

メールの内容を完成させる

3 ［送信］をクリック

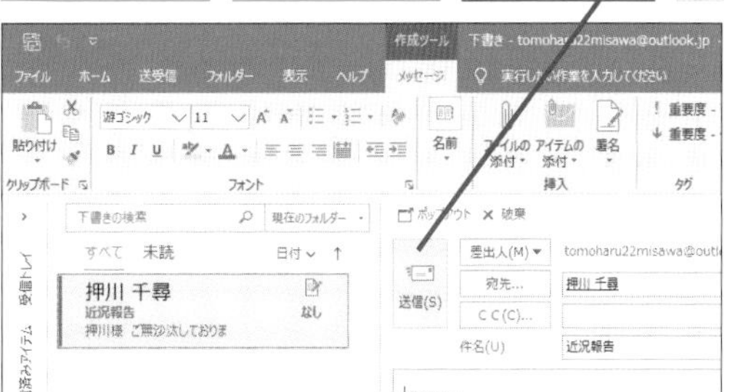

メールが送信される

Q118 365 2019 2016 2013 お役立ち度 ★★

下書き保存したメールを完全に削除するには

A Shift キーを押しながら［項目の削除］をクリックします

この方法は下書きだけではなくどのメールにも利用できます。この方法で削除したメールは復元ができなくなるため、メールボックス容量の節約が必要なときのみ利用するとよいでしょう。また、Shift キーを押さずに削除すると［削除済みアイテム］に移動します。このフォルダーは約30日間メールが削除されずに残ります。

➡アイテム……P.308

ワザ117を参考に、下書き保存したメールを表示しておく

1 Shift キーを押しながら［項目の削除］をクリック

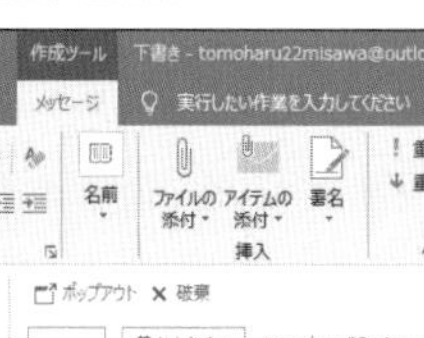

完全に削除してよいか確認するメッセージが表示された

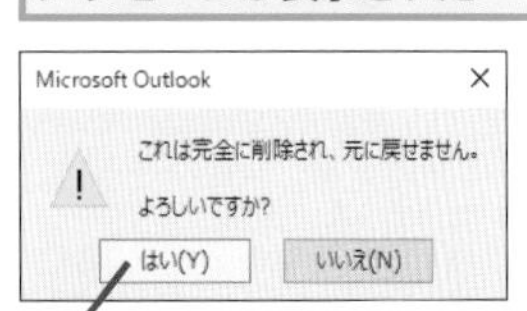

2 ［はい］をクリック

下書きが完全に削除される

関連 Q116 メールを下書きに保存するには……P.89
関連 Q117 下書き保存したメールを送信したい……P.89

Q119 365 2019 2016 2013 お役立ち度 ★★★

送信済みのメールを確認するには

A ［送信済みアイテム］フォルダーを表示します

メールを送信した後は、送信したメールのコピーが［送信済みアイテム］フォルダーに格納されます。返信したメールと同じあて先に返信したいときは、このフォルダーから［全員に返信］を行います。

➡フォルダー……P.312

ワザ078を参考に、フォルダーウィンドウを表示しておく

1 ［送信済みアイテム］をクリック

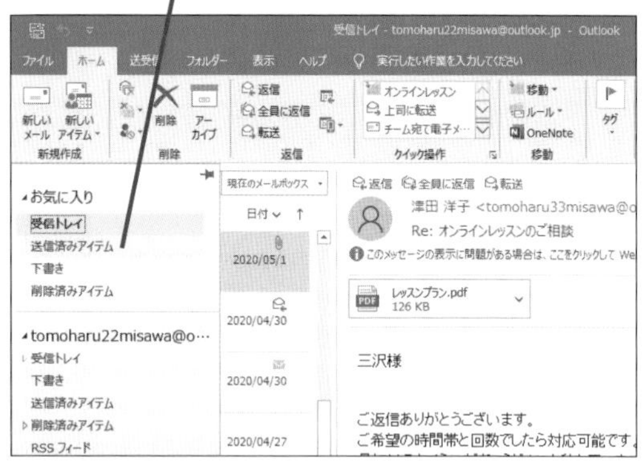

［送信済みアイテム］フォルダーが表示された

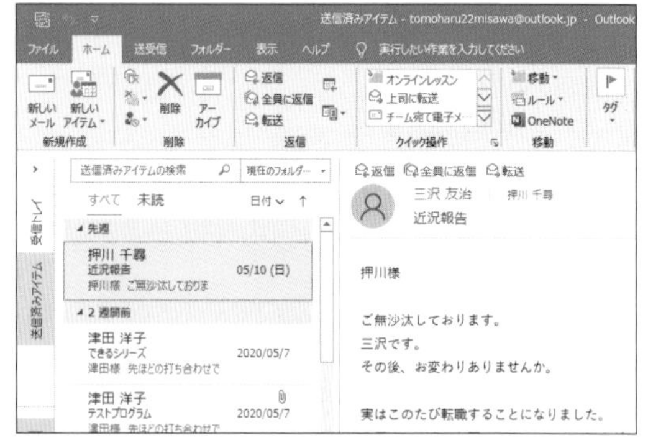

送信済みのメールが表示された

関連 Q086 自分にあてられたメールだけを表示したい……P.74
関連 Q120 文章から自動で送信者を選択する……P.91

Q120 365 2019 2016 2013 お役立ち度 ★★

文章から自動で送信者を選択する

A メンション機能を使用します

文章中に「@」に続けて送信したい人の名前を入力すると、自動であて先に設定されます。これを、「メンション」と呼びます。メンションされたメールが届くと関連性の高いメールとみなされ、メール一覧に「@」が表示されるようになり、メール本文の中でメンションされたあて先がハイライト表示されます。なお、メンション以外で「@」を利用したい場合は@の後ろにスペースを入れましょう。

ワザ106を参考に、[メッセージ]ウィンドウを表示しておく

1 「@」と入力

登録されている連絡先が表示された

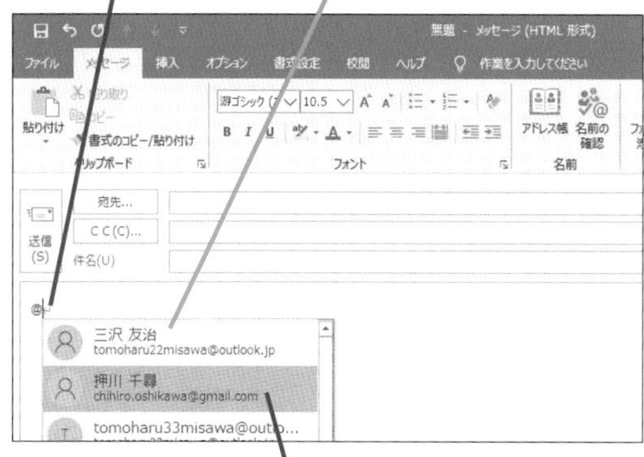

2 メンションする連絡先をクリック

メンションした連絡先が[宛先]に追加される

メンションされたメールは一覧にマークが表示される

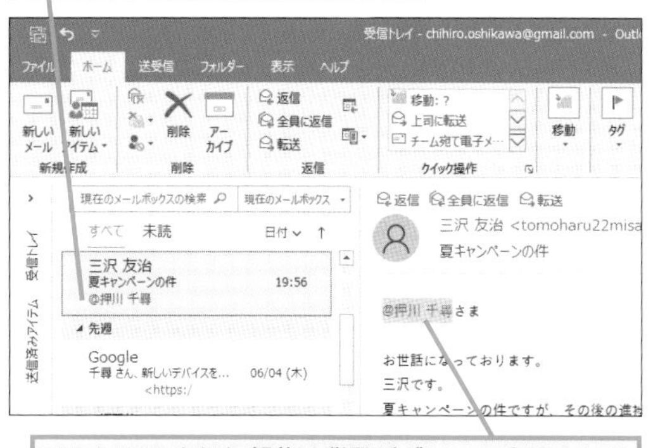

メンションされた部分は背景がグレーで表示される

Q121 365 2019 2016 2013 お役立ち度 ★★★

読んでいるメッセージから返信するには

A [返信]をクリックすると[メッセージ]ウィンドウが開きます

[返信]は受信メールの送信者のみが[宛先]に設定されます。[CC]を含むメッセージ受信者全員に返信したいときは[全員に返信]を利用しましょう。返信するときは、メール本文に前のやり取りの内容が残ります。基本的に[返信]や[全員に返信]は受信したメールに関連する内容を返信するときに使います。話題が新しくなるときは、新規メールを作成しましょう。

➡CC……P.306

ワザ063を参考に、受信したメールを別のウィンドウで表示しておく

1 [返信]をクリック

ウィンドウが切り替わった

ワザ109を参考に、返信を送信する

Q122 365 2019 2016 2013 お役立ち度 ★★☆

受信したメールをほかの人に転送したい

A ［ホーム］タブの［転送］をクリックします

［転送］は受信したメールの内容をそのまま共有したいときに利用します。本文には受信したときのあて先やメールタイトルと共に元の本文が記載されているため、転送された側ではどういったやり取りがされていたのか内容を見ることができます。

ワザ058を参考に、［受信トレイ］を表示してメールをクリックしておく

1 ［ホーム］タブをクリック

2 ［転送］をクリック

ウィンドウが切り替わった

元の件名の先頭に「FW:」の文字が自動で入力される

3 あて先を入力

4 本文を入力

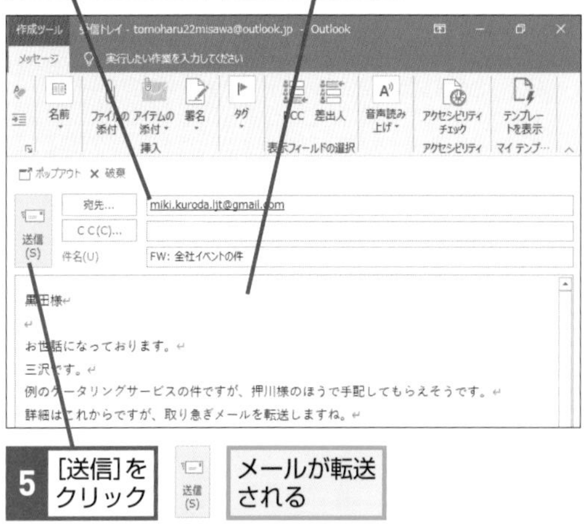

5 ［送信］をクリック

メールが転送される

Q123 365 2019 2016 2013 お役立ち度 ★★☆

受信したメールを添付として転送したい

A ［添付ファイルとして転送］をクリックします

通常の転送ではあて先やメールタイトルが本文内に記載されますが、添付ファイルの場合は受信したままの状態をファイル化します。不審なメールを受信し、解析を依頼するときなどはこの方法で転送するとよいでしょう。

ワザ058を参考に、［受信トレイ］を表示してメールをクリックしておく

1 ［その他の返信アクション］をクリック

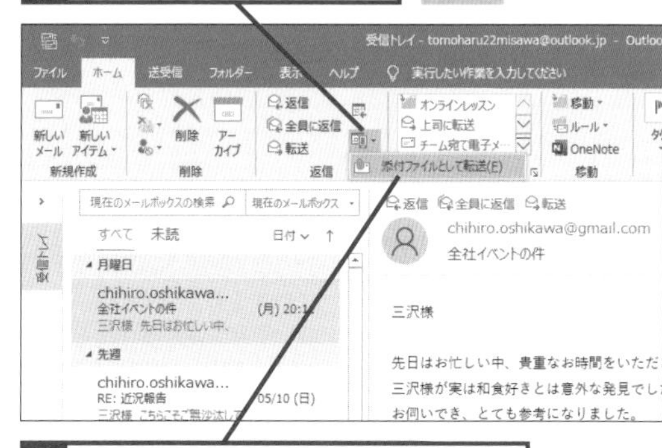

2 ［添付ファイルとして転送］をクリック

［メッセージ］ウィンドウが表示された

選択したメールが添付された

3 あて先を入力

4 本文を入力

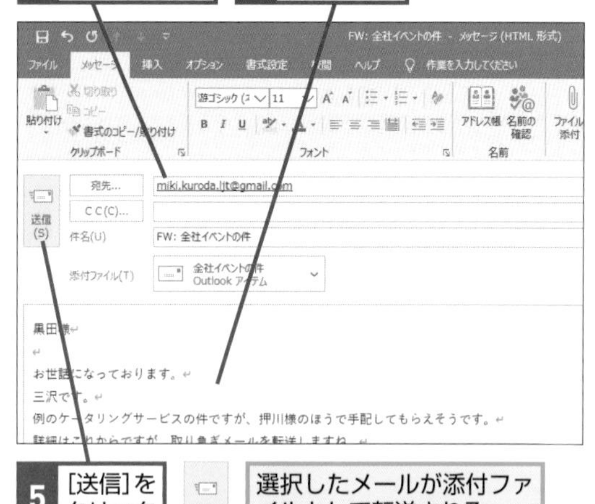

5 ［送信］をクリック

選択したメールが添付ファイルとして転送される

Q124 365 2019 2016 2013 お役立ち度 ★★★

メールの重要度を設定するには

A ［メッセージ］タブで設定できます

重要度を［高］に設定したメールを送ると、！のマークがメール一覧に表示されるため、優先的に読む必要があることが分かります。ただし、迷惑メールも重要度の設定はできるので、マークが付いていても知らない人からのメールは注意して見るようにしましょう。逆に重要度を下げる設定もあります。重要度はあて先がOutlookを利用していない場合でも表示されます。

ワザ106を参考に、メールを作成しておく

ここでは重要度を［高］に設定する

1 ［メッセージ］タブをクリック

2 ［重要度 - 高］をクリック

！重要度 - 高

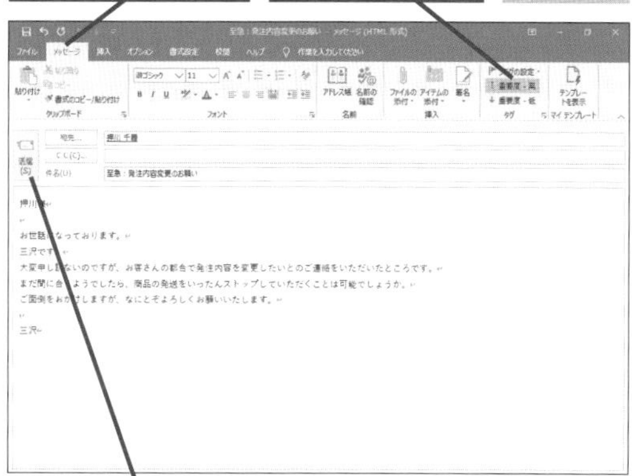

3 ［送信］をクリック

重要度が設定されたメールを受信するとビューにアイコンが表示される

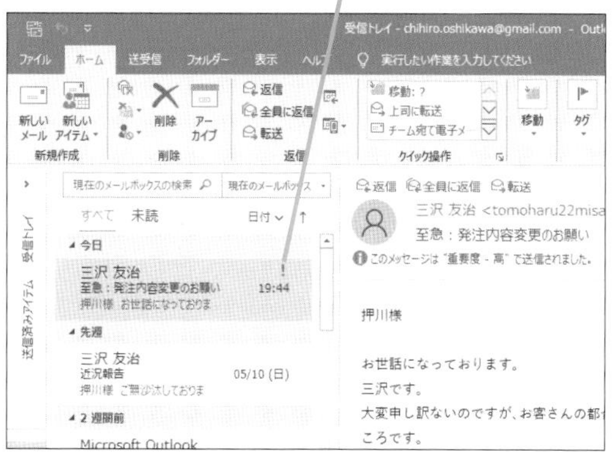

Q125 365 2019 2016 2013 お役立ち度 ★★★

返信時に古いメッセージを残さないようにするには

A ［Outlookのオプション］画面から設定できます

メールの返信を続けていくとメール本文内に古いメッセージが蓄積されていきます。受信者がタイトルでメールをまとめられるスレッド表示型のメールソフトを利用している場合は、古いメッセージを残さない設定にしておくとメールサイズを抑えられます。この設定は［返信］と［転送］それぞれに設定できます。

ワザ019を参考に、［Outlookのオプション］ダイアログボックスを表示しておく

1 ［メール］をクリック

2 ここを下にドラッグしてスクロール

3 ［メッセージに返信するとき］のここをクリックして［元のメッセージを残さない］を選択

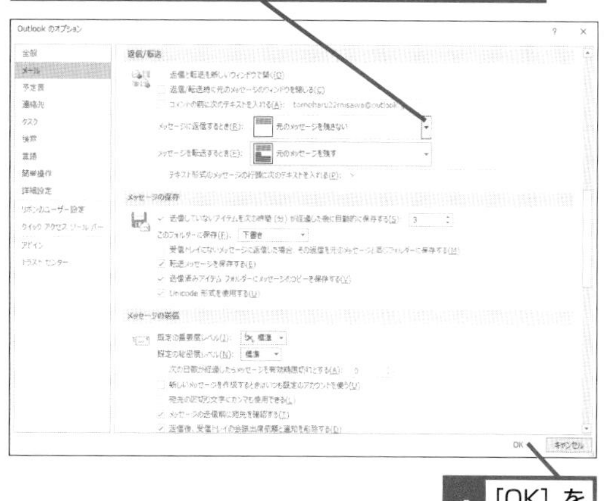

4 ［OK］をクリック

メールの形式と書式の編集

Webサイトのようなデザインのメールを見たことがあるでしょう。Outlookを使えば簡単にグラフィカルなメールを作れます。

Q126 365 2019 2016 2013 お役立ち度 ★★★

メールの形式って何？

A HTML形式が最も一般的です

電子メールには「HTML形式」「リッチテキスト形式」「テキスト形式」の3つの形式があります。一般的に利用されているのはHTML形式のメールです。Webサイトで利用される技術を使ったメールで、画像や外部サイトへのリンクを含めたメールを作成できます。「リッチテキスト形式」はOutlook独自のメール形式です。インターネットへの送付時は自動的にHTML形式に変換されます。画像や外部サイトへのリンクのほかに、添付ファイルを本文内に含めることができます。「テキスト形式」は逆にリンクや画像は利用できず、テキスト文だけでメールを構成する形式です。なお、この項で紹介しているワザは基本的にテキスト形式のメールでは操作できません。

[メッセージ] ウィンドウの [書式設定] タブでメールの形式を選択できる

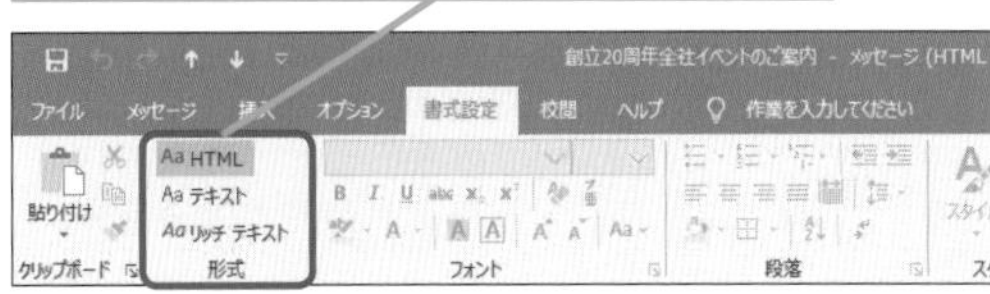

●テキスト形式のメール

メールのデータ量が少なく簡易にやり取りできる

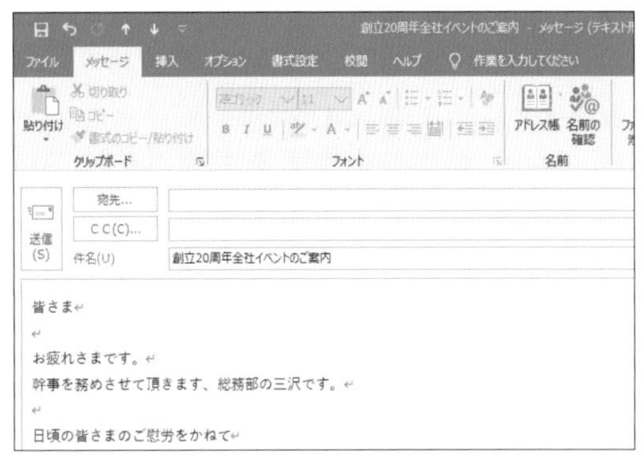

●リッチテキスト形式のメール

書式や段落、スタイルを設定できる

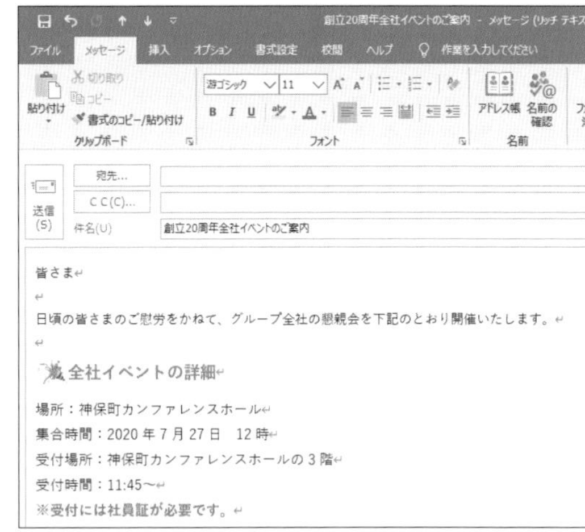

●HTML形式のメール

Webページのようにレイアウトできる

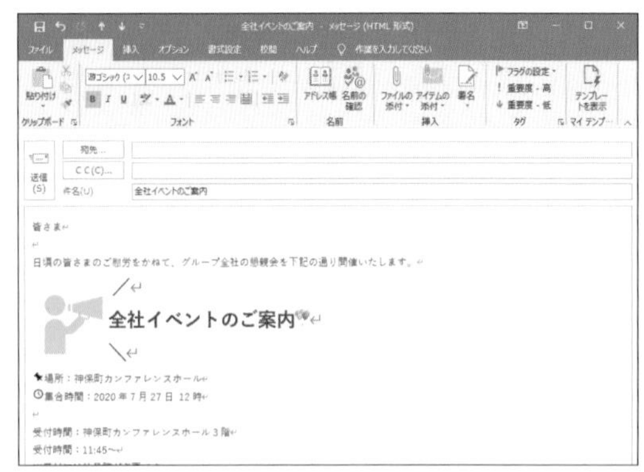

Q127 365 2019 2016 2013 お役立ち度 ★★

文章作成後にメールの形式を変更すると？

A 書式や画像などが削除されることがあります

HTML形式やリッチテキスト形式でメールを作成した場合、テキスト形式に変更すると書式や図形が削除されます。逆にテキスト形式のメールをHTML形式やリッチテキスト形式に変更する場合は変更を行っても表示崩れは起きません。

➡リッチテキスト形式メール……P.313

ワザ106を参考に、メールを作成しておく

1 ［書式設定］タブをクリック

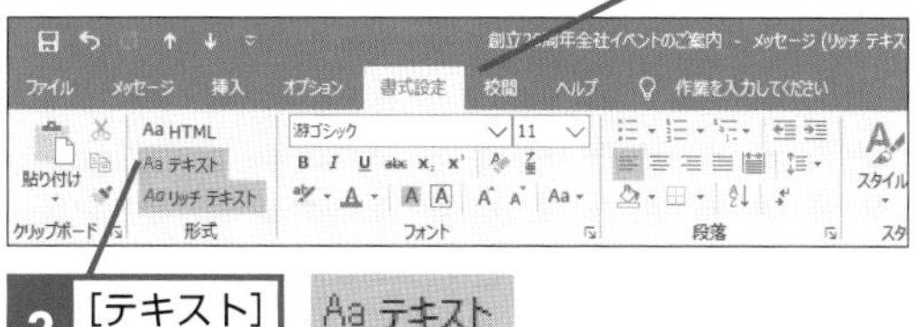

2 ［テキスト］をクリック

［Microsoft Outlook互換性チェック］ダイアログボックスが表示された

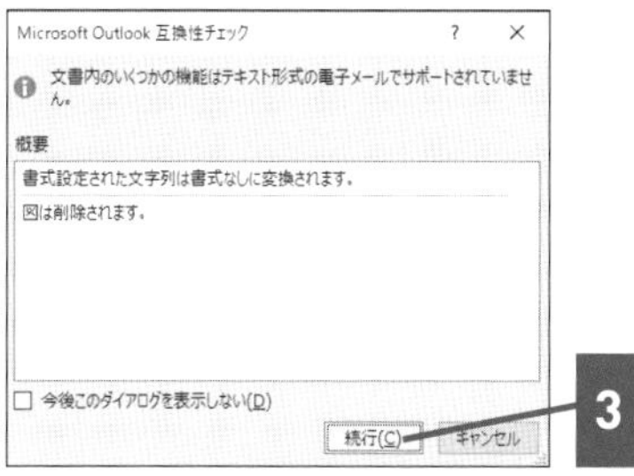

3 ［続行］をクリック

設定した書式や画像が削除された

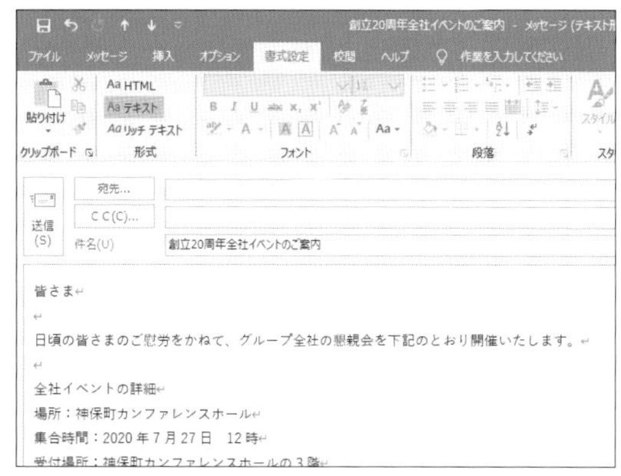

Q128 365 2019 2016 2013 お役立ち度 ★★

きれいなメッセージを簡単に作成したい

A ひな形を利用しHTMLメールを作成します

Outlookにはメールのテンプレートが用意されています。これを利用すると簡単にグラフィカルなメッセージが作成できます。色合いがはっきりしたテンプレートが多いので華美になりすぎないよううまく活用していきましょう。

1 ［ホーム］タブをクリック

2 ［新しいアイテム］をクリック

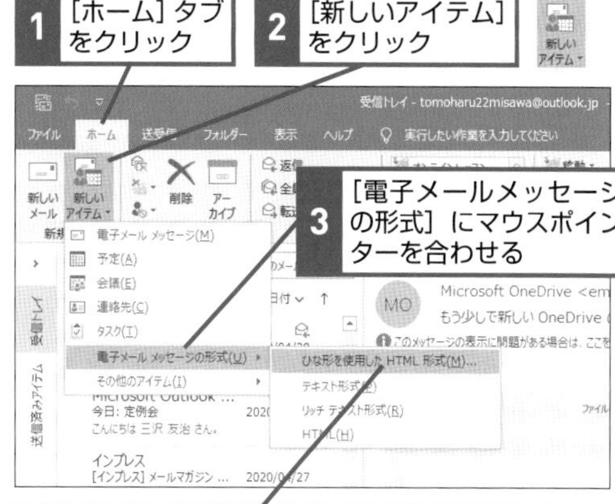

3 ［電子メールメッセージの形式］にマウスポインターを合わせる

4 ［ひな形を使用したHTML形式］をクリック

［テーマまたはひな形］ダイアログボックスが表示された

5 使用するテーマ名をクリック

テーマのサンプルが表示された

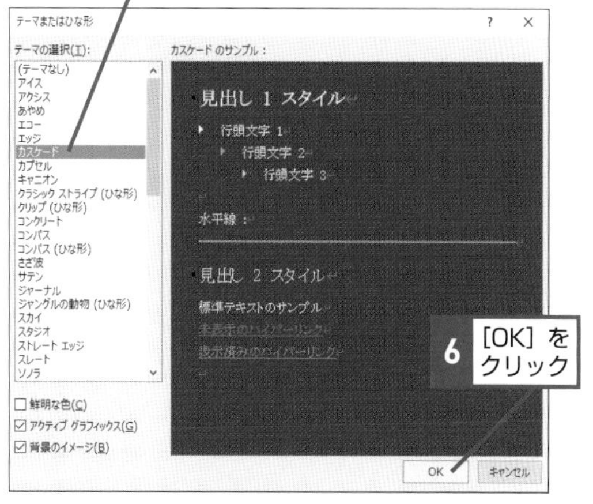

6 ［OK］をクリック

選択したテーマが反映された［メッセージ］ウィンドウが表示される

Q129 365 2019 2016 2013 お役立ち度 ★★

今日の日付を挿入するには

A [日付と時刻] 機能を使います

[日付と時刻] は和暦での入力以外に英字での入力にも対応しているため、英字のつづりを間違えずに入力できます。また、[自動的に更新する] にチェックマークを入れると、送信する前にメールを開いた日に更新されるため、後日送付予定のメールで利用すると便利です。

ワザ106を参考に、[メッセージ] ウィンドウを表示しておく

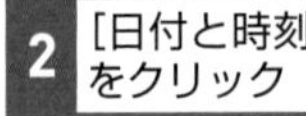

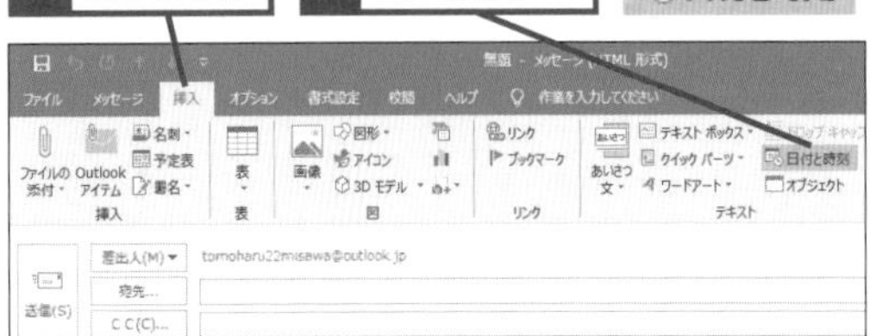

[日付と時刻] ダイアログボックスが表示された

3 挿入する日付の表示形式をクリック

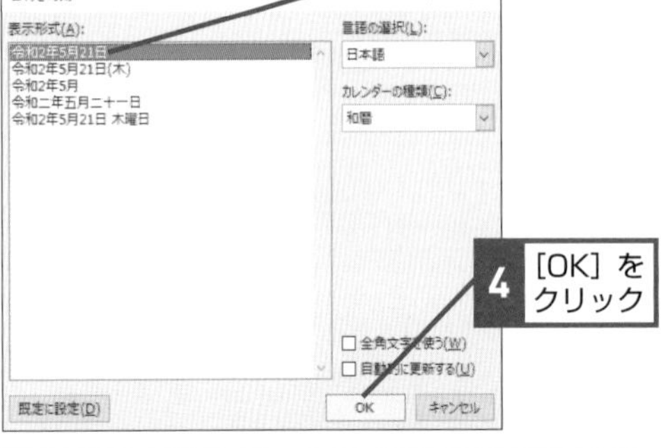

[言語の選択] や [カレンダーの種類] を変更すると [表示形式] の選択肢も変わる

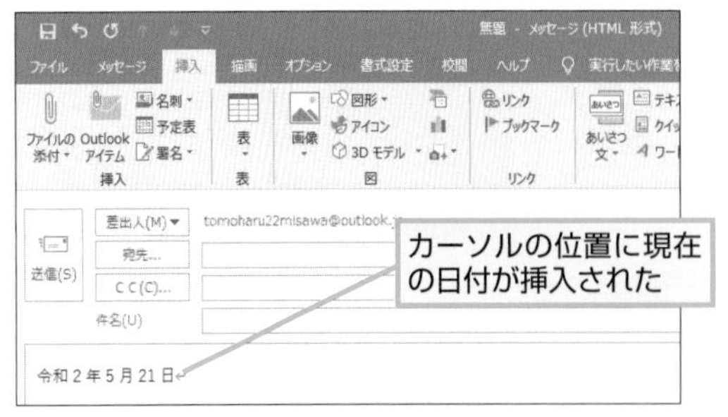

Q130 365 2019 2016 2013 お役立ち度 ★★

文字の種類を変更したい

A Outlookではさまざまなフォントを使用できます

HTML形式やリッチテキスト形式のメール本文は、多様なフォントや文字装飾を利用できます。Outlookの内部ではWordの機能を活用しています。Wordを利用している場合と基本的に同様の操作で文字の種類や装飾を設定できるので、グラフィカルなメールが簡単に作れます。

ワザ106を参考に、メールを作成しておく

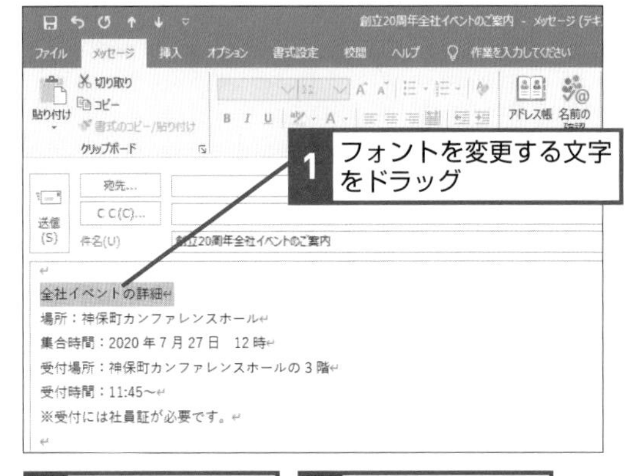

2 [メッセージ] タブをクリック

3 [フォント] のここをクリック

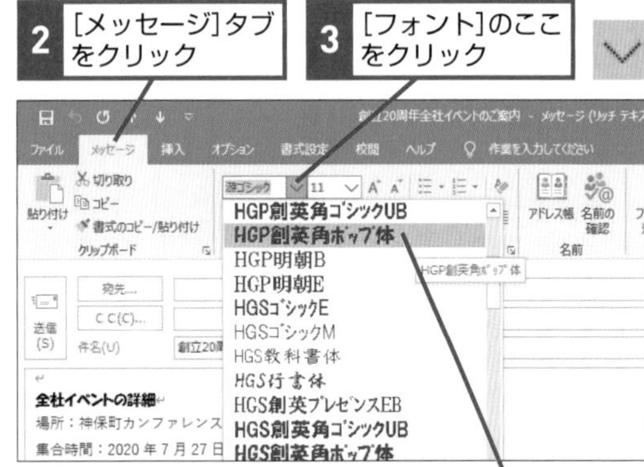

フォントの一覧が表示された

4 使用するフォントをクリック

選択した文字のフォントが変更された

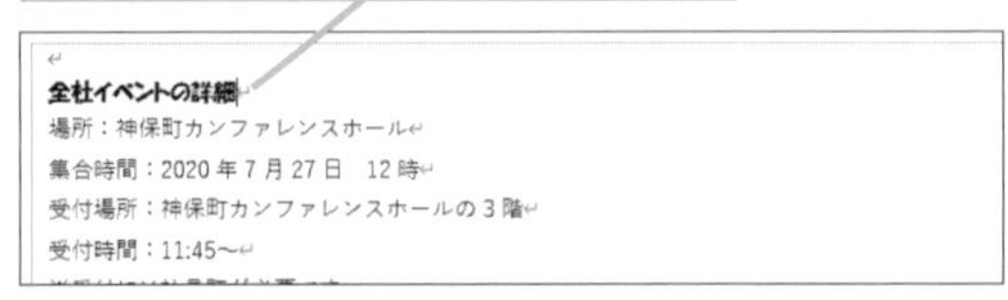

Q131 365 2019 2016 2013 お役立ち度 ★★★

文字を太くしたい

A 文字列に［太字］を設定します

強調したい部分があるときは太字を使うとよいでしょう。太字以外に、イタリック（傾斜）、下線、取消線、下付きや上付きといった文字も利用可能です。

ワザ106を参考に、メールを作成しておく

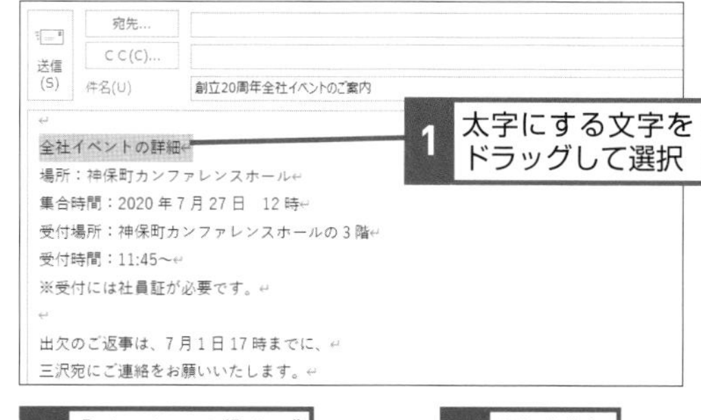

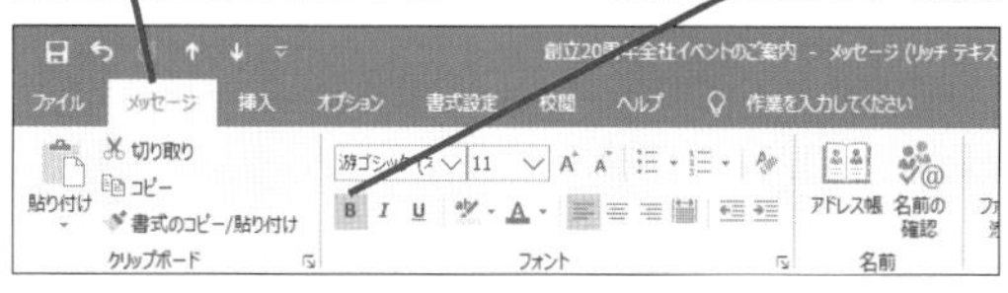

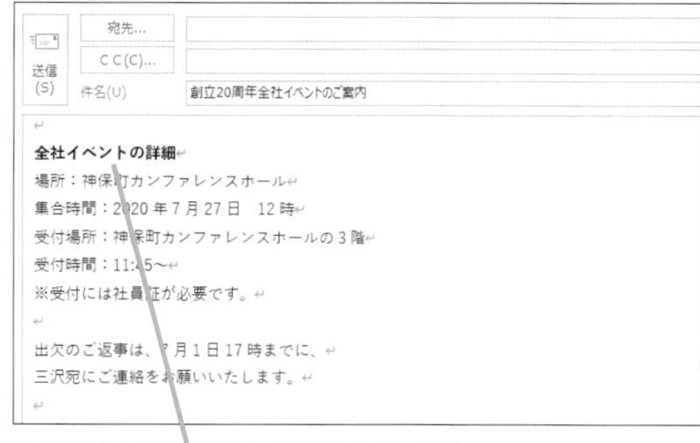

選択した文字が太字に設定された

関連 Q130 文字の種類を変更したい……P.96

関連 Q136 変更した文字の書式を元に戻したい……P.99

Q132 365 2019 2016 2013 お役立ち度 ★★★

文字の色を変更したい

A よく使う色が一覧にまとめられています

表示されるパレットには10色の標準色と、テーマの色70色が表示されます。テーマの色とはOfficeのテーマごとに設定されている色相環を意識した色見本です。変更したい場合は［オプション］タブの［配色］から選択するとよいでしょう。 ➡Office……P.307

ワザ106を参考に、メールを作成しておく

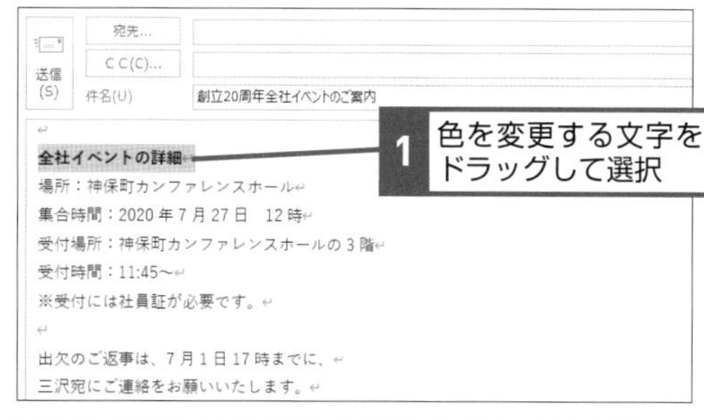

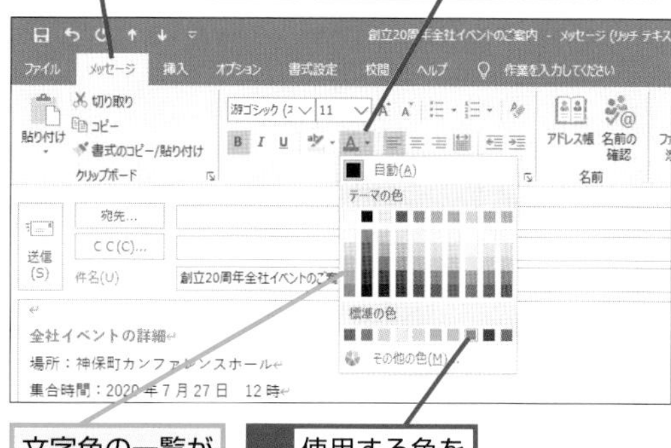

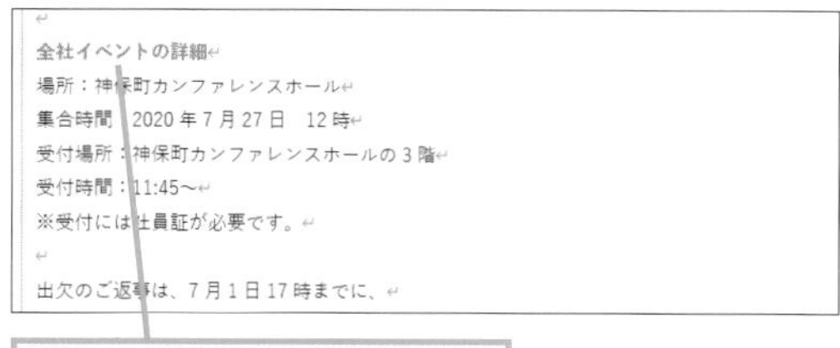

選択した文字の色が変更された

Q133 365 2019 2016 2013 お役立ち度 ★★

一覧にない色を文字に設定したい

A ［色の設定］ダイアログボックスで選択します

この画面で1度選んだ色は［最近使用した色］として一覧の下部に表示されるため使い回せます。ただしOutlookを再起動するとリセットされるため、何度も使いたい場合は［オプション］タブの［配色］より［色のカスタマイズ］をを選び、新しい配色パターンを作りましょう。

ワザ132を参考に、［フォントの色］をクリックしておく

［その他の色］をクリックすると［色の設定］ダイアログボックスが表示される

［ユーザー設定］タブではRGBかHSLの値で文字色を指定できる

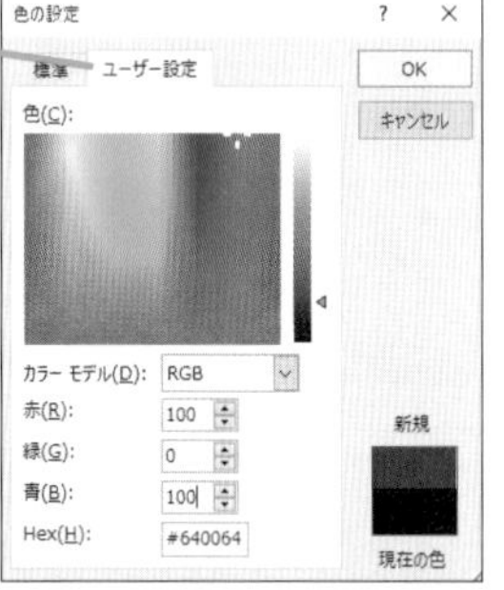

Q134 365 2019 2016 2013 お役立ち度 ★★

離れた文字を同時に選択したい

A Ctrl キーを押しながらドラッグします

複数の文字を選択しておくと文字装飾を同時に変更できます。選択した後に文字装飾のボタンをクリックしましょう。通常、文字装飾を適用したときは選択が解除されませんが、［蛍光ペン］のみ効果を適用すると、選択が解除されます。

Ctrl キーを押しながらドラッグすると離れた位置の文字を同時に選択できる

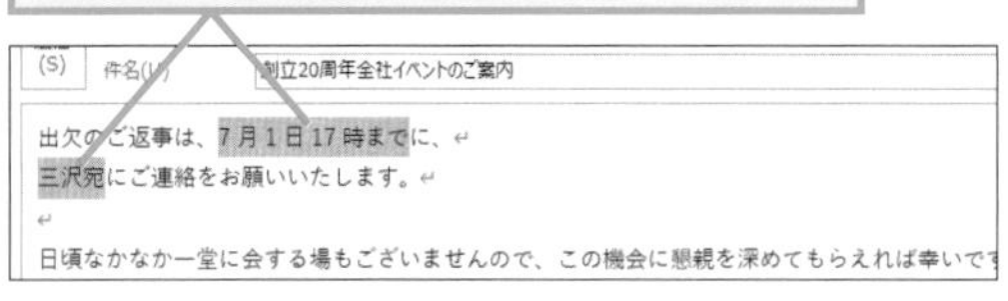

Q135 365 2019 2016 2013 お役立ち度 ★★★

文字に背景色を付けるには

A ［蛍光ペン］で文字をハイライトできます

［蛍光ペン］は全部で15色あり文字の背景色として利用できます。文字を選択してから［蛍光ペン］ボタンをクリックする方法と［蛍光ペン］を選択してから文字をドラッグする2パターンで背景色を付けられます。先に［蛍光ペン］を選択した場合は［蛍光ペンの終了］をクリックすると、解除されます。

1 ［蛍光ペンの色］のここをクリック

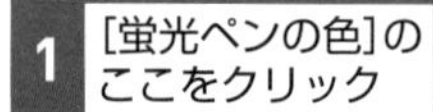

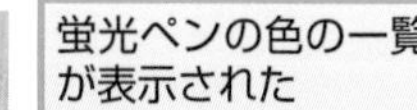

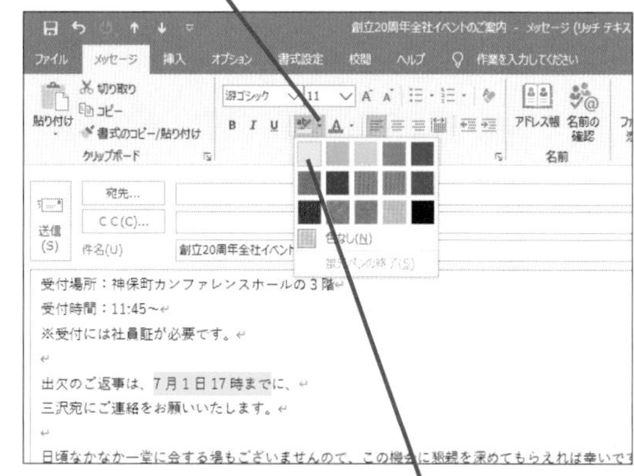

2 背景色に設定する色をクリック

選択した文字に背景色が設定された

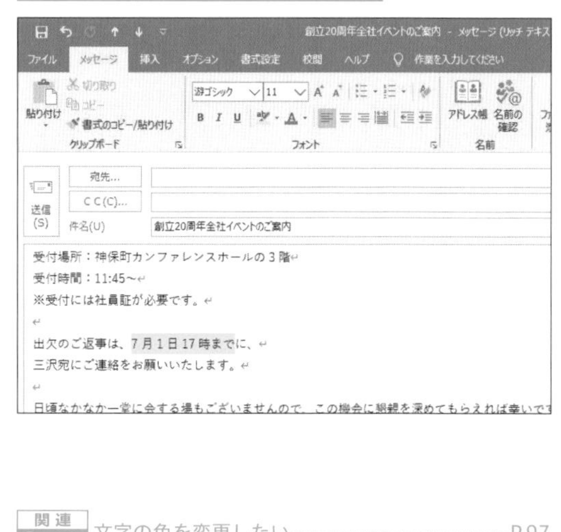

関連 Q132 文字の色を変更したい……P.97

Q136 365 2019 2016 2013

お役立ち度 ★★☆

変更した文字の書式を元に戻したい

A 設定した書式を一括で削除できます

文字に設定した文字装飾やフォントサイズなどの書式が解除され、標準状態に戻ります。ただし、[蛍光ペン]はそのまま残るため、[蛍光ペン] も解除したい場合は、文字を選択した状態で [蛍光ペン] をクリックして [色なし] を選択してください。

1 書式を削除する文字をドラッグ

2 [書式設定]タブをクリック

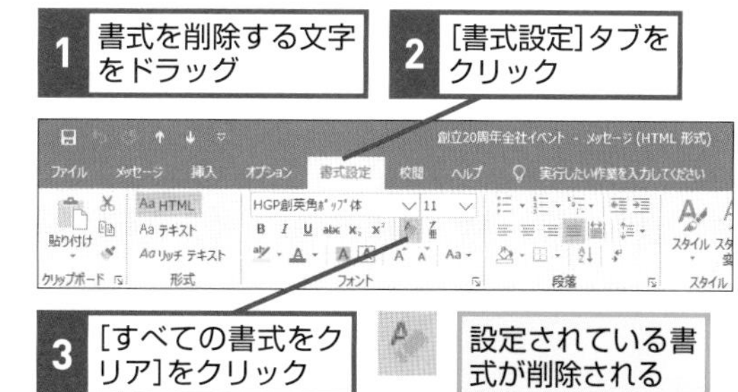

3 [すべての書式をクリア]をクリック

設定されている書式が削除される

Q137 365 2019 2016 2013

お役立ち度 ★★★

文字色の初期設定を変更したい

A [Outlookのオプション] で [ひな形およびフォント] をクリックします

お気に入りの文字色がある場合、[フォントの色] を変更しましょう。以下の手順で既定の文字色を変更できます。文字の色を変えるとユニークなメールを作成できますが、華美になりすぎると見にくくなります。見やすい文字色を選択しましょう。

ワザ019を参考に、[Outlookのオプション] ダイアログボックスを表示しておく

1 [メール]をクリック

2 [ひな形およびフォント]をクリック

[署名とひな形] ダイアログボックスが表示された

3 [ひな形]をクリック

4 [新しいメッセージ] の [文字書式]をクリック

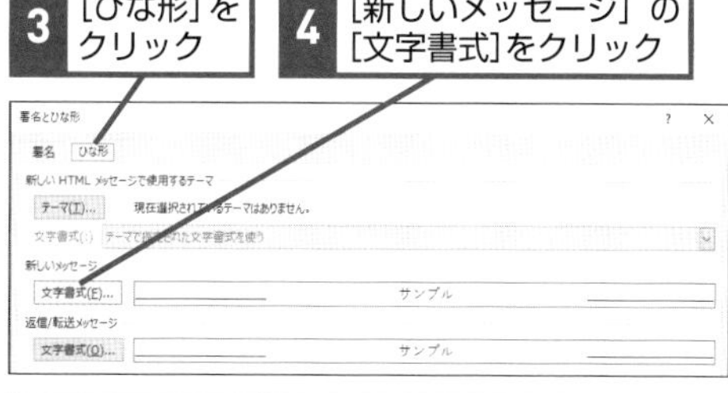

[フォント]ダイアログボックスが表示された

5 ここをクリックして色を選択

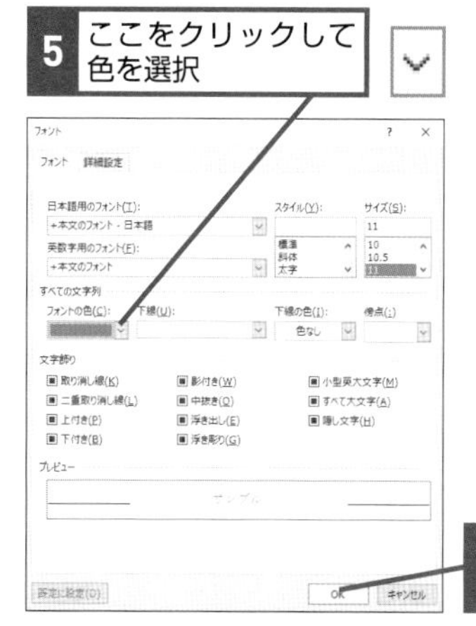

6 [OK] をクリック

7 [署名とひな形] ダイアログボックスの[OK]をクリック

8 [Outlookのオプション] ダイアログボックスの[OK]をクリック

新規作成するメールのフォントが変更された

Q138 365 2019 2016 2013 お役立ち度 ★★★

手書きの文字を入力したい NEW!

A [描画] タブで [描画キャンバス] を選択します

ペンの種類は [鉛筆] [ペン] [蛍光ペン] の3つです。ペンを選択した後に右下の ∨ をクリックすると、色や太さが変更できます。キャンバスサイズが大きいとメールサイズが大きくなるため、大きくしすぎないように注意しましょう。なお、手書き文字はPNG形式の画像として保存されます。

ワザ106を参考に、[メッセージ] ウィンドウを表示しておく

1 メールの本文をクリック

2 [描画] タブをクリック

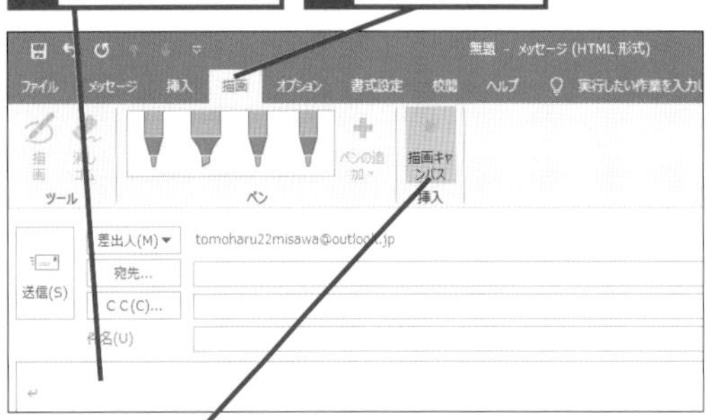

3 [描画キャンバス] をクリック

ペン入力のためのキャンバスが挿入された

4 [描画]をクリック

5 使用するペンをクリック

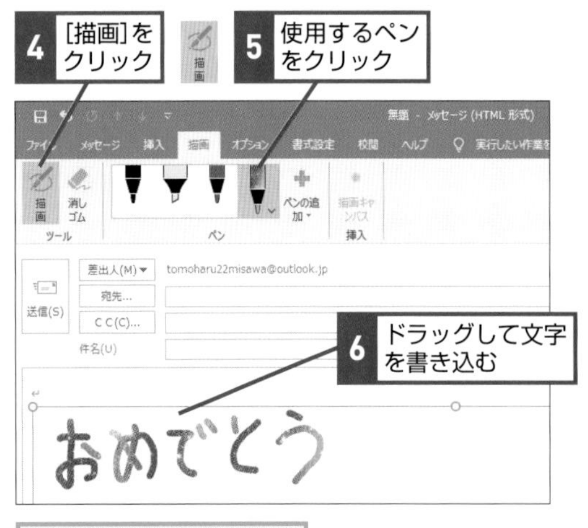

6 ドラッグして文字を書き込む

手書きの文字が入力できた

Q139 365 2019 2016 2013 お役立ち度 ★★★

[描画]タブが表示されない! NEW!

A リボンのユーザー設定を変更します

タブが表示されていない場合は、リボンの設定を変更します。[メッセージ] ウィンドウを表示せずに操作を行うと、Outlook本体のリボンの操作となるため、[描画] タブの項目が表示されません。[メッセージ] ウィンドウを表示した状態で設定しましょう。

➡リボン……P.313

ワザ106を参考に、[メッセージ] ウィンドウを表示しておく

ワザ019を参考に、[Outlookのオプション] ダイアログボックスを表示しておく

1 [リボンのユーザー設定]をクリック

2 [描画] をクリックしてチェックマークを付ける

3 [OK] をクリック

[描画]タブが表示された

関連 Q055 タッチ操作で手書きの文字を入れたい ……………P.59

署名と定型文の作成

メールの署名やよく使う文例を再利用する方法をまとめています。メールアドレスによる使い分けや、クラウドサービスとの同期などOutlook特有の機能を覚えましょう。

Q140 365 2019 2016 2013　お役立ち度 ★★★

署名を作成するには

A [署名とひな形] ダイアログボックスから作成します

「署名」とは自身の情報を簡潔に記入した文章です。通常、氏名や所属部署、オフィスの所在地、電話番号などを記入します。メールの末尾に自動入力されるため、本文とは違うものだと分かるよう区切りの記号を入れましょう。

ワザ019を参考に、[Outlookのオプション] ダイアログボックスを表示しておく

1 [メール]をクリック
2 [署名]をクリック

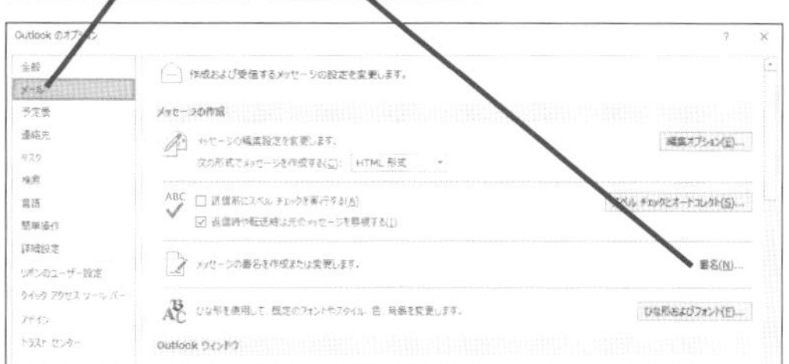

[署名とひな形] ダイアログボックスが表示された

3 [署名]をクリック

4 [新規作成] をクリック

[新しい署名]ダイアログボックスが表示された

5 署名の名前を入力
6 [OK] をクリック

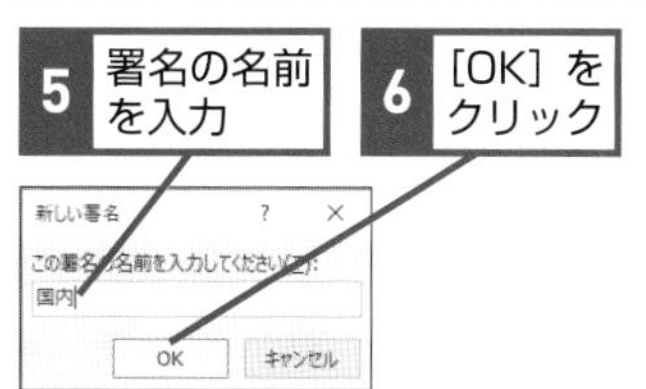

署名を入力する

7 Enter キーを押して改行
8 区切り文字「-- 」を入力
9 名前や社名、電話番号などを入力

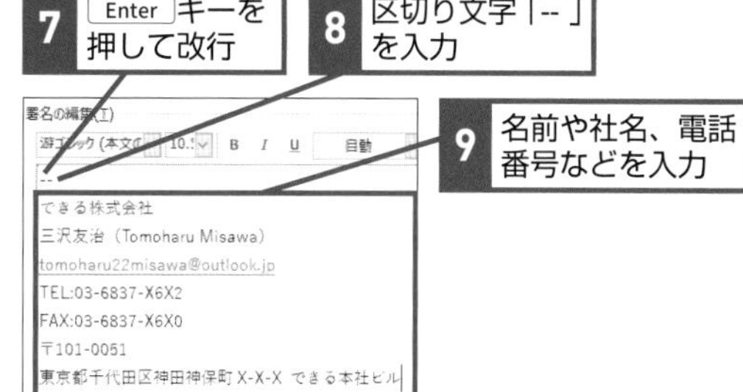

10 [OK] をクリック

11 [Outlookのオプション] ダイアログボックスで[OK]をクリック

新しいメールを作成したときに署名が入るようになる

Q141 365 2019 2016 2013 お役立ち度 ★★★

作成済みの署名を削除したい

A ［署名とひな形］ダイアログボックスから削除します

作成した署名は簡単に削除できます。［既定の署名］に設定した署名を削除すると、次回メール作成時に署名が行われなくなります。削除する前に利用中の署名ではないか確認するようにしましょう。

➡署名……P.310

ワザ140を参考に、［署名とひな形］ダイアログボックスを表示しておく

1 署名の名前をクリック

2 ［削除］をクリック

署名を削除してよいか確認する画面が表示された

3 ［はい］をクリック

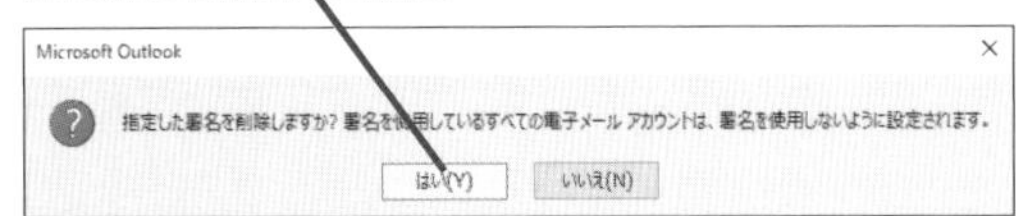

署名が削除される

Q142 365 2019 2016 2013 お役立ち度 ★★★

署名の内容を修正したい

A ［署名とひな形］ダイアログボックスから編集します

電話番号や所属部署などが変わったら署名の修正も忘れずに行いましょう。署名は簡潔にすることが大切です。あらゆるやり取りのメールに付くことを考慮し、長大な文章にしないよう注意してください。

➡ダイアログボックス……P.311

ワザ140を参考に、［署名とひな形］ダイアログボックスを表示しておく

1 入力されている署名を修正

2 ［保存］をクリック

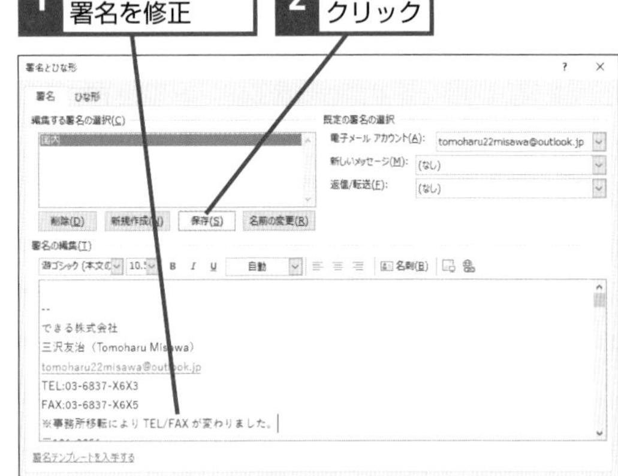

修正した署名が保存された

3 ［OK］をクリック

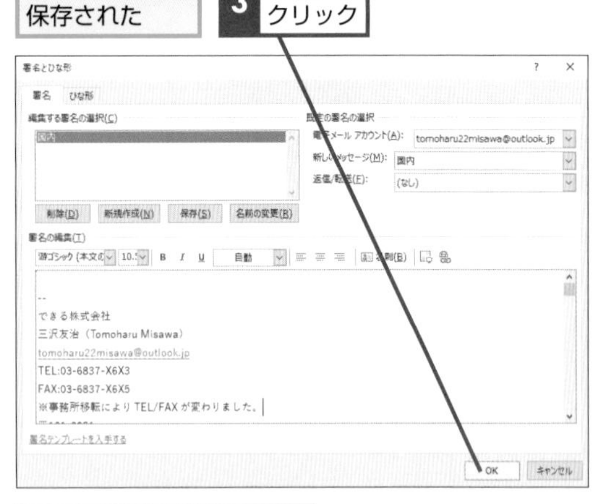

修正した署名が設定される

Q143 365 2019 2016 2013 お役立ち度★★★

複数の署名を使い分けたい

A ［メッセージ］ウィンドウで署名を選択できます

海外向けと国内向けの署名を使い分けたいこともあるでしょう。Outlookでは複数の署名を用意できます。比較的近しい間柄の方とのメールが中心の場合、Twitterや、Facebookのアカウントなどを付けた署名を設定し、会社などで利用するときは代表電話や住所を記載した署名を設定しておくとよいでしょう。

➡アカウント……P.308

ワザ140を参考に、追加の署名を新規作成しておく

ここでは「海外」という名前の署名を追加する

●右クリックを使用する方法

ワザ106を参考に、［メッセージ］ウィンドウを表示しておく

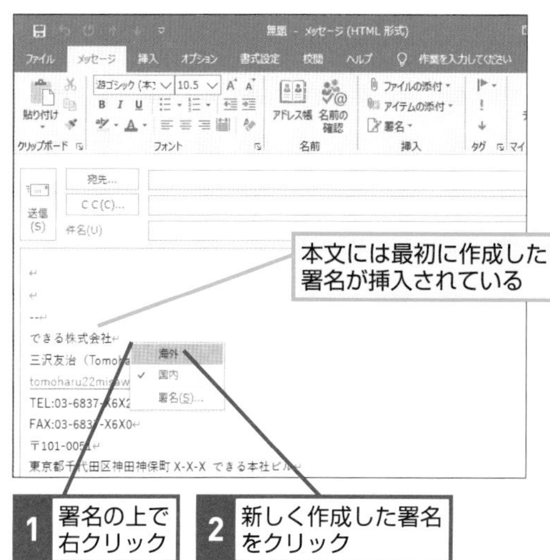

新しく作成した署名が挿入された

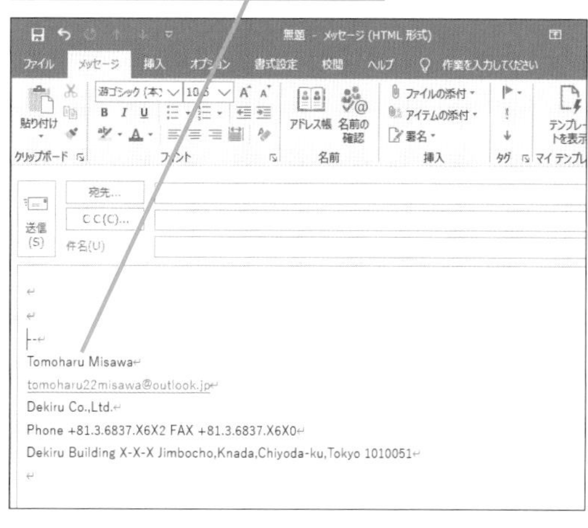

●メニューから指定する方法

1 ［メッセージ］タブをクリック

2 ［署名］をクリック

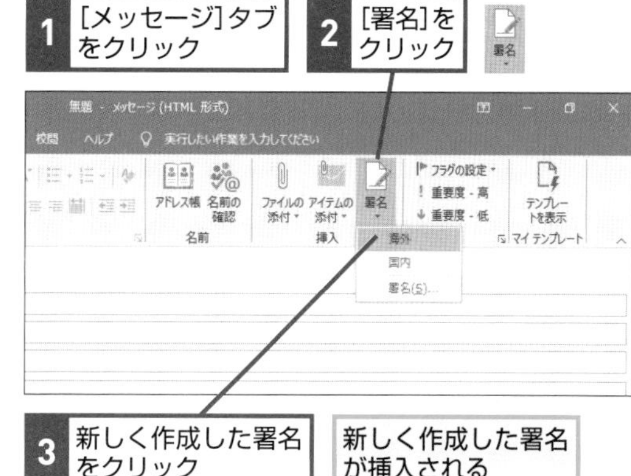

3 新しく作成した署名をクリック

新しく作成した署名が挿入される

関連 Q145 返信や転送のときに署名を付けるには………… P.104
関連 Q146 メールアドレス別に署名を設定するには……… P.105

Q144 365 2019 2016 2013 お役立ち度 ★★★

自動的に入力される署名を変更したい

A [新しいメッセージ] の既定の署名を変更します

この操作で一番よく使う署名を設定しておくと、署名を選択する手間を減らせて便利です。

➡署名……P.310

ワザ140を参考に、[署名とひな形] ダイアログボックスを表示しておく

1 [新しいメッセージ] のここをクリック

2 署名の名前をクリック

新しいメッセージに挿入される署名が変更された

3 [OK]をクリック

関連 Q143 複数の署名を使い分けたい ………… P.103

Q145 365 2019 2016 2013 お役立ち度 ★★

返信や転送のときに署名を付けるには

A [返信/転送] の既定の署名を変更します

Outlookの初期設定では返信と転送時には署名が付かないようになっています。返信時にも署名を付けたいときはこの設定を行います。一般的にメールは何度も返信が繰り返されるため、そのたびに署名がメールの返信に付与されることになります。返信や転送時の署名は名前程度に留めておくとよいでしょう。

ワザ140を参考に、[署名とひな形] ダイアログボックスを表示しておく

1 [返信/転送] のここをクリック

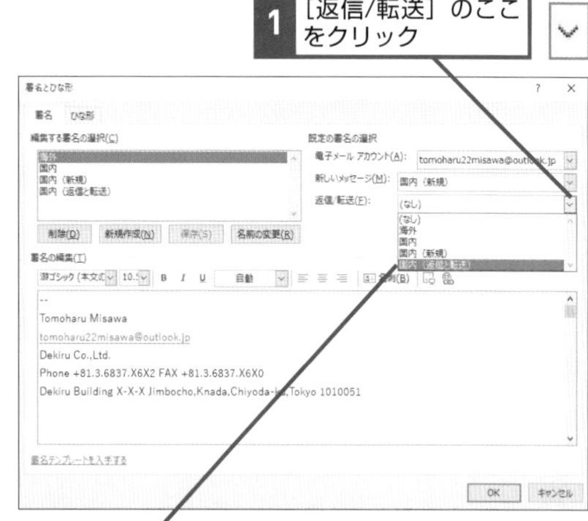

2 署名の名前をクリック

返信や転送メールに挿入される署名が変更された

3 [OK]をクリック

Q146 365 2019 2016 2013 お役立ち度 ★★

メールアドレス別に署名を設定するには

A [署名とひな形] 画面で設定します

署名はメールアドレスごとに［新しいメッセージ］と［返信/転送］の2種に設定できます。Outlookに複数のメールアドレスを登録している場合は、会社のメールアドレスにプライベートの署名を付けないよう注意しましょう。

ワザ140を参考に、[署名とひな形] ダイアログボックスを表示しておく

1 [電子メールアカウント] のここをクリック

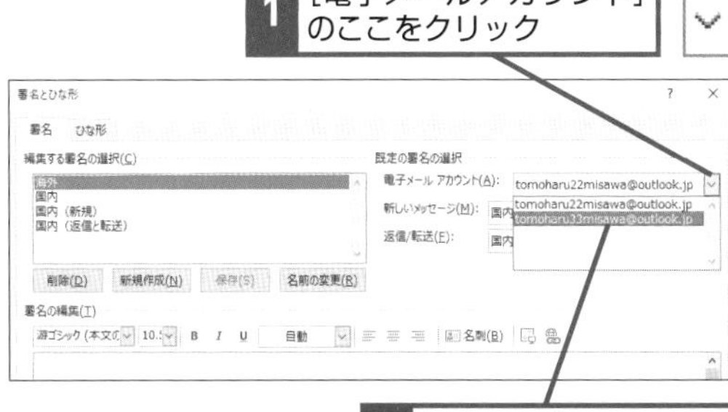

2 署名を設定するメールアドレスをクリック

3 [新しいメッセージ] のここをクリックして設定する署名を選択

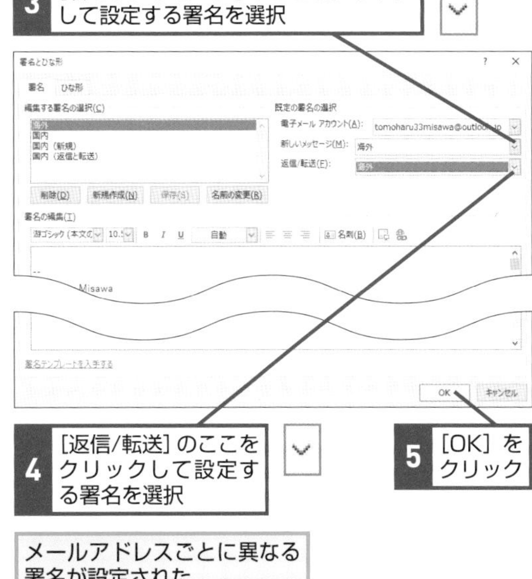

4 [返信/転送] のここをクリックして設定する署名を選択

5 [OK] をクリック

メールアドレスごとに異なる署名が設定された

Q147 365 2019 2016 2013 お役立ち度 ★★★

どんな署名を作るといい？

A 署名テンプレートを参考にしましょう

署名の内容に困ったときは公式提供されているテンプレートを活用しましょう。画像や写真などを使ったテンプレートが用意されているため、署名を簡単に作成できます。

ワザ140を参考に、[署名とひな形] ダイアログボックスを表示しておく

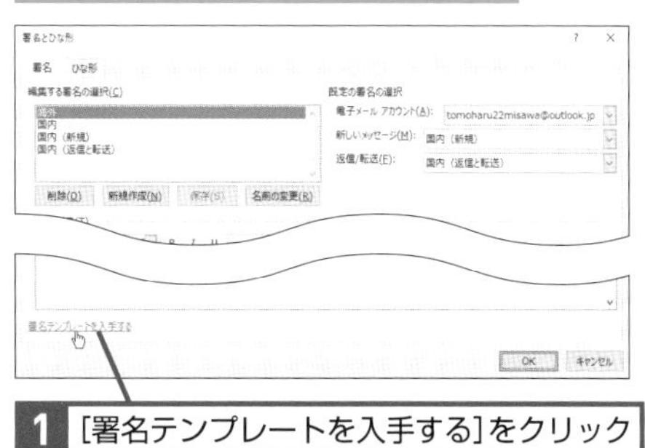

1 [署名テンプレートを入手する] をクリック

Webブラウザーが起動し、署名テンプレートのヘルプページが表示された

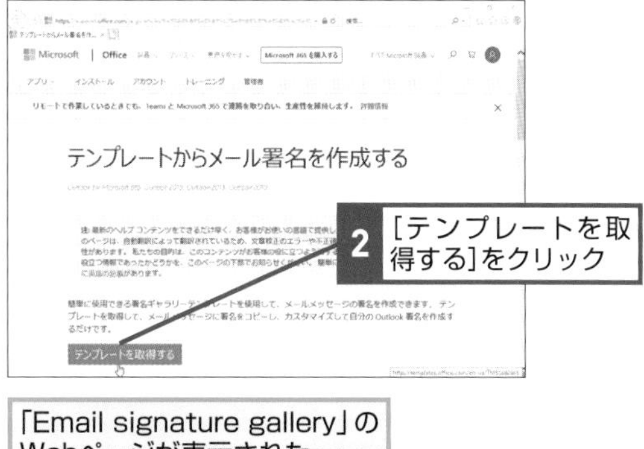

2 [テンプレートを取得する] をクリック

「Email signature gallery」のWebページが表示された

3 [Download] をクリック

ダウンロードしたWordファイルを開き、サンプルのいずれかをコピーして加工することで自分の署名として利用できる

Q148 365 2019 2016 2013 お役立ち度 ★★★

よく使う文章をあらかじめ登録しておくには

A ［クイックパーツ］機能を使用します

よく使う言い回しは［定型句］として保存できます。会社名の入った挨拶文や祝辞などのかしこまった言い回しを登録しておく以外に、週報などの言い回しを登録しておくと、入力の手間が省けます。［定型句］にはWebサイトのリンクや画像を含めることができるため、比較的凝った文章をストックするのに便利です。

➡クイックパーツ……P.310

●クイックパーツを登録する

ワザ106を参考に、メールを作成しておく

1 定型句として登録する文字をドラッグ

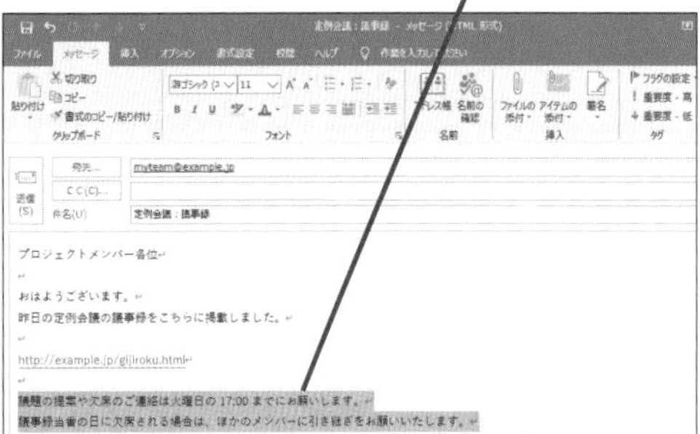

登録する文章が選択された

2 ［挿入］タブをクリック

3 ［クイックパーツ］をクリック

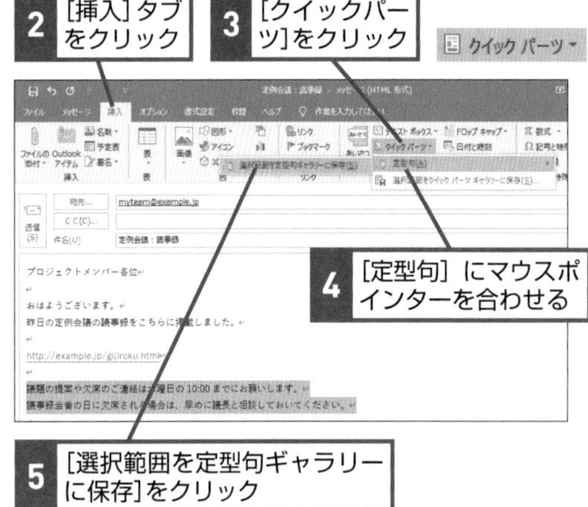

4 ［定型句］にマウスポインターを合わせる

5 ［選択範囲を定型句ギャラリーに保存］をクリック

［新しい文書パーツの作成］ダイアログボックスが表示された

6 定型句の名前を入力

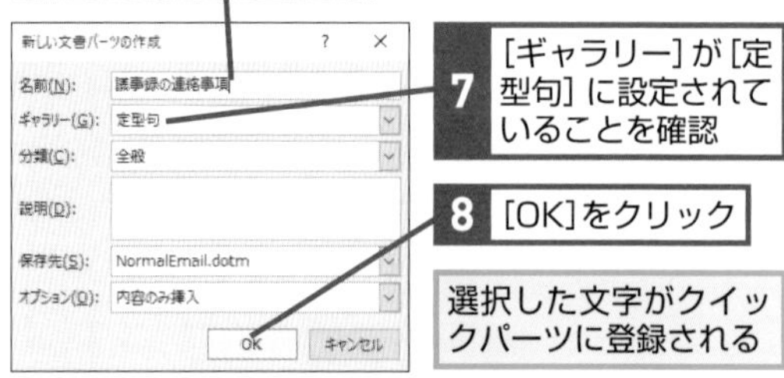

7 ［ギャラリー］が［定型句］に設定されていることを確認

8 ［OK］をクリック

選択した文字がクイックパーツに登録される

●クイックパーツを使用する

ワザ106を参考に、メールを作成しておく

1 定型句を挿入する箇所をクリック

2 ［挿入］タブをクリック

3 ［クイックパーツ］をクリック

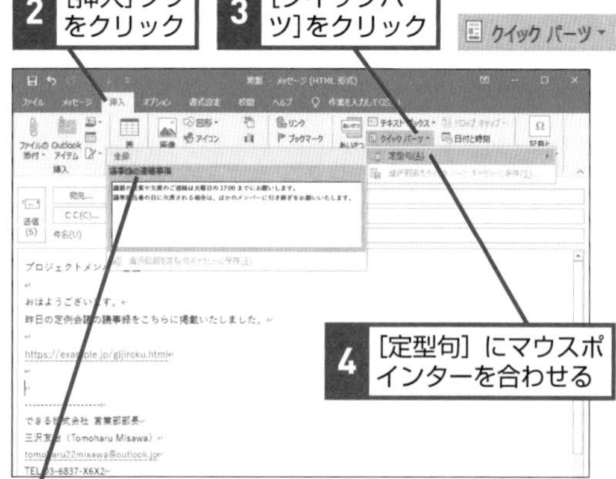

4 ［定型句］にマウスポインターを合わせる

5 挿入する定型句をクリック

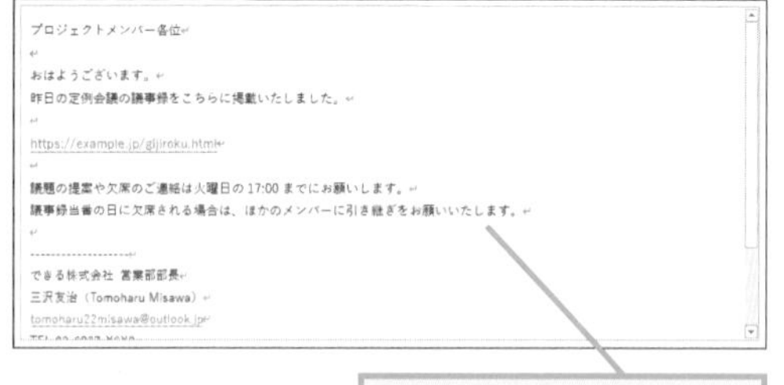

定型句が本文に挿入された

関連 Q149 登録した定型文を削除したい ………………… P.107
関連 Q150 登録した定型文を修正するには ………………… P.107
関連 Q151 よく使う文章を使い回したい ………………… P.108

Q149 365 2019 2016 2013 お役立ち度 ★★★

登録した定型文を削除したい

A [文書パーツオーガナイザー] から削除します

登録した定型文は[定型句]ボタンにマウスポインターを合わせると、先頭の数行がプレビュー表示されます。あまりに[定型句]の数が多いと内容が見にくくなるため、数が多くなってきたら不要なものを削除していきましょう。

ワザ106を参考に、[メッセージ]ウィンドウを表示しておく

1 [挿入]タブをクリック

2 [クイックパーツ]をクリック

3 [定型句]にマウスポインターを合わせる

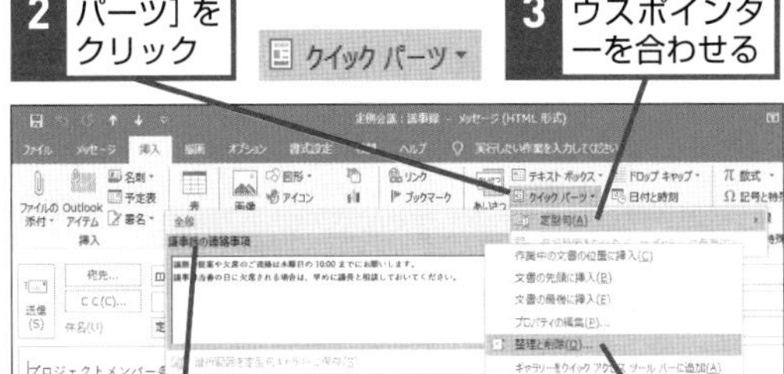

4 削除する定型句を右クリック

5 [整理と削除]をクリック

[文書パーツオーガナイザー]ダイアログボックスが表示された

6 削除する文書パーツをクリック

7 [削除]をクリック

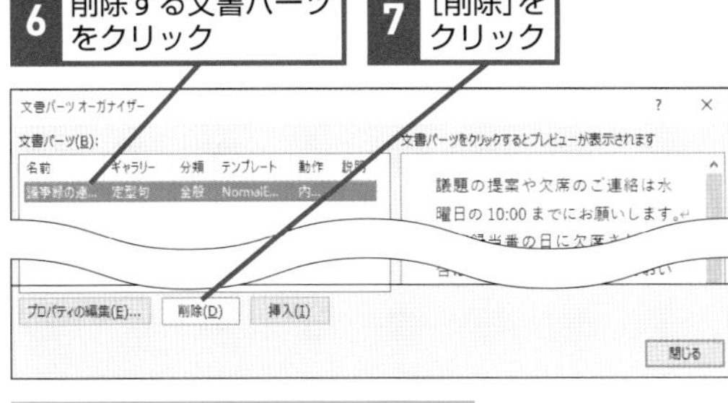

文書パーツを削除してよいか確認する画面が表示された

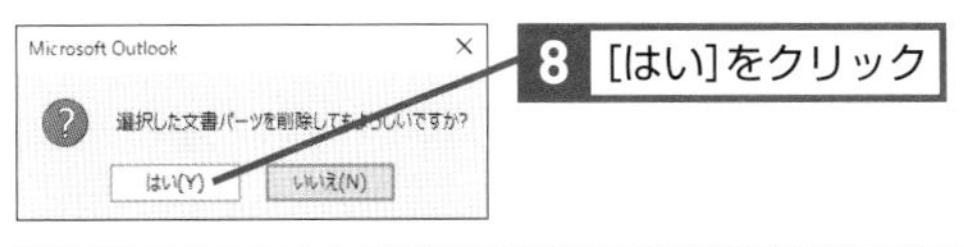

8 [はい]をクリック

選択した定型句が削除される

9 [文書パーツオーガナイザー]ダイアログボックスで[閉じる]をクリック

Q150 365 2019 2016 2013 お役立ち度 ★★

登録した定型文を修正するには

A 定型文を上書き保存します

[定型句]は直接編集することができません。内容を変更したいときは同じ名前と分類で新しい内容を登録する必要があります。上書きすると古い定型文は消えてしまうので、内容をよく確認して修正しましょう。

1 上書きに使用する文章をドラッグ

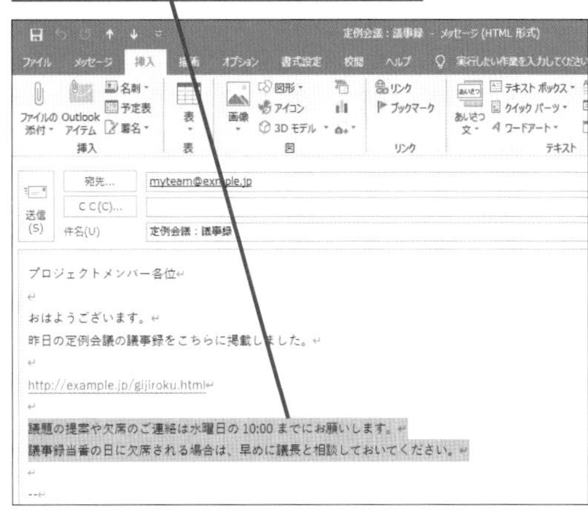

ワザ148を参考に、[新しい文書パーツの作成]ダイアログボックスを表示しておく

2 上書きする文書パーツの名前を入力

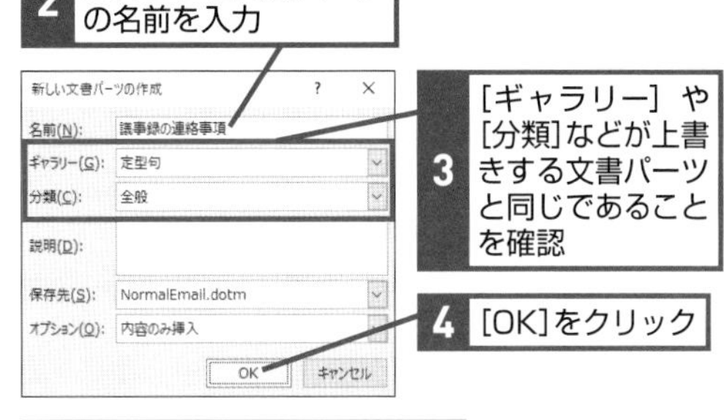

3 [ギャラリー]や[分類]などが上書きする文書パーツと同じであることを確認

4 [OK]をクリック

文書パーツを上書きしてよいか確認する画面が表示された

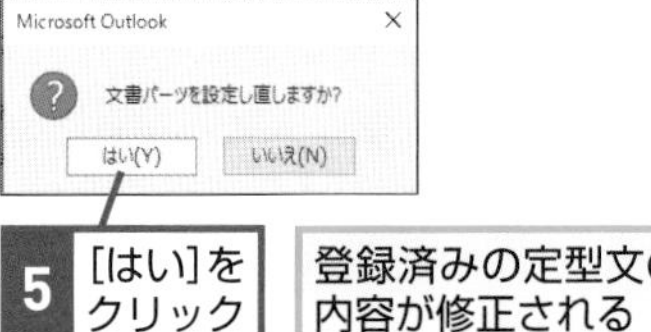

5 [はい]をクリック

登録済みの定型文の内容が修正される

よく使う文章を使い回したい

A マイテンプレート機能を使用します

設定が少し複雑な［定型句］とは違い、簡単に作成できるのが[マイテンプレート]です。[マイテンプレート]の最大の利点はOutlook.comやExchange Onlineといったクラウド上に保存されるため、同じアカウントでサインインしていれば、パソコンが違っても使用できる点です。テンプレート内に画像を使うこともできますが、インターネットサイト画像へのリンクとなるためメール受信時に警告が出ることがあります。テンプレート内に画像を入れたい場合は、ワザ148を参考に、［定型句］を用いましょう。

➡インターネット……P.309

ワザ106を参考に、[メッセージ]ウィンドウを表示しておく

1 [メッセージ]タブをクリック

2 [テンプレートを表示]をクリック

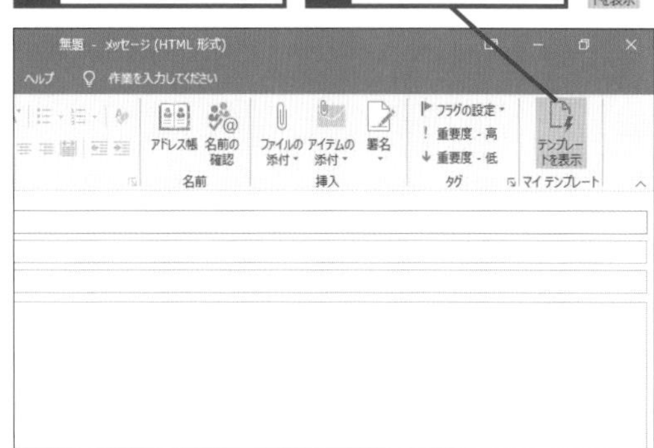

はじめて使うときは機能を説明するウィンドウが表示される

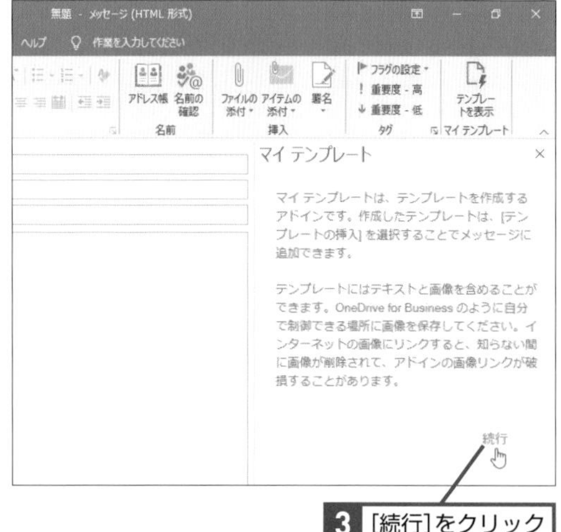

3 [続行]をクリック

マイテンプレートの一覧が表示された

4 挿入するマイテンプレートをクリック

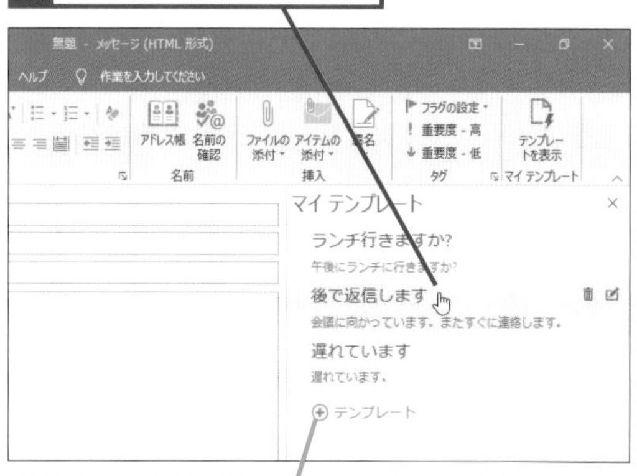

ここをクリックするとマイテンプレートを新しく作成できる

マイテンプレートが挿入された

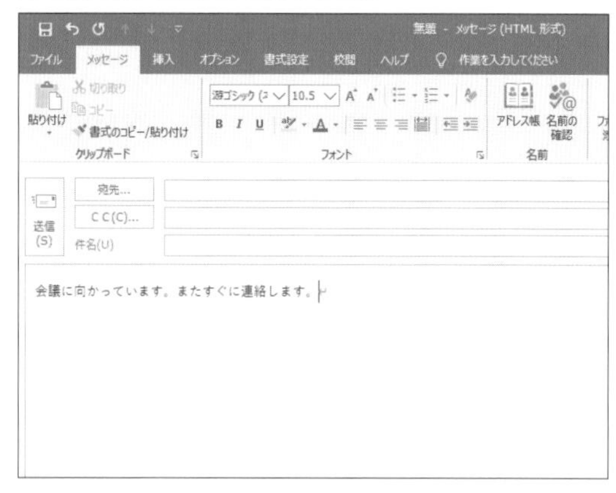

関連 Q148 よく使う文章をあらかじめ登録しておくには ……… P.106
関連 Q153 作成済みの文章を変更したい ……… P.109

Q152 365 2019 2016 2013 お役立ち度 ★★

作成済みの文章を削除したい

A [メッセージ] タブの [テンプレートを表示] をクリックし、一覧から削除します

テンプレートを使わなくなった場合は削除しておきましょう。なお、[マイテンプレート] はメールアドレスごとに異なるテンプレートを持てます。作ったテンプレートが見当たらない場合は別のメールアドレスに紐付いていないか確認してみましょう。

ワザ106を参考に、[メッセージ] ウィンドウを表示しておく

1 [メッセージ]タブをクリック

2 [テンプレートを表示]をクリック

マイテンプレートの一覧が表示された

3 [テンプレートの削除]をクリック

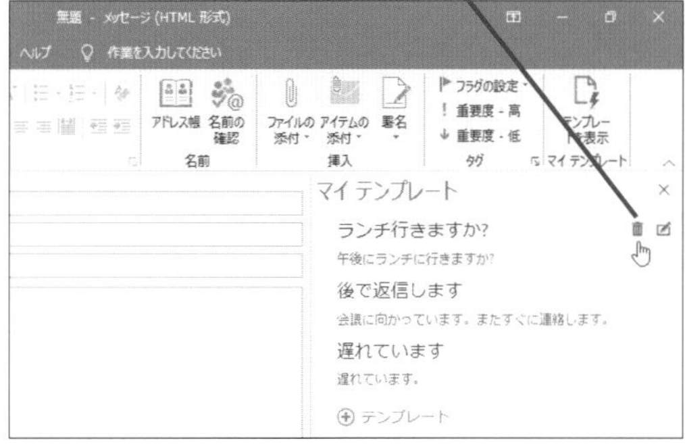

マイテンプレートが削除された

Q153 365 2019 2016 2013 お役立ち度 ★★

作成済みの文章を変更したい

A [テンプレートの保存]ボタンをクリックすると、編集画面が表示されます

作成したテンプレートはいつでも変更可能です。同じアカウントを利用していれば変更内容はすべてのパソコンで共有されます。 ➡アカウント……P.308

ワザ151を参考に、マイテンプレートの一覧を表示しておく

1 [テンプレートの保存]をクリック

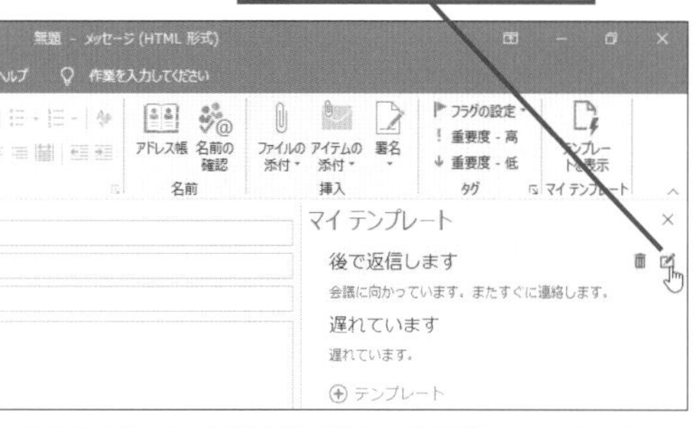

マイテンプレートの編集ウィンドウが表示された

2 文章を修正

3 [保存]をクリック

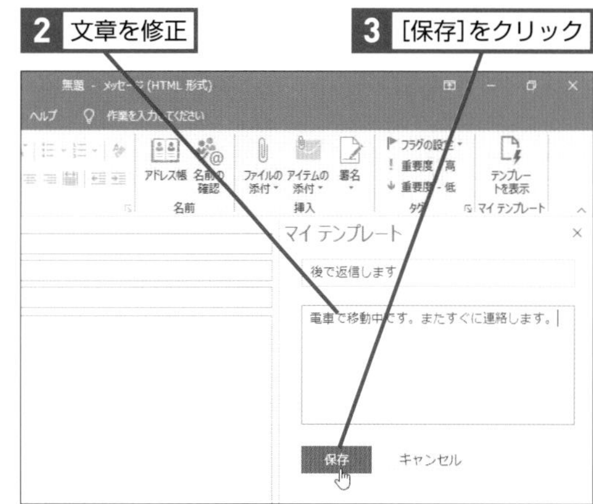

マイテンプレートの文章が変更された

ファイルやWebページの共有

メールには文章だけでなく、ファイルの添付やWebページへのリンクも行えます。文章以外の情報も利用しながら効率的なコミュニケーションを行いましょう。

Q154 365 2019 2016 2013 お役立ち度 ★★★

メールに資料を添付したい

A [メッセージ]タブの[ファイルの添付]ボタンをクリックします

メールの文章だけでは内容を伝えきれないときはメールにファイルを添付しましょう。
WordやExcelの資料以外にも画像や圧縮ファイルなどを添付できます。 ➡添付ファイル……P.311

ワザ106を参考に、メールを作成しておく

ここではあらかじめ［ドキュメント］フォルダーに保存しておいた文書を添付する

1 [挿入]タブをクリック

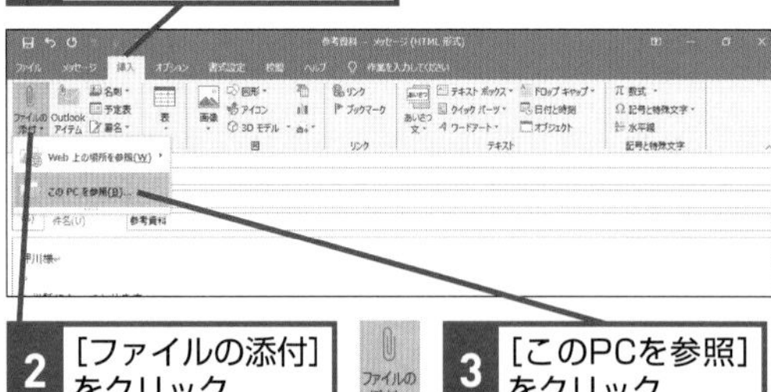

2 [ファイルの添付]をクリック

3 [このPCを参照]をクリック

[ファイルの挿入] ダイアログボックスが表示された

4 [ドキュメント]をクリック

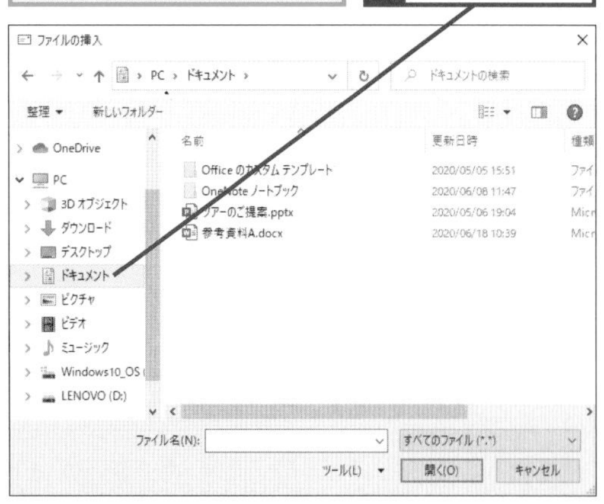

[ドキュメント] フォルダーの内容が表示された

5 メールに添付するファイルをクリック

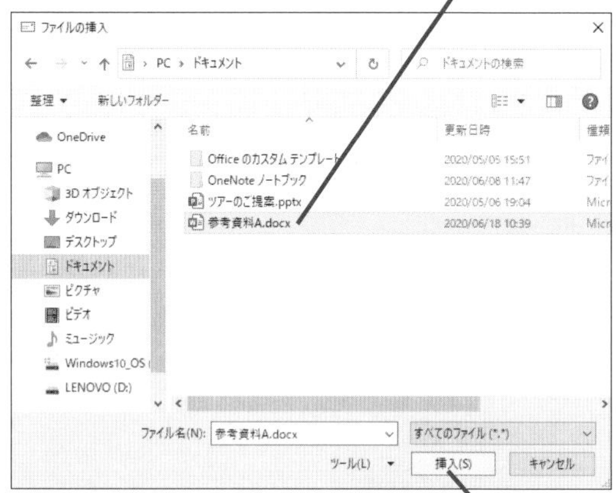

6 [挿入]をクリック

添付したファイルの名前とサイズが表示された

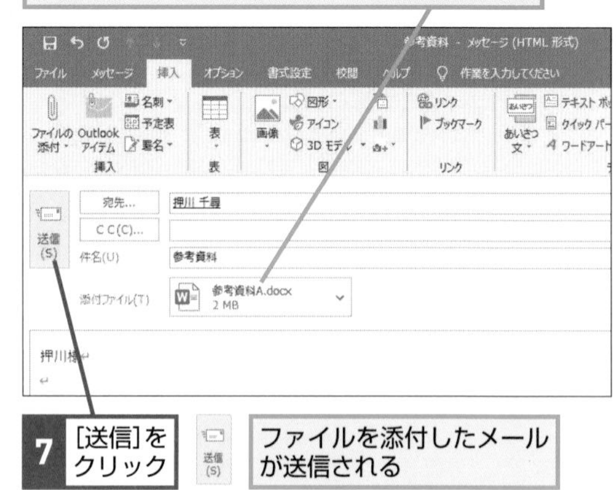

7 [送信]をクリック

ファイルを添付したメールが送信される

Q155 365 2019 2016 2013 お役立ち度 ★★

パソコンに保存してある写真を添付するには

A ［このPCを参照］をクリックして写真を選択します

［ファイルの添付］から写真を選択すると本文外に写真が添付されます。あて先に写真をダウンロードしてもらいたい場合は［ファイルの添付］から選び、文中に写真を表示してメールのデザインを豊かにしたい場合は［画像］から選びましょう。

ワザ106を参考に、メールを作成しておく

3 ［このPCを参照］をクリック

［ファイルの挿入］ダイアログボックスが表示された

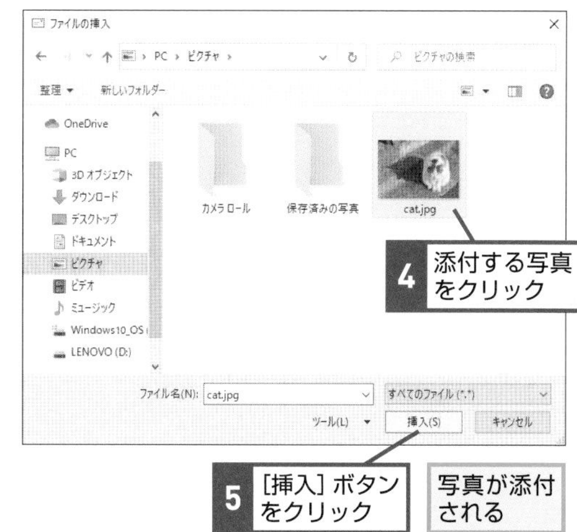

5 ［挿入］ボタンをクリック

写真が添付される

Q156 365 2019 2016 2013 お役立ち度 ★★

添付したファイルを削除したい

A 添付ファイル横のメニューから［添付ファイルの削除］を選択します

削除したファイルは［戻る］ボタンのクリックでは戻りません。操作を間違えたときは再度添付しましょう。削除する前に本当に削除しても問題ないものか、添付ファイルをダブルクリックして内容を確認しておくとよいでしょう。また、Deleteキーでも添付ファイルを削除できます。Outlook 2013は添付ファイルをクリックしてDeleteキーを押すと削除できます。

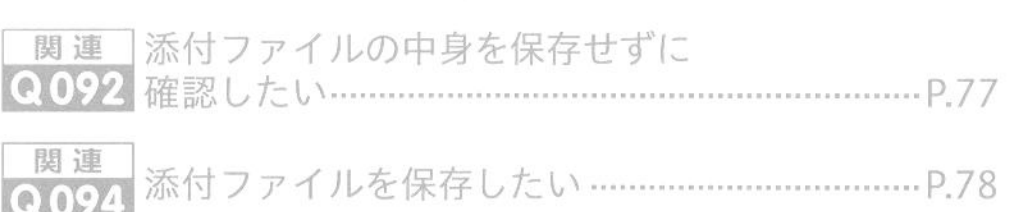

関連 Q092 添付ファイルの中身を保存せずに確認したい……P.77

関連 Q094 添付ファイルを保存したい……P.78

ワザ154の方法でファイルが添付されている

1 添付ファイルのここをクリック

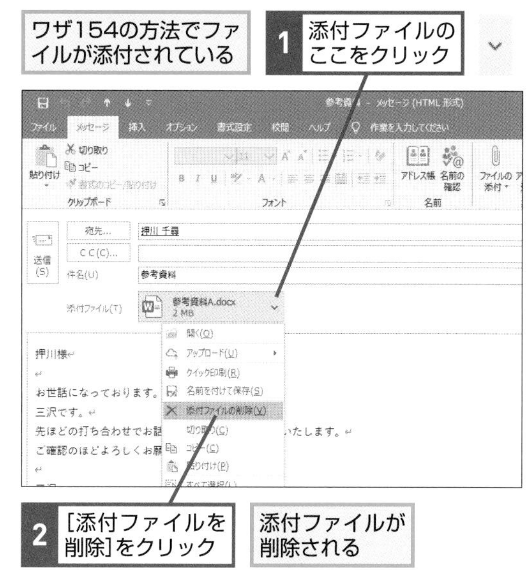

2 ［添付ファイルを削除］をクリック

添付ファイルが削除される

Q157 365 2019 2016 2013 お役立ち度 ★★

うまく送れないファイルがある!

A プログラムファイルやサイズが巨大なファイルは送れません

自身が使っているメールサービスや、送信先のメールサービスによって添付可能なファイルの種類やメールの最大サイズに制限設けられていることがあります。メールサイズが大きくなりすぎないようにしましょう。Outlook.comでは34MBまでのファイルを送れます。

➡メールサービス……P.313

●プログラムファイルを添付

プログラムファイルを添付して[送信]をクリックすると、警告のメッセージが表示される

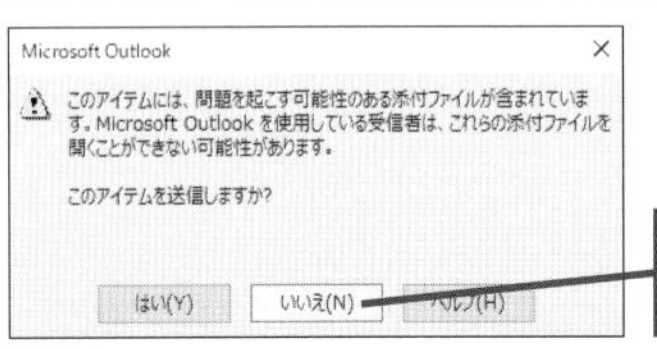

1 [いいえ]をクリック

2 添付ファイルの名前をクリック

3 Deleteキーを押す

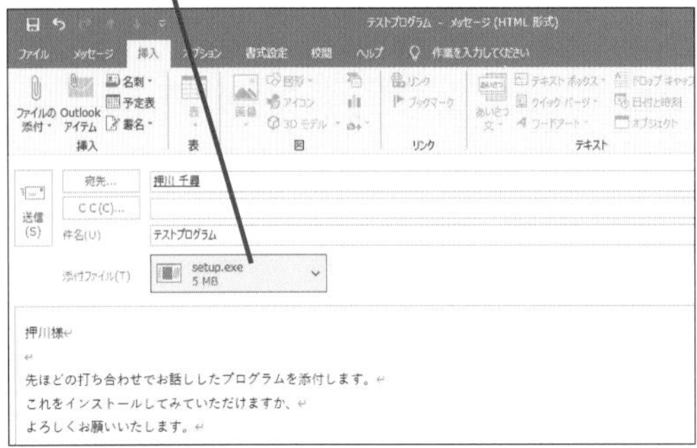

ファイルが削除される

●サイズが巨大なファイルを添付

巨大なファイルを添付して[送信]をクリックすると、エラーメッセージが表示される

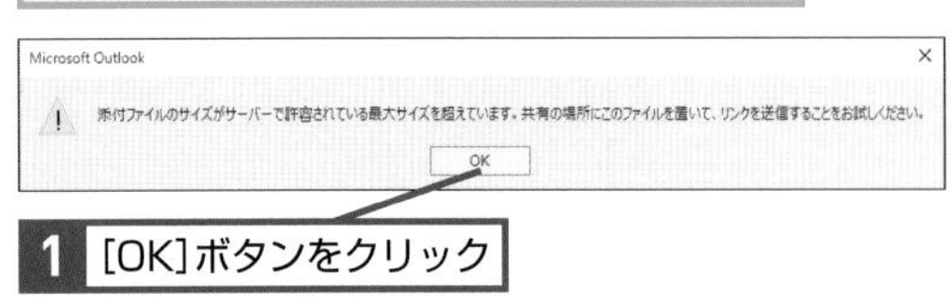

1 [OK]ボタンをクリック

関連 Q169 ファイルを圧縮して送信したい……………………… P.119

Q158 365 2019 2016 2013 お役立ち度 ★★

ファイルを簡単に送るには

A メール本文にドラッグします

メール本文にファイルをドラッグすると、メール本文の外にファイルが添付されます。メールの形式が「リッチテキスト形式」の場合は、本文中にファイルを差し込めますが、送信時には「HTML形式」に変換され添付ファイルが本文の外に移動します。エクスプローラー以外にもデスクトップからファイルをドラッグしても添付できます。

ワザ106を参考に、メールを作成しておく

添付するファイルをエクスプローラーで表示しておく

1 ファイルをドラッグ

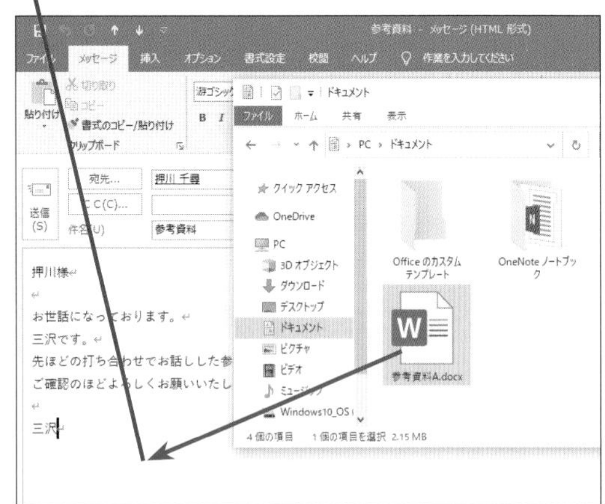

ファイルがメールに添付された

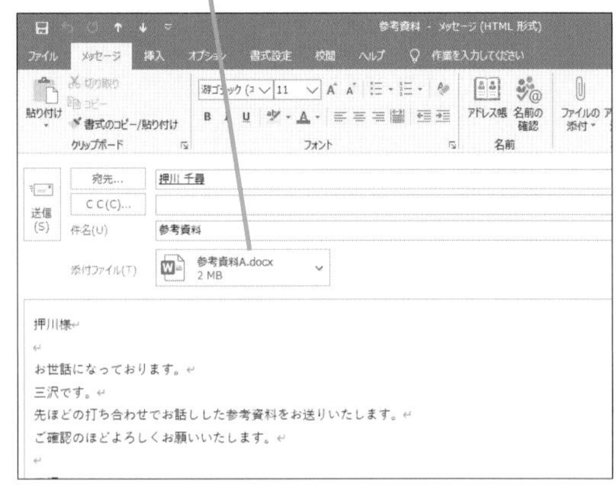

Q159 365 2019 2016 2013

お役立ち度 ★★

メールにWebページのURLを貼り付けたい

A URLをコピーして、貼り付けます

URLをペーストすると、ハイパーリンク付きのURLが貼り付けられます。リンクを解除したい場合はペースト直後にCtrl+Zキーを押すと通常の文字列にできます。このリンクをクリックするとWindowsに設定されたWebブラウザーが開きます。

Webブラウザーにリンク先のページを開いておく

1 アドレスバーをクリック

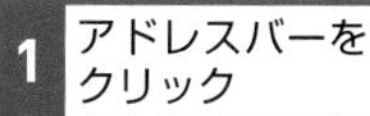

URLが選択された

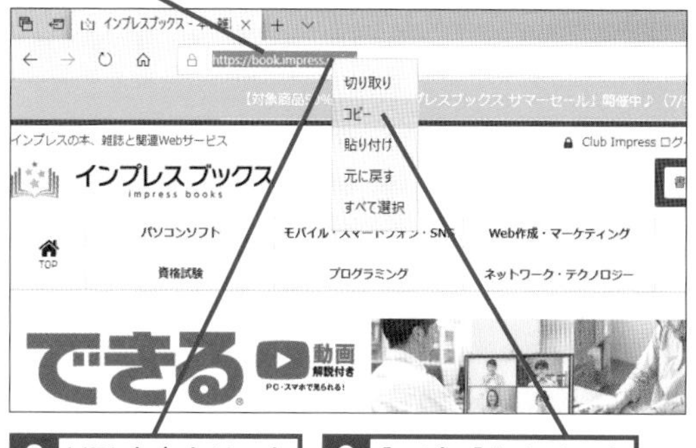

2 URLを右クリック

3 ［コピー］をクリック

貼り付けるURLがクリップボードにコピーできた

ワザ106を参考に、メールを作成しておく

4 URLを挿入する場所をクリック

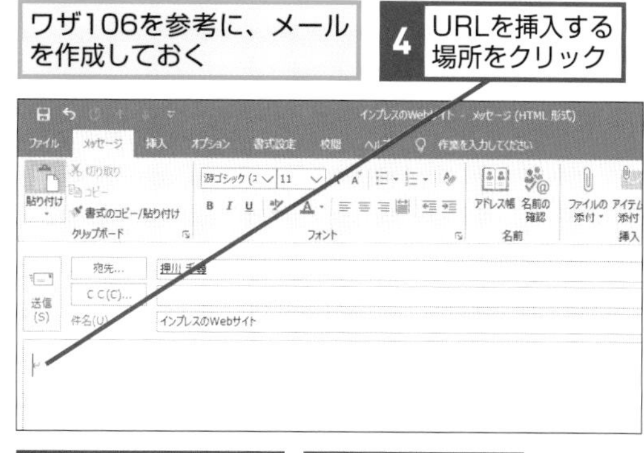

5 ［メッセージ］タブをクリック

6 ［貼り付け］をクリック

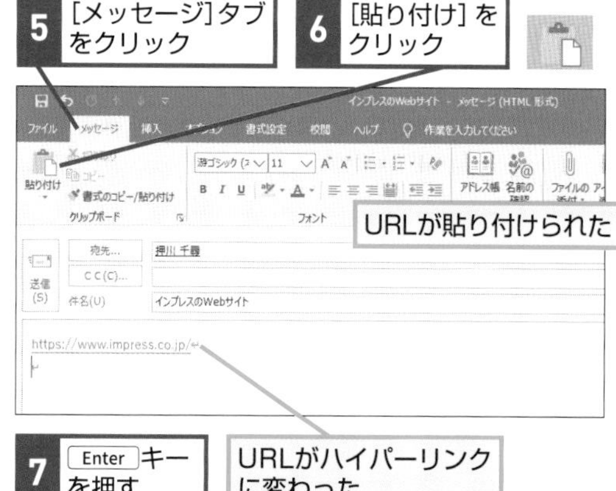

URLが貼り付けられた

7 Enterキーを押す

URLがハイパーリンクに変わった

Q160 365 2019 2016 2013

お役立ち度 ★★

リンクを間違えたので元に戻したい

A ［元に戻す］ボタンをクリックします

リンク先のアドレスを間違えた場合は［戻る］ボタンをクリックしてリンクを消しましょう。一度押すとリンクが削除されます。［戻る］ボタンは直前の作業を取り消すボタンのため、Webページの URLは消えません。メールを書き終わった後にリンクを削除したい場合、リンクの上を右クリックして［ハイパーリンクの削除］をクリックすることでリンクを削除できます。

関連 Q168 OneDriveのファイルのリンクを送るには ……… P.119

1 ［元に戻す］をクリック

リンクが削除される

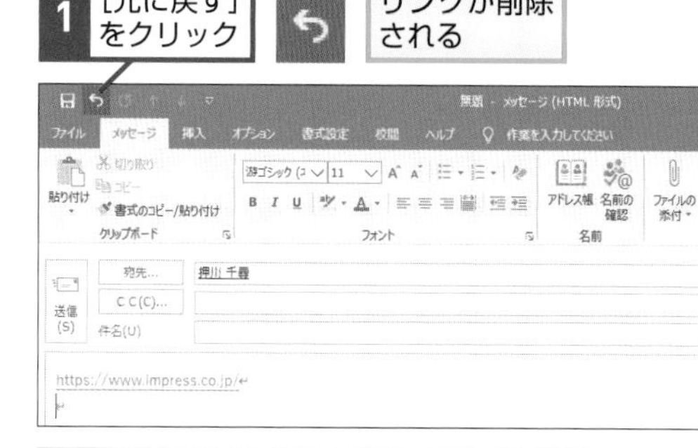

さらに2回［元に戻す］をクリックすると、貼り付けたURLが削除される

Q161 365 2019 2016 2013 お役立ち度 ★★★

文字にリンクを設定するには

A ［挿入］タブの［リンク］ボタンをクリックします

リンクを設定したい文章を書いてから［リンク］をクリックすると、文字列にWebページへのリンクを作れます。リンクを設定する文章を短くすると、URLの表示に比べて文章量が抑えられます。ただし「野球」と書いた文字列にサッカー関連のWebページのURLを付けるなど、一見してリンク先が分からない設定はやめ、できるだけリンク先のWebページが分かる文字列にしましょう。文章とWebページのURLを後で変更したい場合は、リンクされた文章を選択して右クリックすると表示される［ハイパーリンクの編集］を使いましょう。上部にある［表示文字列］と下部にある［アドレス］にそれぞれ変更後の値を入力します。

➡ハイパーリンク……P.312

Webブラウーにリンク先のページを開いておく

1 アドレスバーをドラッグ

URLが選択された

2 URLを右クリック

3 ［コピー］をクリック

設定するURLがクリップボードにコピーできた

ワザ106を参考に、メールを作成しておく

4 リンクを設定する文字をドラッグして選択

5 ［挿入］タブをクリック

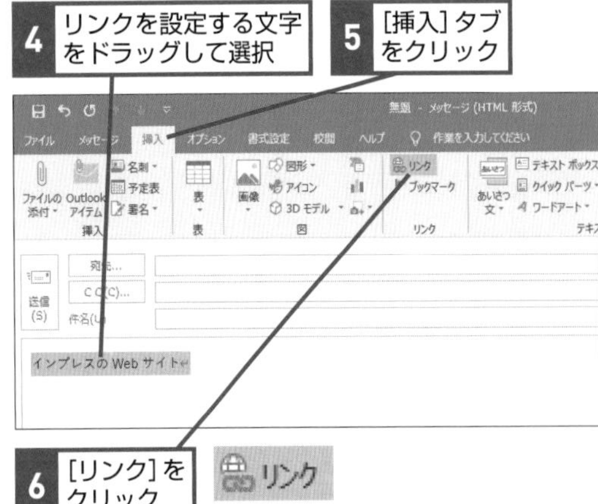

6 ［リンク］をクリック

［ハイパーリンクの挿入］ダイアログボックスが表示された

7 ここをクリック

8 Ctrl＋Vキーを押す

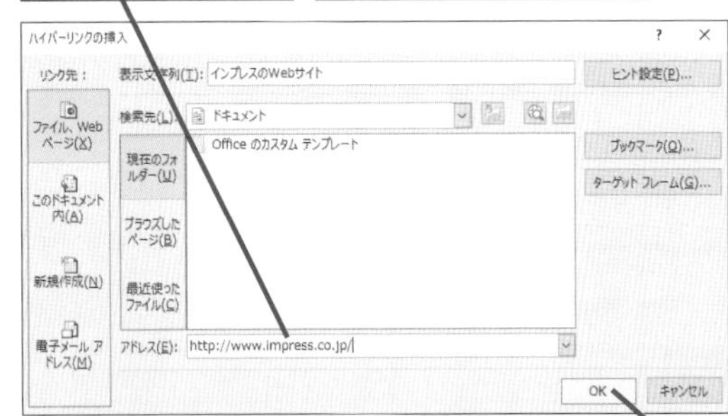

URLが貼り付けられた

9 ［OK］をクリック

ハイパーリンクが設定された

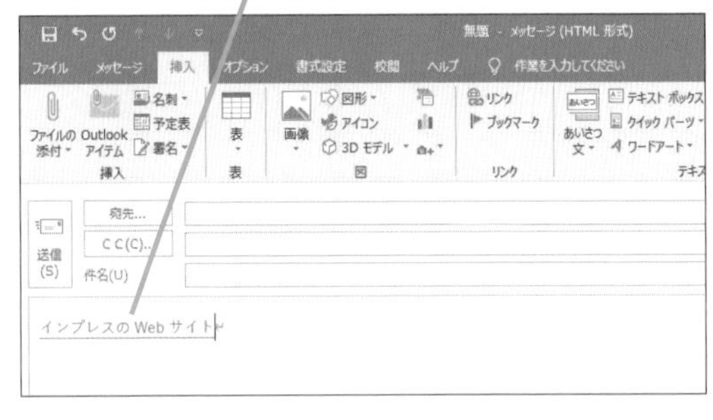

関連 Q160 リンクを間違えたので元に戻したい …… P.113
関連 Q168 OneDriveのファイルのリンクを送るには …… P.119

メールに画像を挿入するには

A ［挿入］タブの［画像］ボタンをクリックします

挿入可能な画像形式は、「JPG」「PNG」「BMP」「GIF」「TIFF」「SVG」「ICO」などです。挿入した画像は四隅にあるハンドルをドラッグするとサイズを変更できます。また、Wordと同様に本文内での折り返し位置などの設定も可能です。画像にマウスポインターを合わせ、右クリックで［レイアウトの詳細設定］を開きましょう。なお、画像をメール内にドラッグしたときは、添付ファイルとして本文の外側に添付されます。

➡マウスポインター……P.313

ここではあらかじめ［ピクチャ］フォルダーに保存しておいた画像を挿入する

ワザ106を参考に、メッセージを作成しておく

1 ［挿入］タブをクリック

2 ［画像］をクリック

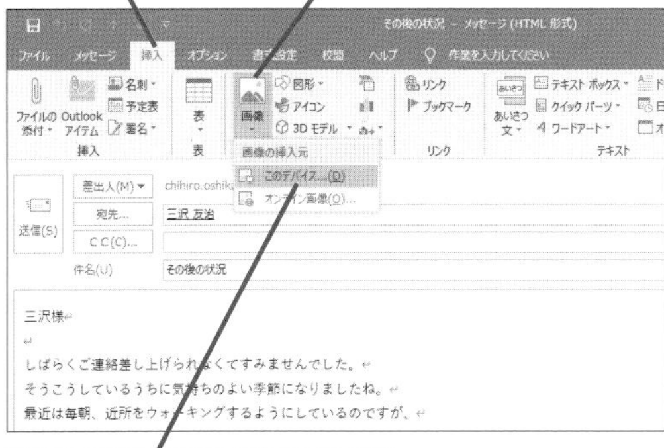

3 ［このデバイス］をクリック

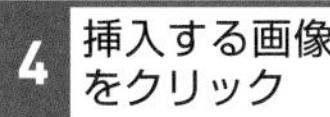

［図の挿入］ダイアログボックスが表示された

4 挿入する画像をクリック

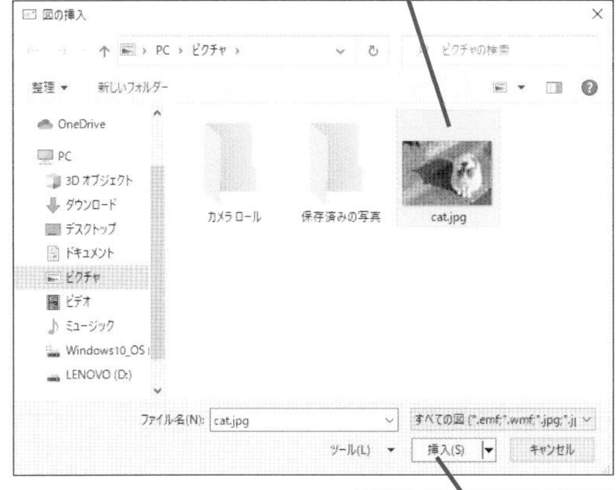

5 ［挿入］をクリック

画像が挿入された

●挿入した画像を削除する

1 画像をクリック

2 Delete キーを押す

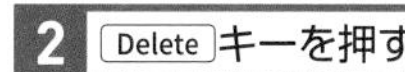

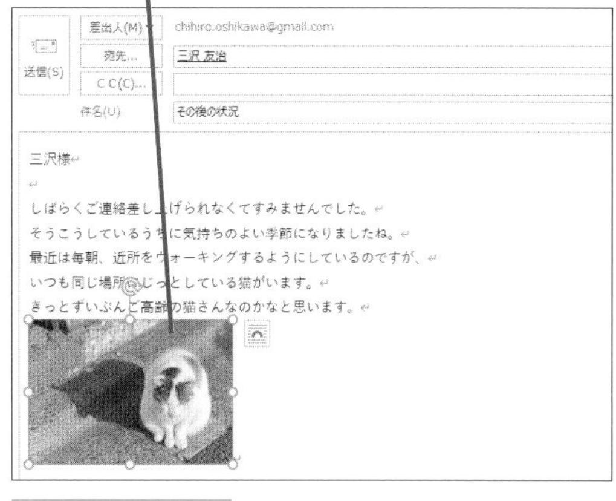

画像が削除される

関連 Q163 オンライン画像をメールに挿入したい ………… P.116

関連 Q164 挿入した画像のサイズを変更するには ………… P.117

Q163 365 2019 2016 2013 　お役立ち度 ★★

オンライン画像をメールに挿入したい

A Bingイメージ検索で入手した画像を挿入できます

［オンライン画像］ではインターネットからキーワードに関連した画像を検索できます。カテゴリーを選択し、その中から画像を選ぶこともできます。［オンライン画像］を利用するときは著作権などの権利を尊重しましょう。［Creative Commonsのみ］をクリックしてチェックマークを付けておくと、条件を守れば利用できる画像のみが表示されます。［Creative Commonsのみ］の画像を挿入すると画像の下に出典など利用条件が表示されます。メールを送信すると利用条件部分も画像になるため、条件に従えるよう作者名を明示するなど内容を調整しましょう。Outlook 2016とOutlook 2013は［オンライン画像］をクリックすると、［画像の挿入］画面が表示されます。［画像の挿入］画面では［Bingイメージ検索］をクリックしてください。以降は操作4と同様の手順で画像が挿入できます。

ワザ106を参考に、メールを作成しておく

1 ［挿入］タブをクリック

2 ［画像］をクリック

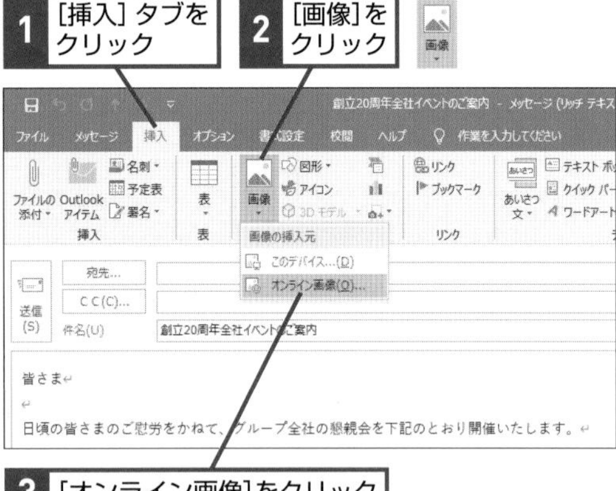

3 ［オンライン画像］をクリック

4 キーワードを入力

5 Enter キーを押す

検索結果が表示された

6 挿入する画像をクリック

7 ［挿入］をクリック

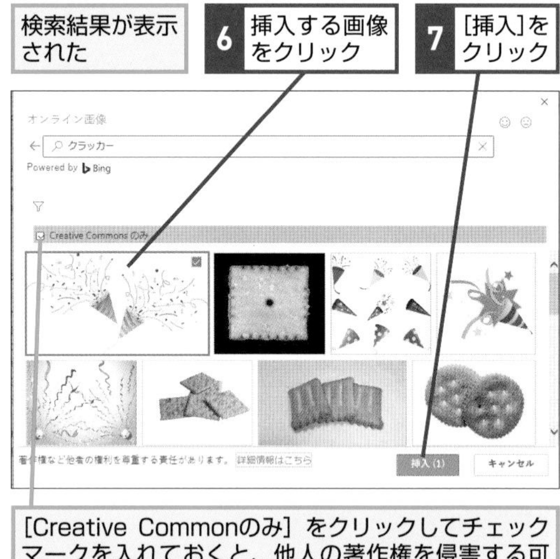

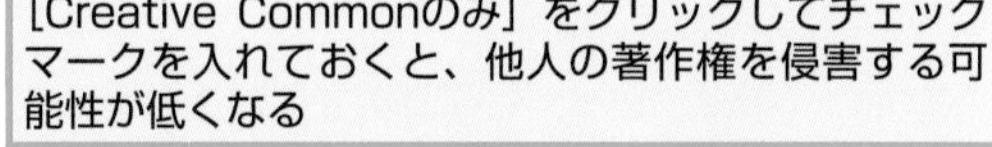
［Creative Commonのみ］をクリックしてチェックマークを入れておくと、他人の著作権を侵害する可能性が低くなる

画像が挿入された

ワザ164を参考に、画像サイズを調整する

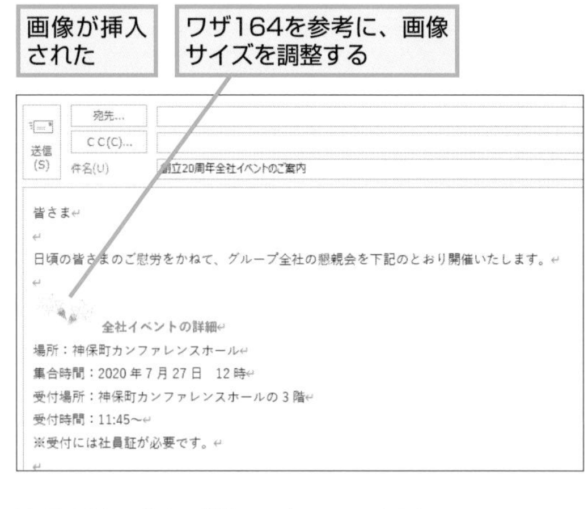

関連 Q164 挿入した画像のサイズを変更するには ………… P.117
関連 Q165 パソコンの画面をメールに添付したい ………… P.117
関連 Q166 クラウドに保存してあるファイルを添付するには ………… P.118

Q164 365 2019 2016 2013 お役立ち度 ★★

挿入した画像のサイズを変更するには

A 画像を選択し、ドラッグします

画像サイズは文章に合わせ表示を縮小するとよいでしょう。画像表示を縮小しただけではメールサイズは変わりません。[図ツール]の[書式]タブで[図の圧縮]をクリックして、解像度を［電子メール用］を選択して解像度をメール送付に適したサイズに変更しておきましょう。

ワザ162を参考に、メールに画像を挿入しておく

1 画像をクリック

2 ハンドルをドラッグ

画像のサイズが変更された

関連 Q162 メールに画像を挿入するには ………………………… P.115

Q165 365 2019 2016 2013 お役立ち度 ★★

パソコンの画面をメールに添付したい

A ［挿入］タブの［スクリーンショット］ボタンをクリックします

［スクリーンショット］をクリックすると開いているウインドウを添付できます。また、[画面の領域]をクリックすると表示されている画面の一部を切り抜いてメールに添付できます。

ワザ106を参考に、メールを作成しておく

1 ［挿入］タブをクリック

2 ［スクリーンショット］をクリック

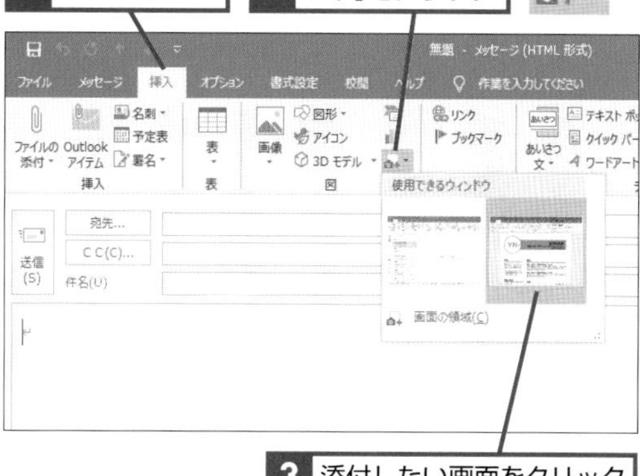

3 添付したい画面をクリック

画面が挿入された

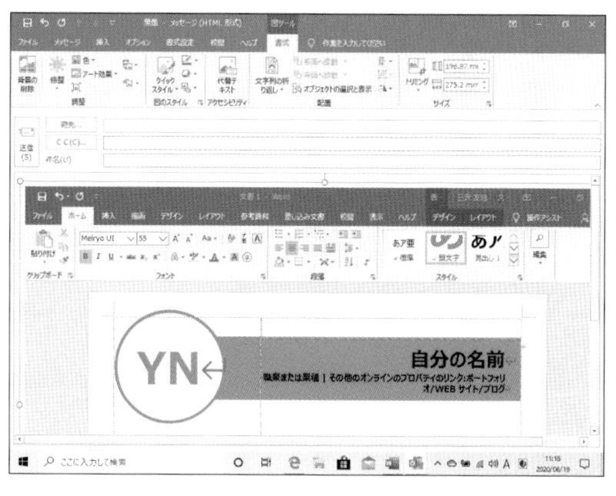

関連 Q163 オンライン画像をメールに挿入したい ………… P.116

関連 Q164 挿入した画像のサイズを変更するには ………… P.117

Q166 365 2019 2016 2013 お役立ち度 ★★

クラウドに保存してあるファイルを添付するには

A ［Web上の場所を参照］をクリックして添付ファイルを指定します

OneDriveなど、登録済みのクラウドサービスのサイトからファイルを直接メールにダウンロードできます。

ワザ106を参考に、メールを作成しておく

ここではOneDriveに保存したファイルを添付する

1 ［挿入］タブをクリック

2 ［ファイルの添付］をクリック

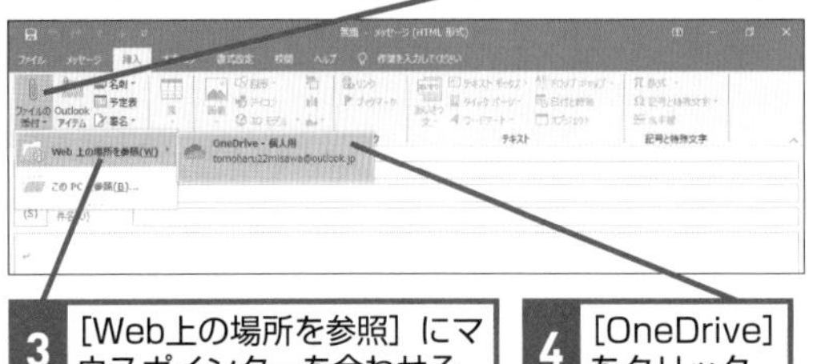

3 ［Web上の場所を参照］にマウスポインターを合わせる

4 ［OneDrive］をクリック

［ファイルの挿入］ダイアログボックスが表示された

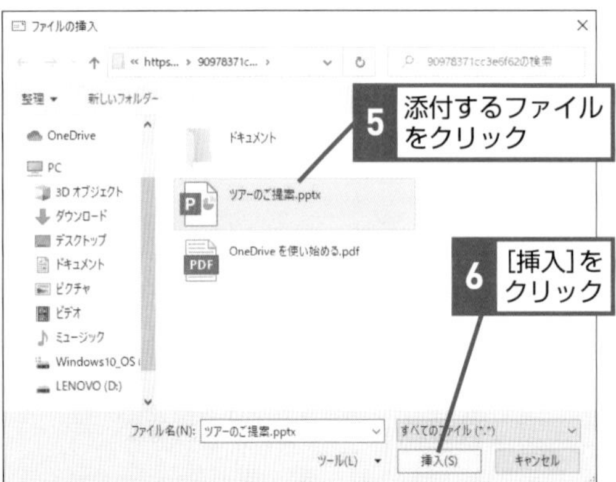

5 添付するファイルをクリック

6 ［挿入］をクリック

［このファイルを添付する方法を選択してください。］ダイアログボックスが表示された

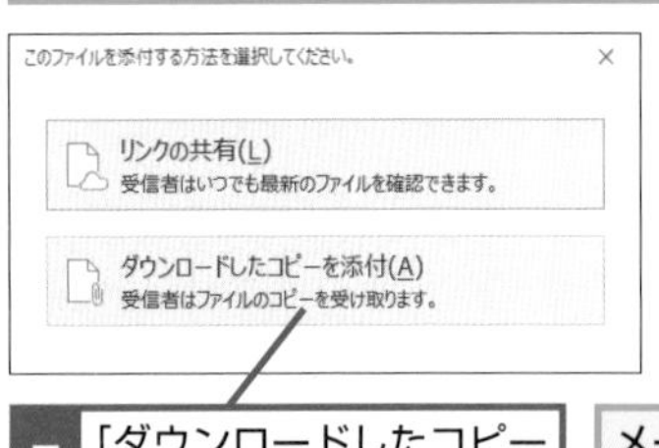

7 ［ダウンロードしたコピーを添付］をクリック

メールにファイルが添付される

Q167 365 2019 2016 2013 お役立ち度 ★★

ファイルを共同編集できるようにするには

A 添付ファイルを選択して［アップロード］をクリックします

OneDriveを利用している場合、OneDrive上でファイルの共同編集が行えます。アクセスするにはMicrosoftアカウントが必要です。アップロードしたファイルはアドレスを知っている人なら誰でも編集できます。

➡Microsoftアカウント……P.307

ワザ154を参考に、ファイルを添付しておく

ここではファイルをOneDriveにアップロードする

1 添付ファイルのここをクリック

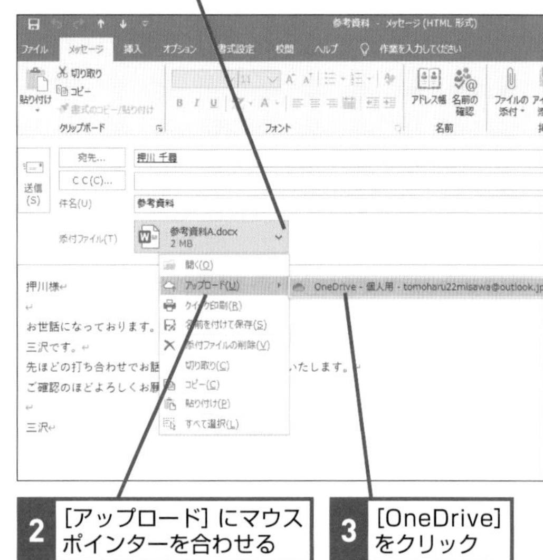

2 ［アップロード］にマウスポインターを合わせる

3 ［OneDrive］をクリック

ファイルがアップロードされた

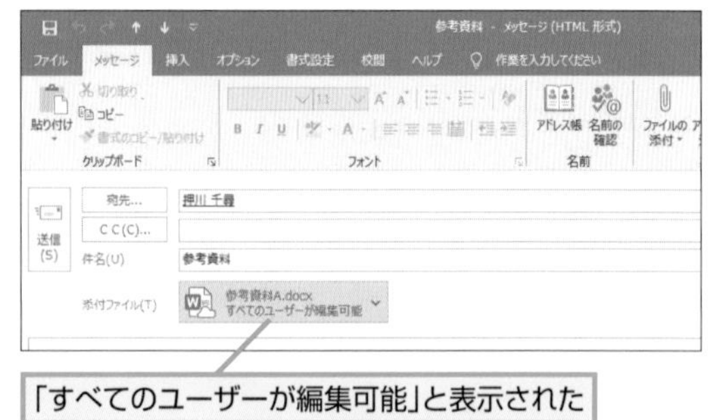

「すべてのユーザーが編集可能」と表示された

Q168 365 2019 2016 2013 お役立ち度 ★★

OneDriveのファイルのリンクを送るには

A 添付ファイルを指定してから［リンクの共有］をクリックします

以下の手順でOneDrive上に置いてあるファイルをメールで共有できます。リンクを共有する場合は、共有相手がMicrosoftアカウントを持っている必要があります。［ダウンロードしたコピーを添付］を選択すればコピーの送付となるため、Microsoftアカウントは必要ありません。

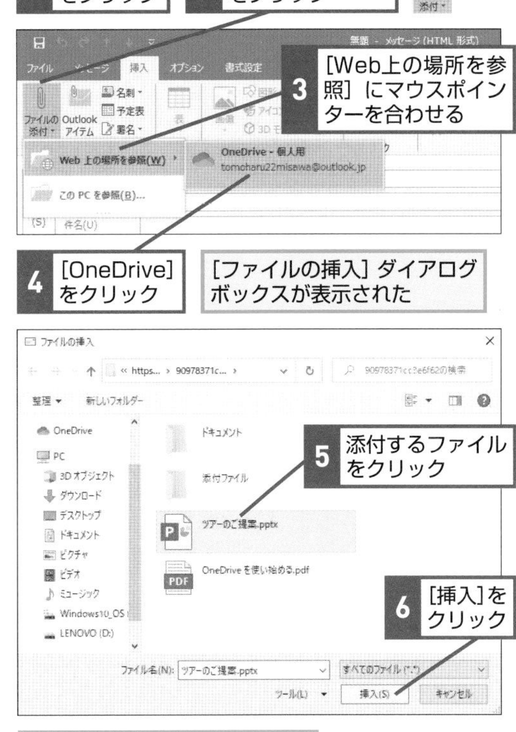

Q169 365 2019 2016 2013 お役立ち度 ★★★

ファイルを圧縮して送信したい

A エクスプローラーでファイルを圧縮しておきます

ファイルをたくさん送付したい場合や、できるだけメールのサイズを小さくしたい場合はファイルを圧縮してから送付しましょう。圧縮したファイルは同じフォルダー内にまとめられます。

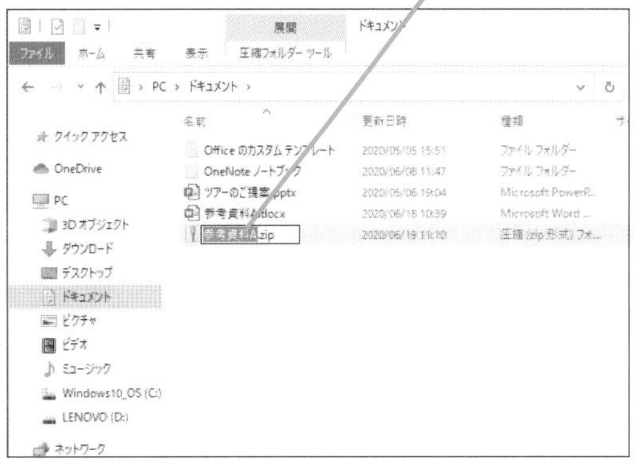

ワザ154を参考に、ファイルをメールに添付する

Q170 365 2019 2016 2013 お役立ち度 ★★

予定表をメールに添付して送りたい

A ［メッセージ］タブの［アイテムの添付］ボタンをクリックします

空き時間を共有することで、アポイントが可能な時間を相手に伝えられます。予定表を添付すると本文にも内容が展開されますが、添付を削除しても本文は削除されません。あて先がOutlookやGmailを利用している場合は、添付ファイルがあると予定を取り込めてしまいます。相手も同じ予定に参加する場合を除き、空き時間を見せるだけであれば添付ファイルは削除しておくとよいでしょう。なお、相手がクラウドサービスとしてExchange Onlineを利用しているときは、ワザ457の方法で予定表が共有できます。

ワザ106を参考に、メールを作成しておく

1 ［メッセージ］タブをクリック

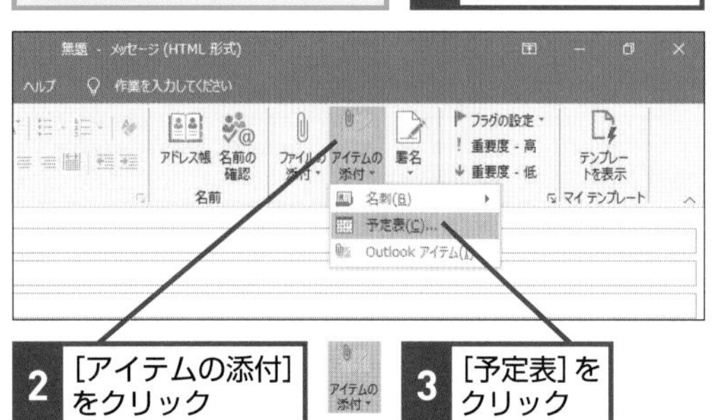

2 ［アイテムの添付］をクリック

3 ［予定表］をクリック

［電子メールで予定表を送信］ダイアログボックスが表示された

ここでは明日の予定を添付する

4 ［期間］のここをクリックして［明日］を選択

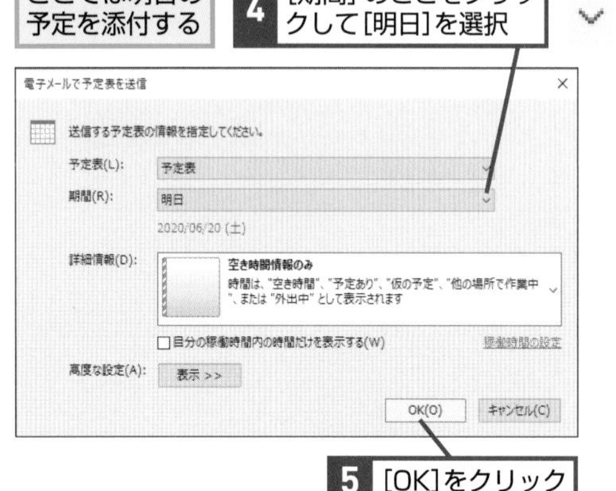

5 ［OK］をクリック

予定がファイルとして添付された

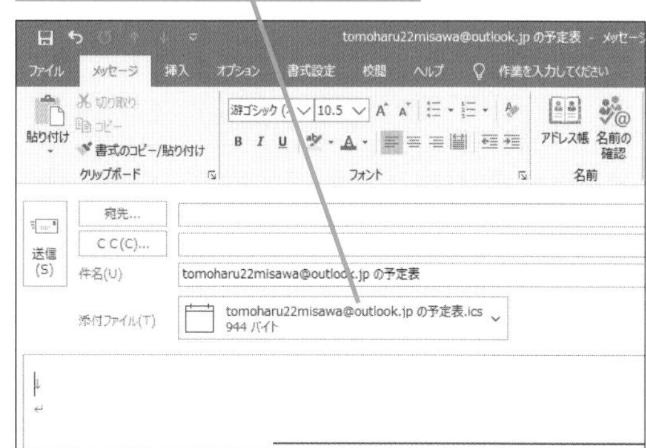

6 ここを下にドラッグしてスクロール

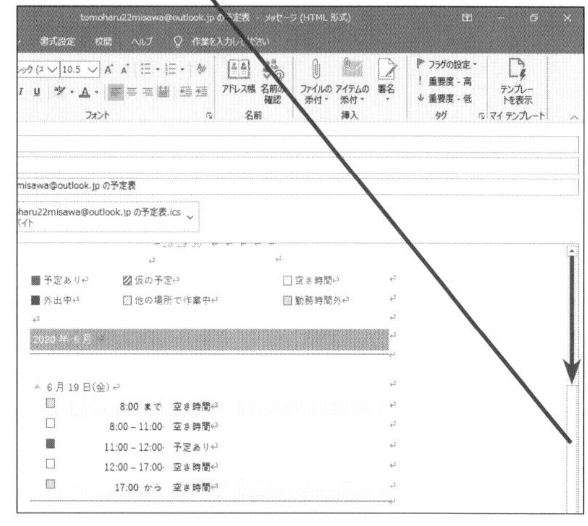

本文に今日の予定が挿入された

関連 Q357 一部の予定を公開したい …… P.221
関連 Q358 予定表を保存するには …… P.221
関連 Q359 会議の出席依頼を送りたい …… P.222
関連 Q361 会議の出席依頼に返答したい …… P.223

Q171 365 2019 2016 2013

お役立ち度 ★★

メールで投票を依頼したい

A [オプション] タブの [投票ボタンの使用] ボタンをクリックします

あて先の相手がOutlook.comやExchange Onlineを利用している場合、投票を依頼できます。投票の結果は [送信済みアイテム] から投票依頼したメールを開き [確認] から一覧表示できます。もし投票の依頼を受け取ったら選択肢を選んで返信しましょう。

ワザ106を参考に、メールを作成しておく

ここでは料理の希望を投票するメールを送信する

1 [オプション]タブをクリック

2 [投票ボタンの使用]をクリック

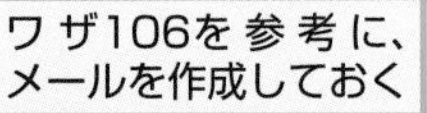

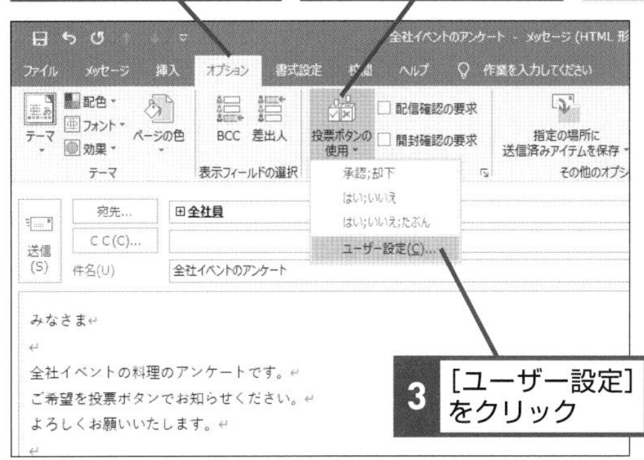

3 [ユーザー設定]をクリック

[プロパティ]ダイアログボックスが表示された

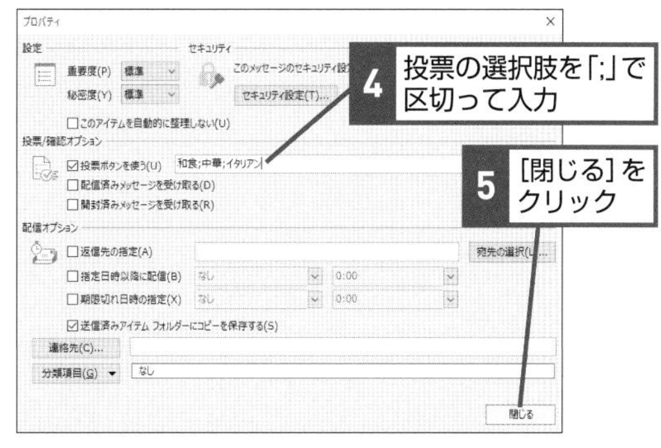

4 投票の選択肢を「;」で区切って入力

5 [閉じる]をクリック

[このメッセージに投票ボタンを追加しました。]と表示された

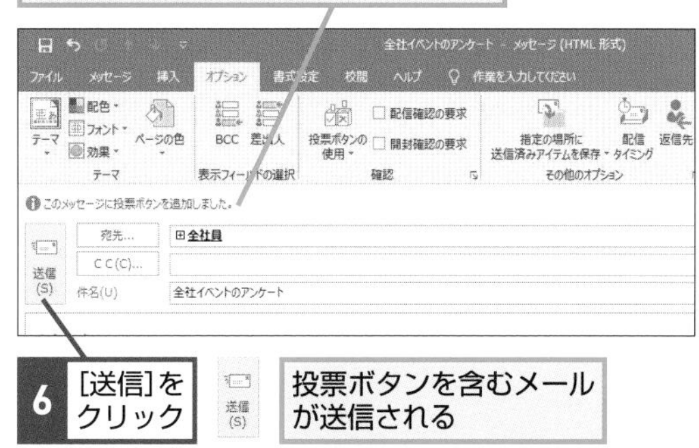

6 [送信]をクリック

投票ボタンを含むメールが送信される

Q172 365 2019 2016 2013

お役立ち度 ★★

投票メールが開封されたことを確認したい

A 投票ボタンの [プロパティ] 画面で設定します

投票メールを読んでくれたのかを確認したい場合は [開封済みメッセージを受け取る] にチェックを付けます。開封済みメッセージはあて先が同意した場合のみ返信されてくるため、返信が届かなくても読んでいる可能性もあります。

関連 Q171 メールで投票を依頼したい …… P.121

ワザ171を参考に、投票ボタンの [プロパティ] ダイアログボックスを表示しておく

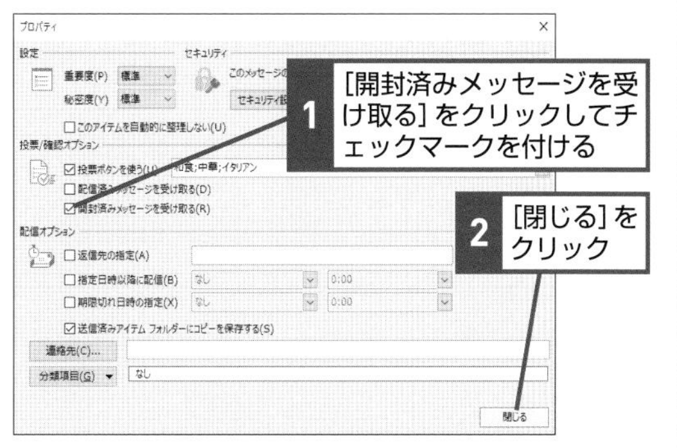

1 [開封済みメッセージを受け取る] をクリックしてチェックマークを付ける

2 [閉じる]をクリック

メール送信を効率化する便利ワザ

スペルミスなどを減らし、相手が読みやすいメールを送りましょう。Outlookにはメールの送信をサポートするさまざまな機能があります。

Q173 365 2019 2016 2013 お役立ち度 ★★★

自動で不在の連絡を送りたい

A 自動応答メッセージを設定します

［自動応答］を設定しておくと、長期休暇などで自分がメールを処理できないときに自動的にメールを返信してくれます。この機能はOutlookを起動していなくても動作します。文面にはいつ頃戻るのか書いておくとよいでしょう。Exchange Onlineを利用している場合は組織内と組織外で文面を分けることもできます。自動応答は差出人ごとに1回のみ返信が行われます。Outlookに設定されたタイムゾーンで送信されるため、海外と連絡を行っている場合でも時間の意識は不要です。なお、自動応答はGmailやプロバイダーのメールでは利用できません。

1 ［ファイル］タブをクリック

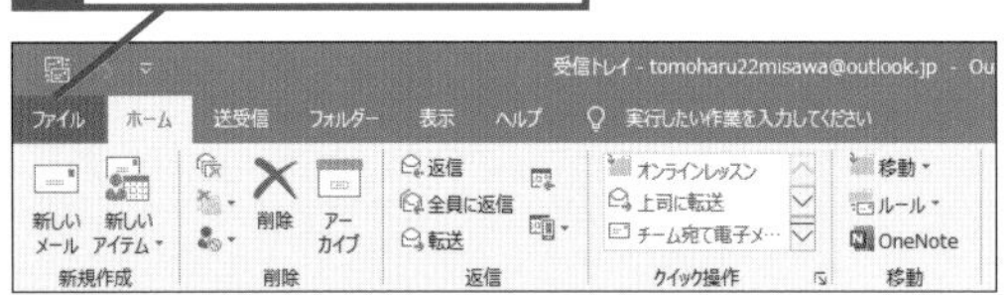

［アカウント情報］の画面が表示された

2 自動応答をクリック

［自動応答］ダイアログボックスが表示された

3 ［自動応答を送信する］をクリック

4 自動応答用のメッセージを入力

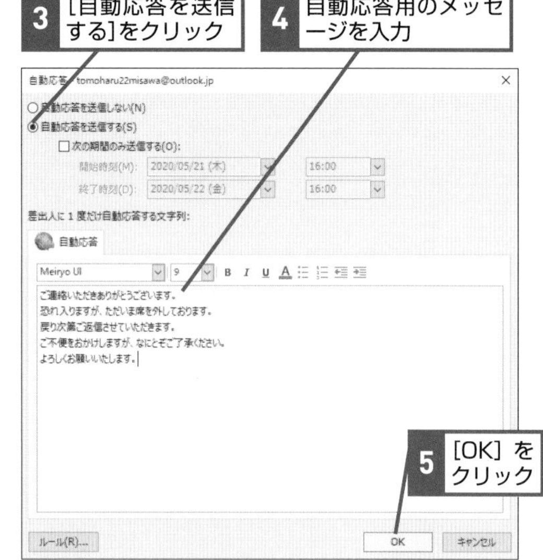

5 ［OK］をクリック

自動応答の設定が完了する

関連 Q174 自動応答の設定を解除するには……P.123
関連 Q175 自動応答にスケジュールを設定したい……P.123
関連 Q176 自動応答で気を付けることって？……P.124
関連 Q177 指定した日時にメールを自動的に送信したい……P.124

Q174 365 2019 2016 2013 お役立ち度 ★★★

自動応答の設定を解除するには

A ［アカウント情報］の画面で自動応答機能をオフにします

設定期間中に新たな差出人からメールが来ると応答が送られるので、戻ってきたら自動応答を解除しましょう。不在期間中に誰に自動応答を送ったのかなど、履歴は表示されません。不在期間中の未読メールを確認して、返信が必要なメールに連絡するのを忘れないようにしましょう。 ➡自動応答……P.310

1 ［ファイル］タブをクリック

［アカウント情報］の画面が表示された

2 ［オフ］をクリック

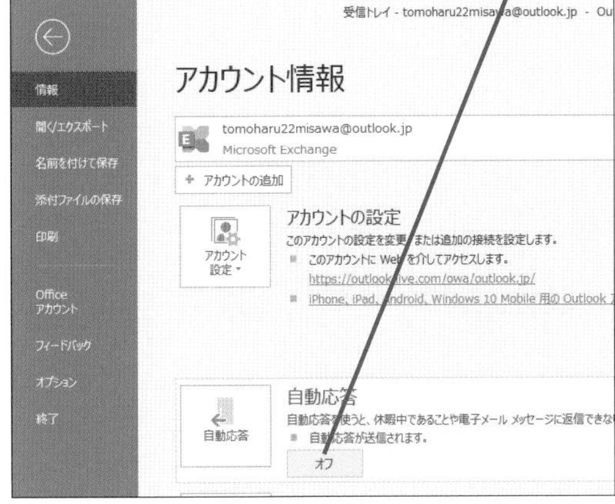

自動応答機能が無効になる

関連 Q176 自動応答で気を付けることって？ ……P.124
関連 Q177 指定した日時にメールを自動的に送信したい ……P.124

Q175 365 2019 2016 2013 お役立ち度 ★★

自動応答にスケジュールを設定したい

A ［自動応答］画面でスケジュールが設定できます

戻るタイミングが決まっていれば、［自動応答］にはスケジュールも設定できます。終了時刻が過ぎると自動応答の設定は解除されます。

ワザ173を参考に、［自動応答］ダイアログボックスを表示しておく

1 ［自動応答を送信する］をクリック

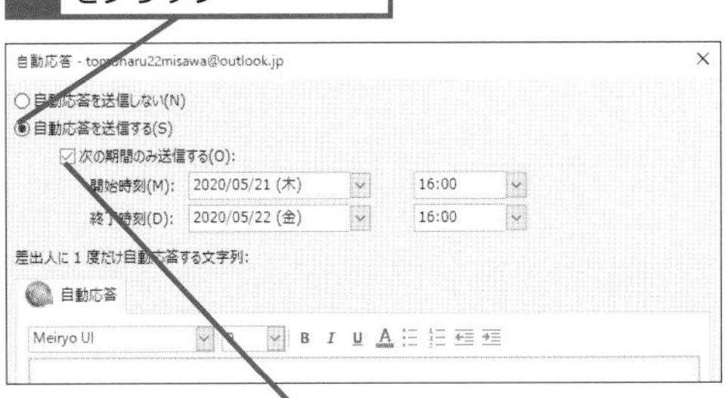

2 ［次の期間のみ送信する］をクリックしてチェックマークを付ける

3 ［開始時刻］［終了時刻］を設定する

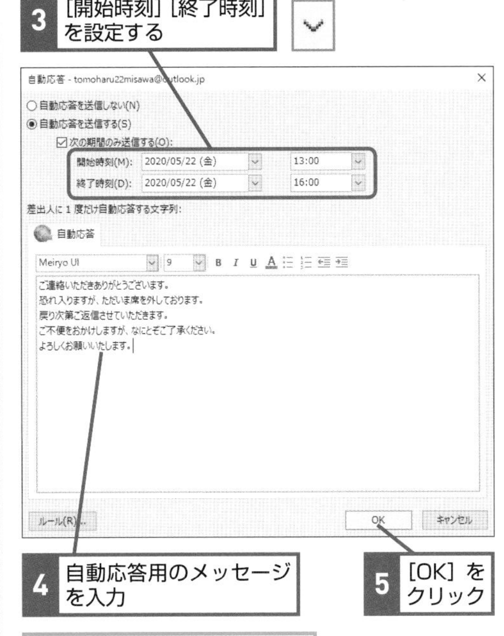

4 自動応答用のメッセージを入力

5 ［OK］をクリック

設定した期間になると、自動応答機能が有効になる

Q176 365 2019 2016 2013

お役立ち度 ★★

自動応答で気を付けることって?

A 署名が付きません。また、自動応答であることが相手に通知されます

[自動応答] の文章は通常のメールと異なり署名は設定されません。応答文章内に署名を含めておくとよいでしょう。また、迷惑メールに該当するメール以外すべてのメールに応答するため応答範囲を絞ることはできません。[自動応答] はOutlook.comとExchange Onlineの機能です。それ以外のメールサービスを利用している場合、Outlookでは設定できません。各サービスから設定を行う必要があります。Gmailでは [不在通知] という名前で同様の機能を提供しています。自動応答はメールサービスごとの設定となるため、複数のアカウントを持っている場合はそれぞれで設定が必要です。

件名の先頭に[自動応答:]の文字が入る

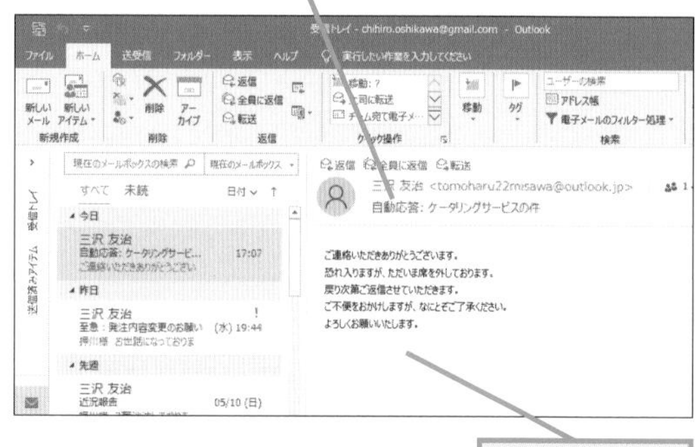

署名が付かない

Q177 365 2019 2016 2013

お役立ち度 ★★★

指定した日時にメールを自動的に送信したい

A 配信オプションを設定します

メール送信の日時指定をする [配信タイミング] という機能が備わっています。指定した時刻以降にOutlookが起動するとその時点でメールが送信されます。[配信タイミング] は、Outlookが起動していないと実行されないので注意しましょう。

➡起動……P.309

ワザ106を参考に、メールを作成しておく

1 [オプション] タブをクリック

2 [配信タイミング] をクリック

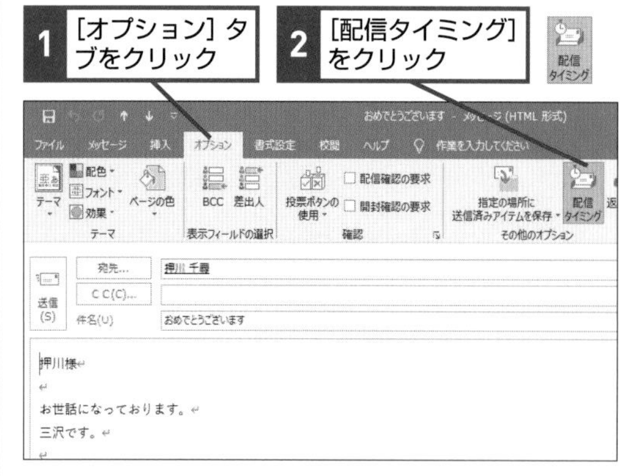

[プロパティ]ダイアログボックスが表示された

3 [指定日時以降に配信] をクリックしてチェックマークを付ける

4 ここをクリックして日付を指定

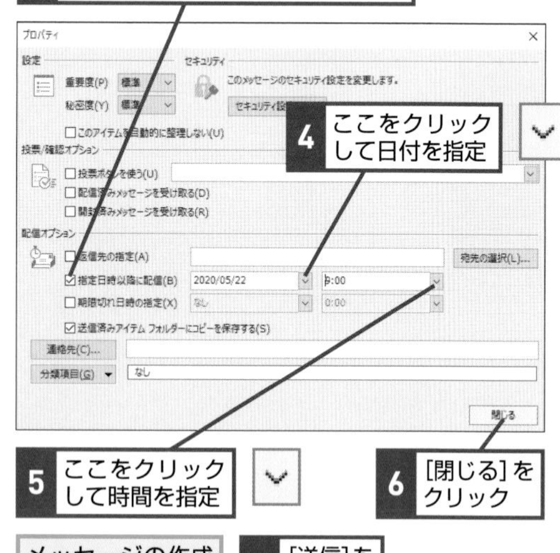

5 ここをクリックして時間を指定

6 [閉じる] をクリック

メッセージの作成画面に戻る

7 [送信] をクリック

指定した日時にメールが送信される

Q178 365 2019 2016 2013 お役立ち度 ★★

クイック操作って？

A よく行う作業を自動化できます

［クイック操作］とはOfficeの操作をまとめて実行できるマクロ機能です。クイック操作を利用すると新規メールを作成した後にメールを削除するといった複数の操作をまとめられ、何度も同じ作業を繰り返さないで済みます。複雑な操作も行えますが、選択したメールが対象となります。複数のメールを同時に操作するといったさらに複雑な操作を行いたい場合はVBAでプログラムを記述する必要があります。

➡Office……P.307

● ［クイック操作の管理］ダイアログボックス

メールのやり取りでよく使う操作をワンクリックで実行されるように設定できる

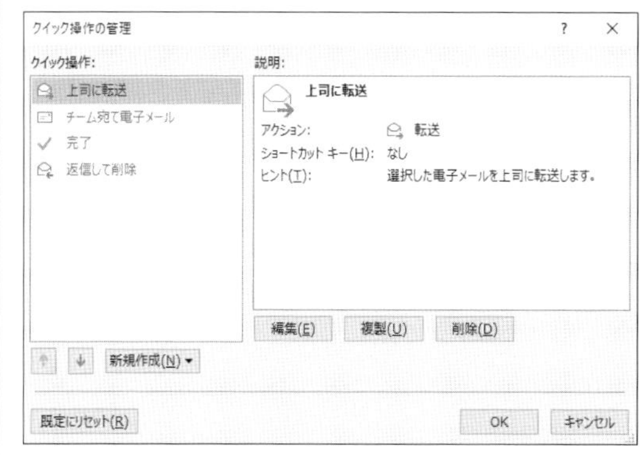

関連 Q180 クイック操作を追加するには ………………………… P.126

STEP UP! VBAって何？

Outlookの利点の1つとして、Office製品全般で利用できる自動化プログラム記述言語の「VBA」を利用できることが挙げられます。VBAではすべてのメールタイトルと差出人を羅列しそれらを印刷するといった一連の動作をプログラムとして記述できます。VBAを使うための作法はExcel、Wordと同じなのでOfficeをよく利用する場合は覚えておくとよいでしょう。

Q179 365 2019 2016 2013 お役立ち度 ★★★

上司へのメール転送を素早く行うには

A クイック操作を利用します

事前に上司のアドレスを設定しておくことで［上司に転送］ボタンをクリックするだけで上司に向けて転送を行う準備が整います。ボタンをクリックする前に、転送すべきメールなのか再確認し、転送意図など一文を添えて送信しましょう。セミコロン（;）で区切れば複数の上司に向けて転送を行えます。［初回使用時のセットアップ］で［オプション］ボタンをクリックするとショートカットキーを決めるなど細かい設定が可能です。

➡ショートカットキー……P.310

1 ［ホーム］タブをクリック

2 ［上司に転送］をクリック

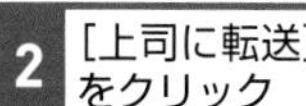

初回のみ［初回使用時のセットアップ］ダイアログボックスが表示される

3 メールアドレスを入力

4 ［保存］をクリック

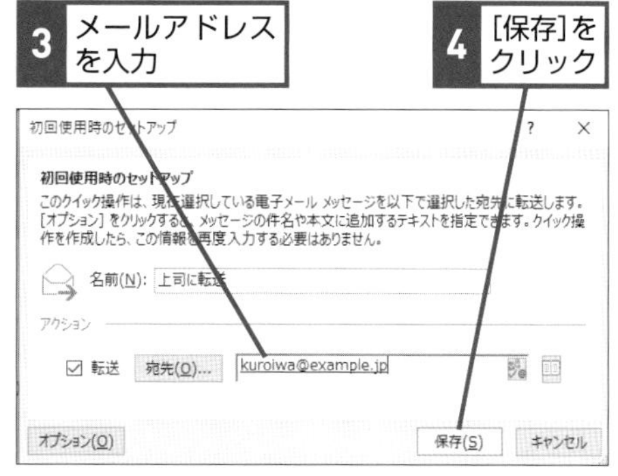

転送先が設定される

次回から、転送するメールを選択して［上司に転送］をクリックすると、転送先が入力済みのメッセージ画面が表示される

クイック操作を追加するには

A [クイック操作の編集] ダイアログボックスで作成します

[クイック操作] では操作内容をカスタマイズできます。メールをチームメンバーに転送し、転送した元のメールを事前に作成した別のフォルダーに格納するような複数の動作をまとめることも可能です。設定可能なアクションは [整理] [状態の変更] [分類、タスク、フラグ] [返信] [予定] [スレッド] のカテゴリーから選択できます。これらを組み合わせることで、自分がよく使う操作を作れます。

1 [ホーム] タブをクリック

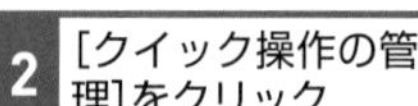

2 [クイック操作の管理] をクリック

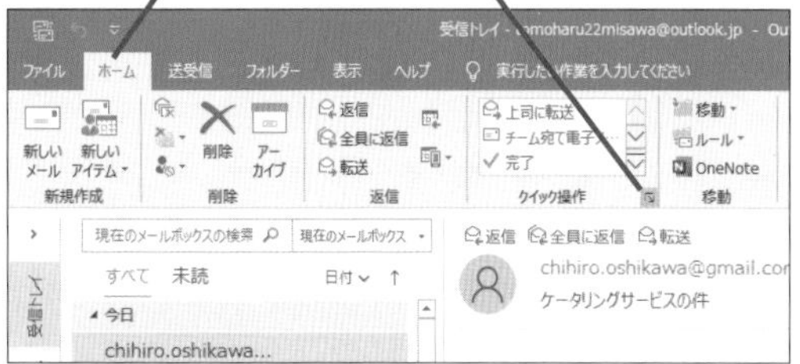

[クイック操作の管理] ダイアログボックスが表示された

3 [新規作成] をクリック

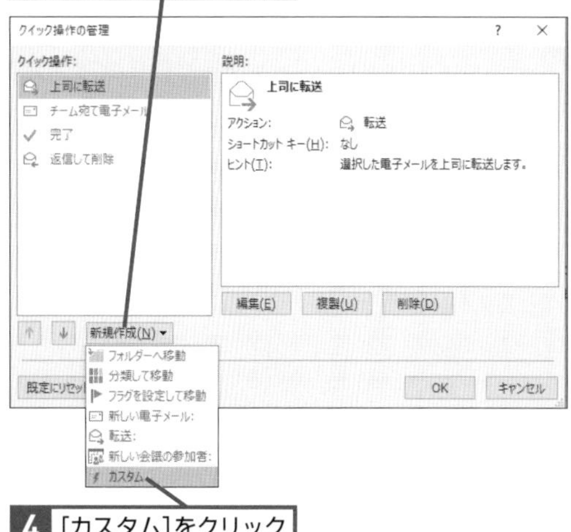

4 [カスタム] をクリック

[クイック操作の編集] ダイアログボックスが表示された

ここでは、複数のあて先にメールを転送してからアーカイブフォルダーに移動するクイック操作を追加する

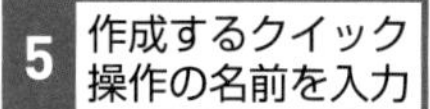

5 作成するクイック操作の名前を入力

6 ここをクリックして [転送] を選択

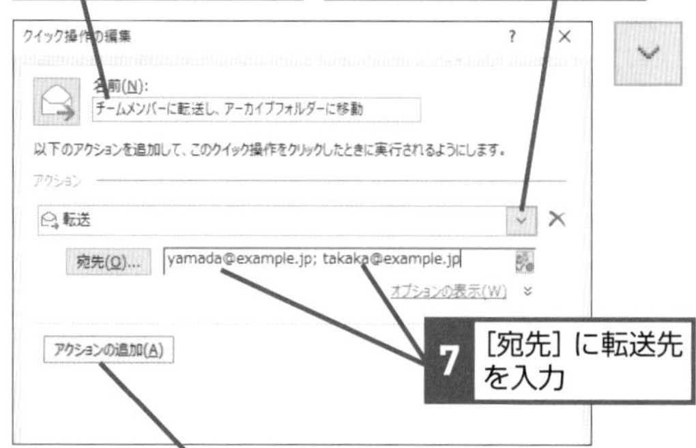

7 [宛先] に転送先を入力

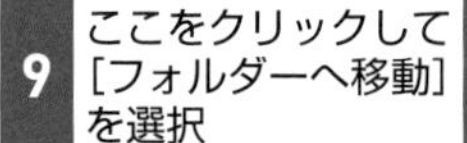

8 [アクションの追加] をクリック

9 ここをクリックして [フォルダーへ移動] を選択

10 ここをクリックして [アーカイブ] を選択

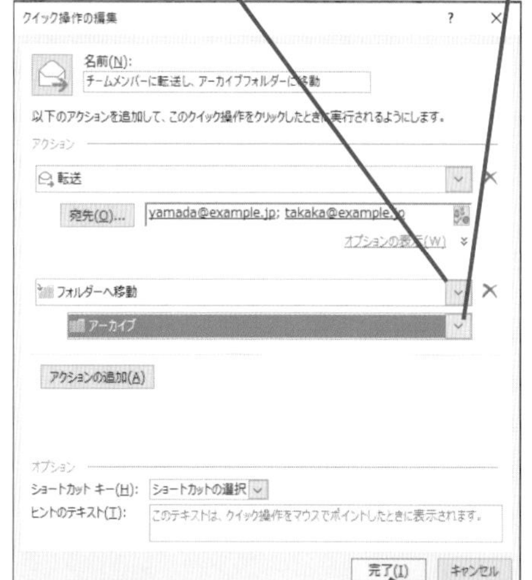

11 [完了] をクリック

[アーカイブ] が表示されない場合は、[その他のフォルダー] をクリックして選択する

[クイック操作の管理] ダイアログボックスに戻る

12 [OK] をクリック

新しいクイック操作が登録される

Q181 365 2019 2016 2013 お役立ち度 ★★★

クイック操作を削除するには

A ［クイック操作の管理］ダイアログボックスから削除します

［クイック操作］はメール画面でリボン内の［クイック操作］の欄に6種類を表示でき、ショートカットキーに9種類登録できるので、両方を足し合わせた15個までにしておくとワンクリックで呼び出せます。不要なものを削除して増えすぎないよう調整しましょう。

➡クイック操作……P.310

1 ［ホーム］タブをクリック

2 ［クイック操作の管理］をクリック

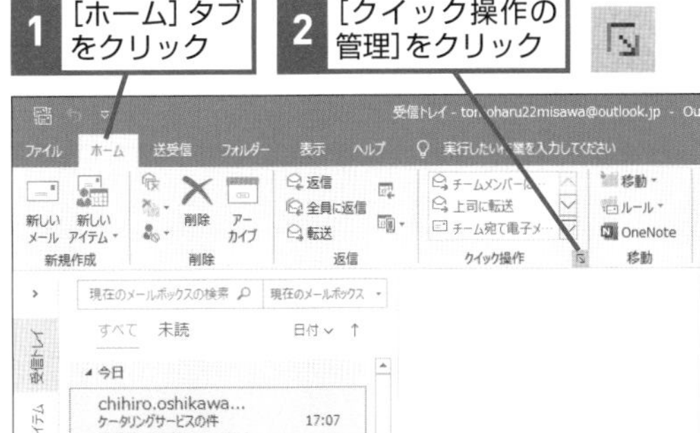

［クイック操作の管理］ダイアログボックスが表示された

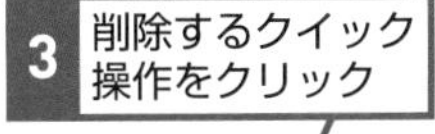
3 削除するクイック操作をクリック

4 ［削除］をクリック

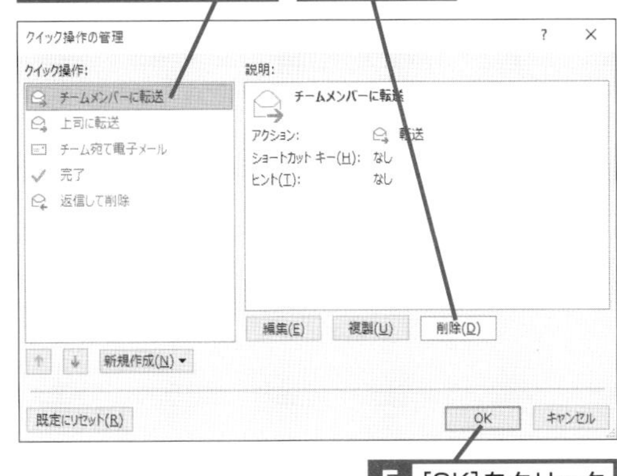

5 ［OK］をクリック

クイック操作が削除される

関連 Q178 クイック操作って？……P.125
関連 Q180 クイック操作を追加するには……P.126

Q182 365 2019 2016 2013 お役立ち度 ★★

作りすぎてしまったクイック操作をすべて消したい

A クイック操作を既定にリセットします

［クイック操作］の数が増えすぎて新たに追加できなくなった場合や、修正するよりもリセットして作り直したいときはすべて削除しましょう。以下の操作を行うと［初回使用時のセットアップ］画面も再度表示されるようになります。

ワザ180を参考に、［クイック操作の管理］ダイアログボックスを表示しておく

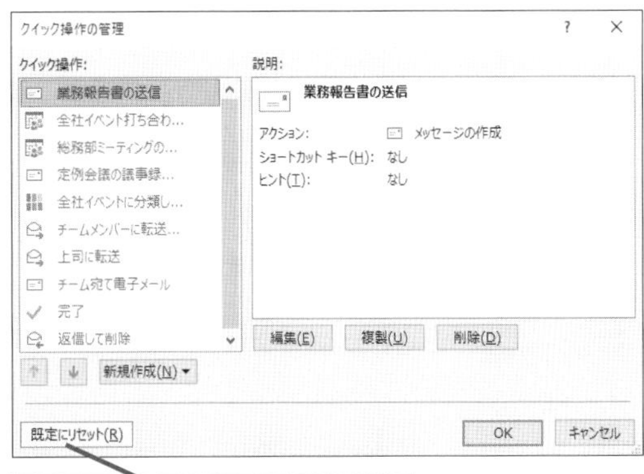

1 ［既定にリセット］をクリック

クイック操作を既定の設定に戻してよいか確認する画面が表示された

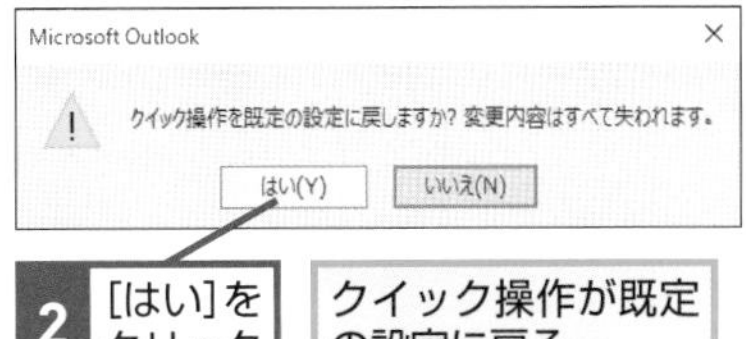

2 ［はい］をクリック

クイック操作が既定の設定に戻る

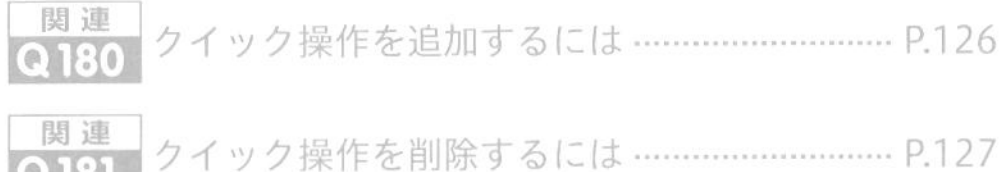
関連 Q180 クイック操作を追加するには……P.126
関連 Q181 クイック操作を削除するには……P.127

Q183 365 2019 2016 2013 お役立ち度 ★★

送信前にメールのスペルミスをチェックしたい

A スペルチェックと文章校正を実行します

[スペルチェックと文章校正]を行うと記述のミスに気が付けます。メールを書き終わったら送付前にチェックを実行するとよいでしょう。校正が完了するとダイアログボックスが表示され、スペルチェックと表記ゆれの両方が確認できます。また、チェックの強度も変更できます。[表記ゆれチェック]ダイアログボックスより[オプション]をクリックし、[文書のスタイル]を変更してください。

➡ダイアログボックス……P.311

ワザ106を参考に、メールを作成しておく

1 [校閲]タブをクリック

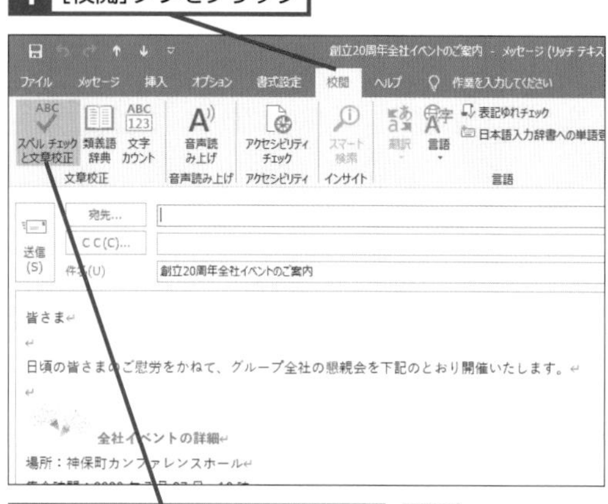

2 [スペルチェックと文章校正]をクリック

スペルチェックが完了したことを知らせるメッセージが表示された

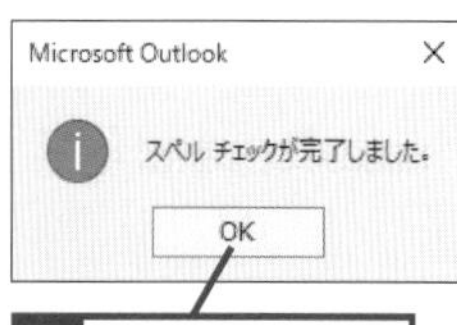

3 [OK]をクリック

Q184 365 2019 2016 2013 お役立ち度 ★★

受信したメールの詳細情報を確認したい

A メールの［プロパティ］ダイアログボックスで確認します

メールの［プロパティ］からヘッダー情報を確認できます。メールのヘッダー情報にはメールが送信されてから届くまでにたどった経路や［返信］ボタンを押したときの返信先メールアドレス、利用している言語などさまざまな情報が格納されています。通常は確認する機会がありませんが、送受信時に問題が発生した場合などメール送信経路を見比べるときに利用します。

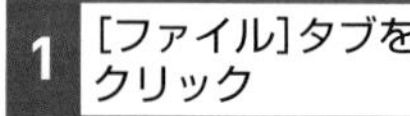

ワザ063を参考に、メールを別のウィンドウで表示しておく

1 [ファイル]タブをクリック

2 [プロパティ]をクリック

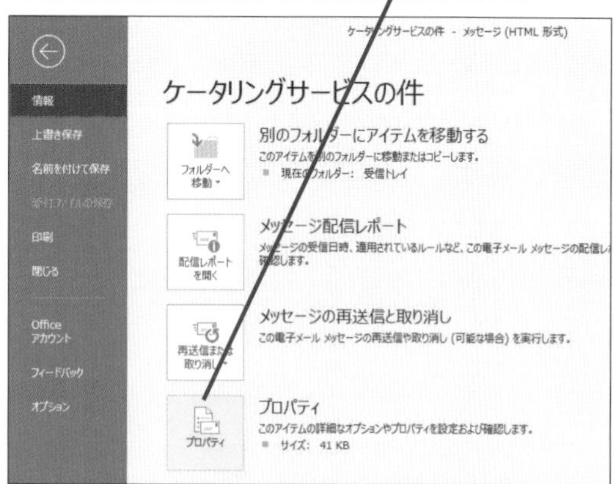

[プロパティ]ダイアログボックスが表示された

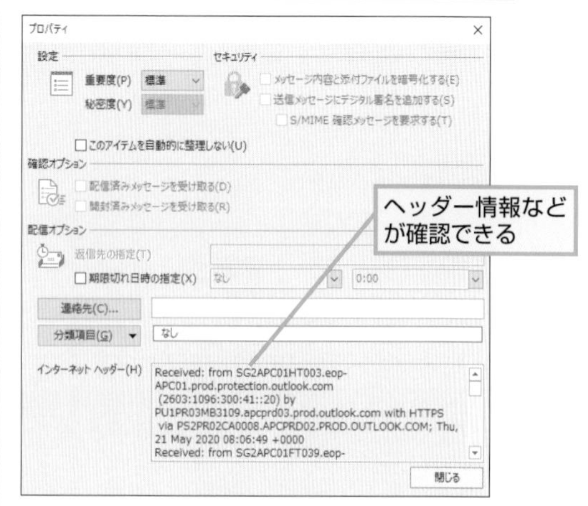

ヘッダー情報などが確認できる

Q185 365 2019 2016 2013

お役立ち度 ★★★

メールを翻訳して読みたい

A ［メッセージ］タブの［翻訳］ボタンをクリックします

英文のメールを受信したら［翻訳］機能を使って翻訳しましょう。［Web翻訳ツール］は英日翻訳だけでなく、40を超える言語を相互に変換できます。翻訳はインターネットサイト上で実行されるため、翻訳の品質はパソコンの処理能力に依存しません。インターネット上での翻訳となりますが、やり取りは暗号化された通信経路で行われており、第三者に盗み見られることはありません。なお、Outlook 2013では操作6の後に表示される画面では［送信］をクリックしてください。

➡インターネット……P.309

ワザ063を参考に、受信したメールを別のウィンドウで表示しておく

1 ［メッセージ］タブをクリック

2 ［翻訳］をクリック

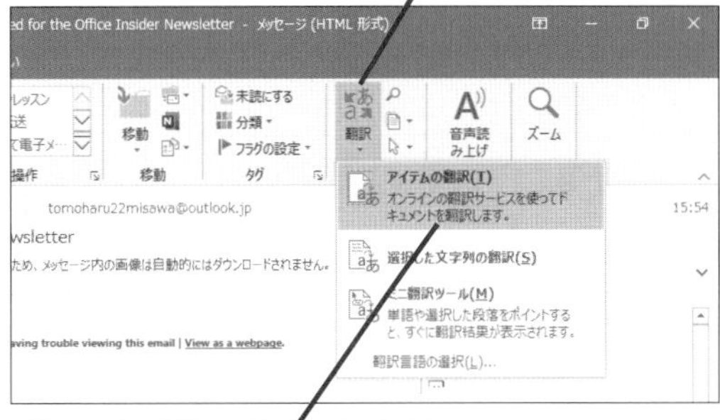

3 ［アイテムの翻訳］をクリック

初回のみ［翻訳言語のオプション］ダイアログボックスが表示される

ここでは英語（米国）から日本語に翻訳する

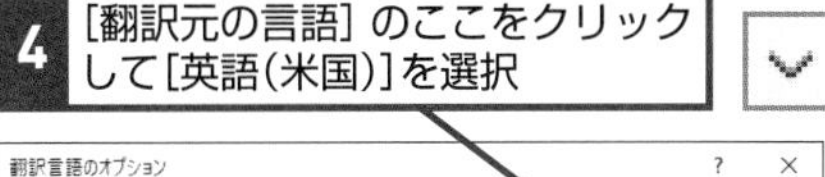

4 ［翻訳元の言語］のここをクリックして［英語（米国）］を選択

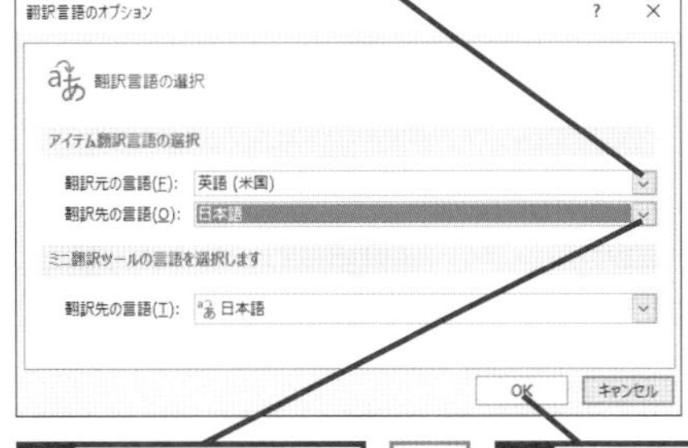

5 ［翻訳先の言語］のここをクリックして［日本語］を選択

6 ［OK］をクリック

［文書全体の翻訳］ダイアログボックスが表示された

毎回表示したくない場合は［今後表示しない。］をクリックしてチェックマークを付ける

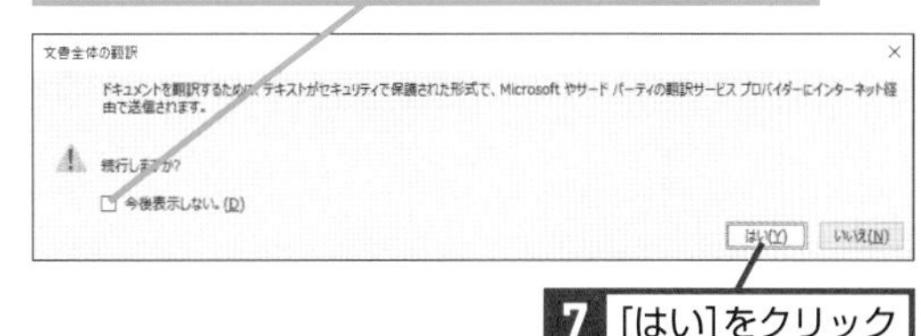

7 ［はい］をクリック

テキストが翻訳サービスプロバイダーに送信される

Webブラウザーが起動してメールの日本語訳が表示される

関連 Q186 翻訳ツールって？ …… P.130

関連 Q187 読めない単語を翻訳したい …… P.130

Q186 365 2019 2016 2013 お役立ち度 ★★★

翻訳ツールって?

A 苦手な言語のメールが届いたときに便利です

[翻訳ツール]はメールが書かれた言語をそのほかの言語に変換し表示するツールです。マイクロソフトが運営するWebサイトへ接続し、変換した内容を表示します。Exchange OnlineやOutlook.comといったマイクロソフトのクラウドサービスも英語メールを頻繁に送付してくるため、メール本文の内容確認に役立てましょう。海外とのやり取りの中で使い慣れない言語が必要となったとき、無理に翻訳したメールを送付するのではなく、簡潔に自国語で書いて送ったほうが理解しやすい場合もあります。

➡Outlook.com……P.307

関連 Q185 メールを翻訳して読みたい ………… P.129

関連 Q187 読めない単語を翻訳したい ………… P.130

Q187 365 2019 2016 2013 お役立ち度 ★★★

読めない単語を翻訳したい

A ミニ翻訳ツールを利用します

メールの一部を翻訳する場合は[ミニ翻訳ツール]の利用がお薦めです。このツールは選択した単語の意味を表示する辞書の役割を担ってくれます。[ミニ翻訳ツール]内には詳細情報を表示するための[展開]ボタン、単語を音声で読んでくれる[再生]ボタンなどがあります。[展開]ボタンをクリックすると、右側に作業ウインドウが表示され、辞書のように単語の意味が表示されます。長文を選択すると、[Web翻訳ツール]と同様に文書翻訳も行えます。

ワザ063を参考に、受信したメールを別のウィンドウで表示しておく

1 [メッセージ]タブをクリック

2 [翻訳]をクリック

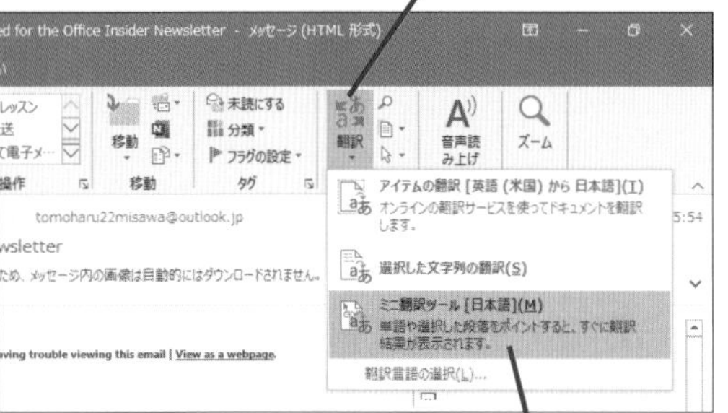

3 [ミニ翻訳ツール]をクリック

確認のメッセージが表示された

毎回表示したくない場合は[今後表示しない。]をクリックしてチェックマークを付ける

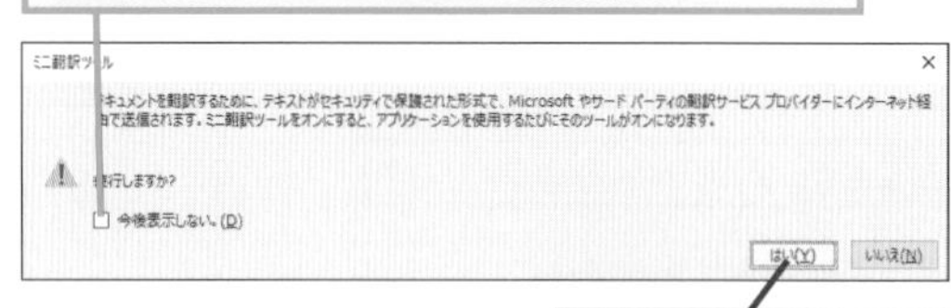

4 [はい]をクリック

テキストが翻訳サービスプロバイダーに送信され、ミニ翻訳ツールが利用可能になった

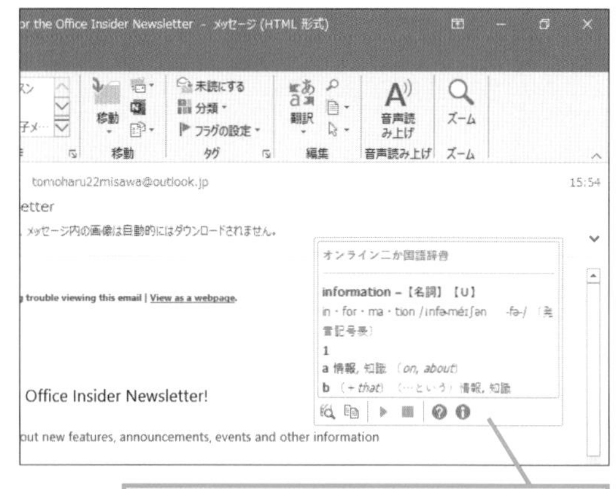

意味を知りたい単語にマウスポインターを合わせると、ミニ翻訳ツールが表示された

Q188 365 2019 2016 2013 お役立ち度 ★★

単語の翻訳をやめるには

A ミニ翻訳ツールをオフにします

［ミニ翻訳ツール］は文章を選択すると常時翻訳されます。利用が終わったらこの手順で終了しておきましょう。

ワザ187の手順でミニ翻訳ツールを有効にするとアイコンが灰色で表示される

再度［ミニ翻訳ツール］をクリックするとミニ翻訳ツールが無効になり、アイコンの表示が変わる

Q189 365 2019 2016 2013 お役立ち度 ★★

メールの一部を翻訳したい

A 文字列を選択して［翻訳］ボタンをクリックします

［ミニ翻訳ツール］を開かずに直接翻訳できます。ちょっとした単語を翻訳したいときはこの機能を、頻繁に翻訳する場合は［ミニ翻訳ツール］と使い分けるとよいでしょう。

1 翻訳したい部分をドラッグ

2 ［翻訳］をクリック

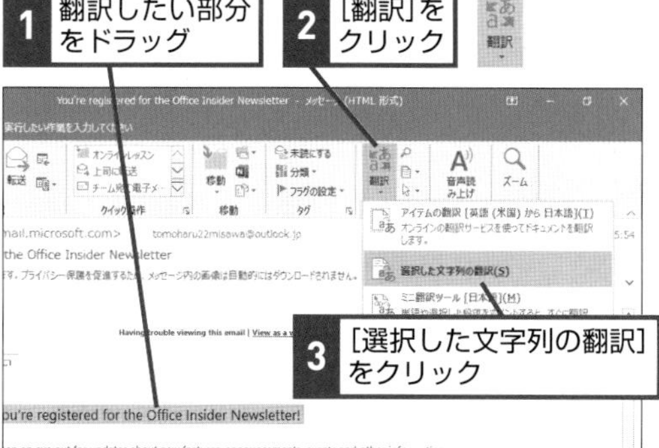

3 ［選択した文字列の翻訳］をクリック

［メッセージ］ウィンドウの右側に翻訳結果が表示される

Q190 365 2019 2016 2013 お役立ち度 ★★

翻訳する言語を変更するには

A ［翻訳言語のオプション］画面で変更します

翻訳する言語を自由に変更できるため、ドイツ語の文章を日本語に翻訳することも可能です。翻訳言語の変更は翻訳実行後の［Web翻訳ツール］の画面にある［翻訳前］と［翻訳後］からも変えられます。

➡翻訳ツール……P.312

ワザ063を参考に、受信したメールを別のウィンドウで表示しておく

1 ［メッセージ］タブをクリック

2 ［翻訳］をクリック

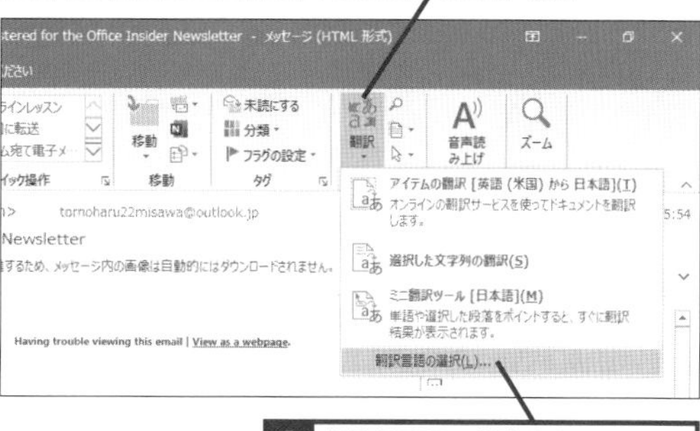

3 ［翻訳言語の選択］をクリック

［翻訳言語のオプション］ダイアログボックスが表示された

ここではドイツ語への翻訳に変更する

4 ［翻訳先の言語］のここをクリックして［ドイツ語（ドイツ）］を選択

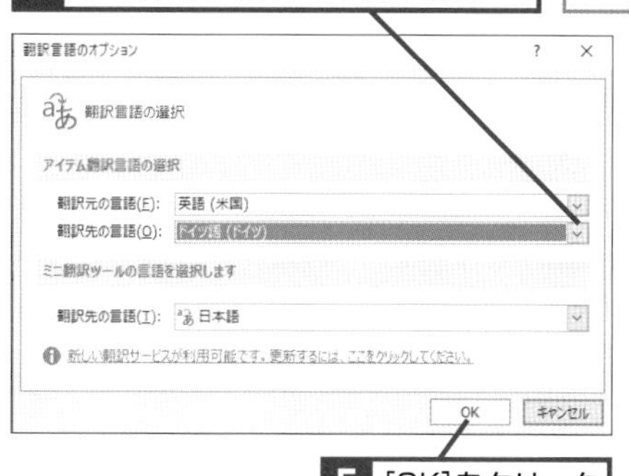

5 ［OK］をクリック

関連 Q188 単語の翻訳をやめるには……P.131

メールの削除と保管

メールは外部からどんどん送られてきます。フォルダーを使って必要なメールを保管・管理しながら、不要なメールを削除していきましょう。

Q191 365 2019 2016 2013　お役立ち度 ★★★

メールを削除したい

A ［削除］か［項目を削除］をクリックします

プロバイダーメールの場合はパソコンに、GmailやOutlook.com、Exchange Onlineの場合はクラウド上にデータが保存されます。多くのメールサービスは、数GBのメールボックス容量が提供されています。大きな容量とはいえ、画像やファイルのやり取りですぐに容量不足になることがあります。容量がメールボックスサイズを超えると送受信ができなくなるので、そうなる前に不要なメールは削除しておきましょう。メールは削除後も一定期間残ります。完全に削除するまではメールボックスの容量は空かないので、容量が足りない場合はワザ194を参照しましょう。なお。Outlook 2013ではビューに［削除］のボタンは表示されません。

➡メールボックス……P.313

●リボンから削除する

1 ［ホーム］タブをクリック
2 削除するメールをクリック

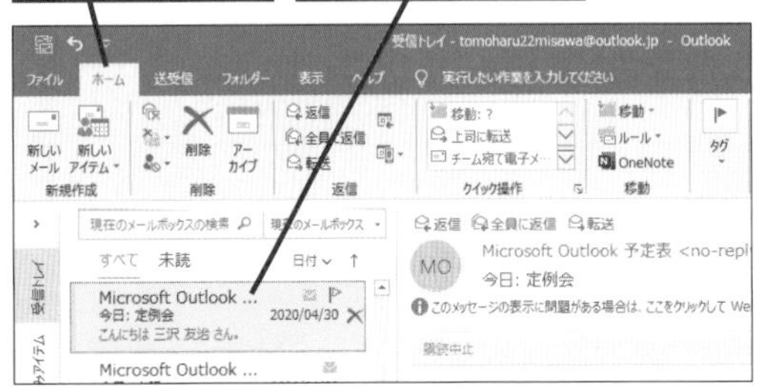

3 ［削除］をクリック

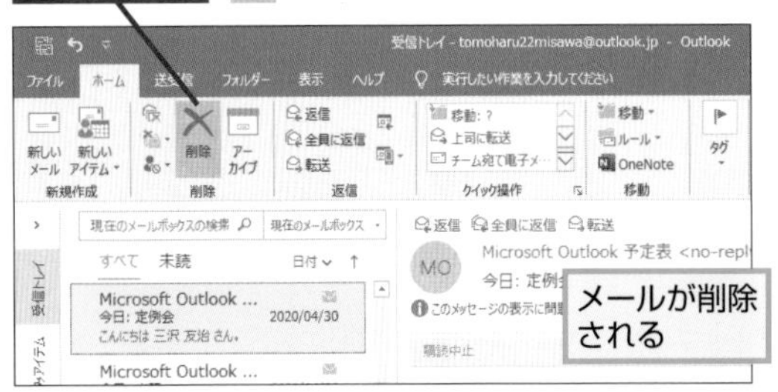

メールが削除される

●ビューから削除する

1 削除するメールの［項目を削除］をクリック

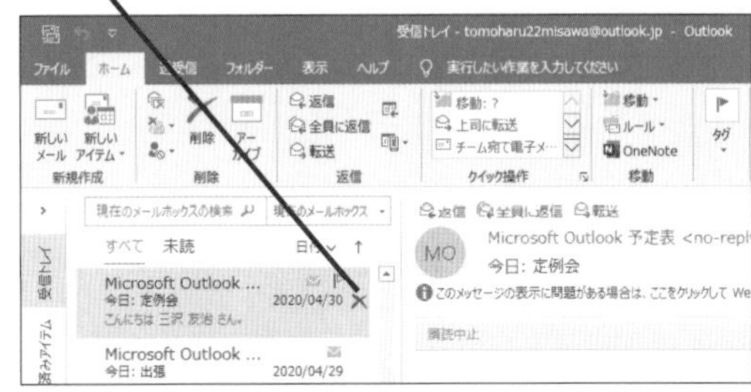

メールが削除された

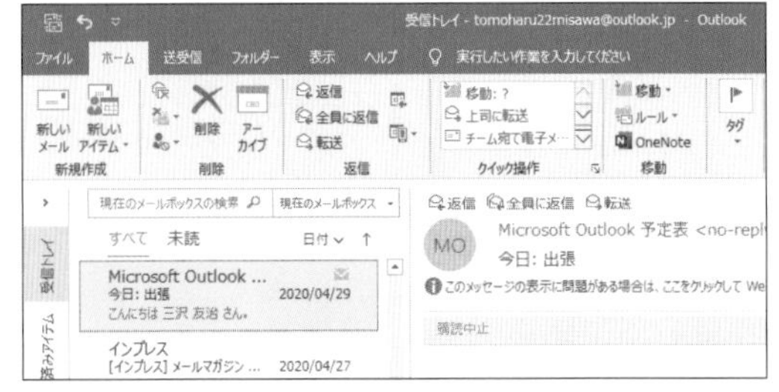

Q192 365 2019 2016 2013 お役立ち度 ★★★

複数のメールを同時に削除するには

A Ctrl キーを押しながらメールを選択します

複数のメールを選択するにはCtrlキーを押しながらメールをクリックします。メールの複数選択は削除のとき以外も使えるため覚えておくとよいでしょう。削除したメールは[削除済みアイテム]フォルダー(GmailなどIMAP形式のメールでは[ゴミ箱])に移動します。

➡削除済みアイテム……P.310

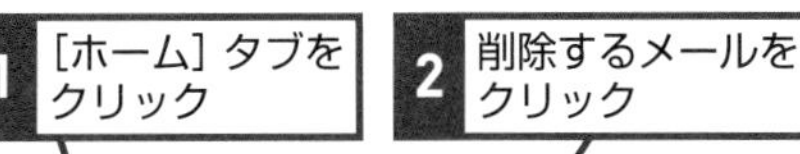

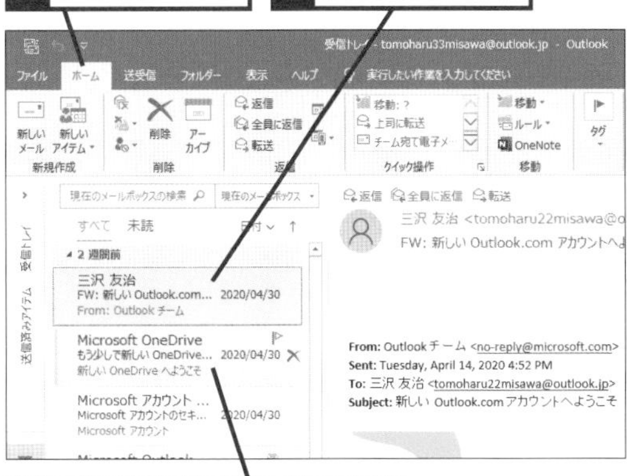

3 Ctrlキーを押しながら、削除するメールをクリック

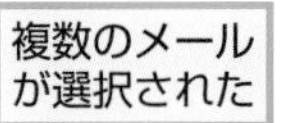

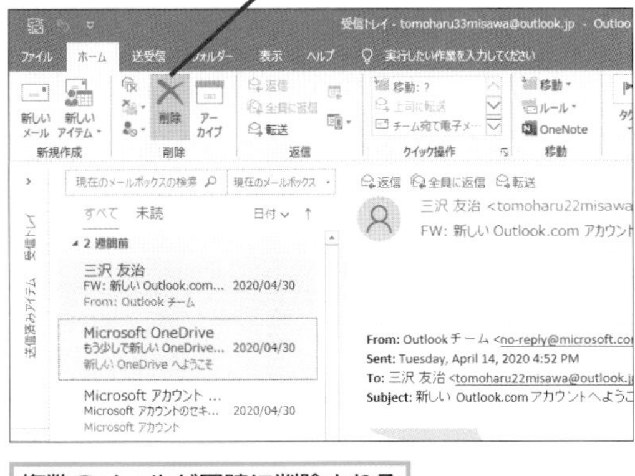

複数のメールが同時に削除される

関連 Q195 メールをまとめて完全に削除するには ………… P.134

Q193 365 2019 2016 2013 お役立ち度 ★★★

メールを間違えて削除してしまった

A 受信トレイに移動して復元します

[削除済みアイテム]フォルダーのメールは一般的に30日ほどで、自動的に削除されます。メールサービスによって復元が可能な期間が異なるので、気が付いた時点で早めに対処しましょう。なお、GmailなどIMAP形式のメールでは[削除済みアイテム]フォルダーは[ゴミ箱]という名前で表示されます。

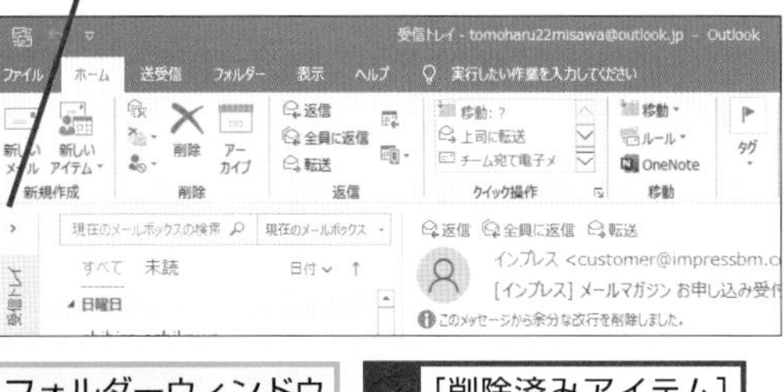

フォルダーウィンドウが表示された

2 [削除済みアイテム]をクリック

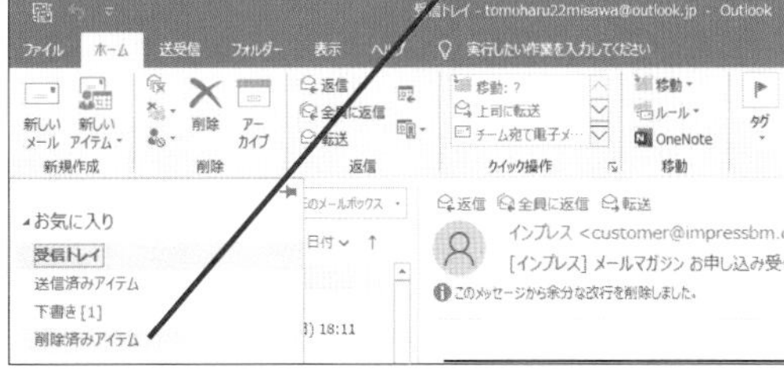

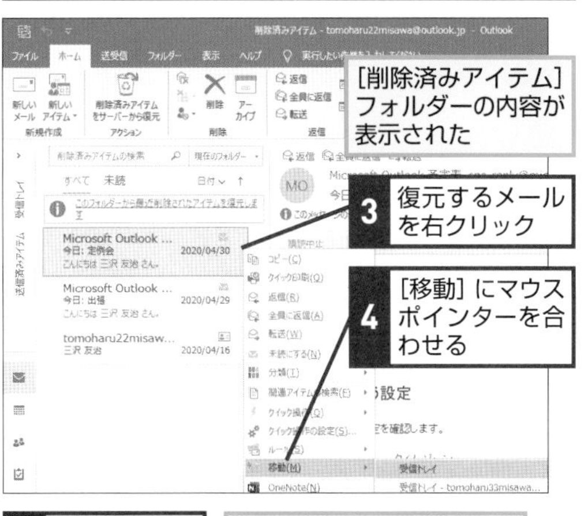

5 [受信トレイ]をクリック

削除してしまったメールが受信トレイに復元される

Q194 365 2019 2016 2013 お役立ち度 ★★★

メールを完全に削除したい

A ［削除済みアイテム］フォルダーから削除します

一般的なメールサービスでは誤削除を防止するために一定期間削除したメールを復元できるようになっています。復元可能な期間は、［削除済みアイテム］フォルダーに格納されていても、通常のメールと同様に利用中のメールボックスの容量として計算されます。そのため容量が不足したときはメールを完全に削除する必要があります。完全に削除したメールは復元できないため、本当に削除して問題ないか確認してから実行してください。このフォルダー内のメールは30日ほどで自動的に削除されます。

ワザ193を参考にフォルダーウィンドウを表示しておく

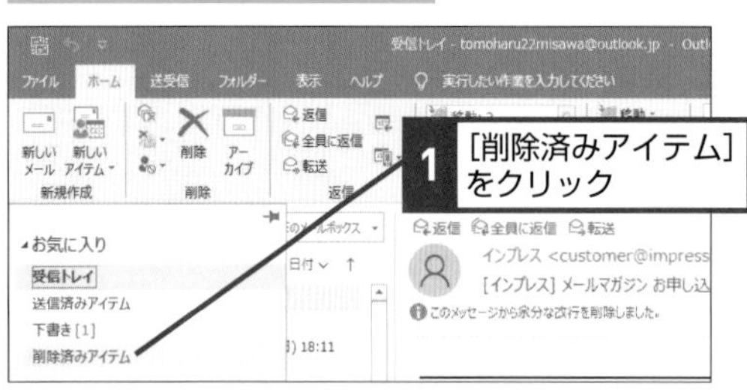

2 削除するメールをクリック

3 ［ホーム］タブをクリック

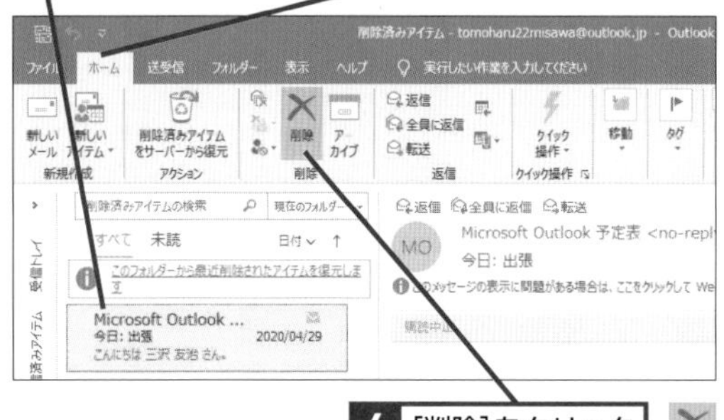

メールを削除してよいか確認する画面が表示された

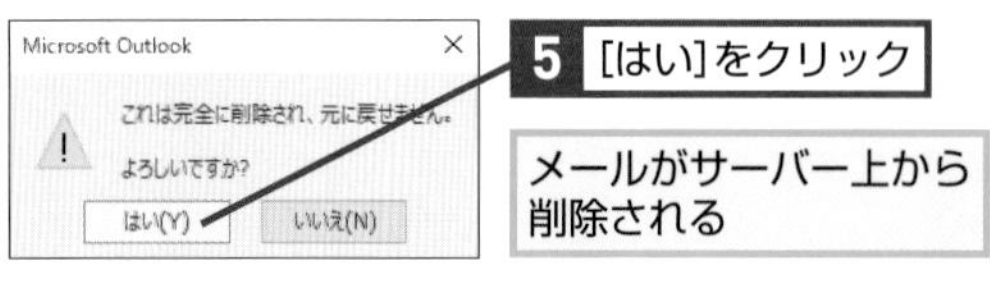

メールがサーバー上から削除される

Q195 365 2019 2016 2013 お役立ち度 ★★★

メールをまとめて完全に削除するには

A ［メールボックスの整理］ダイアログボックスを操作します

［削除済みアイテム］（GmailなどのIMAP形式のメールでは［ゴミ箱］）を空にしたいときはこの手順を行いましょう。［削除済みアイテム］のメールは30日で自動的に削除されますが、この方法ならそれを待たずに完全に消せます。なお、Outlook 2013では操作3のボタンが［クリーンアップツール］という名前で表示されます。

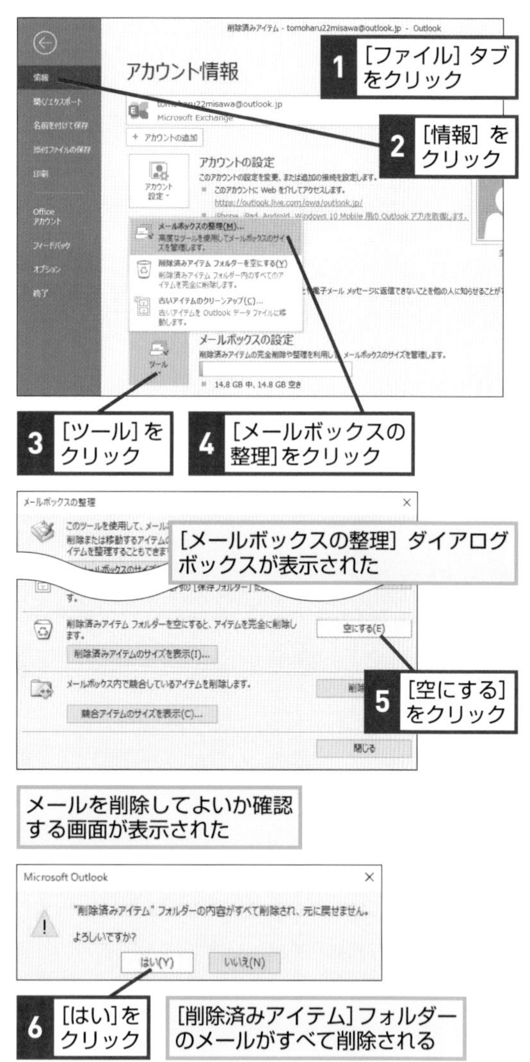

Q196 365 2019 2016 2013 お役立ち度 ★★★

ゴミ箱から削除したメールを復元したい

A サーバーから削除済みアイテムを復元します

Outlook.comやExchange Onlineを利用している場合は［削除済みアイテム］から完全に消してしまった場合でも一定期間復元できる可能性があります。この手順はクラウド上にあるメールボックスからメールを復元する方法です。復元の最終手段となるため、［削除済みアイテム］からのメール削除は極力行わないように管理しましょう。

ワザ193を参考に［削除済みアイテム］フォルダーを表示しておく

1 ［ホーム］タブをクリック

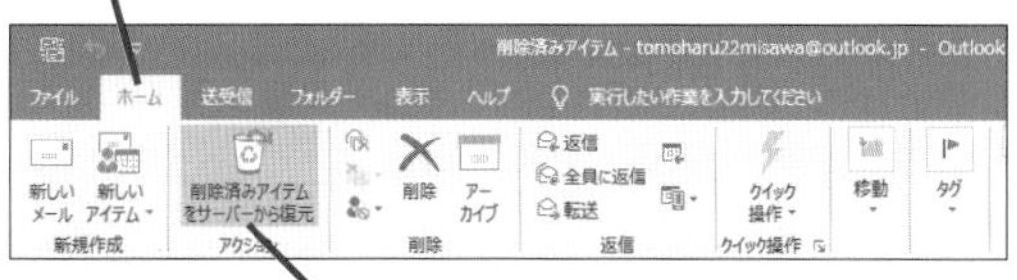

2 ［削除済みアイテムをサーバーから復元］をクリック

［削除済みアイテムを復元］ダイアログボックスが表示された

3 復元するメールをクリック

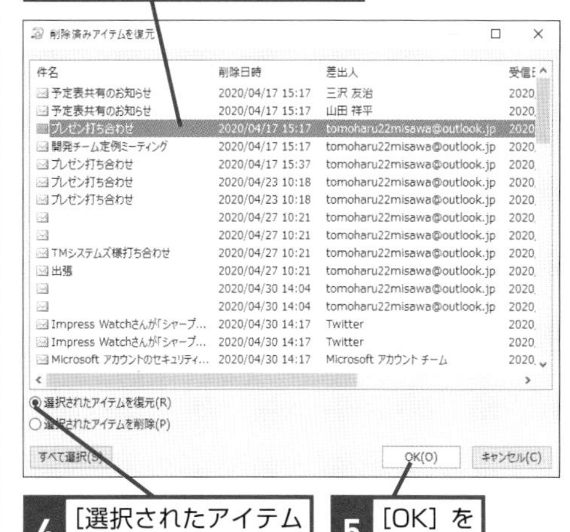

4 ［選択されたアイテムを復元］をクリック

5 ［OK］をクリック

削除したメールが復元される

Q197 365 2019 2016 2013 お役立ち度 ★★★

重複するメッセージを自動的に削除するには

A ［フォルダーのクリーンアップ］を実行します

メールのやり取りを行っていると、本文内に1つ前のメールの文章が記載されていることがあります。［フォルダーのクリーンアップ］はこのような過去のメール内にある重複するメッセージを削除します。最新以外のメールは不要なので削除されても問題ありません。

➡フォルダー……P.312

1 ［フォルダー］タブをクリック

2 ［フォルダーのクリーンアップ］をクリック

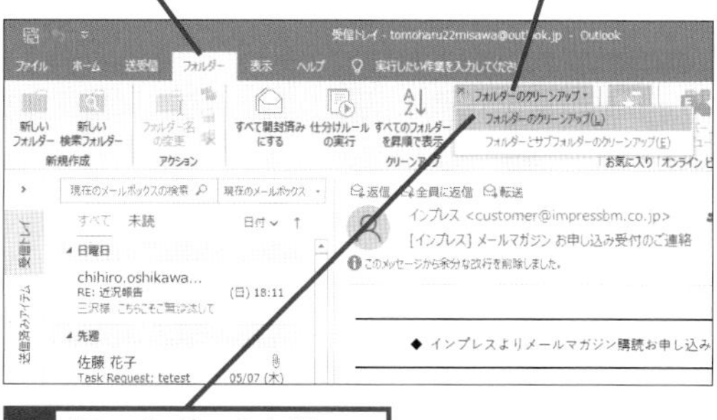

3 ［フォルダーのクリーンアップ］をクリック

重複するメッセージを削除してよいか確認する画面が表示された

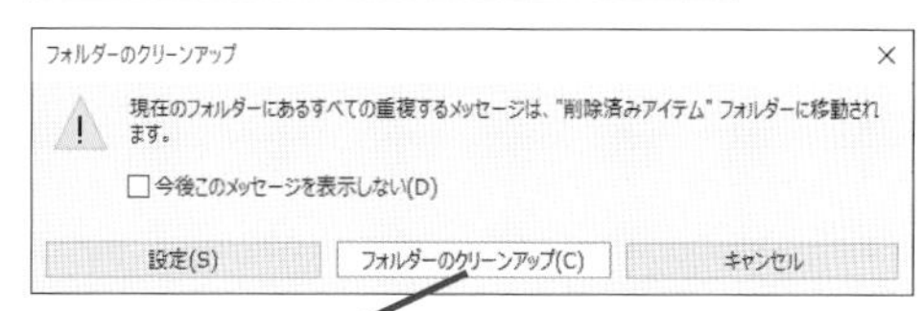

4 ［フォルダーのクリーンアップ］をクリック

重複するメッセージが削除される

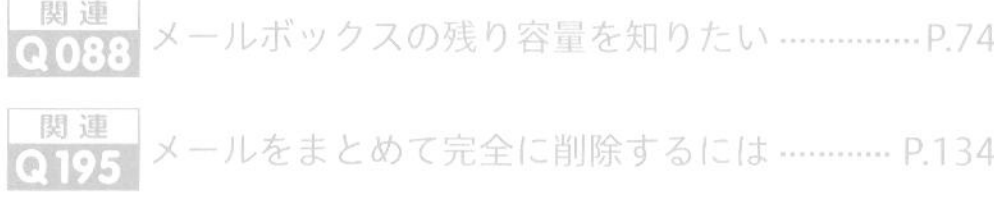
関連 Q088 メールボックスの残り容量を知りたい……P.74
関連 Q195 メールをまとめて完全に削除するには……P.134

Q198 365 2019 2016 2013 お役立ち度 ★★★

削除するメールをすべて既読にしたい NEW!

A 削除時にメッセージを開封済みにします

Microsoft 365のOutlookでは2020年の更新で、未開封メールを削除したときに自動的に開封済みにする機能が搭載されました。削除したメールは基本的に読むことはなく、未開封メールとして残す必要がありません。ただし［削除済みアイテム］フォルダーから復元した場合も［開封済み］のままになるため、頻繁に復元を行っている場合は設定を行うべきかよく検討しましょう。

➡Microsoft 365……P.307

ワザ019を参考に［Outlookのオプション］ダイアログボックスを表示しておく

1 ［メール］をクリック

2 ここをドラッグして下にスクロール

3 ［メッセージを削除するときに開封済みにする］をクリックしてチェックマークを付ける

4 ［OK］をクリック

削除したメールが自動的に開封済みになるようになった

関連 Q059 メールを開封済みにするには……P.62
関連 Q062 読んだメールを未開封にしたい……P.63

Q199 365 2019 2016 2013 お役立ち度 ★★★

メールをアーカイブフォルダーに移動したい

A ［ホーム］タブの［アーカイブ］ボタンをクリックします

［アーカイブ］フォルダーは長期的に保存しておきたいメールを格納する場所です。後で確認したいメールや、間違えて削除したくないメールを移動させるとよいでしょう。

➡フォルダー……P.312

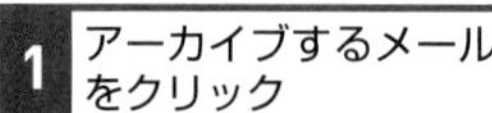
1 アーカイブするメールをクリック

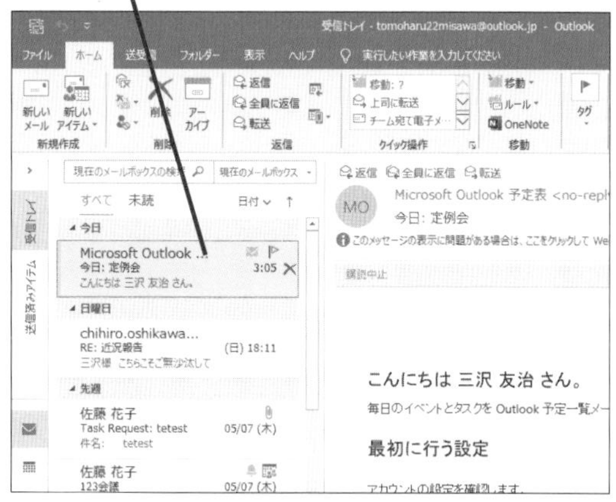

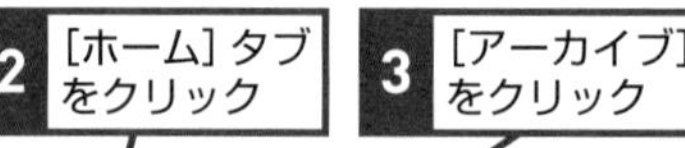
2 ［ホーム］タブをクリック

3 ［アーカイブ］をクリック

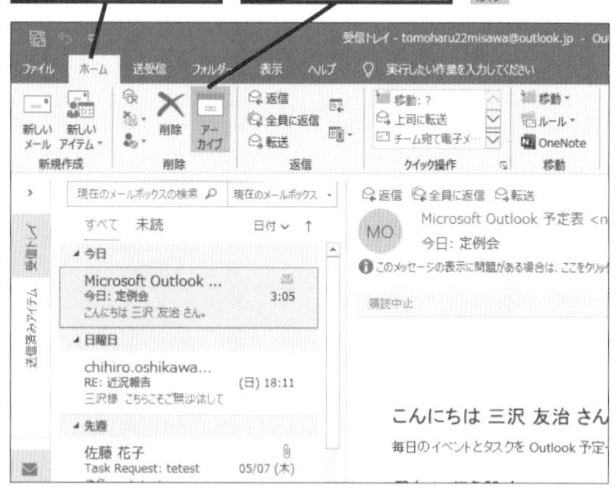

メールが［アーカイブ］フォルダーに移動される

関連 Q201 アーカイブしたメールを確認したい……P.137

Q200 365 2019 2016 2013 お役立ち度 ★★★

アーカイブって何?

A 当面は必要のないメールを保存しておくときに使います

「アーカイブ」とは日本語で「書庫」を指します。メール機能の[アーカイブ]は、メールを格納する書庫のような場所です。[アーカイブ]フォルダーの特徴は、フォルダーを削除できない点です。[アーカイブ]に移動したメールは通常のメールと同じように閲覧や検索ができます。そのほかの機能もほかのフォルダーと変わりません。

➡フォルダー……P.312

関連 Q199 メールをアーカイブフォルダーに移動したい……P.136

Q201 365 2019 2016 2013 お役立ち度 ★★★

アーカイブしたメールを確認したい

A [アーカイブ]フォルダーを表示します

[アーカイブ]フォルダーは削除ができないフォルダーです。[アーカイブ]フォルダー内のメールの確認には特殊な操作は必要なく、通常のフォルダー内のメールを確認するのと同じようにメールを確認できます。

➡アーカイブ……P.308

ワザ193を参考にフォルダーウィンドウを表示しておく

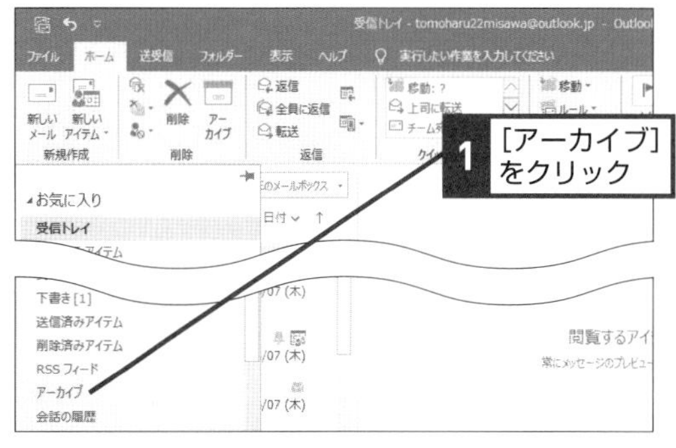

[アーカイブ]フォルダーに保存されているメールが表示される

Q202 365 2019 2016 2013 お役立ち度 ★★★

新しいフォルダーを作成するには

A [新しいフォルダー]をクリックします

名前を付けたフォルダーを用意しメールを格納することで、フォルダー内のメールがどういった内容なのか意味付けすることができます。フォルダーは、プロジェクトや送信者の部署などで分けておくとよいでしょう。なお、[受信トレイ]や[アーカイブ]フォルダーなど、最初から用意されているフォルダーは名前の変更が行えません。

1 [フォルダー]タブをクリック

2 [新しいフォルダー]をクリック

[新しいフォルダーの作成]ダイアログボックスが表示された

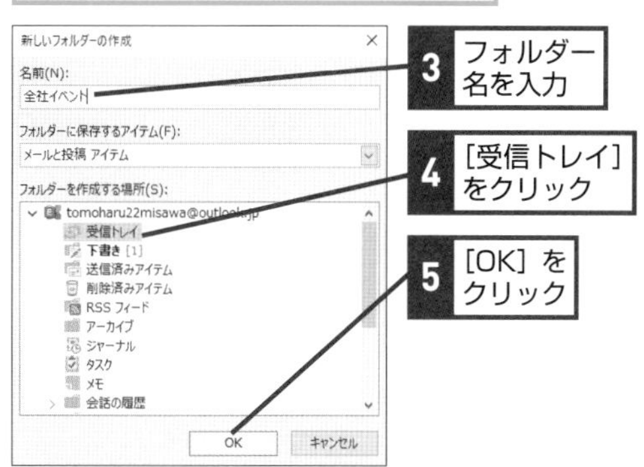

受信トレイに新しいフォルダーが作成された

Q203 365 2019 2016 2013 お役立ち度 ★★★

メールをフォルダーに移動するには

A ドラッグして別のフォルダーに移動します

フォルダーを作成したらメールを移動させましょう。フォルダーを作るときは差出人といったメールの属性ではなく、プロジェクトや差出人の部門など、メール本文や差出人自身の属性といった機械的に振り分けられない内容ごとに作成すると、検索性が向上します。

フォルダーウィンドウが表示された

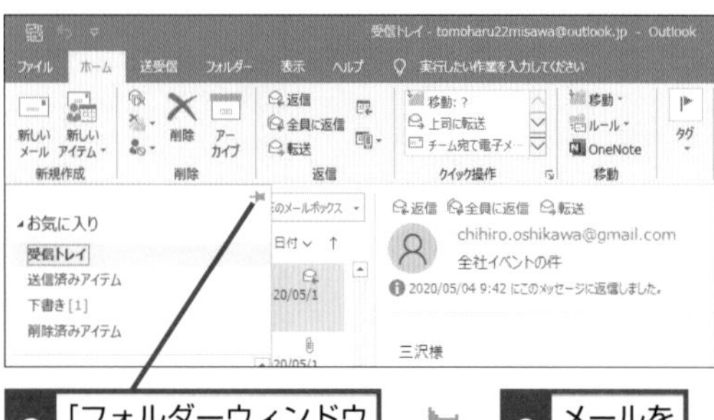

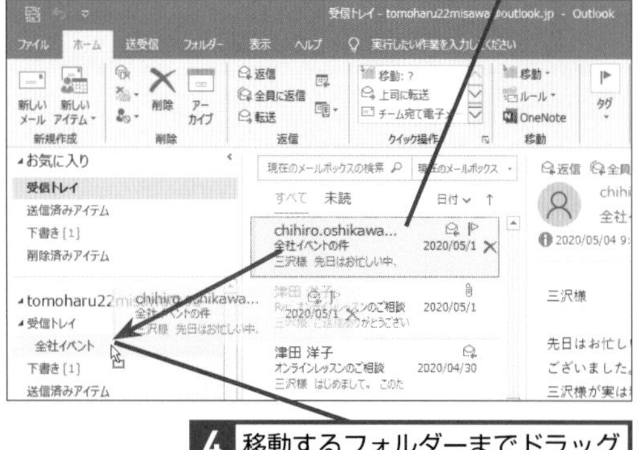

Q204 365 2019 2016 2013 お役立ち度 ★★

作成したフォルダーの名前を変更したい

A フォルダーを右クリックして［フォルダー名の変更］をクリックします

フォルダー名はどのようなメールが格納されているのか分かる目印です。以下の操作でフォルダーの名前を変更しましょう。

ワザ193を参考にフォルダーウィンドウを表示しておく

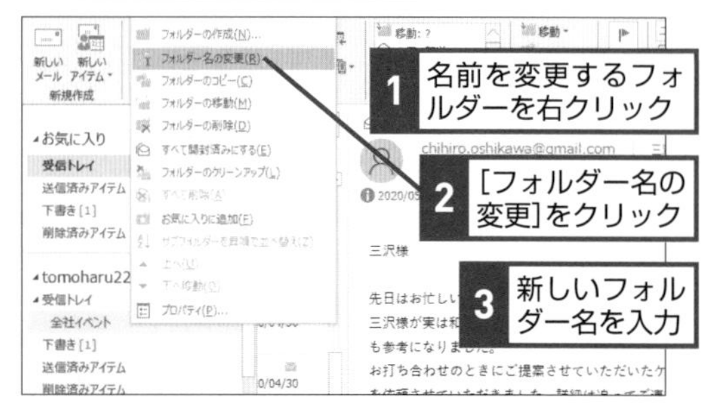

Q205 365 2019 2016 2013 お役立ち度 ★★

作成したフォルダーを削除するには

A フォルダーを右クリックして［フォルダーの削除］をクリックします

フォルダーを削除すると、その中に格納されているメールも一緒に削除されます。削除したくないメールがあるときは削除前に移動させておきましょう。

➡フォルダーウィンドウ……P.312

ワザ193を参考にフォルダーウィンドウを表示しておく

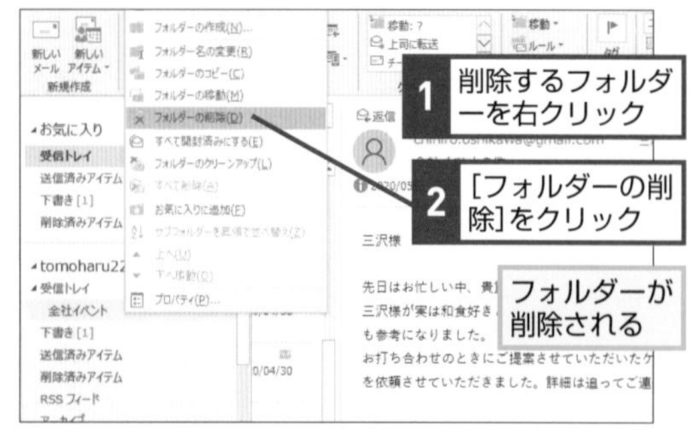

Q206 365 2019 2016 2013 お役立ち度 ★★★

メールを検索するには

A 検索ボックスにキーワードを入力します

［受信トレイ］を選択しているときに検索を行うとメールボックス全体が、［削除済みアイテム］や［下書き］などフォルダーを選択している場合は、選択したフォルダーが検索対象となります。検索するときはフォルダーを選択してからキーワードを入力すると、検索結果が見つけやすくなります。Microsoft 365のOutlookの［検索ボックス］は、タイトルバーに表示されます。

➡メールボックス……P.313

1 検索ボックスをクリック

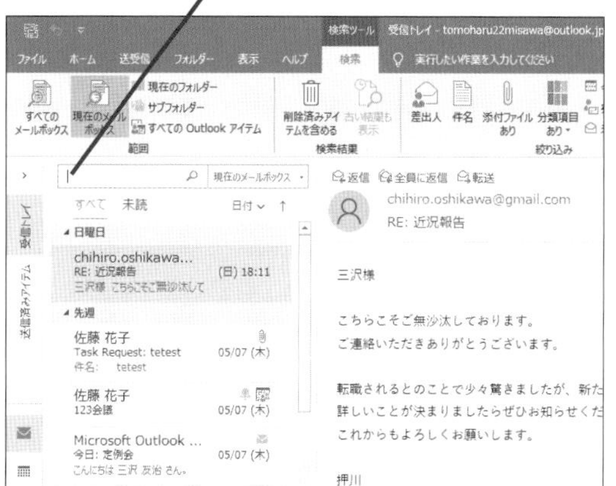

2 検索するキーワードを入力

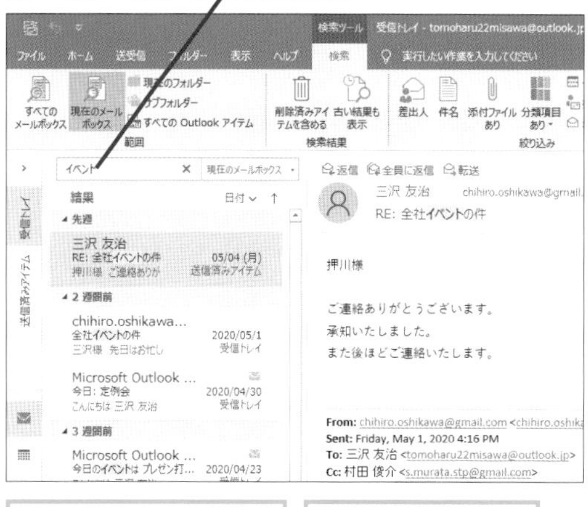

検索したキーワードを含むメールが表示された

検索した文字にはハイライト表示される

Q207 365 2019 2016 2013 お役立ち度 ★★★

Outlook全体を検索対象にするには

A ［Outlookのオプション］画面で設定します

Outlookの検索は複数のメールアドレスを持っていても現在見ているメールアドレスのメールのみを検索します。複数のメールアドレスを使い分けている場合、どのメールアドレスを使ってやり取りした分からなくなってしまうことがあります。この設定を行っておけば、すべてのメールアドレスを検索の対象にできるため、メールを効率的に探し出すことができるのです。また、検索の範囲はそのほかにも［現在のフォルダーのみ］［サブフォルダーを含む］［現在のメールボックス］［すべてのメールボックス］から選択できます。これらの項目は検索するときにドロップダウンリストから選択できます。

➡メールボックス……P.313

ワザ019を参考に、［Outlookのオプション］ダイアログボックスを表示しておく

1 ［検索］をクリック

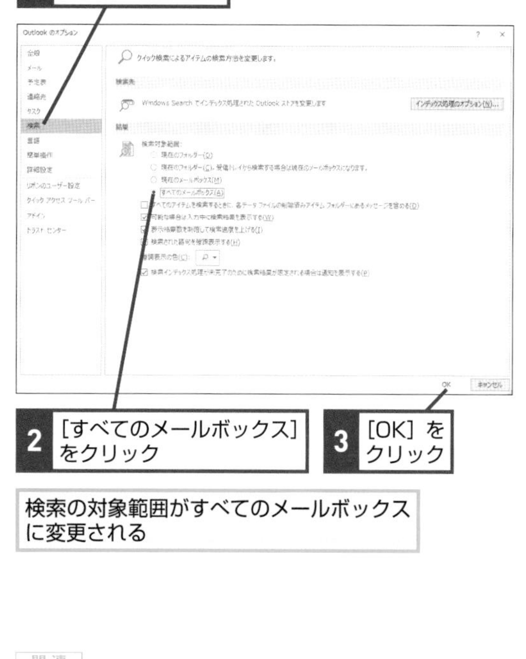

2 ［すべてのメールボックス］をクリック

3 ［OK］をクリック

検索の対象範囲がすべてのメールボックスに変更される

関連 Q206 メールを検索するには……P.139

関連 Q208 探したメールをいつでも見られるようにしたい……P.140

Q208 365 2019 2016 2013 お役立ち度 ★★★

動画で見る

探したメールをいつでも見られるようにしたい

A 検索フォルダーを作成します

[検索フォルダー] とは、検索結果を表示する場所です。このフォルダーにアクセスすると、事前に入力した検索条件に一致したメールが表示されます。例えば同じ人とのやり取りを日々確認する場合、検索条件を毎回設定するのは大変です。そんなときは [検索フォルダー] を使うと、フォルダーを選択するだけで、参照したいメールを確認できます。フォルダーの名前などは自動的に決まるため、名前を変更したいときは作成した [検索フォルダー] を選択し [フォルダー] タブの [フォルダー名の変更] より変更を行いましょう。

➡検索フォルダー……P.310

1 [フォルダー]タブをクリック

2 [新しい検索フォルダー]をクリック

[新しい検索フォルダー] ダイアログボックスが表示された

ここでは「イベント」という文字を含むメールの検索フォルダーを作成する

3 ここをドラッグして下にスクロール

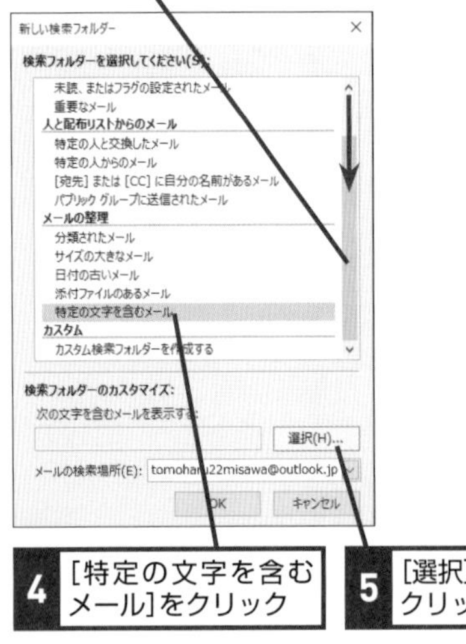

4 [特定の文字を含むメール]をクリック

5 [選択]をクリック

[文字の指定] ダイアログボックスが表示された

6 検索する文字を入力

7 [追加]をクリック

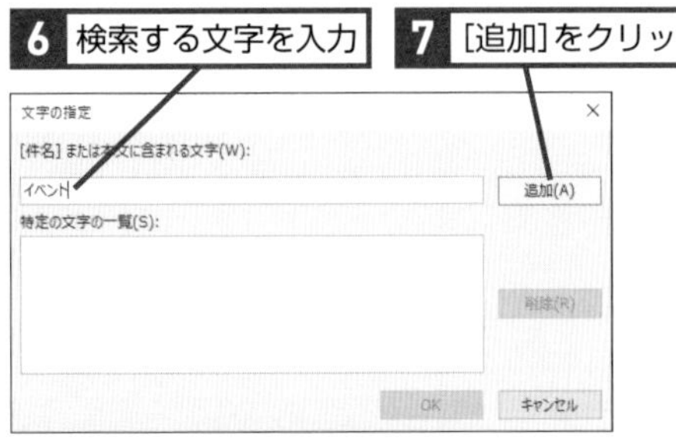

キーワードが [特定の文字列の一覧] に追加された

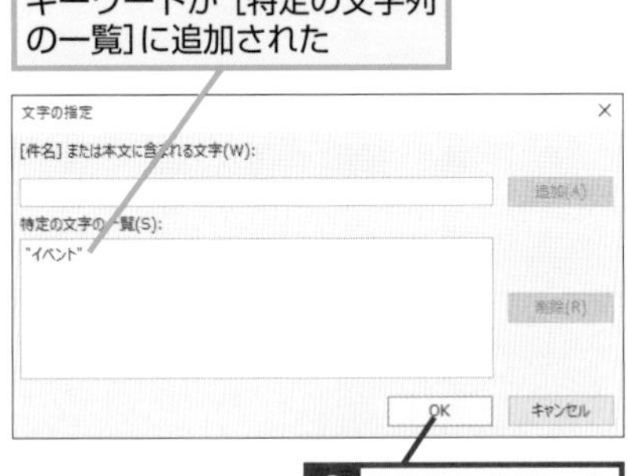

8 [OK]をクリック

9 [新しい検索フォルダー] ダイアログボックスの[OK]をクリック

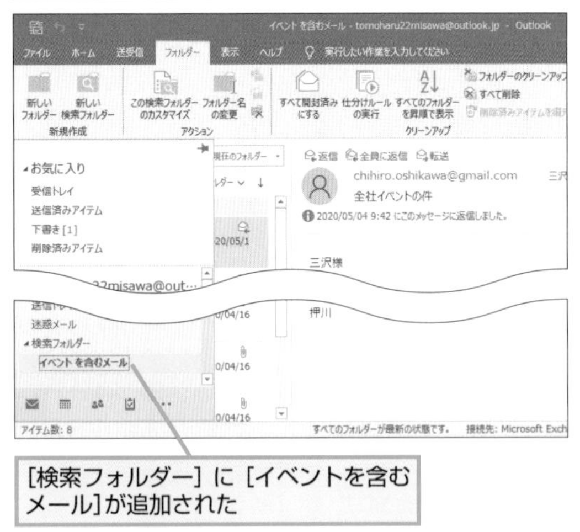

[検索フォルダー] に [イベントを含むメール]が追加された

Q209 365 2019 2016 2013 お役立ち度 ★★★

検索フォルダーを削除したい

A 右クリックして［フォルダーの削除］をクリックします

［検索フォルダー］を削除した場合［削除済みアイテム］(GmailなどのIMAP形式のメールは［ゴミ箱］)には入りません。また、この手順では検索結果のメールは削除されないので、メールを削除したいときは［検索フォルダー］を右クリックし、メニューを表示して［すべて削除］を選択してください。［検索フォルダー］を復旧させたい場合は再度同じ条件で作成しましょう。

ワザ193を参考にフォルダーウィンドウを表示しておく

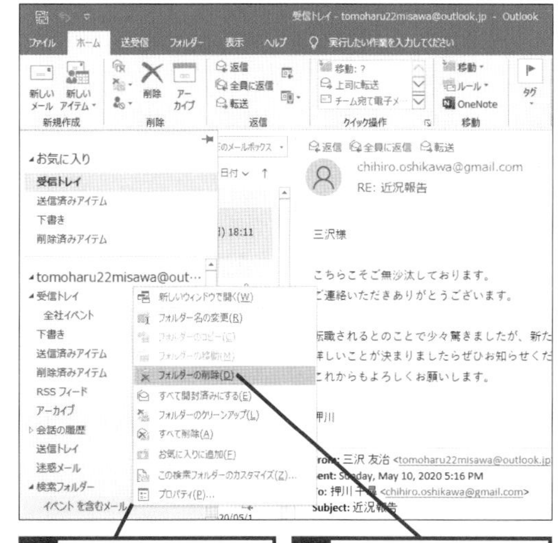

1 削除する検索フォルダーを右クリック

2 ［フォルダーの削除］をクリック

検索フォルダーを削除してよいか確認する画面が表示された

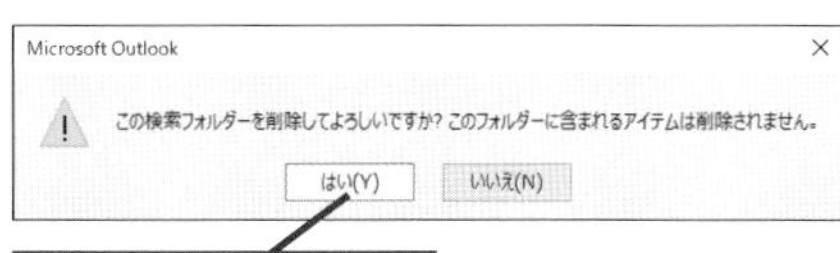

3 ［はい］をクリック

検索フォルダーが削除される

Q210 365 2019 2016 2013 お役立ち度 ★★★

検索フォルダーの条件を変更したい

A ［この検索フォルダーのカスタマイズ］をクリックします

［検索フォルダー］に表示されるメールが想定と異なっていたら検索条件を見直しましょう。見直せる検索条件は、検索文字の変更など、作成したときの条件のみです。抜本的に検索条件を変更したい場合は新規に作成します。

➡検索フォルダー……P.310

ワザ193を参考にフォルダーウィンドウを表示しておく

ここではワザ208で設定した検索フォルダーの条件を変更する

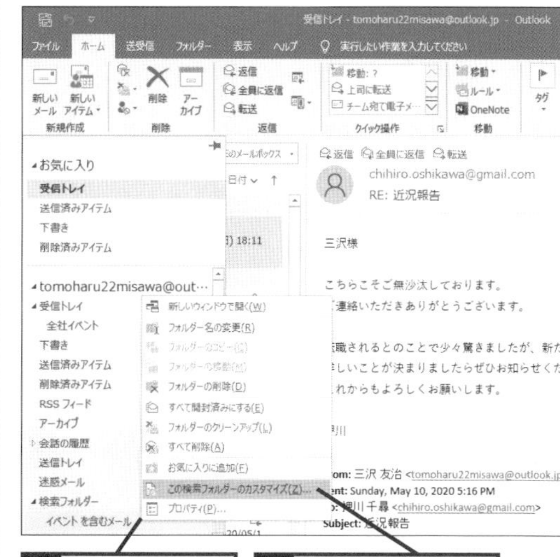

1 条件を変更する検索フォルダーを右クリック

2 ［この検索フォルダーのカスタマイズ］をクリック

["(フォルダー名)"のカスタマイズ］ダイアログボックスが表示された

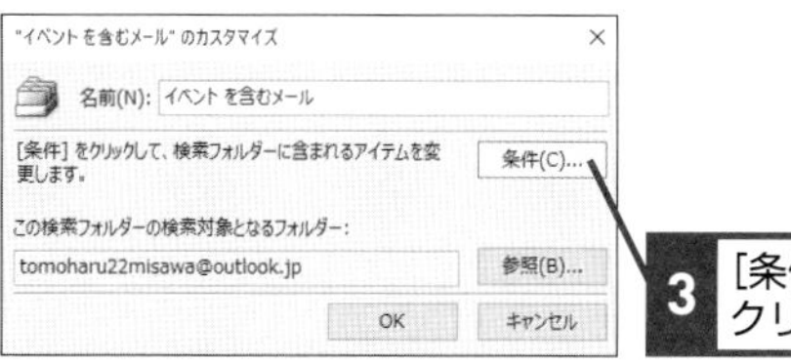

3 ［条件］をクリック

［文字の指定］ダイアログボックスが表示される

ワザ208を参考に検索する文字を設定する

メールを自動で振り分ける

メールが増えてくると1件ずつ整理するのは大変です。Outlookでは件名などで受信時のフォルダーを自動的に振り分けることができます。自動振り分けを使って手間を省きましょう。

Q211 365 2019 2016 2013 お役立ち度 ★★★

メールを自動でフォルダーに移動させたい

動画で見る

A 仕分けルールを作成します

[仕分けルール]を作成すると、メールが届いたタイミングでメールをフォルダー分けできます。プロジェクトのメーリングリストや特定のメールアドレスからのメールを仕分けしておくことで、メールを探す手間が省けます。人によっては1日に何十通もメールが届くため、自動的な整理が大きく手間を省くことにつながります。[仕分けルール]作成前に振り分けたいメールを選択しておくことで、そのメールの情報を元にルールを作成できます。選択したメールの差出人をルールに含めることができるので、指定したいメールアドレスを含んだメールを選択しておけばメールアドレスの間違いがなくなります。

1 [受信トレイ]をクリック

2 フォルダーに移動させたいメールをクリック

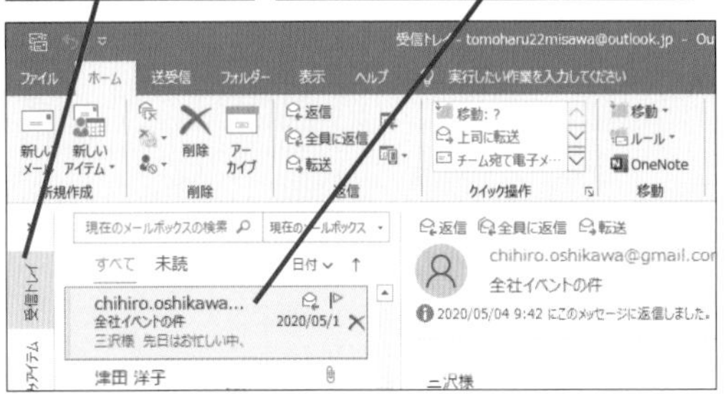

3 [ホーム]タブをクリック

4 [ルール]をクリック

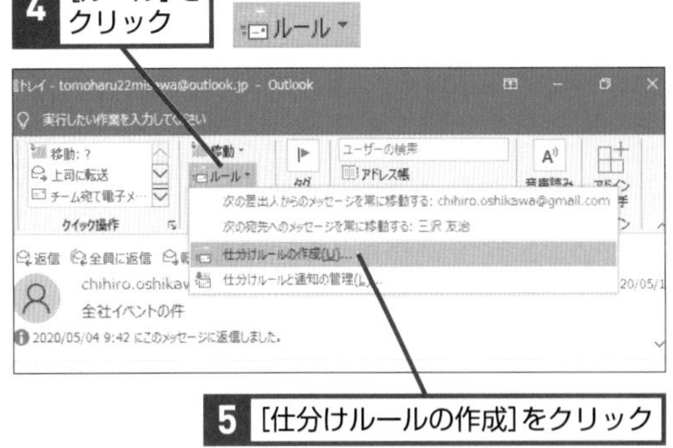

5 [仕分けルールの作成]をクリック

[仕分けルールの作成]ダイアログボックスが表示された

6 [差出人が次の場合]をクリックしてチェックマークを付ける

選択したメールの差出人のメールアドレスが表示されている

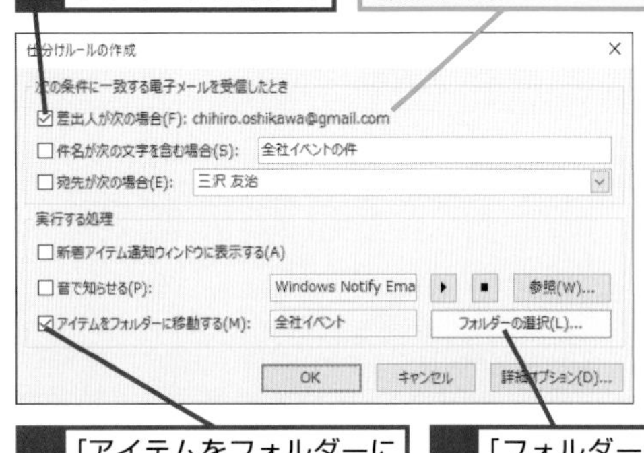

7 [アイテムをフォルダーに移動する]をクリックしてチェックマークを付ける

8 [フォルダーの選択]をクリック

[仕分けルールと通知]ダイアログボックスが表示された

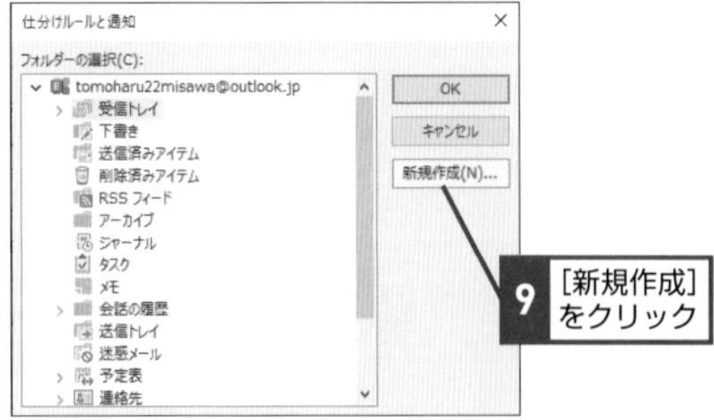

9 [新規作成]をクリック

［新しいフォルダーの作成］ダイアログボックスが表示された

10 フォルダー名を入力

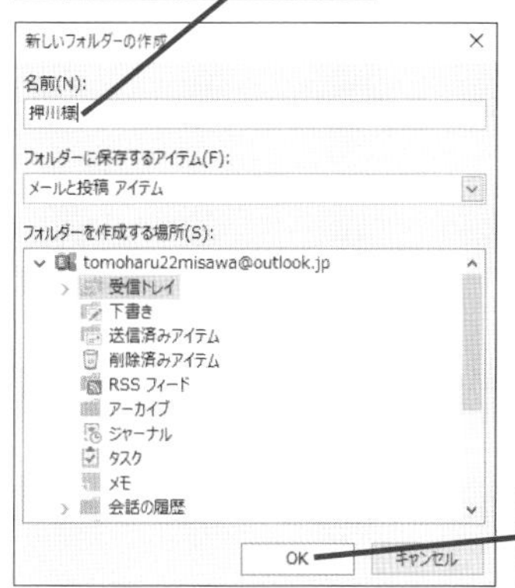

11 ［OK］をクリック

［仕分けルールと通知］ダイアログボックスに戻った

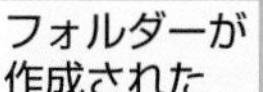

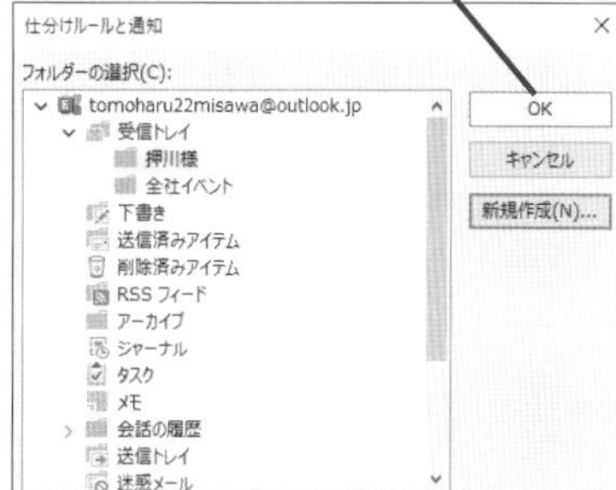

［仕分けルールの作成］ダイアログボックスに戻った

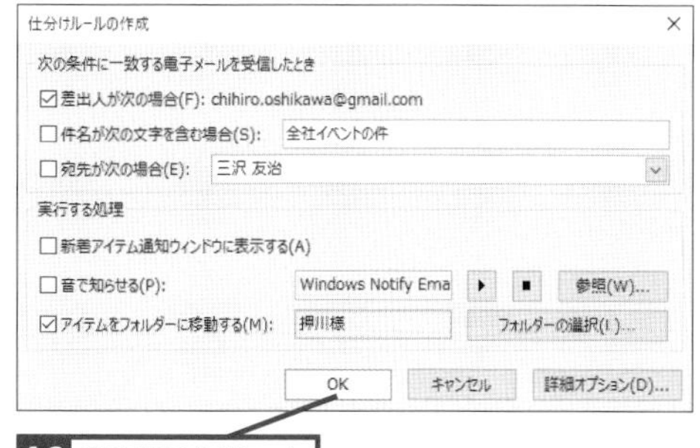

13 ［OK］をクリック

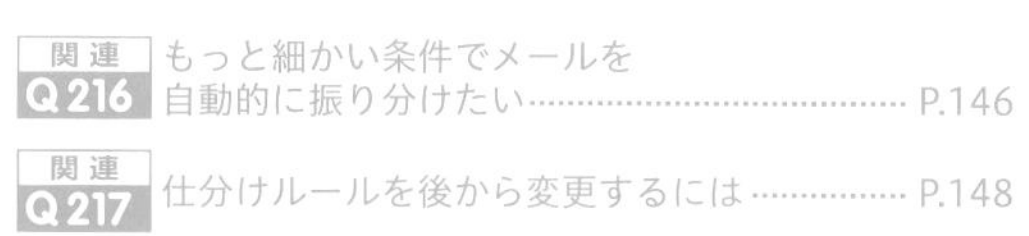
関連 Q216 もっと細かい条件でメールを自動的に振り分けたい……P.146

関連 Q217 仕分けルールを後から変更するには……P.148

［成功］ダイアログボックスが表示された

14 ［現在のフォルダーにあるメッセージにこの仕分けルールを今すぐ実行する］をクリックしてチェックマークを付ける

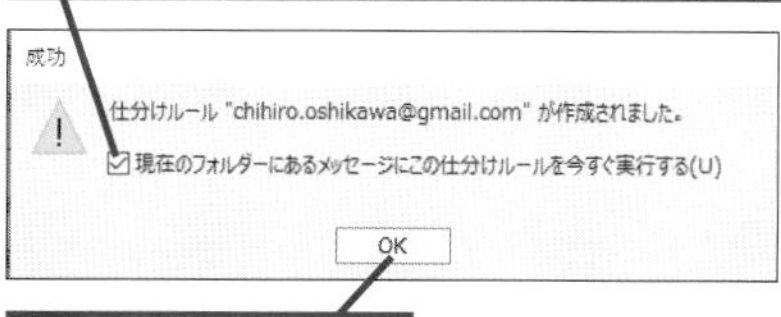

15 ［OK］をクリック

作成したフォルダーにメールが移動した

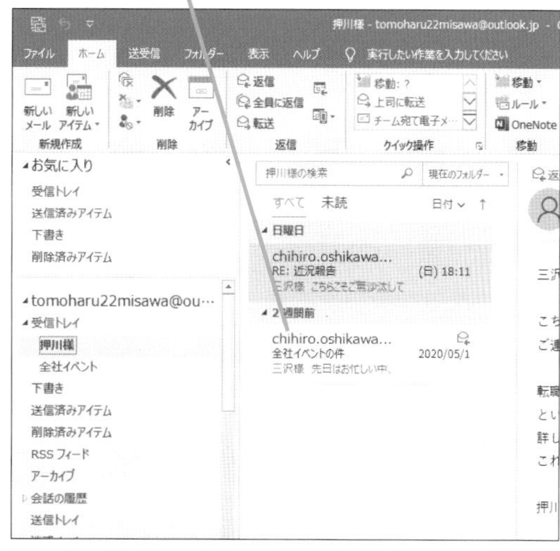

仕分けルールに設定した差出人からのメールは自動で作成したフォルダーに移動される

To Doを利用しよう！

マイクロソフトは製品のリリース後も抜本的な変更を含めた改善を常に行っています。その中でOutlookに関連する機能として、［タスク］を［To Do］というものに置き換え始めています。2020年5月現在、Web版のOutlook.comではタスクボタンがTo Doに変わりました。大まかな使い方は変わりませんが、今までのタスクに比べよりシンプルな画面構成となり、共有もWebで簡単にできるようになっています。新機能はOfficeの新バージョンを待たずに使えるようになっていくため、Outlook.comを利用している方は一度触ってみてはいかがでしょうか。

Q212 365 2019 2016 2013 お役立ち度 ★★★

件名でフォルダーに振り分けたい

A キーワードを含む件名で仕分けルールを作成できます

件名にチェックを入れた場合は［件名が次の文字を含む場合］の欄に選択したメールの件名が入力されます。自動入力されるこの件名は変更できるため、必要であれば変えましょう。また、振り分けたい対象がメールマガジンのように、タイトルの前に発行番号が付くような場合、［件名が次の文字を含む場合］の欄で発行番号を除いておくとそのメールマガジン全部を対象とした振り分けが行えます。振り分けに使えそうな件名をうまく見つけましょう。

ワザ211を参考に、［仕分けルールの作成］ダイアログボックスを表示しておく

1 ［件名が次の文字を含む場合］をクリックしてチェックマークを付ける

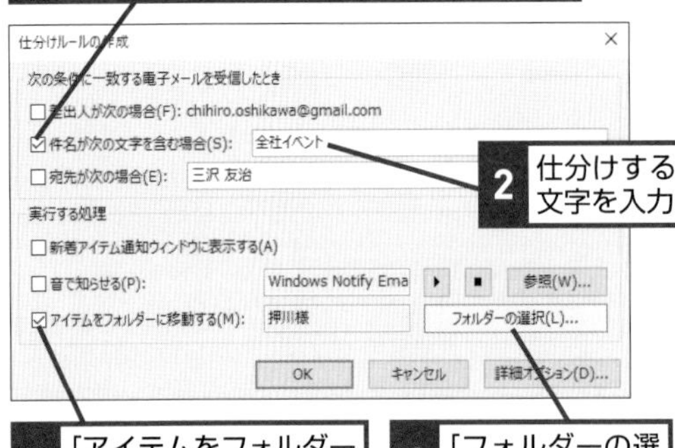

2 仕分けする文字を入力

3 ［アイテムをフォルダーに移動する］をクリック

4 ［フォルダーの選択］をクリック

［仕分けルールと通知］ダイアログボックスが表示された

5 ［受信トレイ］をクリック

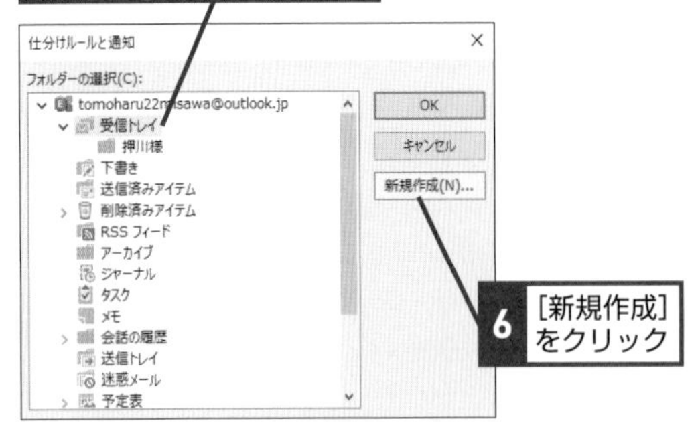

6 ［新規作成］をクリック

［新しいフォルダーの作成］ダイアログボックスが表示された

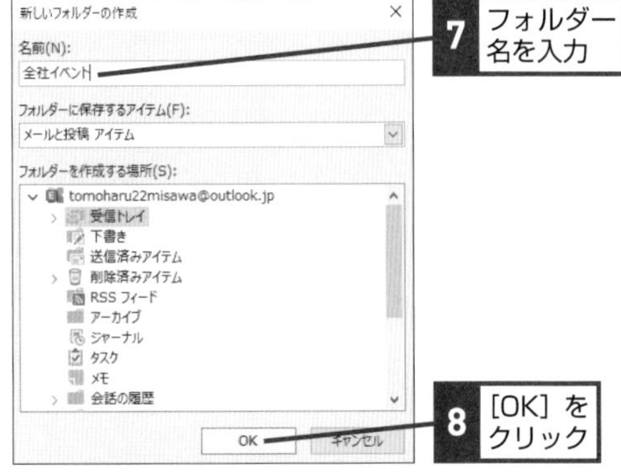

7 フォルダー名を入力

8 ［OK］をクリック

［仕分けルールと通知］ダイアログボックスに戻った

フォルダーが作成された

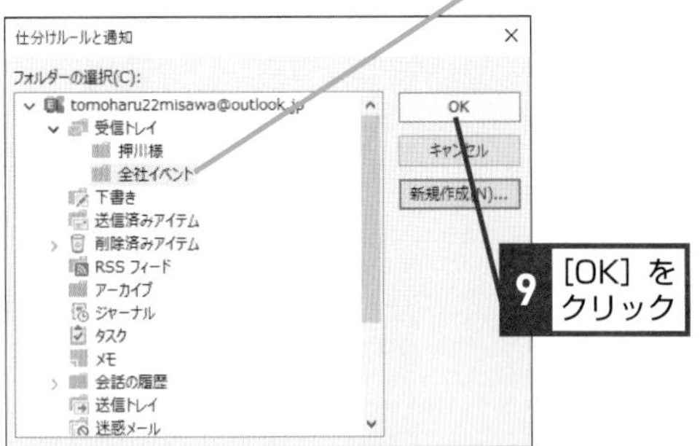

9 ［OK］をクリック

［仕分けルールの作成］ダイアログボックスに戻った

10 ［OK］をクリック

仕分けルールの作成に関するメッセージが表示された

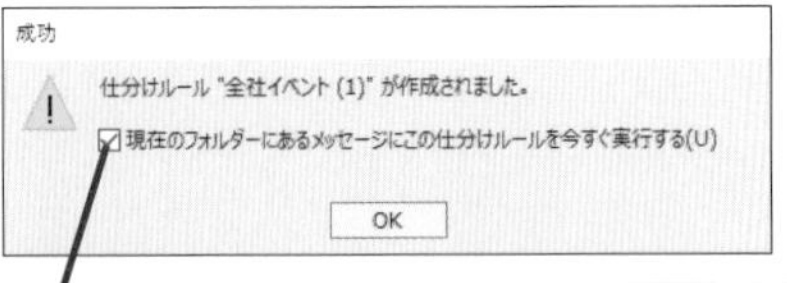

11 ［現在のフォルダーにあるメッセージにこの仕分けルールを今すぐ実行する］をクリックしてチェックマークを付ける

12 ［OK］をクリック

件名でメールが仕分けされる

関連 Q216 もっと細かい条件でメールを自動的に振り分けたい……P.146

Q213 365 2019 2016 2013 お役立ち度 ★★★

仕分けルールを削除したい

A ［仕分けルールと通知］ダイアログボックスから削除します

［仕分けルール］は削除すると元に戻せません。再度使う可能性がある場合は［仕分けルールと通知］画面でチェックボックスをクリックしてオフにし、削除ではなく無効化するようにしましょう。

➡仕分けルール……P.310

1 ［ファイル］タブをクリック

2 ［情報］をクリック

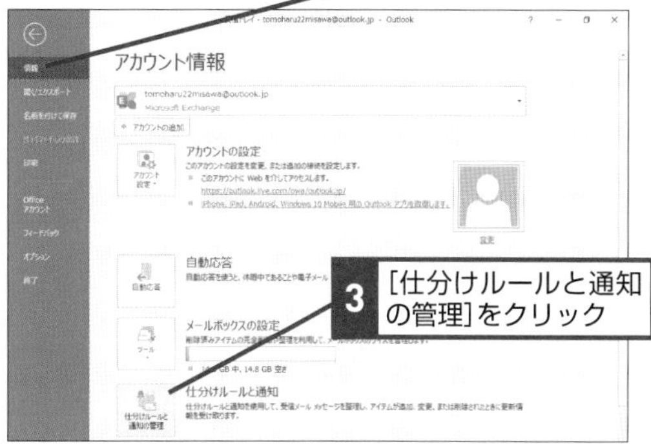

［仕分けルールと通知］ダイアログボックスが表示された

仕分けルールを削除してよいか確認する画面が表示された

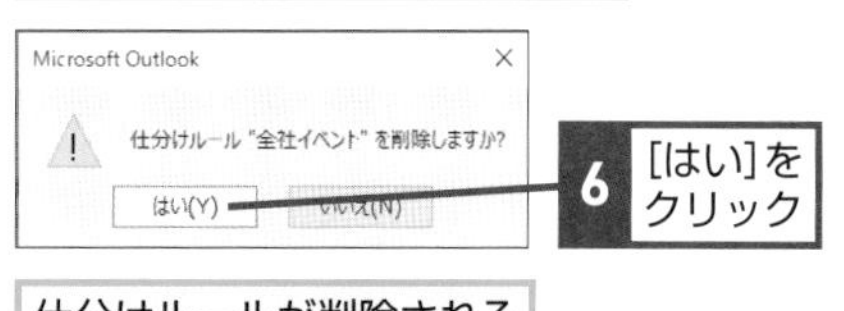

仕分けルールが削除される

Q214 365 2019 2016 2013 お役立ち度 ★★

設定したルールのメールが届いたら通知を受け取りたい

A ［仕分けルールの作成］画面で設定します

この設定を行っておくと、該当するメールが届いたときに［新しいメールの通知］画面が開きます。

ワザ211を参考に、［仕分けルールの作成］ダイアログボックスで条件を設定しておく

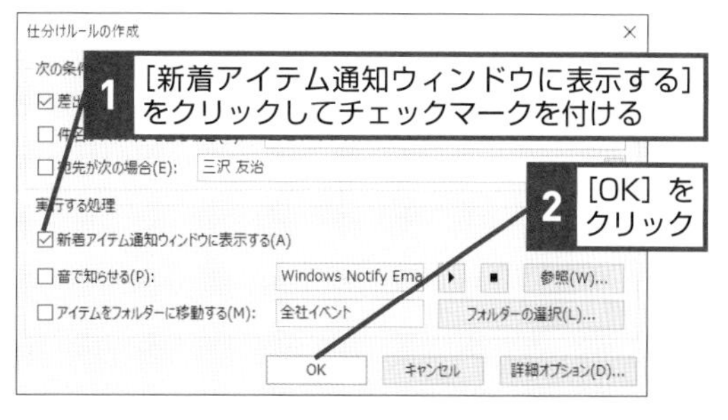

Q215 365 2019 2016 2013 お役立ち度 ★★

仕分けルールを一時的に使用しないようにしたい

A ［仕分けルールと通知］画面で設定します

チェックマークのオンとオフで、［仕分けルール］の一時的停止と再開が切り替えられます。

ワザ213を参考に［仕分けルールと通知］ダイアログボックスを表示しておく

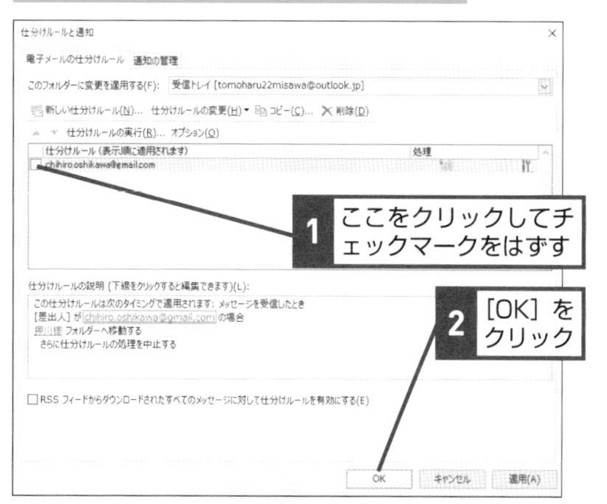

もっと細かい条件でメールを自動的に振り分けたい

動画で見る

A 自動仕分けウィザードで設定します

[仕分けルール] は細かく条件を指定することで複雑な条件にも対応できます。例えば、[仕分けルールの作成] 画面で [音を知らせる] をオンにすると、自分だけに送られてきていたメールを別のメンバーに転送したときに、通知も届く設定にできます。また、受信だけでなく送信時にも [仕分けルール] を付けられます。そのほかにもメールマガジンを送ったときに、コピーを特定のメールアドレスに送れます。除外指定もできるため、上司から来たメールは転送を行わないようにするといった対応も可能です。気を付けておきたいのは、[仕分けルール] はOutlookが起動しているときのみ動作するということです。Outlookが起動し、メールがパソコンに配信されたときに振り分けが実行されます。なお、クラウドサービス側でも [仕分けルール] を作成することができます。この場合はOutlookの起動時ではなくクラウドにメールが到着した時点で振り分けされます。

➡仕分けルール……P.310
➡クラウド……P.310

ワザ211を参考に、[仕分けルールの作成] ダイアログボックスを表示しておく

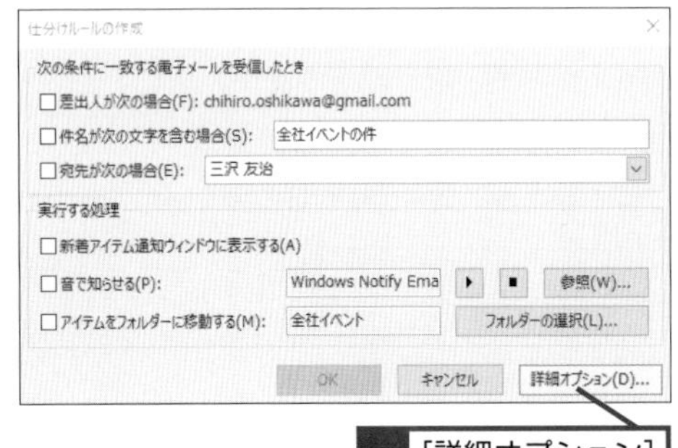

1 [詳細オプション] をクリック

[自動仕分けウィザード] ダイアログボックスが表示された

ここでは件名か本文に「全社イベントの件」または「ケータリング」が含まれているメールを「全社イベント」フォルダーに移動する

2 [[件名] が本文に (文字列) が含まれる場合] をクリックしてチェックマークを付ける

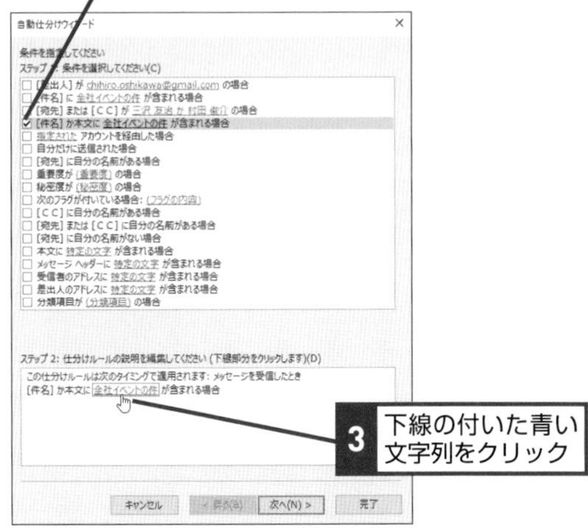

3 下線の付いた青い文字列をクリック

[文字の指定] ダイアログボックスが表示された

4 追加する文字列を追加

5 [追加] をクリック

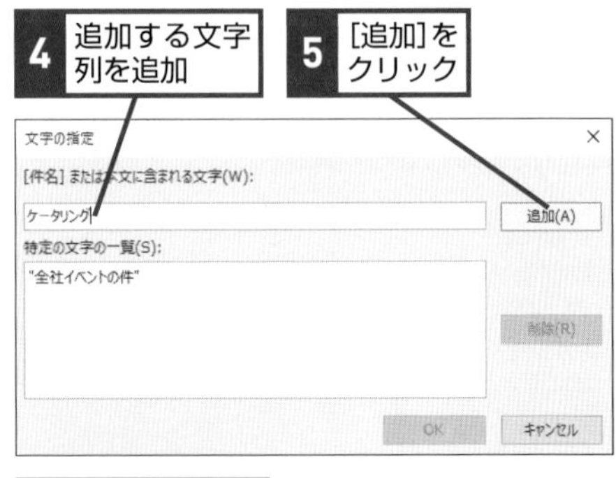

条件が追加された

6 [OK] をクリック

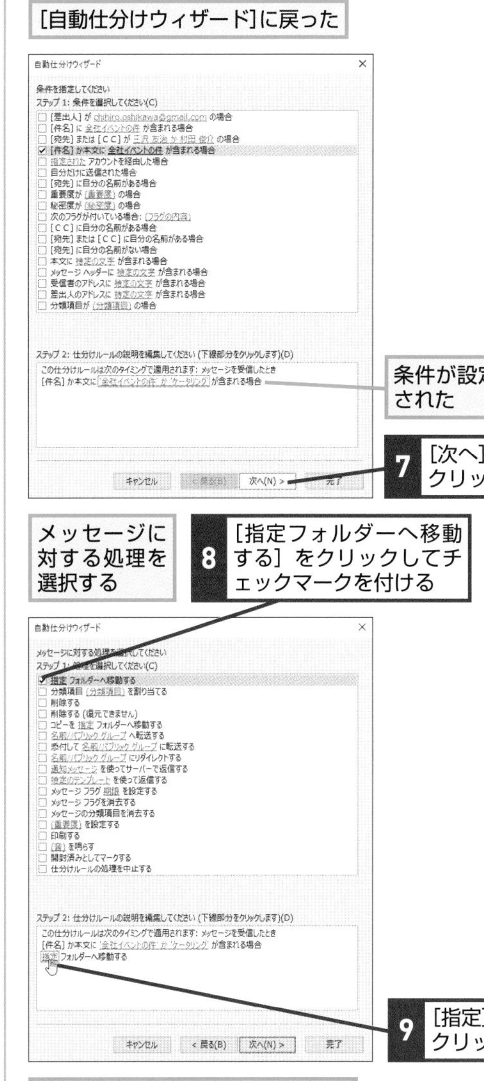

[仕分けルールと通知］ダイアログボックスが表示された

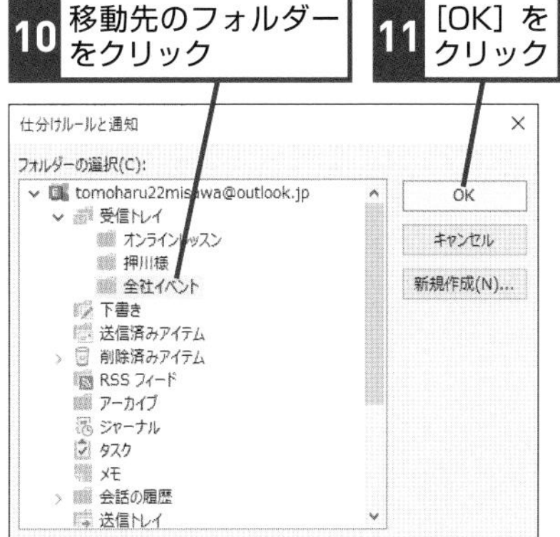

[自動仕分けウィザード]に戻った

条件が設定された

12 [次へ]をクリック

例外条件を設定する画面が表示された

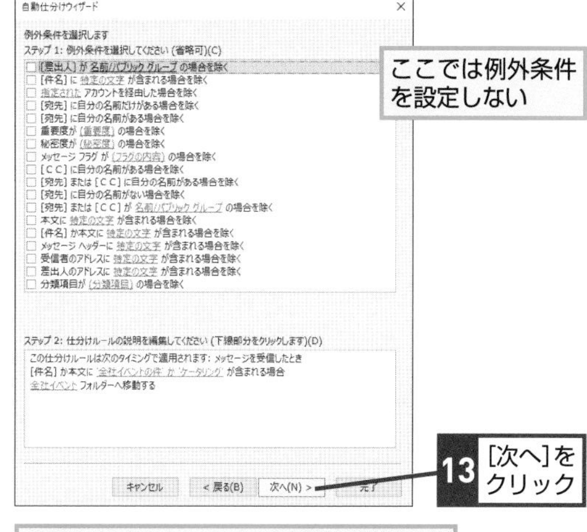

受信トレイのメールとこれから受信するメールに仕分けルールが設定される

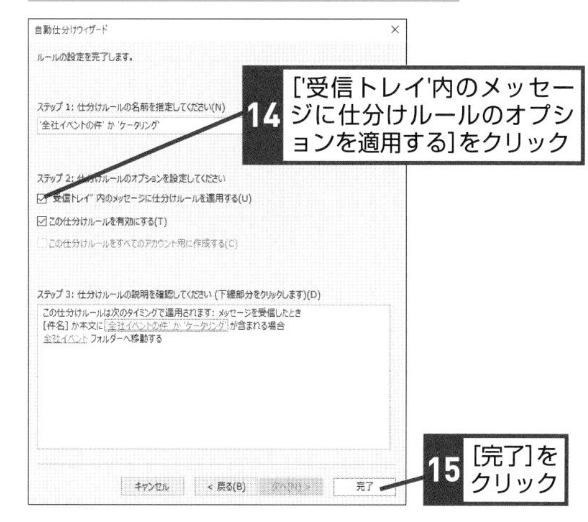

Q217 365 2019 2016 2013 お役立ち度 ★★

仕分けルールを後から変更するには

A 自動仕分けウィザードで設定を変更します

［仕分けルール］を変更するときは以下手順で操作します。複数の［仕分けルール］がある場合、優先順位の高いものから仕分けられるため、優先順位も意識しましょう。この画面の上部に行くに従い優先順位が高くなります。上下ボタンをクリックすることで優先順位を変更できます。

➡仕分けルール……P.310

1 ［ホーム］タブをクリック

2 ［ルール］をクリック

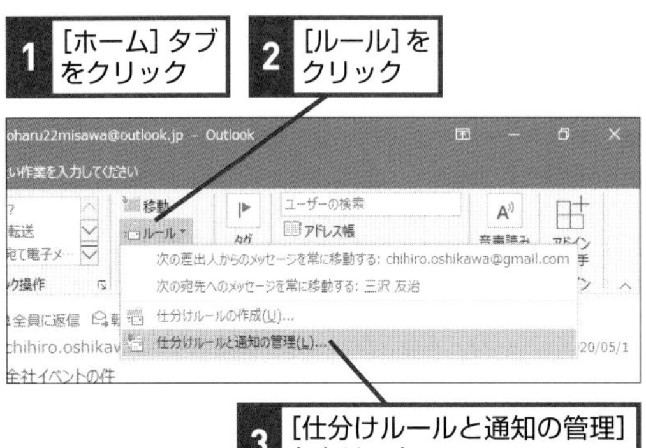

3 ［仕分けルールと通知の管理］をクリック

［仕分けルールと通知］ダイアログボックスが表示された

4 設定を変更する仕分けルールをクリック

5 ［仕分けルールの変更］をクリック

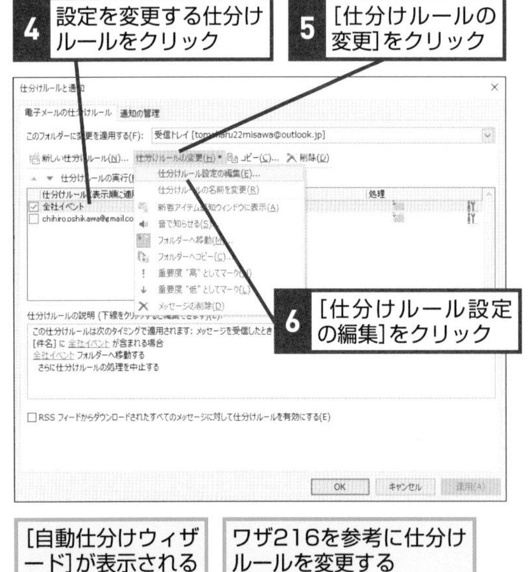

6 ［仕分けルール設定の編集］をクリック

［自動仕分けウィザード］が表示される

ワザ216を参考に仕分けルールを変更する

Q218 365 2019 2016 2013 お役立ち度 ★★

仕分けルールをバックアップしておきたい

A 仕分けルールはエクスポートして保存できます

［仕分けルール］を別のパソコンにコピーすると複数のパソコンで同じ仕分けを行えます。エクスポートした［仕分けルール］は同画面の［仕分けルールをインポート］ボタンで取り込めます。

ワザ217を参考に［仕分けルールと通知］ダイアログボックスを表示しておく

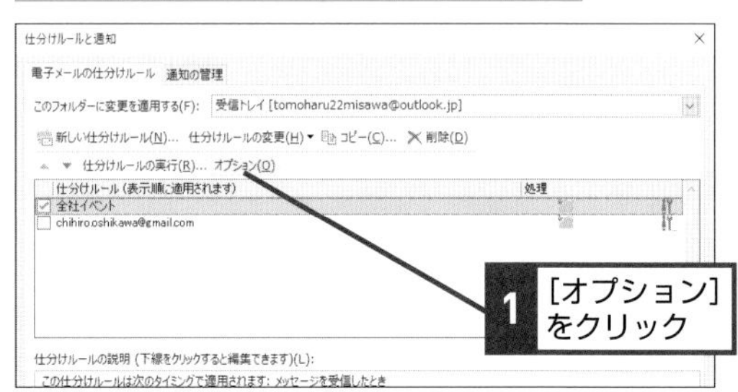

1 ［オプション］をクリック

［オプション］ダイアログボックスが表示された

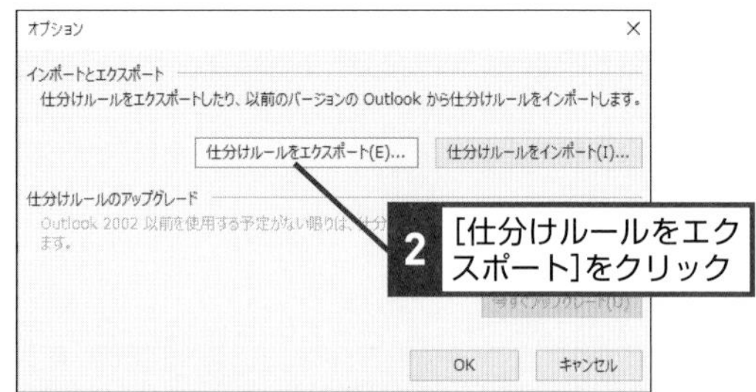

2 ［仕分けルールをエクスポート］をクリック

［エクスポートした仕分けルールを名前を付けて保存］ダイアログボックスが表示された

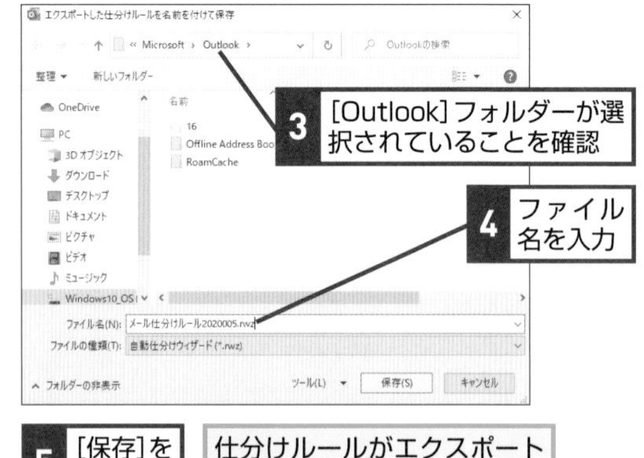

3 ［Outlook］フォルダーが選択されていることを確認

4 ファイル名を入力

5 ［保存］をクリック

仕分けルールがエクスポートされる

メールをカテゴリー分類する

カテゴリーで分類すると1つのメールに複数のカテゴリーを紐付けられます。カテゴリーを使ってうまくメールを整理していきましょう。

Q219 365 2019 2016 2013

お役立ち度 ★★★

メールを種類別に分類したい

A 色分類項目を使用します

メールを色付けして分類すると、どの分類なのか見た目で判断しやすくなります。また、[分類項目] は複数の分類を1つのメールに設定することもできます。さらに [分類項目] を利用した検索も行えるため、[検索フォルダー] と組み合わせて利用すると効果的です。なお [分類項目] はOutlook.com、Microsoft Exchangeでのみ利用可能です。

➡Outlook.com……P.307

カテゴリー分類するメールを表示しておく

1 [ホーム] タブをクリック

2 [タグ] をクリック

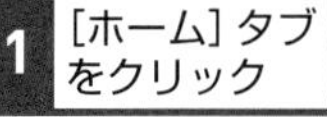

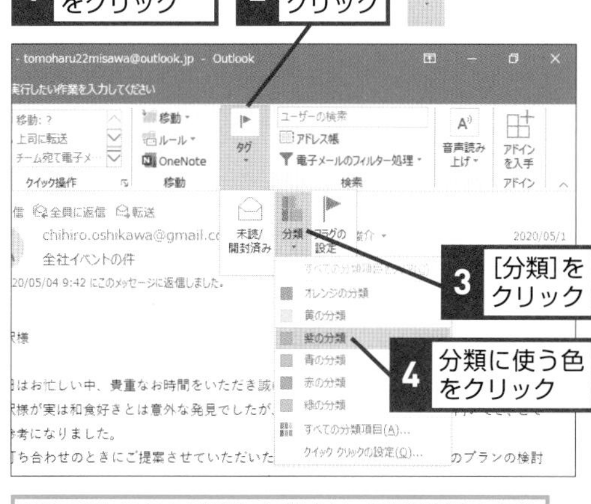

3 [分類] をクリック

4 分類に使う色をクリック

初めて使う色を選択した場合は [分類項目の名前の変更] ダイアログボックスが表示される

[分類項目の名前の変更] ダイアログボックスが表示された

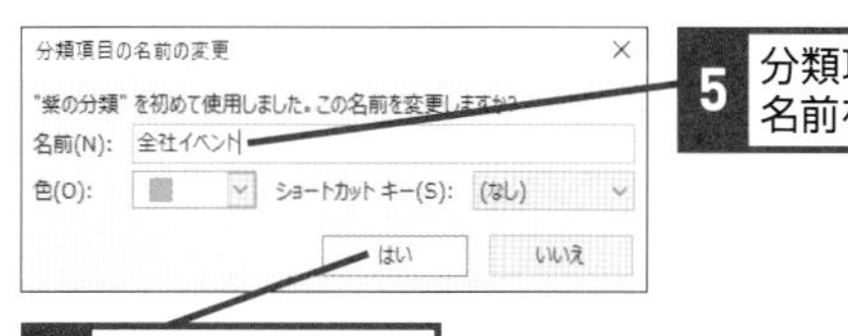

5 分類項目の名前を入力

6 [はい] をクリック

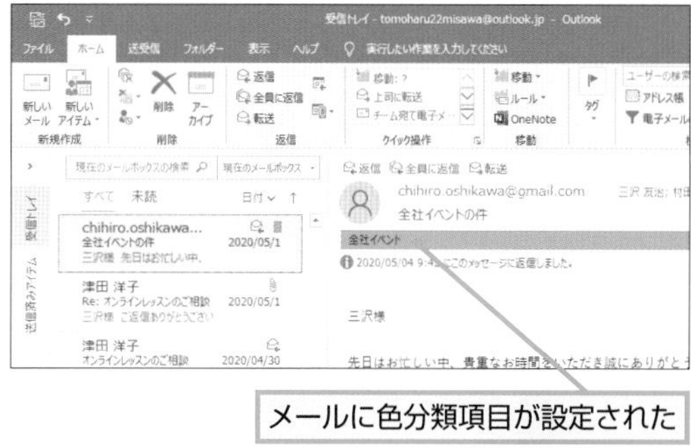

メールに色分類項目が設定された

7 [タグ] をクリック

8 [分類] をクリック

入力したカテゴリー名が表示された

関連 Q220 メールの分類項目を増やしたい……P.150

関連 Q222 分類項目を削除したい……P.151

メールの分類項目を増やしたい

A ［色分類項目］の画面で新規作成します

［分類項目］は最初は6種類の色のみですが、足りなければ追加できます。［分類項目］で設定できる色は25色あり、同じ色を複数回利用することも可能です。ただし同じ名前は使えません。［分類項目］の名前はメールを開いたときにタグとして表示されるので、分かりやすい名前を付けておきましょう。

分類項目を設定するメールを表示しておく

1 ［ホーム］タブをクリック

2 ［タグ］をクリック

3 ［分類］をクリック

4 ［すべての分類項目］をクリック

［色分類項目］ダイアログボックスが表示された

5 ［新規作成］をクリック

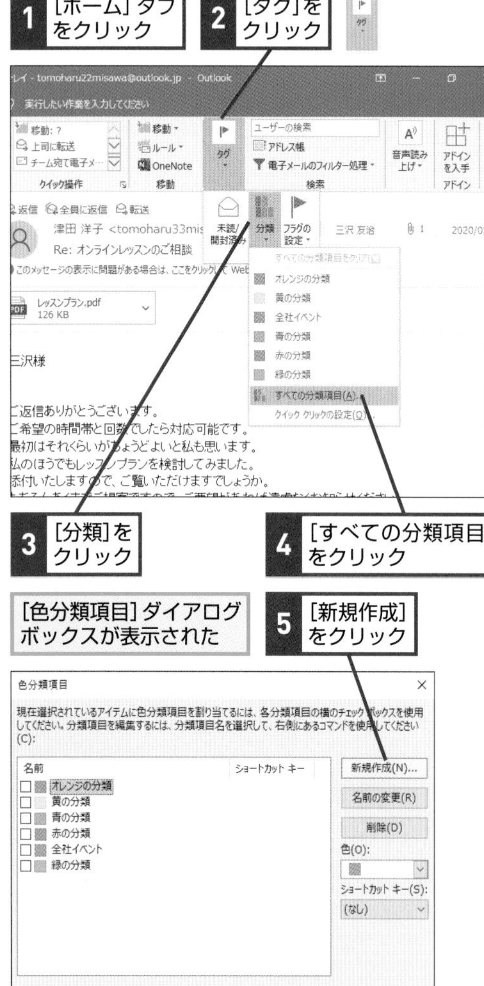

［新しい分類項目の追加］ダイアログボックスが表示された

6 分類項目の名前を入力

7 ここをクリックして色を選択

8 ［OK］をクリック

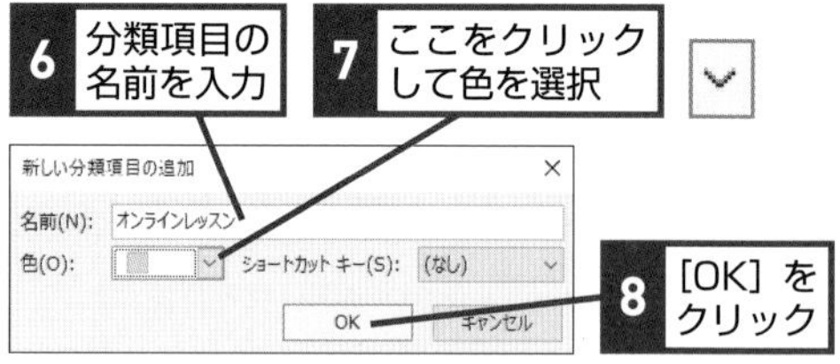

［色分類項目］ダイアログボックスに戻った

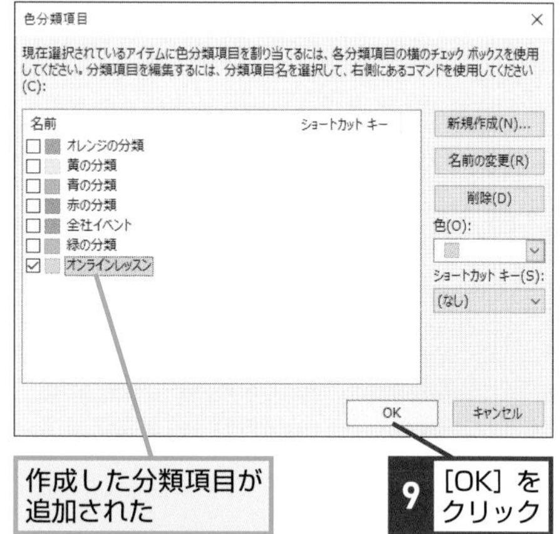

作成した分類項目が追加された

9 ［OK］をクリック

メールに分類のタグが設定された

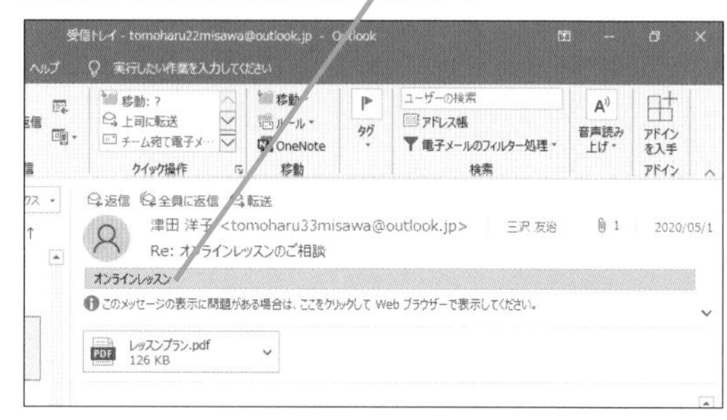

関連 Q221 メールの分類を後から変更するには …………… P.151

関連 Q222 分類項目を削除したい …………… P.151

Q221 365 2019 2016 2013 お役立ち度 ★★★

メールの分類を後から変更するには

A [色分類項目] ダイアログボックスで設定し直します

メールの［分類項目］を変更するには以下の手順で操作してください。変更した［分類項目］を設定してあるメールにもこの変更は反映されます。

➡分類項目……P.312

分類項目を変更するメールを選択しておく

1 [ホーム] タブをクリック

2 [タグ]をクリック

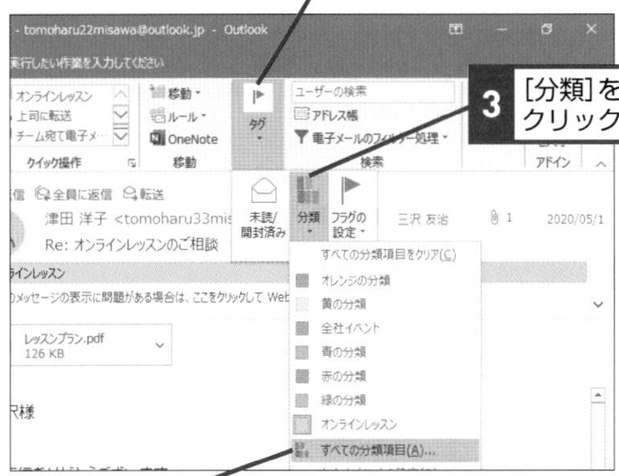

3 [分類] をクリック

4 [すべての分類項目] をクリック

[色分類項目] ダイアログボックスが表示された

ここでは分類項目の色を変更する

5 ここをクリックして設定する色を選択

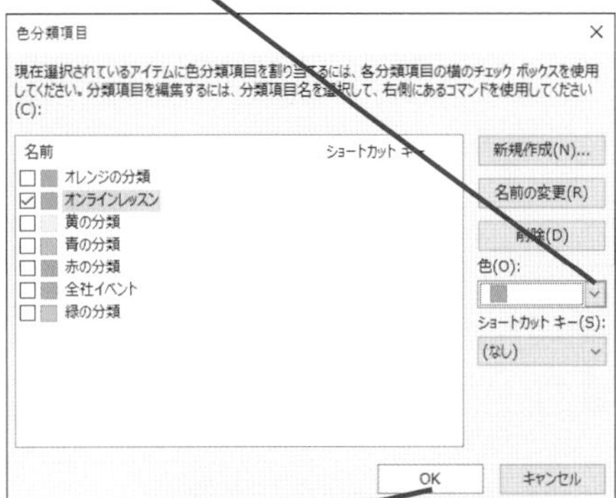

6 [OK] をクリック

分類項目の色が変更される

Q222 365 2019 2016 2013 お役立ち度 ★★★

分類項目を削除したい

A [色分類項目] 画面で削除します

［分類項目］を削除しても設定済みのメールには影響がありません。［分類項目］から削除され、［色分類項目］画面で［分類項目マスターにない］という名前が自動で入力されます。

ワザ220を参考に [色分類項目] ダイアログボックスを表示しておく

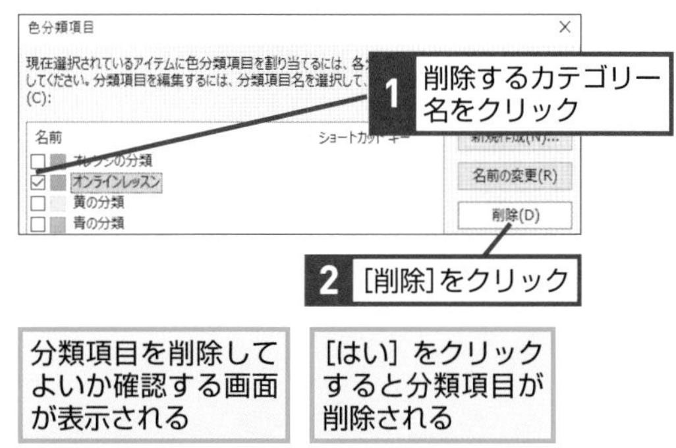

1 削除するカテゴリー名をクリック

2 [削除]をクリック

分類項目を削除してよいか確認する画面が表示される

[はい] をクリックすると分類項目が削除される

Q223 365 2019 2016 2013 お役立ち度 ★★★

ショートカットキーで分類分けできるようにしたい

A [色分類項目] 画面で設定します

［分類項目］にショートカットキーを設定しておくとキーボードから設定が行えます。Ctrl＋F2キーからF12キーまで割り当て可能です。

ワザ220を参考に [色分類項目] ダイアログボックスを表示しておく

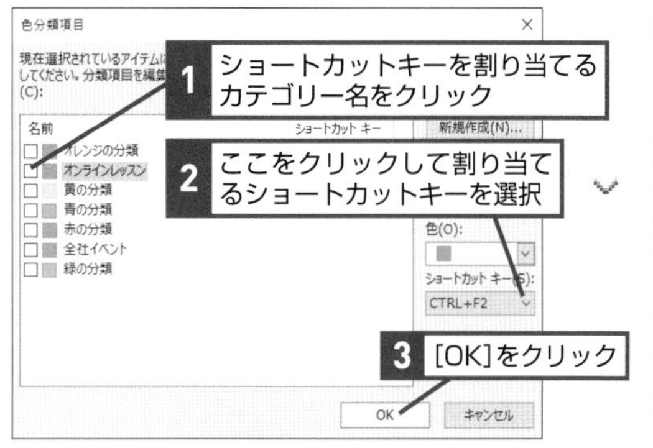

1 ショートカットキーを割り当てるカテゴリー名をクリック

2 ここをクリックして割り当てるショートカットキーを選択

3 [OK]をクリック

Q224 365 2019 2016 2013 お役立ち度 ★★★

対応が必要なメールに期限を設定したい

A メールにフラグを設定します

メールに［フラグ］を設定すると期限に近くなったときにアラームが鳴ります。また、タスク画面の［To Doバーのタスクリスト］にも表示されるため、期限忘れも防止できます。

●ビューから設定する

ここでは期限を明日に設定する

1 メールのここを右クリック

2 ［明日］をクリック

●リボンから設定する

期限を設定するメールを表示しておく

1 ［ホーム］タブをクリック

2 ［タグ］をクリック

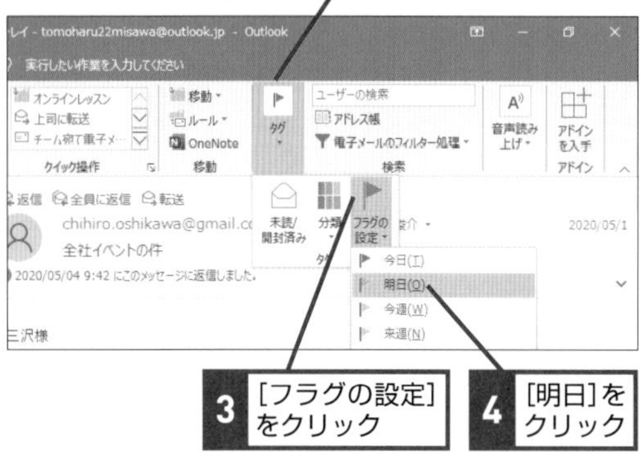

3 ［フラグの設定］をクリック

4 ［明日］をクリック

メールにフラグが設定される

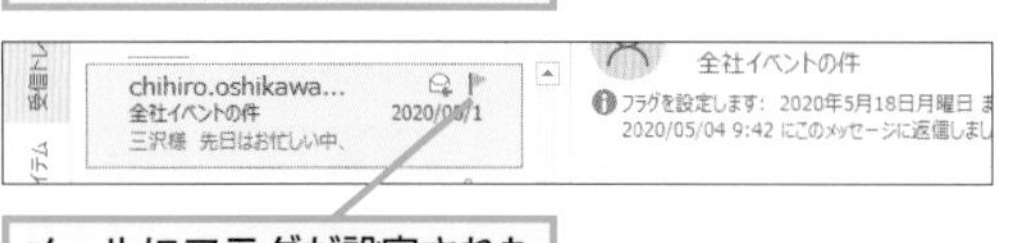

メールにフラグが設定された

Q225 365 2019 2016 2013 お役立ち度 ★★

設定したフラグを完了済みにしたい

A ビューかリボンからフラグの進捗状況を変更します

作業が完了したらフラグを［完了済み］にしておきましょう。完了済みのタスクは通知が行われなくなり、［To Doバーのタスクリスト］から表示されなくなります。［To Doバーのタスクリスト］でも完了済みにできます。

➡タスクリスト……P.311

●ビューから操作する

1 フラグが設定されたメールのここをクリック

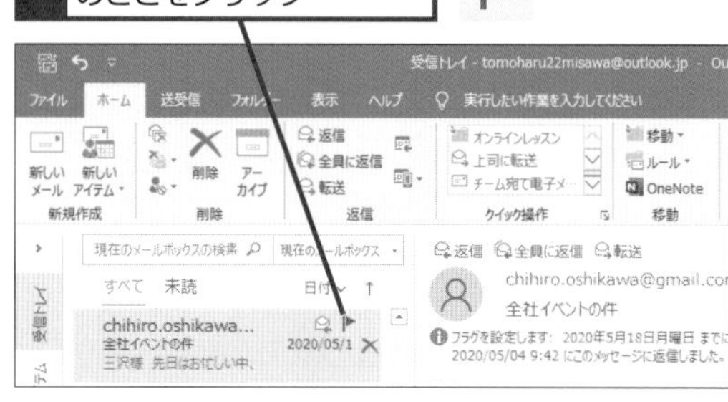

●リボンから操作する

期限を設定するメールを表示しておく

1 ［ホーム］タブをクリック

2 ［タグ］をクリック

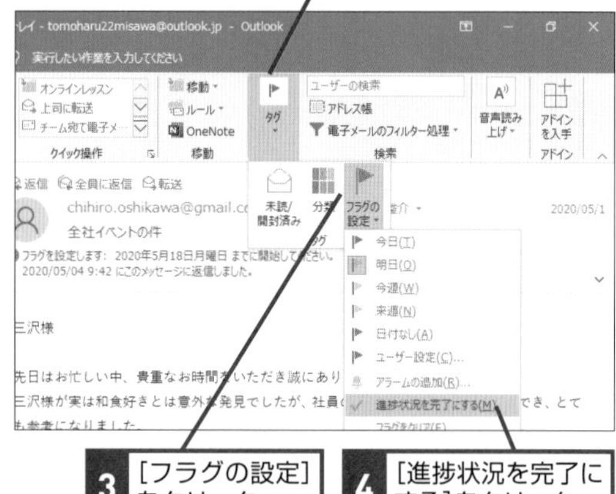

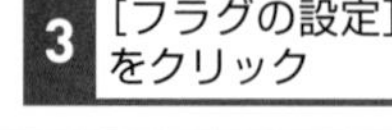

3 ［フラグの設定］をクリック

4 ［進捗状況を完了にする］をクリック

フラグの進捗が完了済みに設定された

Q226 365 2019 2016 2013 お役立ち度 ★★

設定したフラグを解除するには

A [タグ] で [フラグのクリア] をクリックします

間違えて [フラグ] を設定したときはクリアにしましょう。ワザ225のビューからの操作でフラグを[完了済み]とした場合は作業完了の状態となるため、クリアにはなりません。作業の完了とフラグの解除の違いは完了状態を残すかどうかです。後からタスクを見返すためにも、完了とクリアは使い分けましょう。

➡フラグ……P.312

フラグを解除するメールを表示しておく

1 [ホーム] タブをクリック

2 [タグ]をクリック

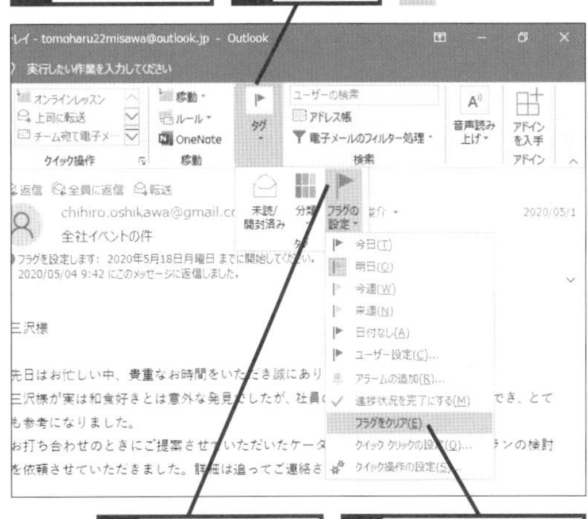

3 [フラグの設定]をクリック

4 [フラグをクリア]をクリック

メールからフラグが解除された

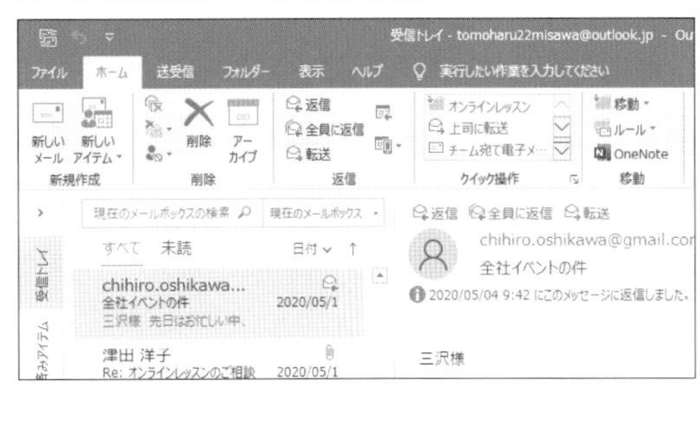

関連 Q124 メールの重要度を設定するには……P.93

Q227 365 2019 2016 2013 お役立ち度 ★★★

クリックで設定されるフラグの期限を変更したい

A クイッククリックの設定を変更します

[クイッククリック] とは、メールにマウスポインターを合わせると右側に表示されるフラグのアイコンです。フラグのアイコンをクリックするだけで、メールをタスク化できます。[クイッククリック] の初期設定は最初のクリックで当日期限のフラグが設定され、もう一度押すとタスクの完了となります。タスクの大半が1週間の期限となるようであれば、[クイッククリック] の期限を1週間に変更しておくと使いやすくなるでしょう。

1 [ホーム] タブをクリック

2 [タグ]をクリック

3 [フラグの設定]をクリック

4 [クイッククリックの設定]をクリック

[クイッククリックの設定] ダイアログボックスが表示された

ここではクイッククリックの設定を明日に変更する

5 ここをクリックして[明日]をクリック

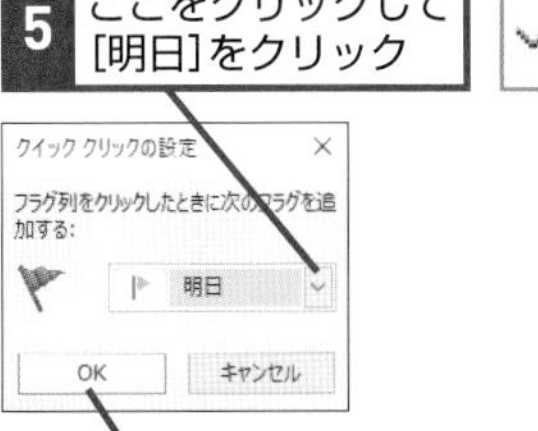

6 [OK] をクリック

クリックで設定されるフラグの期限が明日に変更される

迷惑メールの設定

インターネットに流れるメールの75%は迷惑メールと言われています。迷惑メールを選別することで、必要なメールのみを確認できます。より安全にメールを使うために設定を覚えましょう。

Q228 365 2019 2016 2013 お役立ち度 ★★★

迷惑メールを設定するには

A 迷惑メールの処理レベルを設定します

「迷惑メール」とはメールを受信した人が望んで受信していないメール、いわゆるスパムメールやウイルスメールを指します。この設定を行うと迷惑メールであることが明らかなメールは、[迷惑メール] フォルダーに振り分けられます。

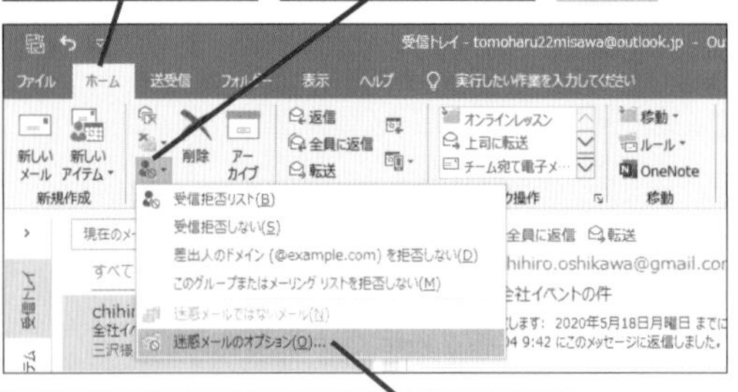

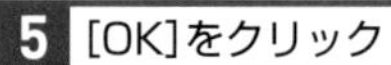

[迷惑メールのオプション] ダイアログボックスが表示された

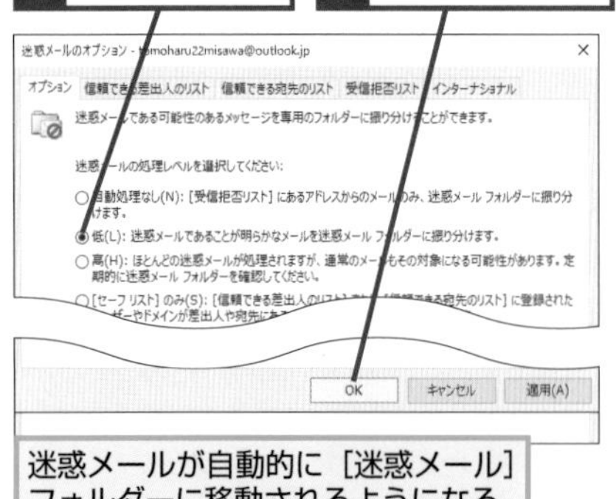

迷惑メールが自動的に [迷惑メール] フォルダーに移動されるようになる

Q229 365 2019 2016 2013 お役立ち度 ★★

迷惑メールの振り分けがうまく動いていない！

A 迷惑メールの処理レベルを変更します

ワザ228の [迷惑メールのオプション] 画面で [高] にすると通常のメールも迷惑メールとして扱われることがあります。これらのメールは [迷惑メール] フォルダーに30日間保存されたのちに削除されるので、[高] に設定したときは時折このフォルダーを見て間違えていないか確認しましょう。

Q230 365 2019 2016 2013 お役立ち度 ★★

迷惑メールを確認するには

A [迷惑メール] フォルダーを表示します

フォルダーウィンドウで [迷惑メール] フォルダーをクリックすると、迷惑メールが確認できます。迷惑メールに振り分けられたメールは[迷惑メール]フォルダーに格納され、30日後に自動的に削除されます。このフォルダーに格納されるメールはスクリプトのようなプログラムが含まれるファイルが添付されている場合など、この時点では迷惑メールと"思われる"メールであり実際には問題ないメールの場合もあります。メールの差出人などを確認し、問題がなかったメールは、ビューでメールを右クリックし、メニューから [迷惑メール] にマウスポインターを合わせ、[迷惑メールではないメール] をクリックしましょう。このメールは[受信トレイ]に移動します。なお、[迷惑メール]フォルダー内では、安全のために本文内にあるWebページのURLなど、外部サイトへのリンクが無効となります。

関連 Q236 受け取りたいメールが迷惑メールに振り分けられた！ ……… P.157

Q231 365 2019 2016 2013 お役立ち度 ★★★

特定のアドレスを迷惑メールに設定するには

A 受信拒否リストにアドレスを追加します

迷惑メールと分かっているメールアドレスは強制的に迷惑メールに振り分けましょう。メールアドレスの「@」以降のドメイン部分（メールドメイン）を指定すればドメイン単位でも迷惑メールに振り分けられます。

●メールの差出人を受信拒否リストに追加する

迷惑メールに設定するメールを選択しておく

1 ［迷惑メール］をクリック

2 ［受信拒否リスト］をクリック

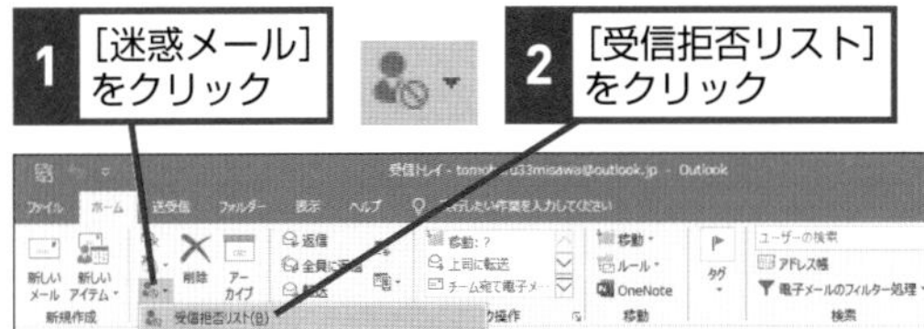

差出人のアドレスが受信拒否リストに追加されたことを確認する画面が表示される

3 ［OK］をクリック

●メールアドレスを直接指定する

ワザ228を参考に、［迷惑メールのオプション］ダイアログボックスを表示しておく

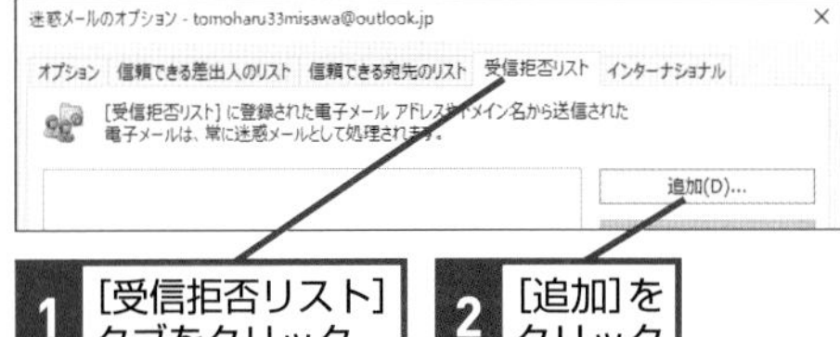

1 ［受信拒否リスト］タブをクリック

2 ［追加］をクリック

［アドレスまたはドメインの追加］ダイアログボックスが表示された

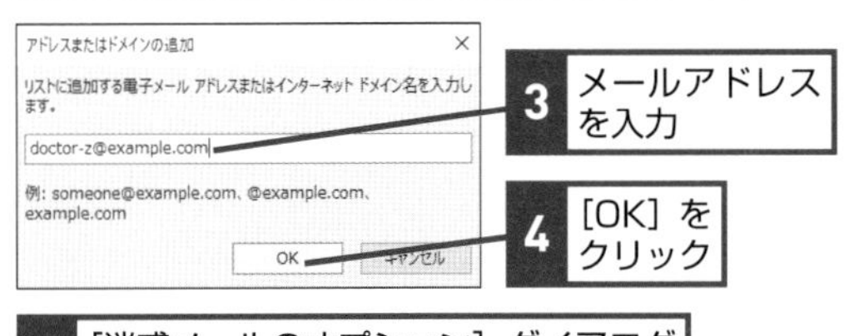

3 メールアドレスを入力

4 ［OK］をクリック

5 ［迷惑メールのオプション］ダイアログボックスの［OK］をクリック

メールアドレスが受信拒否リストに追加される

Q232 365 2019 2016 2013 お役立ち度 ★★

外国から送られてくるメールを迷惑メールにしたい

A ブロックするトップレベルドメインリストを編集します

メールアドレスやWebサイトのURLの末尾にある「.com」や「.jp」などを「トップレベルドメイン」と呼びます。「トップレベルドメイン」の中で、「.jp」や「.kr」など2文字のものは「国別コードトップレベルドメイン」と呼び、国や地域別にドメインが割り当てられています。この仕組みを利用して、Outlookでは特定の国からのメールを区別し迷惑メールにできるのです。

ワザ228を参考に、［迷惑メールのオプション］ダイアログボックスを表示しておく

1 ［インターナショナル］タブをクリック

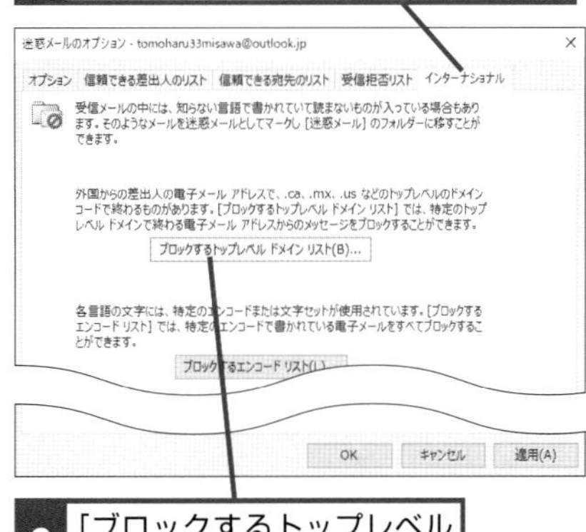

2 ［ブロックするトップレベルドメインリスト］をクリック

［ブロックするトップレベルドメインリスト］ダイアログボックスが表示された

3 ブロックする国や地域をクリックしてチェックマークを付ける

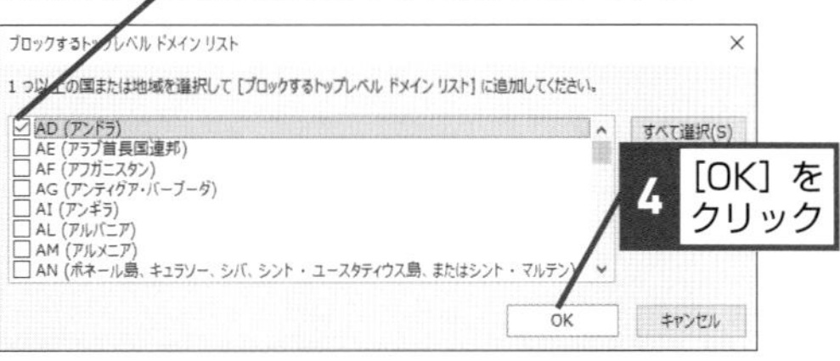

4 ［OK］をクリック

5 ［迷惑メールのオプション］ダイアログボックスの［OK］をクリック

特定のトップレベルドメインからのメールがブロックされるようになる

Q233 365 2019 2016 2013 お役立ち度 ★★★

言語によって迷惑メールを設定するには

A ブロックするエンコードリストを編集します

「エンコード」とはパソコンで扱うデータを日本語や英語に変換するための約束事です。言語によって異なる約束事を設けているため、この約束事を利用して特定の言語のメールを区別し、迷惑メールに設定できます。

➡迷惑メール……P.313

ワザ228を参考に、[迷惑メールのオプション]ダイアログボックスを表示しておく

1 [インターナショナル]タブをクリック

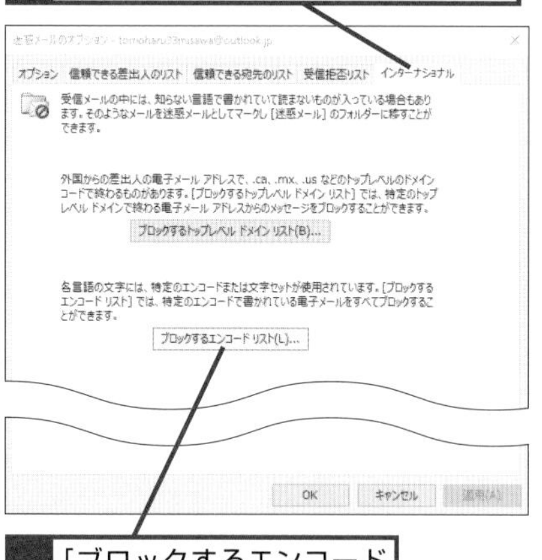

2 [ブロックするエンコードリスト]をクリック

[ブロックするエンコードリスト] ダイアログボックスが表示された

3 ブロックするエンコードをクリックしてチェックマークを付ける

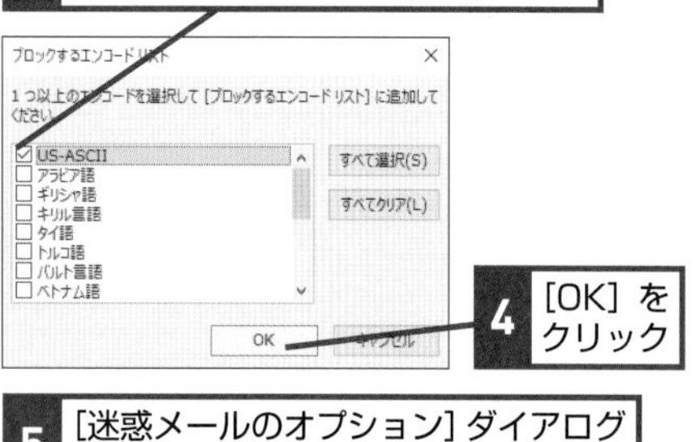

4 [OK] をクリック

5 [迷惑メールのオプション] ダイアログボックスの[OK]をクリック

追加したエンコードのメールをブロックするようになった

Q234 365 2019 2016 2013 お役立ち度 ★★★

迷惑メールに設定されないようにしたい

A 信頼できる差出人のリストを編集します

迷惑メールではないことが明確である場合はこの手順でメールアドレスを追加しましょう。特定の組織やユーザーを設定しておくことで誤検知を減らせます。[信頼できる差出人リスト] からのメールは優先され、設定後に送付されるメールはすべて [優先受信トレイ] に格納されます

➡優先受信トレイ……P.313

ワザ228を参考に、[迷惑メールのオプション] ダイアログボックスを表示しておく

1 [信頼できる差出人のリスト]タブをクリック

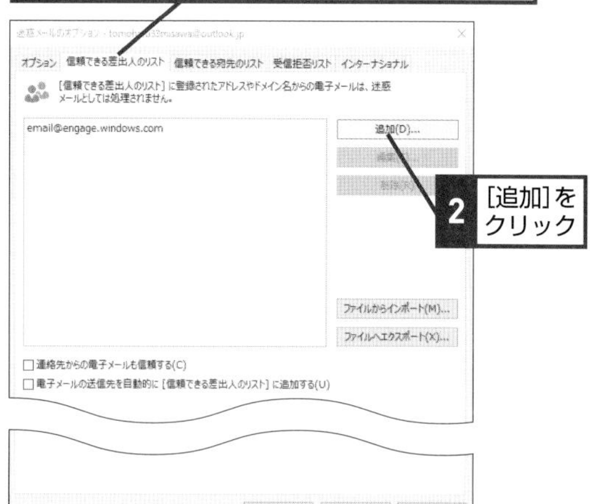

2 [追加]をクリック

[アドレスまたはドメインの追加] ダイアログボックスが表示された

3 メールアドレスまたはドメイン名を入力

4 [OK] をクリック

5 [迷惑メールのオプション] ダイアログボックスの[OK]をクリック

追加したアドレスまたはドメインからのメールが信頼されるようになった

Q235 365 2019 2016 2013 お役立ち度 ★★★

迷惑メールに設定したアドレスを確認するには

A 受信拒否リストで一覧を確認します

このリストに登録されたメールアドレスやドメインからのメールは迷惑メールとして処理されます。迷惑メールが来なくなった場合や、間違えて設定してしまったときはリストから削除すると、設定を解除できます。同様に［信頼できる差出人リスト］や［信頼できる宛先リスト］も削除ができるので時折整理しておくとよいでしょう。

関連 Q232 外国から送られてくるメールを迷惑メールにしたい……… P.155

ワザ228を参考に、[迷惑メールのオプション]ダイアログボックスを表示しておく

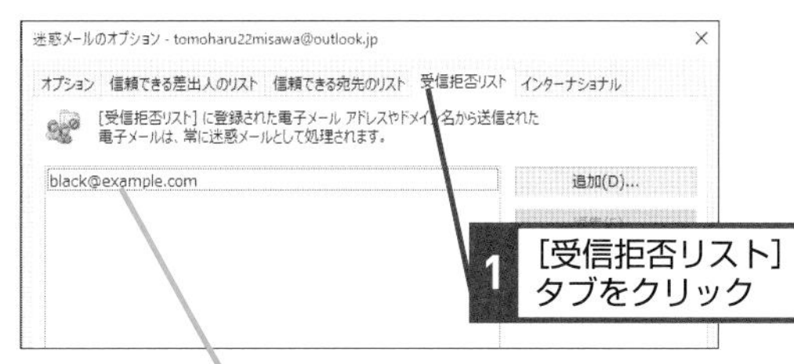

1 [受信拒否リスト]タブをクリック

迷惑メールに設定されているメールアドレスが表示された

Q236 365 2019 2016 2013 お役立ち度 ★★★

受け取りたいメールが迷惑メールに振り分けられた！

A 迷惑メールではないメールとしてマークします

迷惑メールの振り分けは、アドレス指定を行わない限り自動的に行われます。この振り分けで誤検知が発生した場合、メールアドレスを指定して振り分けされないように設定しておきましょう。

ワザ193を参考にフォルダーウィンドウを表示しておく

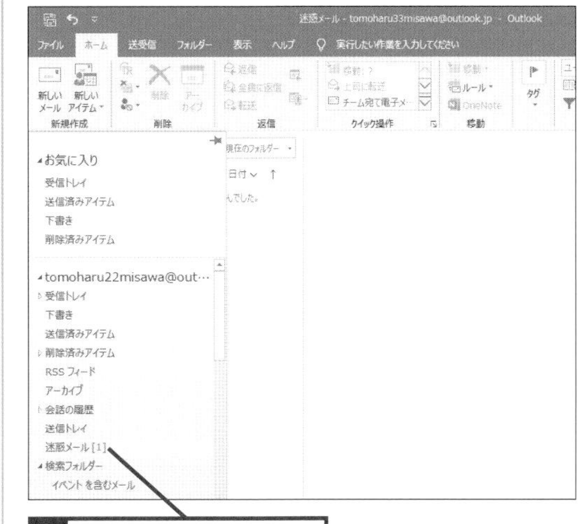

1 [迷惑メール]をクリック

2 受信トレイに戻すメールをクリック

3 [迷惑メール]をクリック

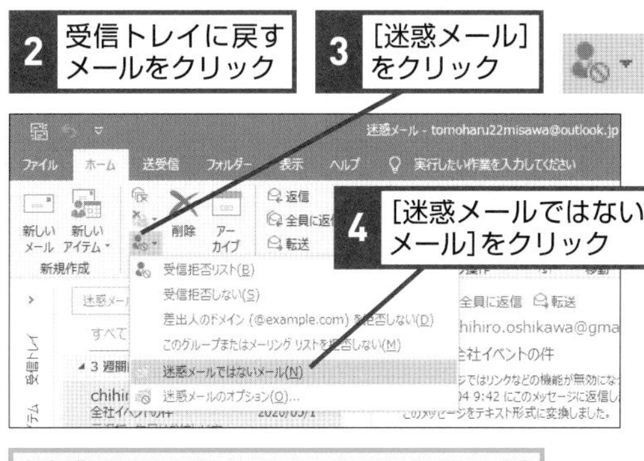

4 [迷惑メールではないメール]をクリック

[迷惑メールではないメールとしてマーク]ダイアログボックスが表示された

5 ["(メールアドレス)"からの電子メールを常に信頼する]にチェックマークが付いていることを確認

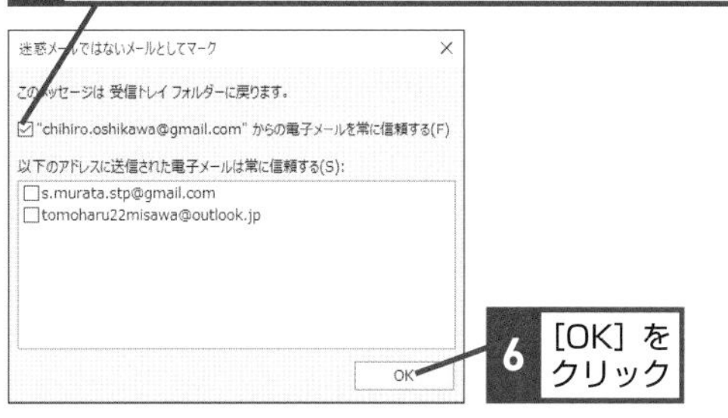

6 [OK] をクリック

メールが受信トレイに移動され、同じ送信元からのメールが信頼されるようになる

Q237 365 2019 2016 2013 お役立ち度 ★★★

信頼できるあて先のデータをバックアップしておきたい

A テキストファイルとしてエクスポートできます

バックアップを取得しておけば、Outlookを複数のパソコンで利用している場合に、[信頼できる差出人リスト] や [受信拒否リスト] をパソコン間で共有できます。バックアップから復元する方法は、ワザ238で紹介しています。

ワザ228を参考に、[迷惑メールのオプション] ダイアログボックスを表示しておく

1 [信頼できる差出人のリスト]タブをクリック

2 [ファイルへエクスポート]をクリック

[信頼できる差出人のリストのエクスポート] ダイアログボックスが表示された

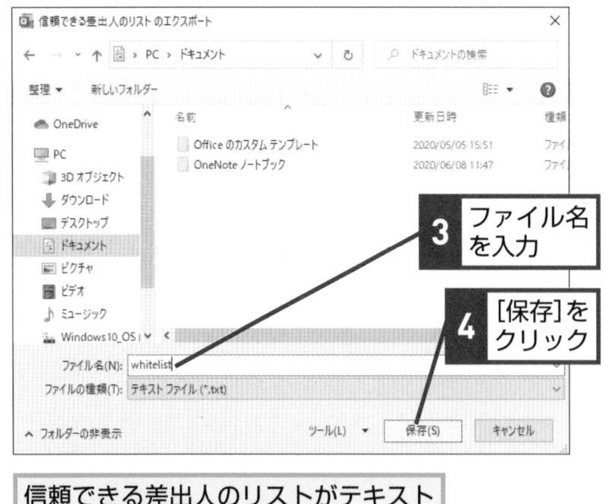

3 ファイル名を入力

4 [保存]をクリック

信頼できる差出人のリストがテキストファイルとして保存される

Q238 365 2019 2016 2013 お役立ち度 ★★★

信頼できるあて先をまとめて登録するには

A テキストファイルからインポートできます

信頼できる差出人や、受信拒否リストをインポートすることでまとめて登録できます。取り込み可能なファイルはテキスト形式のファイルのみです。

テキストファイルに信頼できる差出人のリストに追加したいメールアドレスを記載しておく

ワザ228を参考に、[迷惑メールのオプション] ダイアログボックスを表示しておく

1 [信頼できる差し出し人のリスト]タブをクリック

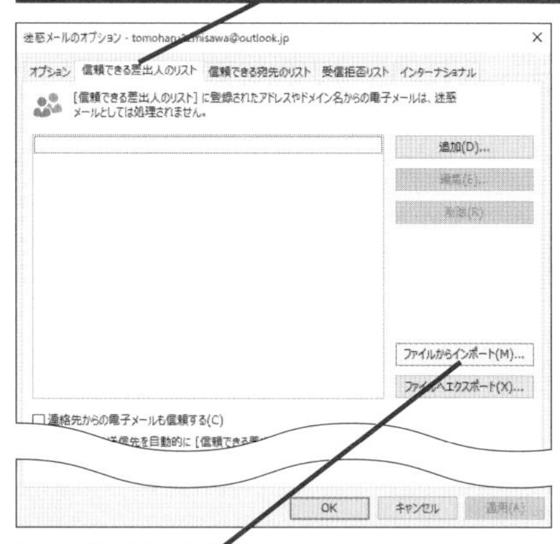

2 [ファイルからインポート]をクリック

[信頼できる差出人のリストのインポート] ダイアログボックスが表示された

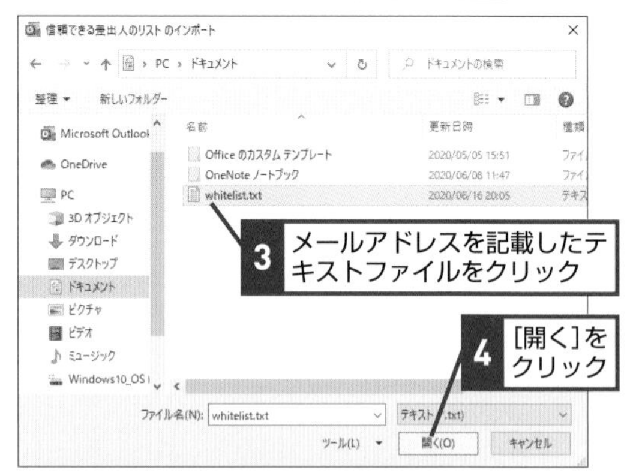

3 メールアドレスを記載したテキストファイルをクリック

4 [開く]をクリック

メールアドレスが [信頼する差出人のリスト]に追加される

メールのトラブルを解決するワザ

機能豊富なOutlookでもトラブルが発生することもあります。ここではよく起こる問題を解消する方法を紹介します。

Q239 365 2019 2016 2013

お役立ち度 ★★★

表示が英語になってしまった！

A コマンドでフォルダー名をリセットします

メールサービスやOSの設定によってはフォルダーの表記が英語になってしまうことがあります。この操作をそのまま実行しても変化がない場合、OSとOfficeの言語設定を日本語にした状態で、このコマンドを実行してください。

1 検索ボックスをクリック

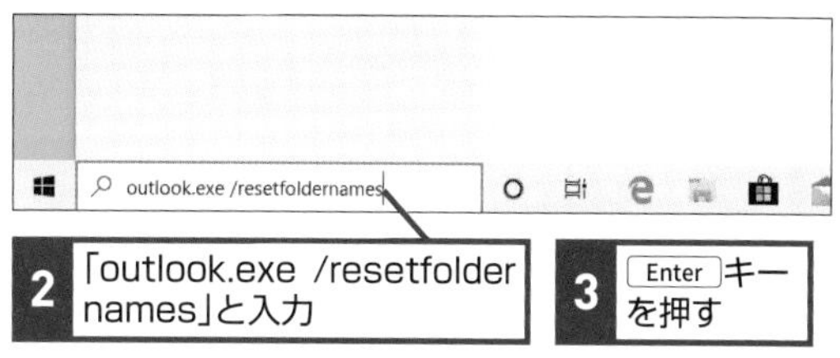

2 「outlook.exe /resetfolder names」と入力

3 Enter キーを押す

Q240 365 2019 2016 2013

お役立ち度 ★★

メールが文字化けしてしまった！

A メールのエンコードを変更します

メールの文字化けとは、日本語や英語ではなく、よく分からない文字で表示された状態を指します。大抵の場合はOutlookが日本語の判定を間違えた結果起きているものと考えられます。[日本語（自動選択）]を選んでもうまくいかない場合、[日本語（EUC）]や[日本語（シフトJIS）]、[Unicode（UTF-8）]なども試してみましょう。エンコードの意味についてはワザ233を参照してください。

ワザ063を参考に、文字化けしたメールを別ウィンドウで表示しておく

1 [メッセージ]タブをクリック

2 [その他の移動アクション]をクリック

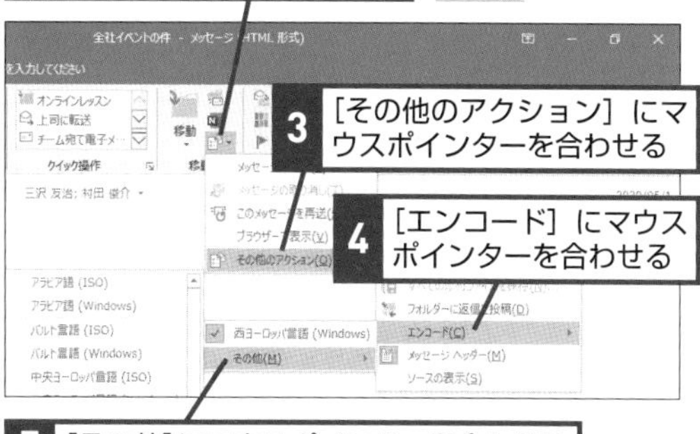

3 [その他のアクション]にマウスポインターを合わせる

4 [エンコード]にマウスポインターを合わせる

5 [その他]にマウスポインターを合わせる

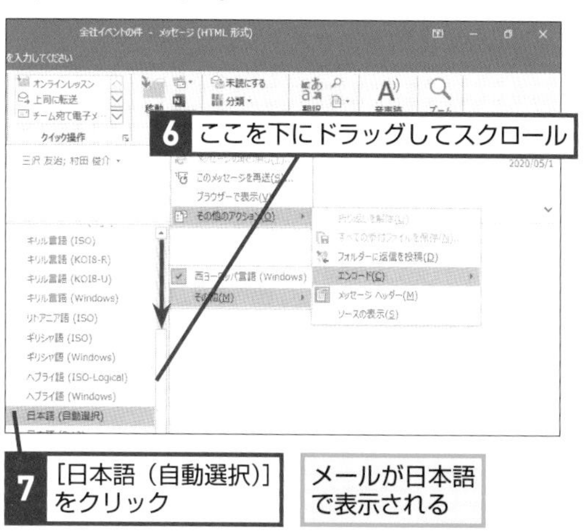

6 ここを下にドラッグしてスクロール

7 [日本語（自動選択）]をクリック

メールが日本語で表示される

Q241 365 2019 2016 2013 お役立ち度 ★★★

確認したいメールがなかなか見つけられない！

A [高度な検索] を使用します

メールサービスによっては100GBものメールを格納できるものもあり、大量にあるメールの中から目視で目的のメールを探し出すのは至難の業です。うまくメールを見つけられないときは、[高度な検索] を試してみましょう。[高度な検索] では、さまざまな条件を組み合わせてメールを探せます。

1 検索ボックスをクリック

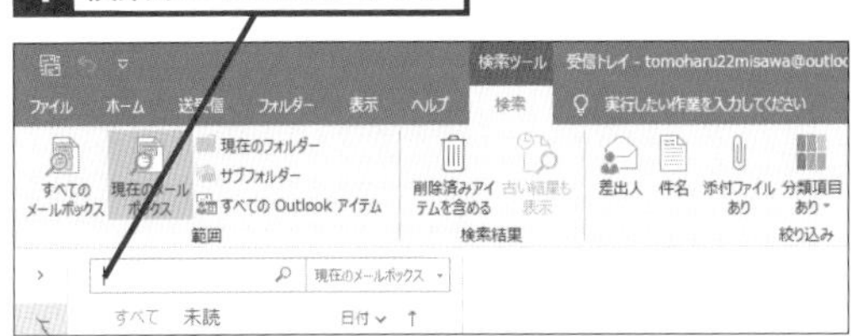

[検索ツール]の[検索]タブが表示された

2 [オプション] をクリック

3 [検索ツール] をクリック

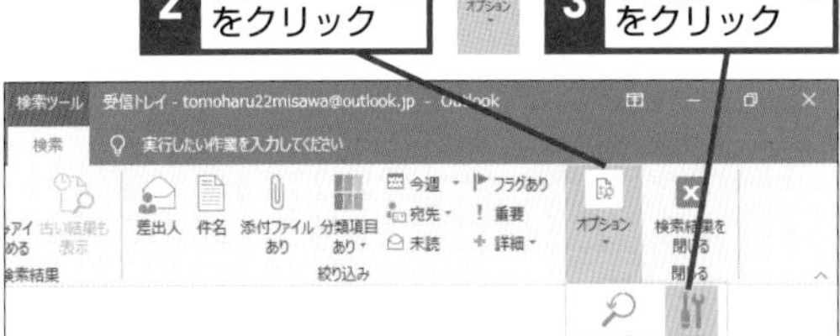

4 [高度な検索] をクリック

[高度な検索]ダイアログボックスが表示された

5 [高度な検索] をクリック

6 [フィールド] をクリック

7 [よく使用するフィールド] にマウスポインターを合わせる

8 [件名]をクリック

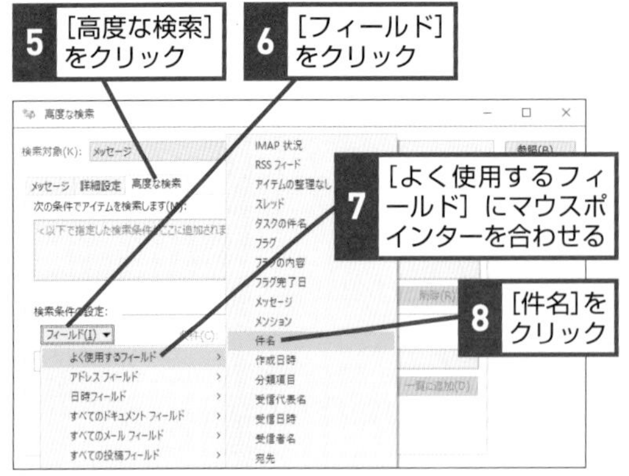

ここでは、「『件名』に「Microsoft」という文字を含む」という条件を設定する

9 [条件] のここをクリックして[次の文字を含む] をクリック

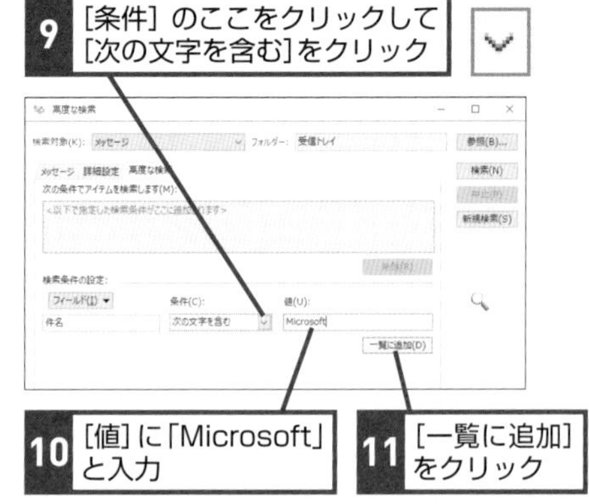

10 [値] に「Microsoft」と入力

11 [一覧に追加] をクリック

ここでは、受信日時が2020年3月1日から2020年6月30日という条件を設定する

操作6～8を参考に [受信日時] を設定しておく

12 操作9を参考に [次の値の間] を設定

13 [値] に「2020/03/01 and 2020/06/30」と入力

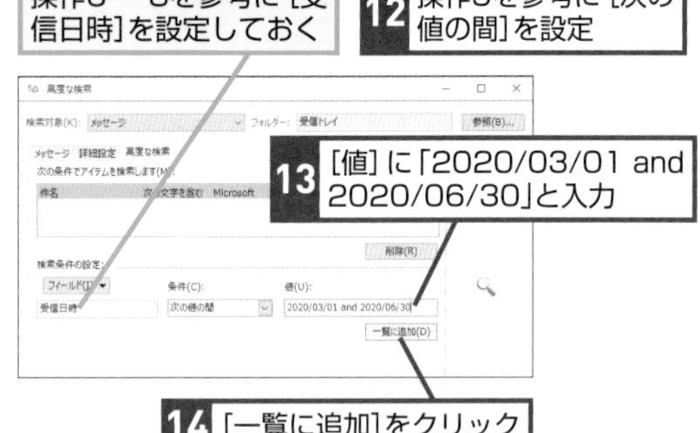

14 [一覧に追加]をクリック

15 [検索]をクリック

複数の検索条件に合致するメールが表示された

ダブルクリックすると選択したメールが表示される

[閉じる] をクリックするとダイアログボックスが閉じる

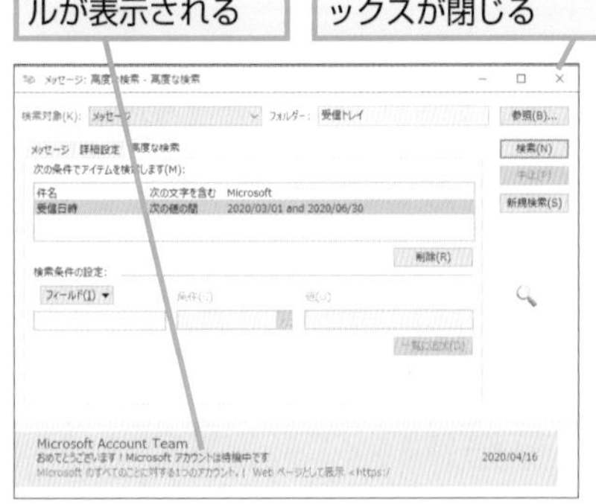

Q242 365 2019 2016 2013 お役立ち度 ★★★

メールの送受信を停止したい

A ［すべて取り消し］をクリックします

誤ってサイズの大きなファイルを添付したメールを送信したときや、大きなファイルが受信されたときは、インターネットが極端に遅くなることがあります。そのときはこの手順で送受信を停止しましょう。停止できるタイミングは送受信中に限られるため、［進捗度の表示］ボタンをクリックして状況を確認することも忘れないようにしてください。メールの送受信を長時間停止したい場合は［オフライン作業］をクリックしましょう。

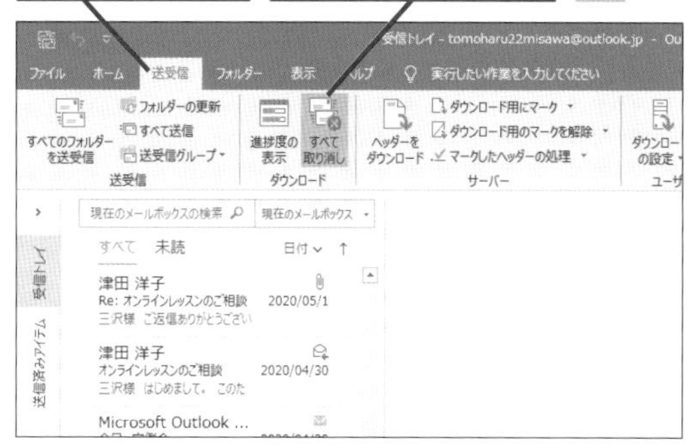

進行中のメールの送受信が取り消される

STEP UP! 迷惑メールはあまり来ないのだけれど

「世の中の75%のメールは迷惑メールである」と言われています。しかし、Outlook.comやExchange Online、Gmailなどを利用していると、そんなに迷惑メールは来ておらず、この数字に疑問を持つことがあるかもしれません。これはメールサービス側で迷惑メールの判別を行い、利用者の元に届く前に破棄されるメールが多くあることを示しています。特に上記のメールサービスではユーザー数の多さもあり、常に大量のメールを判断していることから迷惑メール判別の精度が高く、ユーザーが気付くことが少ないのです。

Q243 365 2019 2016 2013 お役立ち度 ★★★

いつもよりメールの送受信に時間が掛かる！

A コマンドを実行して接続状態を確認します

メールの送受信に時間が掛かるときは、メールサービスへの接続が切れているなど、ネットワークに問題があることが考えられます。Outlookの接続状態を確認し、正常につながっているか確認しましょう。［状態］列が［接続中］となっている場合や、［要求/失敗］列の後ろの数字が［要求］に対して［失敗］が2割を超えるときは、ネットワークに問題がある可能性が高いです。ルーターの再起動などを行った後、再度送受信を実行してください。このコマンドはOutlookが起動していないときに実行が必要です。

➡メールサービス……P.313

1 検索ボックスをクリック

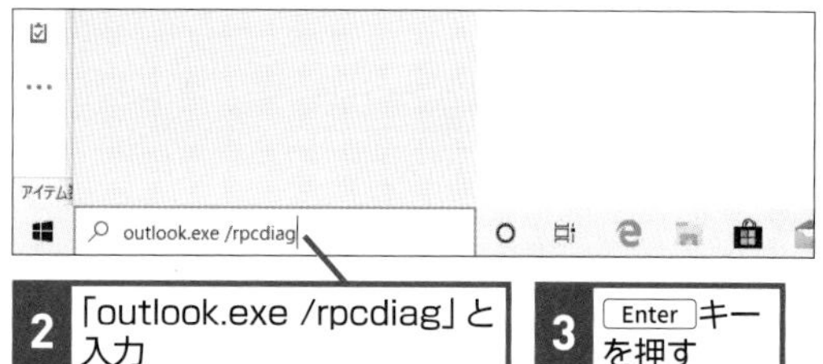

2 「outlook.exe /rpcdiag」と入力

3 Enter キーを押す

［Outlookの接続状態］ダイアログボックスが表示された

4 接続状態を確認

5 失敗の割合を確認

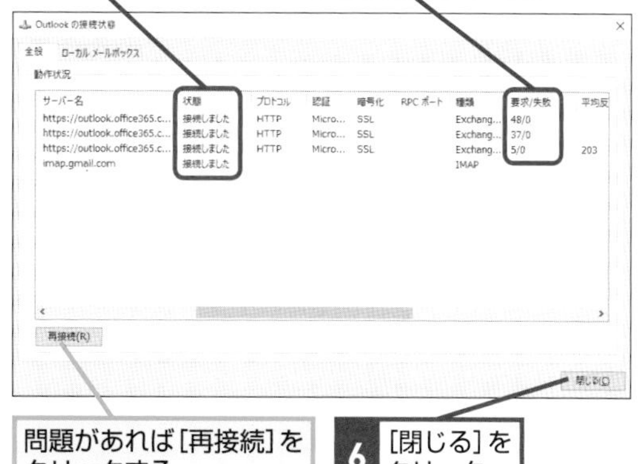

問題があれば［再接続］をクリックする

6 ［閉じる］をクリック

関連 Q245 起動速度の問題が表示された！ ……………………… P.162

Outlookの基本
メールの送受信
メールの保管と分類
連絡先とアドレス帳
予定表
タスク
印刷
ビジネス活用
データ共有と連携

Q244 365 2019 2016 2013 お役立ち度 ★★★

Outlookが起動できなくなった！

A Office アプリを修復します

Outlookが起動できなくなったときはOutlookアプリ自体の構成が破損した可能性があります。Outlookアプリの修復をしましょう。［クイック修復］を行うことで大抵の場合は動作するようになりますが、それでも起動しない場合は［オンライン修復］を試みてください。なお、ストアアプリ版では以下の操作は実行できません。アプリと機能の画面で「Microsoft Office Desktop Apps」と表示されている場合はストアアプリ版です。

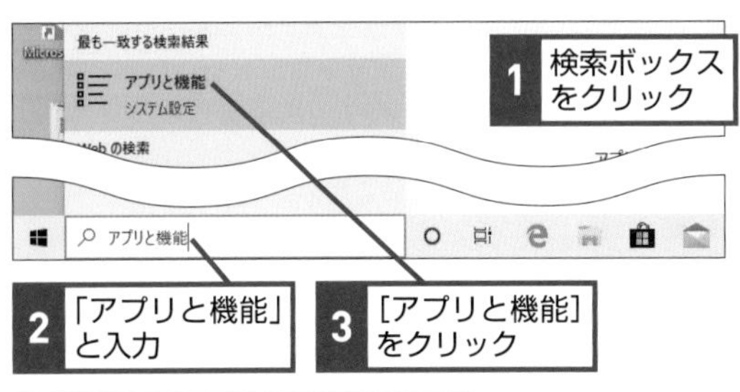

［アプリと機能］画面が表示された

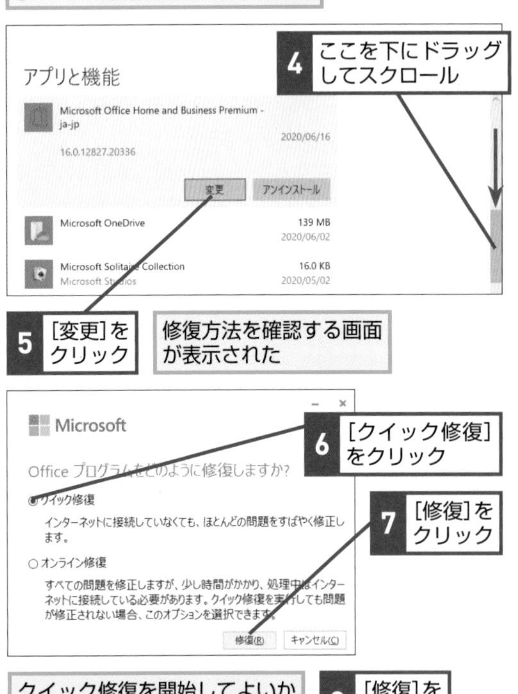

クイック修復を開始してよいか確認する画面が表示される

8 ［修復］をクリック

Q245 365 2019 2016 2013 お役立ち度 ★★★

起動速度の問題が表示された！

A 不要なアドインを無効にします

「起動速度が遅い」というメッセージがOutlook起動時に表示された場合、アドインが停止している可能性があります。Outlookでは起動に1秒以上掛かるアドインを無効にする機能が組み込まれています。速度が遅いアドインは無効としておくほうがよいですが、起動が必要なアドインがある場合は、この手順で起動するように設定しておきましょう。なお、ストアアプリ版ではCOMアドインを利用できないため、以下の操作は実行できません。

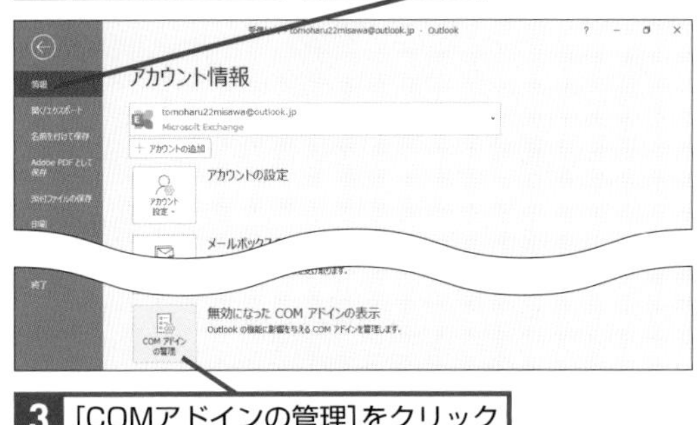

［アドイン］ダイアログボックスに無効になったアドインが表示された

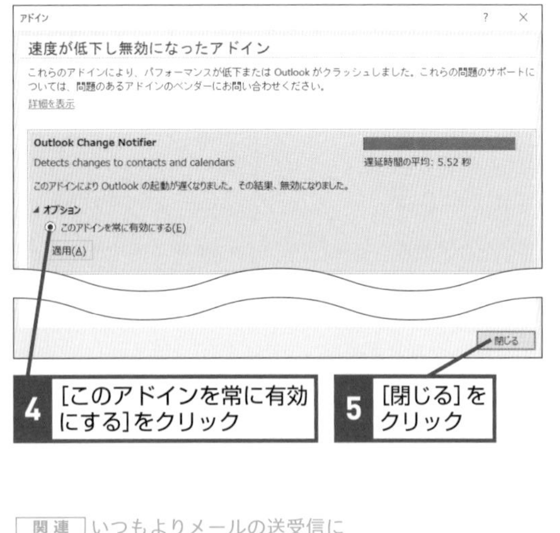

関連 Q243 いつもよりメールの送受信に時間が掛かる！ P.161

Q246 365 2019 2016 2013　お役立ち度 ★★

Outlookのリボンが表示されなくなった！

A 無効なアドインを有効にします

ウイルスチェックを行っているときなど、急にOutlookにリボンが表示されなくなることがあります。理由の多くはアドインが動作不良を起こし、アドインが無効になるためです。［無効なアプリケーションアドイン］に表示されているものがあれば、［設定］をクリックして、［COMアドイン］ダイアログボックスでチェックを入れます。

➡リボン……P.313

ワザ019を参考に［Outlookのオプション］ダイアログボックスを表示しておく

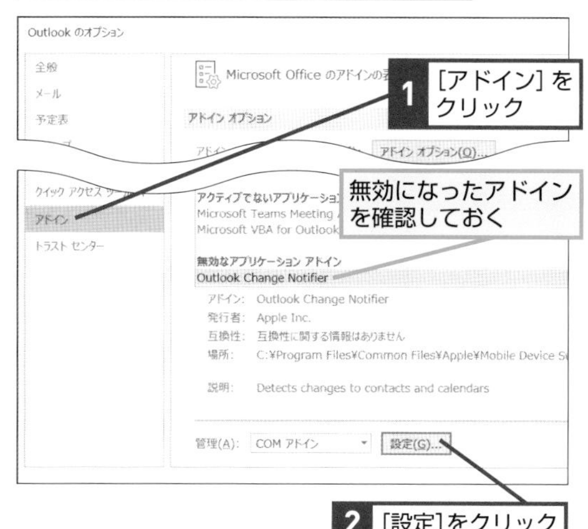

［COMアドイン］ダイアログボックスが表示された

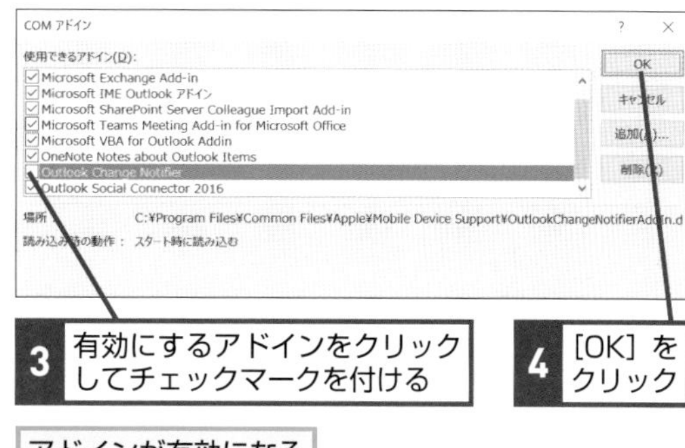

アドインが有効になる

Q247 365 2019 2016 2013　お役立ち度 ★★

オプション機能が不要になったら

A アドインを削除します

「アドイン」とはOutlook本体の機能ではなく、Outlookの上で動く別のプログラムの総称です。例えば［Outlook Social Connector 2016］はアドレス帳の情報と連絡先の情報を同期するための機能です。機能が不要である場合、こういったアドインは削除できます。アドインを削除するとプログラムが動作しなくなると同時に、復元できなくなります。削除する場合は本当に不要であることを確認しておきましょう。

➡アドレス帳……P.308

ワザ246を参考に、［COMアドイン］ダイアログボックスを表示しておく

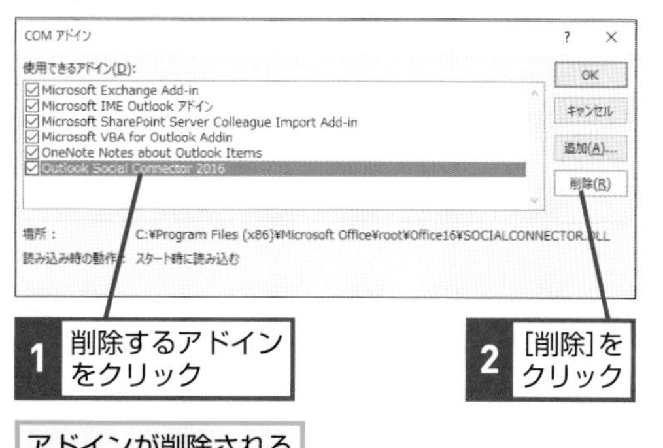

アドインが削除される

第4章 連絡先とアドレス帳を管理する

連絡先を作成する

連絡先はやり取りをする方の情報をまとめたデータベースです。きちんと整備しておくことで、メール送信時以外にもさまざまな場面で役に立ちます。

Q248 365 2019 2016 2013 お役立ち度 ★★★

連絡先画面の主な構成を知りたい

A 登録した連絡先の情報をさまざまな表示形式で確認できます

メールソフトの連絡先は、メールアドレスと名前があればいいと思われがちです。しかし、Outlookの連絡先に住所を入力しておけば会社の地図を表示でき、Webページを設定しておけばブログサイトなどを表示できるので、メール以外でも活用できます。データも複数登録でき、メールアドレスは3個まで、電話番号は4個まで登録が可能です。また、単票での表示以外に、カード形式や電話帳表示といった、用途に合わせた表示にできることも特徴の1つです。

➡閲覧ウィンドウ……P.309

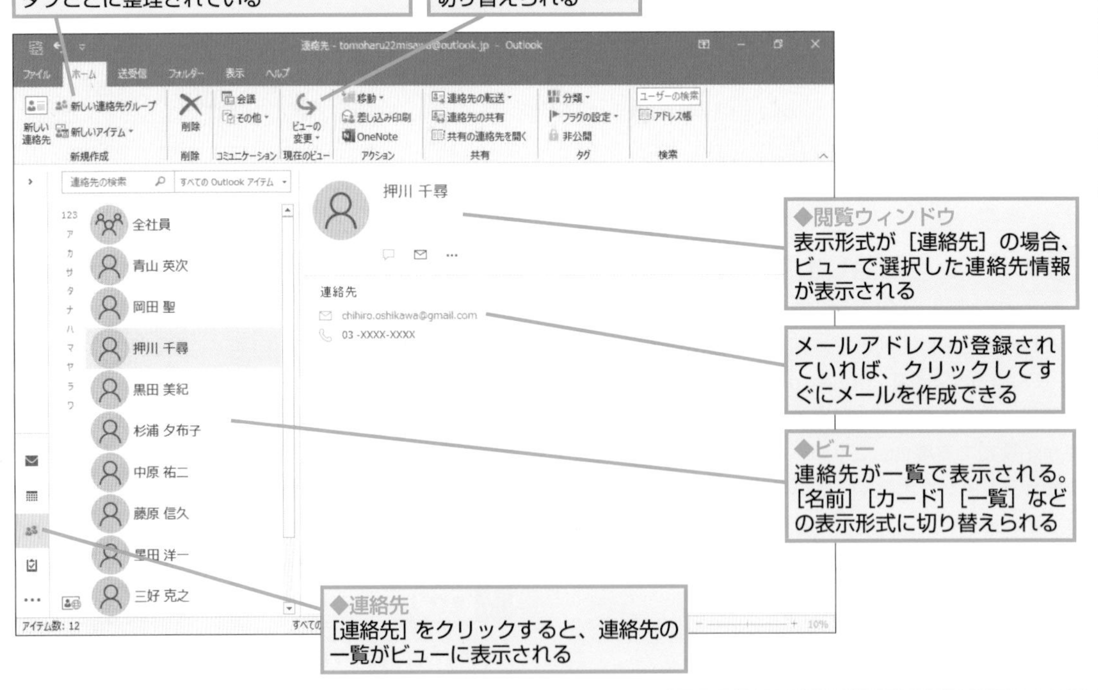

Q249 365 2019 2016 2013　お役立ち度 ★★★

新しい連絡先を作成したい

A [新しい連絡先] をクリックします

連絡先には氏名、メールアドレスのほかに勤務先情報、電話番号、住所などが登録できます。メモ欄には「友人」といった連絡先との関わりを追記しておくと、キーワードで検索したときに見つけやすくなります。なお、画面解像度が低い場合、画面の右と下が見切れることがあります。全部の情報を入力したいときはウィンドウを最大化しておきましょう。

➡ビュー……P.312

[連絡先] をクリックして連絡先を表示しておく

1 [ホーム] タブをクリック

2 [新しい連絡先] をクリック

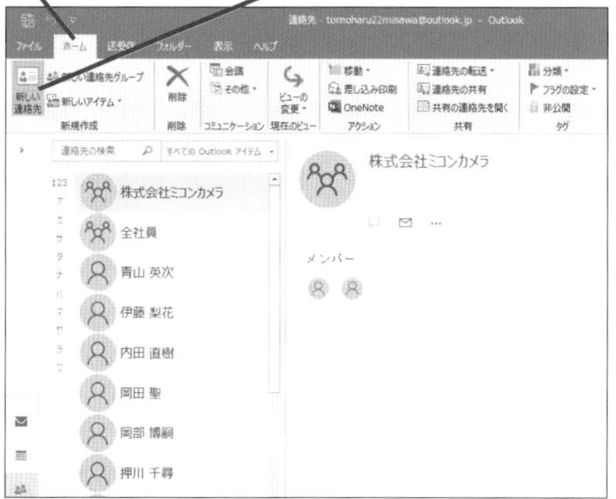

[連絡先] ウィンドウが表示された

3 名前やメールアドレス、電話番号などを入力

名前を入力するとフリガナと表題が、さらにメールアドレスを入力すると表示名が自動で入力される

連絡先の入力を完了する

4 [保存して閉じる] をクリック

登録した連絡先がビューに表示された

5 登録した連絡先をクリック

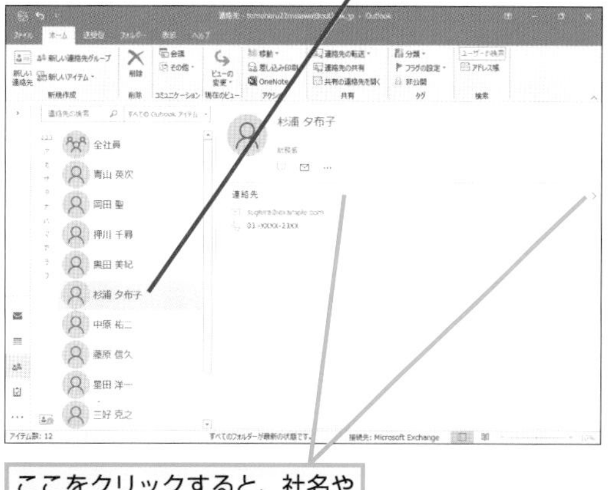

ここをクリックすると、社名や部署名、住所が表示される

同様の手順で、複数の連絡先を登録しておく

Q250 365 2019 2016 2013 お役立ち度 ★★★

連絡先とアドレス帳って何が違うの？

A アドレス帳は連絡先に登録した個人情報が一覧表示されます

アドレス帳とは連絡先に登録した情報に加え、Outlook.comや一般法人向けのMicrosoft 365で用意されたメールアドレス一覧が追加されたものです。一般法人向けのMicrosoft 365を利用すると、会議室のほか、プロジェクターやホワイトボードといった会議用の機材などの情報も管理できます。

◆連絡先
会社や住所、電話番号、メールアドレスなど複数の情報を登録・管理できる

◆アドレス帳
連絡先に登録した情報が一覧で表示される

会議室などの情報も管理できる

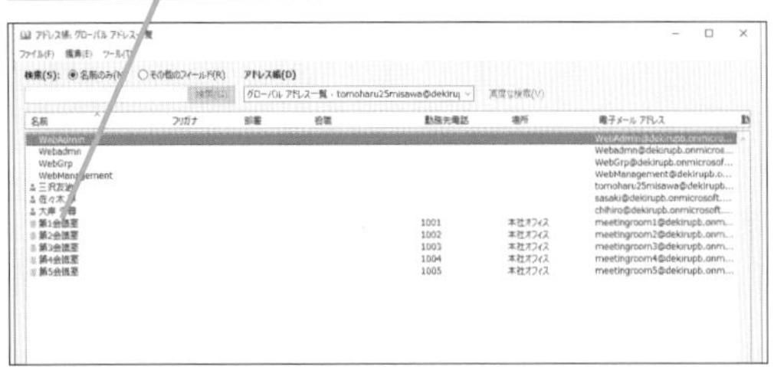

Q251 365 2019 2016 2013 お役立ち度 ★★★

連続して連絡先を登録したい

A ［保存して新規作成］を使います

以下の方法は連絡先画面に戻らずに新しい連絡先を入力できます。［保存して新規作成］をクリックすると、登録した連絡先が保存され、再び何も入力されていない［連絡先］ウィンドウが表示されます。連続して連絡先を登録できるので、一度に連絡先をたくさん登録するときに便利です。

ワザ248を参考に、新規連絡先を追加しておく

1 ［保存して新規作成］をクリック

新しい連絡先を追加する［連絡先］ウィンドウが表示された

新規連絡先を追加する

連絡先の登録を終了する場合は［保存して閉じる］、さらに連絡先を登録するのであれば［保存して新規作成］をクリックする

Q252 365 2019 2016 2013 お役立ち度 ★★★

同じ会社に所属する別の人を登録するには

A ［同じ勤務先の連絡先］をクリックします

この操作を行うと会社の情報を残しながら新しい連絡先を作成できます。残る会社情報は項目名が「勤務先」から始まる項目と［Webページ］、初期表示されていない［勤務先代表電話］が対象です。

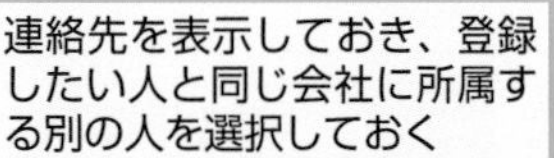

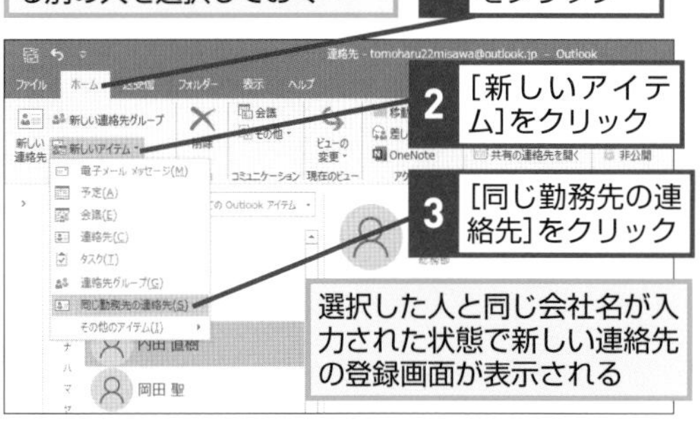

Q253 365 2019 2016 2013 お役立ち度 ★★★

使わなくなった連絡先を削除したい

A 削除したい連絡先を選んで［ホーム］タブの［削除］をクリックします

削除するとメールや会議の作成画面で［宛先］をクリックしたときに表示されるメールアドレスの選択画面から削除されます。誤って登録したときや、連絡することがなくなったときには削除しておきましょう。

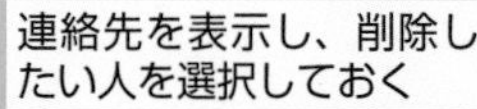

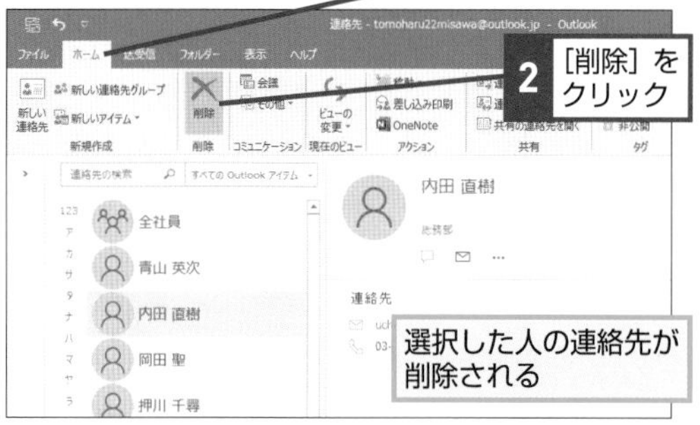

Q254 365 2019 2016 2013 お役立ち度 ★★★

連絡先の内容を変更するには

A 連絡先をダブルクリックして内容を編集します

登録した人のメールアドレスや役職などが変わったら内容を更新しておきましょう。後で更新するときは忘れないように、［タスク］機能を活用して更新期限を決めておくことをお薦めします。Outlook 2016とOutlook 2013の場合は、ビューで連絡先をクリックし、閲覧ウィンドウに表示されている［Outlook（連絡先）］をクリックすると［連絡先］ウィンドウが開きます。

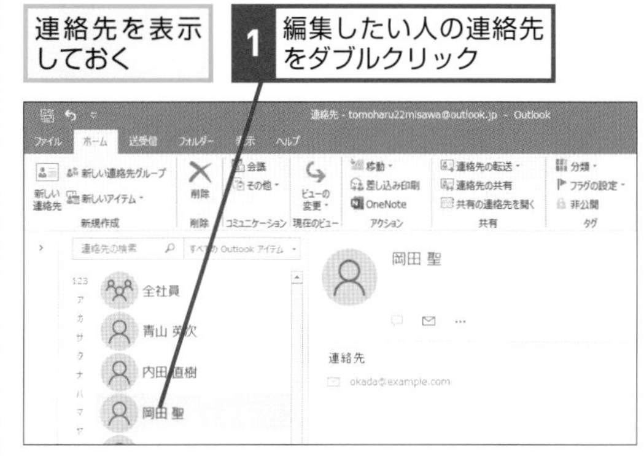

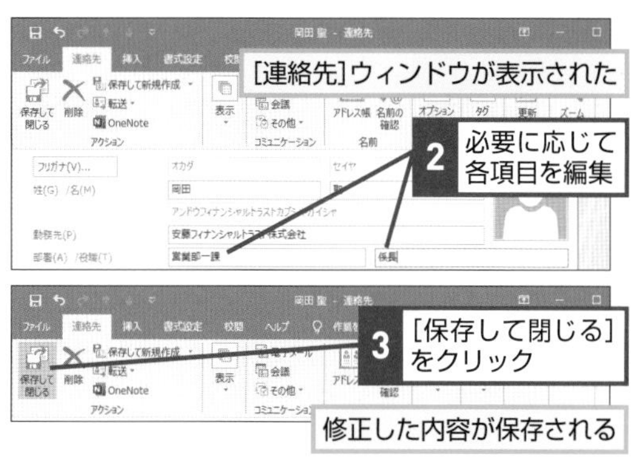

Q255 365 2019 2016 2013 お役立ち度 ★★★

連絡先のフリガナを変更するには

A ［連絡先］ウィンドウで変更できます

氏名を入力するとフリガナが自動入力されます。読み方が異なる場合はフリガナを手動で変更しましょう。連絡先の並び順はフリガナ順になるため、検索しやすくするためにもフリガナを整えておくことが重要です。

ワザ254を参考に［連絡先］ウィンドウを表示しておく

1 ［フリガナ］をクリック

［フリガナの編集］ダイアログボックスが表示された

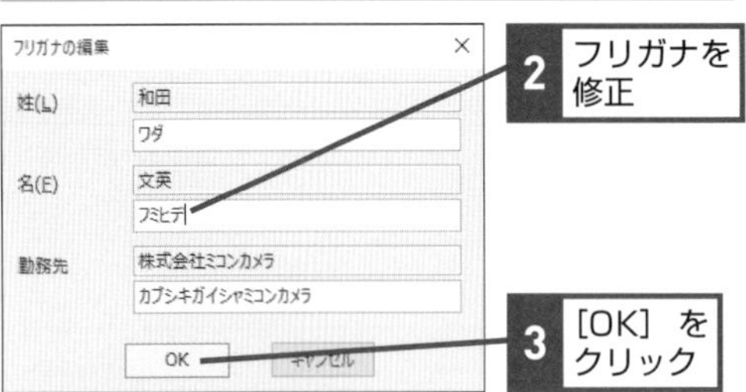

フリガナが修正された

関連 Q257 連絡先に顔写真を付けたい …… P.169
関連 Q259 連絡先の顔写真と名刺の画像を分けたい …… P.170

Q256 365 2019 2016 2013 お役立ち度 ★★★

メールから連絡先を登録するには

A 受信したメールから連絡先を登録できます

まだ連絡先に登録していない人からメールが来たら、以下の手順で連絡先を登録します。メールから連絡先を作成すれば、メールアドレスの誤入力も防げます。

連絡先に登録したい送信元からのメールを表示しておく

1 メールアドレスを右クリック

2 ［Outlookの連絡先に追加］をクリック

［連絡先］ウィンドウが表示された

名前とメールアドレスが入力済みになっている

3 必要に応じて各項目を入力

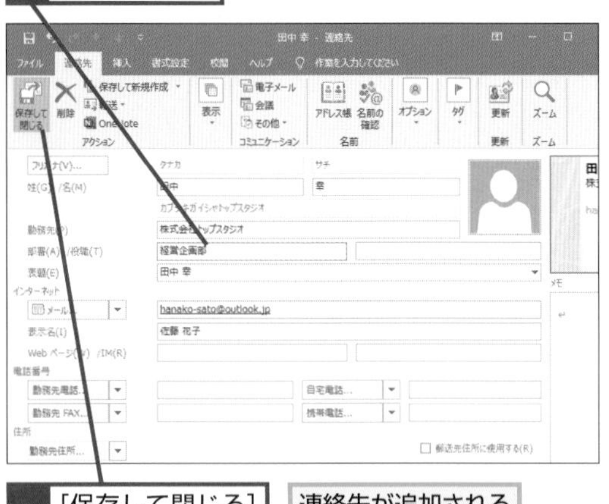

4 ［保存して閉じる］をクリック

連絡先が追加される

Q257 365 2019 2016 2013 お役立ち度 ★★★

連絡先に顔写真を付けたい

A ［連絡先］ウィンドウで顔写真を登録します

顔写真を付けておくと同姓同名の方を間違えることがなくなります。顔写真にはBMP、JPG、PNG、GIF、TIF形式の画像が設定可能です。

ワザ254を参考に［連絡先］ウィンドウを表示しておく

1 ［連絡先の写真の追加］をクリック

［連絡先の写真の追加］ダイアログボックスが表示された

2 顔写真に設定する画像をクリック

3 ［OK］をクリック

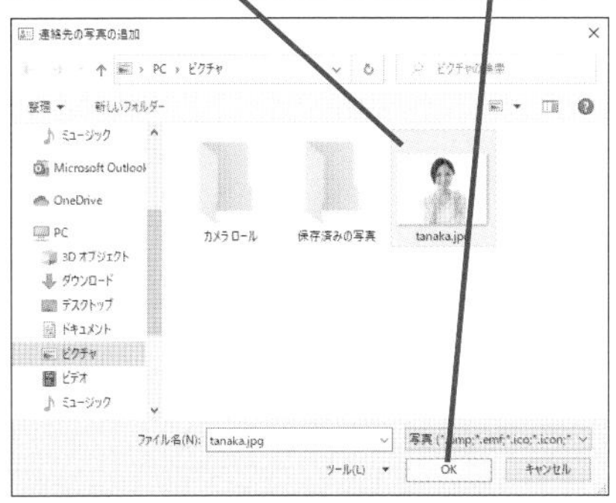

選択した画像が表示された

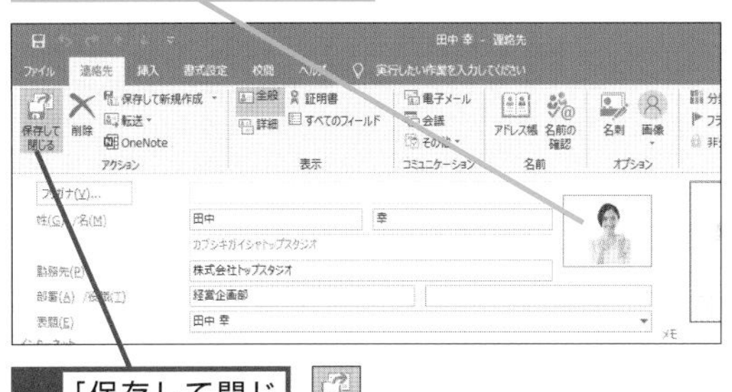

4 ［保存して閉じる］をクリック

Q258 365 2019 2016 2013 お役立ち度 ★★★

連絡先に付けた顔写真を削除したい

A ［連絡先］ウィンドウで顔写真を削除します

顔写真を消したい場合は［写真の削除］をクリックしましょう。顔写真が消え最初の絵に戻ります。なお、顔写真を変更したい場合は［写真の変更］をクリックするか、顔写真をダブルクリックしてください。

ワザ254を参考に［連絡先］ウィンドウを表示しておく

1 顔写真を右クリック

2 ［写真の削除］をクリック

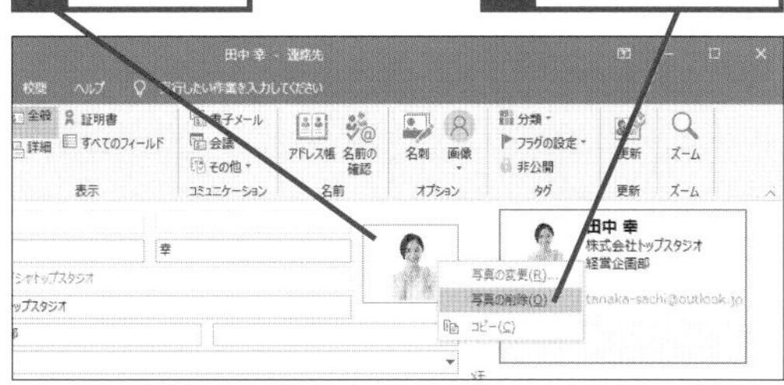

画像が削除された

3 ［保存して閉じる］をクリック

関連 Q259 連絡先の顔写真と名刺の画像を分けたい……… P.170

関連 Q278 名刺形式で連絡先を表示したい……………………… P.179

Q259 365 2019 2016 2013 お役立ち度 ★★★

連絡先の顔写真と名刺の画像を分けたい

A［名刺の編集］画面で画像の項目から［編集］をクリックします

連絡先に顔写真を付けると連絡先画面の右側にある名刺にも写真が設定されます。名刺は連絡先画面で［名刺］ビューのときにだけ表示されます。設定できる画像は顔写真と同様に、BMP、JPG、PNG、GIF、TIF形式のファイルです。

➡ビュー……P.312

ワザ257を参考に、連絡先に顔写真を登録し、［連絡先］ウィンドウを表示しておく

1 名刺をダブルクリック

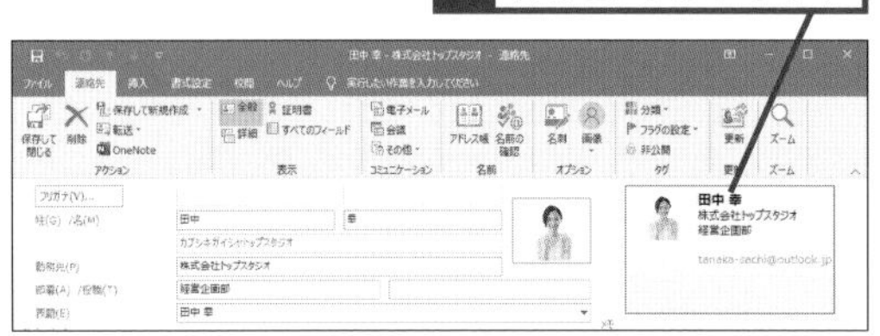

［名刺の編集］ダイアログボックスが表示された

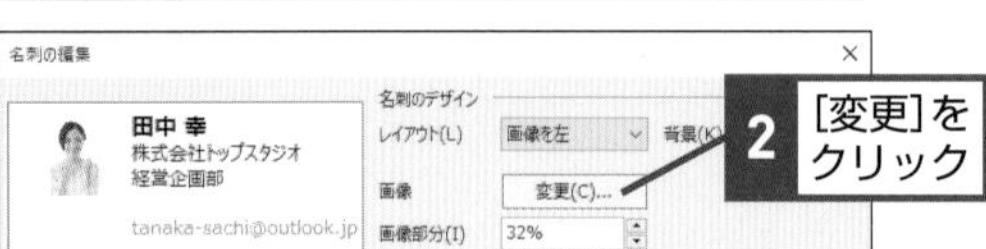

2 ［変更］をクリック

［名刺の画像の追加］ダイアログボックスが表示された

3 名刺の画像にするファイルをクリック

4 ［OK］をクリック

名刺の画像が変更される

Q260 365 2019 2016 2013 お役立ち度 ★★★

間違えて削除した連絡先を復元したい

A 削除済みアイテムから復元できます

削除した連絡先は一定期間を過ぎると復元できなくなるので、間違えて削除したら早めに復元しましょう。削除した直後であればCtrl＋Zキーでも復元できます。なお、Outlook.comやExchange Online以外のメールサービスを使っている場合、削除された連絡先は［ゴミ箱］という名前のフォルダーに移動されます。

1 ［…］をクリック

2 ［フォルダー］をクリック

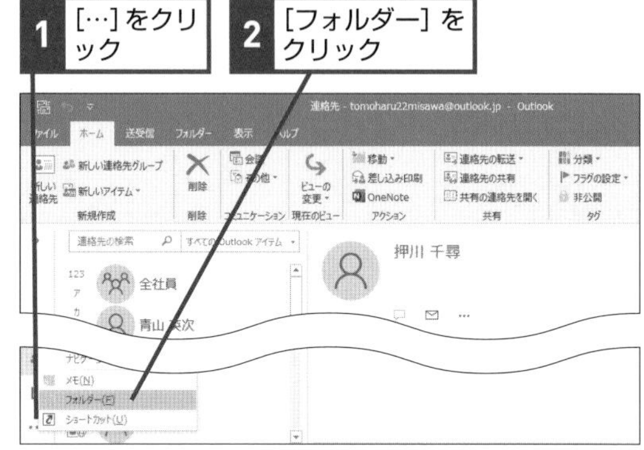

フォルダーの一覧が表示された

3 ［削除済みアイテム］をクリック

削除した連絡先が表示された

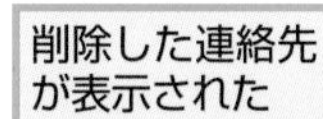

4 復元したい連絡先をナビゲーションバーの［連絡先］までドラッグ

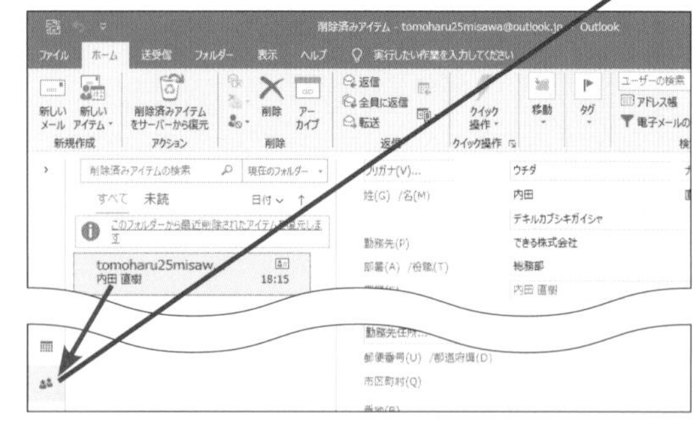

Q261 365 2019 2016 2013 お役立ち度 ★★★

アドレス帳を表示するには

A 連絡先やメール作成画面で表示できます

メールや会議の依頼を送るときは、連絡先よりもアドレス帳を活用します。連絡先とアドレス帳で異なる情報を載せた場合、アドレス帳の内容で上書きされ、連絡先のメモ欄に更新情報が入力されます。

●連絡先から表示する場合

連絡先を表示しておく

1 [ホーム] タブをクリック

2 [アドレス帳] をクリック

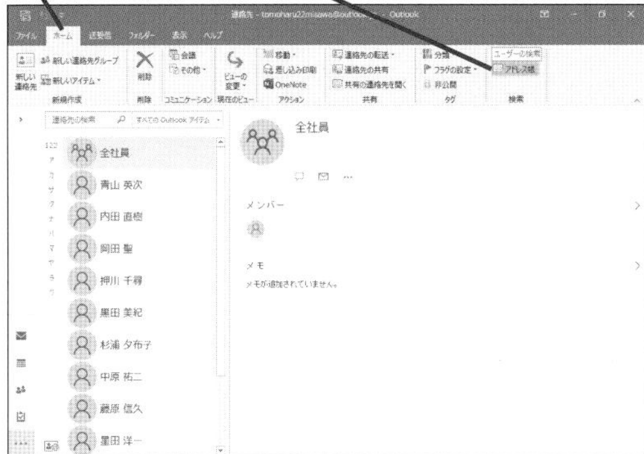

アドレス帳が表示される

●メール作成画面で表示する場合

新規メール作成画面を表示しておく

1 [宛先]をクリック

アドレス帳が表示された

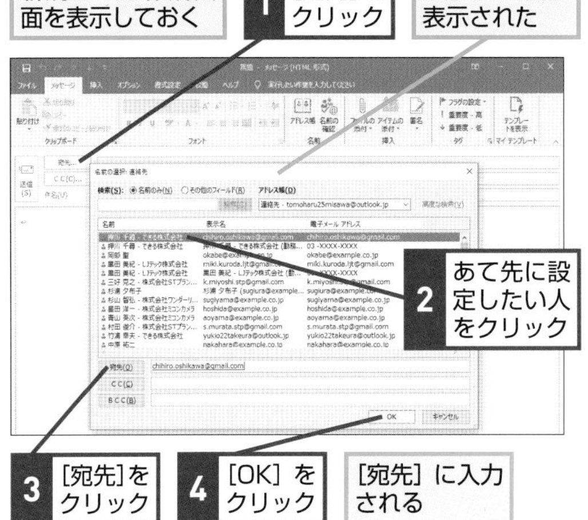

2 あて先に設定したい人をクリック

3 [宛先]をクリック

4 [OK] をクリック

[宛先] に入力される

Q262 365 2019 2016 2013 お役立ち度 ★★

アドレス帳のデータは削除できる？

A 削除したい連絡先をアドレス帳で右クリックして［削除］を選びます

削除するとアドレス帳には表示されなくなります。連絡先のデータはそのまま表示され、メールアドレス欄の情報のみ削除されます。なお一般法人向けのMicrosoft 365を利用している場合、会社が管理しているアドレス帳のデータは削除できません。

➡アドレス帳……P.308

ワザ256を参考に、アドレス帳を表示しておく

1 削除したい連絡先を右クリック

2 [削除]をクリック

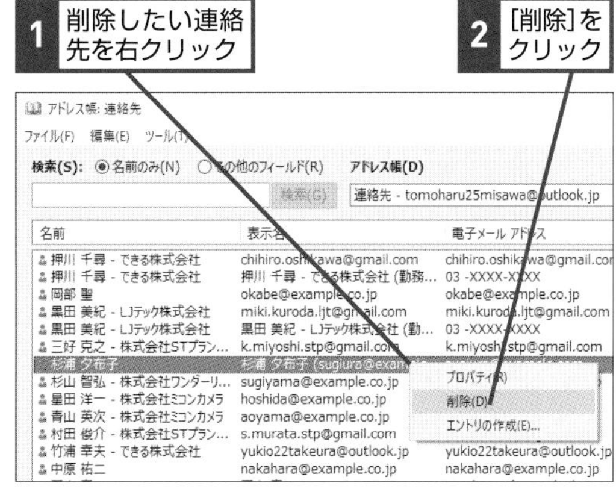

確認のダイアログボックスが表示された

3 [はい]をクリック

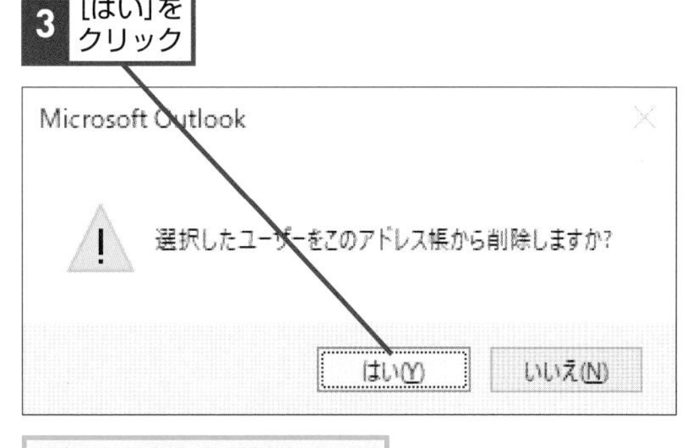

選択した連絡先が削除される

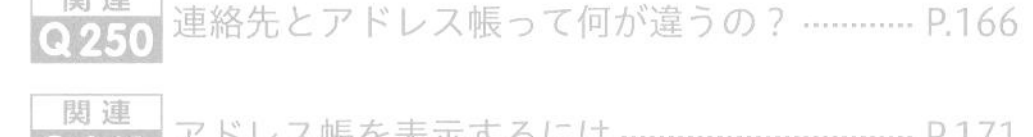
関連 Q250 連絡先とアドレス帳って何が違うの？ ………… P.166
関連 Q261 アドレス帳を表示するには ………… P.171

個人情報をグループで管理する

連絡先が増えてきたら連絡先グループを利用してまとめましょう。連絡先グループを使うと、グループメンバーにメールや会議の通知を一斉送付できます。

Q263 365 2019 2016 2013 お役立ち度 ★★★

連絡先をグループで管理するには

A [新しい連絡先グループ] をクリックします

プロジェクトメンバーなどを連絡先グループにまとめておくと、一括でメンバーにメールを送れます。登録する連絡先にはメールアドレスが必要です。なお、連絡先グループにはフリガナは設定できません。

[連絡先]を表示しておく

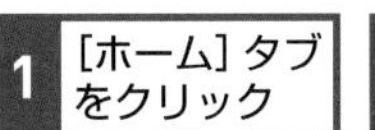

1 [ホーム] タブをクリック

2 [新しい連絡先グループ]をクリック

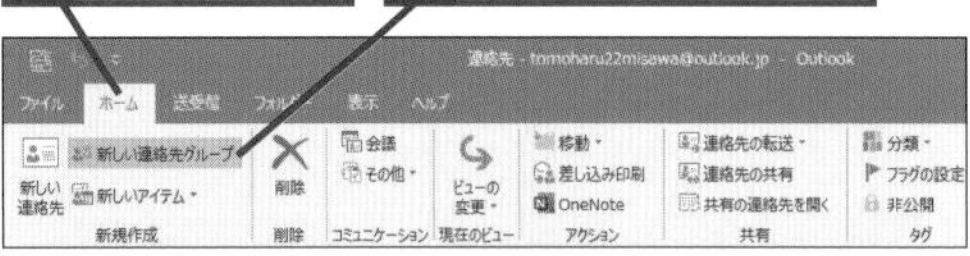

[連絡先グループ] ウィンドウが表示された

3 [連絡先グループ] タブをクリック

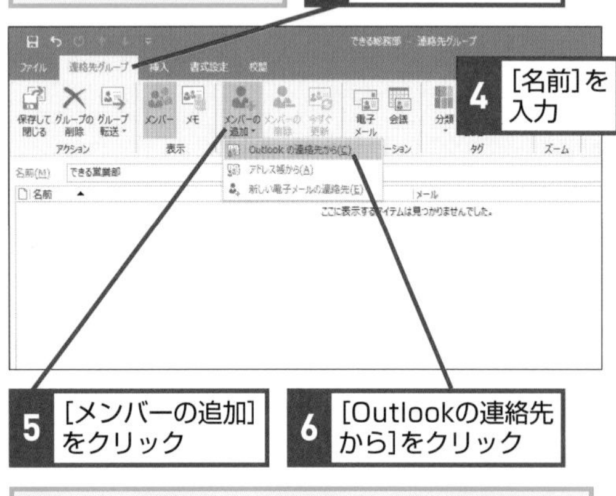

4 [名前] を入力

5 [メンバーの追加] をクリック

6 [Outlookの連絡先から]をクリック

[メンバーの選択]ダイアログボックスが表示された

Ctrl キーを押しながらクリックすると、複数のメンバーを選択できる

7 Ctrl キーを押しながら追加したいメンバーをクリック

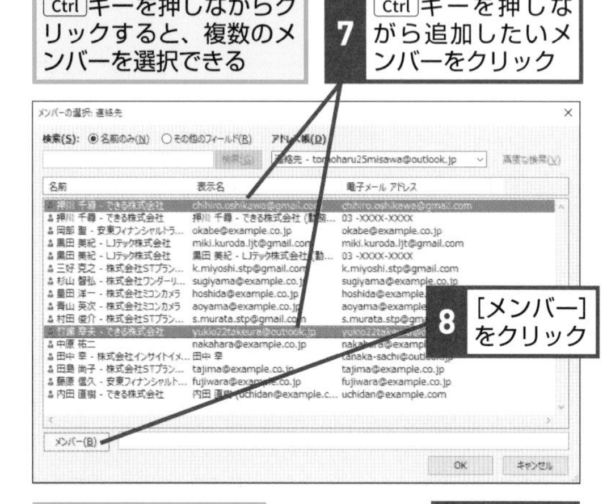

8 [メンバー] をクリック

選択したメンバーが追加された

9 [OK] をクリック

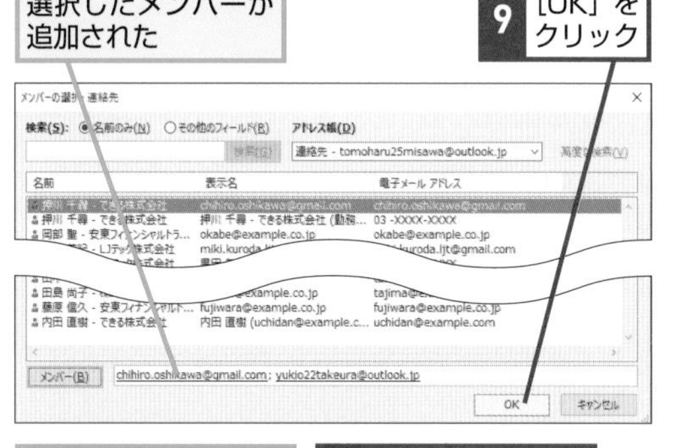

[連絡先グループ] の画面に戻った

10 [保存して閉じる] をクリック

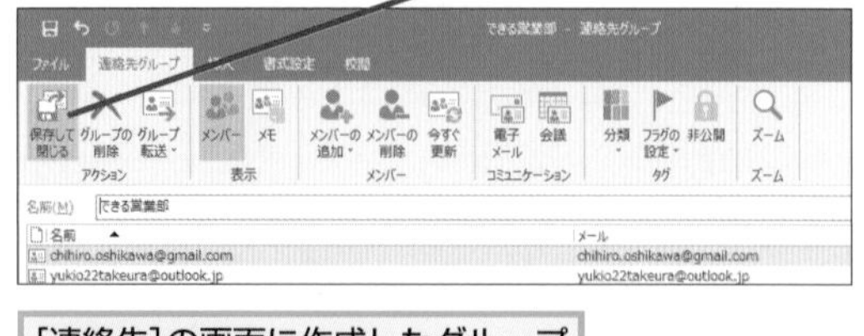

[連絡先]の画面に作成したグループが追加される

関連 Q265 連絡先グループにメンバーを追加するには………… P.173
関連 Q267 連絡先グループを削除するには………… P.174

Q264 365 2019 2016 2013 お役立ち度 ★★★

連絡先グループのメンバーを見るには

A 連絡先グループをダブルクリックするとメンバーが確認できます

[連絡先グループ] ウィンドウでメンバーをダブルクリックすると連絡先が表示されます。連絡先を作っていないメンバーはメールアドレスなどが簡易表示されます。

[連絡先]を表示しておく

1 連絡先を確認したい連絡先グループをダブルクリック

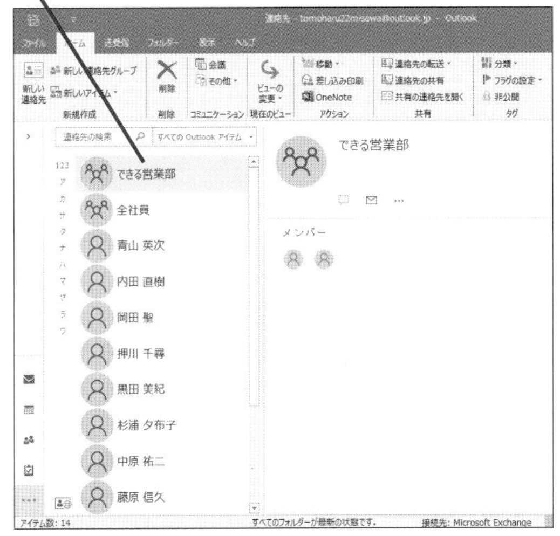

[連絡先グループ] ウィンドウが表示された

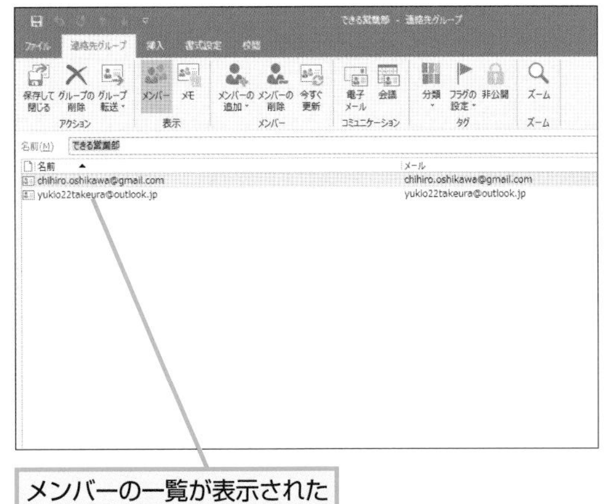

メンバーの一覧が表示された

Q265 365 2019 2016 2013 お役立ち度 ★★★

連絡先グループにメンバーを追加するには

A [連絡先グループ] ウィンドウでメンバーを追加できます

[メンバーの追加]をクリックした後に[新しい電子メールの連絡先] をクリックすると、メールアドレスだけを登録した連絡先を作成できます。

メンバーを追加したい連絡先グループをダブルクリックして[連絡先グループ]ウィンドウを表示しておく

1 [連絡先グループ] タブをクリック

2 [メンバーの追加] をクリック

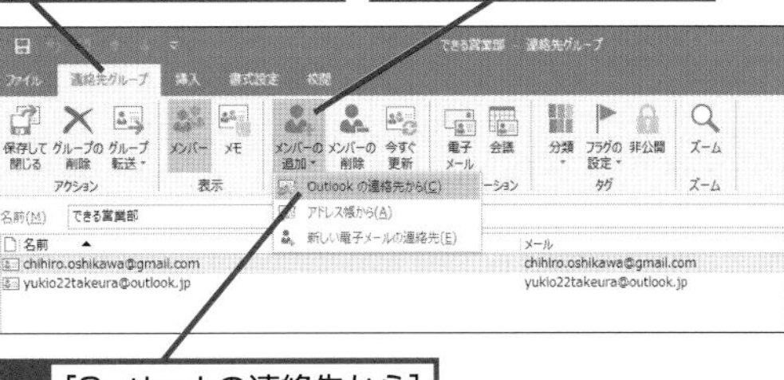

3 [Outlookの連絡先から] をクリック

[メンバーの選択]ダイアログボックスが表示された

4 追加したいメンバーをクリック

5 [メンバー] をクリック

メンバーが追加された

6 [OK] をクリック

関連 Q266 連絡先グループからメンバーを削除するには……… P.174

関連 Q267 連絡先グループを削除するには……… P.174

Q266 365 2019 2016 2013 お役立ち度 ★★★

連絡先グループからメンバーを削除するには

A [連絡先グループ] ウィンドウで [メンバーの削除] ボタンをクリックします

プロジェクトから抜けるなど、連絡先グループからメンバーをはずしたい場合にこのワザを使いましょう。メンバーを選択して Delete キーを押してもグループから削除できます。

メンバーを削除したい連絡先グループをダブルクリックして[連絡先グループ]ウィンドウを表示しておく

1 [連絡先グループ] タブをクリック

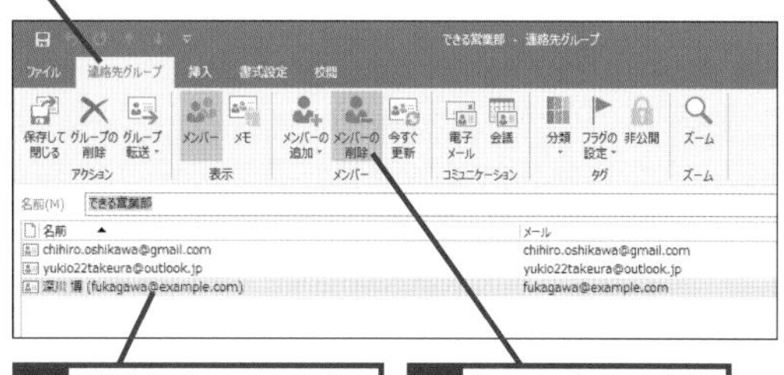

2 削除したいメンバーをクリック

3 [メンバーの削除] をクリック

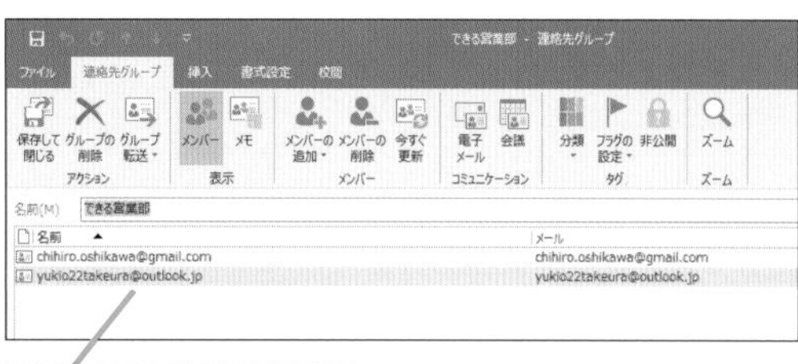

メンバーが削除された

関連 Q268 連絡先グループの名前を変更したい ………………… P.175
関連 Q269 連絡先グループをコピーして使うには ………… P.175
関連 Q283 グループあてにメールを送るには？ ………………… P.182

Q267 365 2019 2016 2013 お役立ち度 ★★★

連絡先グループを削除するには

A 連絡先グループをダブルクリックし、[グループの削除] をクリックします

プロジェクト終了などで連絡先グループ自体が不要となったら以下の手順で削除しましょう。連絡先グループを削除しても連絡先は削除されません。

削除したい連絡先グループをダブルクリックして[連絡先グループ]ウィンドウを表示しておく

1 [連絡先グループ] タブをクリック

2 [グループの削除] をクリック

確認メッセージが表示された

3 [はい]をクリック

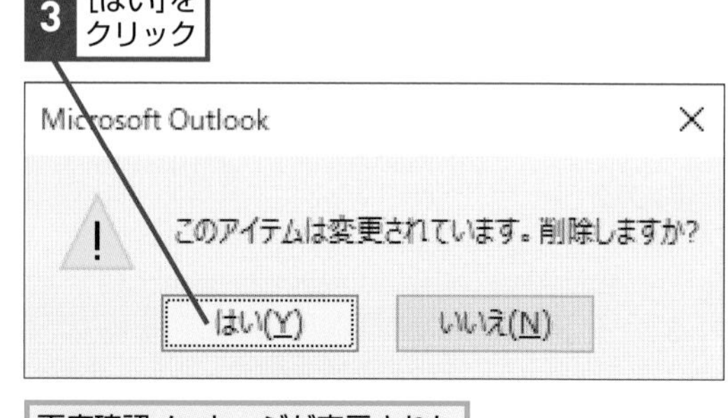

再度確認メッセージが表示された

4 [はい]をクリック

連絡先グループが削除された

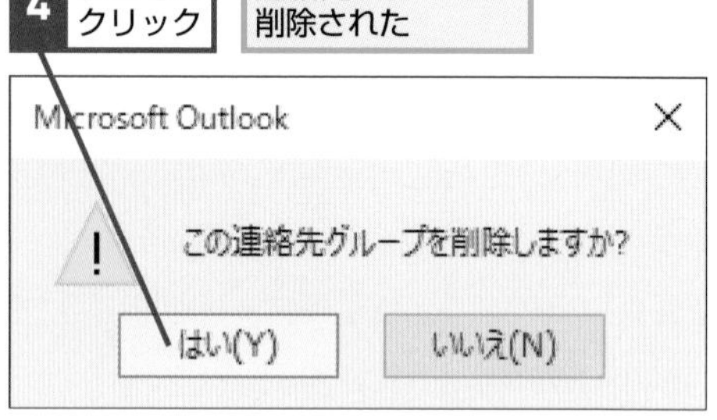

Q268 365 2019 2016 2013 お役立ち度 ★★★

連絡先グループの名前を変更したい

A 連絡先グループをダブルクリックし名前を変更します

連絡先グループを長期間利用していると名前と内容が合わなくなることがあります。そういったときは実態に沿うよう連絡先グループの名前を変更しましょう。

[連絡先]を表示しておく

1 名前を変更したい連絡先グループをダブルクリック

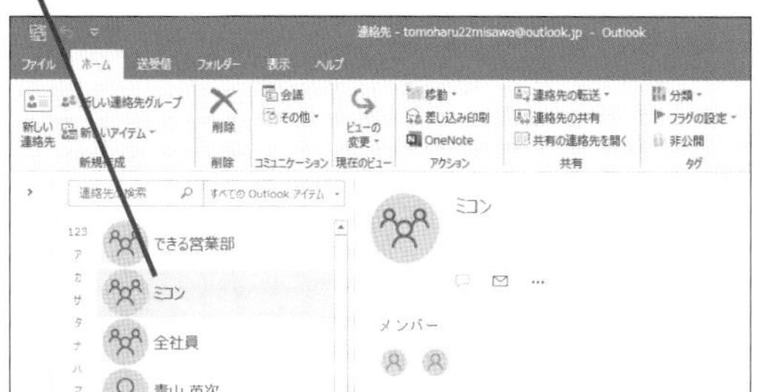

[連絡先グループ]ウィンドウが表示された

2 連絡先グループの名前を修正

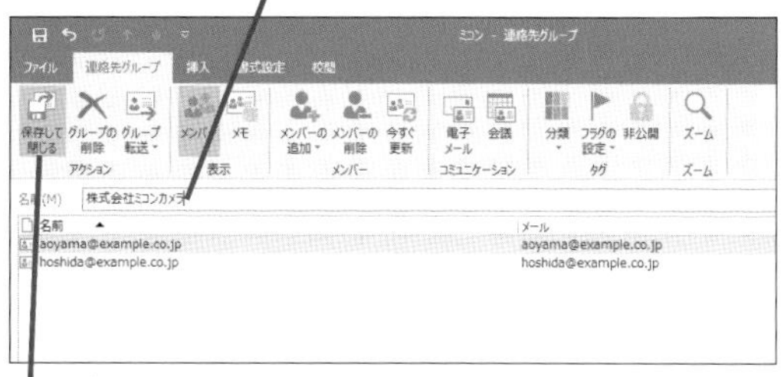

3 [保存して閉じる]をクリック

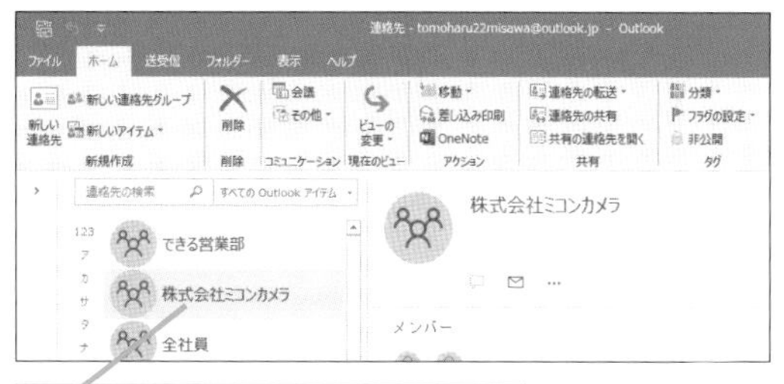

連絡先グループの名前が変更された

Q269 365 2019 2016 2013 お役立ち度 ★★★

連絡先グループをコピーして使うには

A 連絡先の画面でコピー＆ペーストします

一部のメンバーだけで違う連絡先グループを作りたいときはこの方法を使うと素早く作れます。Ctrl＋Cキーでコピーし、Ctrl＋Vキーでペーストしても、グループは複製できます。

[連絡先]を表示しておく

1 連絡先グループを右クリック

2 [コピー]をクリック

3 Ctrl＋Vキーを押す

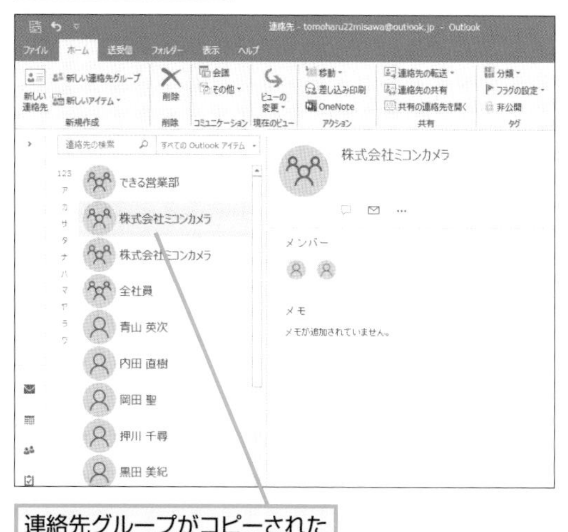

連絡先グループがコピーされた

連絡先の検索と表示

検索を活用して、素早く探したい情報を見つけましょう。ここでは検索の方法や連絡先の見せ方を説明します。

Q270 365 2019 2016 2013 お役立ち度 ★★★

連絡先を検索したい

A 検索ボックスで検索できます

表示名だけでなく、部署名や住所など、すべての情報から検索できます。名前が出てこないときは会社名などほかの情報で検索してみましょう。

➡タブ……P.311

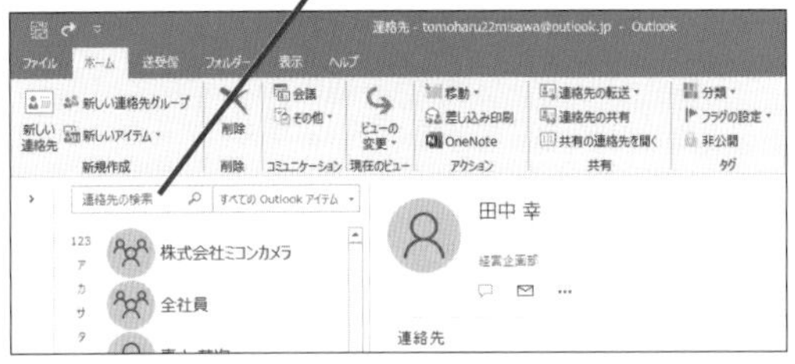

[検索ツール] の [検索タブ] が表示された

2 検索したい内容を入力

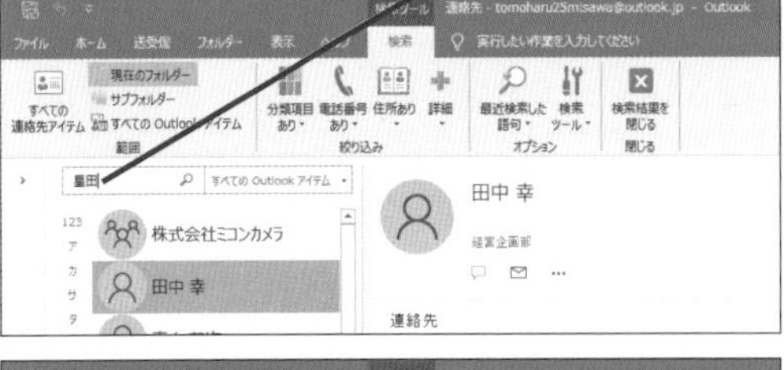

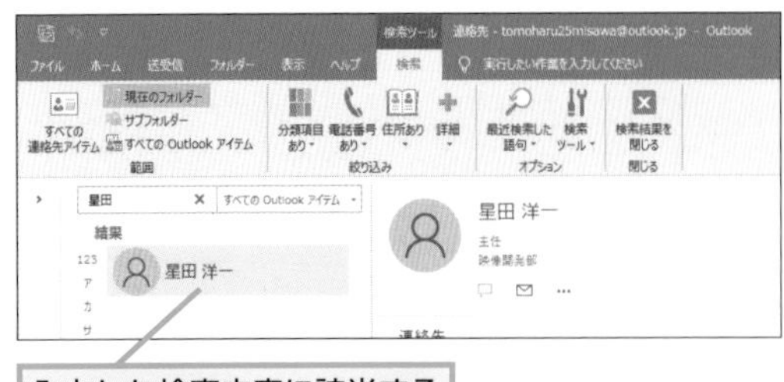

入力した検索内容に該当する連絡先が表示された

Q271 365 2019 2016 2013 お役立ち度 ★★★

電話帳のように索引から検索したい

A 連絡先の画面で［123］から［ワ］のいずれかをクリックします

Outlookの連絡先には左側に索引が付いています。この索引は［フリガナ］の情報を元に並び替えられています。フリガナを設定できない連絡先グループやアルファベットの場合は［123］に分類されます。

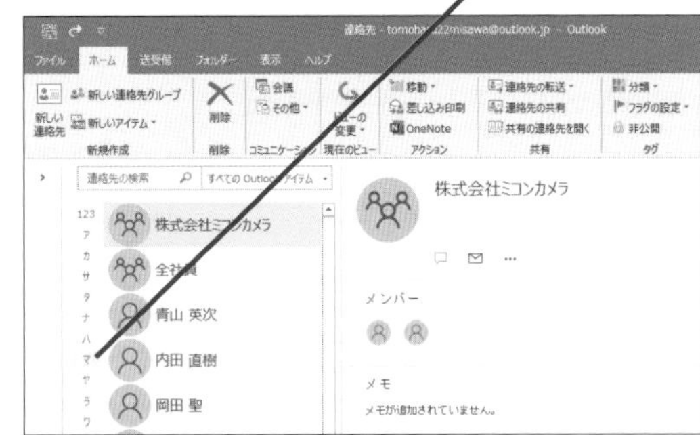

五十音のマ行に該当する連絡先にカーソルが移動した

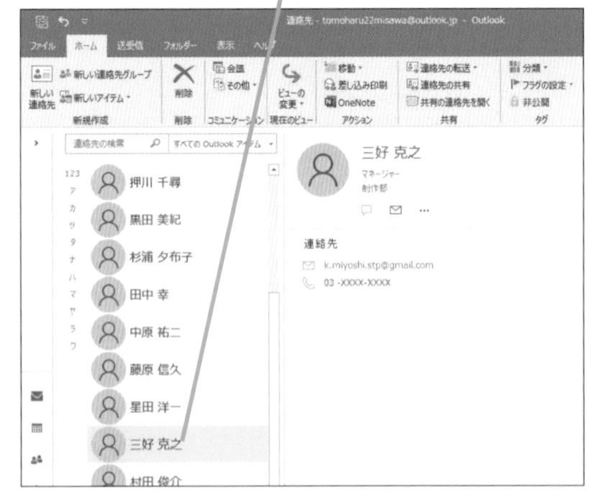

Q272 365 2019 2016 2013 お役立ち度 ★★★

アルファベット順で連絡先を検索したい

A 索引に［ラテン文字］を追加します

［フリガナ］にアルファベットが含まれている場合は［ラテン文字］の索引を利用しましょう。連絡先グループは［フリガナ］を設定できないので最上部に表示されます。

➡連絡先グループ……P.313

［連絡先］を表示しておく

1 ここをクリック

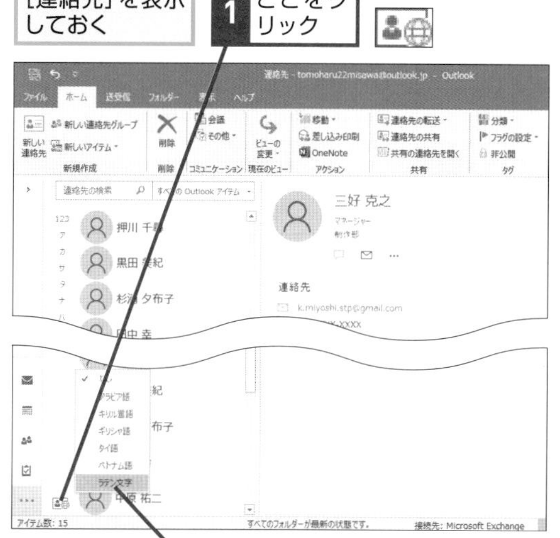

2 ［ラテン文字］をクリック

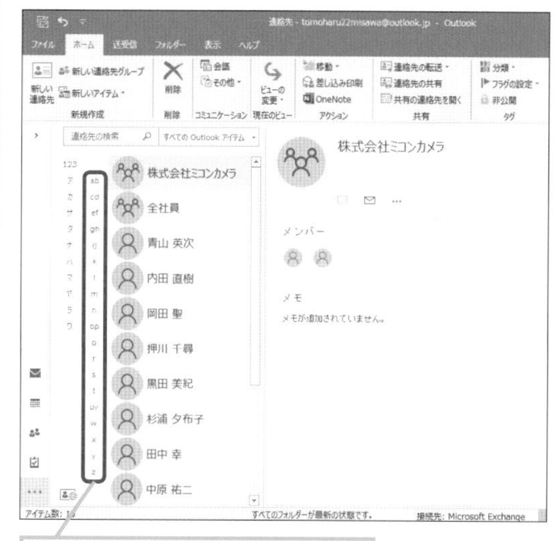

アルファベットの索引が追加された

Q273 365 2019 2016 2013 お役立ち度 ★★★

連絡先を一覧表示したい

A ［ビューの変更］で［一覧］をクリックします

一覧表示は勤務先ごとにグループ化された状態で表示されるため、電話番号をすぐに見つけられます。なお、連絡先を名前で探す場合は、初期の［連絡先］ビューが見つけやすいです。

➡ビュー……P.312

［連絡先］を表示しておく

1 ［ホーム］タブをクリック

2 ［ビューの変更］をクリック

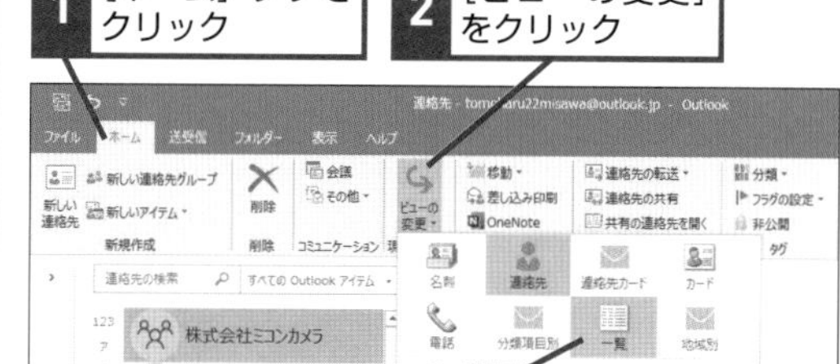

3 ［一覧］をクリック

連絡先が一覧表示された

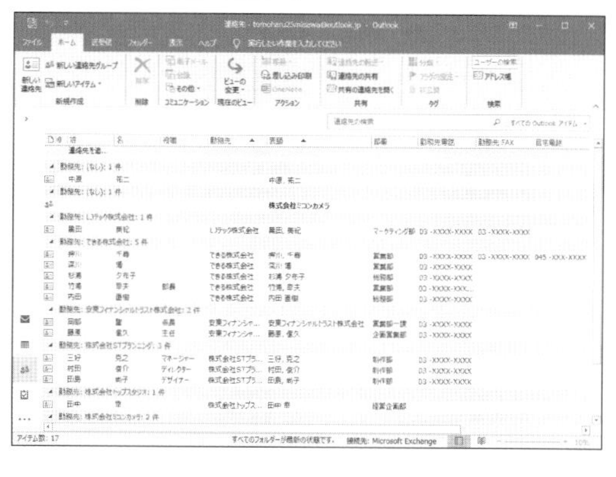

関連 Q274 連絡先一覧にメールアドレスを表示したい……P.178

関連 Q275 連絡先一覧の表示を見やすくしたい……P.178

Q274 365 2019 2016 2013 お役立ち度 ★★★

連絡先一覧にメールアドレスを表示したい

A 列を追加してメールアドレスを表示項目に設定します

連絡先一覧は初期状態ではメールアドレスが表示されません。［メール］項目を追加することでメールアドレスを一覧表示できます。なお、Outlook 2013は［列の表示］画面で［メール］の項目が表示されません。操作4は［電子メール］を選択してください。

ワザ273を参考に、連絡先を一覧表示しておく

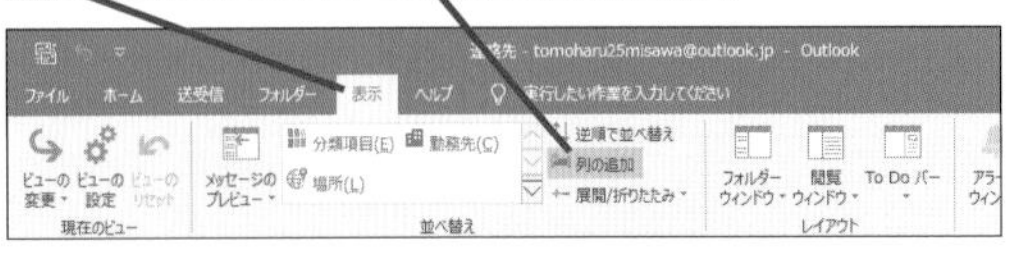

［列の表示］ダイアログボックスが表示された

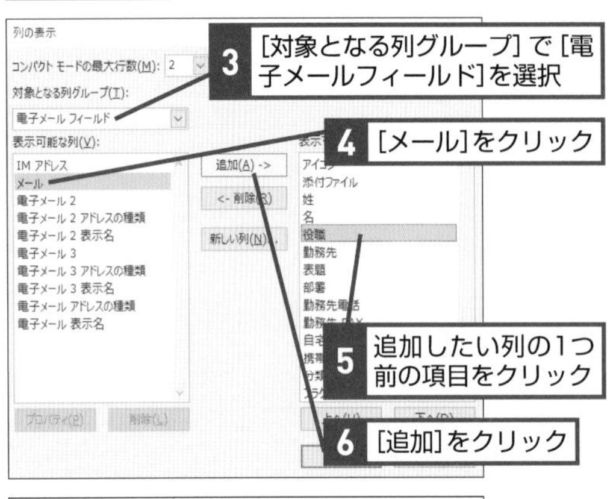

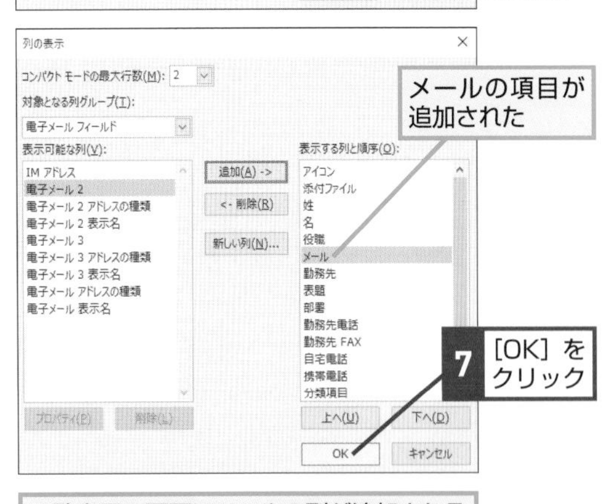

一覧表示の画面にメールの列が追加される

Q275 365 2019 2016 2013 お役立ち度 ★★

連絡先一覧の表示を見やすくしたい

A 列の幅をドラッグして変更します

一覧表示のとき、文字が長いと見切れてしまうことがあります。そのときは列幅を調整して見やすい幅にしておきましょう。列幅はOutlookを再起動しても記憶されています。

➡マウスポインター……P.313

ワザ273を参考に、連絡先を一覧表示しておく

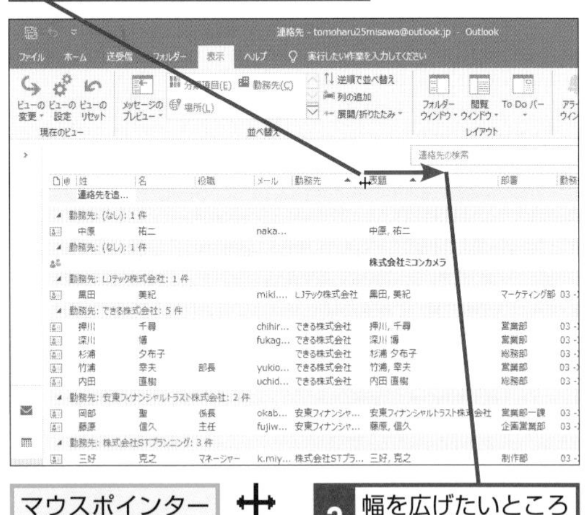

列の幅が広がった

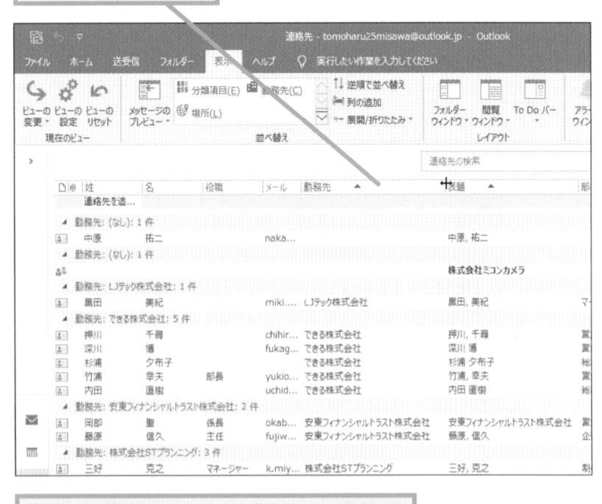

列の先頭行をドラッグして、項目の並び順を入れ替えることもできる

Q276 365 2019 2016 2013 お役立ち度 ★★

連絡先を勤務先ごとに折りたたむには

A [すべてのグループの折りたたみ] をクリックします

連絡先に勤務先を入れておくと一覧表示のときにグループ化され、確認したい勤務先だけを表示できます。ビューを切り替えると元の表示に戻ります。

1 勤務先名を右クリック

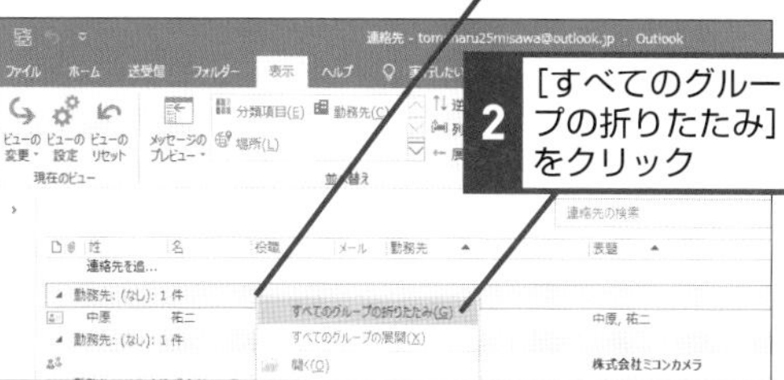

すべてのグループが折りたたまれて表示された

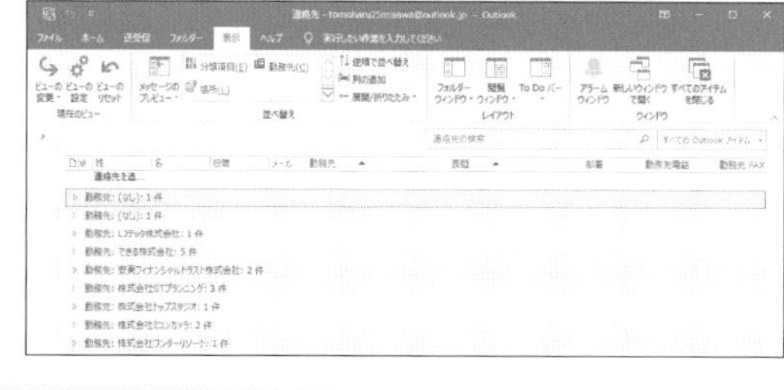

Q277 365 2019 2016 2013 お役立ち度 ★★

変更した表示を元に戻すには

A ビューのリセットで元に戻せます

列の幅の調整や並び替えを行うとその状態が記録されます。最初の状態に戻したいときはリセットしましょう。列を消してしまった場合でも元に戻せます。

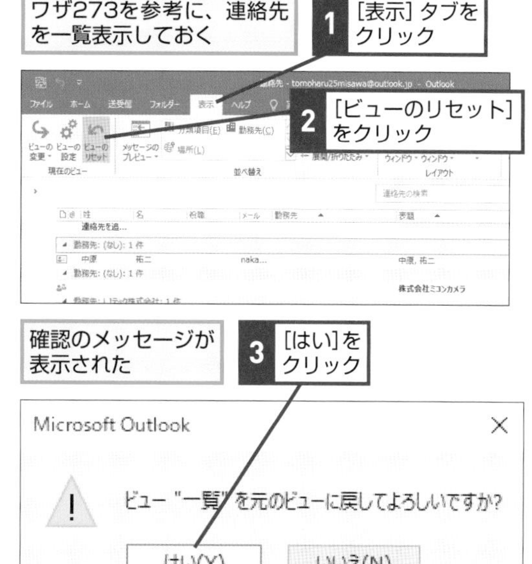

変更した表示内容が元に戻る

Q278 365 2019 2016 2013 お役立ち度 ★★

名刺形式で連絡先を表示したい

A ビューの変更で［名刺］をクリックします

［名刺］形式はメールアドレスや電話番号、会社の情報など主要な情報をまとめたカードの見た目で表示されます。特に顔写真が表示されるため、どんな人だったのか一目で思い出せます。この表示形式の場合、連絡先グループは絵で表示されるので、連絡先なのか連絡先グループなのかも見分けやすいです。

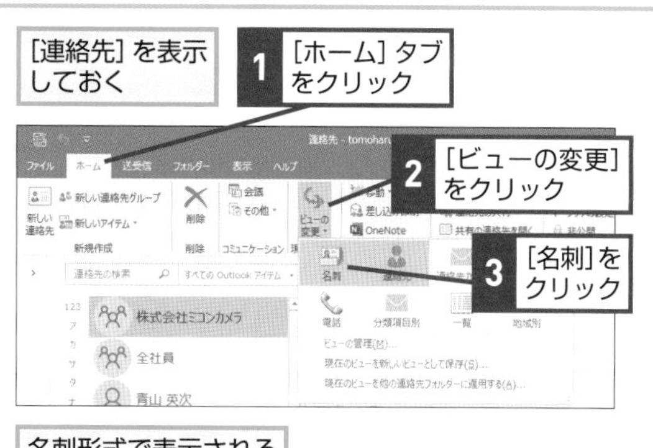

名刺形式で表示される

Q279 365 2019 2016 2013

お役立ち度 ★★★

名刺をオリジナルの表示にしたい

A [名刺の編集] ダイアログボックスで表示内容を変更できます

[名刺] ビューは表示情報やデザインを1人ずつオリジナルにすることも可能です。[名刺の編集] 画面の上部にプレビューされるデザインを見ながら、名刺の枠から文字が切れないよう注意しながら調整しましょう。

[連絡先]を表示しておく

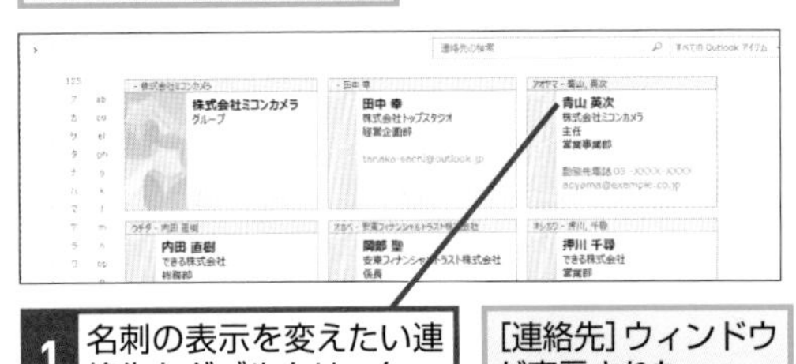

1 名刺の表示を変えたい連絡先をダブルクリック

[連絡先]ウィンドウが表示された

2 [名刺]をクリック

[名刺の編集]ダイアログボックスが表示された

必要に応じて、レイアウトやフィールドを編集する

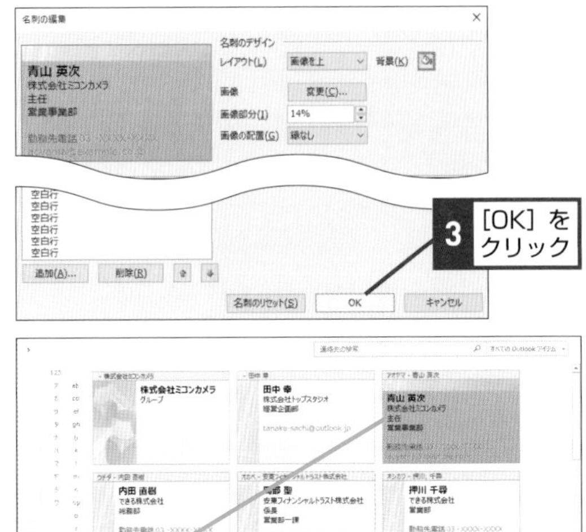

3 [OK] をクリック

名刺の表示内容が変わった

Q280 365 2019 2016 2013

お役立ち度 ★★★

名刺を元のデザインに戻すには?

A [名刺のリセット] をクリックします

リセットすると今まで設定したデザインに戻せなくなります。リセットを行うときは細心の注意を払ってください。万が一、設定したデザインに戻したい可能性がある場合は、事前にメモなどに設定を控えておきましょう。 ➡ダイアログボックス……P.311

ワザ279を参考に、[名刺の編集] ダイアログボックスを表示しておく

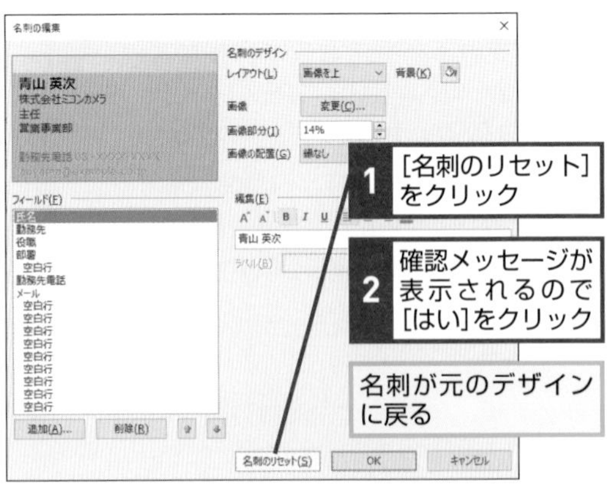

1 [名刺のリセット] をクリック

2 確認メッセージが表示されるので [はい]をクリック

名刺が元のデザインに戻る

関連 Q257 連絡先に顔写真を付けたい …… P.169
関連 Q259 連絡先の顔写真と名刺の画像を分けたい……… P.170

連絡先を利用する

連絡先はユーザーのメールアドレスを管理します。メールや会議依頼で利用すると手入力に比べ誤送信を圧倒的に減らせます。

Q281 365 2019 2016 2013 お役立ち度 ★★★

連絡先からメールを送りたい

A 連絡先を使えばメールアドレスの入力を省いてメールを送信できます

登録されたアドレスでメールを作成できるので、手入力してあて先の入力を間違える、といった失敗が起こりません。そのため連絡先にはメールアドレスを積極的に登録しておきましょう。メールのアイコンの横にある［IMを送信］ボタンを利用するとTeamsやSkypeからチャットを送れます。ただし、これらのチャット機能を使うには、一般法人向けのMicrosoft 365製品を利用している必要があります。

➡チャット……P.311

●メールアイコンをクリックしてメールを作成

［連絡先］を表示しておく

1 メールを送信したい連絡先をクリック

2 メールのアイコンをクリック

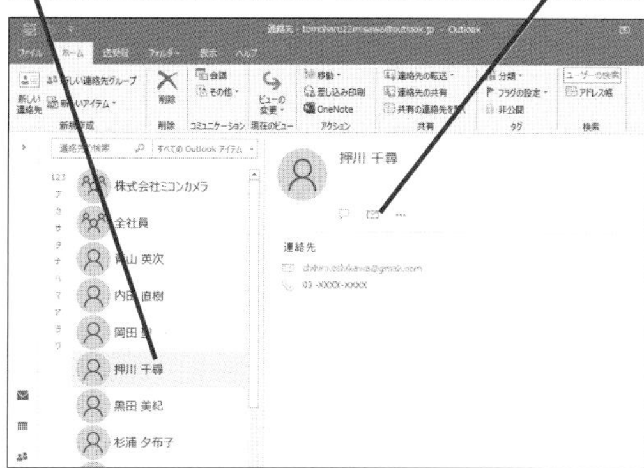

［メッセージ］ウィンドウが表示された

選択した連絡先のメールアドレスが［宛先］に入力された

●ナビゲーションバーに連絡先をドラッグしてメールを作成

［連絡先］を表示しておく

1 メールを送信したい連絡先をナビゲーションバーの［メール］までドラッグ

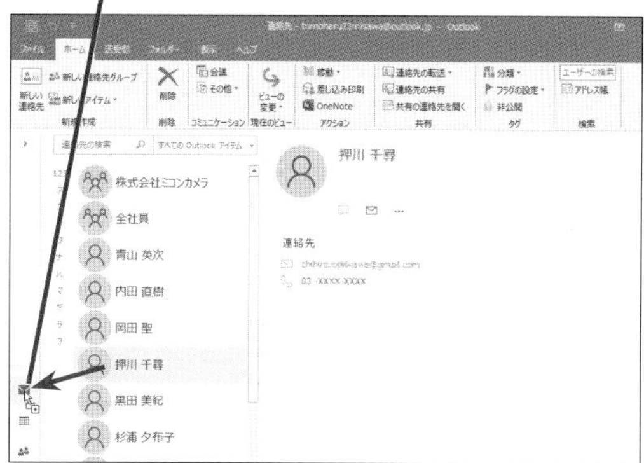

［メッセージ］ウィンドウが表示された

ドラッグした連絡先のメールアドレスが［宛先］に入力された

Q282 365 2019 2016 2013 お役立ち度 ★★☆

連絡先からメールを複数人に送るには

A 複数の連絡先を選択してナビゲーションバーのメールにドラッグします

連絡先からドラッグしてメールを作ると、メールのあて先にメールアドレスが設定されます。CCやBCCに設定したい場合は、一度あて先に設定した後で、[宛先]の欄にあるアドレスをドラッグしてそれぞれの場所に移動しましょう。

➡BCC……P.306

[連絡先]を表示しておく

1 Ctrlキーを押しながら、メールを送信したい複数の連絡先をクリック

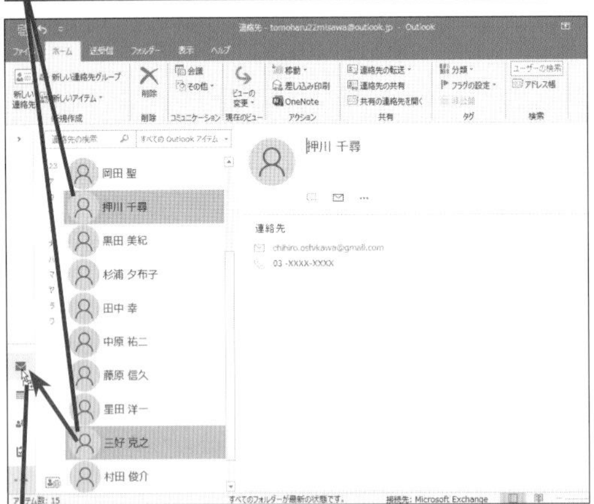

2 ナビゲーションバーの[メール]にドラッグ

[メッセージ]ウィンドウが表示された

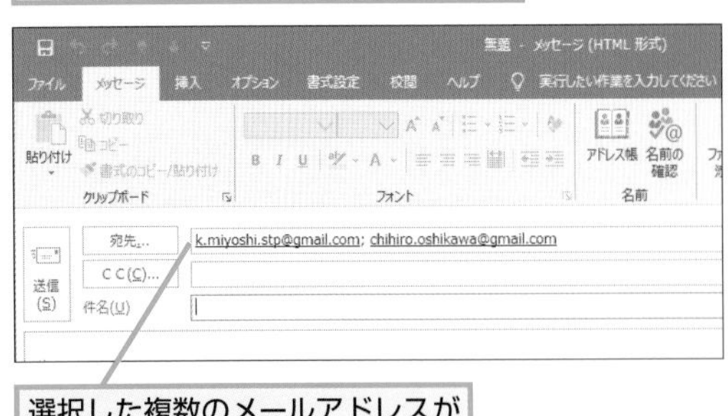

選択した複数のメールアドレスが[宛先]に入力された

関連 Q265 連絡先グループにメンバーを追加するには……P.173

Q283 365 2019 2016 2013 お役立ち度 ★★★

グループあてにメールを送るには？

A グループの連絡先をナビゲーションバーのメールにドラッグします

複数のあて先を入力する手間が省ける一方で、グループの選択を間違えるとグループ全員に誤ったメールが送付されます。メールの送付前に、［宛先］ボタンの横にある［＋］マークをクリックして誰に送られるのか確認しましょう。なお、メールの送り先には連絡先グループ名は見えません。

➡ナビゲーションバー……P.312

●メールのアイコンをクリックして作成

[連絡先]を表示しておく

1 メールを送信したいグループをクリック

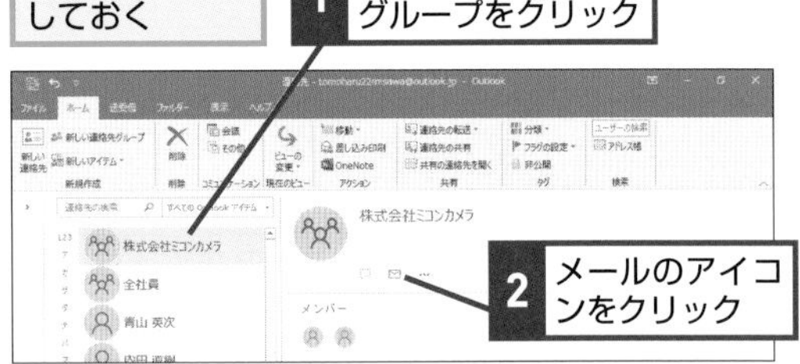

2 メールのアイコンをクリック

[メッセージ]ウィンドウが表示された

あて先のグループ名の左にある［+］アイコンをクリックすると、メールアドレスを確認できる

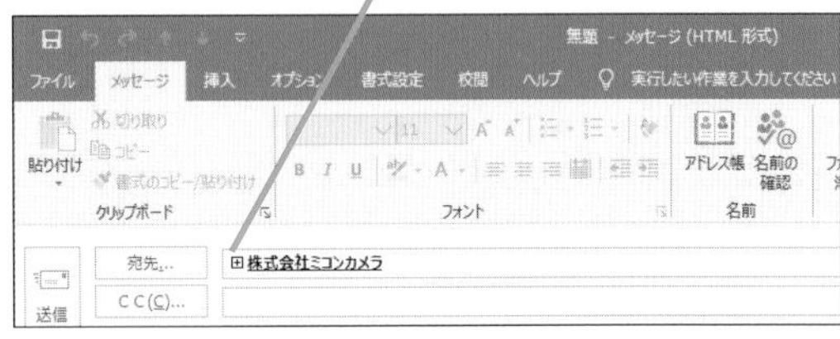

●ナビゲーションバーにグループの連絡先をドラッグしてメールを作成

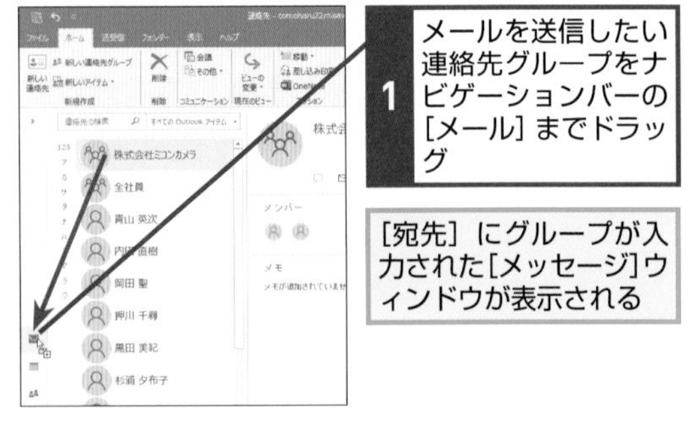

1 メールを送信したい連絡先グループをナビゲーションバーの[メール]までドラッグ

[宛先]にグループが入力された[メッセージ]ウィンドウが表示される

Q284 365 2019 2016 2013 お役立ち度 ★★

連絡先の情報を知り合いに送りたい

A メールで連絡先の情報を送れます

相手もOutlookを利用している場合は連絡先の情報を提供できます。Outlookを利用していない場合は読み取れないため注意してください。本機能を利用する場合は連絡先の方に事前に送ることを伝えることが重要です。個人情報の取り扱いには十分注意して利用しましょう。

➡タブ……P.311

[連絡先]を表示しておく

1 [ホーム]タブをクリック

2 送信したい連絡先をクリック

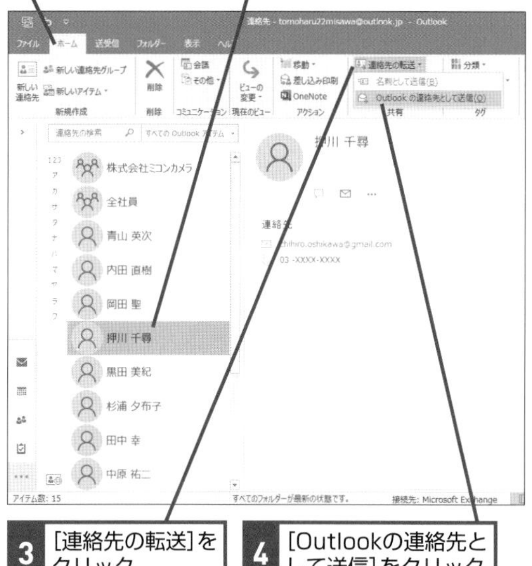

3 [連絡先の転送]をクリック

4 [Outlookの連絡先として送信]をクリック

[メッセージ]ウィンドウが表示された

連絡先が添付された

Q285 365 2019 2016 2013 お役立ち度 ★★

送られてきた連絡先を自分の連絡先に登録するには

A 添付ファイルを開いて登録します

送られてきた連絡先を開くと連絡先の追加と同じ画面が表示されます。知らない相手や予定外の添付ファイルにはウイルスが含まれていることがあります。添付ファイルは誰でも送れるため、事前に連絡先の送付を行うことを示し合わせ、不用意に開かないよう注意しましょう。なお、Outlook 2013は添付ファイルをクリックし、[添付ファイルツール]の[添付ファイル]タブで[開く]ボタンをクリックしましょう。

連絡先が添付されたメールを受信した

1 [▼]をクリック

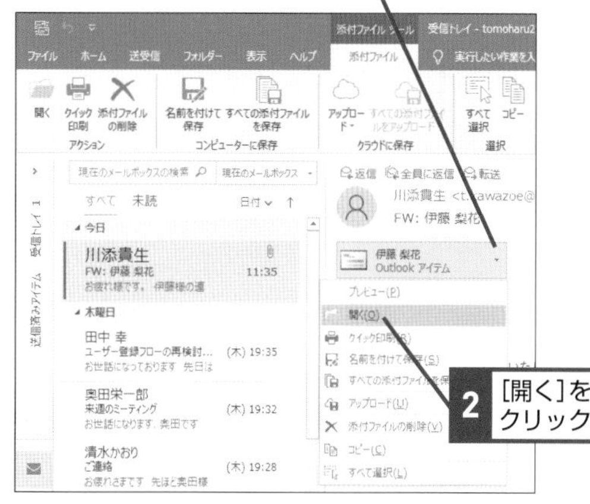

2 [開く]をクリック

連絡先の内容が表示された

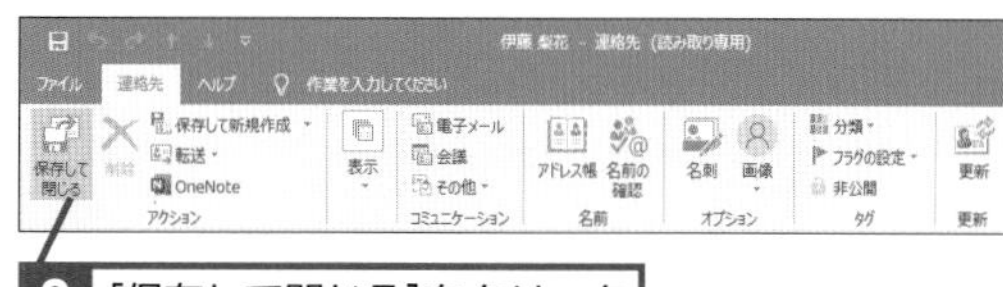

3 [保存して閉じる]をクリック

受信した連絡先が自分の連絡先に登録された

Q286 365 2019 2016 2013 お役立ち度 ★★★

連絡先を電子名刺で送るには

A ［名刺として送信］を選択します

電子名刺の形式で送付すると相手にはJPG形式とVCF形式のファイルが届きます。この形式は相手がOutlookを利用していないときに利用しましょう。JPG形式のファイルが送付されるため、名刺の作成時に文字が枠から切れていないことなどを確認してから送ってください。もし相手がOutlookを使っているときは、ワザ284の方法で連絡先を送付したほうが漏れなく情報を伝えられます。なお、Outlook 2016とOutlook 2013は連絡先をクリックし、閲覧ウィンドウに表示されている［Outlook（連絡先）］をクリックすると［連絡先］ウィンドウが表示されます。

ワザ254を参考に、［連絡先］ウィンドウを表示しておく

1 ［連絡先］タブをクリック

2 ［転送］をクリック

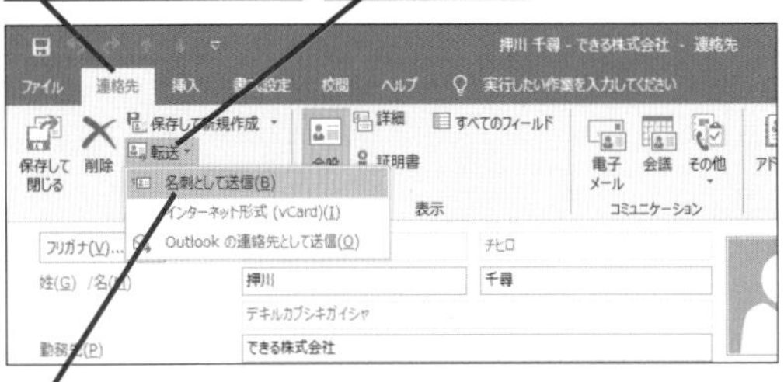

3 ［名刺として送信］をクリック

新規メール作成画面が表示された

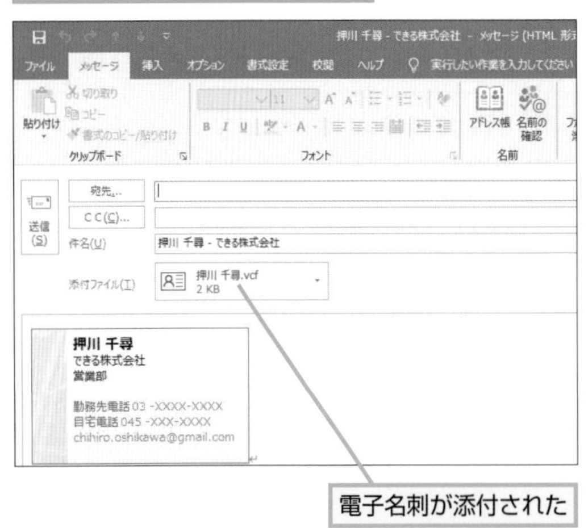

電子名刺が添付された

Q287 365 2019 2016 2013 お役立ち度 ★★★

連絡先の住所を地図で見たい

A 連絡先から［地図］をクリックします

住所を登録しておくと地図を表示できます。住所のうち郵便番号、都道府県、市区町村、番地のどれかに値が入っていれば表示されます。［地図］は取引先の勤務先や親せきなど、実際に訪問する可能性のある場合に設定してあると便利です。また、Wordを使った差し込み印刷で書類の送付先住所としても使えるため、番地まで入力しておくとよいでしょう。

ワザ254を参考に、［連絡先］ウィンドウを表示しておく

1 ［地図］をクリック

Webブラウザーで「Bingマップ」の地図が表示された

関連 Q252 同じ会社に所属する別の人を登録するには …… P.167
関連 Q254 連絡先の内容を変更するには …… P.167

Q288 365 2019 2016 2013

お役立ち度 ★★★

連絡先のメンバーを会議に招待したい

A ［ホーム］タブの［会議］をクリックします

会議を開催する場合はメンバーの招集から始まります。会議のメンバーは連絡先から選ぶと簡単です。連絡先のメモ欄に特技や専門領域などを記載しておくと、会議のメンバーを選択するときに役に立ちます。なお、Microsoft 365のOutlookは［必須］の欄に会議の参加者を設定しましょう。

［連絡先］を表示しておく

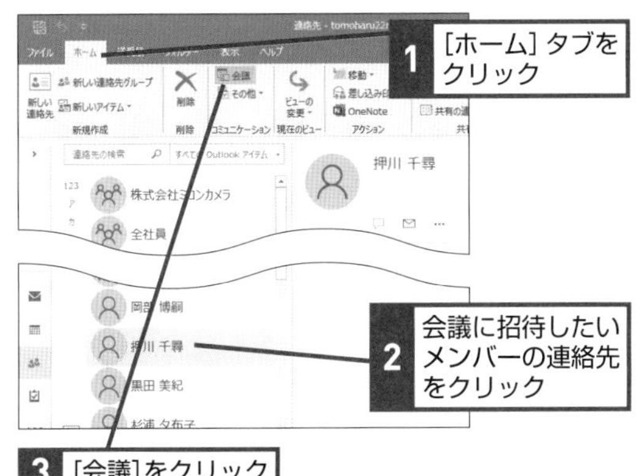

［会議］ウィンドウが表示された

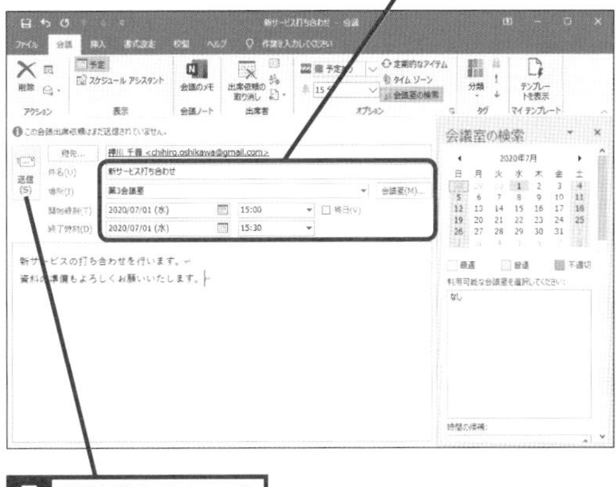

会議の招待が送信される

関連 Q361 会議の出席依頼に返答したい ………………………… P.223

Q289 365 2019 2016 2013

お役立ち度 ★★

グループのメンバー全員を会議に招待したい

A 連絡先グループを選択し［会議］をクリックします

同じメンバーで複数回会議をする場合は、連絡先グループを作ると、あて先の入力の手間が省けて便利です。連絡先グループに登録する連絡先にはメールアドレスが必須です。なお、会議のメンバーが多いと、全員の予定を合わせるのが難しくなります。必須出席者と任意出席者が分かっている場合は、連絡先グループを展開して振り分けておきましょう。

➡タブ……P.311

［連絡先］を表示しておく

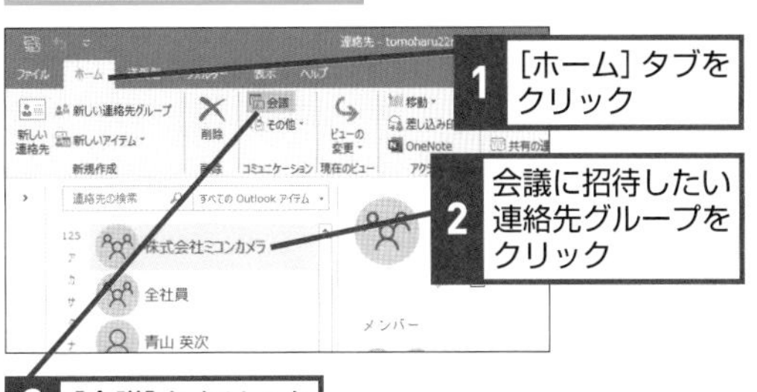

［会議］ウィンドウが表示されるので、ワザ288を参考に［件名］や［場所］、［開始時刻］、［終了時刻］、［本文］をそれぞれ入力して［送信］をクリックする

Q290 365 2019 2016 2013

お役立ち度 ★★★

連絡先のメンバーにタスクを依頼したい

A 連絡先からタスクを送信します

タスクの依頼は連絡先にメールアドレスが登録されていないと送れません。アドレスの有無は注意画面などが表示されないので、登録を見落としがちです。タスクを依頼する際は連絡先にアドレスをしっかり登録しておきましょう。

[連絡先]を表示しておく

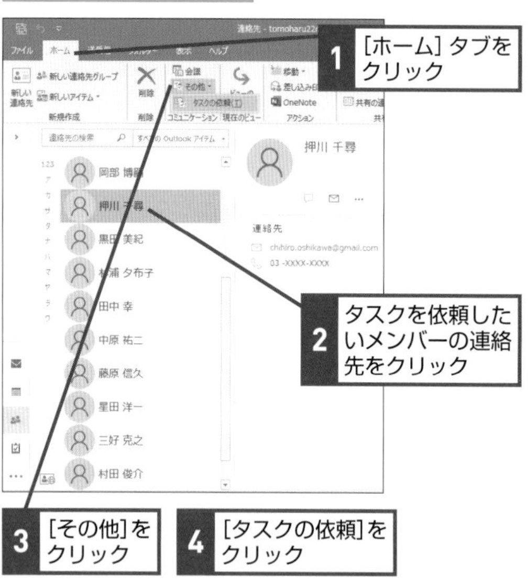

1 [ホーム] タブをクリック

2 タスクを依頼したいメンバーの連絡先をクリック

3 [その他]をクリック

4 [タスクの依頼]をクリック

[タスク]ウィンドウが表示された

選択した連絡先のメールアドレスが入力されている

5 [件名]、[期限]、[優先度]、[本文]などを入力

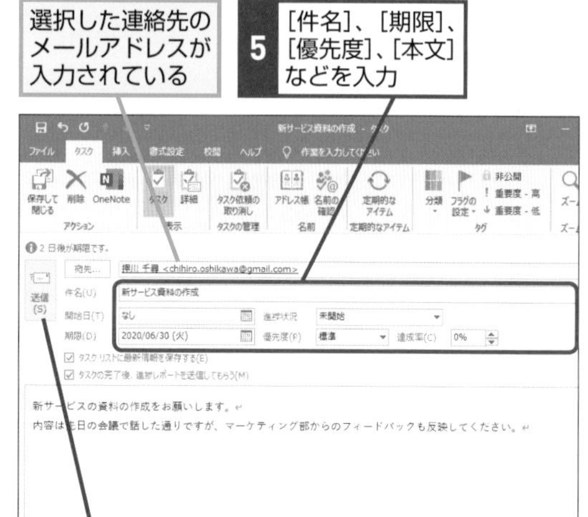

6 [送信]をクリック

タスクの依頼が送信された

Q291 365 2019 2016 2013

お役立ち度 ★★

タスクを依頼せずに一時保存するには

A タスクを送信せずに受信トレイに保存します

タスクはメールとは異なり［下書き］ではなく［受信トレイ］に保存されます。依頼するタイミングが来たら［受信トレイ］から開いて送信しましょう。

➡タスク……P.311

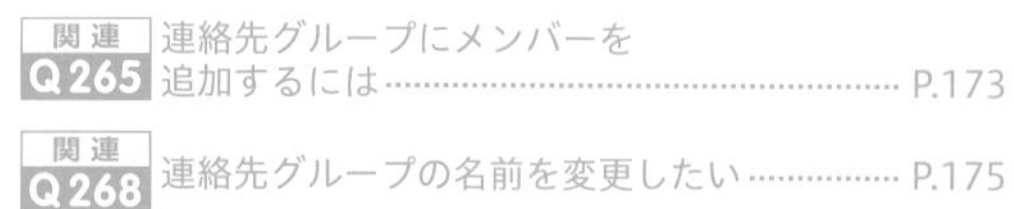
関連 Q265 連絡先グループにメンバーを追加するには……P.173
関連 Q268 連絡先グループの名前を変更したい……P.175

ワザ290を参考に、[タスク]ウィンドウを表示しておく

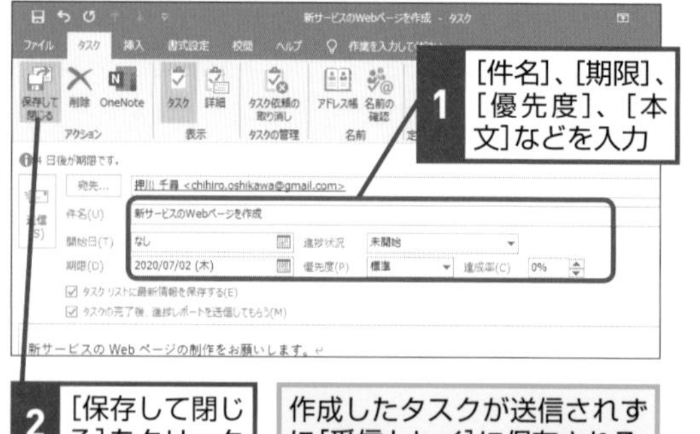

1 [件名]、[期限]、[優先度]、[本文]などを入力

2 [保存して閉じる]をクリック

作成したタスクが送信されずに[受信トレイ]に保存される

連絡先の保存と外部データの取り込み

連絡先のデータは、Outlookだけでなく、ほかのソフトと連携できるファイル形式で保存できます。ここでは連絡先のデータの保存や連携方法を紹介します。

Q292 365 2019 2016 2013 お役立ち度 ★★

連絡先を別のファイルとして保存するには

A 連絡先をファイルに保存します

連絡先をファイルに保存しておくと、アプリの移行やバックアップに役立ちます。VCF形式のファイルで保存できるため、ほかのソフトへのコピーも行えます。

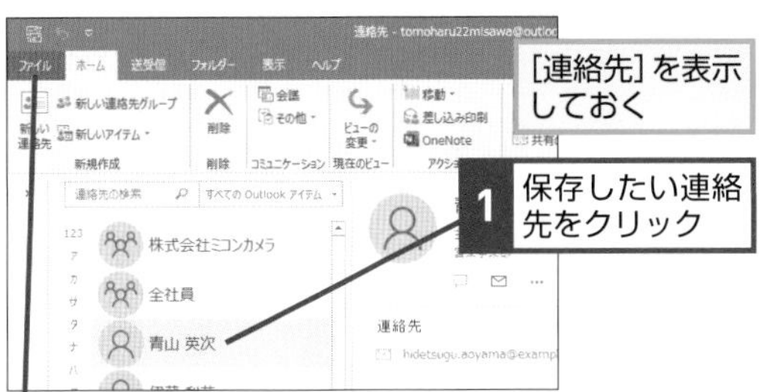

2 [ファイル]をクリック

3 [名前を付けて保存]をクリック

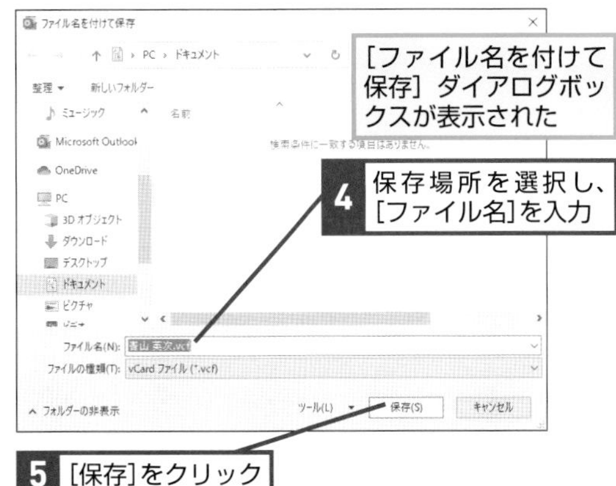

5 [保存]をクリック

Q293 365 2019 2016 2013 お役立ち度 ★★

vCardファイルって何?

A 連絡先を共有するためのファイル形式です

VCF形式のファイルは「vCard」と言われる電子名刺の標準データ形式です。個人の連絡先やパーソナルデータを保存するために使われます。Outlookの連絡先はvCardに準拠しているため、形式が同じであればほかのソフトからインポートやコピーが行えます。複数の連絡先情報が保存されたvCard形式のファイルの場合は、最初の1件のみ連絡先に取り込めます。一度にたくさんの連絡先情報をインポートしたい場合は、CSV形式のファイルで取り込みましょう。

➡CSV形式……P.306

Q294 365 2019 2016 2013 お役立ち度 ★★

別のアプリに連絡先を一括で登録したい

A 連絡先データをCSV形式でエクスポートしましょう

別のアプリに連絡先を登録したい場合、連絡先データをCSV形式でエクスポートするとよいでしょう。連絡先を取り扱えるアプリの多くはCSV形式のファイルのインポートに対応しています。この形式のときは画像ファイルは保存できないため、名刺や顔写真が必要な場合は1件ずつVCF形式のファイルで保存しましょう。ワザ295を参考に、[ファイルのエクスポート]画面で[テキストファイル]を選ぶとCSV形式で保存できます。CSV形式で保存した場合、Excelなど別のアプリで管理することも可能です。

➡エクスポート……P.309

Q295 365 2019 2016 2013

お役立ち度 ★★★

すべての連絡先をバックアップしておきたい

A 連絡先をエクスポートします

連絡先の情報はPSTファイルにバックアップできます。PSTファイルとはOutlookのメールや予定表などのデータをまとめたファイルです。ここでは［連絡先］フォルダーを選択することで、連絡先のみをバックアップしています。フォルダー選択後にパスワードを設定できるため、個人情報も安心して保存可能です。テキストファイル形式でもバックアップは行えますが、顔写真が保存できないため、PSTファイルでのバックアップをお薦めします。

1 ［ファイル］タブをクリック

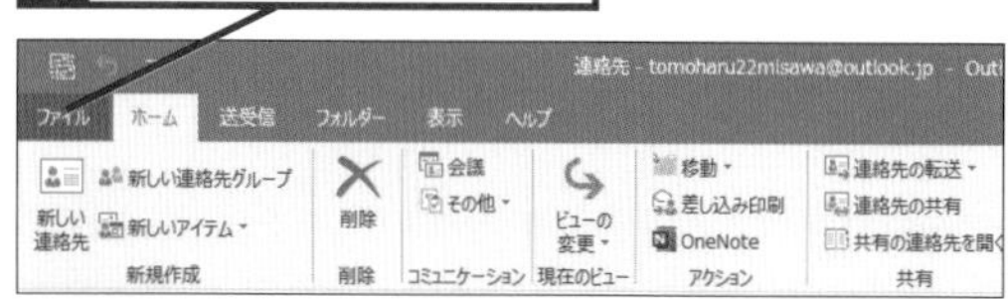

2 ［開く/エクスポート］をクリック

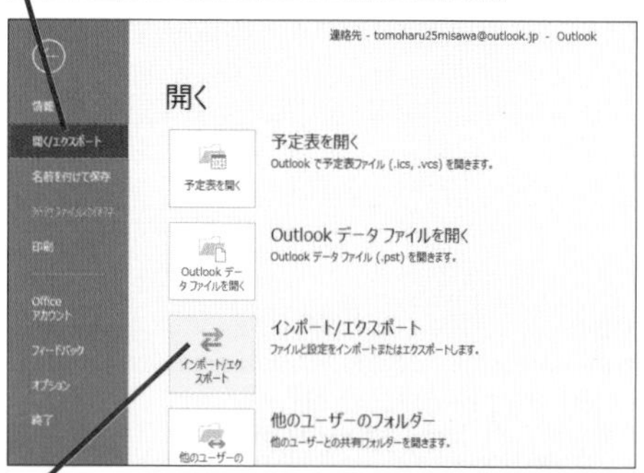

3 ［インポート/エクスポート］をクリック

［インポート/エクスポート］ウィザードが起動した

4 ［ファイルにエクスポート］をクリック

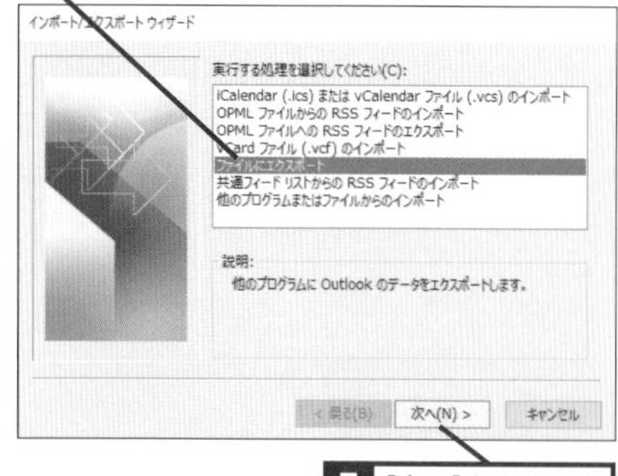

5 ［次へ］をクリック

ファイルの種類を選択する

6 ［Outlook データファイル(.pst)］をクリック

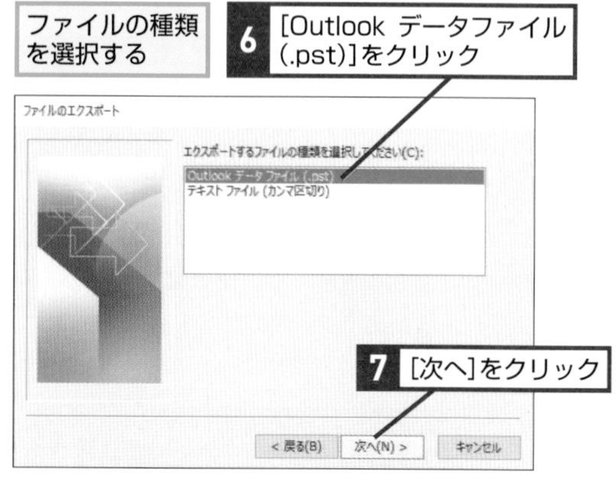

7 ［次へ］をクリック

エクスポートするフォルダーを選択する

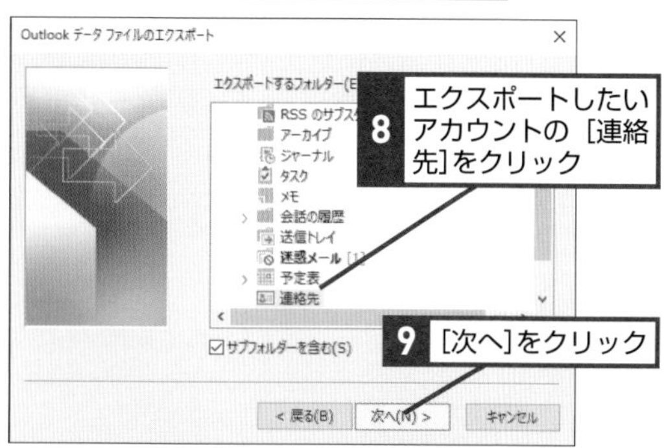

8 エクスポートしたいアカウントの［連絡先］をクリック

9 ［次へ］をクリック

ファイルの保存先とファイル名を選択する

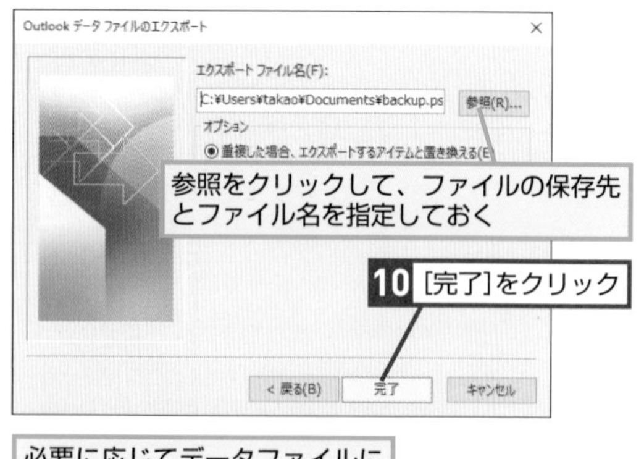

参照をクリックして、ファイルの保存先とファイル名を指定しておく

10 ［完了］をクリック

必要に応じてデータファイルにパスワードを設定しておく

Q296 365 2019 2016 2013 お役立ち度 ★★★

連絡先をバックアップから復元したい

A Outlookデータファイルをインポートします

連絡先を復元するときは、PSTファイルをインポートしてから、データを移動する必要があります。PSTファイルにパスワードを設定している場合は、インポート時にパスワードを入力します。一度入力すればOutlookを再起動しても再入力は必要ありません。Outlookの連絡先をPSTファイルにバックアップしたい場合は、ワザ295の操作を確認してください。

2 [開く/エクスポート] をクリック

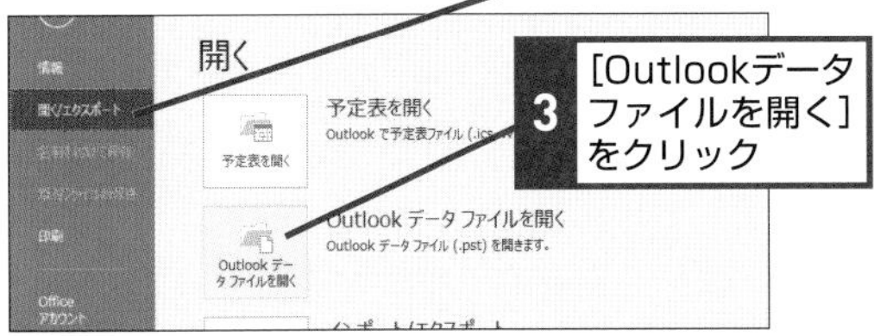

[Outlookデータファイルを開く] ダイアログボックスが表示された

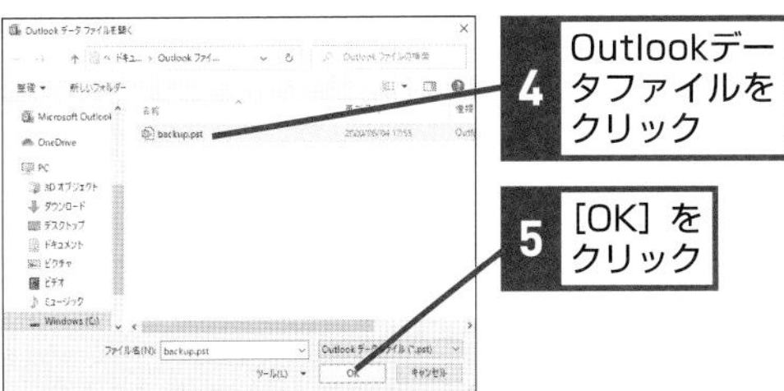

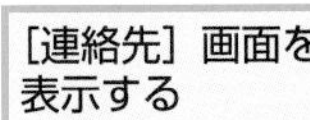

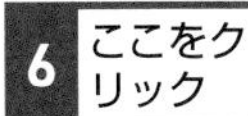

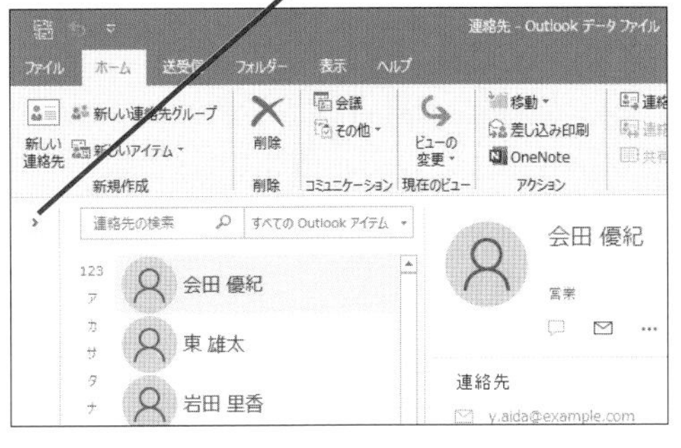

7 [フォルダーウィンドウの固定] をクリック

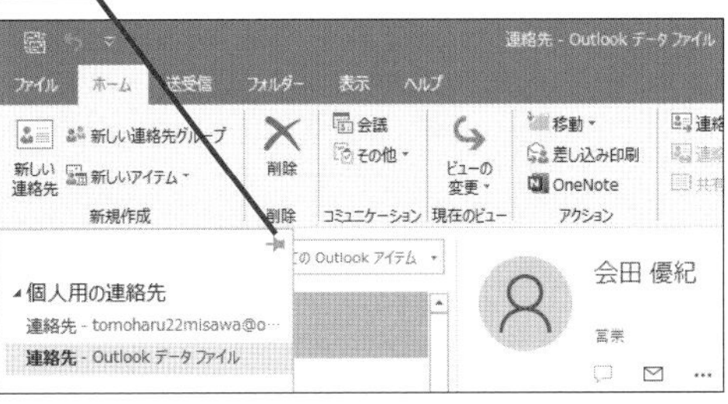

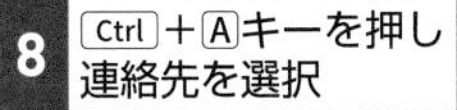

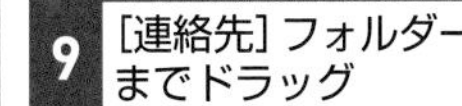

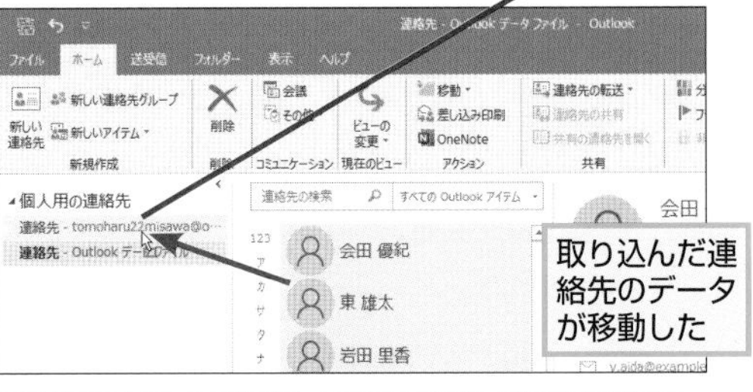

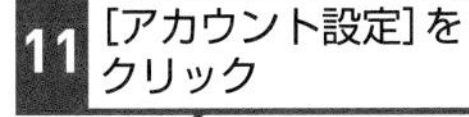

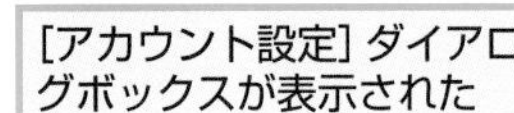

13 [データファイル] タブをクリック

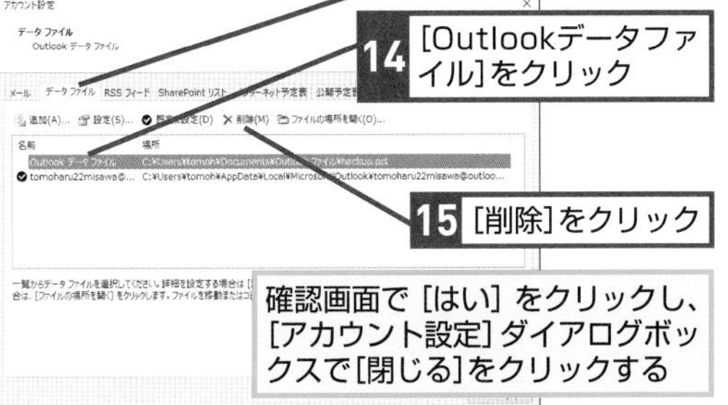

Q297 365 2019 2016 2013 お役立ち度 ★★★

外部のデータから連絡先を取り込みたい

A vCard形式のファイルをインポートできます

Outlook以外で作成したvCardファイルを受け取ったら、［インポート］機能で連絡先に取り込みましょう。vCardファイルは複数の連絡先が1つのファイルになっている場合があります。その場合は、初めの1件のみ取り込み可能です。複数の連絡先を取り込みたい場合は、1件ずつ受け取るか、CSV形式で受け取る必要があります。また、vCardファイルを作成した環境によって文字化けが起こることがあります。そのときもCSV形式で受け取ることを検討しましょう。

➡CSV形式……P.306

1 ［ファイル］タブをクリック

2 ［開く/エクスポート］をクリック

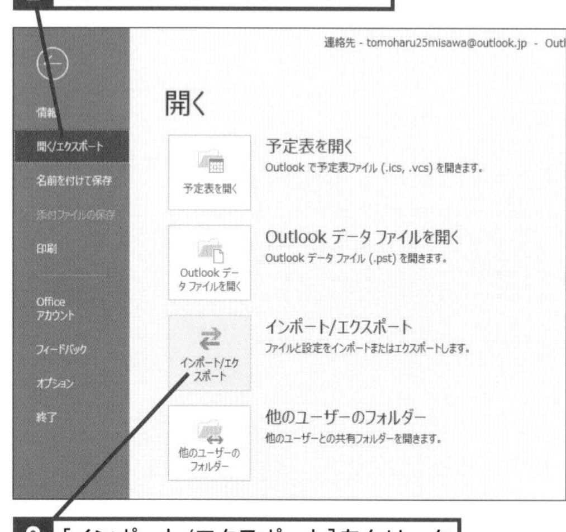

3 ［インポート/エクスポート］をクリック

［インポート/エクスポート］ウィザードが起動した

4 ［vCardファイル（.vcf）のインポート］をクリック

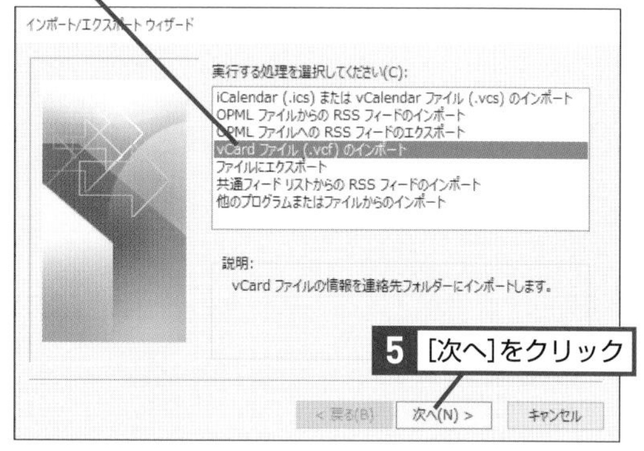

5 ［次へ］をクリック

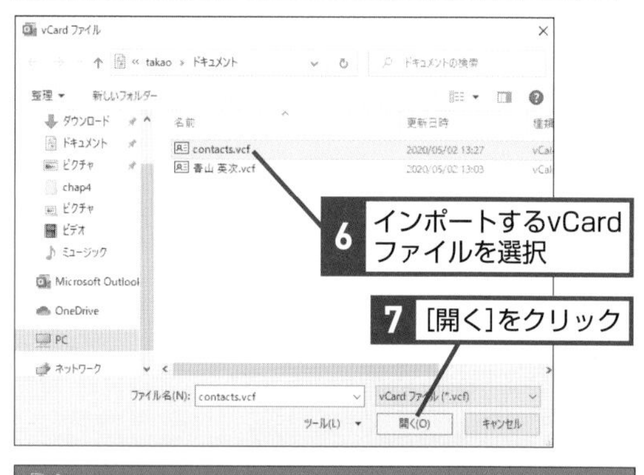

6 インポートするvCardファイルを選択

7 ［開く］をクリック

vCardファイルの内容が取り込まれた

関連 Q292 連絡先を別のファイルとして保存するには……P.187
関連 Q295 すべての連絡先をバックアップしておきたい……P.188

CSV形式のファイルに保存された連絡先を取り込むには

A CSV形式のファイルをインポートします

CSV形式の場合、文字化けは起こりにくく、複数の連絡先を同時に取り込めます。しかし、顔写真などの画像ファイルは保存できません。顔写真が必要な場合はvCardファイルで取り込みましょう。

ワザ297を参考に、[インポート/エクスポート]ウィザードを起動しておく

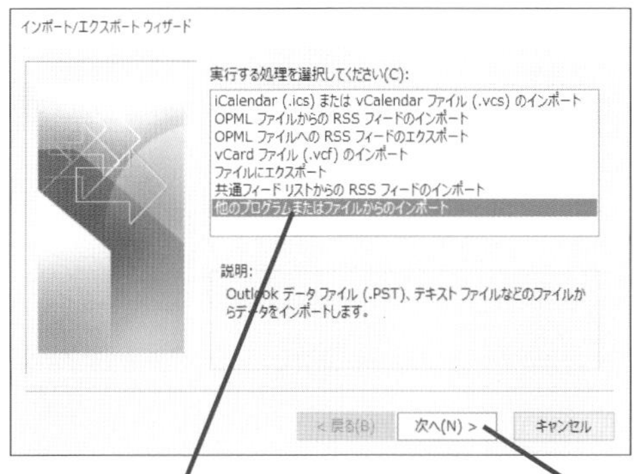

1 [他のプログラムまたはファイルからのインポート]をクリック

2 [次へ]をクリック

3 [テキストファイル(カンマ区切り)]をクリック

4 [次へ]をクリック

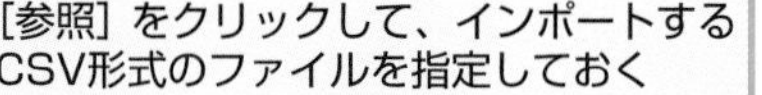

[参照] をクリックして、インポートするCSV形式のファイルを指定しておく

5 [重複してもインポートする]をクリック

6 [次へ]をクリック

7 [連絡先] が選択されていることを確認

8 [次へ]をクリック

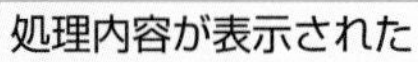

処理内容が表示された

9 [完了]をクリック

指定したCSV形式のファイルから連絡先が取り込まれた

関連 Q297 外部のデータから連絡先を取り込みたい……… P.190
関連 Q299 Gmailの連絡先をOutlookに取り込むには……… P.192

Q299 365 2019 2016 2013 お役立ち度 ★★★

Gmailの連絡先をOutlookに取り込むには

A Gmailで連絡先をエクスポートします

Gmailの連絡先はOutlookと形式が異なります。そのためGmailの連絡先からインポートした項目の中で、Outlookの連絡先には取り込めない項目もあることに注意してください。以下の方法ではGmailの形式を簡単にOutlookの形式に変換するために「Internet Explorer」を利用しています。使い慣れた文字コード変換アプリがあればそれを使ってもよいでしょう。

➡Googleアカウント……P.306

ブラウザーを起動して、Googleアカウントで[Googleコンタクト]にサインインしておく

1 [エクスポート]をクリック

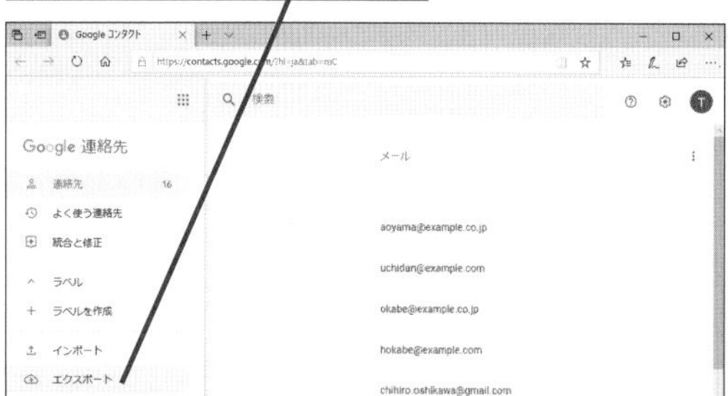

[連絡先のエクスポート]画面が表示された

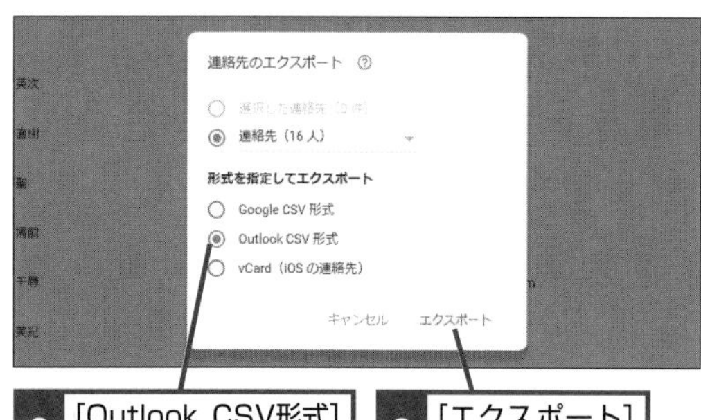

2 [Outlook CSV形式]をクリック

3 [エクスポート]をクリック

連絡先データのダウンロードが開始された

ダウンロードしたファイルをエクスプローラーで表示しておく

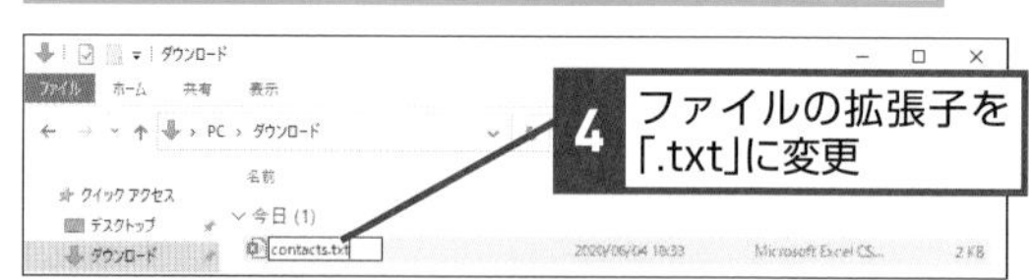

4 ファイルの拡張子を「.txt」に変更

拡張子を変更してよいか確認する画面が表示された

5 [はい]をクリック

Internet Explorerを起動しておく

6 拡張子を変更したファイルをInternet Explorerにドラッグ

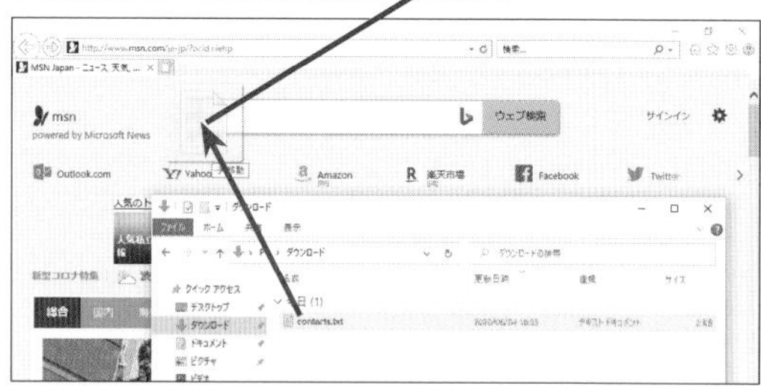

Internet Explorerにファイルの内容が表示された

7 ファイルの内容が表示されている領域を右クリック

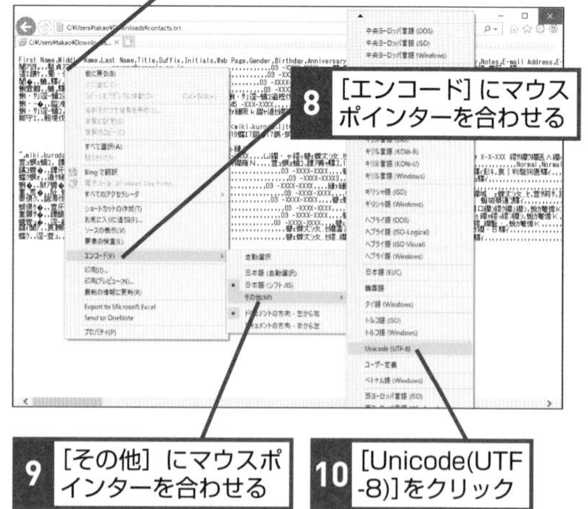

8 [エンコード]にマウスポインターを合わせる

9 [その他]にマウスポインターを合わせる

10 [Unicode(UTF-8)]をクリック

11 Altキーを押す

12 [ファイル]をクリック

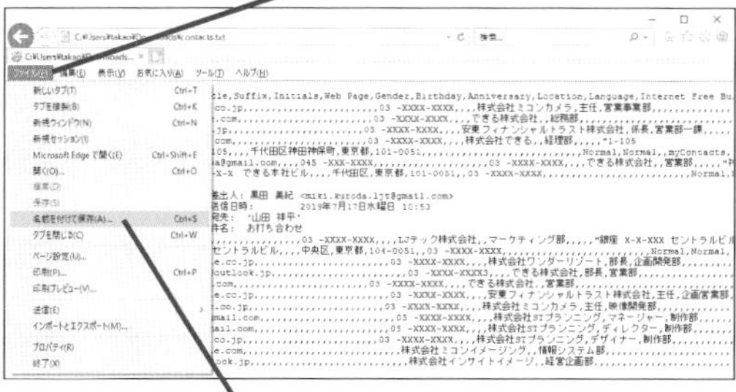

13 [名前を付けて保存]をクリック

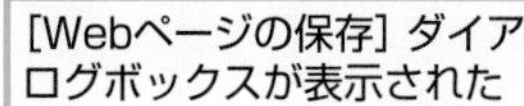

[Webページの保存]ダイアログボックスが表示された

14 エンコードのここをクリック

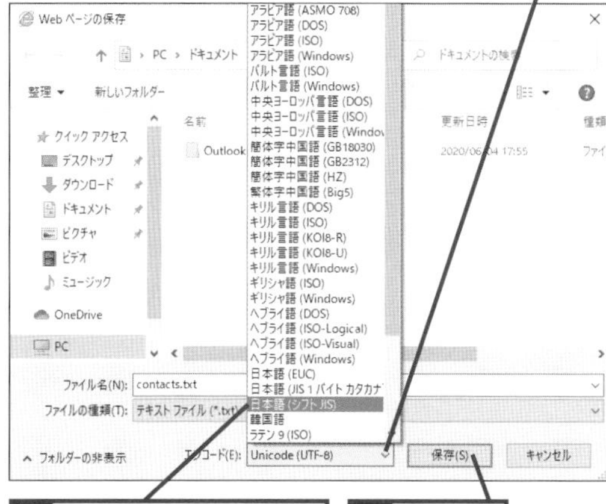

15 [日本語(シフトJIS)]をクリック

16 [保存]をクリック

操作4を参考に、保存したファイルの拡張子を「.csv」に変更しておく

Outlookを起動しておく

17 [ファイル]タブをクリック

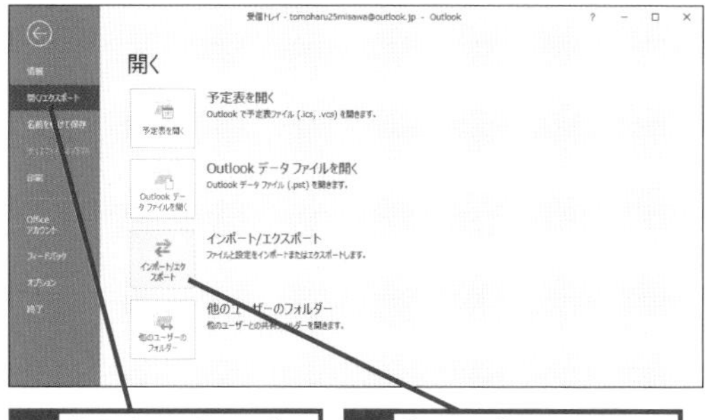

18 [開く/エクスポート]をクリック

19 [インポート/エクスポート]をクリック

[インポート/エクスポート]ウィザードが起動した

ワザ298を参考に、拡張子を「.csv」に変更したファイルを取り込んでおく

[ファイルのインポート]ダイアログボックスが表示された

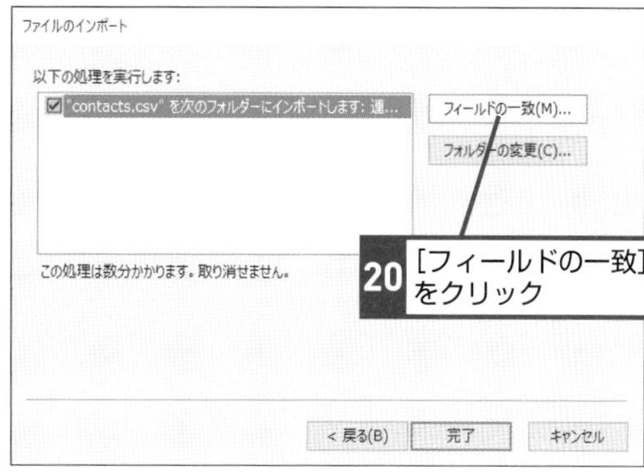

20 [フィールドの一致]をクリック

[フィールドの一致]ダイアログボックスが表示された

21 インポート元の[値]をOutlook上の一致するフィールドにドラッグ

操作21を参考にほかの[値]もドラッグしてフィールドを一致させる

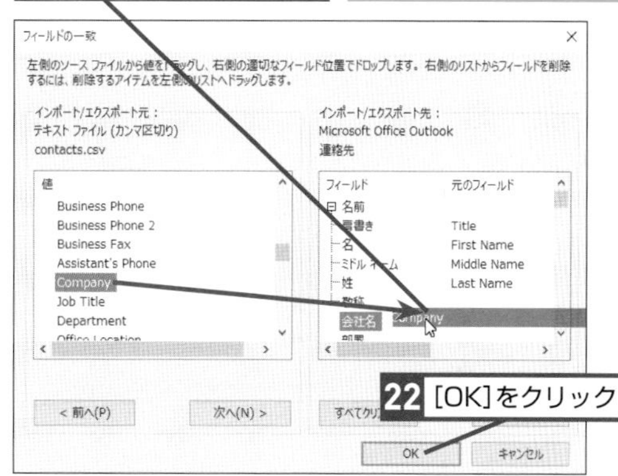

22 [OK]をクリック

[ファイルのインポート]ダイアログボックスが表示された

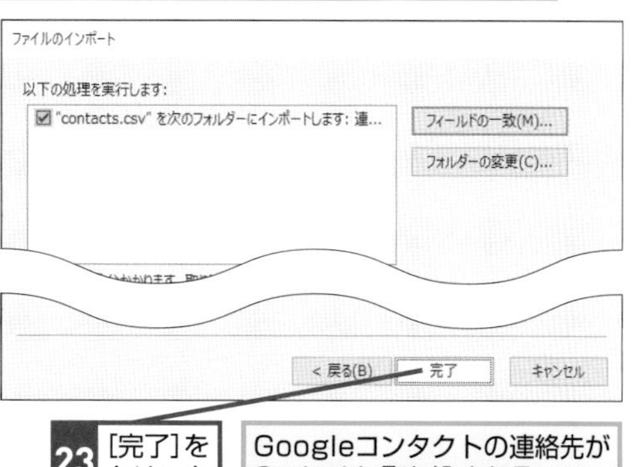

23 [完了]をクリック

Googleコンタクトの連絡先がOutlookに取り込まれる

第5章 予定表を使う

予定を登録する

メール機能の次に重要な予定表を作りましょう。予定を登録しておけばリマインド通知も行われます。ここではスケジュール管理のための疑問を解決します。

Q300 365 2019 2016 2013 お役立ち度 ★★★

予定表画面の主な構成を知りたい

A カレンダーナビゲーターとビューで予定を表示します

予定表画面では月のカレンダーや日ごとのスケジュール形式で予定を表示できます。リボンの［表示形式グループ］とカレンダーナビゲーターで表示内容を変更します。時間を調整するときは［グループスケジュール］を使いましょう。Microsoft Exchangeを使っているユーザーやGoogleカレンダーを公開しているユーザーの予定表を並べて表示できます。

➡Microsoft Exchange……P.307

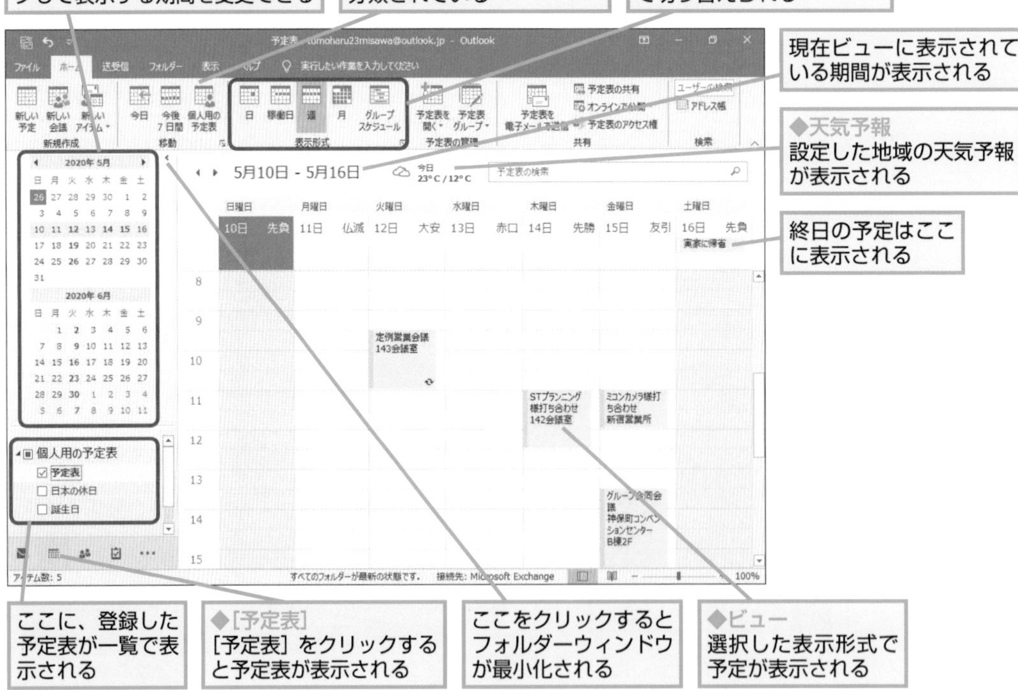

Q301 365 2019 2016 2013 お役立ち度 ★★★

新しい予定を登録するには

A ［予定］ウィンドウを表示して登録します

予定を登録すればOutlookを手帳の代わりに使えます。予定表画面を表示した状態でCtrl+Nキーを押しても新しい予定を作成できます。メール画面などから予定を作成したい場合はCtrl+Shift+Aキーでも作成可能です。初期状態では30分間の予定として設定されています。リボン内のグループに複数の機能がある場合、ウィンドウのサイズが小さいとグループ内の機能の一部が表示されません。本書ではリボン内の機能をすべて表示するためにウィンドウの幅を広げています。

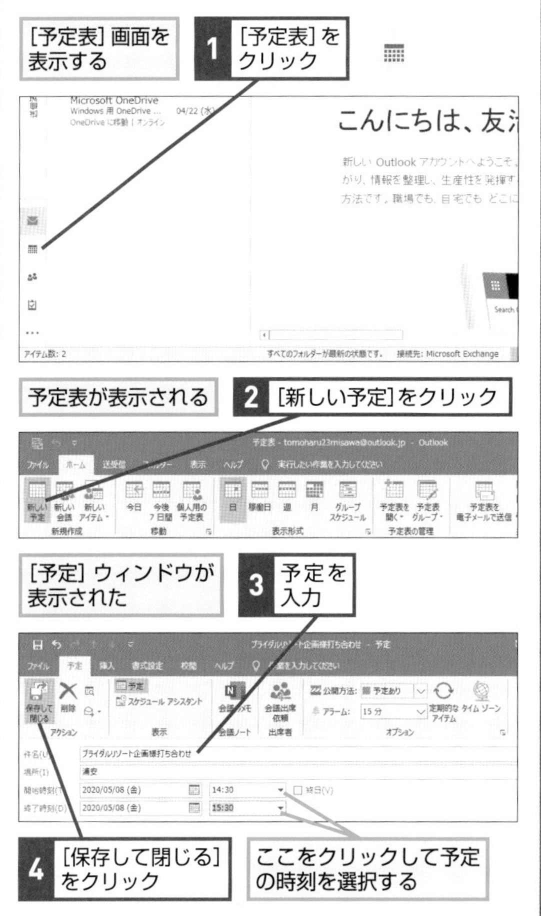

Q302 365 2019 2016 2013 お役立ち度 ★★★

日時を指定して予定を登録するには

A 日時を選択して予定を作成します

予定表で日時を選択しておくと、その日時の予定を簡単に登録できます。開始時間と終了時間は予定の作成画面で1分単位の入力が可能です。

ワザ326を参考に、カレンダーナビゲーターを表示しておく

5月13日の11:00～12：30に打ち合わせの予定を入れる

1 予定を登録する週の先頭にマウスポインターを合わせる

マウスポインターの形が変わった

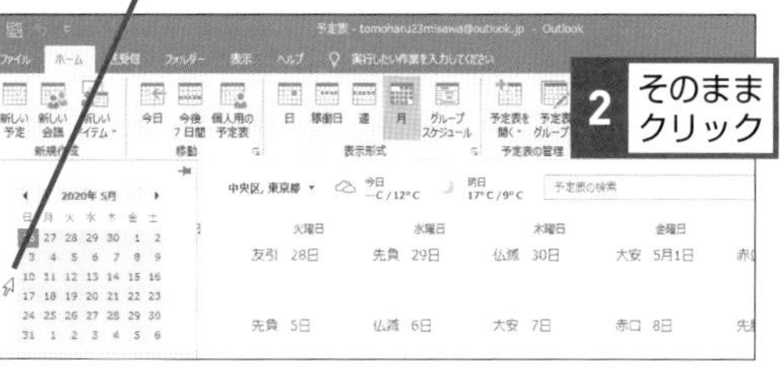

13日を含む週の予定表が表示された

予定の日時をドラッグして選択する

3 5月13日の［11:00］にマウスポインターを合わせる

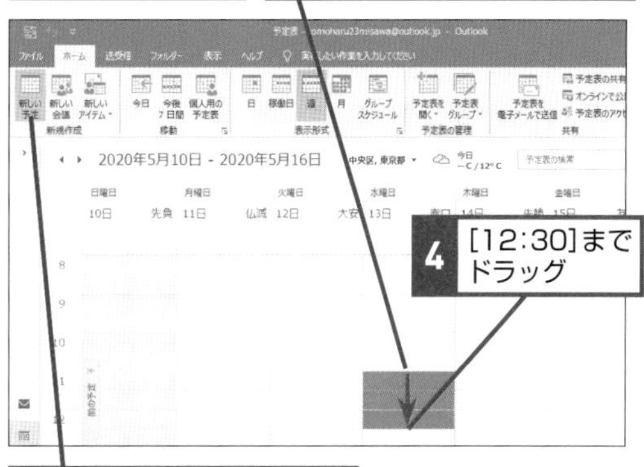

5 ［新しい予定］をクリック

［予定］ウィンドウが表示された

6 ［件名］と［場所］を入力

7 操作3～4で選択した開始時刻、終了時刻が入力されていることを確認

8 ［保存して閉じる］をクリック

Q303 365 2019 2016 2013 お役立ち度 ★★★

予定を変更したい

A ［予定］ウィンドウを表示して変更します

日程だけでなく、予定の詳細などを後から編集できるのがOutlook予定表の特徴です。予定が変わった際には間を開けずに更新しましょう。

変更を加えたい予定を表示しておく

1 変更する予定をダブルクリック

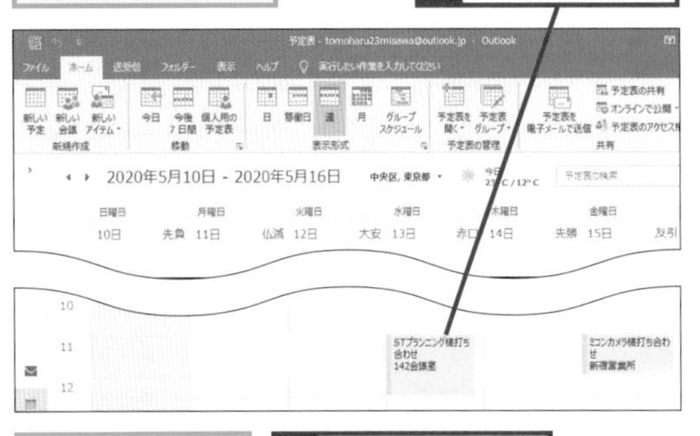

［予定］ウィンドウが表示された

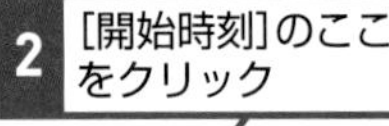

2 ［開始時刻］のここをクリック

カレンダーが表示された

3 新しい日付をクリック

予定の日付が変更された

［終了時刻］の日付が自動的に変更された

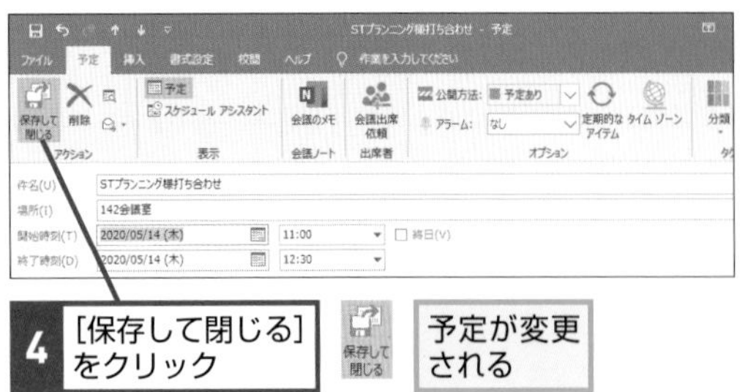

4 ［保存して閉じる］をクリック

予定が変更される

Q304 365 2019 2016 2013 お役立ち度 ★★★

予定を削除するには

A ［予定］タブの［削除］ボタンをクリックします

予定を削除するときは添付ファイルや大切なメモがないことを確認しましょう。以下の手順のほか、予定を選択して Delete キーを押しても予定を削除できます。予定にアラームを設定しているときは、連動してアラームも削除されます。予定の内容を確認してから削除したい場合は、予定を開いてから［予定］タブにある［削除］ボタンをクリックしましょう。

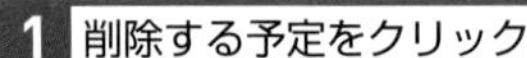

1 削除する予定をクリック

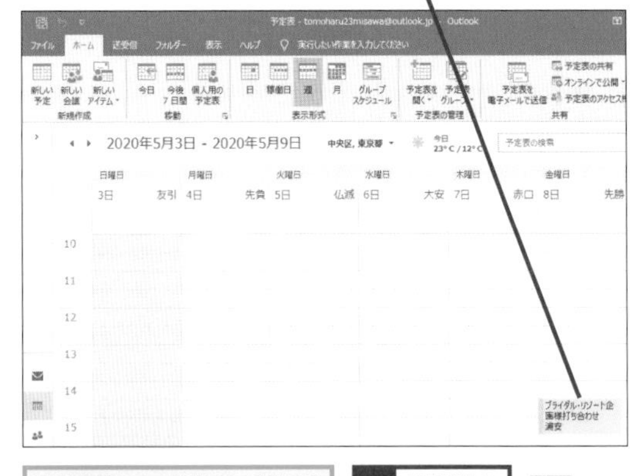

［予定表ツール］の［予定］タブが表示された

2 ［削除］をクリック

予定が削除された

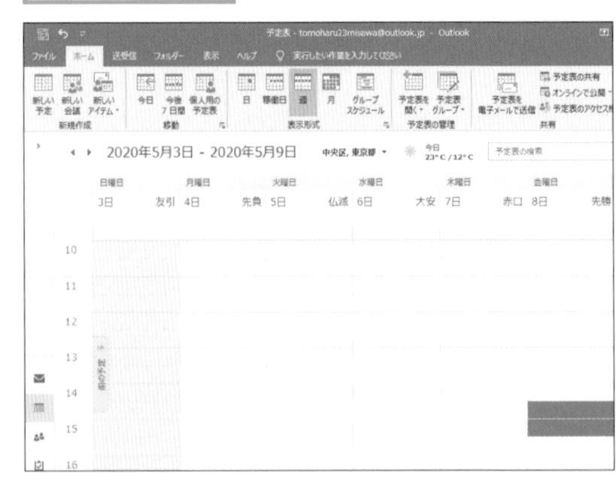

毎週ある作業を予定に入れるには

A ［定期的な予定の設定］ダイアログボックスで予定を登録します

定期的に訪れる予定を一件一件入力していく必要はありません。［定期的な予定の設定］画面では毎週以外にも毎日、毎月、毎年といった単位での設定も可能です。1回限りだった予定が定期的な予定に変わる場合、予定を選択して［予定表ツール］の［予定］タブにある［定期的なアイテム］ボタンで、毎週の予定などに設定を変更できます。

➡ダイアログボックス……P.311

ここでは、毎週火曜日の9:30～11:00に行う定例会議を予定に登録する

最初の予定を登録する週を表示しておく

最初の予定日時をドラッグして選択する

1 火曜日の［9:30］から［11:00］までドラッグ

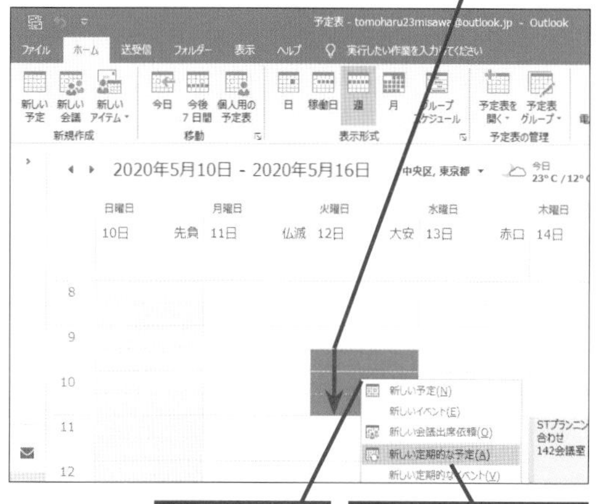

2 そのまま右クリック

3 ［新しい定期的な予定］をクリック

［定期的な予定の設定］ダイアログボックスが表示された

ここでは、毎週火曜日に予定が繰り返されるようにする

4 ［週］が選択されていることを確認

5 ［1］と入力されていることを確認

6 ［火曜日］にチェックマークがついていることを確認

7 ［終了日］のここをクリックして終了日を選択

8 ［OK］をクリック

定期的な予定が設定された

［定期的な予定］ウィンドウが表示された

通常の予定と同様に、件名や場所を入力する

9 件名を入力

10 場所を入力

11 ［アラーム］のここをクリックして［5分］を選択

予定の入力を完了する

12 ［保存して閉じる］をクリック

選択した日時から終了まで、定期的に繰り返す予定が入力された

定期的な予定には、繰り返しを示すアイコンが表示される

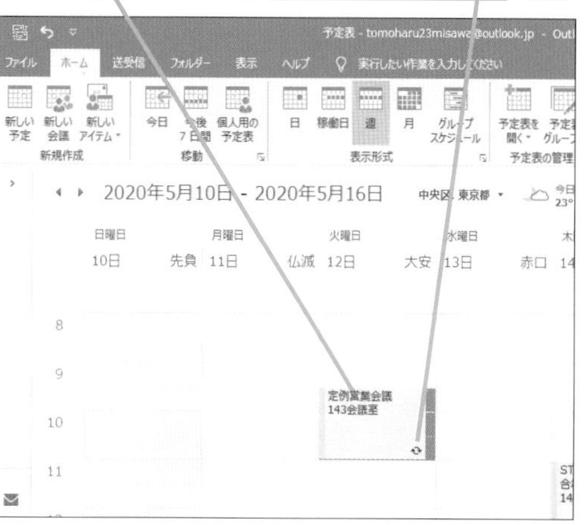

Q306 365 2019 2016 2013

お役立ち度 ★★★

毎週ある予定を後から変更するには

A ［定期的な予定］タブの［定期的なアイテム］ボタンをクリックします

［定期的な予定の設定］ダイアログボックスでは、予定の開始時間や開催時間を変更できます。定期的な予定の期間の変更もここから行えます。定期的な予定をダブルクリックすると、ダブルクリックした日の予定か、定期的な予定全体を選択したのか確認が行われます。今後の予定をすべて変更したい場合は［定期的な予定全体］をオンにして［OK］をクリックします。このとき［この回のみ］を［オン］にして変更した個別の予定もすべて変更されます。適用時は個別設定の有無を確認しましょう。

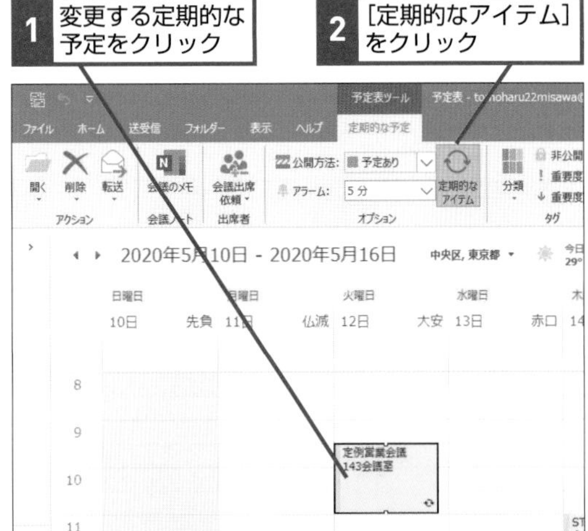

［定期的な予定の設定］ダイアログボックスが表示されるので、予定を変更する

関連 Q307 毎週ある予定を一つだけを削除したい ………… P.198
関連 Q309 毎日ある作業の予定を入れたい ………………… P.199

Q307 365 2019 2016 2013

お役立ち度 ★★★

毎週ある予定を一つだけ削除したい

A ［削除］ボタンから［選択した回を削除］をクリックします

今週だけ予定をキャンセルしたい場合は［選択した回を削除］を選びます。これにより来週の予定はそのままに、今週の予定だけが削除されます。削除するときに確認画面は表示されないため、間違えて削除しないように注意しましょう。

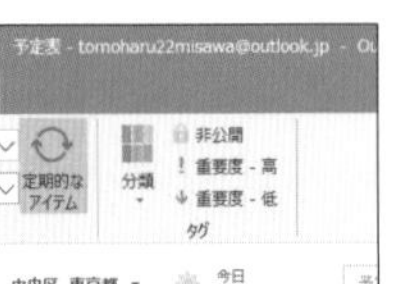

Q308 365 2019 2016 2013

お役立ち度 ★★★

毎週ある予定をすべて削除したい

A ［定期的なアイテムを削除］をクリックします

毎週の予定がなくなったときは、以下の手順で操作すると関連する定期的な予定がすべて削除されます。ボタンをクリックするだけで削除されるので、必要な予定を間違えて削除しないように注意しましょう。

➡アイテム……P.308

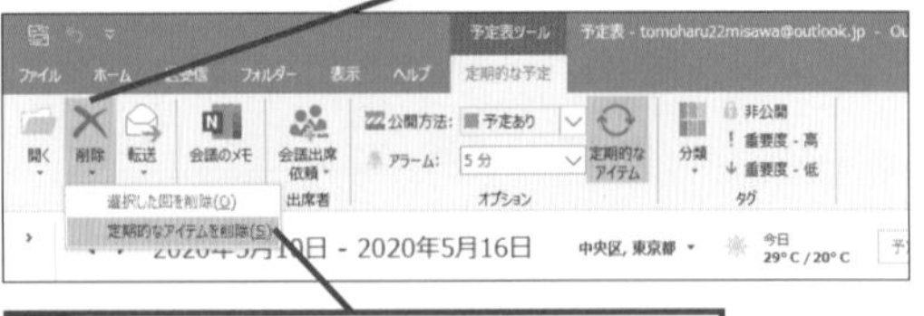

Q309 365 2019 2016 2013 お役立ち度 ★★★

毎日ある作業の予定を入れたい

A [定期的な予定の設定] ダイアログボックスで [日] を選びます

[定期的な予定の設定] ダイアログボックスでは、毎日の予定以外にも毎月の予定や毎年の予定を設定することも可能です。2日に1回というような予定がある場合は、[間隔] の日数を増やすことで設定できます。また、稼働日を設定しておけば [すべての平日] に予定を入れられます。

➡ダイアログボックス……P.311

ワザ305を参考に、[定期的な予定の設定] ダイアログボックスを表示しておく

1 [日]をクリック

2 [終了日]のここをクリックして終了日を選択

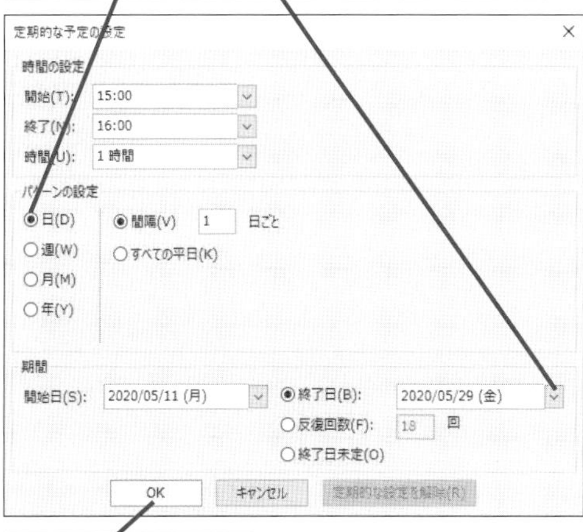

3 [OK]をクリック

4 [件名]などを入力

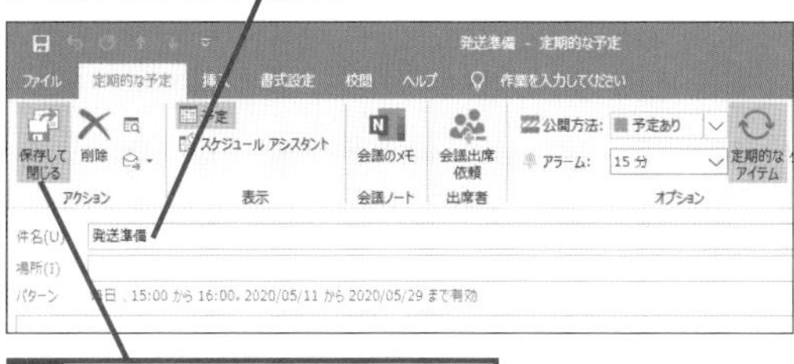

5 [保存して閉じる]をクリック

関連 Q307 毎週ある予定を一つだけを削除したい ………… P.198

Q310 365 2019 2016 2013 お役立ち度 ★★★

毎月第2火曜日にある予定を入れるには

A [定期的な予定の設定] ダイアログボックスで [月] を選びます

[定期的なアイテム] の設定では、「月の初めから見た何回目の曜日か」という設定以外にも、最終の曜日といった指定も行えます。曜日指定以外にも、[日 (A)] をオンにして項目に数字を入力すれば、毎月15日の予定など、日に応じた予定を設定できます。

ここでは毎月第2火曜日にある予定を登録する

ワザ305を参考に、[定期的な予定の設定] ダイアログボックスを表示しておく

1 [月]をクリック

2 [曜日]をクリック

3 ここをクリックして[第2]を選択

4 ここをクリックして[火曜日]を選択

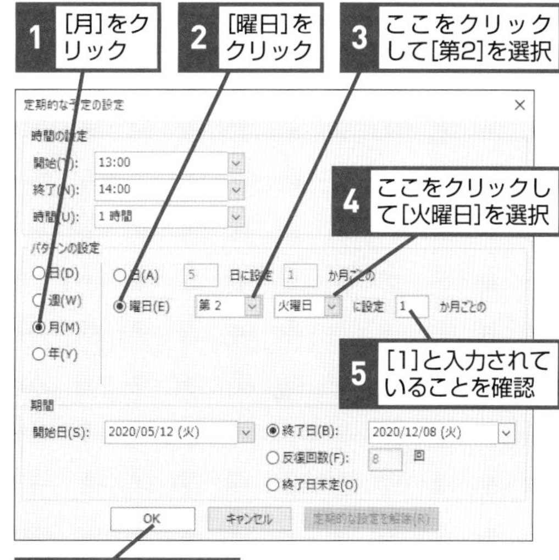

5 [1]と入力されていることを確認

6 [OK]をクリック

7 [件名]などを入力

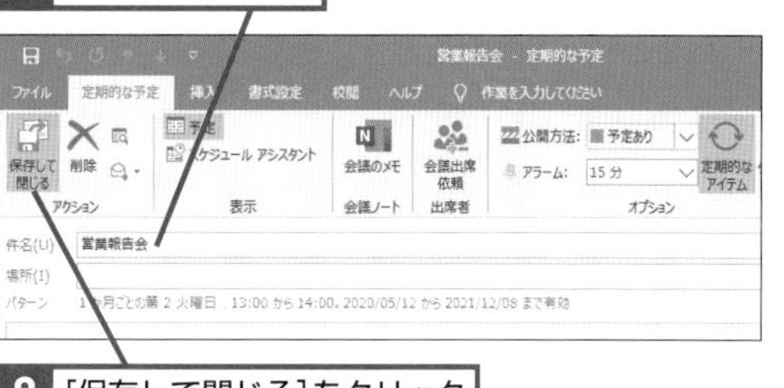

8 [保存して閉じる]をクリック

関連 Q305 毎週ある作業を予定に入れるには ……………… P.197

Q311 365 2019 2016 2013 お役立ち度 ★★★

終日の予定を入れるには

A ［開始時刻］の横にある［終日］にチェックを入れます

Outlookでは1日中拘束される終日の予定を「イベント」と呼びます。［イベント］の期間は指定した日の0:00から翌日0:00までの24時間です。一般的な予定と異なり予定表の上部に表示されます。また、予定の［公開方法］が［空き時間］に設定されるため、ビューに表示されるタイムラインには、何も表示されません。予定が登録されていない場合でも、予定表の上部を見て［イベント］が入っていないか確認するか、［公開方法］を［予定あり］などに変更するようにしましょう。

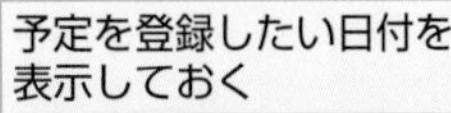

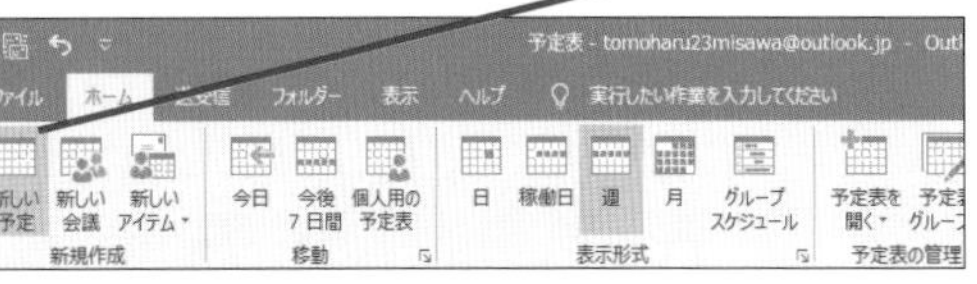

［イベント］ウィンドウが表示された

2 件名を入力

3 ［終日］をクリックしてチェックマークを付ける

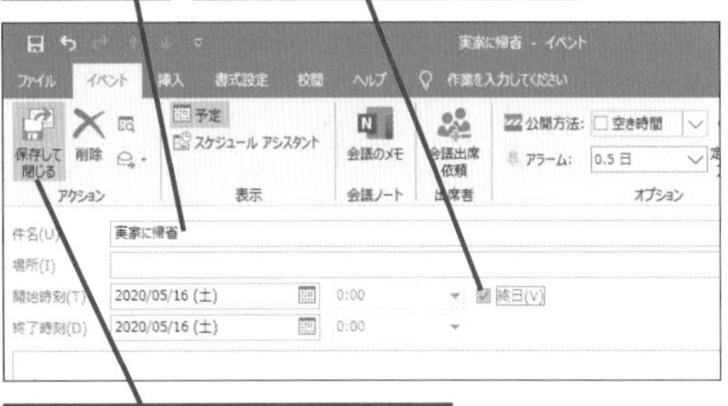

4 ［保存して閉じる］をクリック

終日の予定が登録された

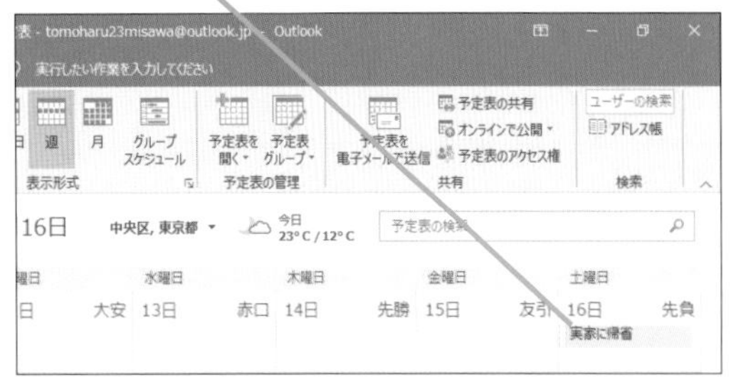

Q312 365 2019 2016 2013 お役立ち度 ★★★

数日にわたる予定を登録するには

A ［週］ビューで連続した日付を選択してから予定を登録します

2日間開催のイベントなどは予定の表示を切り替えて登録しましょう。同じ週の予定であれば［週］ビューで予定の登録ができますが、週をまたぐ予定やゴールデンウィークなどの長期間の予定は［月］ビューに切り替えて同様の操作を行い登録します。カレンダー表示以外でも、予定表の作成画面で終了時刻を開始時刻と別日に設定すると数日にわたる予定として設定されます。期間を選択した後にダブルクリックするとクリックした時間のみの予定設定となってしまうので操作時は気をつけましょう。

予定を登録したい週を表示しておく

1 最初の日にマウスポインターを合わせる

2 最後の日までドラッグ

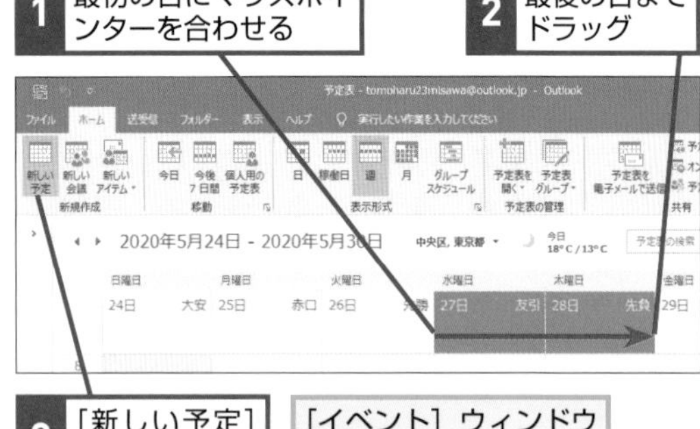

3 ［新しい予定］をクリック

［イベント］ウィンドウが表示された

4 件名を入力

5 場所を入力

6 ［保存して閉じる］をクリック

選択した期間で終日の予定が登録された

Q313 365 2019 2016 2013 お役立ち度 ★★★

予定の期間を延長したい

A 予定の右端や左端をドラッグします

入力済みの予定は予定の端をドラッグすると期間が延長できます。予定を表示して開始時刻、終了時刻を変更する方法でも同じように予定期間を変更できます。数日の予定延長は［月］ビューを使い、時間を延長する場合は［日］や［週］ビューを使いましょう。会議予定の場合は自分が主催した場合だけ延長可能です。

➡ビュー……P.312

1 変更するイベントをクリック

右端や左端をドラッグすると予定の期間を変更できる

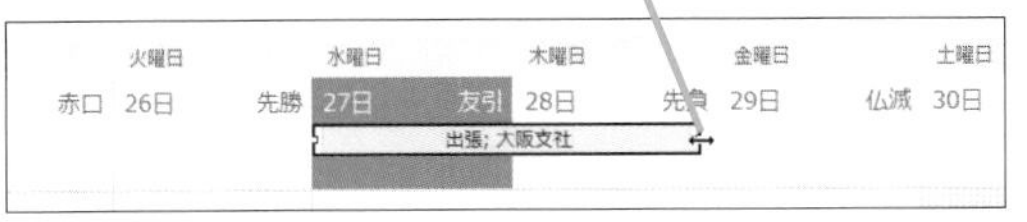

Q314 365 2019 2016 2013 お役立ち度 ★★★

予定を非公開にしたい

A ［非公開］ボタンをクリックします

予定表をほかの人に公開している場合、プライベートな予定は非公開にしたい場合があります。そのときは以下手順で非公開に設定しましょう。予定表を公開している相手には「非公開の予定」と表示され、この時間に何か予定があることだけが分かるようになり、予定の内容は確認できなくなります。

非公開にする予定を選択しておく

1 ［非公開］をクリック

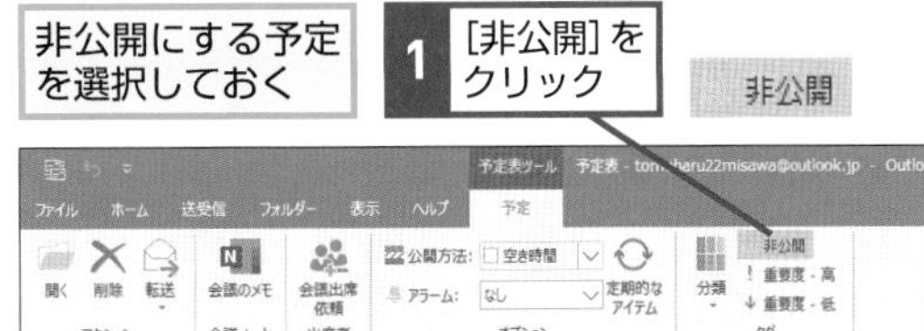

Q315 365 2019 2016 2013 お役立ち度 ★★★

未確定の予定を管理したい

A ［公開方法］の一覧から［仮の予定］を選びます

相手が予定を確認中で、会議の予定などが確定できないときは、未確定の予定として管理しましょう。［仮の予定］に設定すると、左側のラインがストライプになります。

➡タブ……P.311

1 未確定の予定をクリック

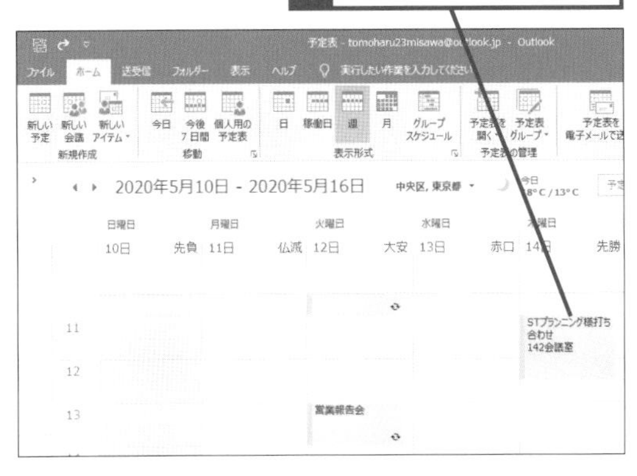

［予定表ツール］の［予定］タブが表示された

2 ［公開方法］のここをクリック

3 ［仮の予定］をクリック

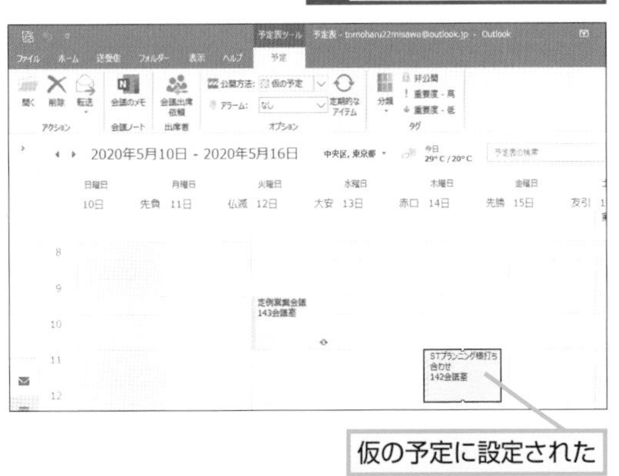

仮の予定に設定された

Q316 365 2019 2016 2013

お役立ち度 ★★★

予定に関するファイルをまとめたい

A ［ファイルの添付］機能を使います

予定を設定したら関連するファイルを添付しておきましょう。メールやファイルサーバーと違い、予定に関連したファイルということがひと目で分かるため、予定時間前にファイルを探す手間を省けます。また、スマホアプリのOutlookを利用していればスマホからファイルを確認することも可能です。チームメンバーで実施する会議では事前に情報共有できるため積極的にファイルをまとめておきましょう。

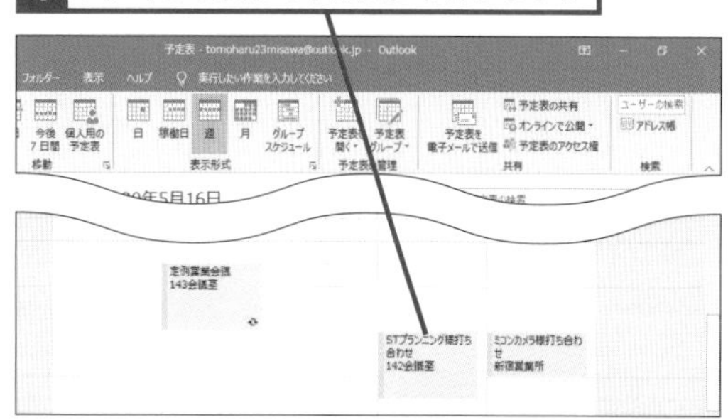

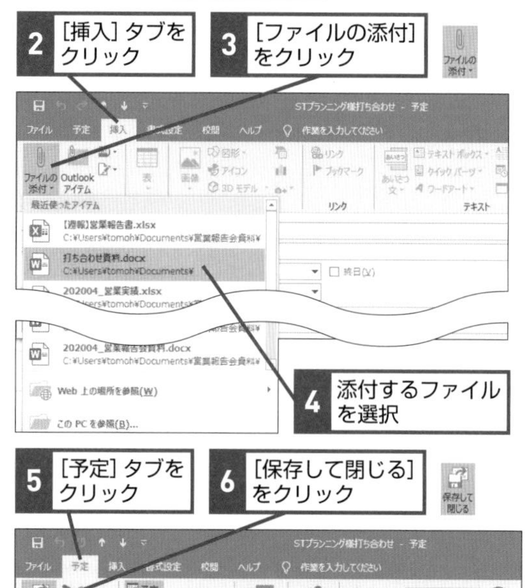

Q317 365 2019 2016 2013

お役立ち度 ★★★

予定に関するファイルを削除したい

A 添付ファイルを選択して Delete キーを押します

予定表では添付ファイルを更新できないため、ファイルを差し替えたい場合は削除して新しいファイルを添付する必要があります。Deleteキーでの削除のほかに、ファイルの横にある ▼ をクリックすると表示される［添付ファイルの削除］ボタンでもファイルを削除できます。また、ファイルの合計サイズはメール送信時の最大サイズと同じです。Outlook.comの場合は20MBなので超えそうなときはファイルを削除しながら調整しましょう。

➡Outlook.com……P.307

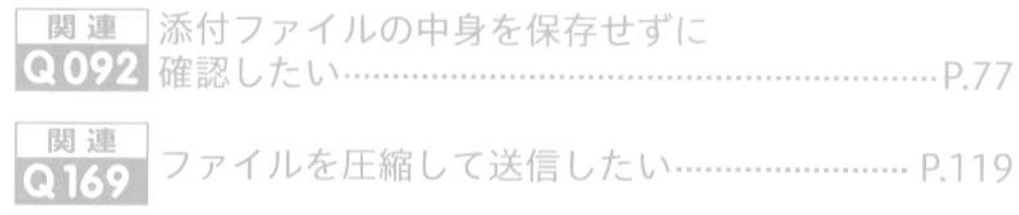

関連 Q092 添付ファイルの中身を保存せずに確認したい……P.77

関連 Q169 ファイルを圧縮して送信したい……P.119

アラームの設定

別の作業に追われると設定した予定を忘れてしまうことがあります。アラームを設定するとお知らせが届くので、予定の確認漏れが防げます。

Q318 365 2019 2016 2013 お役立ち度 ★★★

アラームが鳴る時間を変更したい

A ［予定］ウィンドウの［予定］タブで［アラーム］に時間を設定します

予定を登録する際にアラームを設定しておくと、予定の15分前に音と通知でお知らせしてくれます。アラームは、直前の通知から2週間前の通知まで幅広いタイミングで鳴らすことができます。 ➡タブ……P.311

1 アラームを鳴らしたい予定をクリック

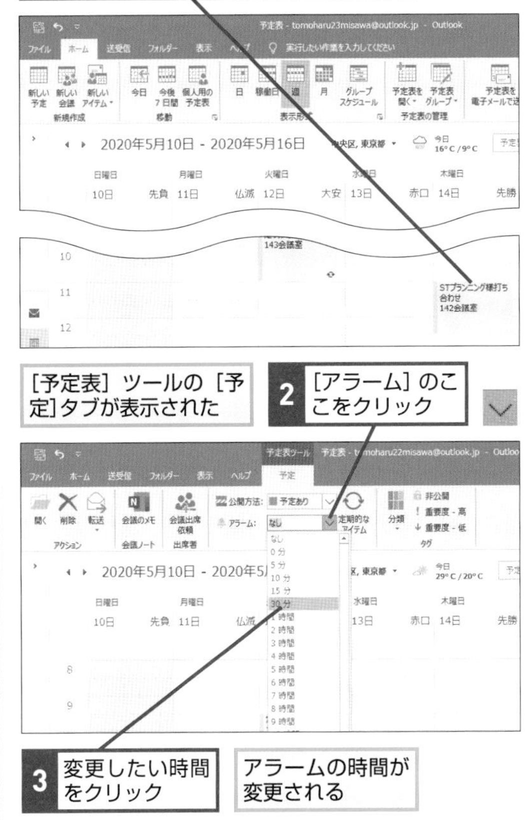

Q319 365 2019 2016 2013 お役立ち度 ★★★

アラームが鳴らないように設定したい

A ［アラーム］の一覧から［なし］を選びます

予定がたくさん詰まっている中で都度アラームが鳴ってしまうと集中できないときがあります。そんなときはアラームを解除しておきましょう。アラームの解除は予定ごとに設定します。

ワザ318を参考に、［予定表］ツールの［予定］タブを表示しておく

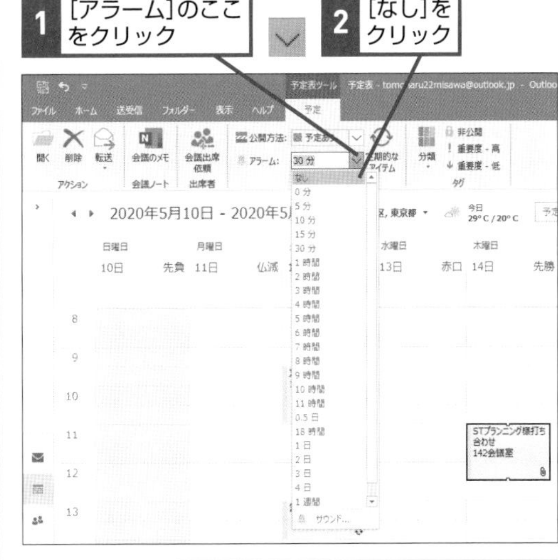

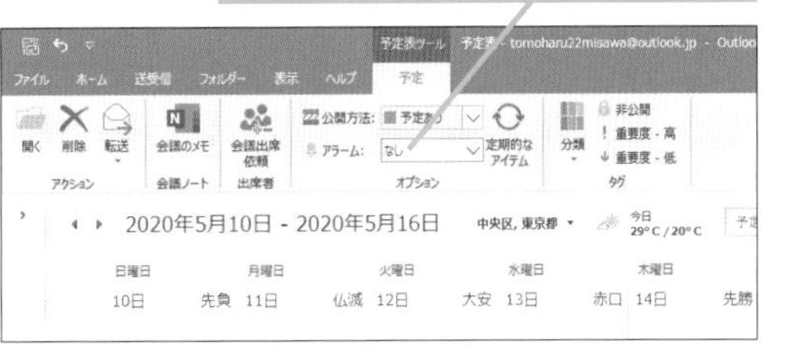

Q320 365 2019 2016 2013

お役立ち度 ★★★

アラームの一覧を表示するには

A [表示] タブの [アラームウィンドウ] ボタンをクリックします

アラームが鳴ると、同時に [アラームウィンドウ] が表示されます。閉じてしまった場合は以下の手順で再表示しましょう。[アラームウィンドウ] ではアラームの再通知や削除ができます。なお、アラームを放置しているとこの一覧に通知が貯まっていくので、消し忘れたアラームがある場合は定期的に削除しましょう。

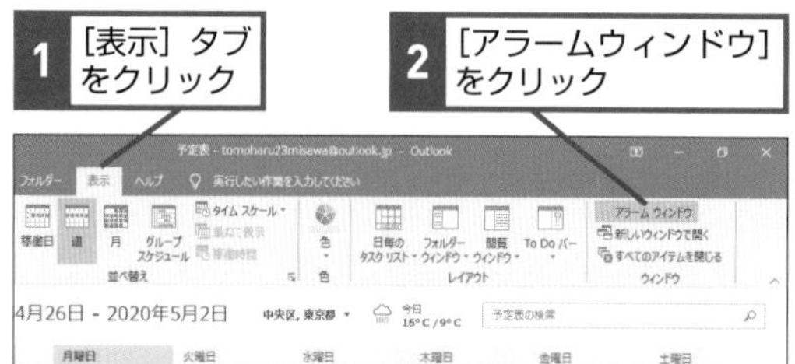

[アラームウィンドウ]が表示された

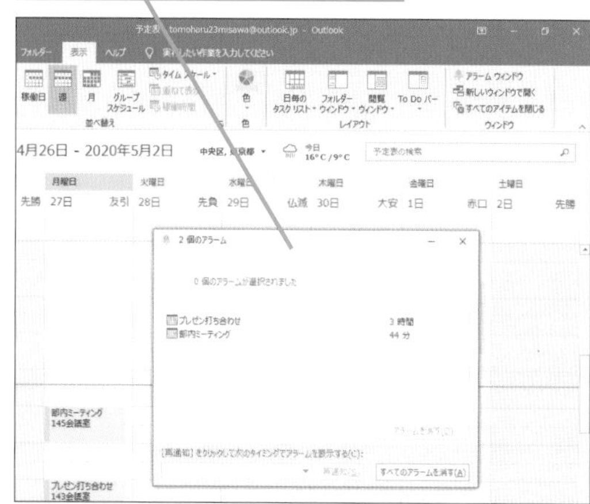

関連 Q321 アラームから予定を確認したい………………… P.204

Q321 365 2019 2016 2013

お役立ち度 ★★★

アラームから予定を確認したい

A [アラームウィンドウ] で予定をダブルクリックします

鳴ったアラームから予定の詳細を確認したい場合は、アラーム一覧から件名をダブルクリックすると予定を確認できます。

ワザ320を参考に、[アラームウィンドウ]を表示しておく

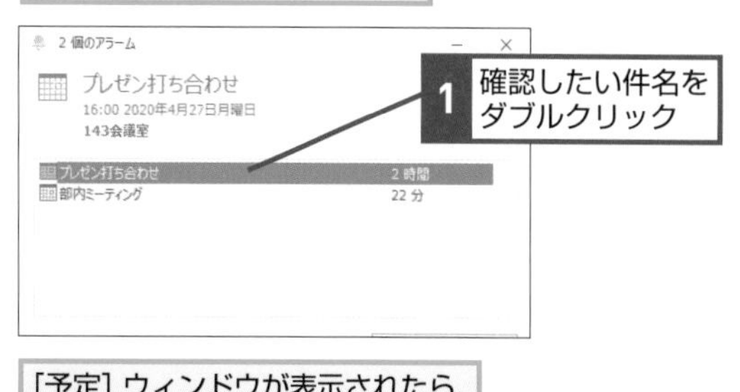

[予定] ウィンドウが表示されたら、予定の内容を確認する

Q322 365 2019 2016 2013

お役立ち度 ★★★

後でアラームを鳴らしたい

A [再通知] ボタンをクリックします

もう一度アラームを鳴らしたい場合は、再通知を設定できます。通知のタイミングは予定の前だけでなく、予定終了後に鳴らすことも可能です。

➡アラームウィンドウ……P.309

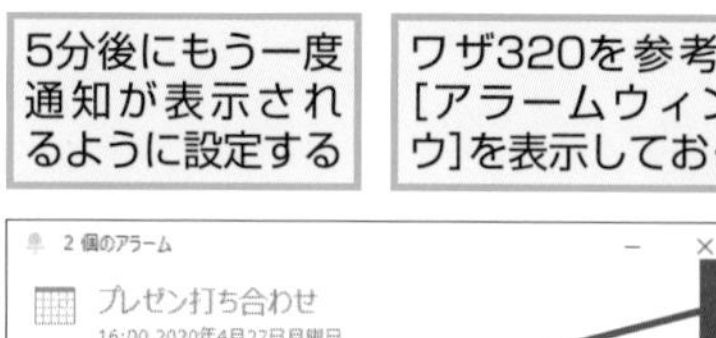

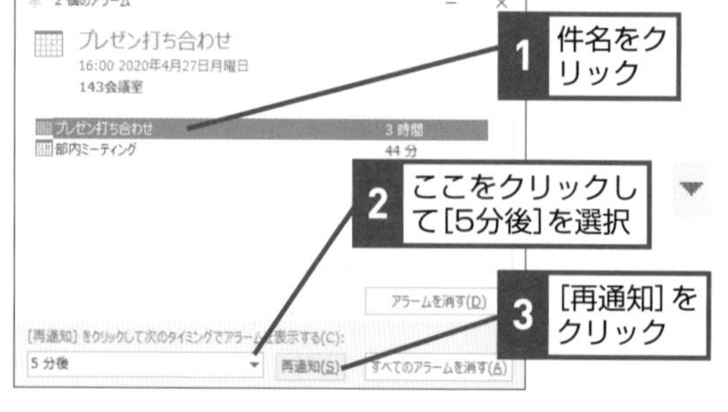

Q323 365 2019 2016 2013 お役立ち度 ★★★

アラーム一覧からアラームを削除するには

A ［アラームを消す］ボタンをクリックします

アラームを削除するにはアラームウィンドウで件名を選択し［アラームを消す］ボタンをクリックします。アラームを削除しないでおくと、次回Outlookを起動したときに再通知されます。

ワザ320を参考に、［アラームウィンドウ］を表示しておく

1 削除する件名をクリック

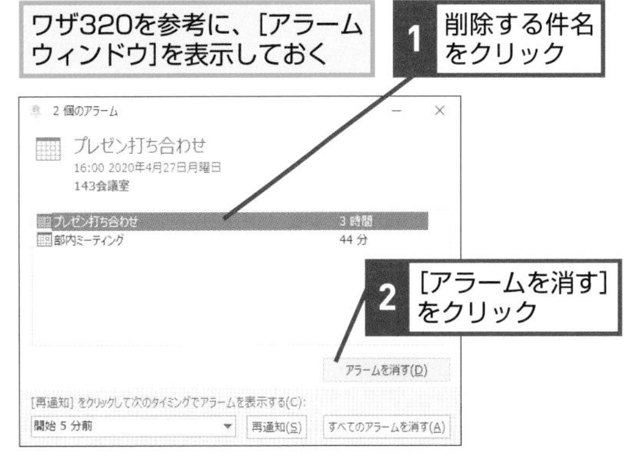

2 ［アラームを消す］をクリック

Q324 365 2019 2016 2013 お役立ち度 ★★★

すべてのアラームを消したい

A ［すべてのアラームを消す］ボタンをクリックします

アラームウィンドウ内に表示されたアラームが不要な場合は［すべてのアラームを消す］ボタンを使って一括削除できます。

ワザ320を参考に、［アラームウィンドウ］を表示しておく

1 ［すべてのアラームを消す］をクリック

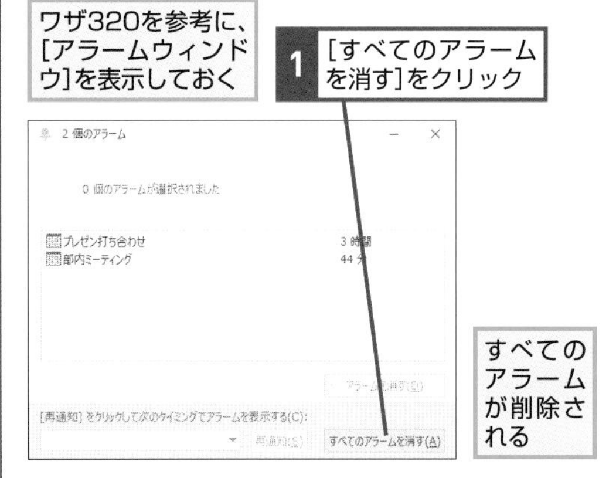

すべてのアラームが削除される

Q325 365 2019 2016 2013 お役立ち度 ★★★

アラームが鳴る既定の時間を変更するには

A Outlookのオプションで［アラームの既定値］を変更します

予定を登録すると開始の15分前にアラームが鳴るように設定されています。予定が多くなってくると15分間隔でアラームが鳴っても対応が追い付かなくなってきます。そんなときは既定のアラーム間隔を変更しましょう。8時間前くらいに通知するように設定しておくと、朝Outlookを開くとその日の予定がアラーム一覧に表示されます。

➡アラーム……P.309

ワザ019を参考に、［Outlookのオプション］ダイアログボックスを表示しておく

1 ［予定表］をクリック

2 ［アラームの既定値］のここをクリック

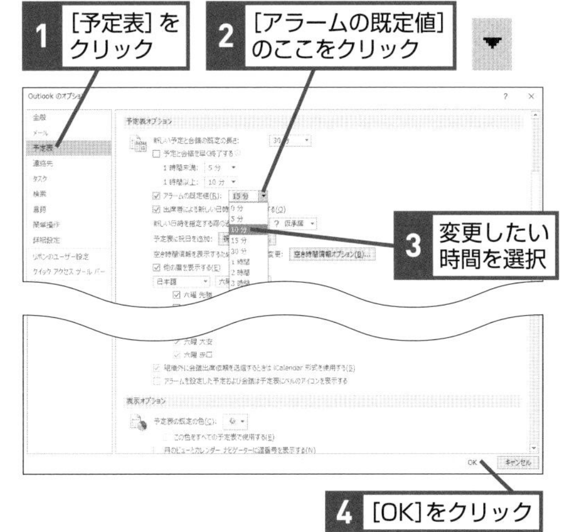

3 変更したい時間を選択

4 ［OK］をクリック

関連 Q320 アラームの一覧を表示するには…… P.204
関連 Q322 後でアラームを鳴らしたい…… P.204

予定表の表示やデザインを変更する

予定表は自分の使いやすいようにデザインをカスタマイズできます。ここでは予定表の表示方法と追加可能なオプション機能を解説します。

Q326 365 2019 2016 2013 お役立ち度 ★★★

「カレンダーナビゲーター」って?

A ビューに表示する期間を変更できるナビゲーターです

カレンダーナビゲーターを利用すると、ビューに表示する期間を自由に変更できます。カレンダーナビゲーターで日を選択すると、最小1日から最大6週間まで選択した期間がビューに表示されます。また、最初は1カ月のカレンダーが表示されていますが、幅を広げると2カ月表示に変更可能です。

➡ビュー……P.312

1 ここをクリック

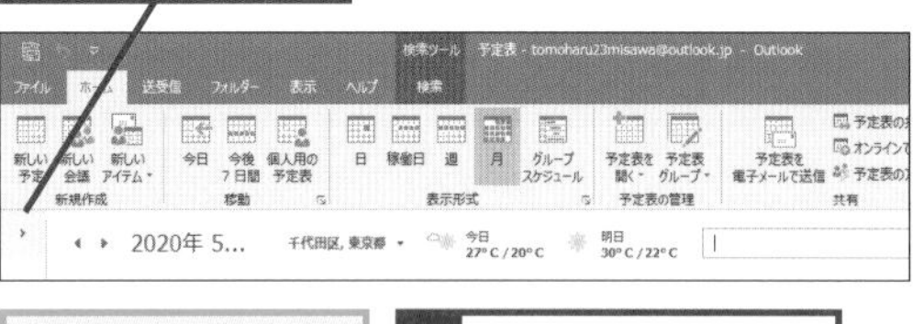

カレンダーナビゲーターが表示された

2 [フォルダーウィンドウの固定]をクリック

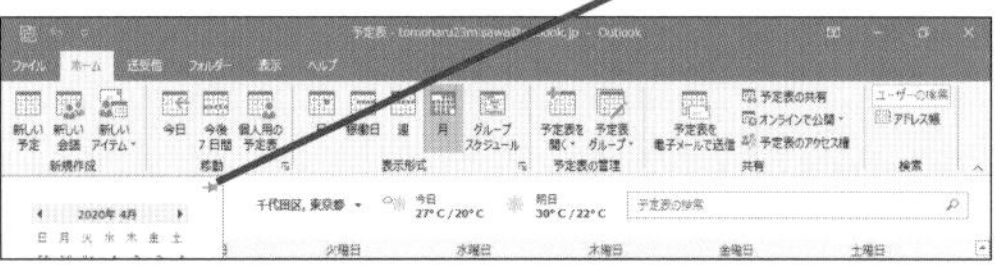

カレンダーナビゲーターが固定表示される

ここをクリックすると非表示になる

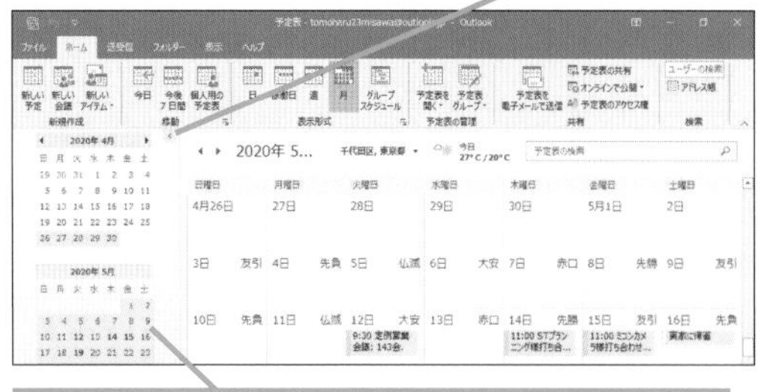

日を選択すると選択した期間がビューに表示される

Q327 365 2019 2016 2013 お役立ち度 ★★★

今月の予定を確認したい

A [ホーム] タブの [月] ボタンをクリックします

予定表の表示形式を [月] にすると紙のカレンダーと同じようにひと月の予定を確認できます。[日] 形式や [稼働日] 形式、[週] 形式の場合は予定が時間単位で表示されるのに対して [月] 形式ではその日の枠に予定が表示されるので、予定の有無を確認する際に利用すると便利です。

➡稼働日……P.309

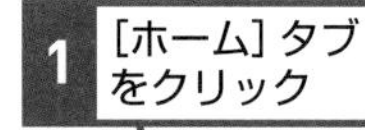

選択中の月の予定が表示された

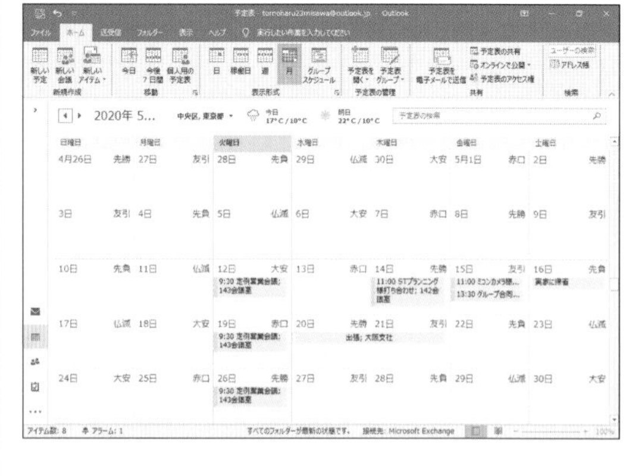

Q328 365 2019 2016 2013 お役立ち度 ★★★

明日の予定を確認したい

A ナビゲーションバーの［予定表］から確認できます

ナビゲーションバーにマウスを合わせると1週間以内の予定が別画面で表示され今後の予定を確認できます。確認したい予定をダブルクリックすると予定画面を開くこともできるため、メールを確認している最中に予定を見たいときなどに活用できます。カレンダーナビゲーターを操作することで表示する予定の期間も変更できます。

1 ［予定表］にマウスポインターを合わせる

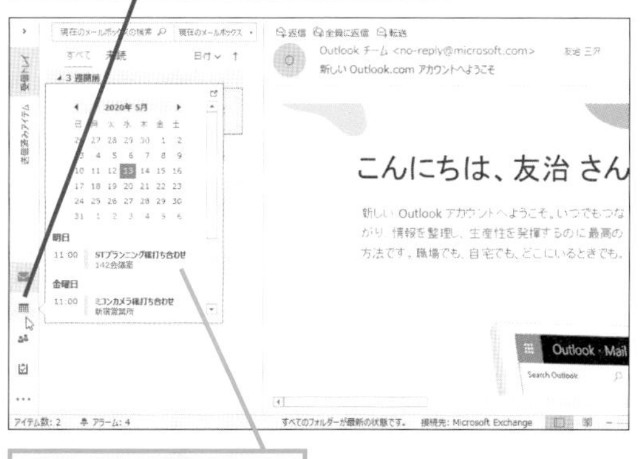

直近の予定が表示される

Q329 365 2019 2016 2013 お役立ち度 ★★★

予定を時間単位で表示したい

A ［日］や［週］ボタンをクリックします

［日］や［稼働日］、［週］ビューを使うと、1日の予定を時間単位で確認できます。予定の間隔を見られるため、スキマ時間の確認にも役立ちます。

➡ビュー……P.312

ここでは［日］ビューを選択する

1 ［ホーム］タブをクリック

2 ［日］をクリック

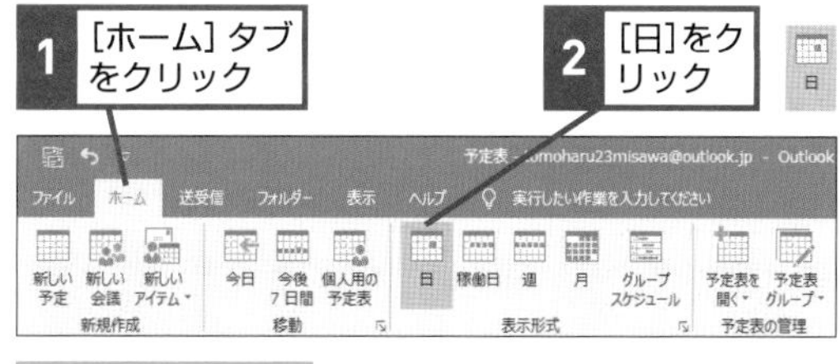

予定が表示された

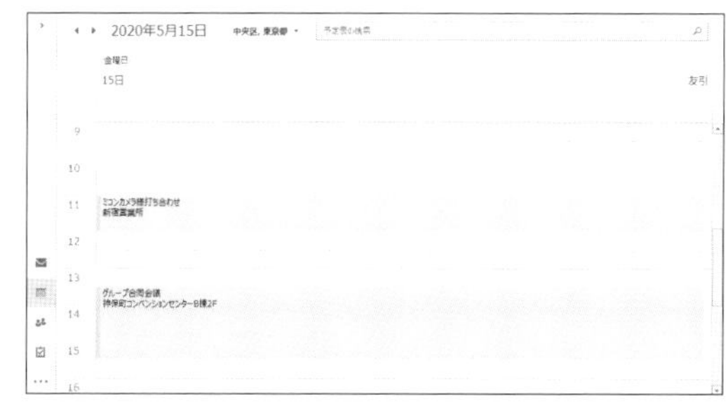

Q330 365 2019 2016 2013 お役立ち度 ★★★

予定の開始終了時間を確認するには

A 予定にマウスポインターを合わせると確認できます

予定にマウスポインターを合わせると予定の開始時間と終了時間を確認できます。また打ち合わせ場所やアラームの設定状況、添付ファイルの有無が表示されるため、移動の必要性や予定の内容を確認するために活用するといいでしょう。会議の場合は開催者も表示されます。

➡マウスポインター……P.313

1 予定にマウスポインターを合わせる

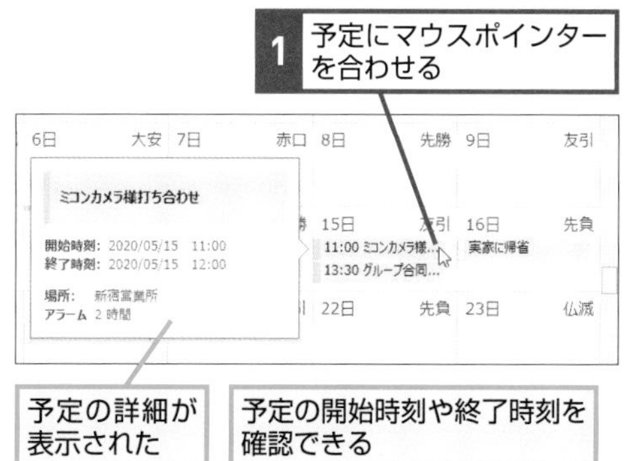

予定の詳細が表示された

予定の開始時刻や終了時刻を確認できる

Q331 365 2019 2016 2013 お役立ち度 ★★★

予定の時間を15分刻みで表示するには

A [表示] タブの [タイムスケール] で設定します

[タイムスケール] を使うと [日] ビューなどの目盛り幅を変更できます。細かな単位で確認できるため、短い予定がたくさんある場合などに利用しましょう。目盛りの単位は5分から60分までの間で調整が可能です。初期設定では30分単位の表示になっています。なお表示形式が [月] になっている場合は設定変更できません。

➡ビュー……P.312

1 [表示] タブをクリック

2 [タイムスケール] をクリック

3 [15分] をクリック

予定が15分刻みで表示された

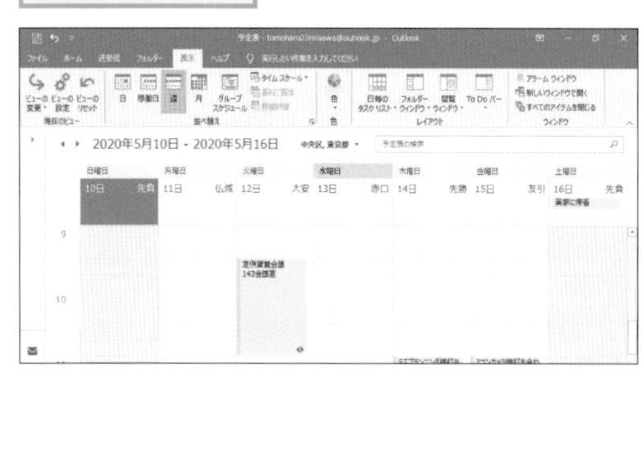

関連 Q329 予定を時間単位で表示したい ………… P.207
関連 Q332 標準の予定の長さを変更するには ………… P.208

Q332 365 2019 2016 2013 お役立ち度 ★★★

標準の予定の長さを変更するには

A [Outlookのオプション] 画面の [予定表オプション] で設定します

初期設定では予定表選択していない状態で新しい予定を作成すると、30分間の予定として開始時刻と終了時刻が設定されます。もし1時間の予定が大半を占める場合は、標準の予定の長さを変更しましょう。以下の設定を行うと、新しい予定を作成する際に最初から1時間の予定として設定されます。標準の予定の長さは30分から2時間まで、30分刻みで設定することが可能です。

➡ダイアログボックス……P.311

ここでは予定の長さを1時間に変更する

ワザ019を参考に、[Outlookのオプション]ダイアログボックスを表示しておく

1 [予定表]をクリック

2 [新しい予定と会議の既定の長さ]のここをクリック

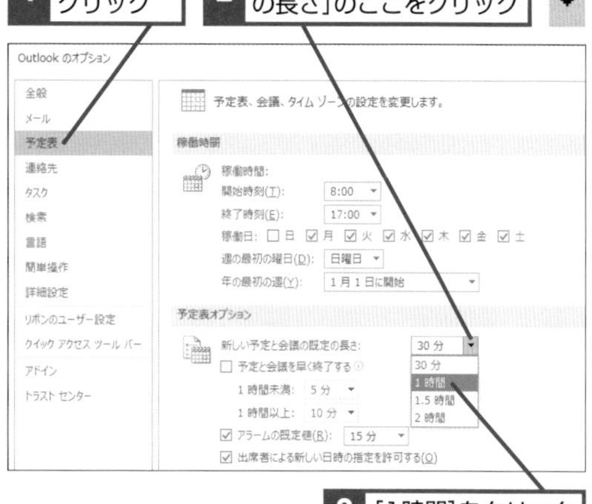

3 [1時間]をクリック

4 [OK]をクリック

Q333 365 2019 2016 2013 お役立ち度 ★★★

終了していない予定を確認するには

A ［アクティブ］ビューに切り替えます

［アクティブ］ビューを使うと今後の予定がすべて一覧表示されます。このビューでは開始時間順で並ぶため、次に空いている時間を簡単に調べることができます。このビューを表示しながら別の予定表に切り替えると、元のビューに戻ります。そのため確認したい予定表を最初に選んでからビューを選択しましょう。また［アクティブ］ビューでは複数の予定表を同時に表示できません。複数の予定表を表示したいときは［ホーム］タブの［今後の7日間］で先の予定を確認します。

1 ［表示］タブをクリック

2 ［ビューの変更］をクリック

3 ［アクティブ］をクリック

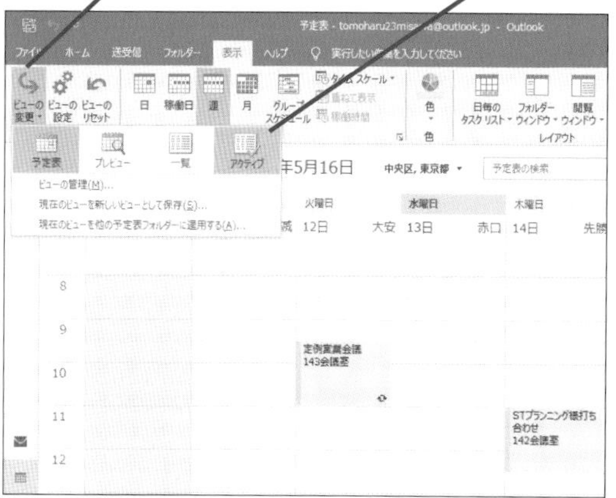

終了していない予定が［アクティブ］ビューに表示された

Q334 365 2019 2016 2013 お役立ち度 ★★★

自分の稼働日を設定しておくには

A ［Outlookのオプション］画面の［稼働時間］で設定します

Outlookには仕事をする日を［稼働日］、仕事をする時間を［稼働時間］として設定できます。稼働日を設定しておくと表示形式を［稼働日］にした場合に、稼働しない日がビューに表示されなくなります。また［週］ビューなど、時間単位で予定が表示されるときに稼働日や稼働時間ではない時間帯がグレーで表示されます。

➡稼働時間……P.309

ここでは月曜～水曜、金曜、土曜を稼働日に設定する

ワザ019を参考に、［Outlookのオプション］ダイアログボックスを表示しておく

1 ［予定表］をクリック

2 ［木］をクリックしてチェックマークをはずす

3 ［土］をクリックしてチェックマークを付ける

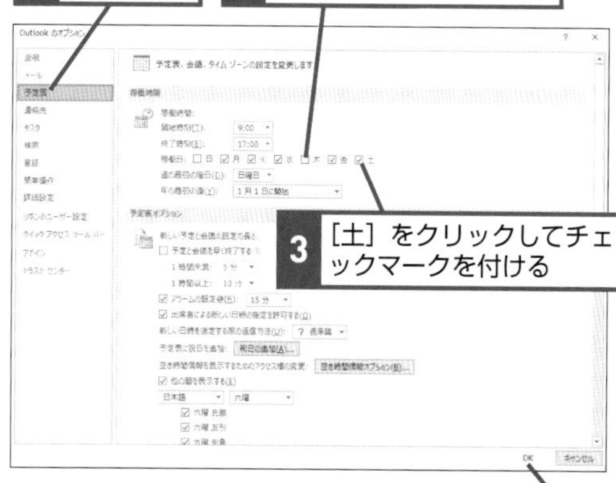

［月］、［火］、［水］、［金］、［土］が選択されていることを確認する

4 ［OK］をクリック

設定した稼働日が［稼働日］ビューに表示された

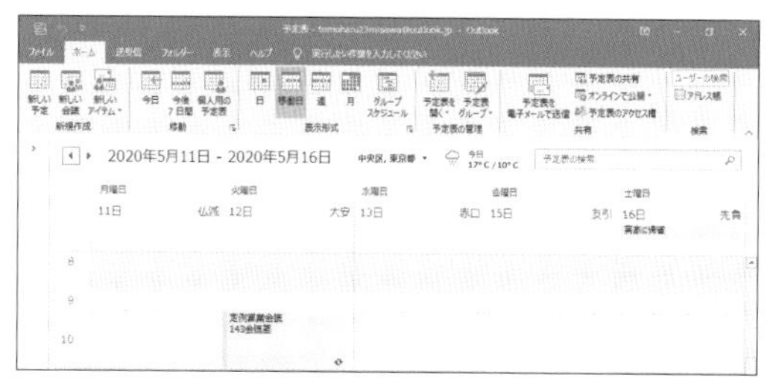

Outlookの基本
メールの送受信
メールの保管と分類
連絡先とアドレス帳
予定表
タスク
印刷
ビジネス活用
データ共有と連携

Q335 365 2019 2016 2013 お役立ち度 ★★★

今日の干支を表示したい！

A ［Outlookのオプション］画面で暦を変更します

干支や六曜を表示に含めるとよりカレンダーのような見た目になります。印刷する際に含めておくと一般のカレンダーに劣らないクオリティで仕上げられるでしょう。言語を変えるとイスラム歴なども表示可能です。自分にあったものを探してみましょう。

ワザ019を参考に、［Outlookのオプション］ダイアログボックスを表示しておく

1 ［予定表］をクリック

2 ［他の暦を表示する］にチェックマークが付いていることを確認

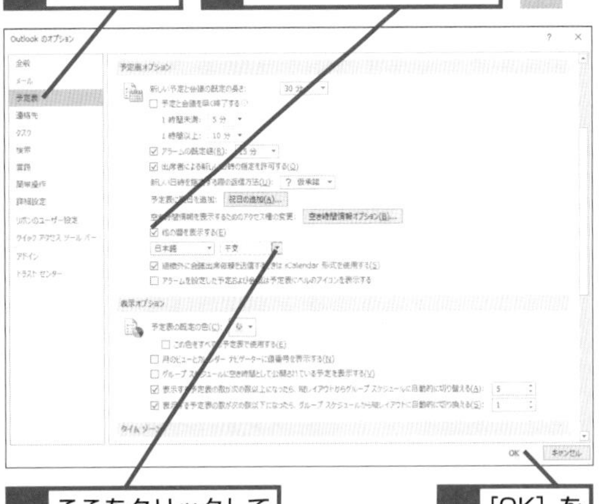

3 ここをクリックして［干支］を選択

4 ［OK］をクリック

予定表に干支が表示された

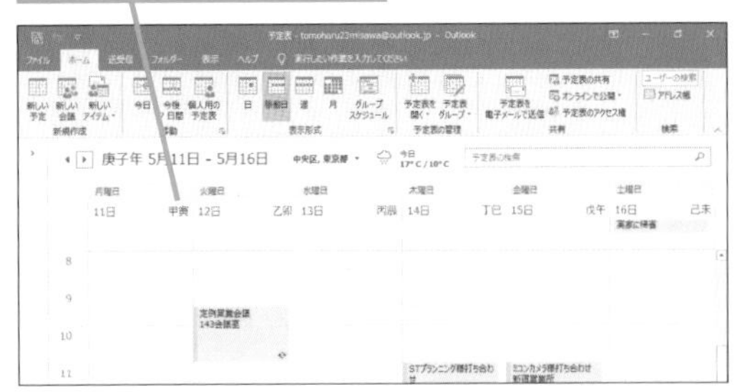

関連 Q336 祝日が分かるように設定したい！……………… P.210

関連 Q348 祝日の表示をもっと分かりやすくしたい……… P.216

Q336 365 2019 2016 2013 お役立ち度 ★★★

祝日が分かるように設定したい！

A ［Outlookのオプション］画面で祝日を追加します

Outlookをインストールした後に制定された祝日は表示されないことがあります。その場合は、祝日の情報をインターネットから取り込みましょう。取り込んだ時点で判明している祝日が［日本の祝日］という予定表に保存されます。再度設定し直すときは事前に［アクティブ］ビューに切り替え、フォルダーウィンドウで［日本の休日］をクリックします。そして表示された祝日の予定をすべて選択し、［ホーム］タブの［削除］ボタンをクリックし、一括削除してから、この操作を行いましょう。

ワザ019を参考に、［Outlookのオプション］ダイアログボックスを表示しておく

1 ［予定表］をクリック

2 ［祝日の追加］をクリック

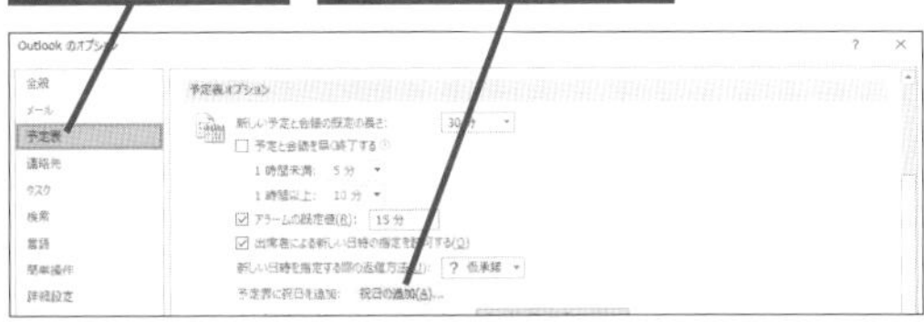

［予定表に祝日を追加］ダイアログボックスが表示された

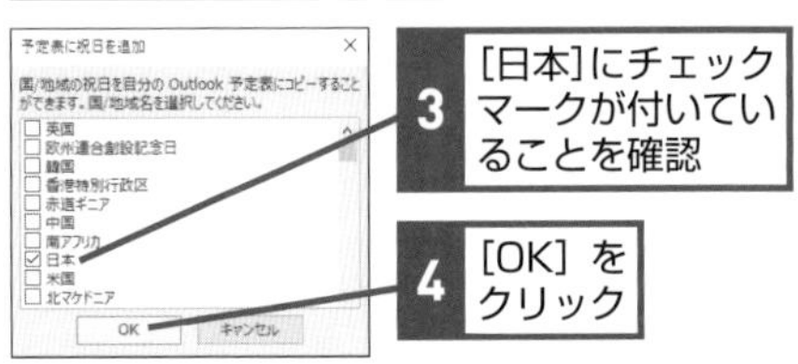

3 ［日本］にチェックマークが付いていることを確認

4 ［OK］をクリック

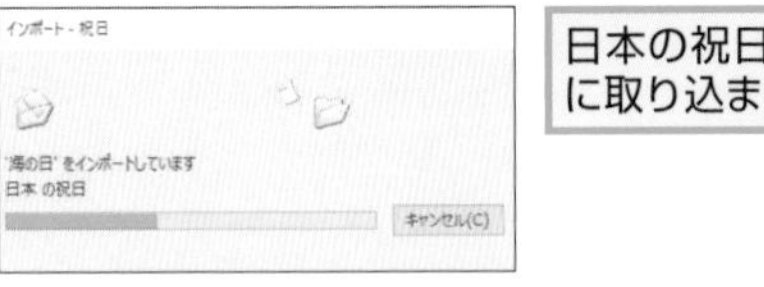

日本の祝日が予定表に取り込まれる

完了を確認するダイアログボックスが表示された

5 ［OK］をクリック

6 ［Outlookのオプション］画面の［OK］をクリック

Q337 365 2019 2016 2013

お役立ち度 ★★★

天気予報を表示したい

A [Outlookのオプション] 画面の [天気] で設定します

天気予報を設定しておくと向こう3日分の天気が表示されるようになります。天気の情報はインターネットからダウンロードされ、「MSN 天気」と連動しています。時間ごとなど、細かい情報を見たい場合は、予定表画面で予報にマウスを合わせ、[オンラインで詳細を確認] をクリックすると「MSN 天気」のWebサイトへ移動できます。なお初期設定では東京都の天気が表示されます。

➡オンライン……P.309

関連 Q340 天気予報を非表示にしたい ………………………… P.212

ワザ019を参考に、[Outlookのオプション] ダイアログボックスを表示しておく

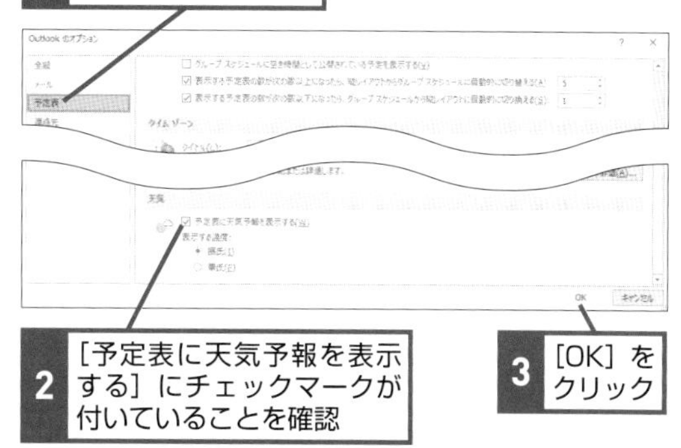

Q338 365 2019 2016 2013

お役立ち度 ★★★

別の場所の天気予報を表示したい

A [天気の場所のオプション] から場所を追加します

自分の住んでいる地域の天気予報を表示したい場合は別の「場所」を追加しましょう。天気予報には5つの場所を設定できますが、同時に表示できるのは1カ所のみです。残りは地域の横にある ▾ をクリックして切り替えながら使います。最後に表示したものは次にOutlookを起動したときに表示されているため、Outlook終了前に近くの地域を選択しておくとよいでしょう。場所は地域名のほか郵便番号を入力して検索することも可能です。

ここでは、東京都千代田区の天気予報を表示する

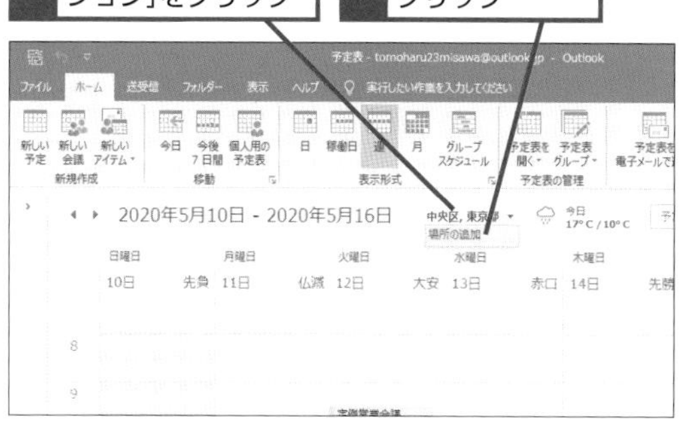

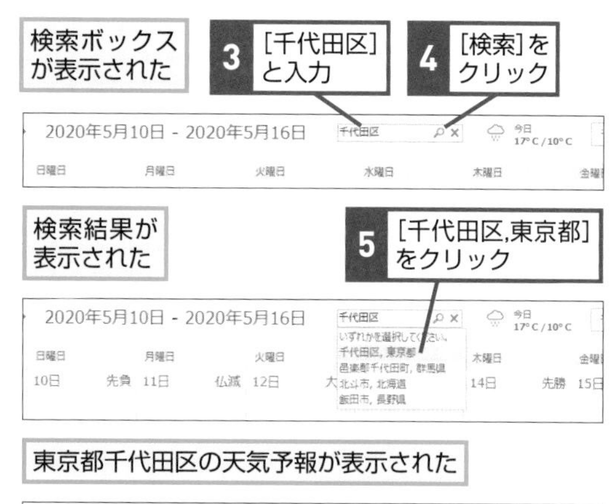

Q339 365 2019 2016 2013 お役立ち度 ★★★

天気予報の場所を削除するには

A ［天気の場所のオプション］から削除します

5つの場所を設定してしまうと新たな場所を追加できません。不要な場所は削除しましょう。

Q340 365 2019 2016 2013 お役立ち度 ★★★

天気予報を非表示にしたい

A ［Outlookのオプション］画面の［天気］で非表示にします

天気予報はインターネットのデータを取り込んでいます。インターネットのアクセス量を少なくしたいときなどは、設定をオフにしておきましょう。

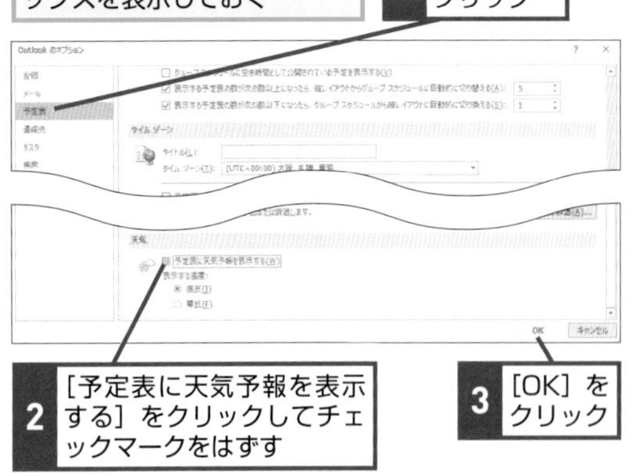

Q341 365 2019 2016 2013 お役立ち度 ★★★

月の予定表を月曜始まりに変更したい

A ［Outlookのオプション］画面の［週の最初の曜日］で変更します

学校のカレンダーなど月曜始まりのカレンダーと表示を合わせたい場合には、予定表の週の最初の曜日を変更できます。火曜始まりのような市販のカレンダーではあまり見られない形式にも設定可能です。身近で利用しているカレンダーと統一しておくと、曜日位置での混乱が解消されます。なお、この設定は印刷時にも適用されます。

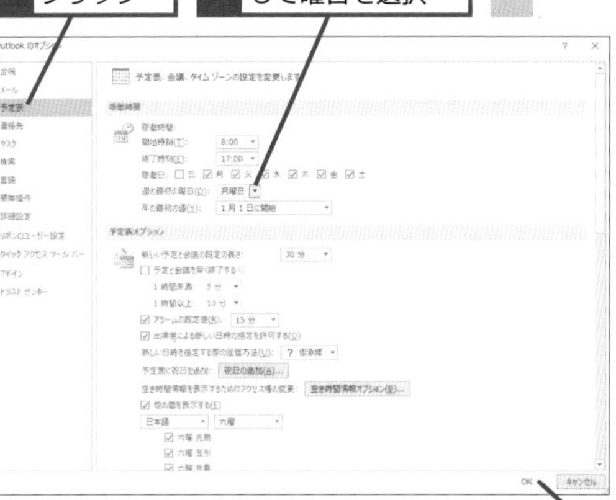

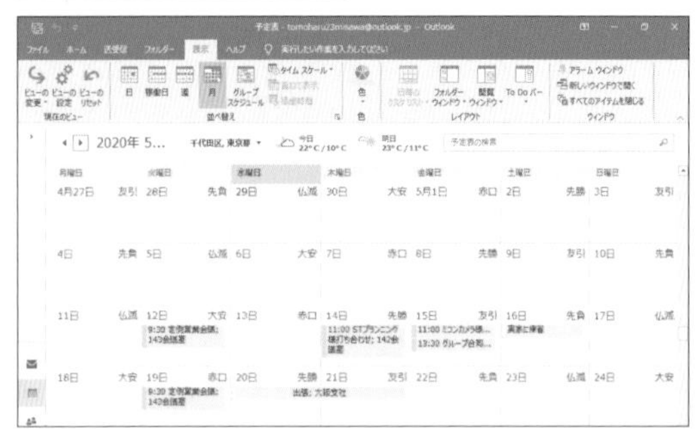

Q342 365 2019 2016 2013 お役立ち度 ★★★

知り合いの誕生日を表示したい

A [連絡先] に誕生日を登録します

連絡先に誕生日を入力しておくと、予定表に終日の繰り返しイベントとして登録されます。誕生日が分かる場合は積極的に入力しておきましょう。誕生日は、既定の予定表と誕生日の2つの予定表に追加されます。画面解像度が低い場合やウィンドウサイズが小さいと[詳細] ボタンは [表示] ボタンをクリックすると表示されます。本書ではボタンが表示されるようウィンドウの幅を広げて解説しています。

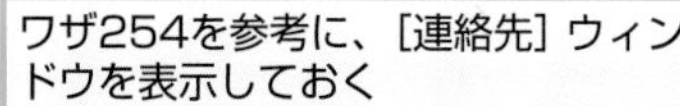

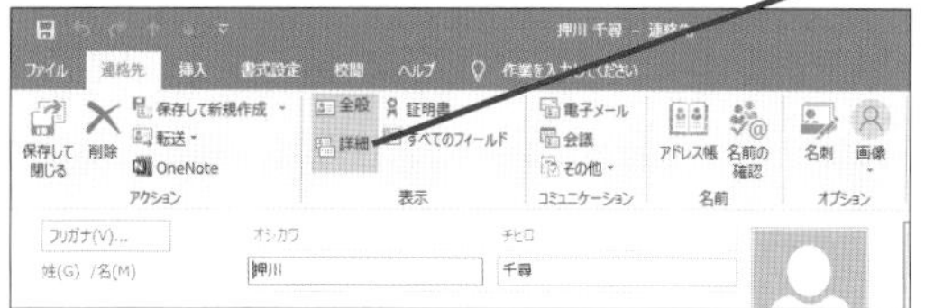

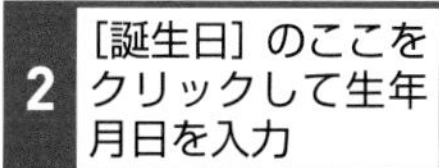

2 [誕生日] のここをクリックして生年月日を入力

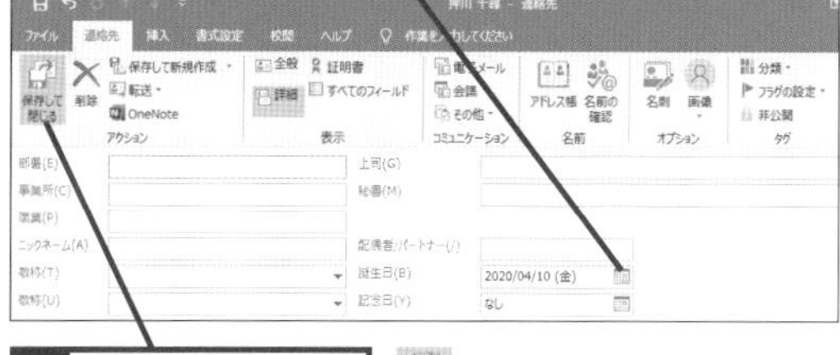

3 [保存して閉じる]をクリック

予定表に誕生日が表示された

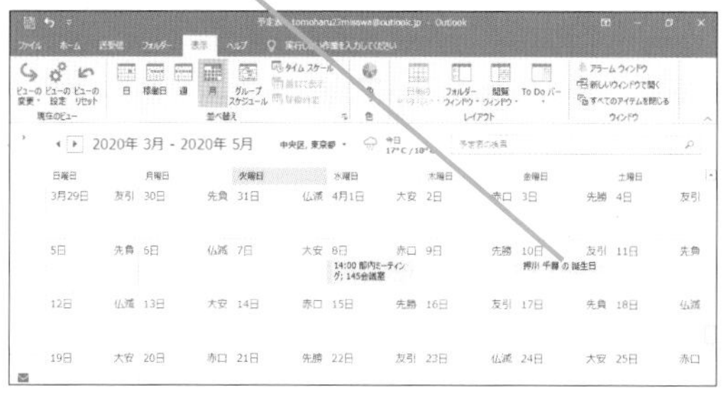

Q343 365 2019 2016 2013 お役立ち度 ★★★

予定表の色を自分の好みに変えるには

A [表示] タブの [色] ボタンから色を選択します

予定表は毎日見るものなので、自分好みの色を設定したい方も多いことでしょう。以下の手順で9色の中から色を選べます。設定可能な色に制限があるため複数カレンダーを同時に表示した際に、ほかの予定表と色が同じになることがあります。 ➡タブ……P.311

3 変更したい色をクリック

予定表の色が変更された

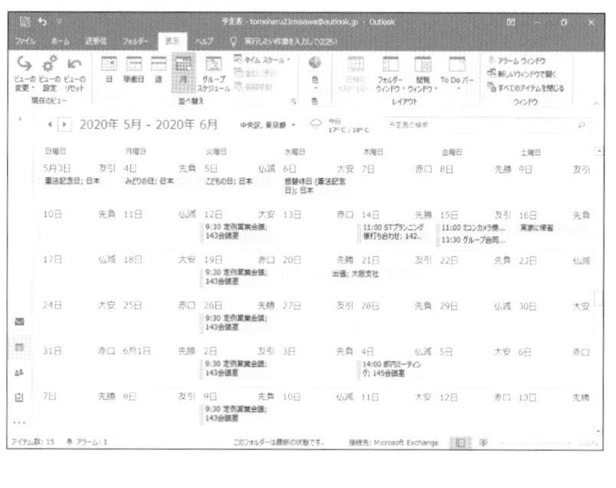

関連 Q352 プライベート用の予定表を追加したい………… P.218
関連 Q356 Googleカレンダーを表示したい………………… P.220

予定の分類と検索ワザ

予定が増えてくると管理が煩雑になってきます。予定の登録時に分類したり、検索機能を駆使したりして、予定表を使いこなしましょう。

Q344 365 2019 2016 2013 お役立ち度 ★★★

予定を探したい

A [検索ボックス] から予定を検索できます

予定はWeb検索と同様にフリーワードで検索できます。検索された予定をダブルクリックして開くと、予定の詳細を確認できます。Microsoft 365のOutlookではタイトルバーにある検索ボックスから同様に検索できます。

➡Microsoft 365……P.307

1 検索ボックスをクリック

2 検索する文字を入力

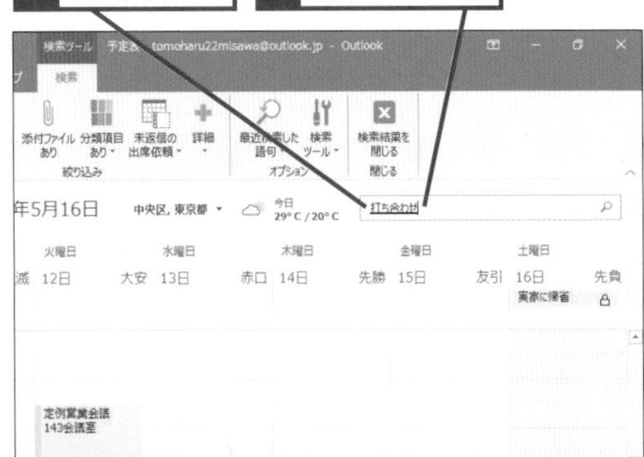

3 Enter キーを押す

検索した文字を含む予定が表示された

検索した文字の部分が色付きで表示された

Q345 365 2019 2016 2013 お役立ち度 ★★★

検索結果を閉じるには

A [検索結果を閉じる] ボタンをクリックします

検索が終了したら [検索結果を閉じる] をクリックして検索モードを終了しておきましょう。終了すると通常の予定表が表示されます。

1 [検索結果を閉じる] をクリック

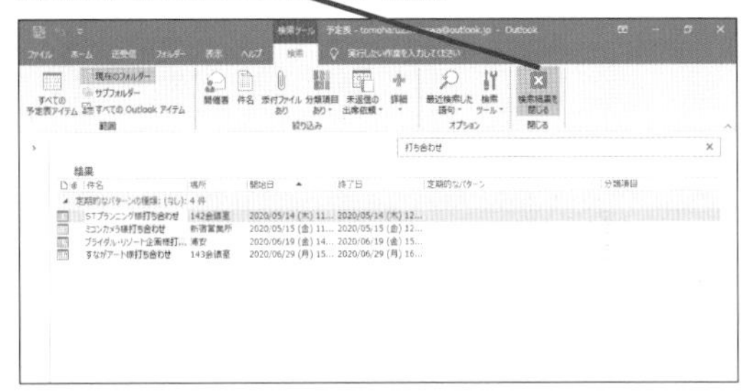

検索結果が閉じて予定表が表示された

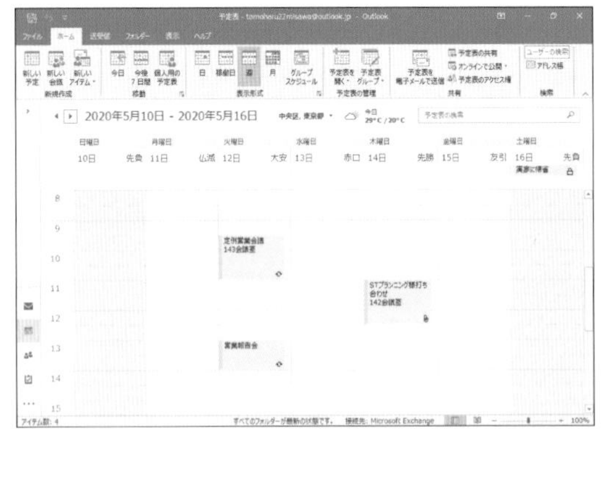

関連 Q362 特定の開催者の予定を絞り込みたい ……………… P.223

Q346 365 2019 2016 2013 お役立ち度 ★★★

細かな条件で予定を絞り込むには

A ［検索］タブの［詳細］ボタンから検索条件を追加します

検索した結果をさらに絞り込みたいときは、［検索ツール］の［検索］タブを利用します。以下のように場所を指定すると、特定の場所の予定が表示されます。予定の検索はこれからの予定を検索する機能となっているため、過去の予定はヒットしません。過去の予定を確認したい場合は［検索ツール］タブの［すべての予定表アイテム］をクリックして範囲を変更しましょう。

➡アイテム……P.308

ここでは場所で絞り込む

ワザ344を参考に、検索ボックスで予定を検索しておく

1 ［詳細］をクリック

2 ［場所］をクリック

3 ［場所］に検索する文字を入力

4 Enter キーを押す

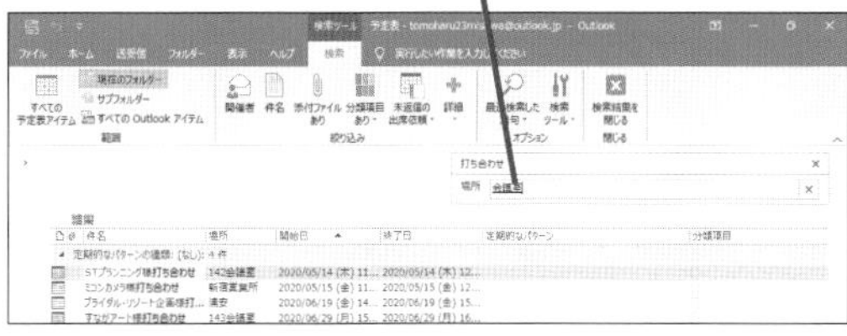

検索結果が場所で絞り込まれた

［削除］をクリックすると検索条件が解除される

Q347 365 2019 2016 2013 お役立ち度 ★★★

予定を分類して管理したい！

A ［予定］タブの［分類］ボタンから分類します

予定の管理に慣れてくると、絶対にやらなければならない予定や時間が許せば対応したい予定など、予定の優先順位が分かるようになります。これらは［分類項目］で管理すると色分けができて便利です。［分類項目］は予定を検索するときの絞り込み項目としても利用できるため、外出予定や室内対応などで分けるといった使い方をしてもいいでしょう。

➡分類項目……P.312

1 予定をクリック

［予定表ツール］の［予定］タブが表示された

2 ［分類］をクリック

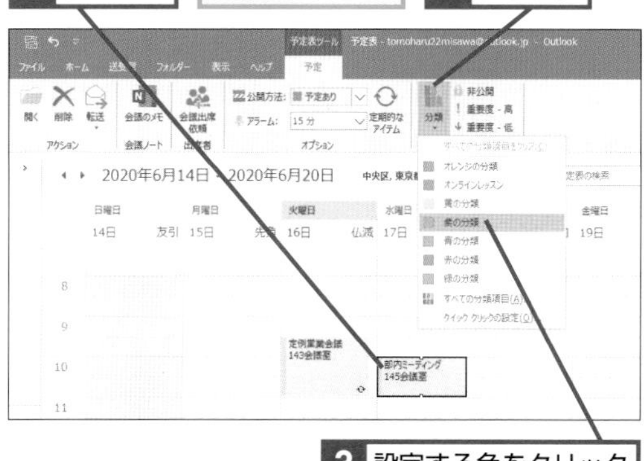

3 設定する色をクリック

初めての色を使うとき、［分類項目の名前の変更］ダイアログボックスが表示される

分類に名前を付けることができる

ここでは名前は変更しない

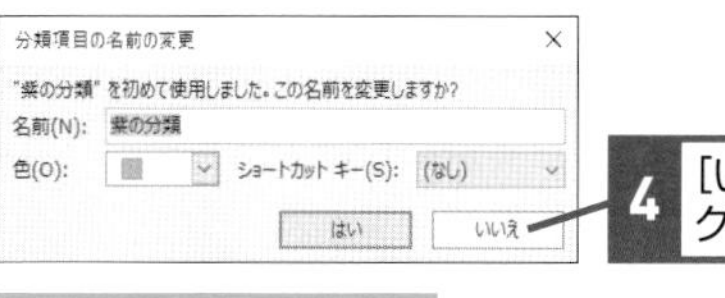

4 ［いいえ］をクリック

予定に色が設定された

Q348 365 2019 2016 2013 お役立ち度 ★★★

祝日の表示をもっと分かりやすくしたい

A 祝日を色分類項目に追加します

取り込んだ祝日は［祝日］に分類されますが、色は設定されていません。以下の手順を行うと祝日の色を自分の好きな色に設定できます。赤色に設定しておけば市販のカレンダーと同じような見栄えにもできます。

1 祝日の予定をクリック

［予定表ツール］の［予定］タブが表示された

2 ［分類］をクリック

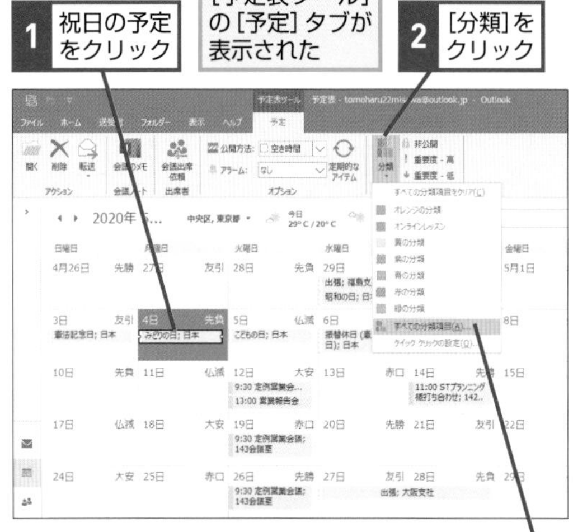

3 ［すべての分類項目］をクリック

［色分類項目］ダイアログボックスが表示された

4 ［祝日（分類項目マスターにない）］にチェックマークが付いていることを確認

5 ［新規作成］をクリック

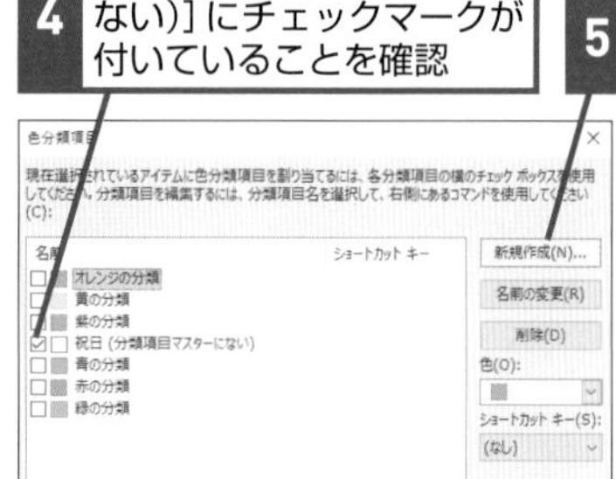

［新しい分類項目の追加］ダイアログボックスが表示された

6 ここをクリックして表示色を変更

7 ［OK］をクリック

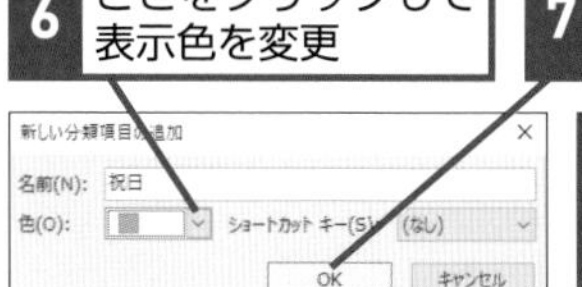

8 ［色分類項目］ダイアログボックスの［OK］をクリック

祝日の予定の色がすべて変更される

Q349 365 2019 2016 2013 お役立ち度 ★★★

予定表の月を素早く移動したい

A カレンダーナビゲーターを使うと便利です

過去の予定やかなり先の予定を確認したい場合、日送りや月送りで移動すると時間が掛かってしまいます。カレンダーナビゲーターを利用して素早く移動しましょう。また、カレンダーナビゲーターの月の左右にある ◂ と ▸ のボタンでも月送りで移動できます。

➡カレンダーナビゲーター……P.309

カレンダーナビゲーターを表示しておく

1 ここをクリック

表示された一覧から月を変更できる

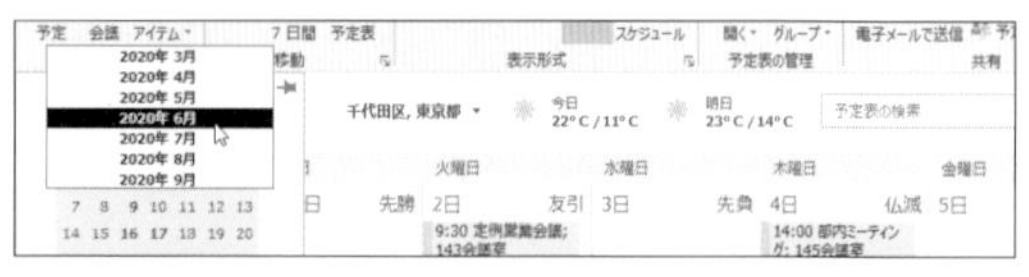

複数の予定を管理する

Outlook はチームで利用することを中心に設計されているため複数の予定を同時に扱うことに長けています。ここでは予定表の使い分けや会議の登録方法について覚えましょう。

Q350 365 2019 2016 2013 お役立ち度 ★★★

祝日の予定表を追加したい

A [日本の休日] にチェックマークを付けます

カレンダーナビゲーターで予定表にチェックを入れると、自分の予定表の横に別の予定表を表示できます。

➡カレンダーナビゲーター……P.309

ワザ326を参考に、カレンダーナビゲーター表示しておく

1 [日本の休日] をクリックしてチェックマークを付ける

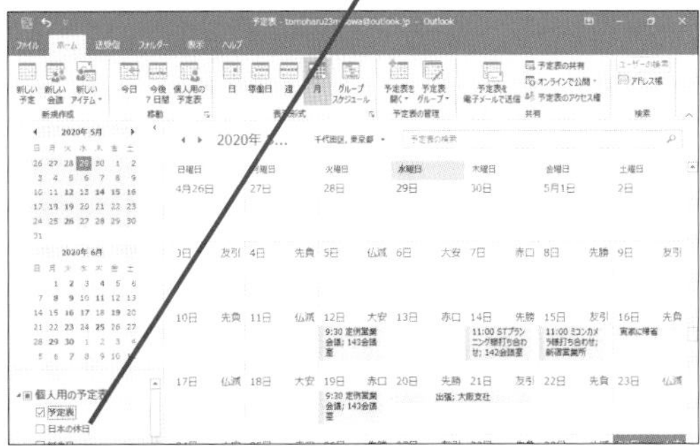

祝日の予定表が表示された

追加した予定表は、画面の右側に別の色で表示される

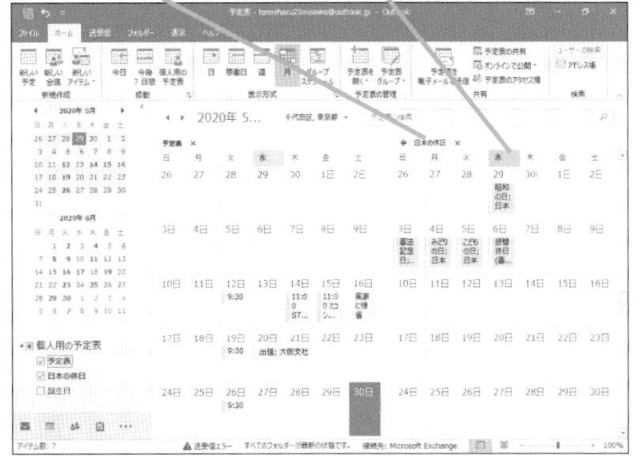

Q351 365 2019 2016 2013 お役立ち度 ★★★

予定表を重ねて表示したい

A 予定表のタブにある [重ねて表示] をクリックします

予定表を追加すると予定表が横に並びます。予定が離れて見えにくいときは重ねて表示してみましょう。予定表名のタブを選択することで現在選択している予定表が切り替わります。

ここでは[日本の休日]を[予定表]に重ねる

ワザ350を参考に、[日本の休日]の予定表を表示しておく

1 [重ねて表示] をクリック

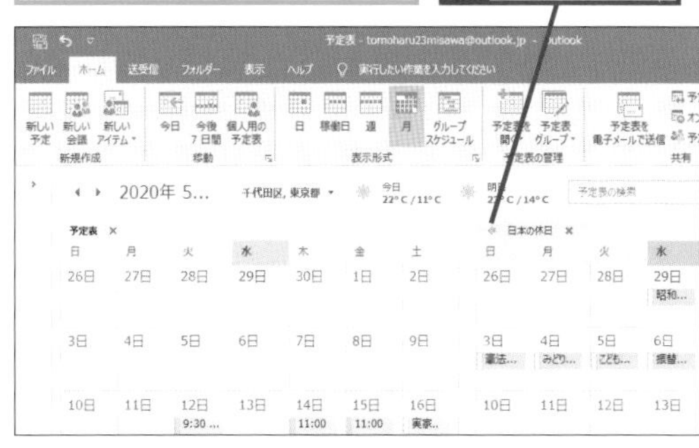

予定表が重なって表示された

[日本の休日] の予定表が濃い色で表示される

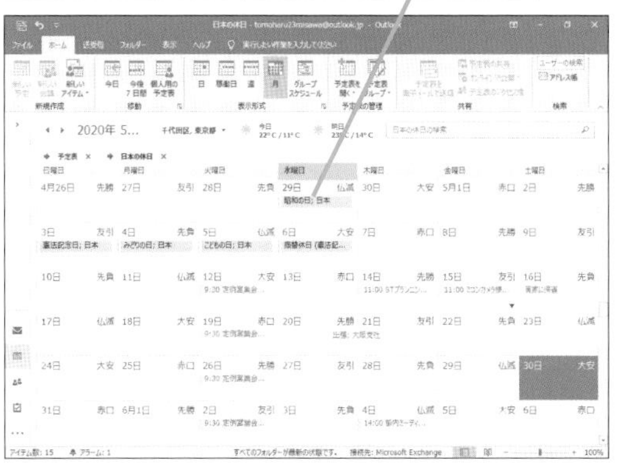

Q352 365 2019 2016 2013

お役立ち度 ★★★

プライベート用の予定表を追加したい

A ［予定表を開く］ボタンから新しい予定表を追加します

予定表はユーザーごとに複数持てます。予定表ごとに共有の設定ができるため、ほかの人と連携する予定表とプライベートの予定は分けておきましょう。なお、Microsoft 365は操作1で［予定表の追加］をクリックします。

ワザ326を参考に、カレンダーナビゲーターを表示しておく

1 ［予定表を開く］をクリック

2 ［新しい空白の予定表を作成］をクリック

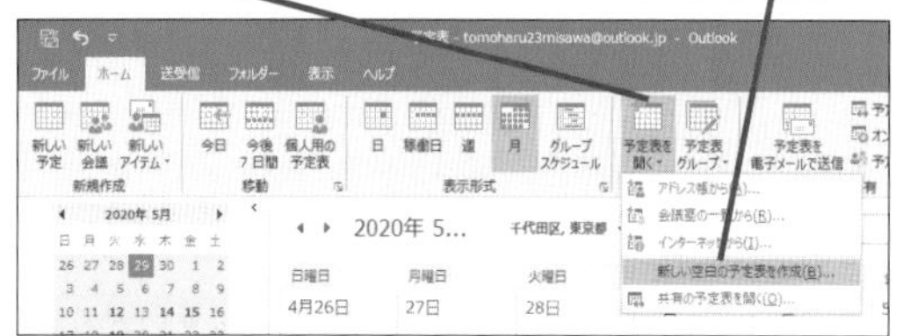

［新しいフォルダーの作成］ダイアログボックスが表示された

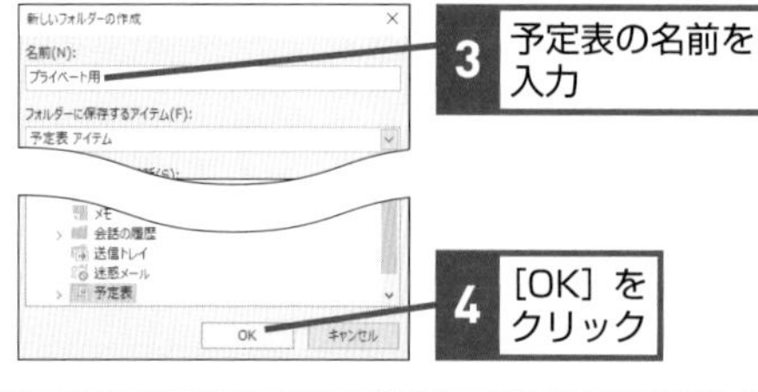

3 予定表の名前を入力

4 ［OK］をクリック

新しく予定表が作成され、チェックボックスが追加された

5 「プライベート用」をクリックしてチェックマークを付ける

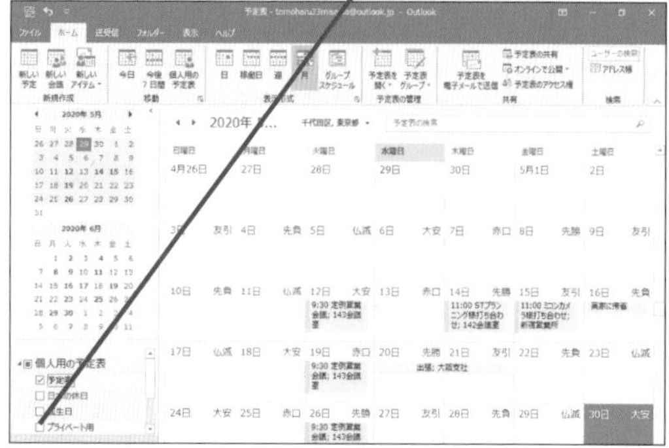

プライベート用の予定表が表示された

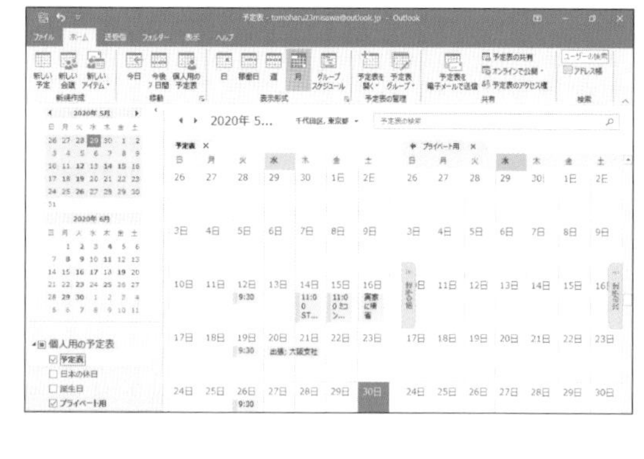

Q353 365 2019 2016 2013

お役立ち度 ★★★

必要なくなった予定表だけ削除したい

A 予定表を右クリックし、［予定表の削除］をクリックします

不要な予定表はメニューから削除しましょう。削除した予定表は［削除済みアイテム］に移動します。ほかの人から共有してもらった予定表を削除すると閲覧できなくなります。共有相手の予定表も一緒に削除されるわけではありません。

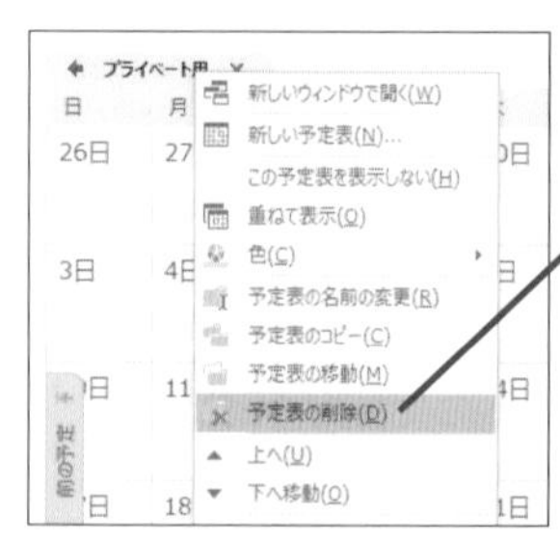

1 削除する予定表を右クリック

2 ［予定表の削除］をクリック

3 削除を確認するメッセージの［はい］をクリック

Q354 365 2019 2016 2013 お役立ち度 ★★★

削除してしまった予定表を元に戻したい

A ［削除済みアイテム］から移動します

［削除済みアイテム］から戻すためには、削除した予定表を［予定表］フォルダーにドラッグするか、［予定表の移動］をクリックして移動してください。予定を削除した直後であれば Ctrl ＋ Z キーで戻せます。

➡削除済みアイテム……P.310

ワザ326を参考にカレンダーナビゲーターを表示しておく

1 ここをクリック

2 ［フォルダー］をクリック

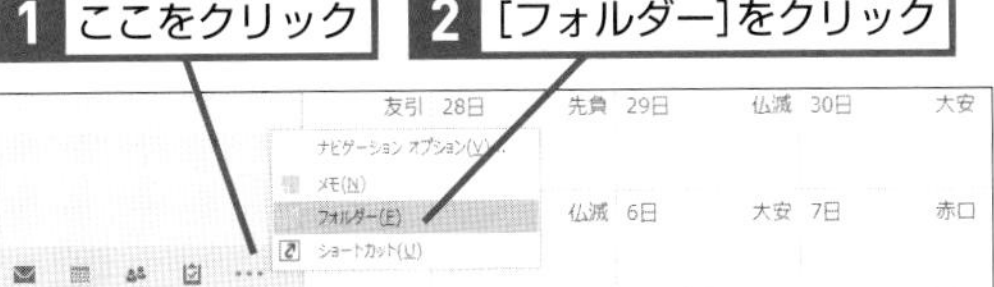

予定表のフォルダーが表示された

［削除済みアイテム］フォルダーに削除した予定表がある

3 元に戻したい予定表を右クリック

4 ［予定表の移動］をクリック

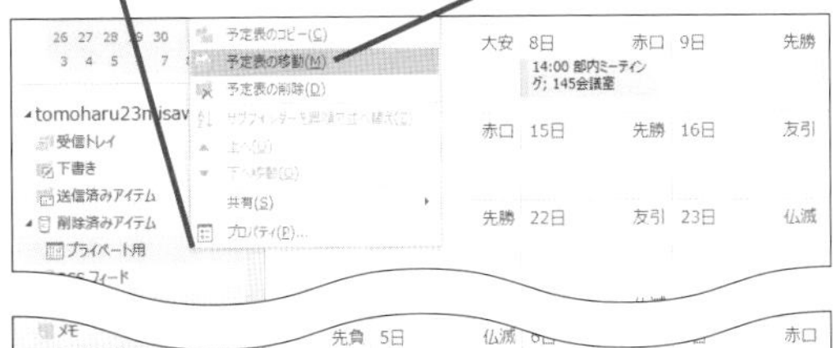

［フォルダーの移動］ダイアログボックスが表示された

5 ［予定表］をクリック

6 ［OK］をクリック

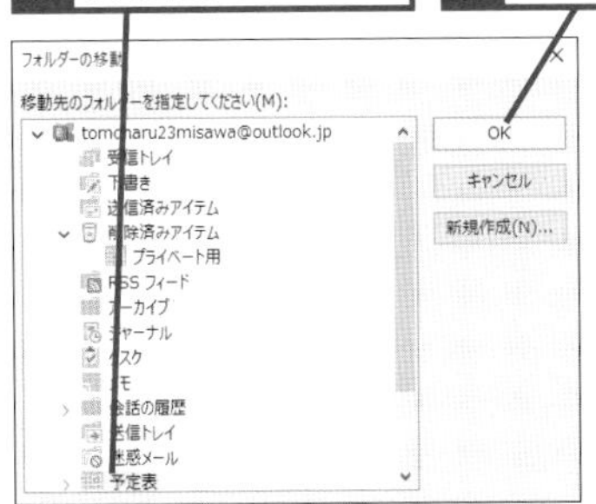

［削除済みアイテム］から［予定表］に予定表が移動する

Q355 365 2019 2016 2013 お役立ち度 ★★★

予定を上下に並べて表示したい

A ［グループスケジュール］機能を使います

予定表の数が多くなってくると重ね合わせや横に並べる表示ではスペースが足りなくなります。そんなときは［グループスケジュール］を利用して上下に予定を並べましょう。初期設定では5件以上の予定を表示する場合でも、上下並びの［グループスケジュール］表示になります。

➡グループスケジュール……P.310

予定表を表示しておく

1 ［表示］タブをクリック

2 ［グループスケジュール］をクリック

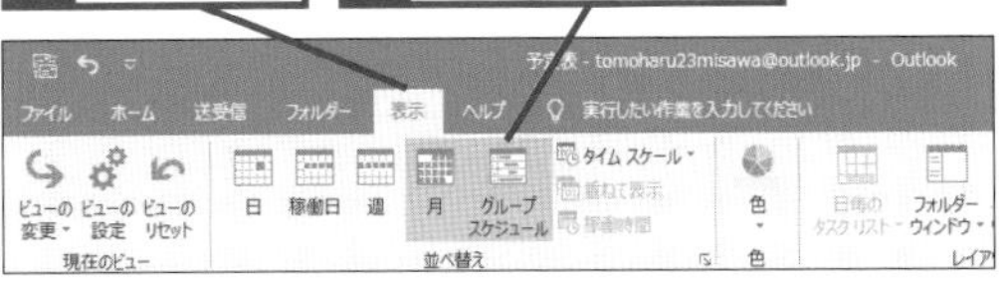

グループスケジュールの画面が表示された

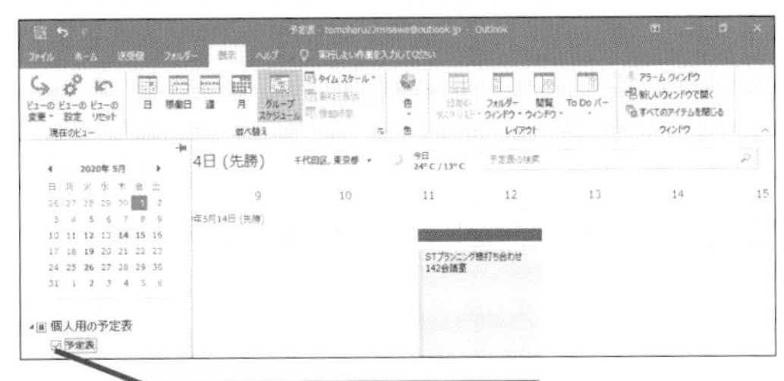

3 追加する予定表をクリックしてチェックマークを付ける

複数の予定表が上下に表示された

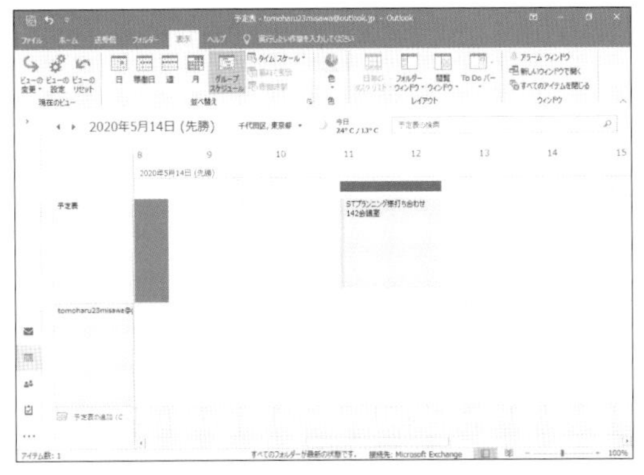

Q356 365 2019 2016 2013 お役立ち度 ★★★

Googleカレンダーを表示したい

A [インターネット予定表購読] 機能を使用します

Outlook上で予定表とGoogleカレンダーを同時表示することで、予定の取りこぼしを防ぎましょう。Googleカレンダーは Googleが提供しているGmailを使い始めると利用できるようになる予定表です。以下の手順で、Outlook上でGoogleカレンダーも同時に表示できます。自分の予定だけでなく、ほかの人から公開URLを教えてもらえば一緒に表示可能です。この公開URLを知っている人は誰でも予定を見ることができるので、公開URLの取り扱いには十分注意してください。Googleカレンダーに予定を入力してから表示されるまで若干の時差が発生することがあります。なお残念ながらOutlookではGoogleカレンダー上への予定の追加や変更は行えません。

あらかじめGoogleアカウントを作成し、Googleカレンダーに予定を登録しておく

ここでは自分のGoogleカレンダーをOutlookで表示するために、限定公開URLを取得する

GoogleカレンダーにGoogleアカウントでログインしておく

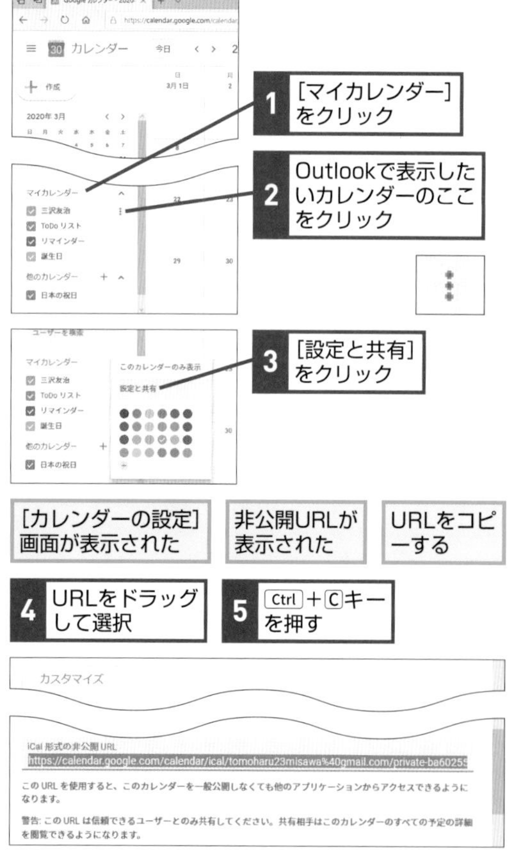

1 [マイカレンダー] をクリック

2 Outlookで表示したいカレンダーのここをクリック

3 [設定と共有] をクリック

[カレンダーの設定] 画面が表示された

非公開URLが表示された

URLをコピーする

4 URLをドラッグして選択

5 Ctrl + C キーを押す

Outlookで [予定表] 画面を表示しておく

6 [フォルダー] タブをクリック

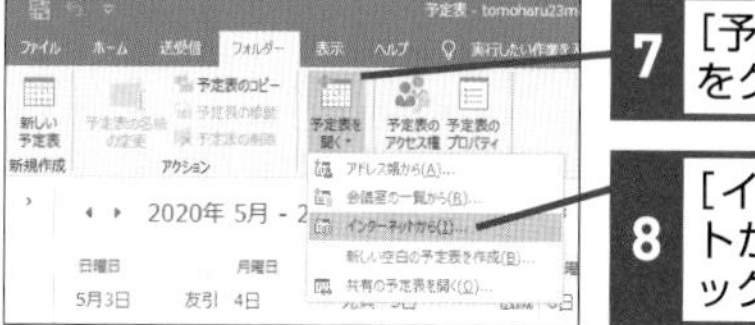

7 [予定表を開く] をクリック

8 [インターネットから] をクリック

[新しいインターネット予定表購読] ダイアログボックスが表示された

9 Ctrl + V キーを押す

10 [OK] をクリック

Outlookに追加するかどうか確認する画面が表示された

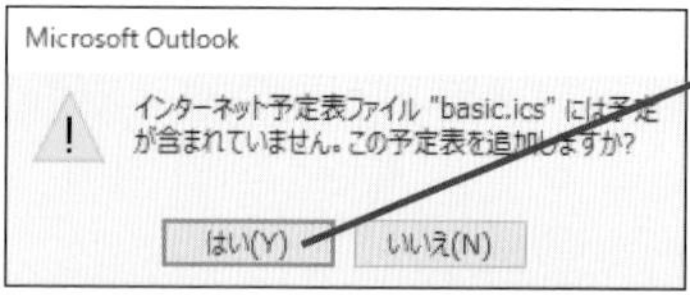

11 [はい] をクリック

インターネット予定表の購読を確認するダイアログボックスが表示された

12 [はい] をクリック

Googleカレンダーがインターネット予定表として追加された

Q357 365 2019 2016 2013 お役立ち度 ★★★

一部の予定を公開したい

A 予定を電子メールで送信しましょう

Googleカレンダーなど Outlookとは異なるサービスを利用している人と予定を共有したいときに便利です。添付されたファイルはさまざまなカレンダーソフトで利用できる形式のため、メール本文に日程を書くよりも効率的に情報共有できます。

➡Googleアカウント……P.306

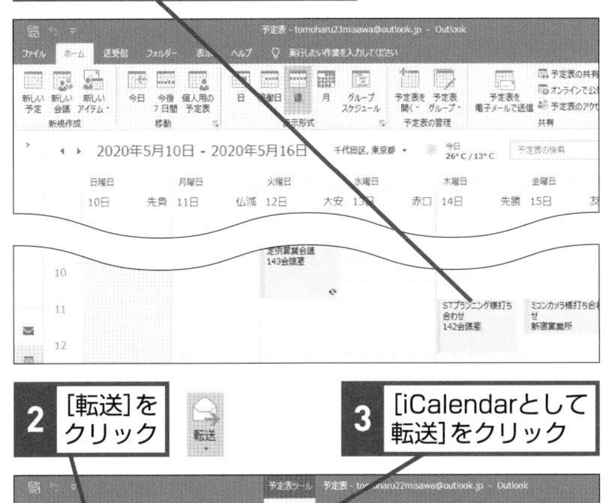

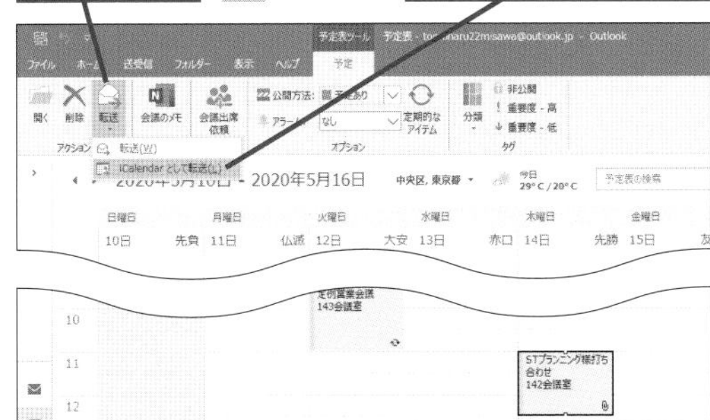

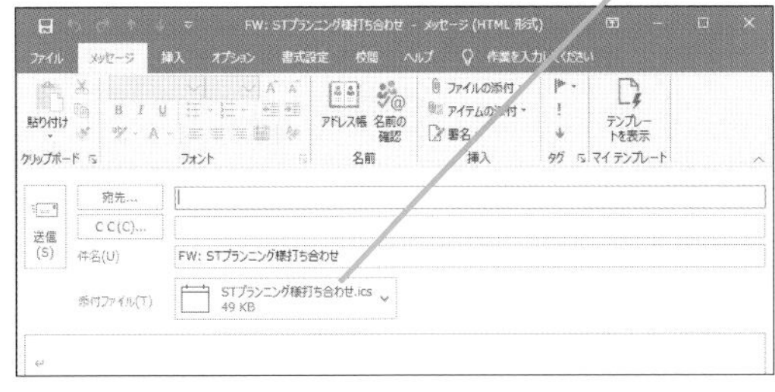

予定を公開したい相手にメールを送信できる

Q358 365 2019 2016 2013 お役立ち度 ★★★

予定表を保存するには

A [ファイル] タブから [予定表の保存] をクリックします

予定表を保存すると、Outlook.comやExchange Onlineを利用せずにパソコン内でデータを管理している場合のバックアップになります。ics形式のファイルで保存できるので、OutlookからGoogleカレンダーなど別の予定管理ソフトに移行をする場合にも利用できます。さらに、保存時の設定により非公開の情報を除去して、ファイルを保存できます。用途に応じて、保存する予定の範囲と内容を設定しましょう。

➡Exchange Online……P.306

[ファイル名を付けて保存] ダイアログボックスが表示された

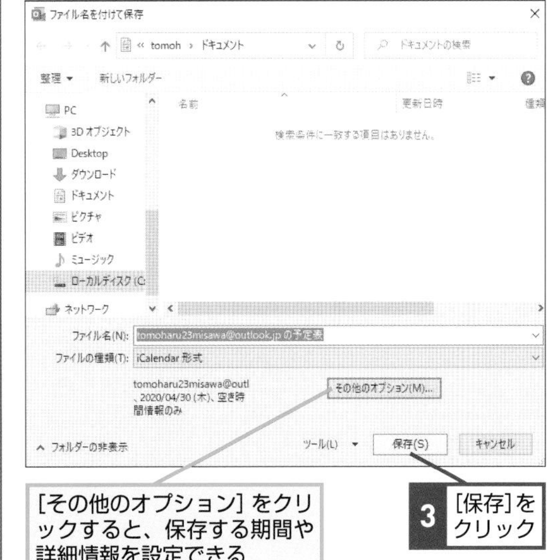

Q359 365 2019 2016 2013 お役立ち度 ★★★

会議の出席依頼を送りたい

A ［新しい会議］ボタンをクリックし、出席依頼のメールを送ります

ほかの人と打ち合わせを行いたい場合は会議の出席依頼が便利です。ほかの人がGoogleカレンダーなどを利用していてもOutlookの予定表と同じように、カレンダーに会議予定を設定できます。なお、Microsoft 365は［必須］欄に参加者のアドレスを入力します。

予定表を表示しておく

1 会議の日時をドラッグ

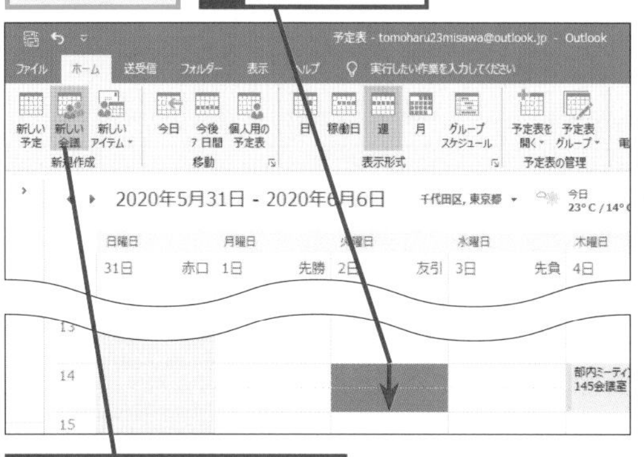

2 ［新しい会議］をクリック

［会議］ウィンドウが表示された

3 ［宛先］に出席を依頼する相手のメールアドレスを入力

4 メッセージを入力

5 ［送信］をクリック

会議出席依頼のメールが送信される

会議の予定が設定される

関連 Q361 会議の出席依頼に返答したい ………… P.223

Q360 365 2019 2016 2013 お役立ち度 ★★★

会議の予定を削除したい

A ［会議］ウィンドウで［会議のキャンセル］ボタンをクリックします

ほかの人に会議を依頼した場合は予定をキャンセルするときにその旨を連絡する必要があります。予定のキャンセル案内は会議の予定を削除することで簡単に行えます。

予定表を表示しておく

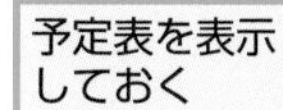

1 設定した会議をダブルクリック

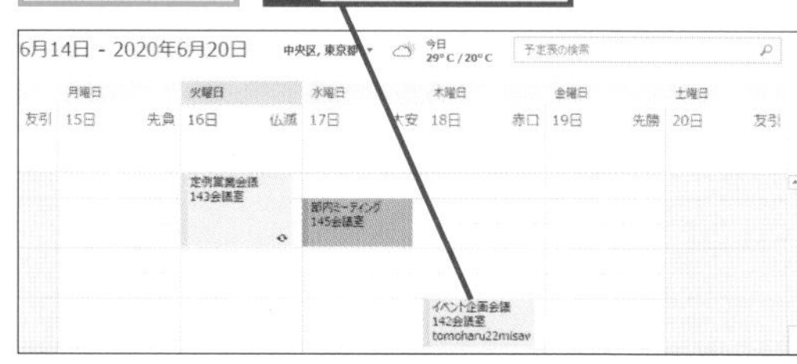

［会議］ウィンドウが表示された

2 ［会議のキャンセル］をクリック

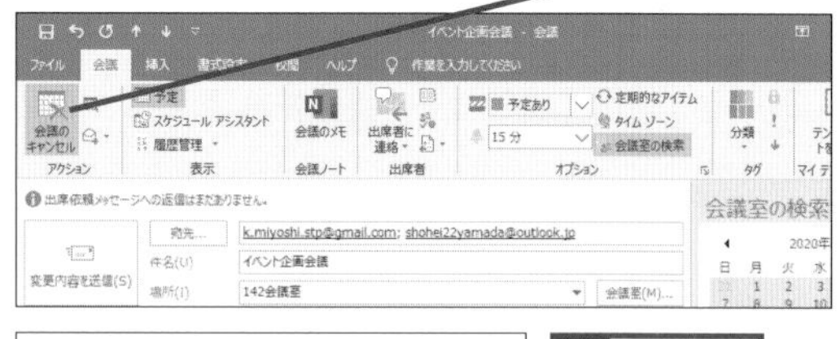

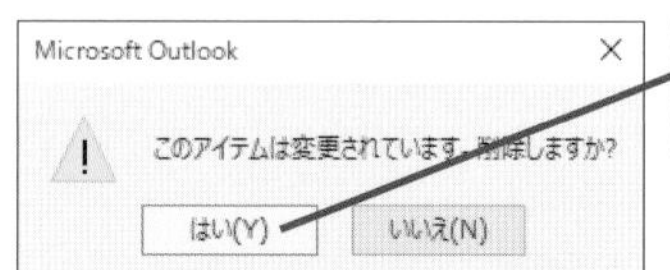

3 ［はい］をクリック

キャンセル通知を送信する画面が表示された

4 ［キャンセル通知を送信］をクリック

会議のキャンセル通知のメールが送信される

Q361 365 2019 2016 2013 お役立ち度 ★★★

会議の出席依頼に返答したい

A 出席依頼メールから返答します

知り合いから会議の案内がきたら出欠の返答をしましょう。出欠の返信を受け取った相手は会議の出欠席が分かるようになります。相手に出欠を返信することになるため、メールの返信と同じように知らない人からの出欠依頼には返答しないように注意しましょう。

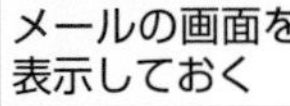
メールの画面を表示しておく

1 メールをクリック

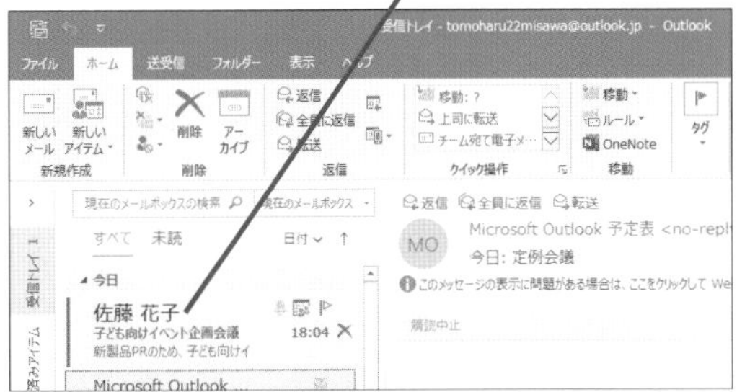

出席依頼のメールが表示された

2 [承諾]をクリック

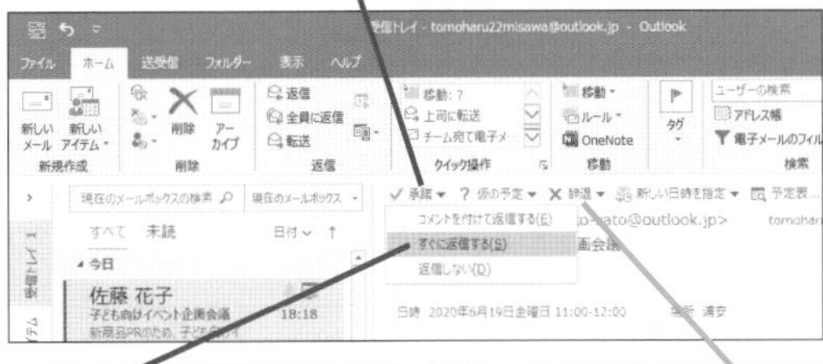

3 [すぐに返信する] をクリック

会議に参加しない場合は[辞退]をクリックする

●Microsoft 365の場合

[承認] をクリックして [すぐに返信する]を選択する

Q362 365 2019 2016 2013 お役立ち度 ★★★

特定の開催者の予定を絞り込みたい

A 検索結果を［開催者］で絞り込みます

さまざまな会議に参加していると会議の優先順位を付けて参加を調整する必要が出てきます。そういった場合は会議の開催者などを絞り込み、参加要否を再検討しましょう。ほかにも開催場所や添付ファイルの有無、件名などからも絞り込みが可能です。

➡添付ファイル……P.311

ワザ344を参考に、検索ボックスから予定を検索しておく

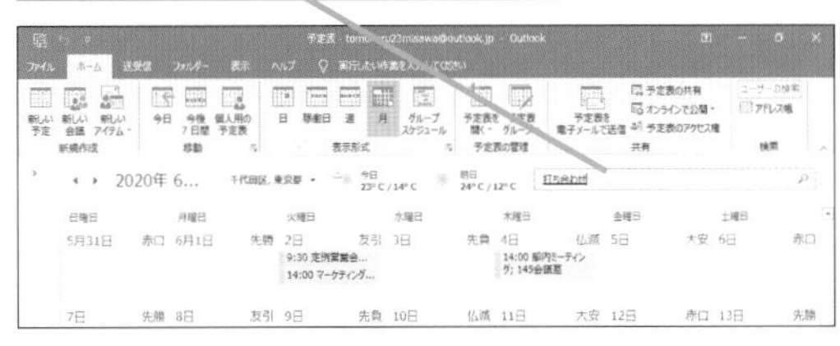

検索結果が表示された

1 [開催者]をクリック

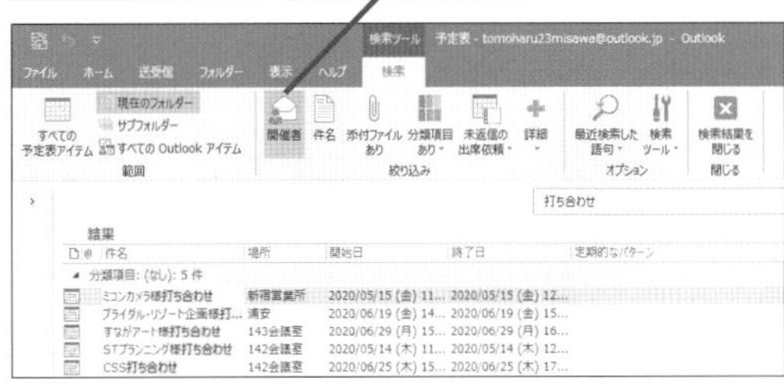

[開催者]の検索ボックスが表示された

2 [開催者] に名前を入力

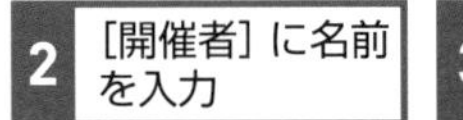

3 Enter キーを押す

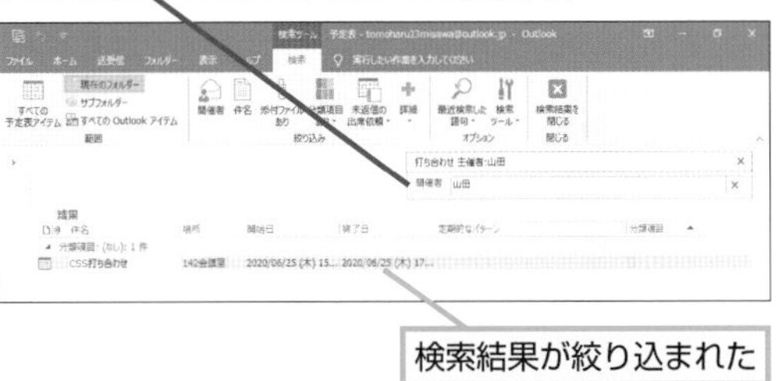

検索結果が絞り込まれた

関連 Q241 確認したいメールがなかなか見つけられない！ …… P.160

第6章 タスクを管理する

タスクを登録する

タスクの使い方を覚えると、期日までに終わらせなければいけない対応を忘れないようにリマインダーを設定できるようになります。

Q363 365 2019 2016 2013 お役立ち度 ★★★

タスク画面の主な構成を知りたい

A 下図で名称と機能を確認しましょう

「タスク」とは、一定の期間内に処理するべき作業のことです。Outlookの［タスク］機能は、期限や進捗状況、優先度などタスク管理に必要なさまざまな項目を設定できます。例えば［達成率］を利用するとどのくらいの量まで完了できたのか確認できます。［達成率］に達成状況を更新することで、作業の進捗とすべての作業量を別の人に伝えるような使い方も可能です。また、フォルダーウィンドウから［フォルダーの作成］をクリックして新しいフォルダーを作成すると、複数のタスクリストを同時に扱えます。フォルダーを作成し、タスクをプロジェクトごとにまとめておくと、作業を管理しやすくなります。

➡フォルダー……P.312

◆リボン
タスクに関するさまざまな機能のボタンがタブごとに整理されている

◆［現在のビュー］グループ
タスクの表示形式をボタンで切り替えられる

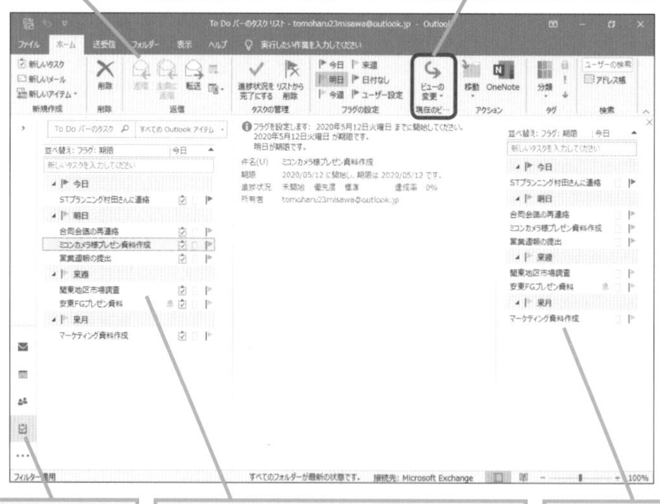

◆タスク
［タスク］をクリックすると、To Doバーのタスクリストが表示される。マウスポインターを合わせると、タスクがプレビューに表示される

◆ビュー
登録されているタスクがTo Doバーのタスクリストに表示される。［現在のビュー］にある［詳細］や［タスクリスト］をクリックすると、表示が切り替わる

◆To Doバー
表示しておくと、タスクや予定表などの項目を常に確認できる

Q364 365 2019 2016 2013 お役立ち度 ★★★

新しいタスクを作成するには

A [タスク] ウィンドウとビューから作成する方法があります

期限が長いタスクを作成すると作業内容が分かりにくくなり作業時間の割り振りが難しくなります。そのため、タスクは1日から1週間の間で期限を切れるように作成するとよいでしょう。期限を決めておくと実際に作業するときに優先順位を決めやすくなります。タスクは複数のタスクをまとめるタスクリストで管理します。初期状態では［To Doバーのタスクリスト］と［タスク-メールアドレス］の2つが用意されます。［To Doバーのタスクリスト］はすべてのタスクが表示されます。［To Doバーのタスクリスト］ビューで登録したタスクの開始日と期限日は、入力した日の日付が自動で設定されます。そのほかのタスクリストでは開始日や期限日は［なし］となり、個別設定が必要となるので注意しましょう。 ➡タスクリスト……P.311

●［タスク］画面から作成する

タスクを登録するために、To Doバーのタスクリストを表示する

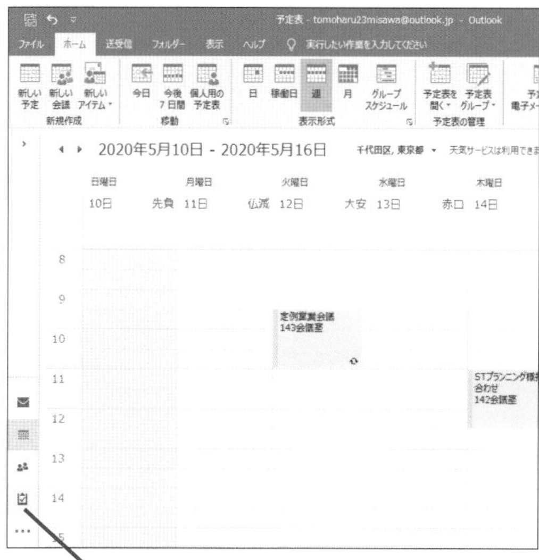

1 ［タスク］をクリック

To Doバーのタスクリストが表示された

2 ［新しいタスク］をクリック

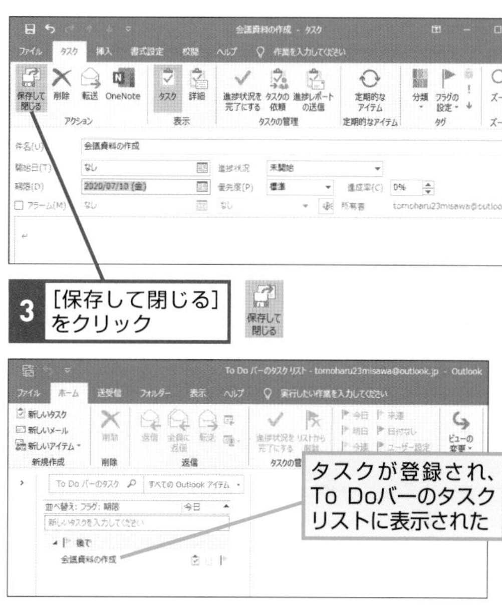

3 ［保存して閉じる］をクリック

タスクが登録され、To Doバーのタスクリストに表示された

●ビューから作成する

1 件名を入力

2 Enter キーを押す

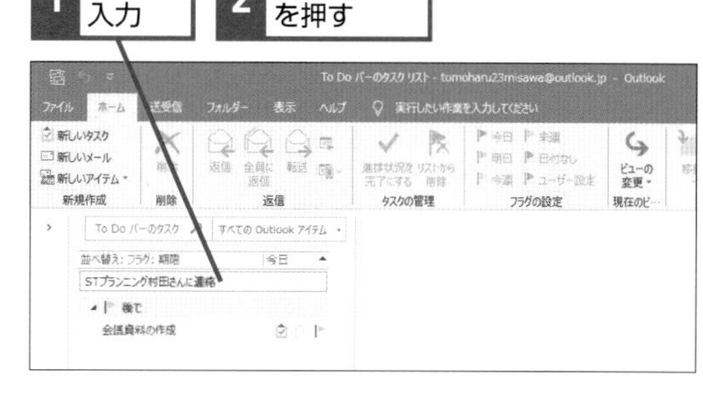

関連 Q365 タスクの内容を変更したい ……………… P.226

Q365 365 2019 2016 2013

お役立ち度 ★★★

タスクの内容を変更したい

A [タスク] ウィンドウで変更します

設定したタスクはこまめに見直すようにしましょう。タスクが予定よりも早く終わったら、[進捗状況] を [完了] に、日程が変更になったら [期限] を修正します。最新の状況に更新しておくことで作業の優先度や空き時間が把握しやすくなり、実際に作業を行う時間を決めやすくなります。また、タスクには達成率も入力できます。残りの作業量を把握するために、作業を行った際は必ず更新しておきましょう。

ここでは、タスクの期限を変更する

1 期限を変更するタスクをダブルクリック

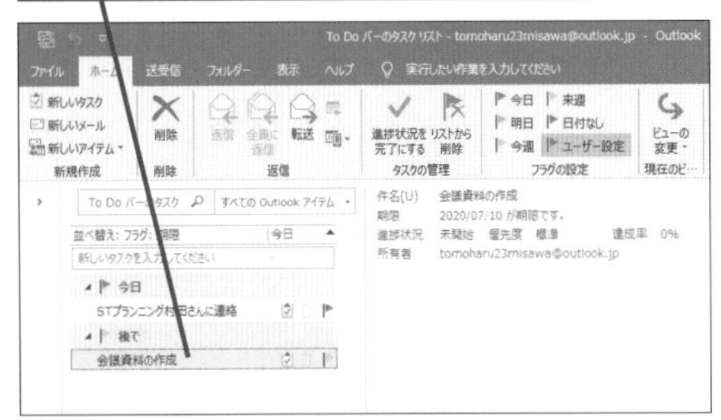

[タスク] ウィンドウが表示された

2 [期限] のここをクリック

3 日付をクリック

タスクの変更内容を保存する

4 [保存して閉じる] をクリック

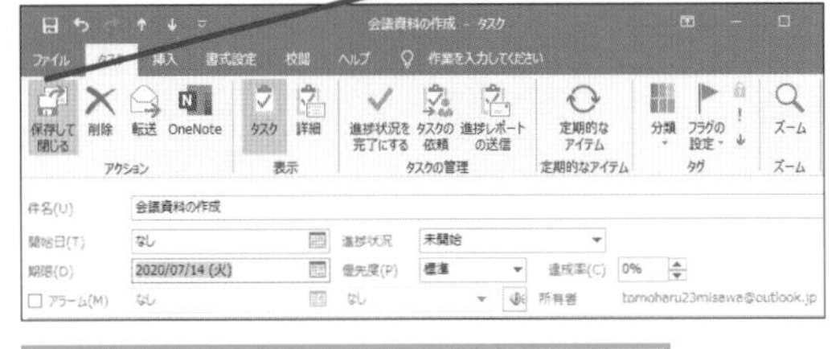

タスクの期限が設定した日時に変更される

Q366 365 2019 2016 2013

お役立ち度 ★★★

タスクを完了させるには

A 進行状況を完了にします

タスクが終わったら完了をさせておきましょう。完了したタスクは取り消し線が引かれ、[To Doバーのタスクリスト] ビューに表示されなくなります。[達成率] を100%にしてもタスクが完了したことになります。

● [進捗状況を完了にする] をクリックする

タスクをクリックして選択しておく

1 [進捗状況を完了にする] をクリック

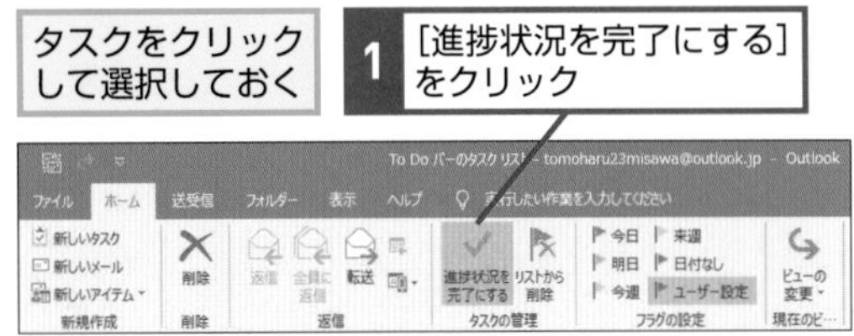

●ビューからタスクを完了させる

1 完了させるタスクのここにマウスポインターを合わせる

2 そのままクリック

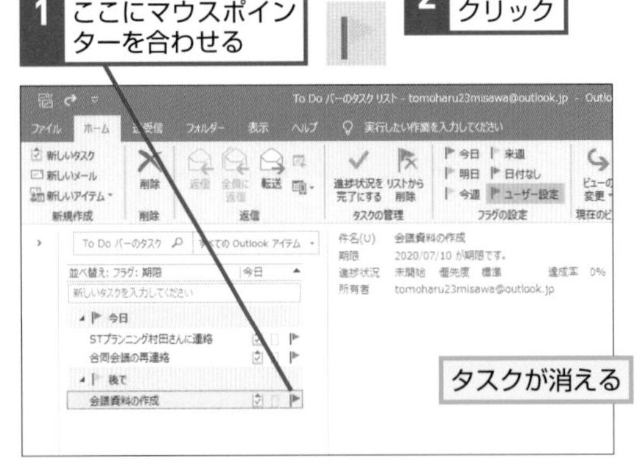

タスクが消える

Q367 365 2019 2016 2013 お役立ち度 ★★

タスクを削除するには

A タスクを選択して［削除］ボタンをクリックします

削除したタスクは［削除済みアイテム］に移動され、メールと同様に30日程度で復元できなくなります。そのため間違えて作成した場合のみ削除するようにしてください。また、ワザ368を参考に［タスク］タブから［詳細］ボタンをクリックすると、予測時間と実働時間を入力できます。これらをExcelにコピーして集計することで、タスクに掛かる平均的な時間を確認するといった用途にも利用できます。削除の場合はこういった情報も消えるため、タスクは通常削除を行わず、［完了］にして管理しましょう。削除直後はCtrl+Zキーで復元できます。復元できなかった場合はメール画面のフォルダーウィンドウを開き、［削除済みアイテム］からタスクへ移動させましょう。

1 削除するタスクをクリック

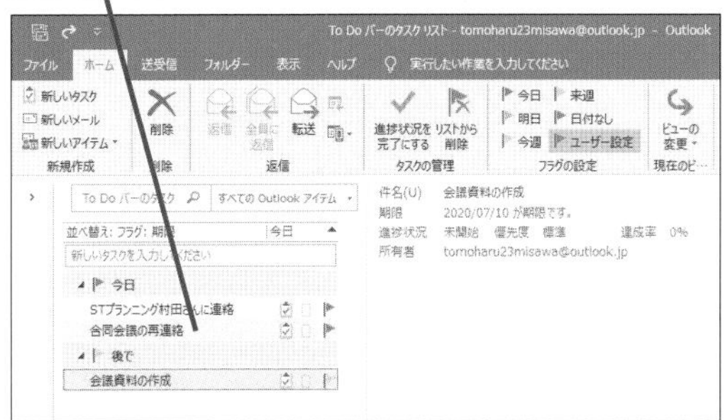

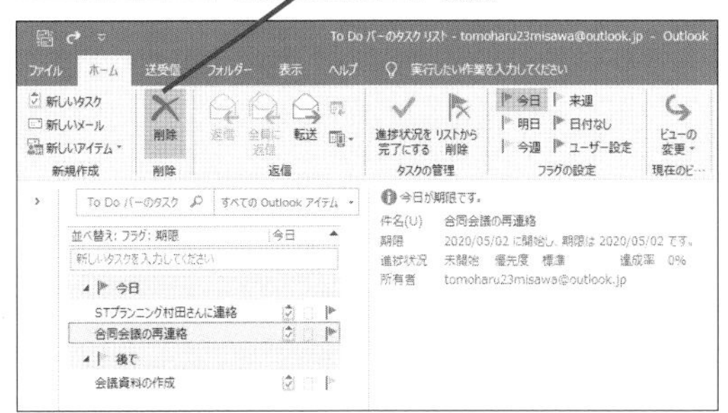

削除したタスクがTo Doバーのタスクリストから消える

Q368 365 2019 2016 2013 お役立ち度 ★★★

タスクに詳細情報を設定したい

A ［タスク］ウィンドウの［詳細］ボタンをクリックします

この画面では予測時間や実働時間のほか、経費情報を入力できます。これらを入力しておくことで、タスク完了後に作業や課題の振り返りが行いやすくなります。また、［勤務先名］や［経費情報］を［詳細］ビューに表示することで、勤務先や経費情報で検索でき、経費精算の依頼もまとめやすくなります。

➡タスク……P.311

詳細情報を設定したいタスクをダブルクリックして、［タスク］ウィンドウを表示しておく

1 ［詳細］をクリック

［詳細］の画面が表示された

2 ［予測時間］を入力
3 ［実働時間］を入力
4 ［経費情報］を入力

タスクの入力を完了する
7 ［保存して閉じる］をクリック

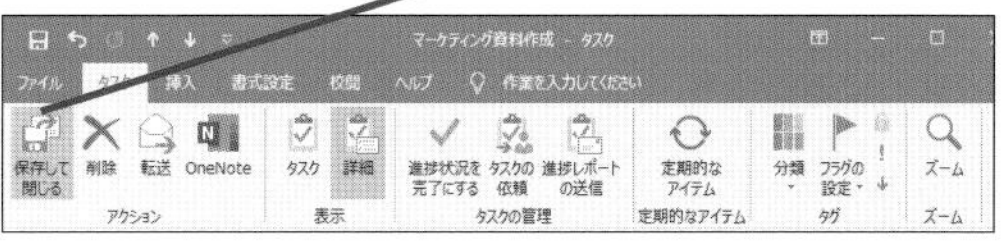

Outlookの基本 / メールの送受信 / メールの保管と分類 / 連絡先とアドレス帳 / 予定表 / タスク / 印刷 / ビジネス活用 / データ共有と連携

Q369 365 2019 2016 2013 お役立ち度 ★★★

タスクの期限を変更したい

A [フラグの設定] を使うと素早く変更できます

[フラグの設定] にあるボタンは、期限の延長だけでなく、来週の予定を明日に変更するような期限の短縮にも利用できます。ワンクリックで期限を延ばせるため、別のウィンドウでタスクを開く手間が省けます。

1 タスクをクリック

2 [フラグの設定] から変更する期限をクリック

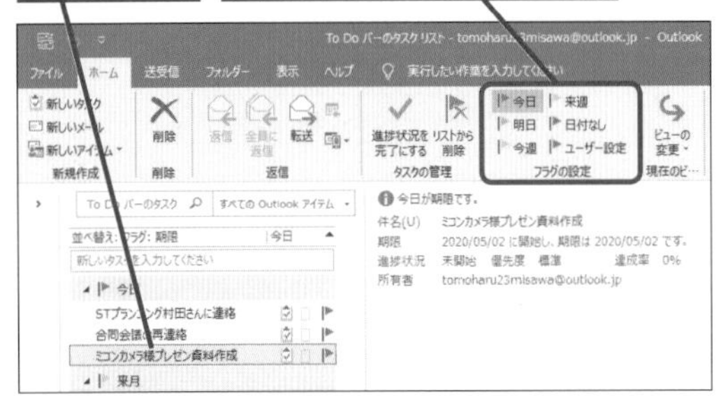

Q370 365 2019 2016 2013 お役立ち度 ★★★

無期限のタスクを作成するには

A [日付なし] をクリックします

通常、タスクは期限を設定します。期限を [日付なし] にすると通知が行われなくなるのでタスクを忘れないようにしましょう。[日付なし] のタスクは一覧の上部に表示されるため、日々一度は目にしておきたいタスクなどを設定するとよいでしょう。

1 タスクをクリック

2 [日付なし] をクリック

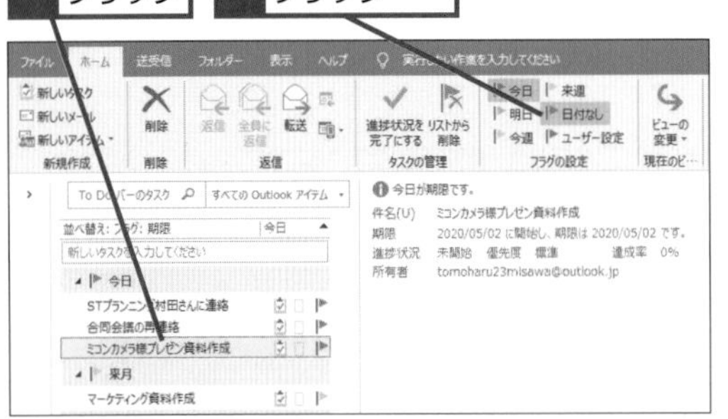

Q371 365 2019 2016 2013 お役立ち度 ★★★

タスクにアラームを設定したい

A [タスク] ウィンドウの [アラーム] にチェックマークを付けます

タスクにアラームを設定すると、期限当日に通知が表示されます。期限前にアラームを設定しておけば、時間の掛かるタスクでも対応漏れを防げます。アラームは予定表のアラームと同様に時間になるとアラームウィンドウが表示されます。 ➡アラーム……P.309

アラームを設定したいタスクをダブルクリックして、[タスク]ウィンドウを表示しておく

1 [アラーム] をクリックしてチェックマークを付ける

アラームを鳴らす日付や時刻を設定できる状態になった

2 ここをクリックして日付を選択

3 ここをクリックして時刻を選択

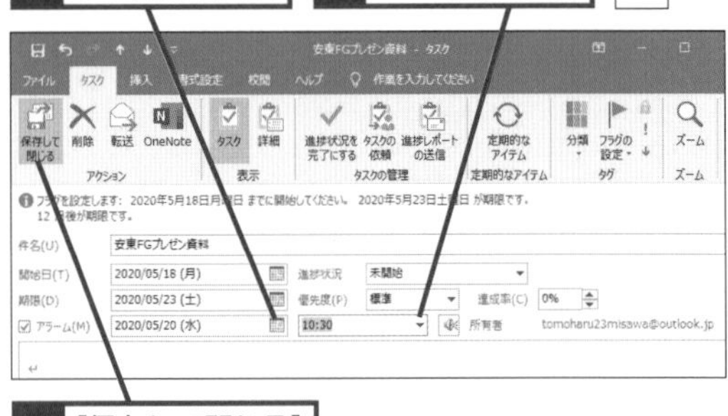

4 [保存して閉じる] をクリック

タスクリストにアラームのアイコンが表示される

関連 Q320 アラームの一覧を表示するには……P.204

Q372 365 2019 2016 2013

お役立ち度 ★★☆

タスクの完了日を入力したい

A ［タスク］ウィンドウの［詳細］の画面から入力できます

タスクの完了日を入力しておくと、対応に掛かった期間を計測できます。これは今後同様のタスクが発生したときに掛かる期間の目安になります。［完了日］には、実際に作業が完了した日を入力するようにしましょう。

タスクをダブルクリックして、［タスク］ウィンドウを表示しておく

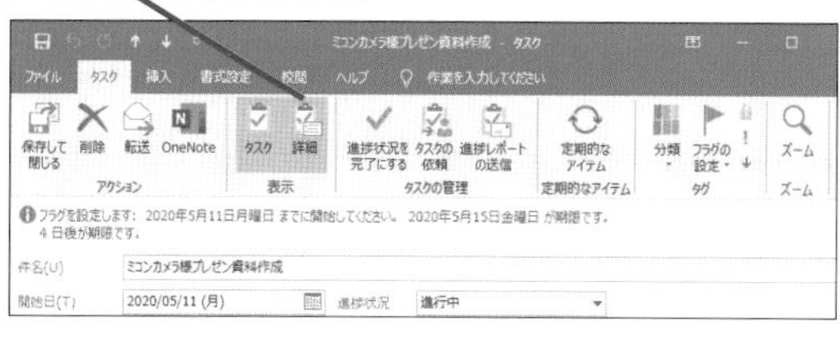

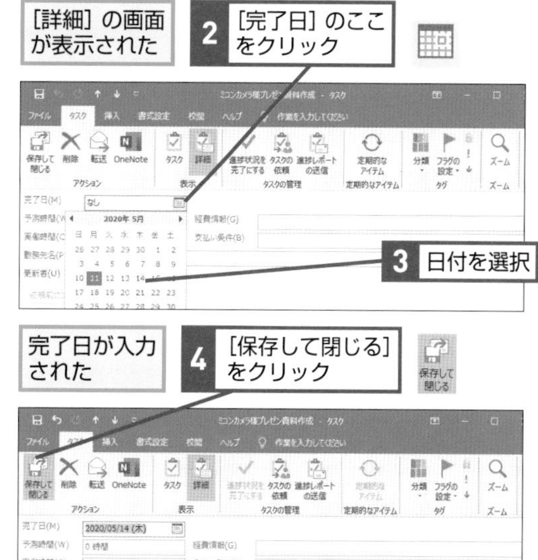

Q373 365 2019 2016 2013

お役立ち度 ★★☆

タスクを簡単に追加したい

A ［詳細］ビューを使うとよいでしょう

やるべき作業を把握して期限を決めるのは手間の掛かる作業です。まずは一旦必要なタスクを洗い出し、列挙してから詳細化すると効率よく作業内容を決められます。以下の方法は、タスクを洗い出す際に便利です。［件名］以外の情報はタスクを作った後に入力する必要があるため、時間のあるときに期限や優先度など詳細を設定しましょう。

➡ビュー……P.312

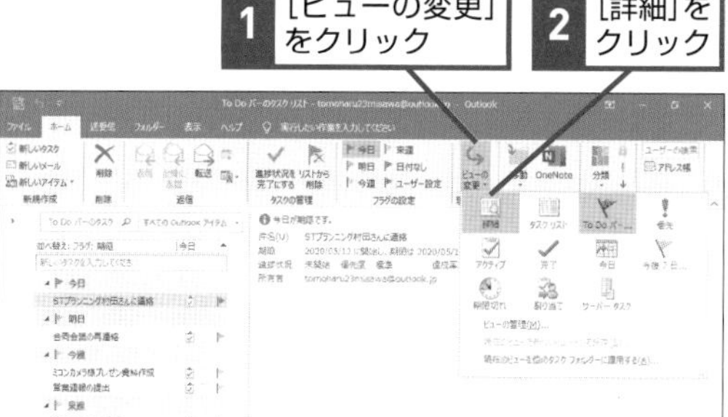

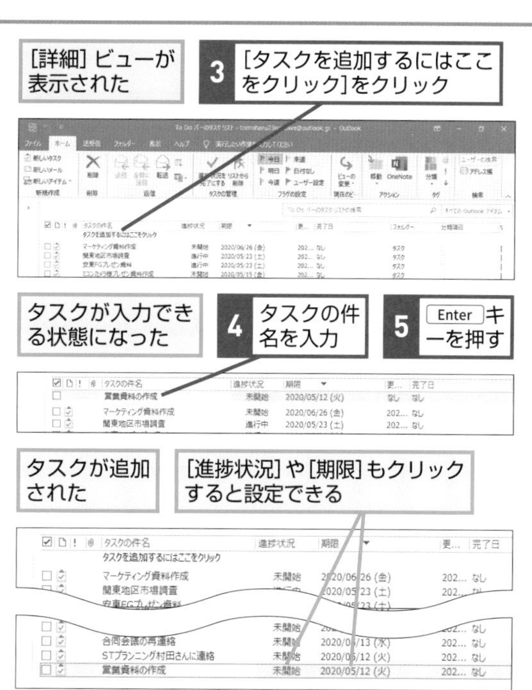

Q374 365 2019 2016 2013 お役立ち度 ★★

連絡先を変更するタスクを加えたい！

A ［連絡先］の画面から設定できます

以下の方法は通常のタスクと異なり、連絡先がそのままタスクになります。タスク本文の入力が行えないため、タスクの詳細はメモ欄などに書いておきましょう。また、連絡先グループにも設定可能です。来月住所が変わる方の連絡先や、今後メンバーが増えるグループなど、変更が見込まれる連絡先に利用すれば変更忘れを防げます。

➡連絡先グループ……P.313

［連絡先］画面を表示しておく

ここでは、明日のタスクに追加する

1 連絡先を変更するユーザーをクリック

2 ［フラグの設定］をクリック

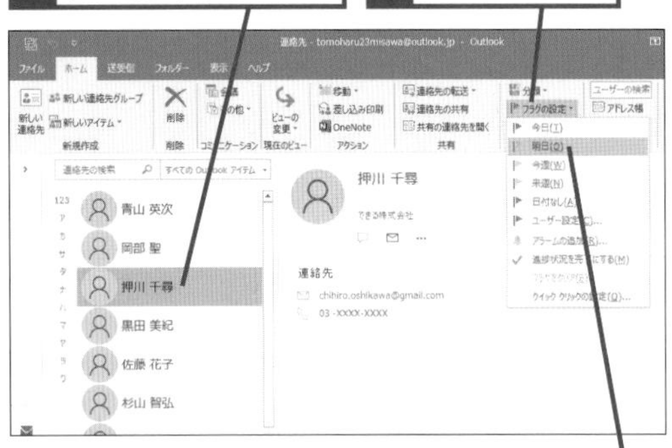

3 ［明日］をクリック

タスクが追加されていることを確認するために、［タスク］ウィンドウを表示する

4 ［タスク］をクリック

連絡先を変更するタスクが追加された

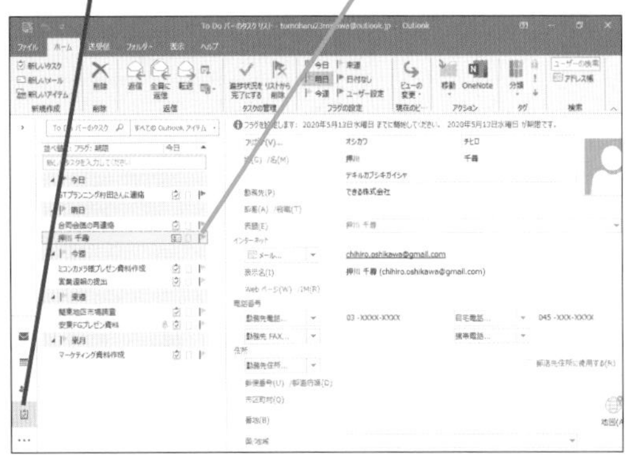

Q375 365 2019 2016 2013 お役立ち度 ★★★

メールの内容を素早くタスク化するには

A タスク化するメールをナビゲーションバーの［タスク］にドラッグします

メールにフラグを立てるとタスクとして管理できますが、メール本文の更新は行えません。以下の方法ではタスクの内容を編集できるため、タスクの詳細をタスク本文に入力できます。メールの本文からタスクが推測できないときに利用するとよいでしょう。

［メール］画面を表示しておく

1 メールを［タスク］までドラッグ

［タスク］ウィンドウが表示された

メールの件名や内容が入力されている

［期限］などを設定し、タスクを保存する

2 ［期限］のここをクリックして日付を選択

3 ［保存して閉じる］をクリック

Q376 365 2019 2016 2013 お役立ち度 ★★★

予定を素早くタスク化するには

A タスク化する予定をナビゲーションバーの［タスク］にドラッグします

予定にはフラグを付けられないため、予定に関するタスクがある場合は、この方法で登録しましょう。特に打ち合わせの予定などは、事前に資料の作成が必要となることが多いです。事前の資料作成をタスクにしておくことで資料のレビューといった打ち合わせに向けた準備作業を明確化できます。 ➡フラグ……P.312

［予定表］画面を表示しておく

1 予定を［タスク］までドラッグ

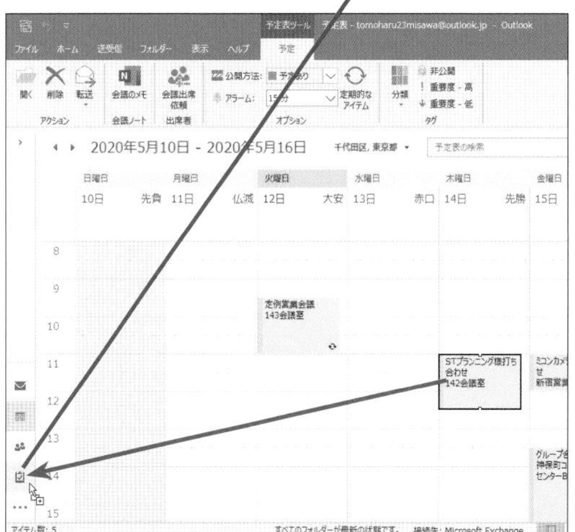

［タスク］ウィンドウが表示された

予定の件名や期限が入力されている

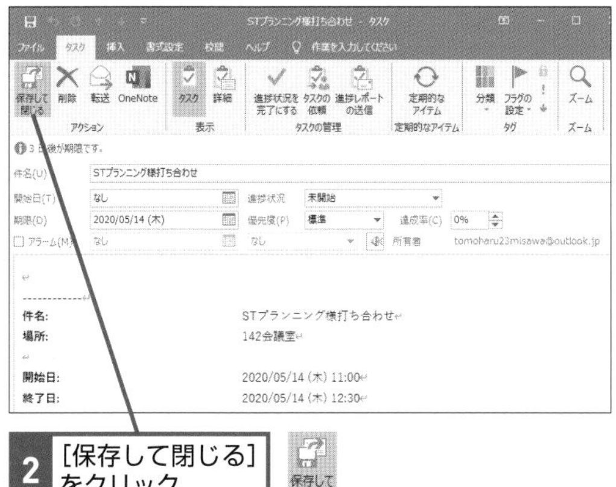

2 ［保存して閉じる］をクリック

Q377 365 2019 2016 2013 お役立ち度 ★★

クリックで設定されるフラグの期限を変更したい

A ［Outlookのオプション］画面で［クイッククリック］を変更します。

メール画面でメールにマウスポインターを重ねたときに表示されるフラグマークをクリックすると、1日期限のタスクを設定できます。このクリック時の動作を以下の手順で変更できます。例えば［今週］に変更して、メールのフラグをクリックすると、翌日から週末までのタスクとして設定されます。受信するメールから起票されるタスクにどのくらいの期間が掛かるか推測し、最適な設定値を見つけましょう。

➡マウスポインター……P.313

ワザ019を参考に、［Outlookのオプション］ダイアログボックスを表示しておく

ここでは、［日付なし］に変更する

1 ［タスク］をクリック

2 ［クイッククリック］をクリック

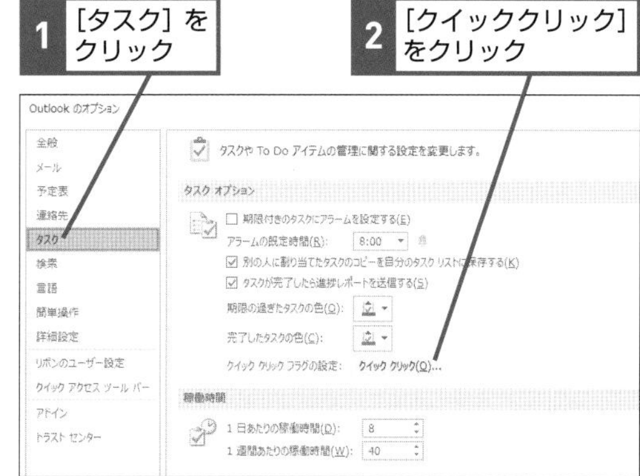

［クイッククリック］ダイアログボックスが表示された

3 ここをクリックして、フラグの種類を選択

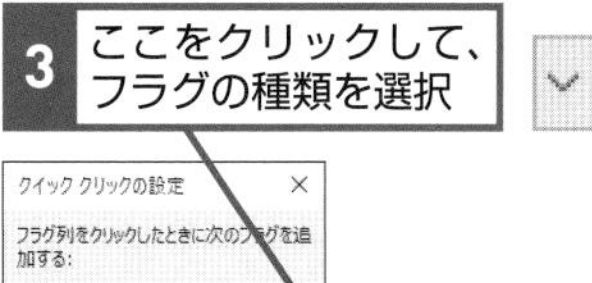

4 ［OK］をクリック

5 ［Outlookのオプション］ダイアログボックスで［OK］をクリック

関連 Q369 タスクの期限を変更したい …… P.228

Q378 365 2019 2016 2013

お役立ち度 ★★★

動画で見る

毎週行っているタスクを入力したい

A [タスク] ウィンドウで [定期的なアイテム] ボタンをクリックします

週報の作成など、毎週決まったタイミングで発生するタスクは、[定期的なアイテム] として登録しましょう。ほかにも週だけでなく毎月、毎年などの間隔でも設定可能です。定期的なタスクは直近の1回分のみが登録されます。次々回のタスクは進捗状況を完了にした後に作成されます。

➡アイテム……P.308

ここでは、毎週金曜日に行う週報の提出を定期的なタスクとして登録する

ワザ364を参考に、新しいタスクを作成し、[タスク]ウィンドウを表示しておく

1 件名を入力

2 [定期的なアイテム] をクリック

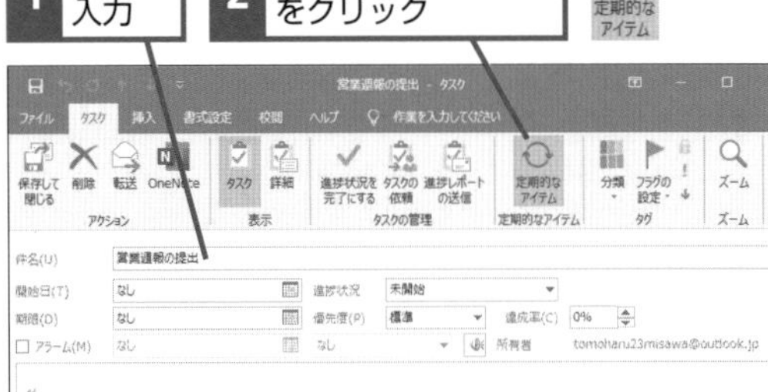

[定期的なタスクの設定] ダイアログボックスが表示された

3 [週] をクリック

4 [間隔] が選択されていることを確認

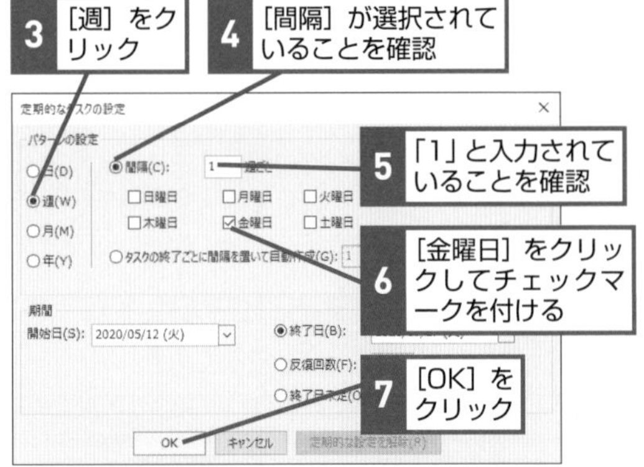

5 「1」と入力されていることを確認

6 [金曜日] をクリックしてチェックマークを付ける

7 [OK] をクリック

タスクに繰り返しのパターンが設定された

一番近い期限が自動的に設定された

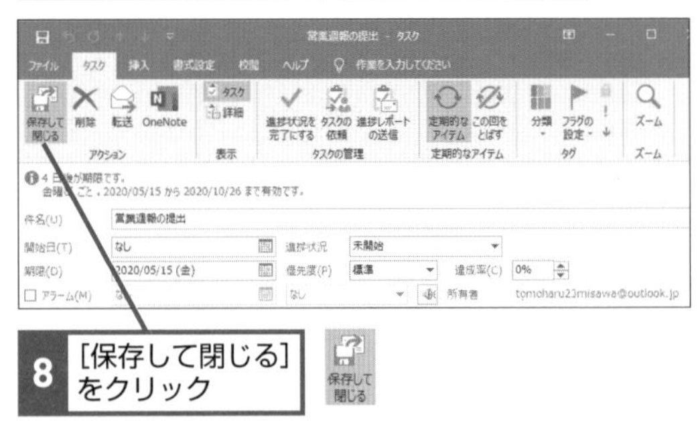

8 [保存して閉じる] をクリック

Q379 365 2019 2016 2013

お役立ち度 ★★

定期的なタスクを1回だけキャンセルするには

A [タスク] ウィンドウで [この回をとばす] ボタンをクリックします

ゴールデンウィークなど、長期間の休みで今週は飛ばして来週から再開するといった場合は、この方法を利用しましょう。[この回をとばす] をクリックすると、その次の回にタスクが作成されます。

➡タスク……P.311

関連 Q378 毎週行っているタスクを入力したい P.232

定期的なタスクをダブルクリックして、[タスク]ウィンドウを表示しておく

1 [この回をとばす]をクリック

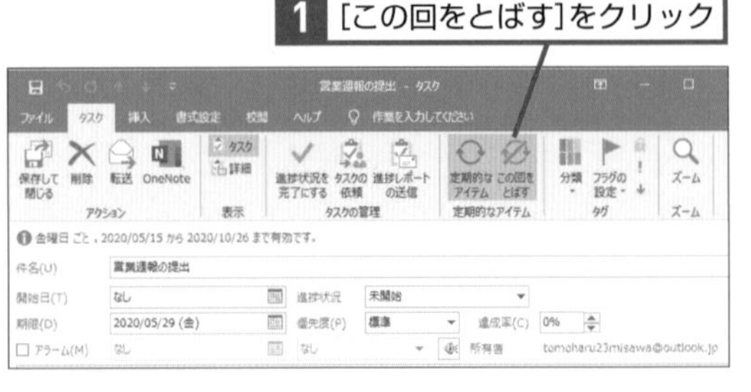

登録したタスクを管理する

タスクは登録した後が肝心です。日々増えていくタスクを適切に管理し、完了期日を守れるようにスケジュールを立てましょう。

Q380 365 2019 2016 2013 お役立ち度 ★★☆

完了したタスクを確認したい

A ［現在のビュー］を［完了］に切り替えます

すでに作業を終えたタスクを、もう一度チェックしたいときに利用しましょう。

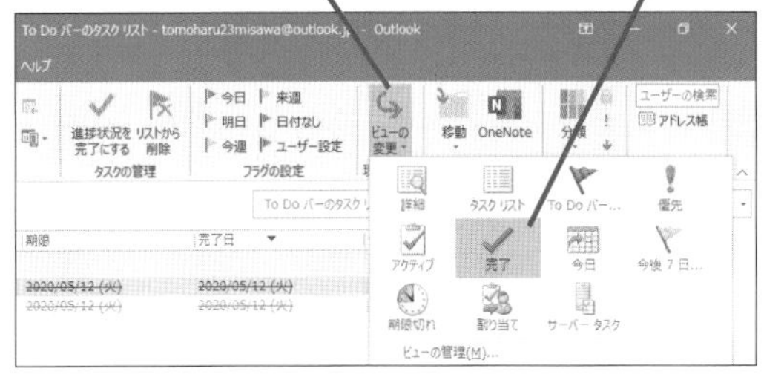

Q381 365 2019 2016 2013 お役立ち度 ★★☆

今日対応するタスクを確認したい

A ［現在のビュー］を［今日］に切り替えます

今日が期限のタスクと過去のタスクで期限が切れたものが一覧で表示されます。

Q382 365 2019 2016 2013 お役立ち度 ★★☆

優先度の高いタスクを確認したい

A ［現在のビュー］を［優先］に切り替えます

［優先］ビューでは［優先度］と［分類］でグループ化されてタスクが表示されます。［優先度］は［高］［標準］［低］の3種類のみのため、［分類］を併用して優先度を細分化して管理するとよいでしょう。優先度と分類はタスク作成時と変更時に表示する［タスク］ウィンドウや［ホーム］タブの［重要度-高］［重要度-低］と［分類］ボタンで設定できます。

➡ビュー……P.312

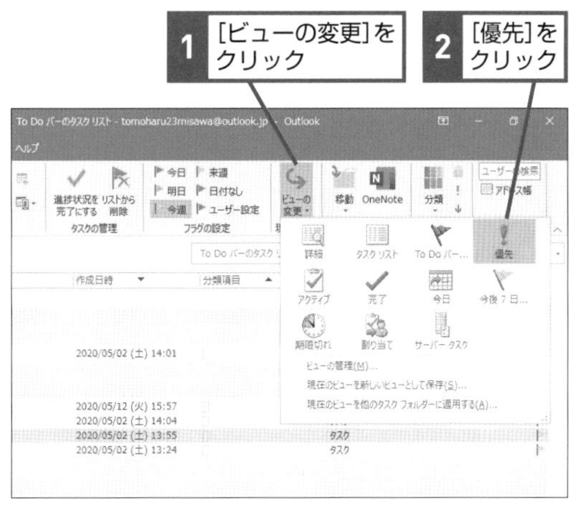

Q383 365 2019 2016 2013 お役立ち度 ★★★

完了したタスクを元に戻すには

A ［タスクリスト］ビューから戻すことができます

進捗状況を［完了］にしたタスクはビューに表示されなくなります。［完了］にしたタスクに表示されるチェックマークをはずすと、完了日が［日付なし］のタスクとしてフラグが設定されます。タスクに追加作業が生じた場合などで元に戻すときは、元々設定した期限内にタスクが終えられるか確認しましょう。

➡フラグ……P.312

1 ［ビューの変更］をクリック

2 ［タスクリスト］をクリック

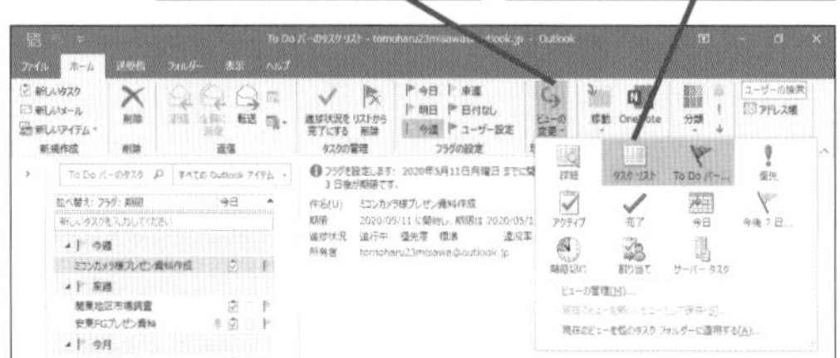

［タスクリスト］ビューが表示された

完了したタスクには、チェックマークが付いて、線が引かれている

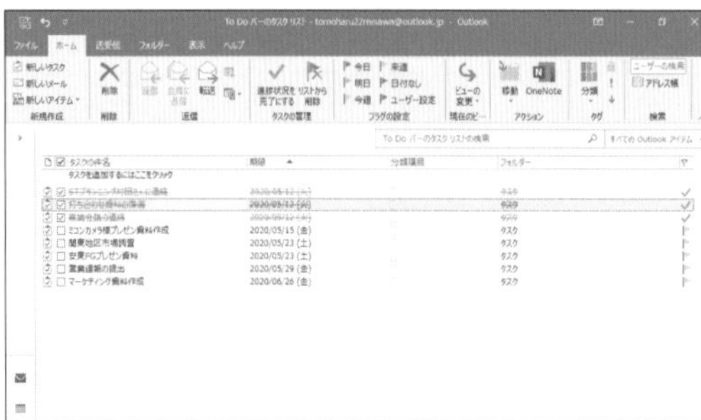

3 チェックボックスをクリックしてチェックマークをはずす

タスクが完了していない状態に戻り、線が消えた

関連 Q380 完了したタスクを確認したい …… P.233

Q384 365 2019 2016 2013 お役立ち度 ★★

未完了のタスクのみ表示するには

A ［To Doバーのタスクリスト］には未完了のタスクのみ表示されます

このビューではタスクが期限ごとにグループ化されます。そのため優先的に対応が必要なタスクを確認でき、今後の作業予定を立てるときに役立ちます。［今日］に分類されるタスクには期限切れのタスクも含まれます。期限が切れたタスクは期限を再設定し、再び期限切れを起こさないように管理しましょう。

➡タスクリスト……P.311

［タスクリスト］ビューでは、完了したタスクも表示されている

未完了のタスクのみ表示するには、［To Doバーのタスクリスト］ビューに切り替える

1 ［ビューの変更］をクリック

2 ［To Doバー］をクリック

［To Doバーのタスクリスト］ビューが表示された

完了していないタスクのみ表示される

関連 Q388 タスクビューの種類って？ …… P.236

Q385 365 2019 2016 2013 お役立ち度 ★★

タスクの期限切れって?

A タスクの[期限]の日時が過ぎていることです

期限切れのタスクとは、予定していた期日までに[進捗状況]が[完了]にならなかったものです。[To Doバーのタスクリスト]ビューでタスクを設定すると、期限は当日に設定されるため、そのまま翌日まで完了できなかったタスクなども期限切れの状態になります。期限切れのタスクとして放置すると、後続のタスクが期限内に完了できるか分からなくなってしまうことが多いです。期限の切れたタスクは早期に期限を再設定するか、完了させるように心掛けましょう。

➡タスク……P.311

ワザ373を参考に、[詳細]ビューを表示しておく

期限切れのタスクが赤色で表示された

超過日数を確認するため、[タスク]ウィンドウを表示する

1 タスクをダブルクリック

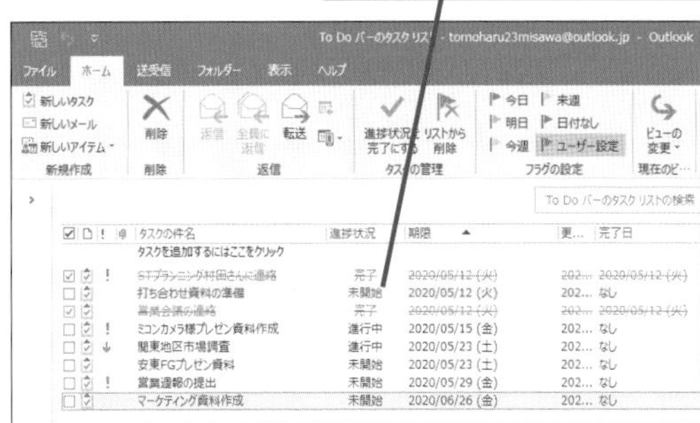

[タスク]ウィンドウが表示された

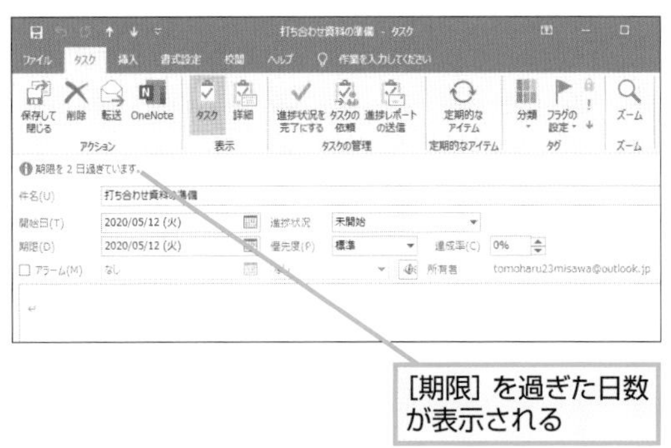

[期限]を過ぎた日数が表示される

Q386 365 2019 2016 2013 お役立ち度 ★★

タスクを検索するには

A 検索ボックスから検索できます

検索を利用すると現在のビューの中からタスクを探せます。タスク名以外にもタスクの本文も検索対象となるため、関連する単語を増やすことで検索の精度が上がります。検索対象の単語を増やすときは半角スペースで区切ってください。すべての単語が含まれるタスクが検索されます。なお、Microsoft 365の検索ボックスはタイトルバーにあります。

ワザ384を参考に、[To Doバーのタスクリスト]ビューを表示しておく

1 [To Doバー]の検索ボックスをクリック

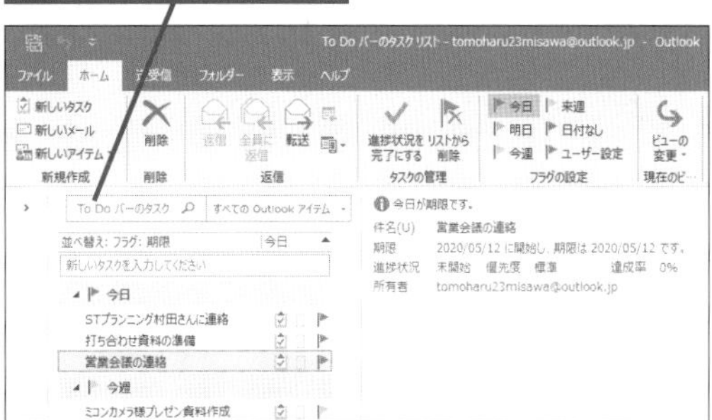

2 検索する文字を入力

3 Enter キーを押す

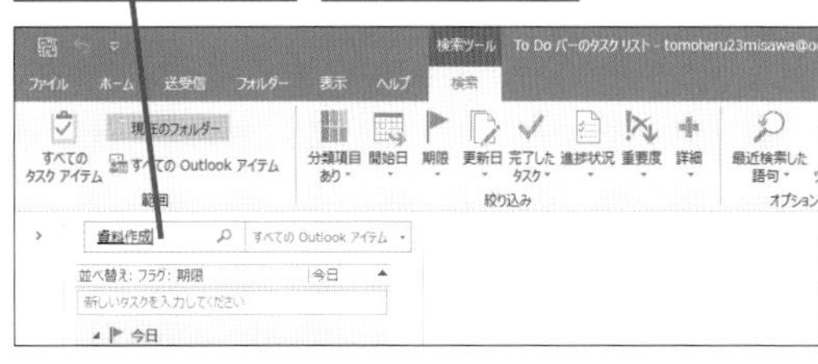

検索した文字を含むタスクが表示された

検索した文字の部分が色付きで表示された

Q387 365 2019 2016 2013 お役立ち度 ★★★

タスクを分類したい！

A ［ホーム］タブの［分類］ボタンから設定します

タスクの分類は家庭内や仕事上のタスク、個人的なタスクといった区分を設けておくとタスクが重なったときに順序を決めやすくなります。初期状態では分類の名前は色名になっています。［ホーム］タブの［分類］から［すべての分類項目］を選択し、［名前の変更］をクリックして、分かりやすい名前を付けておくと便利です。

➡タブ……P.311

1 タスクをクリック

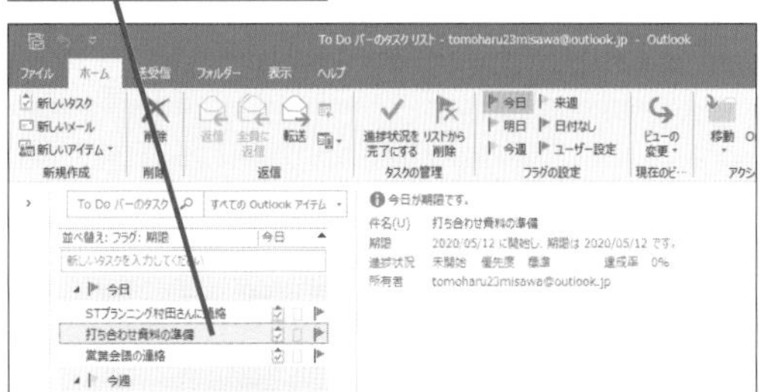

2 ［分類］をクリック

3 分類の項目を選択

分類項目を表す色とアイコンが表示された

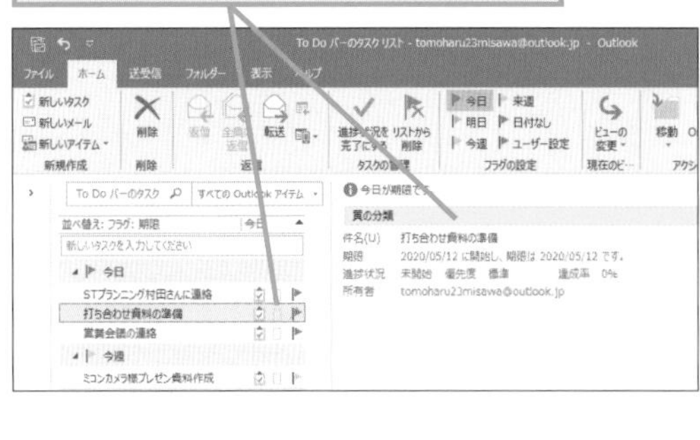

関連 Q386 タスクを検索するには…… P.235

Q388 365 2019 2016 2013 お役立ち度 ★★★

タスクビューの種類って？

A タスクを状態別に分けたときの表示方法です

タスクは［期限切れ］や［完了］など、「状態」を持っています。「状態」はタスクの進捗状況や、タスクの期日までの日数などで変わります。この状態を区分けしたものがタスクのビューです。

➡ビュー……P.312

●主なタスクのビューの種類

アイコン	ビュー	機能
アクティブ	アクティブ	完了していないタスクのうち延期されていないタスクが表示される
今後 7 日...	今後7日	期限が7日以内のタスクが表示される
期限切れ	期限切れ	期限が過ぎたタスクが表示される
割り当て	割り当て	ほかの人に依頼したタスクが表示される
詳細	詳細	すべてのタスクが表示される
To Do バー	To Doバー	完了していないタスクが表示される

1 ［ホーム］タブをクリック

2 ［ビューの変更］をクリック

ビューの一覧が表示された

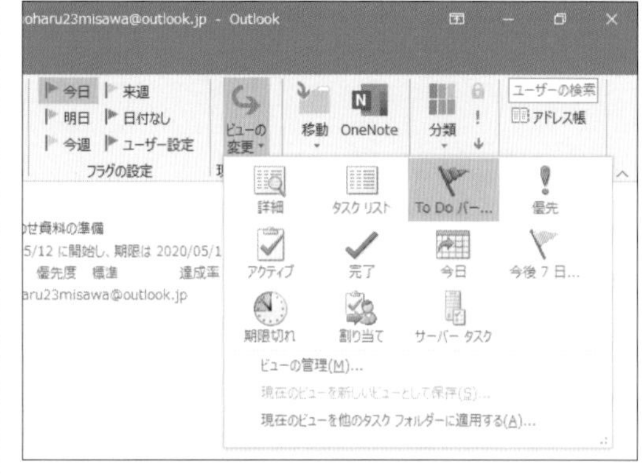

Q389 365 2019 2016 2013 お役立ち度 ★★☆

期限切れのタスクの色を変えるには

A [Outlookのオプション] 画面で [期限の切れたタスクの色] を変更します

初期状態では期限が切れたタスクは赤字で表示されます。Officeのテーマを変更したときなどは、見やすい色を割り当てましょう。期限が切れてしまったタスクが判別しやすくなります。Officeのテーマは [Backstageビュー] から変更できます。詳しくはワザ047を参照してください。 ➡Officeテーマ……P.307

ワザ019を参考に、[Outlookのオプション] ダイアログボックスを表示しておく

1 [タスク] をクリック

2 [期限の過ぎたタスクの色] のここをクリック

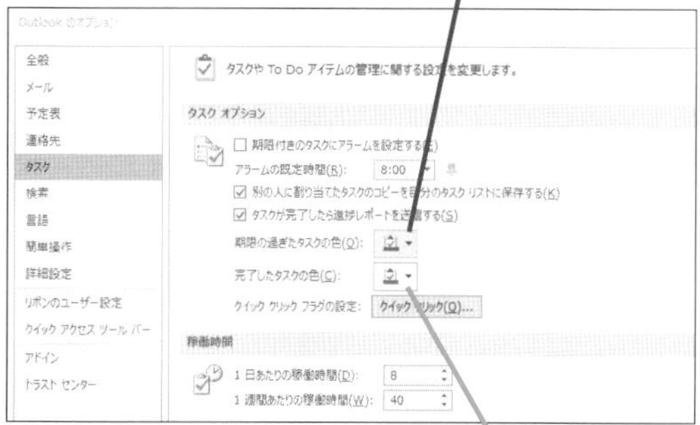

完了したタスクの色を変更することもできる

3 色を選択

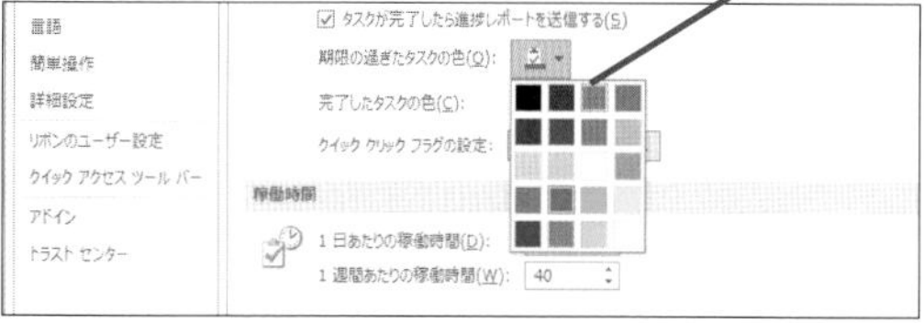

4 [Outlookのオプション] ダイアログボックスで [OK] をクリック

期限切れのタスクの色が変わった

Q390 365 2019 2016 2013 お役立ち度 ★★☆

タスクを一括で完了済みにするには

A タスクを選択して [リストから削除] ボタンをクリックします

作業が完了したタスクは [進捗状況] を [完了] に変更しましょう。完了済みのタスクが複数あるときは一括で完了済みにすると簡単です。選択するときは未完了のタスクを含まないよう注意しましょう。未完了のタスクを [完了済み] にしてしまったときは、対象を選択して [ホーム] タブから [進捗状況を完了にする] ボタンをクリックしてください。このとき [進捗状況] が [未開始] になるため、ワザ365を参考に適切な状況を再設定しましょう。[進捗状況を完了にする] をクリックすると完了済みのタスクとなり、[アクティブ] や [To Doバーのタスクリスト] ビューでは表示されません。完了済みのタスクを確認したいときは [詳細] ビューに切り替えましょう。 ➡タスクリスト……P.311

ワザ383を参考に、[タスクリスト] ビューを表示しておく

1 Ctrl キーを押しながら複数のタスクをクリック

2 [進捗状況を完了にする] をクリック

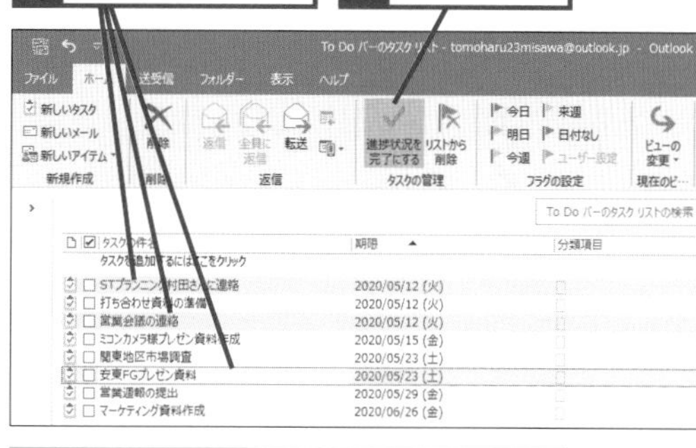

選択したタスクがすべて完了済みになった

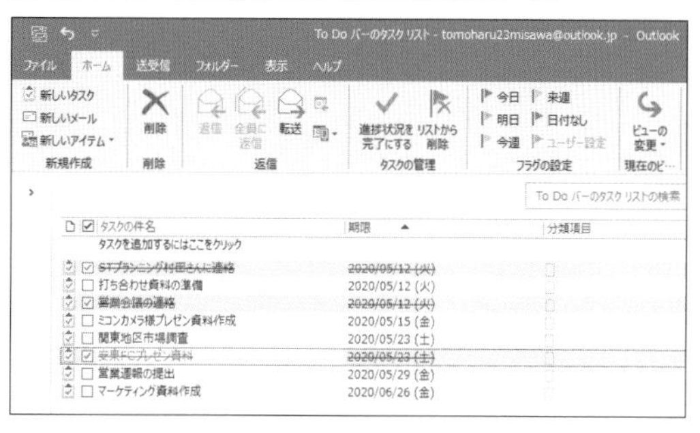

Q391 365 2019 2016 2013 お役立ち度 ★★★

Excelにタスク一覧を貼り付けたい

A すべてのタスクをコピーして貼り付けます

タスク一覧にコメントを付けて印刷したいときは、Excelで加工すると簡単です。ビューに表示された状態を表にできるため、Outlookを利用していない人とタスクを共有するときにも役立ちます。

➡タスク……P.311

ワザ373を参考に、[詳細]ビューを表示しておく

1 Ctrl＋Aキーを押す

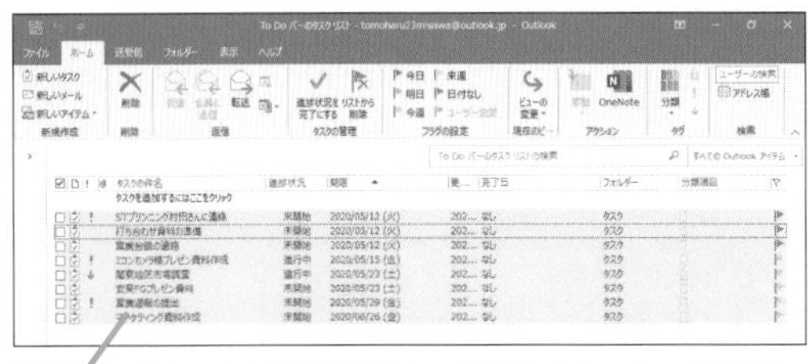

すべてのタスクが選択された

2 Ctrl＋Cキーを押す

タスクがコピーされた

Excelを起動しておく

3 [ホーム] タブをクリック

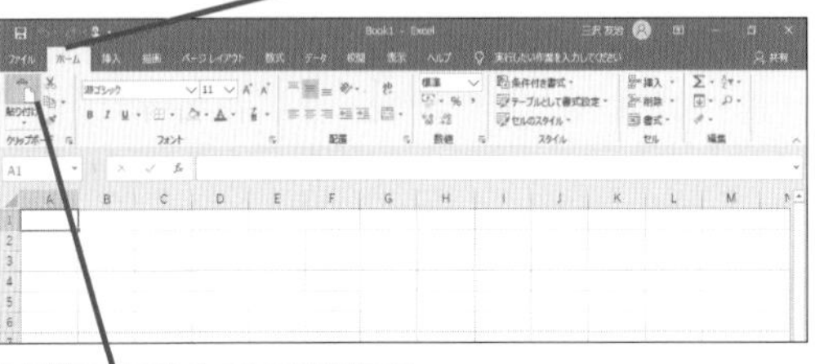

4 [貼り付け]をクリック

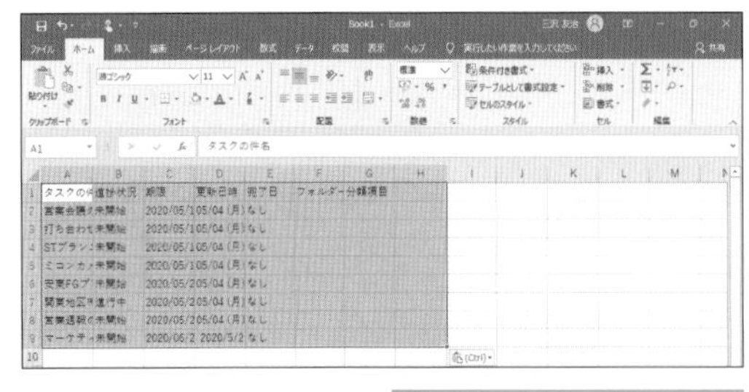

Excelのシートにタスクの一覧が貼り付けられた

Q392 365 2019 2016 2013 お役立ち度 ★★★

メモを作成したい

A メモ機能を使います

Outlookにはメモの機能もあります。[メモ] を利用すると後で振り返える可能性がある情報を保存できます。自動的に保存されるためメモが消えてしまう心配がなく、クラウドサービスにデータが保存されるため、ほかのパソコンに設定したOutlookからも内容を確認できます。

1 ナビゲーションバーのここをクリック

2 [メモ] をクリック

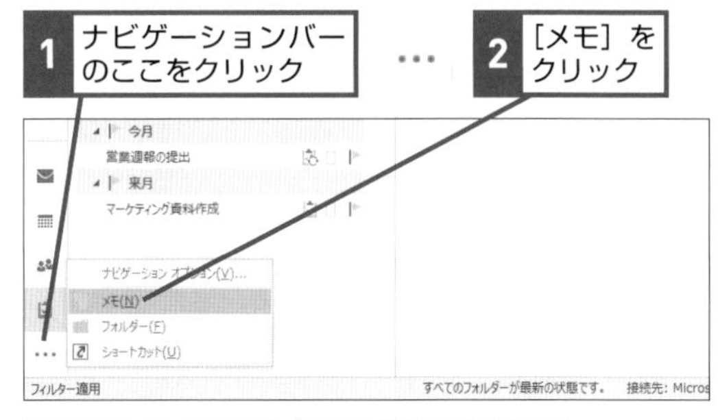

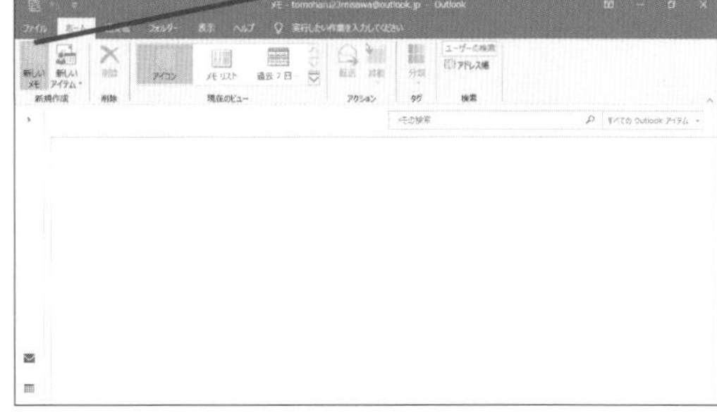

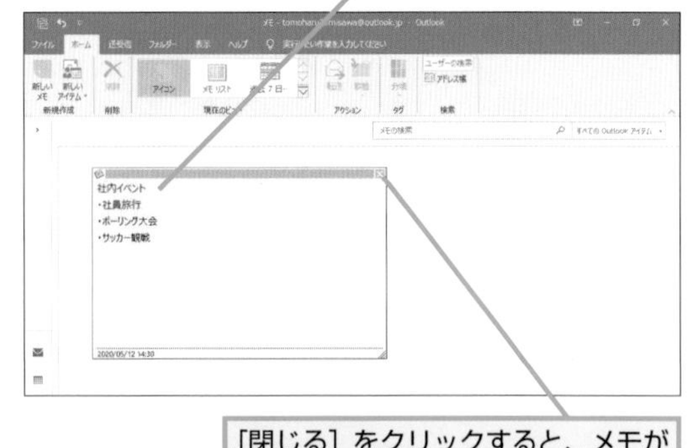

[閉じる] をクリックすると、メモが閉じて内容が保存される

Q393 365 2019 2016 2013 お役立ち度 ★★

タスクからメモを作成するには

A タスクをナビゲーションバーの[メモ]ボタンまでドラッグします

タスクの内容を書き換えずにメモを取りたいときはこの方法を活用しましょう。タスクの内容がメモに転記されます。転記した時点の状態が分かるため、定期的にメモを作っておくとタスクの進捗率がどのように変化していったのか時間軸で確認できます。またタスク内容が変更となったときに、議事録の代わりにメモを残しておくことで理由を振り返ることができます。

➡ナビゲーションバー……P.312

ワザ036を参考に、ナビゲーションバーに[メモ]のボタンを表示しておく

1 タスクにマウスポインターを合わせる

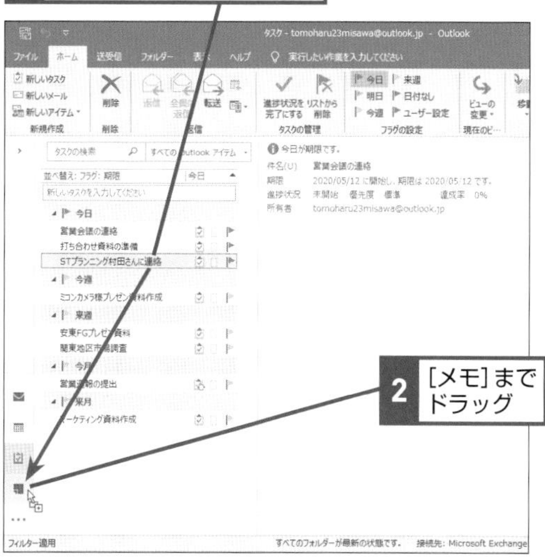

2 [メモ]までドラッグ

メモが表示された

タスクの内容が表示されている

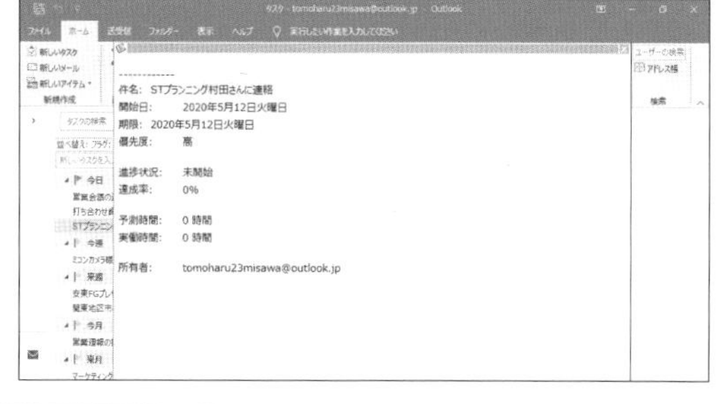

Q394 365 2019 2016 2013 お役立ち度 ★★★

メモを削除するには

A メモを選択して［削除］ボタンをクリックします

［メモ］には期限を付けられないため、タスクのように状態を完了にして非表示にすることができません。基本的に一時的な利用にとどめておき、古い内容のメモが残らないように使い終えたら削除するように心掛けましょう。

1 メモをクリック

2 [削除]をクリック

Q395 365 2019 2016 2013 お役立ち度 ★★

メモのサイズを大きくするには

A メモの周囲や四隅をドラッグします

メモ一覧からメモをダブルクリックすると別画面で表示されます。メモを閉じずに別のメモをダブルクリックすると複数のメモを同時に開けます。複数のメモを表示したいときはウィンドウが重ならないようにメモのサイズを変更しておくとよいでしょう。次にメモを別画面で開くときは、最後に変更したメモのサイズになります。

1 ここにマウスポインターを合わせる

マウスポインターの形が変わった

2 ここまでドラッグ

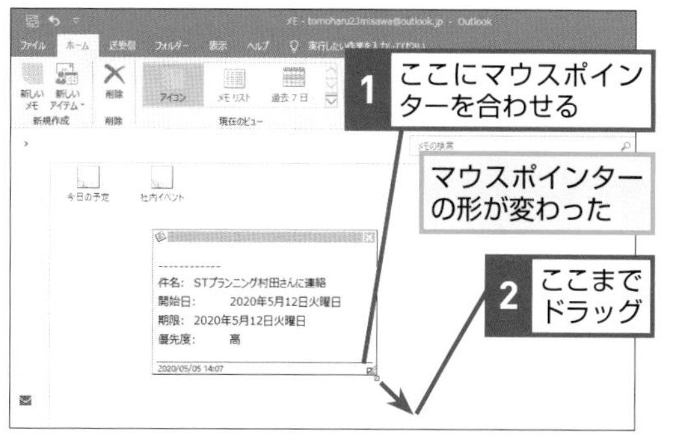

Q396 365 2019 2016 2013 お役立ち度 ★★★

タスクをメモにコピーしたい

A タスクをコピーしてから メモに貼り付けます

1行目に表題、2行目に選択した行の情報がコピーされます。コピーしたいタスクをクリックし、選択状態にしてから操作しましょう。選択していない行も右クリックできますが、コピーされる対象は選択状態となった行となります。

➡タスク……P.311

ワザ388を参考に、[詳細]ビューを表示しておく

1 コピーしたいタスクをクリック

2 タスクを右クリック

3 [コピー] をクリック

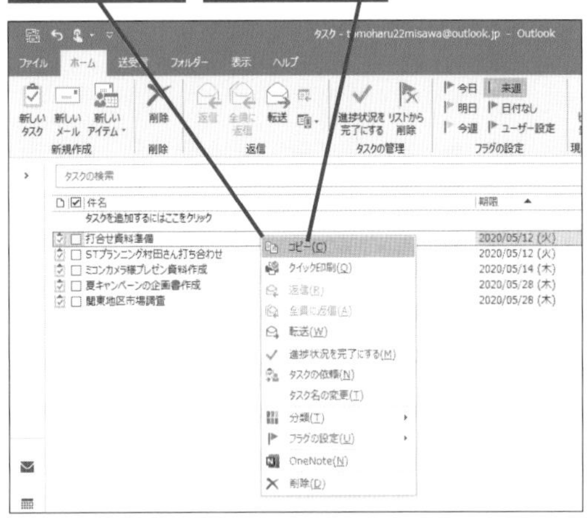

ワザ392を参考に、[メモ]画面を表示する

4 Ctrl＋Vキーを押す

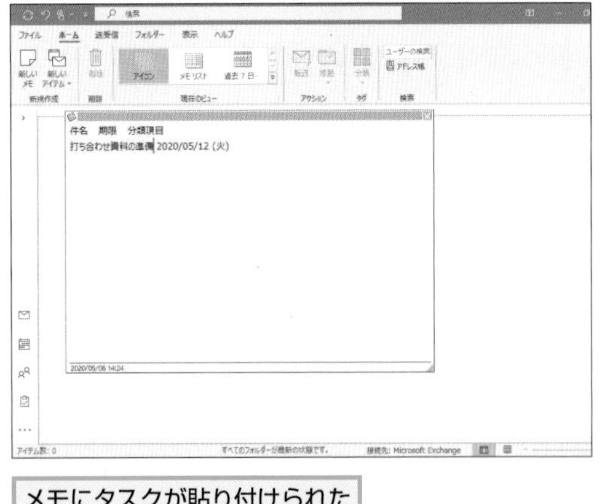

メモにタスクが貼り付けられた

Q397 365 2019 2016 2013 お役立ち度 ★★

メモ一覧を表示したい

A [現在のビュー]を[メモリスト]ビューに切り替えます

アイコン表示では最初の1行目の内容のみが表示されるため、1行目が空白だと内容が分かりません。[メモリスト] ビューに切り替えることで作成日などが表示され、内容が分かりやすくなります。

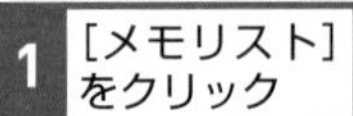

メモが一覧表示された

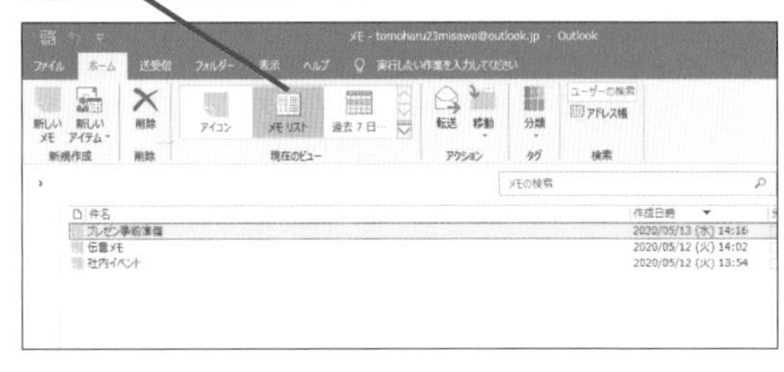

Q398 365 2019 2016 2013 お役立ち度 ★★

最近作成したメモを確認したい

A [現在のビュー] を [過去7日以内] ビューに切り替えます

メモが増えてきたときはこの手順で表示範囲を絞りましょう。メモに分類を付けておくとアイコンの色が分類の色に変わるため確認が容易になります。メモの作成時はこの点も意識しておきましょう。

➡ビュー……P.312

過去7日以内に作成したメモだけ表示された

関連 Q394 メモを削除するには……………………P.239

タスクを共有する

仕事の多くは1人で完結できないことが多いです。ほかの人に参加してもらい、タスクを共有しながらタスクを完了させていきましょう。

Q399 365 2019 2016 2013 お役立ち度 ★★

対応期限があるメールを受信した!

A メールをタスクに登録するとよいでしょう

メールで期限付きの作業依頼を受けたら、フラグを設定してタスクに登録しましょう。タスクに設定しておくことで、受信した依頼を忘れないようにできます。フラグを設定したメールは［To Doバーのタスクリスト］に表示され、タスク画面で期限を管理できます。

➡タスクリスト……P.311

［メール］画面を表示しておく

1 メールにマウスポインターを合わせる

2 ここをクリック

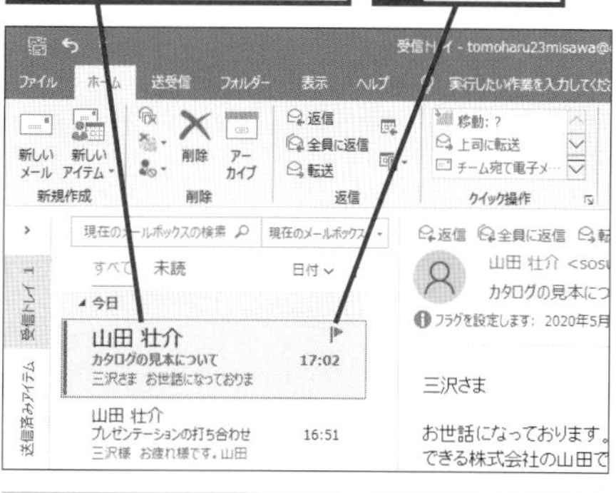

［タスク］画面を表示して確認する

メールがタスクに登録された

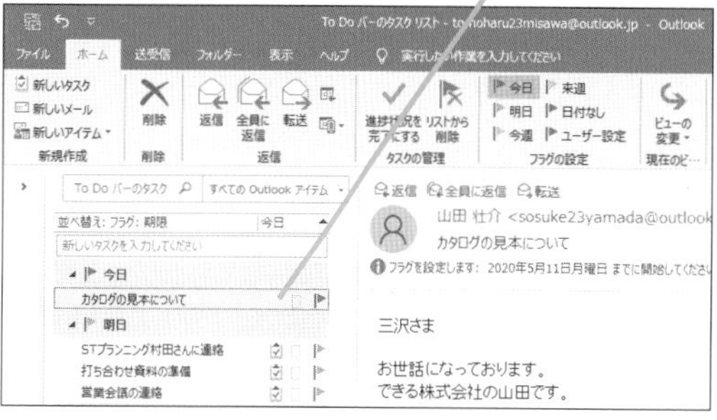

Q400 365 2019 2016 2013 お役立ち度 ★★

タスクを元に会議を招集するには

A ［新しいアイテム］の［会議］をクリックします

メールにフラグを立てるとタスク画面から会議の出席依頼を送れます。［ホーム］タブより［会議出席依頼を返信］をクリックして会議を招集しましょう。タスクの元になったメールで会議に招集するので、どのような目的の会議なのかひと目で分かります。

ワザ399を参考に、メールをタスクに登録し、［タスク］画面を表示しておく

1 タスクをクリック

2 ［会議の出席依頼を返信］をクリック

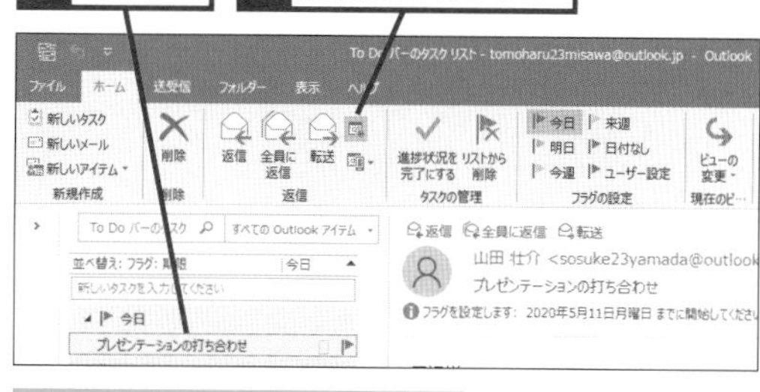

［会議］ウィンドウが表示された

3 ［宛先］、［件名］、［場所］、［開始時刻］、［終了時刻］、本文を入力

4 ［送信］をクリック

宛先のユーザーに会議の出席依頼がメールされる

Q401 365 2019 2016 2013 お役立ち度 ★★★

タスクをほかの人に依頼したい

A [タスクの依頼] 機能を利用します

タスクの依頼を利用すると、タスク内容をほかの人に展開できます。依頼された側ではタスクが添付ファイルとして届くので、ワザ403を参考に自分のタスクとして登録しましょう。Exchange Onlineを利用している場合は、タスクの［承諾］と［拒否］ボタンが表示され、クリックするだけで依頼に応答できます。

➡Exchange Online……P.306

1 タスクをダブルクリック

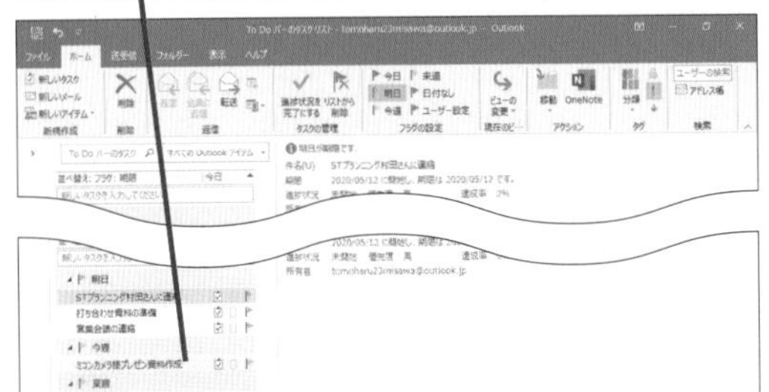

［タスク］ウィンドウが表示された

2 ［タスクの依頼］をクリック

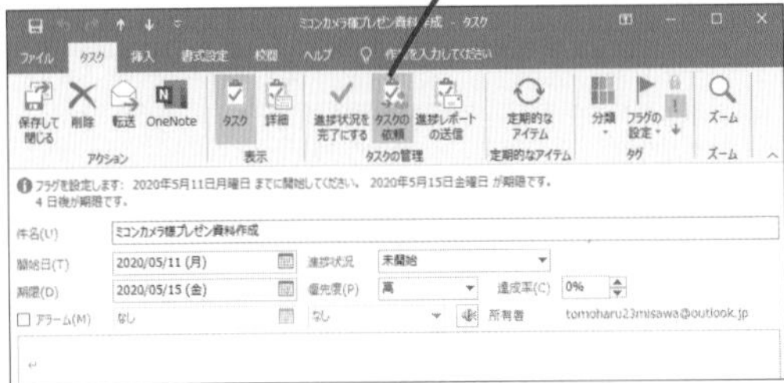

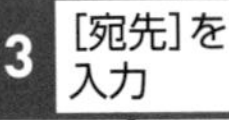

［タスク依頼］の画面が表示された

3 ［宛先］を入力

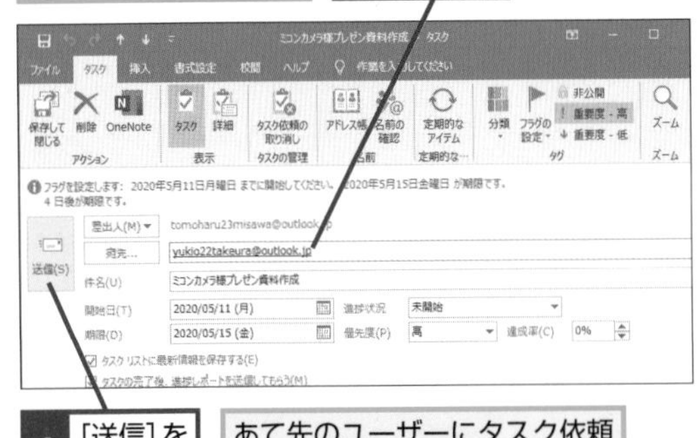

4 ［送信］をクリック

あて先のユーザーにタスク依頼のメールが送信される

Q402 365 2019 2016 2013 お役立ち度 ★★★

タスクを添付してメールを送りたい

A ［転送］ 機能を使いましょう

タスクを外部のメンバーと共有したい場合はタスクを添付して共有しましょう。添付された側ではメールを開き、［タスク］フォルダーにファイルをコピーすることで、タスクとして登録できます。なお、Exchange Onlineを利用していても別の組織に対するタスクの依頼は行えないため、そのときもこの方法を利用するとよいでしょう。

➡フォルダー……P.312

1 タスクをクリック

2 ［転送］をクリック

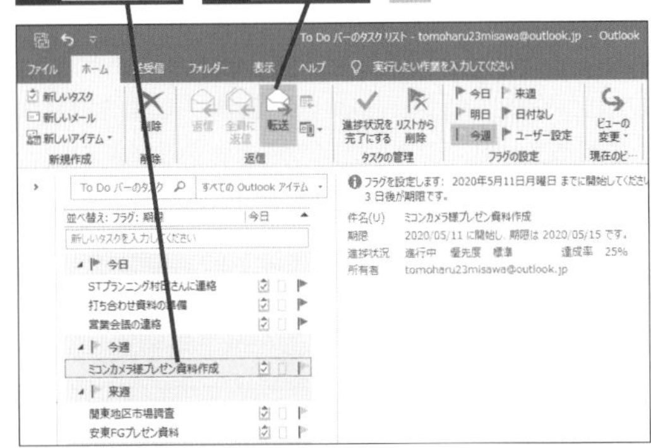

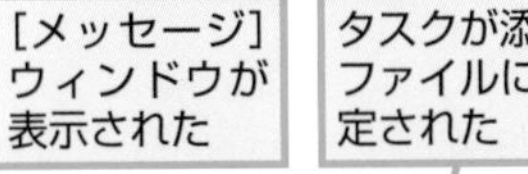

［メッセージ］ウィンドウが表示された

タスクが添付ファイルに設定された

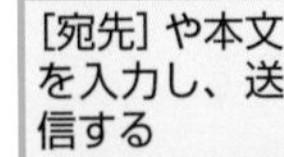

［宛先］や本文を入力し、送信する

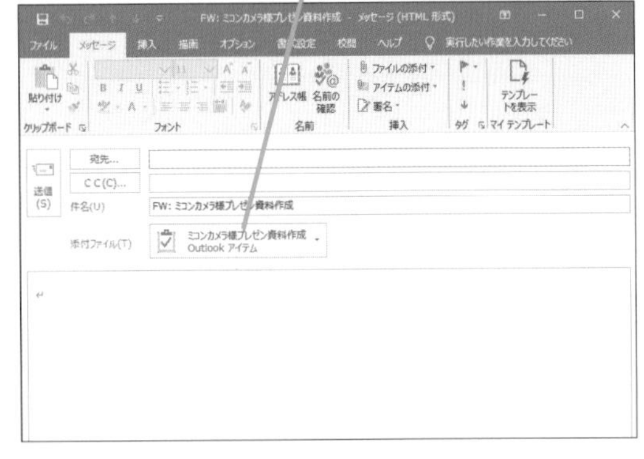

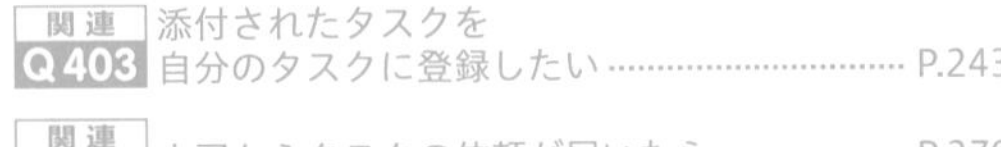

関連 Q403 添付されたタスクを自分のタスクに登録したい ……………… P.243
関連 Q453 上司からタスクの依頼が届いたら ……………… P.270

Q403 365 2019 2016 2013 お役立ち度 ★★★

添付されたタスクを自分のタスクに登録したい

A ナビゲーションバーの［タスク］ボタンまでドラッグします

タスクがファイルとして添付されてきたら、自分のタスクとして登録しましょう。新規のタスクとして登録されるため、誰からの依頼だったのか分かるように、依頼者の情報をタスクに書いておきましょう。タスクが完了した後は依頼者に完了連絡を忘れずに行ってください。

➡ナビゲーションバー……P.312

1 添付されているタスクにマウスポインターを合わせる

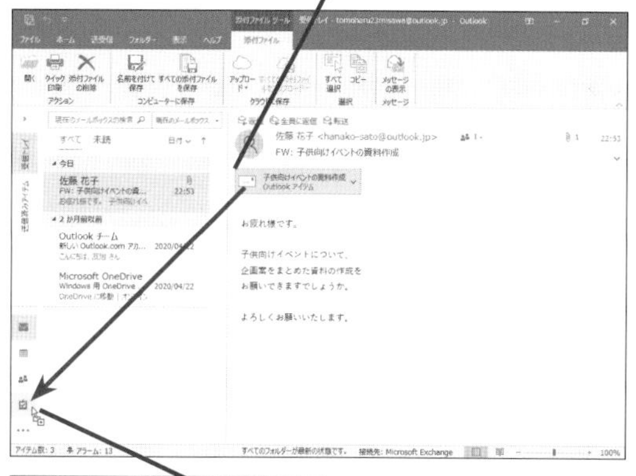

2 ［タスク］までドラッグ

［タスク］ウィンドウが表示された

タスクの件名が入力されている

3 ［保存して閉じる］をクリック

関連 Q402 タスクを添付してメールを送りたい……P.242

Q404 365 2019 2016 2013 お役立ち度 ★★★

Gmailでスターを付けたメッセージの扱いって？

A 重要なタスクとして扱われます

GmailをOutlookで表示している場合、スターを付けたメッセージはフラグ付きメールとして［To Doバーのタスクリスト］に表示されます。GmailのWeb画面で設定した重要メールをOutlookで見ると、フラグや重要度は付きません。スター付きメールのみにフラグが付くため、重要度の高いメールはスターを付けるようにしましょう。

➡Gmail……P.306

Gmailの受信トレイを表示しておく

1 ここをクリックしてスターを付ける

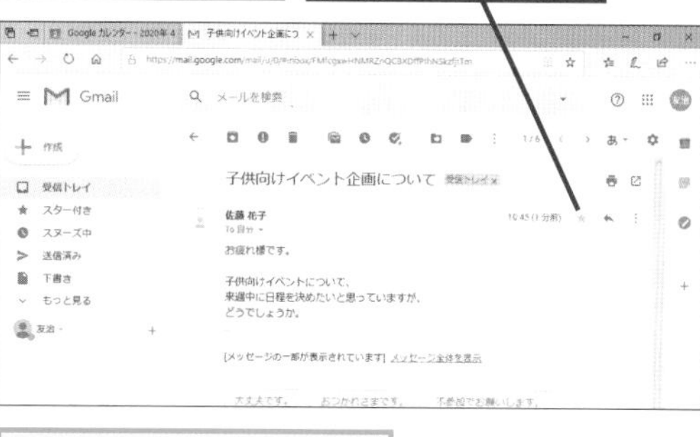

ワザ027を参考に、Gmailアカウントを追加しておく

2 Outlookの［タスク］画面を表示する

スターを付けたメッセージがタスクに追加された

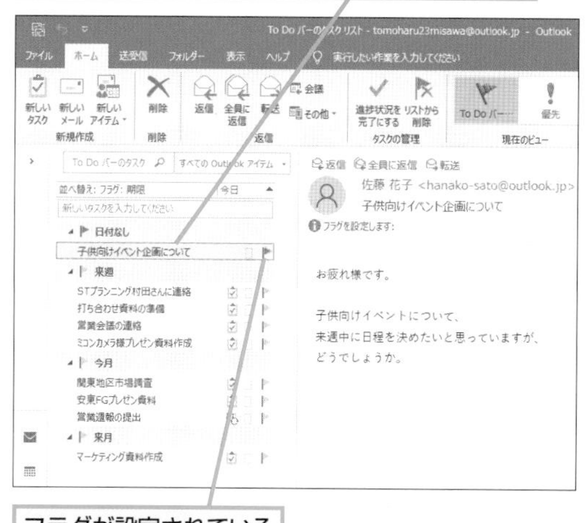

フラグが設定されている

第7章 メールや予定表の印刷方法

メールの印刷

電子化が進んでも紙の利便性や良さは失われていません。印刷しておくことで作業が行いやすくなることも多いです。メールや予定の印刷など、活用法を覚えましょう。

Q405 365 2019 2016 2013 お役立ち度 ★★★

メールを印刷したい

A [ファイル] タブの [印刷] から印刷できます

メールの印刷は[差出人][送信日時][宛先][件名][添付ファイル][重要度][フラグ]などが上部に表示され、本文はその下に表示されます。複数メールを選択してから印刷を行えば、同時に複数件印刷できます。メールのプレビュー画面と印刷のプレビューでは大きく表示が異なります。印刷時は印刷のプレビューを確認しましょう。

➡印刷プレビュー……P.309

1 印刷するメールをクリック

メールのプレビューが閲覧ウィンドウに表示された

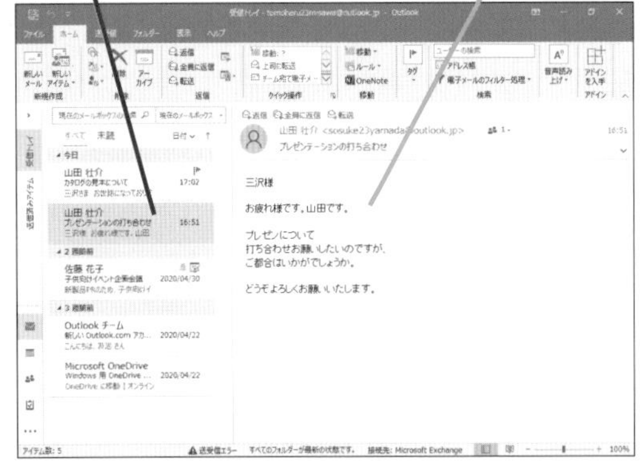

2 [ファイル]タブをクリック

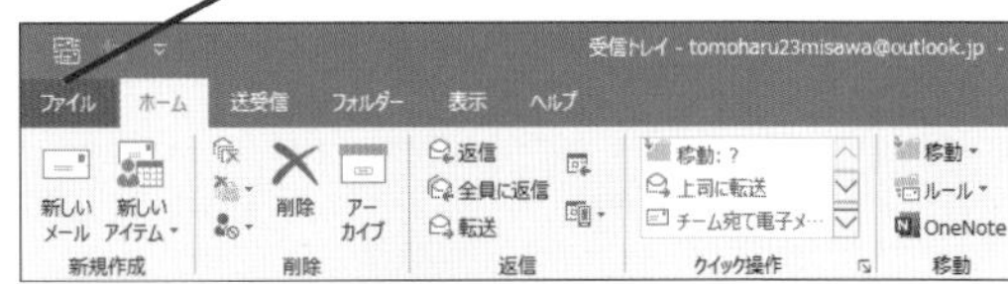

[情報] の画面が表示された

3 [印刷]をクリック

[印刷] の画面が表示された

4 [メモスタイル] が選択されていることを確認

5 [印刷]をクリック

印刷が行われる

関連 Q407 メールをPDFに変換するには……P.245
関連 Q411 特定のページだけ印刷するには……P.248
関連 Q413 連絡先を印刷したい……P.249
関連 Q417 予定表を印刷するには……P.251

Q406 365 2019 2016 2013

お役立ち度 ★★★

メールを一覧で印刷したい

A [印刷] 画面で [設定] を [表スタイル] にします

以下の方法はメール画面で [シングル] ビューにしたときの表示で印刷されます。列幅が足りないと見切れが発生するため、その場合は [シングル] ビューの列幅を調整しましょう。また [優先受信トレイ] が有効になっていると [その他] のメールは印刷されません。受信トレイ内のメールをすべて一覧印刷したいときは [優先受信トレイ] はオフにしておきましょう。

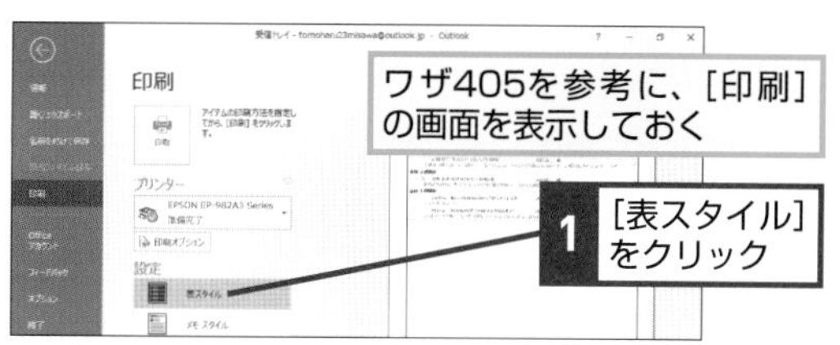

Q407 365 2019 2016 2013

お役立ち度 ★★★

メールをPDFに変換するには

A [プリンター] を [Microsoft Print to PDF] にして印刷します

PDFはどのパソコンで開いても同じ表示になるように設計されたファイル形式です。同じ見た目を相手と共有できるため、紙への印刷前の確認などに利用されます。WordやExcelではファイルを保存するときにPDFを選択できますが、Outlookでは選択できません。メールの内容を共有したいときは印刷を行いPDFに変換して渡しましょう。

PDFに変換するメールを選択しておく

1 [ファイル] タブをクリック

2 [印刷] をクリック

3 ここをクリック

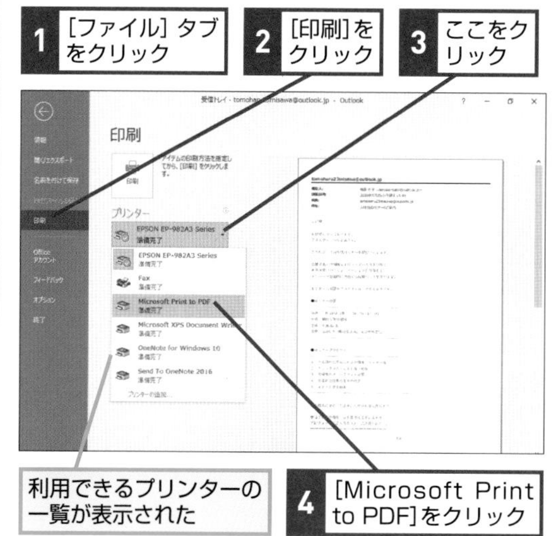

利用できるプリンターの一覧が表示された

4 [Microsoft Print to PDF] をクリック

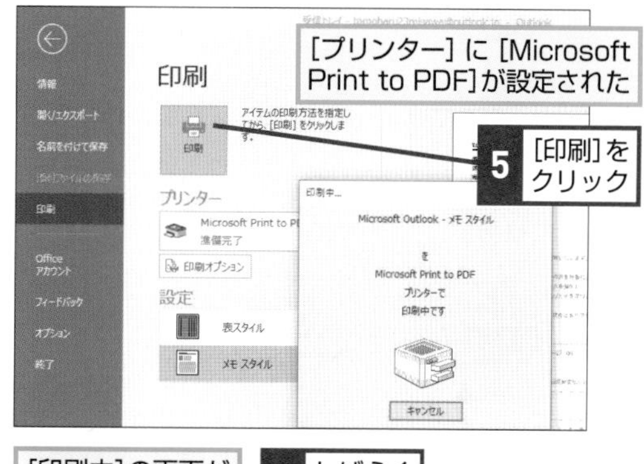

[印刷中] の画面が表示された

6 しばらく待つ

[印刷結果を名前を付けて保存] ダイアログボックスが表示された

7 保存先のフォルダーを選択

8 ファイル名を入力

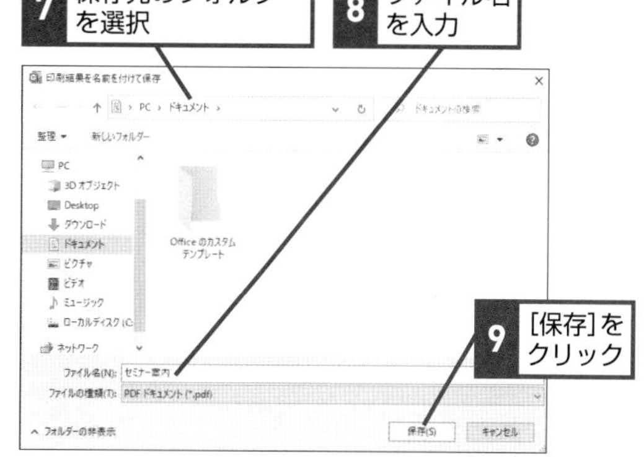

Q408 365 2019 2016 2013 お役立ち度 ★★★

一覧表を網掛けで印刷したい

A [網かけ印刷をする] をオンにします

網掛けを行うと項目が強調表示され見やすくなります。網掛けすると1ページに印刷される文字が若干減るため、印刷枚数を削減したいときは網掛けを行わないようにしましょう。

➡ダイアログボックス……P.311

ワザ405を参考に、[印刷]の画面を表示しておく

1 [表スタイル]をクリック

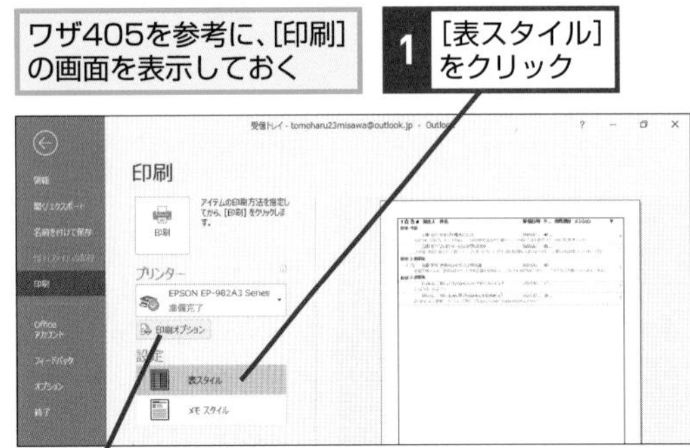

2 [印刷オプション]をクリック

[印刷] ダイアログボックスが表示された

3 [ページ設定]をクリック

[ページ設定]ダイアログボックスが表示された

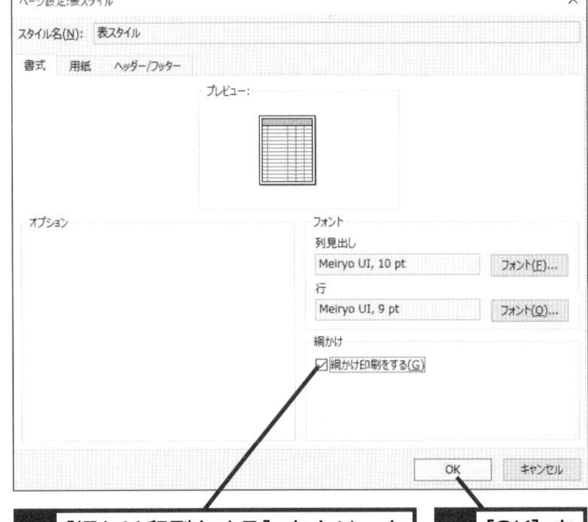

4 [網かけ印刷をする] をクリックしてチェックマークを付ける

5 [OK] をクリック

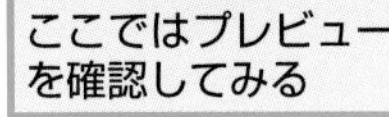

[印刷]ダイアログボックスが表示された

ここではプレビューを確認してみる

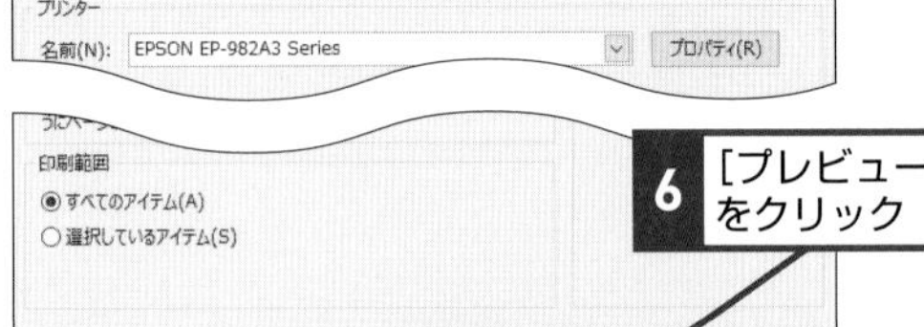

6 [プレビュー]をクリック

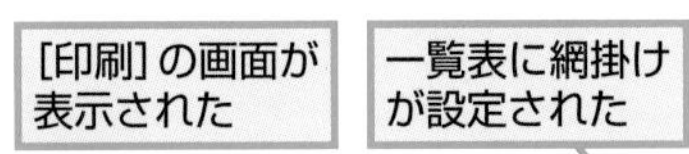

[印刷] の画面が表示された

一覧表に網掛けが設定された

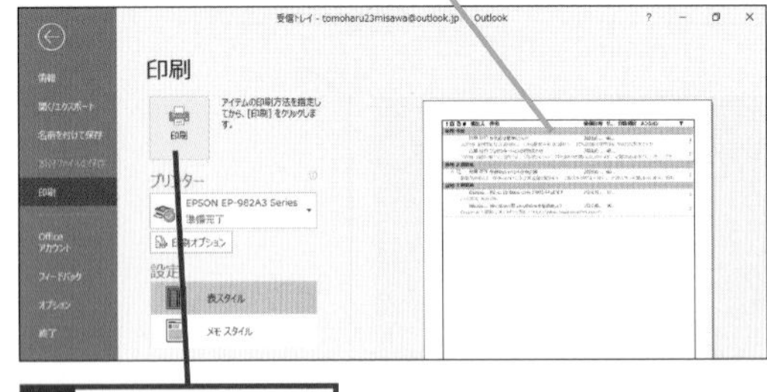

7 [印刷]をクリック

関連 Q410 総ページ数を付けて印刷したい……P.247
関連 Q412 印刷された文字が見にくい！……P.248
関連 Q417 予定表を印刷するには……P.251

Q409 365 2019 2016 2013

お役立ち度 ★★★

モノクロで印刷されてしまった!

A プリンタードライバーの設定を確認しましょう

プリンタードライバーの設定によっては通常印刷をモノクロにしている場合があります。プリンターの機種によって表記が異なりますが「モノクロ」や「グレースケール」といった項目がないか見直してみましょう。

そのほかプリンター自体がカラー非対応の場合もあるので、カラー印刷が可能な機種か確認しておきましょう。印刷設定をモノクロとしていても印刷プレビューではカラーで表示され、プレビューには反映されません。印刷して最終確認を行いましょう。

➡印刷プレビュー……P.309

Q410 365 2019 2016 2013

お役立ち度 ★★★

総ページ数を付けて印刷したい

A [ヘッダー/フッター] タブで総ページ数の番号を追加します

総ページ数をフッターに追加すると残りのページ数が分かるため、印刷物を読むときに役立ちます。[ヘッダー/フッター] には、総ページ数 (◻) のほか、ページ番号 (◻) や、日付 (◻)、時間 (◻)、ログインユーザー名 (◻) なども設定できます。

➡フッター……P.312

ここでは、「1/2」という体裁でページ番号と総ページ数を印刷する

ワザ408を参考に、[印刷] ダイアログボックスを表示しておく

1 [ページ設定] をクリック

[ページ設定] ダイアログボックスが表示された

2 [ヘッダー/フッター] タブをクリック

ページ設定:メモ スタイル

スタイル名(N): メモ スタイル

書式　用紙　ヘッダー/フッター

フッターにページ番号が設定されている

フッター:

Meiryo UI, 9 pt　フォント(O)...

[Page #]

偶数ページでの位置を逆転し、見開きで左右対称にする(R)

3 ここをクリックし、「/」を入力

4 総ページ数のボタンをクリック

フッターに総ページ数の番号が挿入された

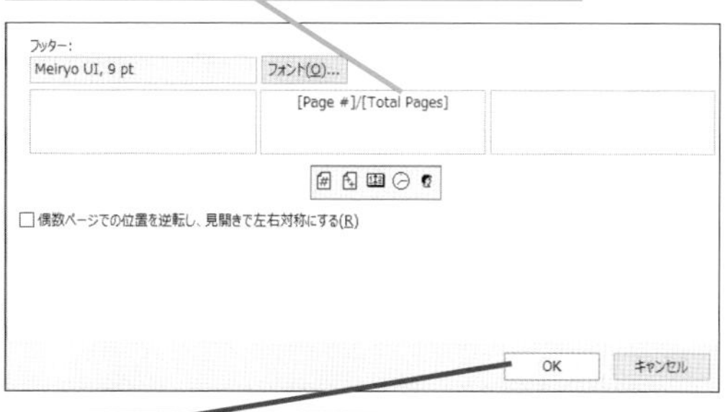

5 [OK] をクリック

6 [印刷] ダイアログボックスで [印刷] をクリック

関連 Q412 印刷された文字が見にくい! ………………… P.248

Q411 365 2019 2016 2013

お役立ち度 ★★★

特定のページだけ印刷するには

A [ページ指定] にページ番号を入力します

特定のページを印刷したい場合はページ番号を入力します。印刷したいページをカンマ(,)で区切ると、それぞれ指定した順序で印刷されます。また、複数のページを印刷したい場合は「3-4」などと、印刷したいページの範囲をハイフン(-)でつなげて入力しましょう。カンマ(,)やハイフン(-)を組み合わせると、例えば1ページ目と3ページから4ページまでの印刷を「1,3-4」といった指定で印刷することが可能です。プレビュー画面に戻ると設定が解除されることがあるため、ページが決まったら[印刷]画面の[印刷]をクリックしましょう。

ワザ408を参考に、[印刷] ダイアログボックスを表示しておく

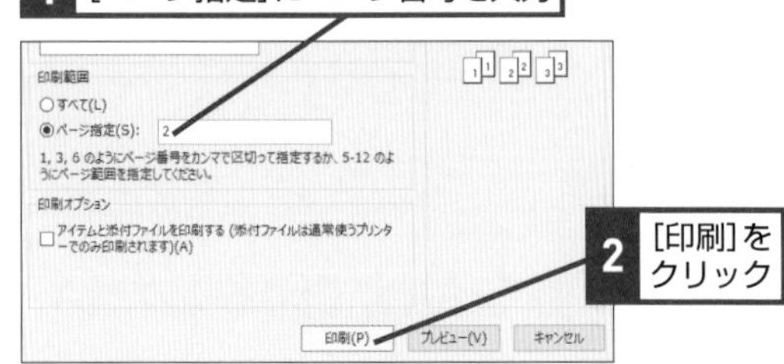

Q412 365 2019 2016 2013

お役立ち度 ★★★

印刷された文字が見にくい!

A フォントを変更してみましょう

パソコンのフォントはパソコンの画面で見やすくなるよう設計されており、印刷に向いていない場合があります。印刷時は印刷に適したフォントを選択すると文字が読みやすくなります。「UDデジタル教科書体」はWindows 10 1709より搭載されたフォントで、ユニバーサルデザインを意識し作られています。似ている文字で読み違いを起こしにくく印刷に適しています。

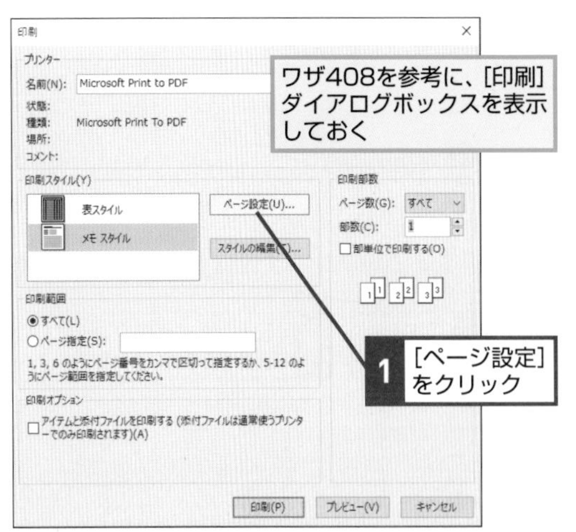

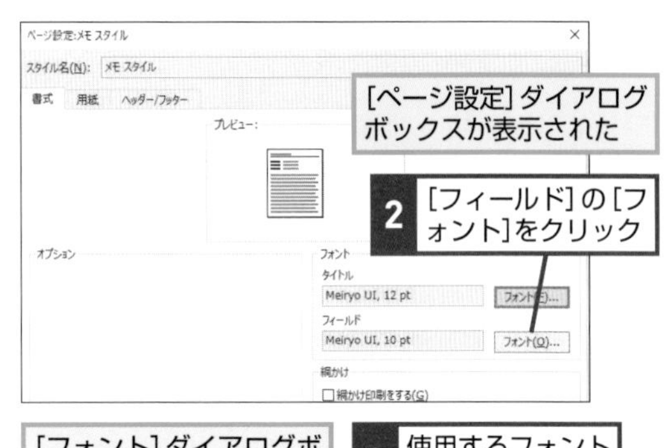

[フォント]ダイアログボックスが表示された

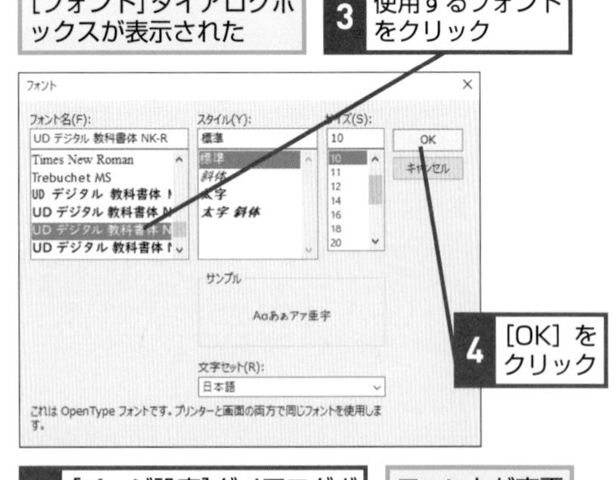

5 [ページ設定]ダイアログボックスで[OK]をクリック

フォントが変更される

連絡先の印刷

連絡先を印刷しておけば電話帳のように利用できます。印刷時の見た目も複数選択できるので、使いやすいデザインを見つけましょう。

Q413 365 2019 2016 2013　お役立ち度 ★★

連絡先を印刷したい

A ［ファイル］タブの［印刷］から［メモスタイル］を選択して印刷します

連絡先に登録した大半の項目は印刷されますが、顔写真、上司、事業所、ニックネームなど一部の項目は印刷対象外です。また、複数の連絡先を選択すると、連絡先を複数同時に印刷できます。連絡先を複数選択した場合、「プレビューの表示に時間が掛かる可能性がある」との表示が出ます。この表示が出ても印刷は行えますが、プレビューを確認したい場合はある程度時間があるときに印刷するようにしましょう。

➡印刷プレビュー……P.309

1 印刷する連絡先をクリック

連絡先が閲覧ウィンドウに表示された

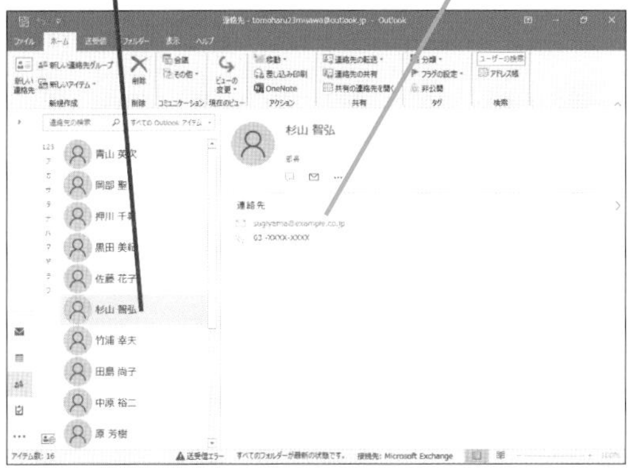

2 ［ファイル］タブをクリック

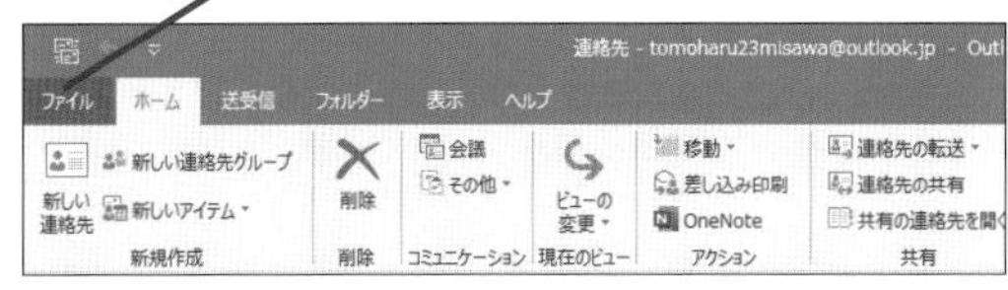

関連 Q416 電話帳のような形式で印刷したい………………… P.250

［情報］の画面が表示された

3 ［印刷］をクリック

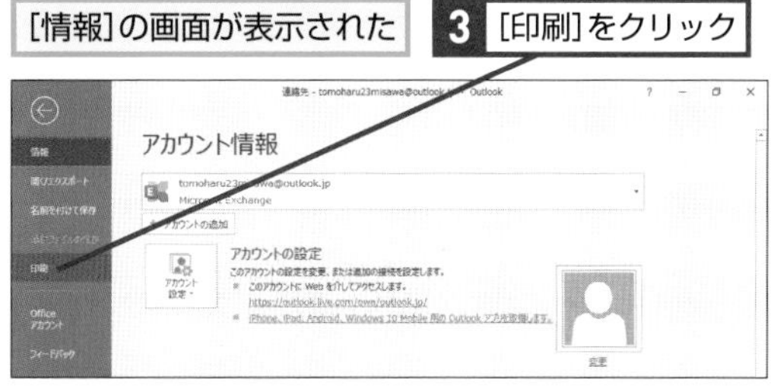

［印刷］の画面が表示された

4 ［メモスタイル］をクリック

印刷のプレビューが表示された

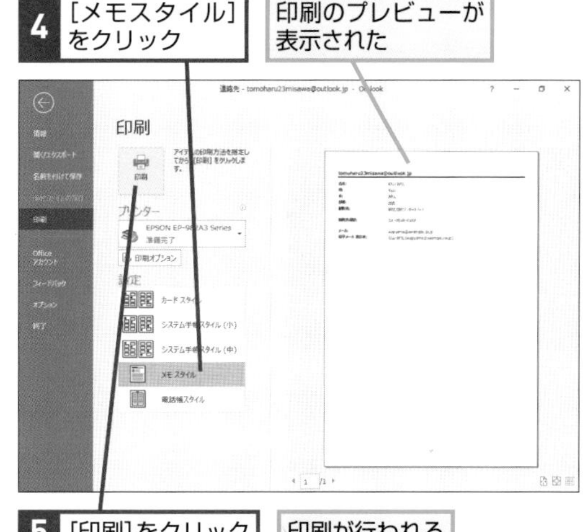

5 ［印刷］をクリック

印刷が行われる

●プレビューに時間が掛かる場合に表示される画面

アイテムを表示したいときは［プレビュー］をクリックする

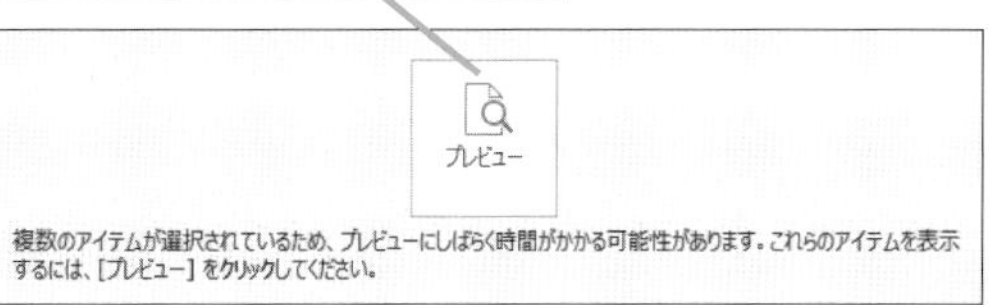

Q414 365 2019 2016 2013 お役立ち度 ★★★

連絡先を一覧で印刷するには

A [カードスタイル] を選択して印刷します

カードスタイルでは[表示名][メールアドレス][電話番号][IMアドレス]などが印刷されます。[印刷オプション]で選択範囲のみを印刷するように設定しておき、よく使う連絡先一覧などを印刷しましょう。

ワザ413を参考に、[印刷]の画面を表示しておく

1 [カードスタイル]をクリック

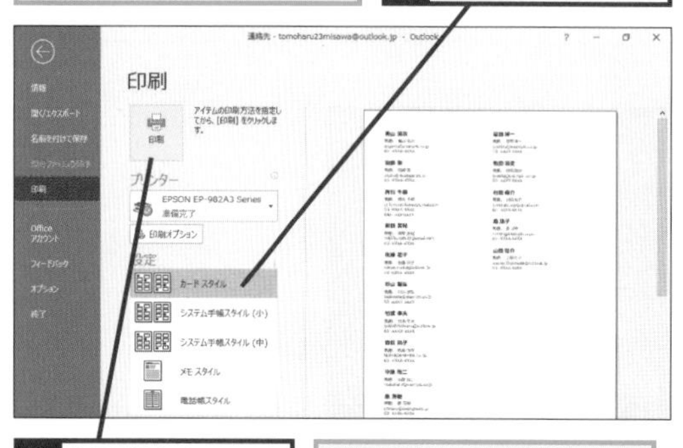

2 [印刷]をクリック

連絡先の一覧が表示された

Q415 365 2019 2016 2013 お役立ち度 ★★★

手帳に挟むように印刷したい

A [システム手帳スタイル] を選択して印刷します

このスタイルでは手書きができるよう空白のページが後ろに付きます。50音の索引もあるのでそのまま手帳に挟み込めます。

ワザ413を参考に、[印刷]の画面を表示しておく

1 [システム手帳スタイル(中)]をクリック

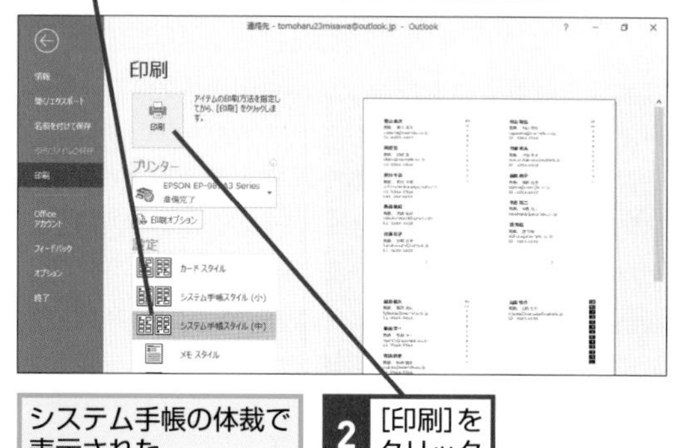

システム手帳の体裁で表示された

2 [印刷]をクリック

Q416 365 2019 2016 2013 お役立ち度 ★★★

電話帳のような形式で印刷したい

A [電話帳スタイル] を選択して印刷します

[電話番号]と[氏名]が印刷されます。このスタイルでの印刷は連絡先が探しやすく、フリガナも同時に表示されるので、電話を掛けたときに読みを間違えないように工夫されています。

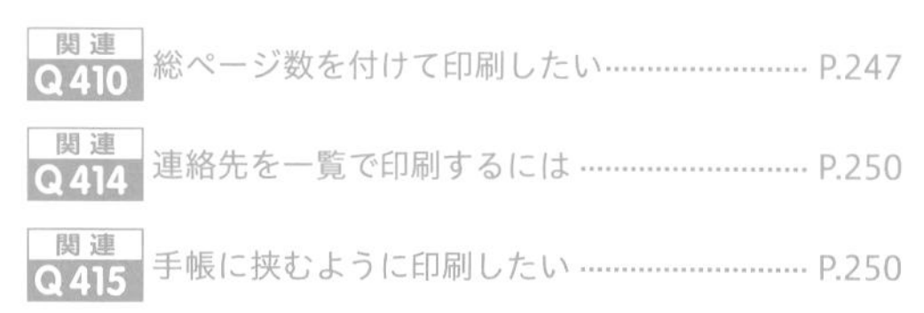

関連 Q410 総ページ数を付けて印刷したい P.247
関連 Q414 連絡先を一覧で印刷するには P.250
関連 Q415 手帳に挟むように印刷したい P.250

ワザ413を参考に、[印刷]の画面を表示しておく

1 [電話帳スタイル]をクリック

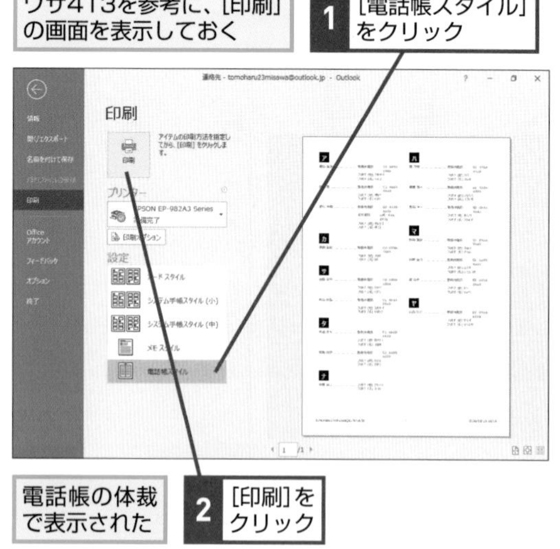

電話帳の体裁で表示された

2 [印刷]をクリック

予定の印刷

予定を印刷すると、メモを書き込みながら管理が行えるようになります。ここでは予定の印刷方法を紹介します。

Q417 365 2019 2016 2013　お役立ち度 ★★★

予定表を印刷するには

A ［ファイル］タブの［印刷］から［月間スタイル］を選択して印刷します

予定表の印刷は［月間スタイル］が便利です。このスタイルにしておけば一般的なカレンダーのように利用できます。毎月初めに印刷しておき、予定の変更があるたびに手書きで修正していけば、月のうちにどれだけ予定が変わったのか分かります。

➡タブ……P.311

1 ［予定表］をクリック

［予定表］画面が表示された

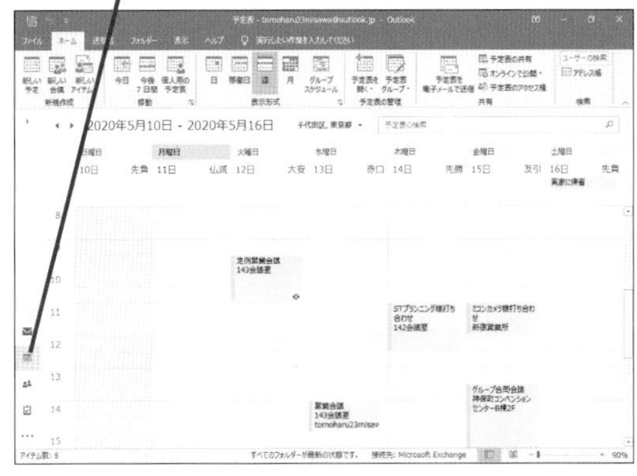

2 ［ファイル］タブをクリック

［情報］の画面が表示された

3 ［印刷］をクリック

［印刷］の画面が表示された

4 ［月間スタイル］をクリック

月の予定が表示された

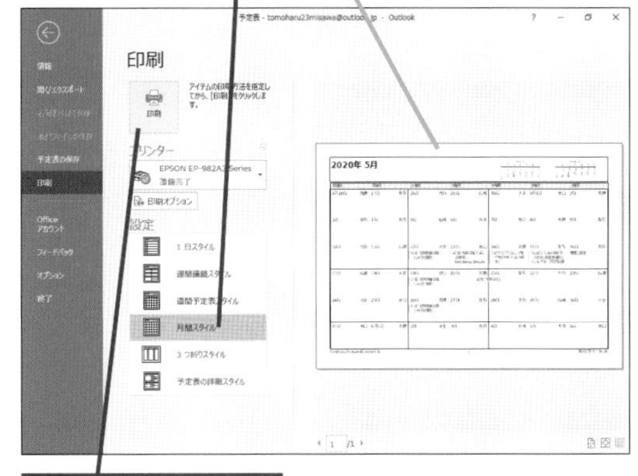

5 ［印刷］をクリック

関連 Q418 今日の予定を印刷したい！ …… P.252

関連 Q419 週の予定を印刷したい！ …… P.252

関連 Q421 予定にメモ欄を付けて印刷したい …… P.253

Q418 365 2019 2016 2013 お役立ち度 ★★★

今日の予定を印刷したい！

A [1日スタイル] を選択して印刷します

1日の予定を時間ごと確認できます。書き込める幅が大きく取れるので細かな注釈を書きたいときに利用するとよいでしょう。

ワザ417を参考に、[印刷] の画面を表示しておく

1 [1日スタイル] をクリック

1日の予定が表示された

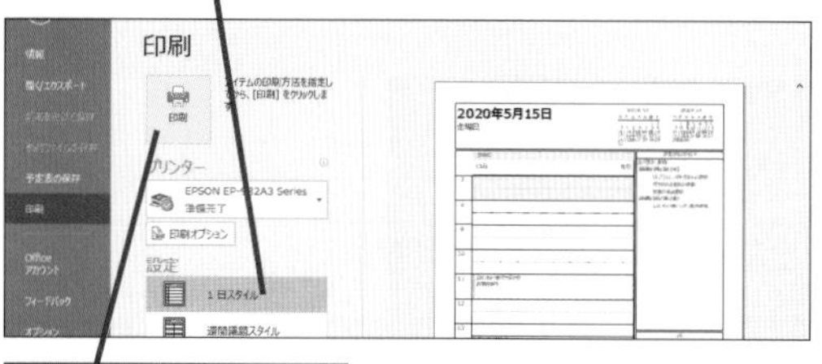

2 [印刷] をクリック

Q419 365 2019 2016 2013 お役立ち度 ★★★

週の予定を印刷したい！

A [週間議題スタイル] を選択して印刷します

このスタイルでは1日の予定が日ごとに1週間分羅列されます。今週どんな予定があるか一目で確認できます。

ワザ417を参考に、[印刷] の画面を表示しておく

1 [週間議題スタイル] をクリック

週の予定が表示された

2 [印刷] をクリック

Q420 365 2019 2016 2013 お役立ち度 ★★★

予定の時間が分かるように印刷したい！

A [週間予定表スタイル] を選択して印刷します

1週間の予定を時間ごとに表示できるため空き時間を確認するのに適しています。予定を管理するときはこのスタイルで印刷しておくことで、空き時間の調整が簡単になります。必要に応じて平日のみ印刷することもできます。スタイルの [印刷オプション] から [ページ設定] を選び [平日のみ印刷する] にチェックを入れます。見やすい方を選んで印刷を行いましょう。

➡印刷プレビュー……P.309

ワザ417を参考に、[印刷] の画面を表示しておく

1 [週間予定表スタイル] をクリック

時間のある週の予定が表示された

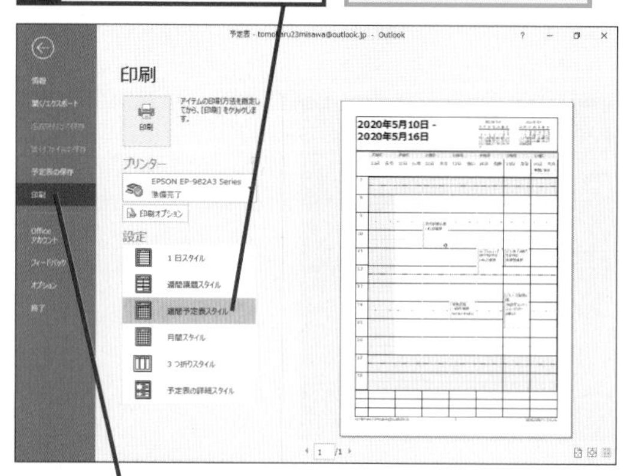

2 [印刷] をクリック

関連 Q421 予定にメモ欄を付けて印刷したい…………………… P.253
関連 Q423 3つ折り形式で印刷したい…………………………… P.254

Q421 365 2019 2016 2013

お役立ち度 ★★★

予定にメモ欄を付けて印刷したい

A [空白メモ] にチェックマークを付けて印刷します

空白メモを付けると右側に余白ができるため書き込みがしやすくなります。日時が確定していない予定や、予定に必要な道具などを忘れないようにメモしておくとよいでしょう。[罫線メモ] をクリックするとメモ欄は罫線付きになります。

➡ダイアログボックス……P.311

ワザ417を参考に、[印刷]の画面を表示しておく

ここでは、月の予定にメモ欄をつけて印刷する

1 [月間スタイル]をクリック

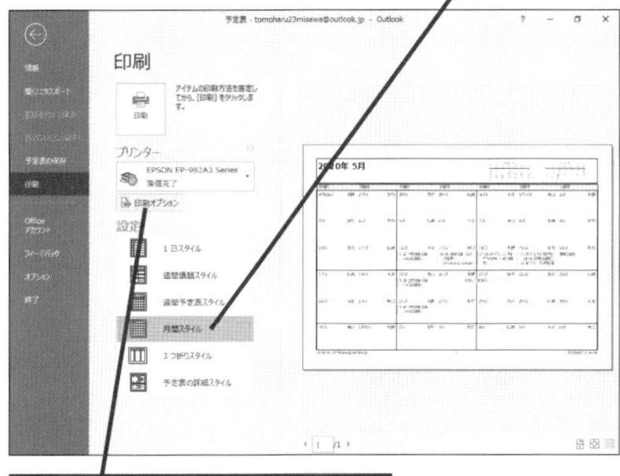

2 [印刷オプション]をクリック

[印刷] ダイアログボックスが表示された

3 [ページ設定]をクリック

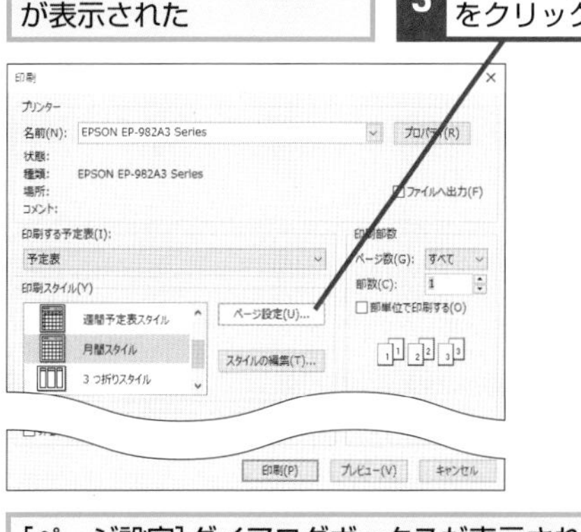

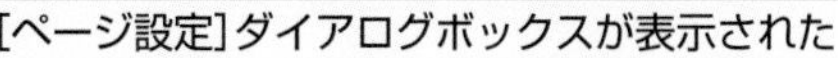

[ページ設定]ダイアログボックスが表示された

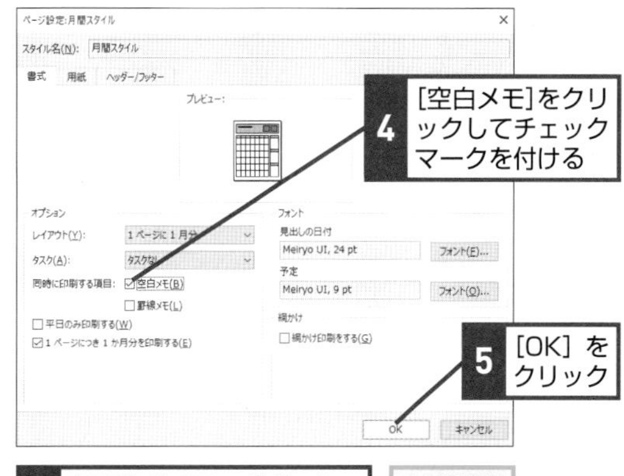

4 [空白メモ]をクリックしてチェックマークを付ける

5 [OK] をクリック

6 [印刷]ダイアログボックスで[印刷]をクリック

印刷が行われる

Q422 365 2019 2016 2013

お役立ち度 ★★

メモ欄を削除するには

A [空白メモ] のチェックマークをはずしましょう

メモ欄が不要な場合はチェックをはずしましょう。メモ欄はすべての予定スタイルで利用できますが、設定はスタイルごとに行います。削除する際も予定スタイルごとに設定が必要です。

➡ダイアログボックス……P.311

ワザ421を参考に、[ページ設定] ダイアログボックスを表示しておく

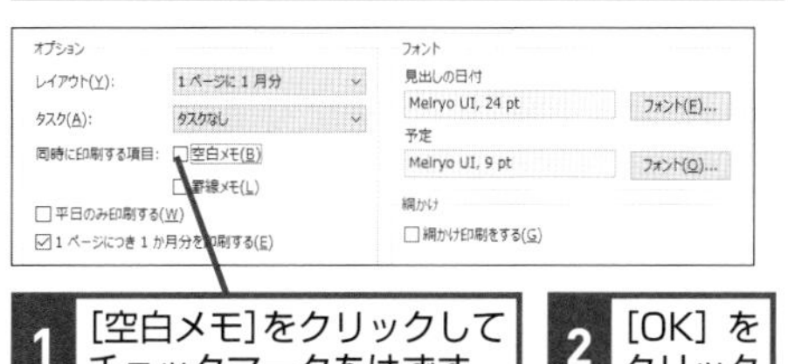

1 [空白メモ]をクリックしてチェックマークをはずす

2 [OK] をクリック

3つ折り形式で印刷したい

A [3つ折りスタイル] を選択して印刷します

このスタイルでは左、中央、右の3つのセクションで構成されているためさまざまなバリエーションで印刷可能です。初期状態の1日の予定、1日のタスク、週間予定のパターンでは当日の時間ごとの予定を確認しながら、今週の予定を確認できます。この形式は1枚で俯瞰できるのでお薦めです。ビューの期間とセクションで選択した項目により印刷枚数が変わります。印刷前に印刷枚数が予定とあっているか確認を忘れないようにしましょう。 ➡ビュー……P.312

●3つ折り形式で印刷する

ここでは、ショートカットキーを使って予定表の[印刷]の画面を表示する

1 Ctrl+Pキーを押す

[印刷] の画面が表示された

2 [3つ折りスタイル] をクリック

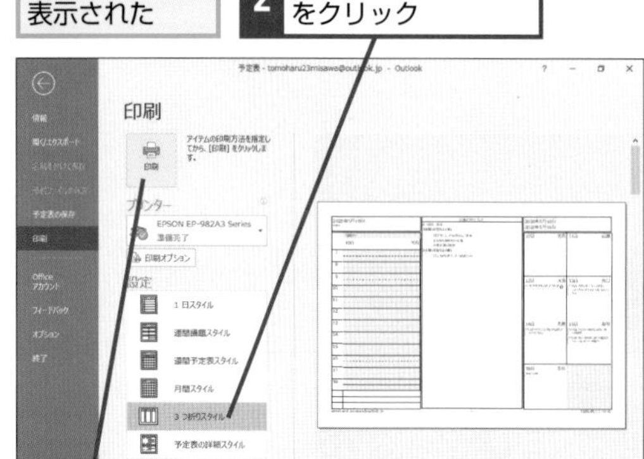

3 [印刷]をクリック

●セクションに印刷する予定表を変更する

ワザ421を参考に、[印刷]ダイアログボックスを表示しておく

1 [ページ設定] をクリック

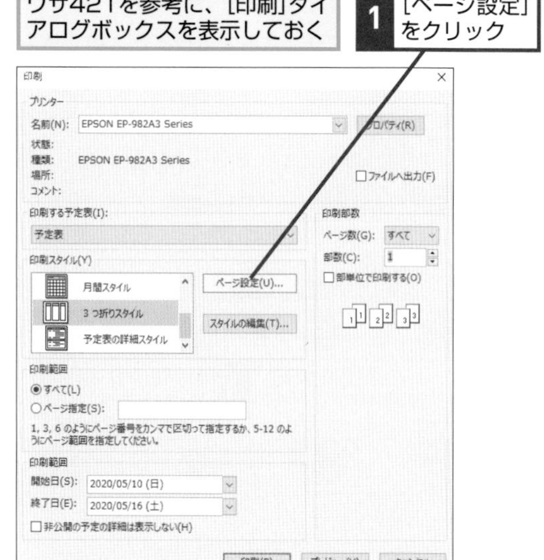

[ページ設定]ダイアログボックスが表示された

ここでは [右のセクション] を[To Do リスト]にする

2 ここをクリックして[To Doリスト]を選択

3 [OK] をクリック

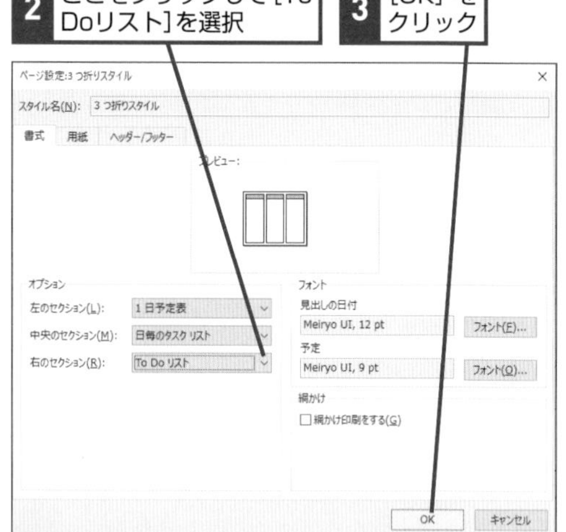

4 [印刷]ダイアログボックスで[印刷]をクリック

印刷が行われる

関連 Q421 予定にメモ欄を付けて印刷したい…………………… P.253

Q424 365 2019 2016 2013 お役立ち度 ★★

月曜日始まりの予定表を印刷するには

A 月曜始まりの予定表にしてから印刷します

月曜を左端にした予定表を作成できます。このワザを応用すると水曜始まりなどの予定表も簡単に作成可能です。

➡タブ……P.311

ワザ341を参考に、月曜始まりの予定表にしておく

ここでは、月の予定表を印刷する

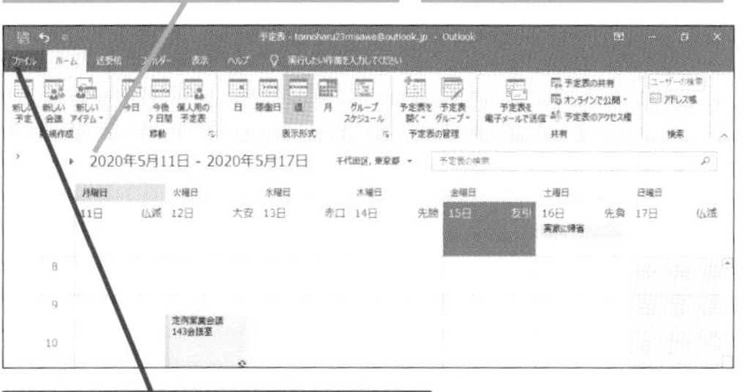

1 [ファイル]タブをクリック

[情報]の画面が表示された

2 [印刷]をクリック

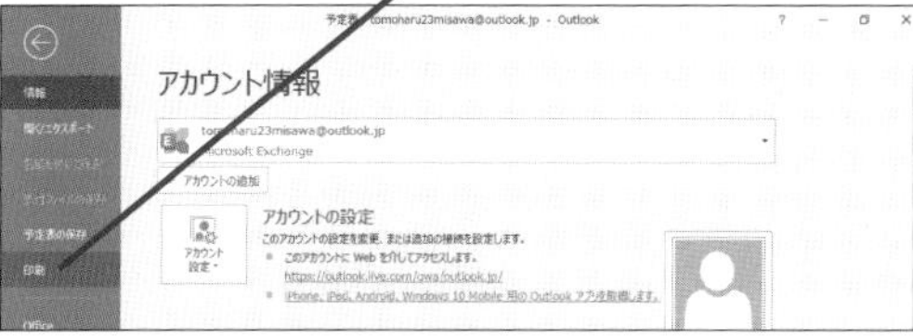

[印刷]の画面が表示された

3 [月間スタイル]をクリック

月の予定が表示された

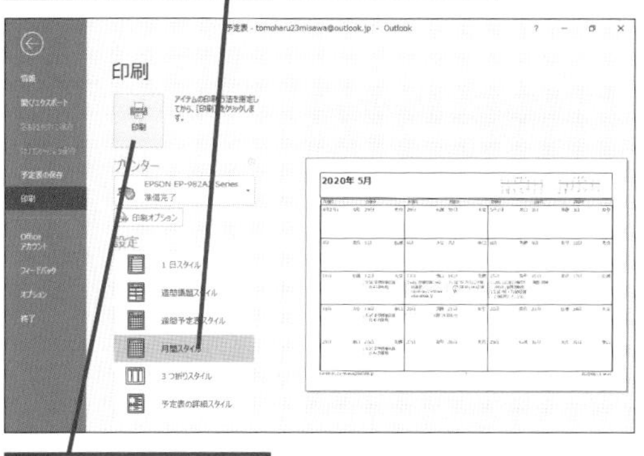

4 [印刷]をクリック

Q425 365 2019 2016 2013 お役立ち度 ★★

タスクを印刷するには

A [タスク] 画面を表示してから印刷します

[To Doバーのタスクリスト] ビューを表示中に印刷を行うと未完了のタスクを一覧表示できます。完了済みのタスクを印刷したいときは [完了] ビューを選択してから印刷を行いましょう。

[タスク] 画面を表示しておく

ここでは、タスクの一覧を印刷する

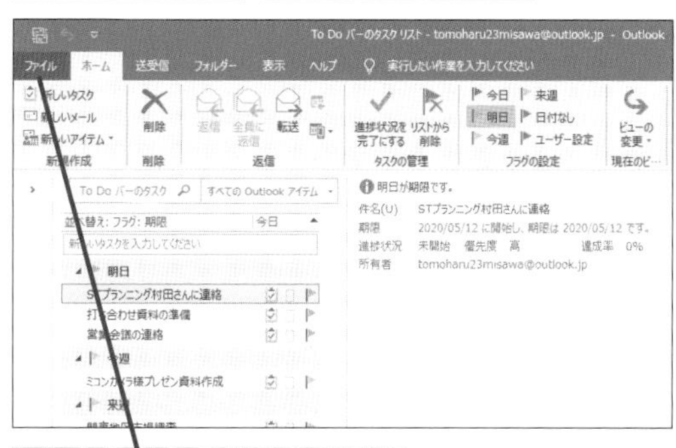

1 [ファイル]タブをクリック

[印刷] の画面が表示された

2 [印刷]をクリック

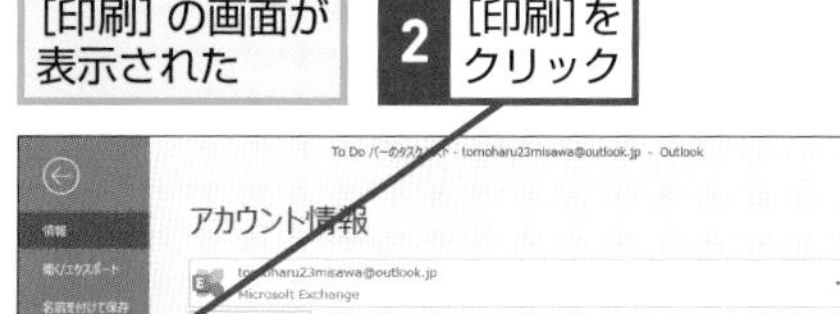

[情報]の画面が表示された

3 [表スタイル]をクリック

タスクの一覧が表示された

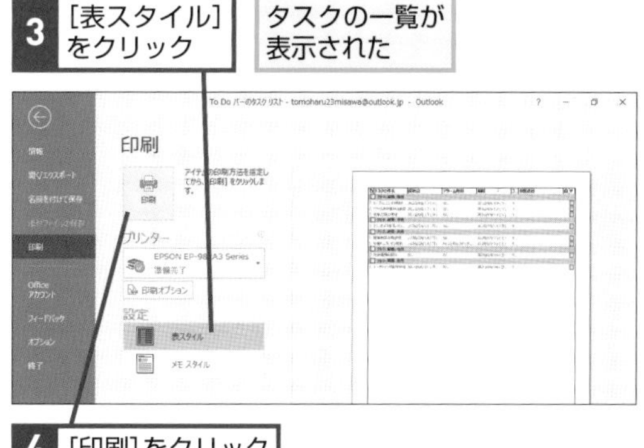

4 [印刷]をクリック

第8章 ビジネスでOutlookを快適に使う応用ワザ

Outlook Todayを活用する

ビジネスを進めていると日々の作業は目まぐるしく変わっていきます。作業を整理するために直近の予定を確認し、タスクをOutlook Todayを使って管理しましょう。

Q426 365 2019 2016 2013 お役立ち度 ★★★

タスクや予定、メールを一覧表示するには

A Outlook Todayを使えばタスクや予定、メールをまとめて確認できます

Outlookを開いたらまず［Outlook Today］を確認するようにしましょう。未読のメール数や今後のスケジュールが一覧表示されるため、今日行うことが分かります。また未完了のタスクも並行して表示されるため、予定の合間にタスクを処理できるか一目で確認できます。さらにそれぞれの項目をクリックすると、直接メールや予定表などのアイテムに移動します。［Outlook Today］の画面は表示項目をカスタマイズできるので、自分に合った画面を設定で利用しましょう。［Outlook Today］はメールアドレスを複数持っている場合、最上段にのみ表示されます。

➡タスク……P.311

ワザ078を参考に、［メール］画面のフォルダーウィンドウを表示しておく

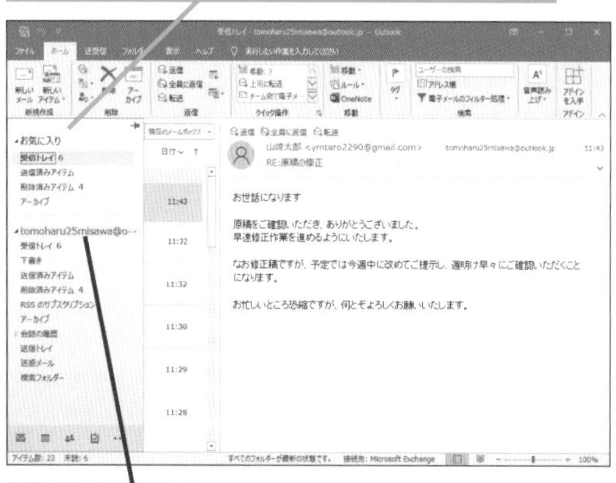

1 メールアドレスをクリック

Outlook Todayが表示された

◆予定表
直近の予定の内容を確認できる

◆タスク
登録したタスクが表示される

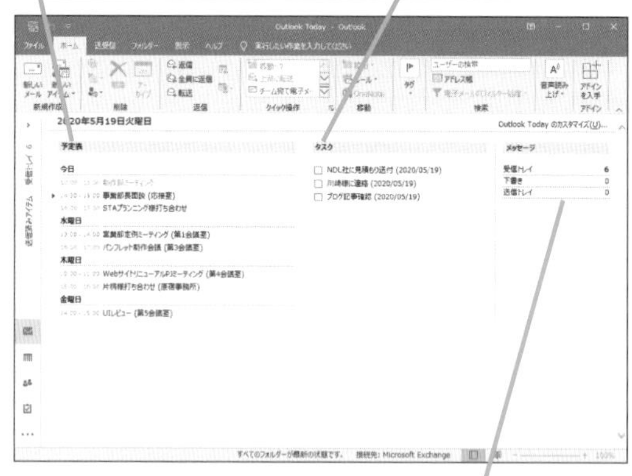

◆メッセージ
［受信トレイ］と［下書き］、［送信トレイ］に保存されているメールの数が表示される

関連 Q427 最近の予定の表示期間を延ばしたい……P.257
関連 Q429 今日のタスクのみを表示するには……P.257
関連 Q431 表示するメッセージのフォルダーを変更するには……P.258

Q427 365 2019 2016 2013 お役立ち度 ★★★

最近の予定の表示期間を延ばしたい

A 1日から7日の間で変更できます

1日に多数の予定がある場合や、数日後の予定を見ながら今日のタスクを決めるような場合は、予定表の表示期間を変更しましょう。予定の数やタスクが多いと閲覧に画面スクロールが必要です。1画面に収まるようカスタマイズすると、一目で予定が確認できます。

➡タスク……P.311

Outlook Todayを表示しておく

1 [Outlook Todayのカスタマイズ]をクリック

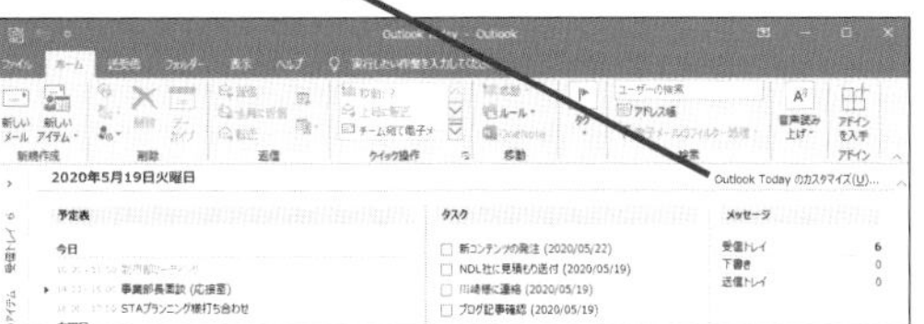

[Outlook Todayオプション]画面が表示された

2 [予定表で表示する期間]のここをクリック

3 表示したい期間をクリック

4 [変更の保存]をクリック

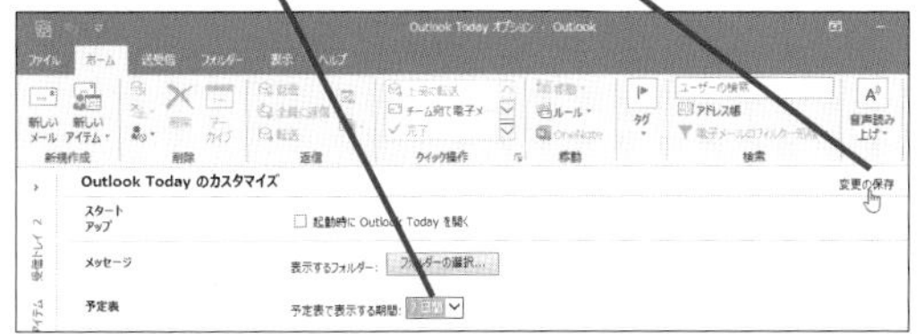

関連 Q429 今日のタスクのみを表示するには…………………… P.257

Q428 365 2019 2016 2013 お役立ち度 ★★

起動時にOutlook Todayを表示したい

A Outlook Todayのオプションで設定できます

Outlookを起動すると初期設定ではメールが一覧表示されます。予定とタスクを先に確認すると、メールの処理に追われて忘れてしまうことを防げるので、[Outlook Today] を起動時に表示することをお薦めします。

ワザ427を参考に、[Outlook Todayオプション]画面を表示しておく

1 [起動時にOutlook Todayを開く] をクリックしてチェックマークを付ける

2 [変更の保存]をクリック

Q429 365 2019 2016 2013 お役立ち度 ★★★

今日のタスクのみを表示するには

A タスクの表示内容を変更します

[今日のタスク]は今日期限を迎えるタスクとなります。数日かけて処理するタスクがあるときは [今日のタスク] 表示では遅い場合があります。タスクの開始時に通知を行うように設定しておきましょう。

ワザ427を参考に、[Outlook Todayオプション]画面を表示しておく

1 [今日のタスク]をクリック

2 [変更の保存]をクリック

Q430 365 2019 2016 2013 お役立ち度 ★★★

表示を1列に変更したい

A Outlook Todayでは好みの表示スタイルを選択できます

初期状態の［Outlook Today］は3列表示となっています。画面の表示サイズが小さい場合は各項目が広く表示できる1列表示がお薦めです。1列表示のときは［予定表］［タスク］［メッセージ］の順に並びます。

➡Outlook Today……P.307

ワザ427を参考に、［Outlook Todayオプション］画面を表示しておく

1 ［Outlook Todayの表示スタイル］のここをクリック

2 ［標準（1列）］をクリック

3 ［変更の保存］をクリック

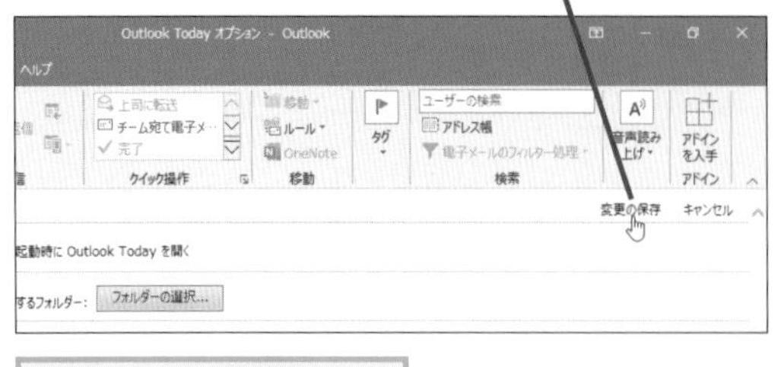

表示スタイルが変更される

Q431 365 2019 2016 2013 お役立ち度 ★★★

表示するメッセージのフォルダーを変更するには

A メッセージに表示するフォルダーを選べます

［仕分けルール］を使ってフォルダーごとにメールを格納している場合は、必要なフォルダーを表示に含めましょう。［Outlook Today］の［メッセージ］にはフォルダーごとの合計数や未読数が表示されます。［下書き］と［迷惑メール］は合計数が表示されます。未読数と合計数のどちらの表示になるかはフォルダーの設定により決まります。

ここではメモを表示し、送信トレイを非表示にする

ワザ427を参考に、［Outlook Todayオプション］画面を表示しておく

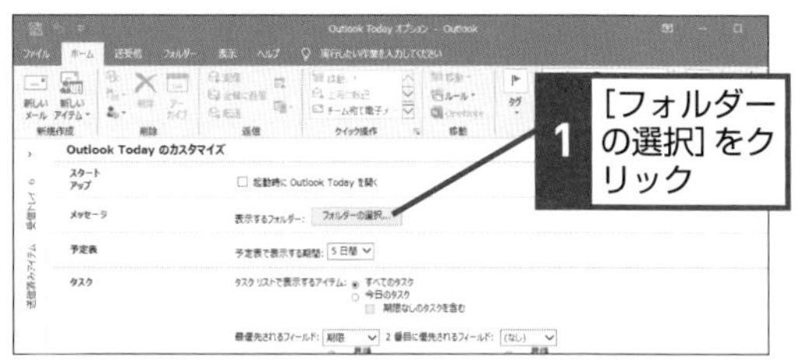

1 ［フォルダーの選択］をクリック

［フォルダーの選択］ダイアログボックスが表示された

2 ［メモ］をクリックしてチェックマークを付ける

3 ［送信］トレイをクリックしてチェックマークをはずす

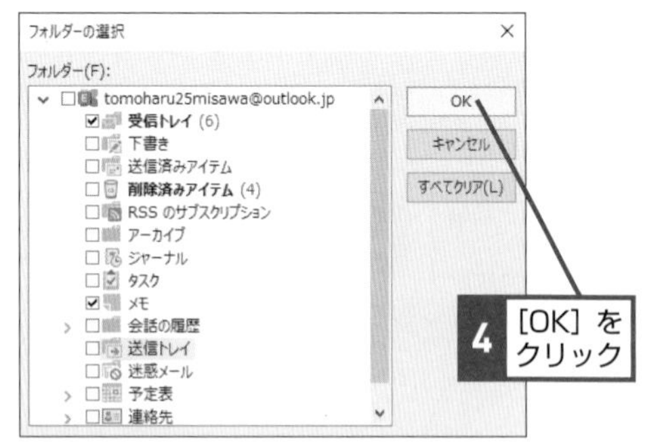

4 ［OK］をクリック

5 ［Outlook Todayオプション］画面で［変更の保存］をクリック

Outlook Todayのメッセージに表示されるフォルダーが変更される

予定表やタスクをコンパクトに表示する

Outlookを有効に活用すると、[メール][予定表][連絡先][タスク]の画面を頻繁に移動することになります。コンパクトにタスクと予定表が表示できる[To Doバー]を利用しましょう。

Q432 365 2019 2016 2013 お役立ち度 ★★★

To Doバーって何?

A 予定やタスク、連絡先を表示できる小さなウィンドウです

[To Doバー]には「予定表」「連絡先」「タスク」の3つの項目を、自分の好きなようにカスタマイズして表示できます。[予定表]を表示すると、カレンダーの下にカレンダーナビゲーターで選択した日以降の予定が羅列されます。[連絡先]を表示しておくと、連絡先の相手が「Teams」や「Skype」を利用している場合、あて先の左側や顔写真の右下に在席状況が表示されるので便利です。タスクを表示すると、[To doバーのタスクリスト]が表示されます。ここからタスクの追加も行えるため、急なタスク依頼もすぐに登録できます。

➡カレンダーナビゲーター……P.309

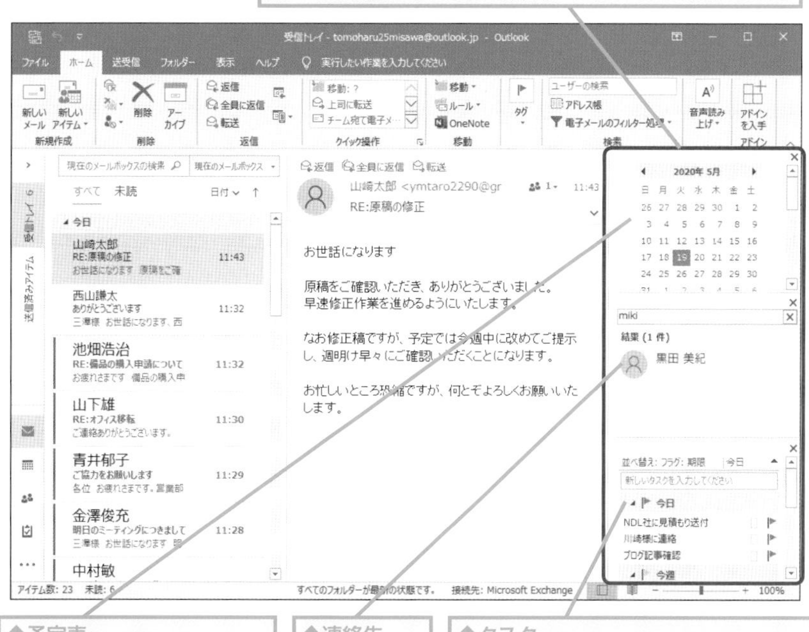

関連 Q423 3つ折り形式で印刷したい……P.254

関連 Q434 To Doバーに複数の項目を表示するには……P.260

Q433 365 2019 2016 2013 お役立ち度 ★★

To Doバーを表示したい

A リボンの［表示］タブで設定できます

［メール］［予定表］［連絡先］［タスク］の画面ごとに、［To Doバー］の表示を切り替えられます。［メール］と［予定表］画面だけ［To Doバー］を表示させるなど、自分の使い勝手に応じて設定を変えましょう。

➡タブ……P.311

［メール］画面を表示しておく

1 ［表示］タブをクリック
2 ［To Doバー］をクリック

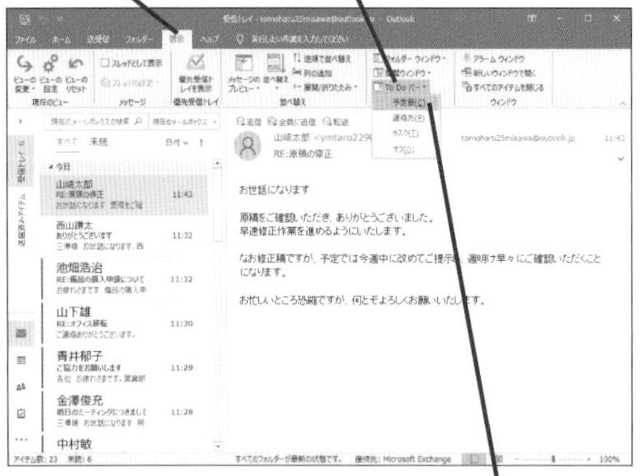

3 ［予定表］をクリック

予定表が表示された

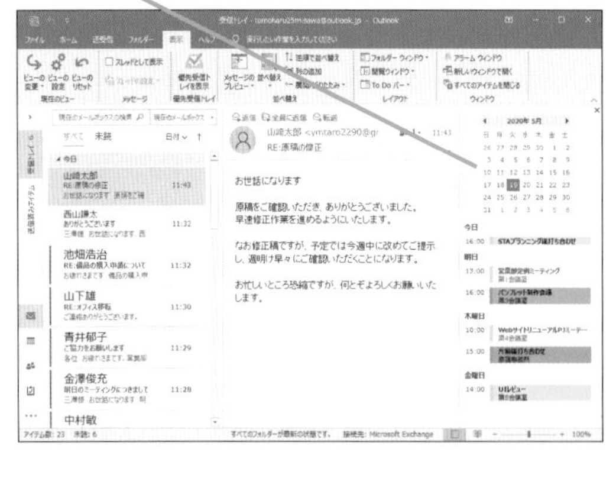

関連 Q435 To Doバーを非表示にするには……P.261
関連 Q437 To Doバーからタスクを追加したい……P.261

Q434 365 2019 2016 2013 お役立ち度 ★★

To Doバーに複数の項目を表示するには

A ［To Doバー］から追加したい項目を選択します

［To Doバー］には「予定表」「連絡先」「タスク」の3項目があり、それぞれ表示と非表示を選択できます。メール画面では［予定表］のみ、タスク画面では［予定表］と［連絡先］を表示するといったような設定も可能です。自分が使いやすいよう、［予定表］や［連絡先］、［メール］画面で表示する［To Doバー］の項目を決めましょう。

ワザ433を参考に、［To Doバー］に予定表を表示しておく

ここでは、［To Doバー］にタスクの項目を追加する

1 ［表示］タブをクリック
2 ［To Doバー］をクリック

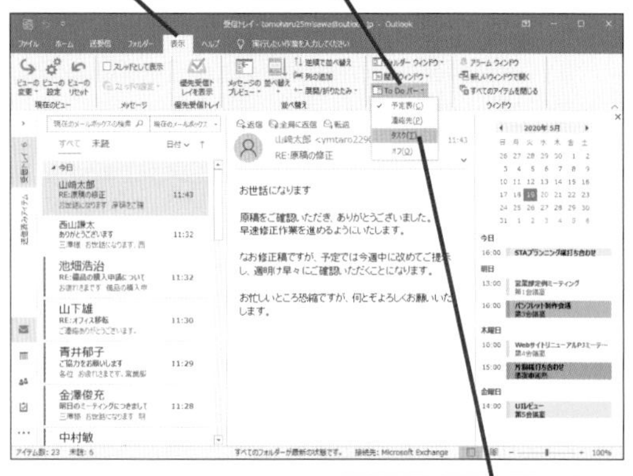

3 ［タスク］をクリック

［To Doバー］にタスクの項目が追加された

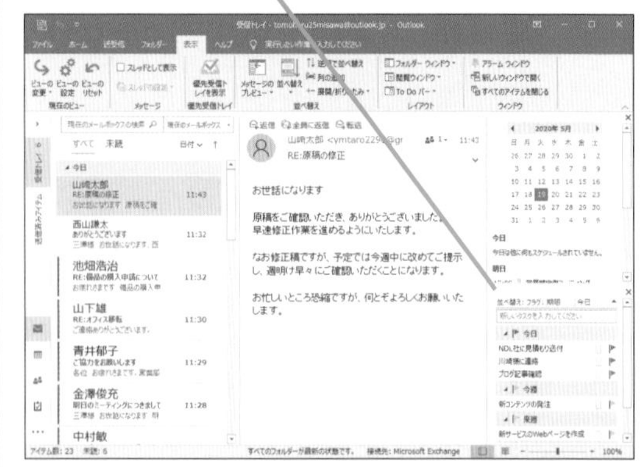

Q435 365 2019 2016 2013 お役立ち度 ★★

To Doバーを非表示にするには

A [To Doバー] で [オフ] を選びます

画面を広く使いたい場合は [To Doバー] をオフにしましょう。設定は画面ごとに独立しているため、[メール] [予定表] [連絡先] [タスク] 画面それぞれで設定が必要です。[To Doバー] の右側にある (×) ボタンでもオフにできます。

[メール]画面を表示しておく

1 [表示] タブをクリック
2 [To Doバー] をクリック

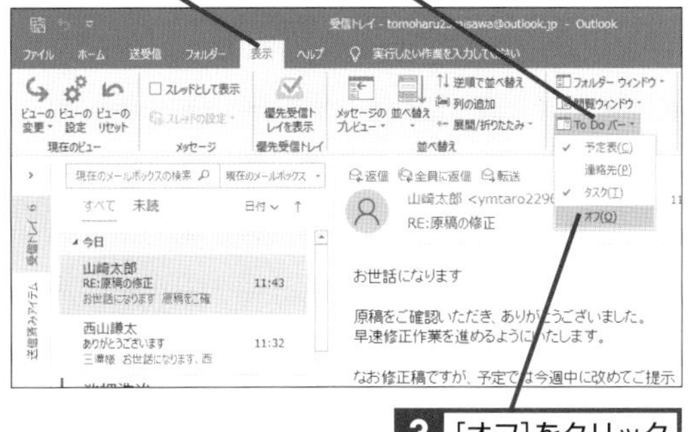

Q436 365 2019 2016 2013 お役立ち度 ★★

表示項目を並び替えるには

A 上に表示するものから順に項目を選びます

項目は選んだ順に上から並ぶため、オンにする順番を意識しましょう。

ここでは[予定表]を一番上に表示する

1 [表示]タブをクリック
2 [To Doバー] をクリック
3 [予定表]をクリック

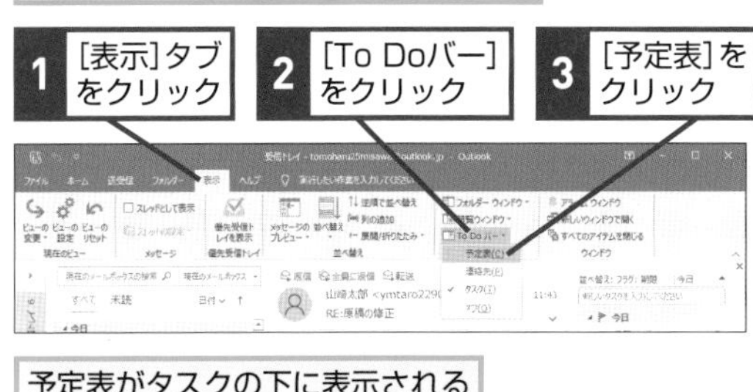

予定表がタスクの下に表示される

Q437 365 2019 2016 2013 お役立ち度 ★★

To Doバーから タスクを追加したい

A [To Do]バーのタスクのテキストボックスに追加するタスクを入力します

[To Doバー] は見るだけでなく、直接機能を呼び出すこともできます。その一例がタスクの追加です。ここで追加したタスクは [To Doバーのタスクリスト] と同様に本日期限のタスクとして登録されます。追加したタスクは [今日] グループに入ります。

➡タスクリスト……P.311

ワザ434を参考に、[To Doバー] にタスクを表示しておく

1 [表示] タブをクリック
2 [To Doバー] をクリック

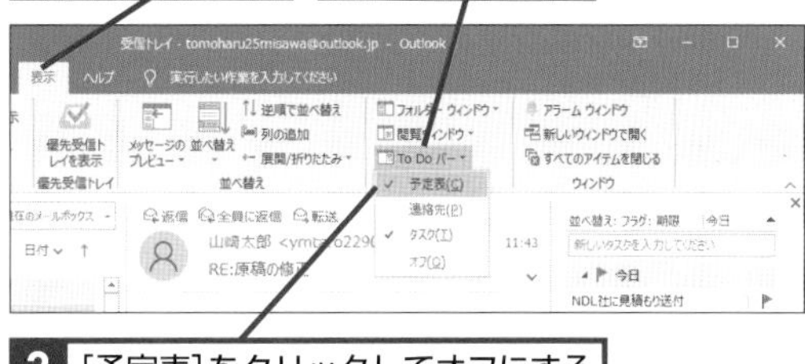

3 [予定表]をクリックしてオフにする

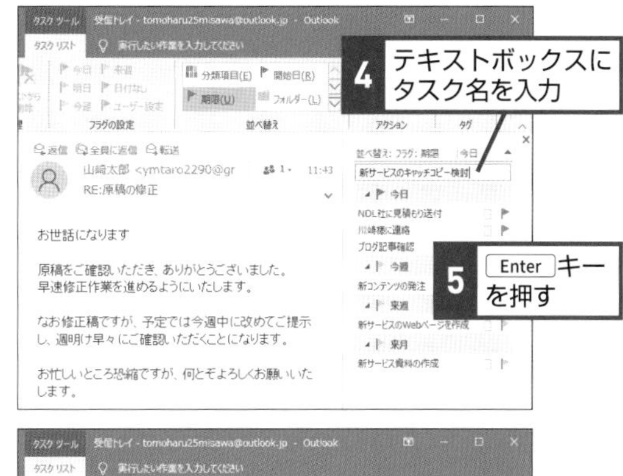

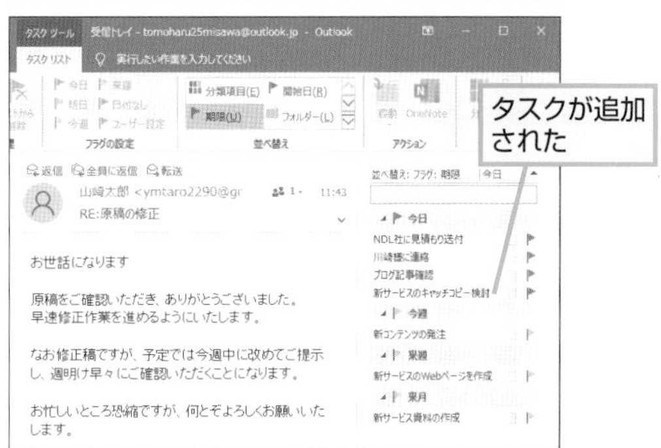

Q438 365 2019 2016 2013 お役立ち度 ★★★

To Doバーでタスクを完了にするには

A 完了にしたいタスクのフラグをクリックします

完了にするとタスクはその時点で［To Doバー］から消えます。間違えてしまったときはタスク画面から元に戻すか、Ctrl＋Zキーで戻しましょう。

ワザ437を参考に、［To Doバー］にタスクを表示しておく

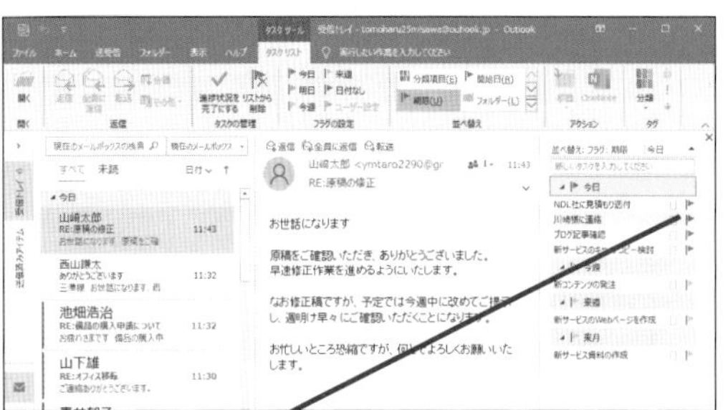

1 完了にしたいタスクのフラグアイコンをクリック

タスクが完了になり、非表示になる

Q439 365 2019 2016 2013 お役立ち度 ★★★

予定の詳細を確認したい

A 予定をダブルクリックします

予定の概要がカレンダーの下に表示されます。予定量が多い場合はスクロールして予定を確認しましょう。

ワザ433を参考に、［To Doバー］に予定表を表示しておく

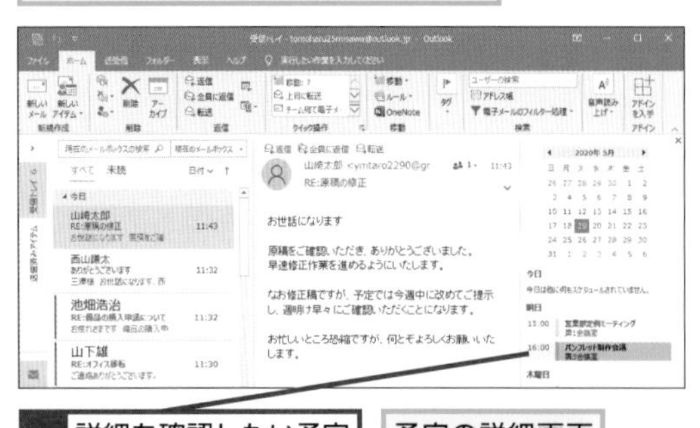

1 詳細を確認したい予定をダブルクリック

予定の詳細画面が表示される

Q440 365 2019 2016 2013 お役立ち度 ★★★

特定の日付の予定を確認したい

A クリックした日付以降の予定を確認できます

メールなどで打ち合わせの依頼が来たときに予定を確認したい場合は、確認したい日付を選択しましょう。カレンダーの下部にその日から7日間の予定が表示されます。表示された予定は時間ごとに並ぶため、空き時間も確認できます。また、予定に設定した［分類項目］の色が反映されるため、プライベートの予定などを色分けすることで、予定が重複したときに調整余地があるか一目で分かります。複数の［分類項目］が設定された予定は、最後に設定した色が表示されます。

ワザ433を参考に、［To Doバー］に予定表を表示しておく

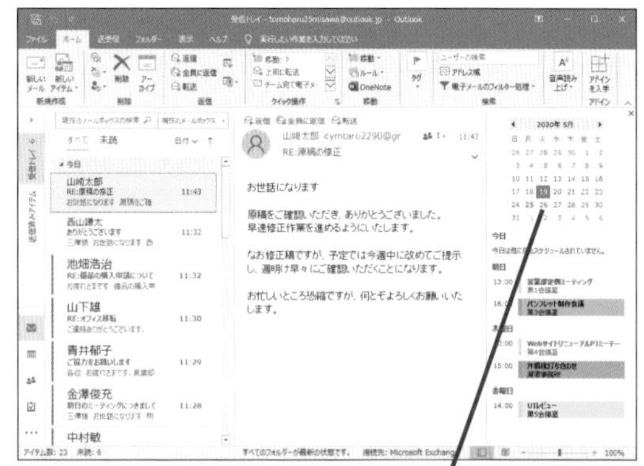

1 予定を確認したい日付をクリック

クリックした日付以降の予定が表示された

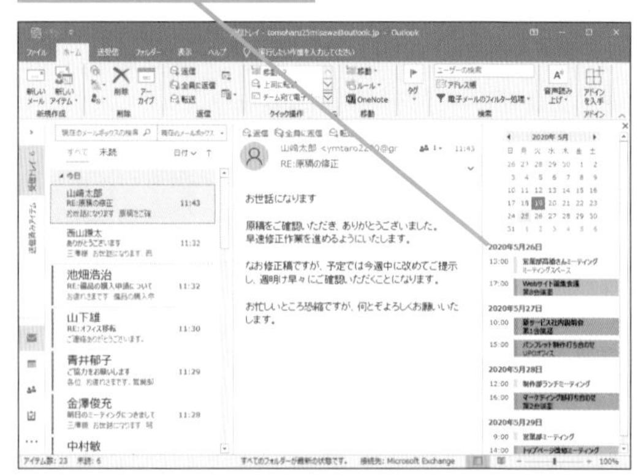

Q441 365 2019 2016 2013 お役立ち度 ★★★

連絡先をTo Doバーから探すには

A 連絡先に登録されている人を検索できます

［To Doバー］の連絡先にはお気に入り登録したものが表示されています。お気に入り以外の連絡先は検索を利用して探しましょう。連絡先のお気に入りは［To Do バー］のみで表示されます。よく利用する連絡先をお気に入りに設定しておくと在席状況が確認できるので便利です。 ➡タブ……P.311

ワザ435を参考に、［To Doバー］を非表示にしておく

1 ［表示］タブをクリック

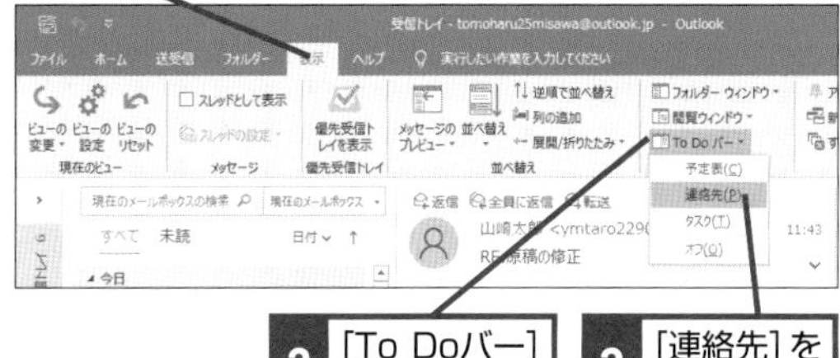

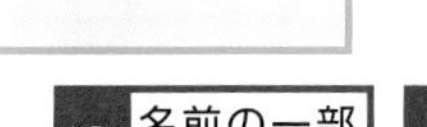

2 ［To Doバー］をクリック

3 ［連絡先］をクリック

［To Doバー］に連絡先の項目が表示された

4 名前の一部を入力

5 Enter キーを押す

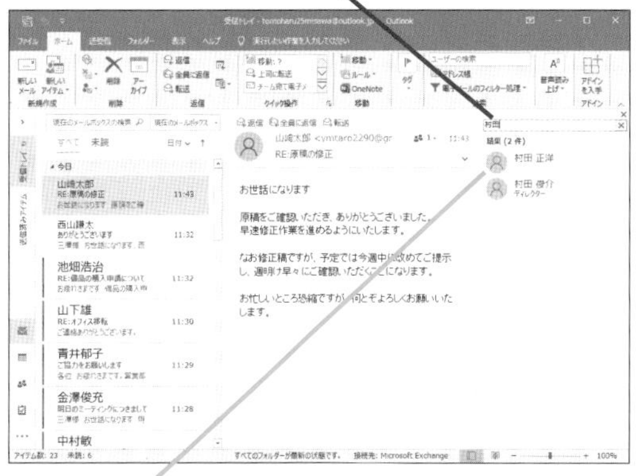

該当した連絡先が表示された

関連 Q442 To Doバーからメールを送るには …………………… P.263

Q442 365 2019 2016 2013 お役立ち度 ★★★

To Doバーからメールを送るには

A To Doバーから直接メールを送れます

連絡先の検索結果やお気に入りのユーザーを選択したら、インスタントメッセージの送付、メールの送付がクリックで行えます。Outlookと互換性のあるインスタントメッセンジャーアプリは「Skype」や「Teams」です。なお、［…］をクリックすると会議のスケジューリングや連絡先の編集画面に移動できます。

ワザ441を参考に、［To Doバー］に連絡先を表示しておく

1 名前の一部を入力

2 検索した連絡先にマウスポインターを合わせる

連絡先の詳細の一部が表示された

3 ［メール］をクリック

［メッセージ］ウィンドウが表示された

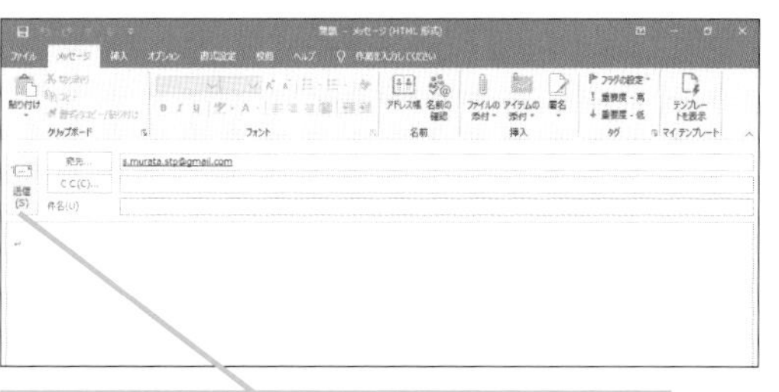

［件名］や本文を入力し、［送信］をクリックする

関連 Q441 連絡先をTo Doバーから探すには …………………… P.263

Exchangeでメールやタスクの機能を使いこなす

Outlookは組織内のコミュニケーションを円滑に行うために作られたソフトです。この章ではExchange Onlineを利用した高度なメールの使い方を説明しています。

Q443 365 2019 2016 2013 お役立ち度 ★★★

Exchange Onlineのアカウントを追加したい

A [アカウント情報] 画面で追加します

Exchange Onlineとはマイクロソフトが提供する有料の法人向けクラウド型のメールサービスです。Exchange Onlineを利用すると、予定表の共有や、備品や会議室の利用調整など、複数人で連携し合う機能が使えます。既存のアカウントをExchange Onlineのアカウントに切り替える場合は複雑な移行手順が必要です。個人でExchange Onlineを購入したときは、新しいアカウントとして追加しましょう。なお、Outlook 2013のアカウントを追加するにはExchange Onlineへログインするために先進認証の設定など以下の手順とは異なる設定が必要です。

➡Exchange Online……P.306

ワザ028を参考に、アカウント追加画面を表示しておく

1 追加するメールアドレスを入力

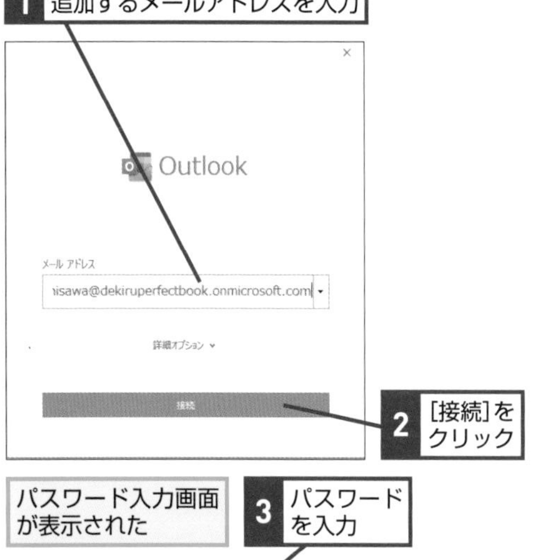

2 [接続]をクリック

パスワード入力画面が表示された

3 パスワードを入力

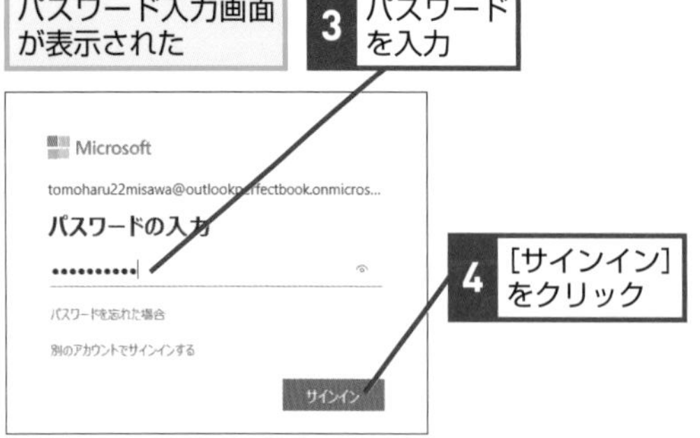

4 [サインイン]をクリック

このアカウントにサインインしたままにするかを確認する画面が表示された

ここではOutlookにのみサインインする

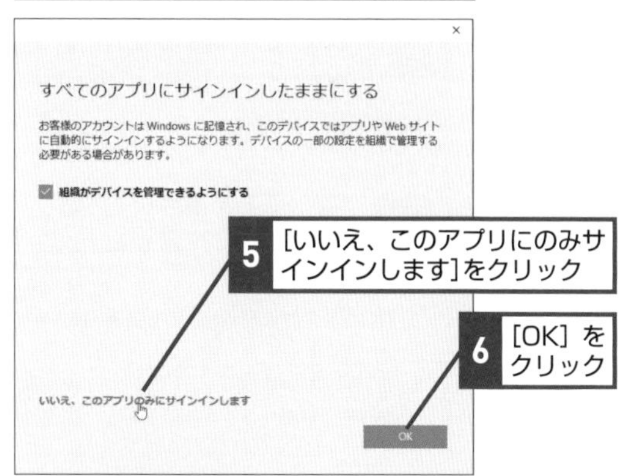

5 [いいえ、このアプリにのみサインインします]をクリック

6 [OK] をクリック

アカウントが追加されたことを知らせるメッセージが表示された

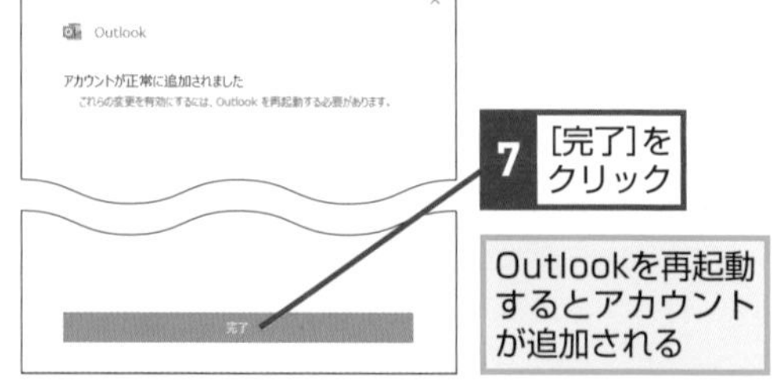

7 [完了]をクリック

Outlookを再起動するとアカウントが追加される

Q444 365 2019 2016 2013 お役立ち度 ★★★

プロジェクト単位でメールを管理したい

A グループを使えばプロジェクト単位でメールを管理できます

グループを作成すると50GBのメールボックスを追加料金なしで使えます。

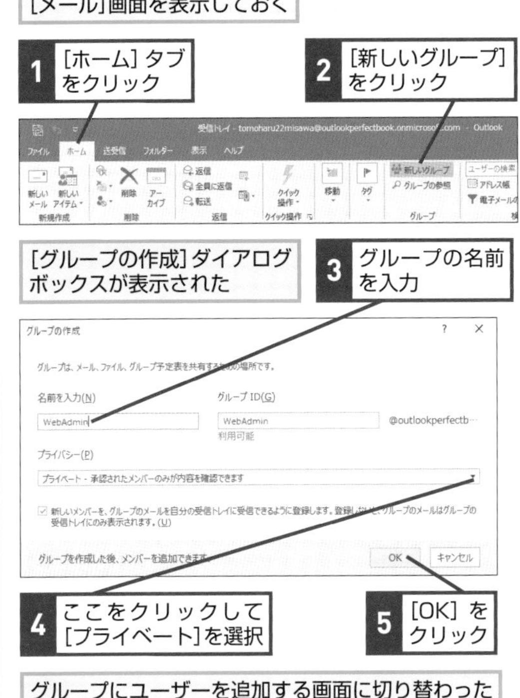

グループにユーザーを追加する画面に切り替わった

6 追加するユーザーのメールアドレスを入力

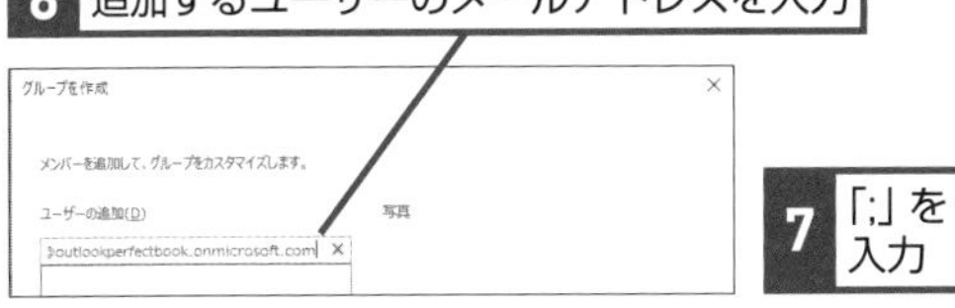

名前を入力して検索してもよい

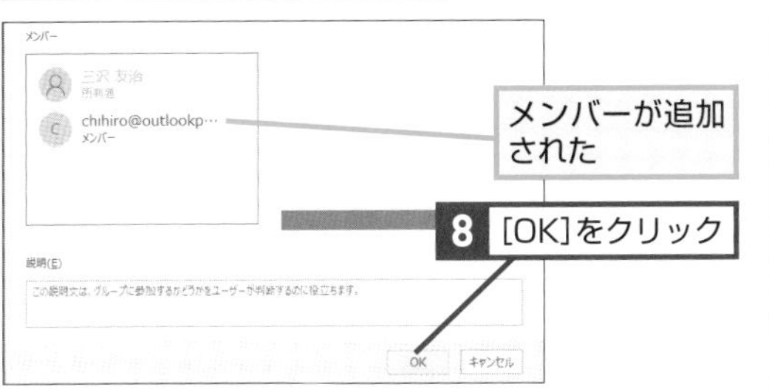

Q445 365 2019 2016 2013 お役立ち度 ★★

グループにメンバーを追加したい

A グループの画面から追加できます

メールアドレスを入力しメンバーを追加すると、追加したメンバーもグループあてに来たメールを読めます。また［Microsoft 365管理センター］で組織外のユーザーもグループに追加できるように設定することも可能です。その場合Microsoft 365ライセンスを持っていない組織外のメンバーには受信されたメールが転送されます。 ➡ライセンス……P.313

[メール]画面を表示しておく

1 メンバーを追加したいグループをクリック

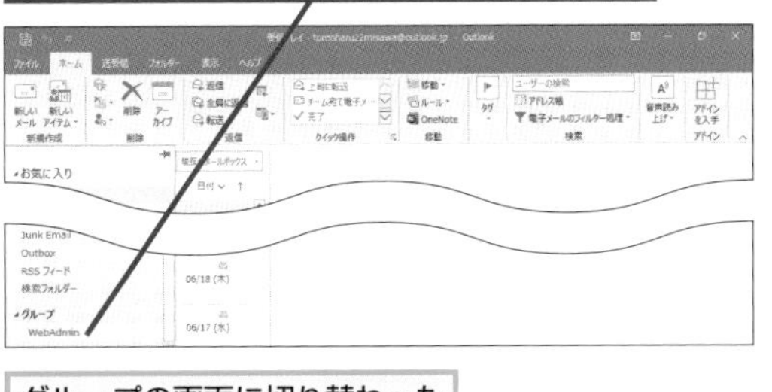

グループの画面に切り替わった

メンバーを追加するための画面が表示された

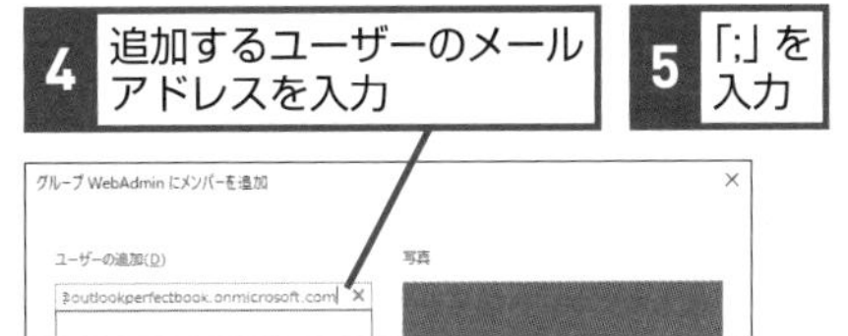

名前を入力して検索してもよい

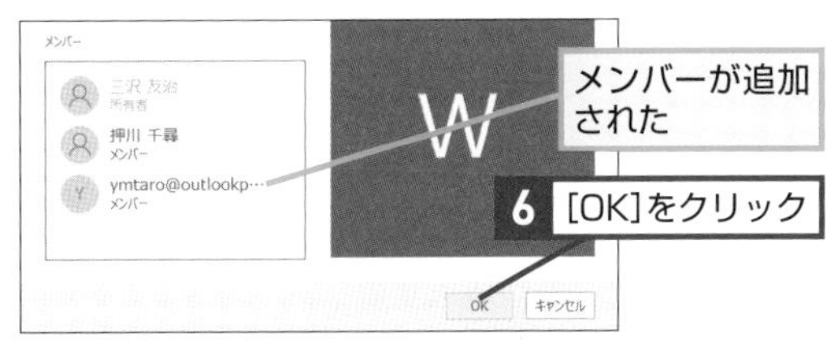

Q446 365 2019 2016 2013 お役立ち度 ★★★

グループを削除するには

A グループの画面から削除できます

グループはメールだけでなく、一般法人向けのMicrosoft 365のほかのサービスでも共通して利用されています。マイクロソフトの情報連携ツール「Teams」やファイル共有ツールの「SharePoint」を利用している場合、それらのグループも一緒に削除されるので注意しましょう。

ワザ445を参考に、グループの画面を表示しておく

1 [グループ設定]をクリック
2 [グループの編集]をクリック

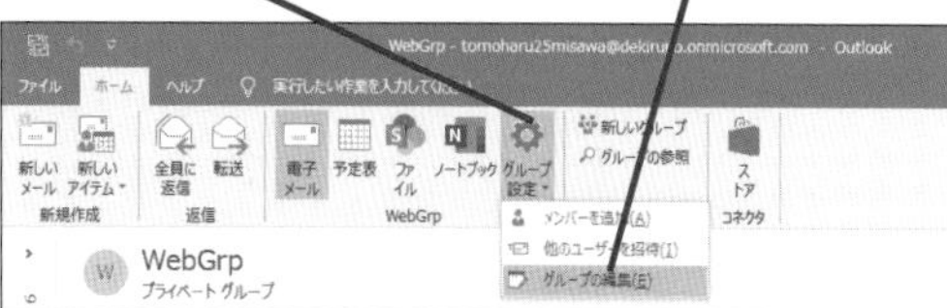

グループの編集画面が表示された

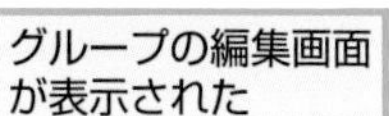

3 [グループの削除]をクリック

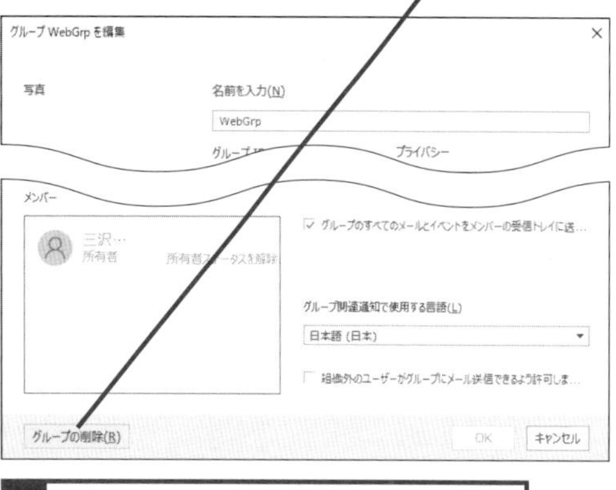

4 [グループのすべてのコンテンツが削除されることを理解しました]をクリック

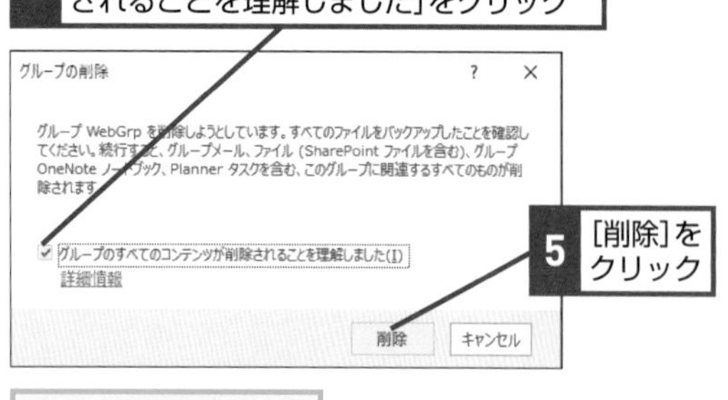

5 [削除]をクリック

グループが削除される

Q447 365 2019 2016 2013 お役立ち度 ★★★

グループ全体にメールを送るには

A グループごとに割り当てられたメールアドレスにメールを送ります

グループのメールアドレスは作成時のグループIDにメールドメインを付けたものが設定されます。組織外からメールを受信できるようにするにはグループの設定変更が必要です。ワザ446を参考にグループの編集画面を表示し、[組織外のユーザーがグループにメール送信できるよう許可します]をクリックしてチェックマークを入れましょう。

ワザ445を参考に、グループの画面を表示しておく

1 グループ名をクリック

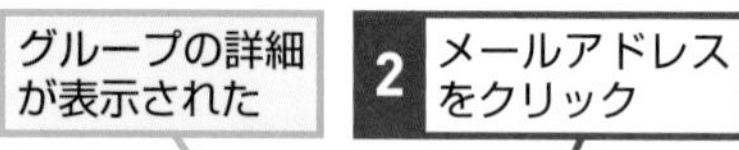

グループの詳細が表示された

2 メールアドレスをクリック

新規メールの作成画面が表示された

Q448 365 2019 2016 2013 お役立ち度 ★★★

メールのデータを持ち出さないようにするには

A キャッシュモードをオフにします

Outlookではメールのデータはキャッシュ情報としてパソコンに保存しています。この機能によりインターネットに接続されていなくてもメールを読めるのですが、組織内の情報を外部に流出させないためにパソコン内に情報を保持しない設定にすることも可能です。

➡キャッシュ……P.309

1 ［ファイル］タブをクリック

［アカウント情報］画面が表示された

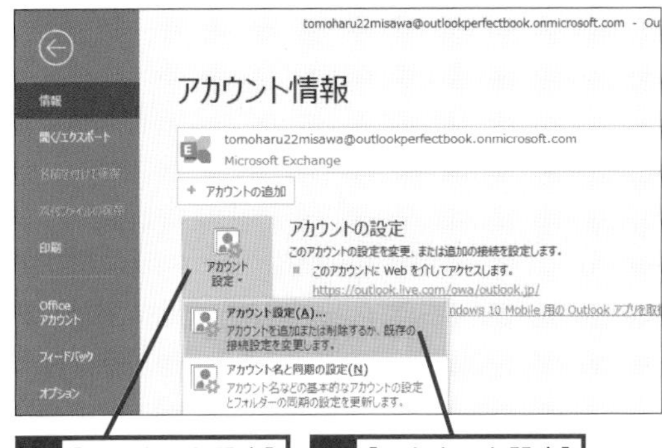

2 ［アカウント設定］をクリック

3 ［アカウント設定］をクリック

［アカウント設定］ダイアログボックスが表示された

4 ［メール］タブをクリック

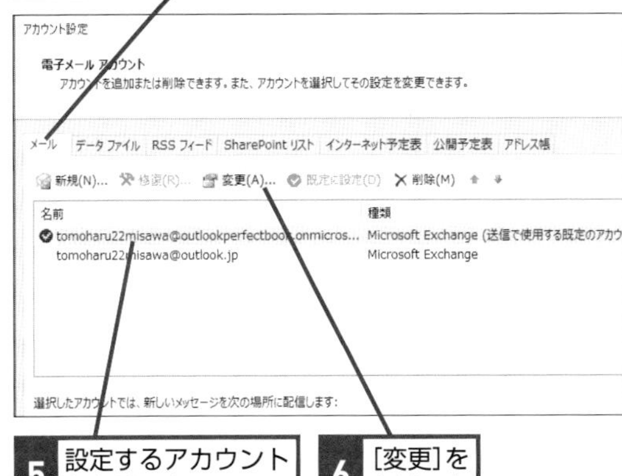

5 設定するアカウントをクリック

6 ［変更］をクリック

関連 Q088 メールボックスの残り容量を知りたい……P.74

関連 Q444 プロジェクト単位でメールを管理したい……P.265

［Exchangeアカウントの設定］画面が表示された

7 ［Exchangeキャッシュモードを使用して、Outlookデータファイルにメールをダウンロードする］をクリックしてチェックマークをはずす

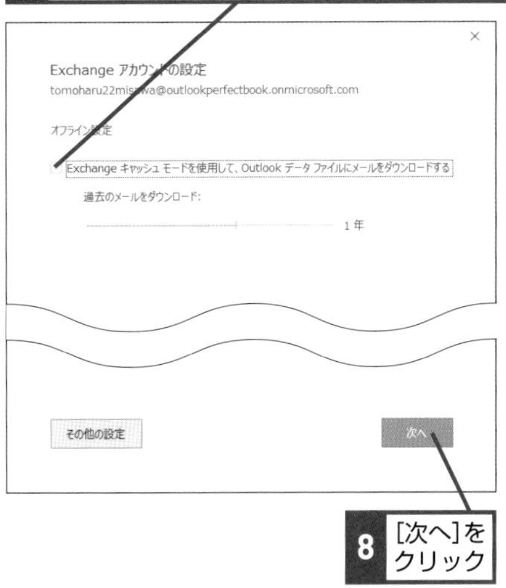

8 ［次へ］をクリック

アカウントの設定が正常に更新されたことを通知する画面が表示された

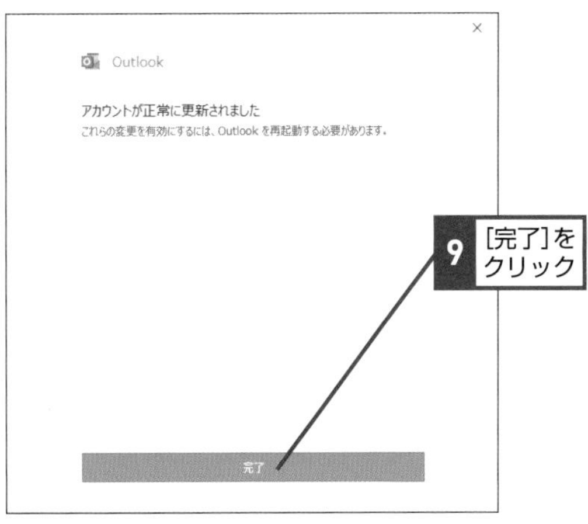

9 ［完了］をクリック

［アカウント設定］ダイアログボックスに戻る

10 ［閉じる］をクリック

Outlookを再起動すると、キャッシュモードがオフになる

関連 Q449 自分以外の人に代理でメールを見てもらいたい……P.268

自分以外の人に代理でメールを見てもらいたい

A 代理人アクセスを設定します

メールの返信やスケジュールの調整を秘書など別のスタッフに任せている場合は［代理人］の設定を行いましょう。［代理アクセス権］ダイアログボックスでそれぞれ設定可能です。メール返信には受信トレイの作成者を、スケジュール調整には予定表の編集者を割り当てることで代理対応が可能となります。

➡代理人……P.311

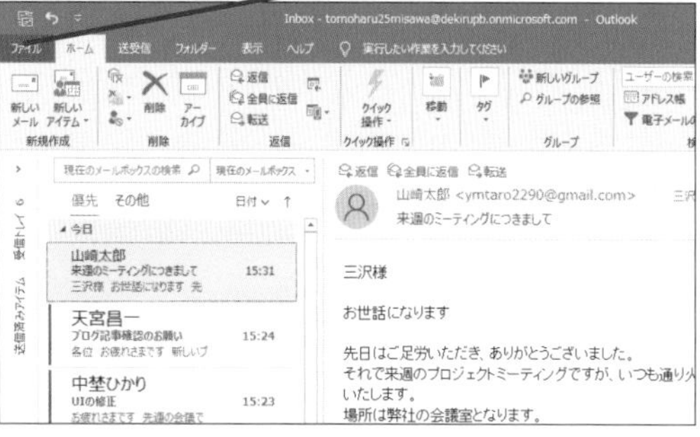

［アカウント情報］が表示された

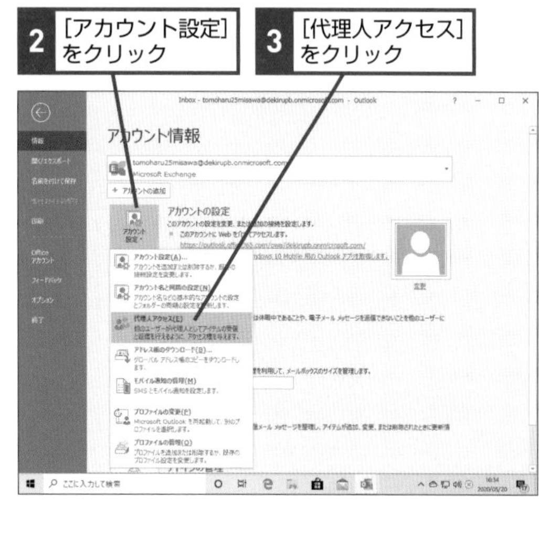

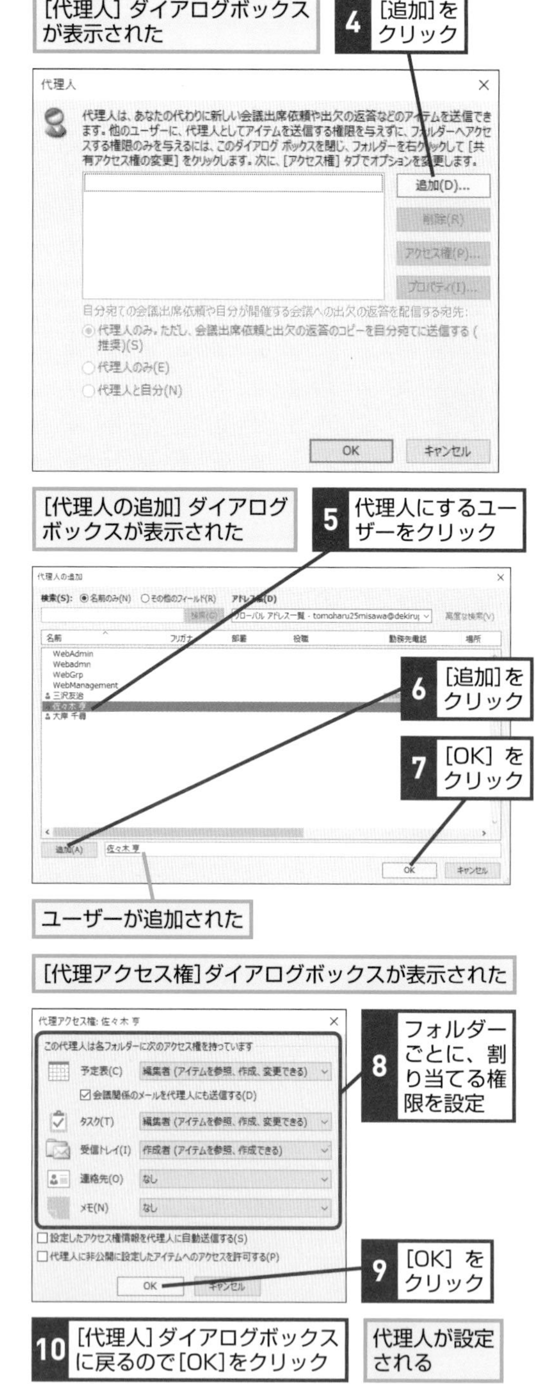

関連 Q451 メールで気を付けることって何？ ……………… P.269
関連 Q452 メールの相手には代理人からのメールだと分かる？ ……………… P.269

Q450 365 2019 2016 2013 お役立ち度 ★★★

代理人の設定を削除したい

A [代理人] 画面で削除できます

代理人が変更になった場合など、役割を終えたら権限を削除しておきましょう。代理人の設定を削除すると代理人に対して個別に設定した各項目のアクセス権も一緒に削除されます。一部の項目のアクセス権を解除したい場合は、以下の方法ではなく［代理アクセス権］画面で権限を［なし］にしましょう。

➡代理人……P.311

ワザ449を参考に、[代理人] ダイアログボックスを表示しておく

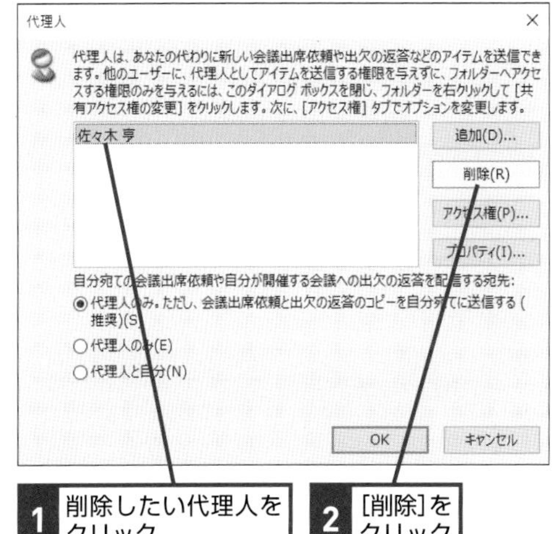

1 削除したい代理人をクリック

2 [削除]をクリック

代理人が削除された

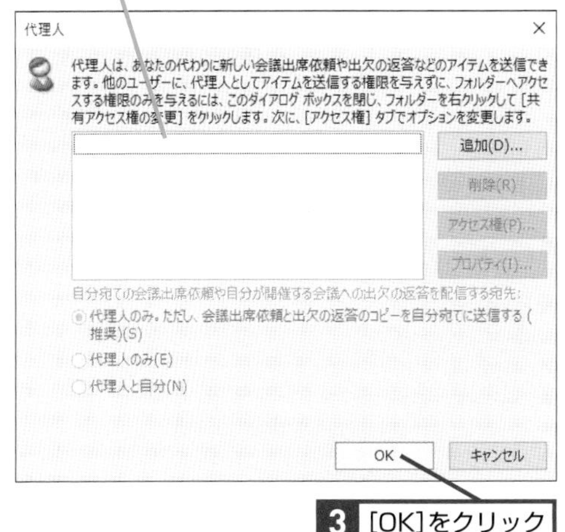

3 [OK]をクリック

Q451 365 2019 2016 2013 お役立ち度 ★★★

メールで気を付けることって何?

A ToとCcの違いを理解しましょう

ビジネスでメールを利用する場合、組織の文化によって気に掛けておく部分はさまざまです。最近は少なくなっていますが、メールを送付した後に電話を掛けて届いたか確認するケースや、メールのあて先の並び順を上役から順に並べていくといったものも時折耳にします。これらは「メールの仕組みとして、相手にメールが届いたかどうかは担保されない」という点や、あて先の順序立てを気にしてあて先を確認しておくと、抜け漏れや誤送信に気が付きやすくなるため行われていることもあります。組織内で明示やルール化されている場合は従っておくとよいでしょう。逆に明示されていなくても、メールを一度送付してしまうと取り消しが行えないことなどを意識し、機密性の高い情報を組織外へ送付することのないようメールの送付は十分に気を使いながら行いましょう。

Q452 365 2019 2016 2013 お役立ち度 ★★★

メールの相手には代理人からのメールだと分かる?

A 代理人設定の場合は分かります

メールの送信時は代理人が送ったメールであることがあて先に通知されます。予定の登録時は代理人が登録した情報は残りません。[代理人]は[予定表][タスク][受信トレイ][連絡先][メモ]の5種類ごとに変更でき、それぞれ［参照］［作成］［編集］［権限なし］の4パターンから選べます。代理人からではなく本人からのメールとして送信したい場合は、［メールボックスの所有者として送信する］の設定が必要です。この設定はOutlookではなく、[Microsoft 365管理センター]で操作する必要があります。

➡Microsoft 365管理センター……P.307

関連 Q450 代理人の設定を削除したい …… P.269
関連 Q451 メールで気を付けることって何？ …… P.269

Q453 365 2019 2016 2013 お役立ち度 ★★★

上司からタスクの依頼が届いたら

A タスクの［承諾］［辞退］を選択し、回答しましょう

［承諾］と［辞退］のどちらをクリックしても、タスクの依頼者にメールが返信されます。特に辞退の場合は、上司が別の人に作業を依頼するなどといった対応を検討する場合があるため、返信時に辞退した理由も送りましょう。辞退を受けた上司はタスクを自分のタスクに戻すこともできます。タスクの依頼を承諾した場合は定期的に［進捗レポートの送信］を行いましょう。ワザ401を参考に自分の部下にタスクを再割り当てすることも可能です。

➡タスク……P.311

タスク依頼のメールを表示しておく

ここではタスクの依頼を承諾する

1 ［承諾］をクリック

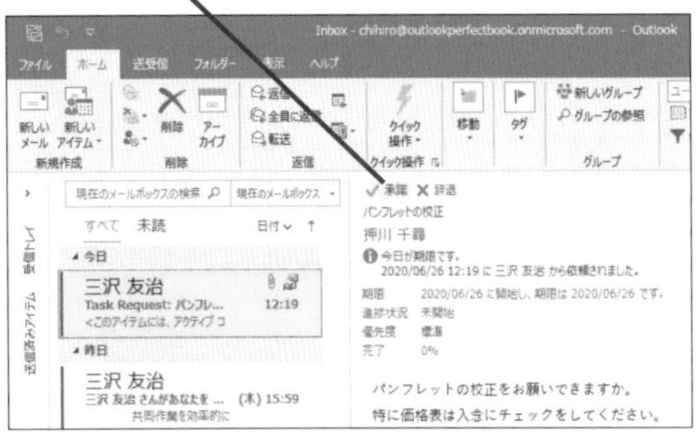

［タスクを承諾］ダイアログボックスが表示された

2 ［すぐに送信する］をクリック

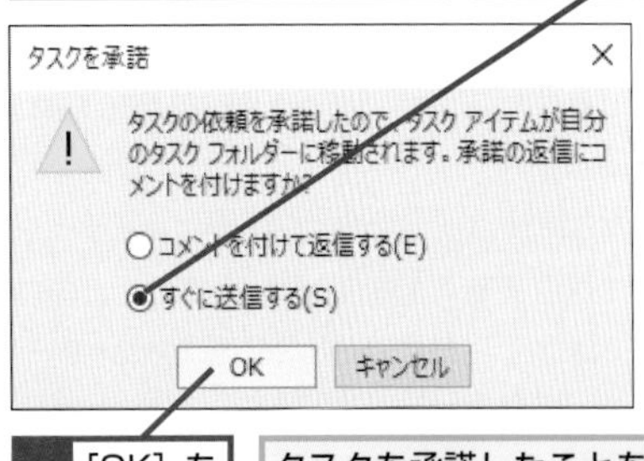

3 ［OK］をクリック

タスクを承諾したことを伝えるメールが依頼者に送信される

［コメントを付けて送信する］をクリックした場合は、メールの作成画面が開き、コメントを加えて返信できる

Q454 365 2019 2016 2013 お役立ち度 ★★★

タスク一覧の情報を共有したい

A ［タスクの共有］をクリックします

タスクの共有を行うと共有相手にすべてのタスクを開示できます。［このメッセージの受信者からタスクフォルダーを表示する許可をもらう］にチェックを入れて送付すると、受信者に共有を促すことができます。

➡タスク……P.311

［タスク］画面を表示しておく

1 ［フォルダー］タブをクリック

2 ［タスクの共有］をクリック

タスクを共有する相手に送信するメッセージの作成画面が表示された

3 共有相手のメールアドレスを入力

4 ［自分のタスクフォルダーをこのメッセージの受信者に公開する］にチェックマークが付いていることを確認

5 メッセージを入力

6 ［送信］をクリック

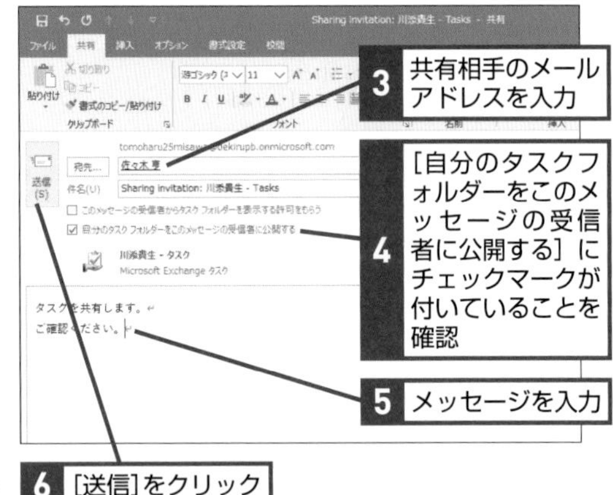

確認画面が表示された

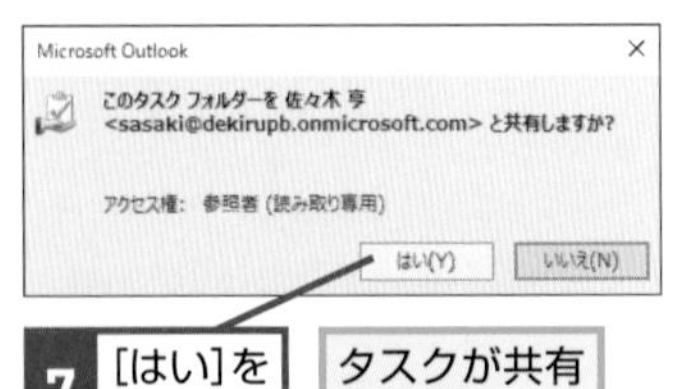

7 ［はい］をクリック

タスクが共有される

Q455 365 2019 2016 2013 お役立ち度 ★★★

タスク一覧の共有を解除するには

A [代理人] 画面で設定します

共有を解除すると共有先からタスクが確認できなくなります。共有時にはメールが送付されているため、削除前に連絡を行いましょう。

[タスク] 画面を表示しておく

1 [フォルダー] タブをクリック

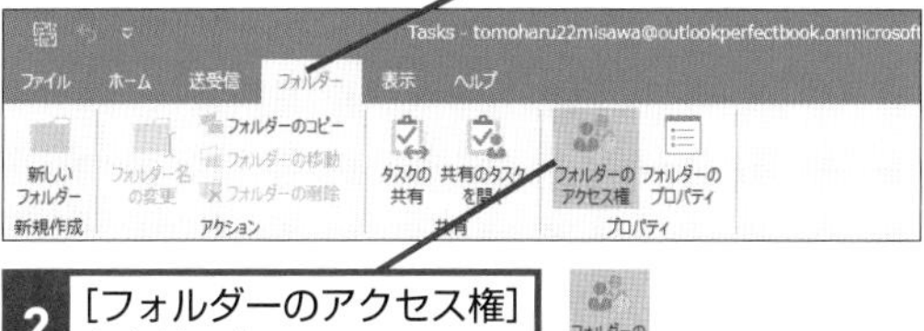

2 [フォルダーのアクセス権] をクリック

[Tasksプロパティ] ダイアログボックスが表示された

3 [アクセス権]タブをクリック

4 共有を解除するユーザーをクリック

5 [削除]をクリック

選択したユーザーの共有が解除された

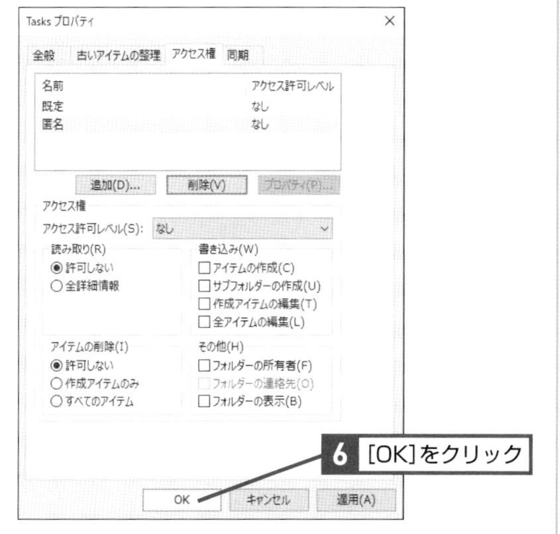

6 [OK]をクリック

Q456 365 2019 2016 2013 お役立ち度 ★★★

タスクの共有を依頼するには

A [共有のタスクを開く] から依頼します

こちら側からタスクの共有を依頼する場合は以下の手順で操作します。アドレス帳を表示したら[アドレス帳]で [連絡先] を選択すると自分の連絡先から依頼相手を選択できます。 ➡アドレス帳……P.308

[タスク]画面を表示しておく

1 [フォルダー]タブをクリック

2 [共有のタスクを開く]をクリック

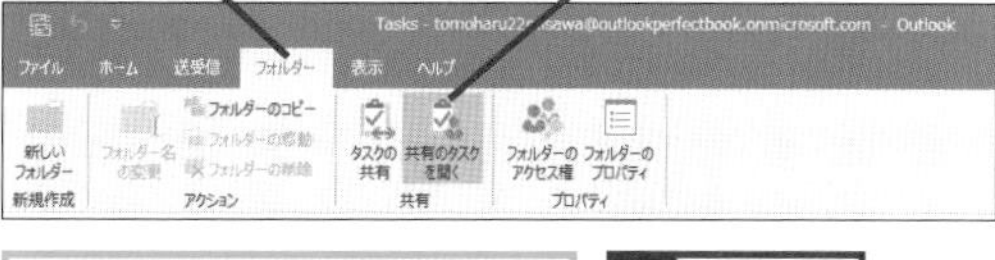

[共有のタスクを開く] ダイアログボックスが表示された

3 [名前]をクリック

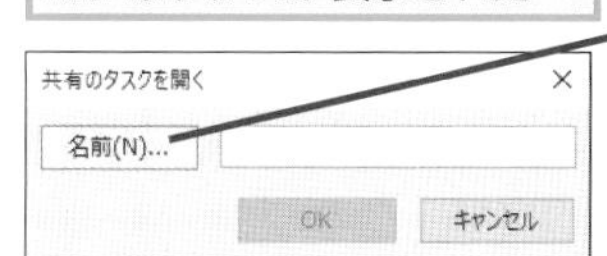

[名前の選択] ダイアログボックスが表示された

4 共有を依頼するユーザーをクリック

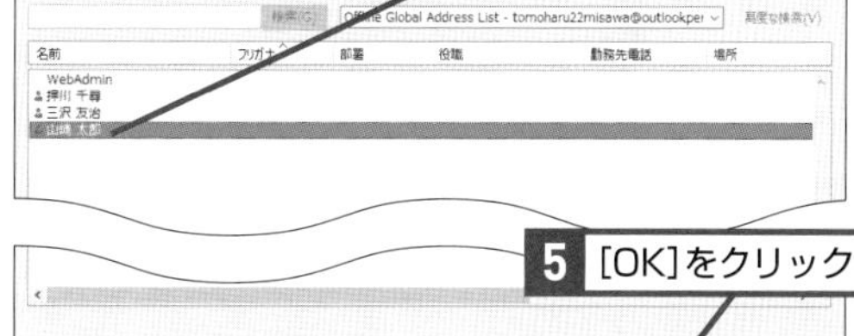

5 [OK]をクリック

[共有のタスクを開く] ダイアログボックスに選択した名前が入力される

6 [OK] をクリック

確認画面が表示された

7 [はい]をクリック

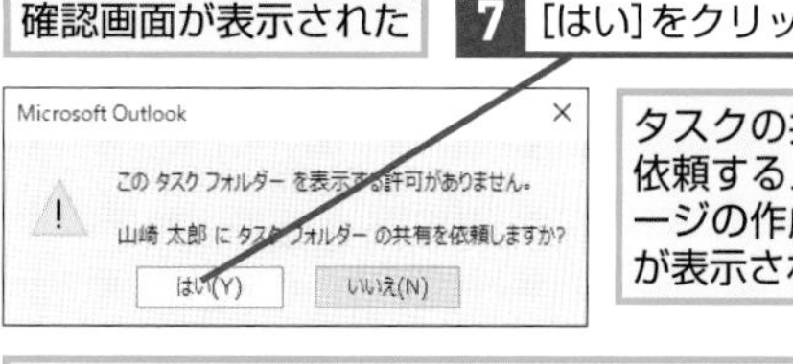

タスクの共有を依頼するメッセージの作成画面が表示される

ワザ454を参考に、メッセージを作成し送信する

Exchangeで予定を共有し、作業を快適にする

組織でOutlookを利用する1番の利点が予定表の共有です。会議の日程調整など、苦労していたタスクをOutlookが肩代わりしてくれます。手順を覚え作業効率を高めましょう。

Q457 365 2019 2016 2013　お役立ち度 ★★★

予定表を共有するには

動画で見る

A ［予定表の共有］で共有したい相手にメッセージを送ります

一般法人向けのMicrosoft 365導入時は組織全員に予定表の情報が共有されるように設定されています。一部の相手にのみ予定情報を共有したい場合、［ホーム］タブ にある［予定表のアクセス権］をクリックします。表示された画面で［既定］の［アクセス許可レベル］の読み取り権限を［許可しない］または［空き時間情報］に設定した上で以下の手順で予定表を共有しましょう。逆に組織内で予定表の共有が行われている場合は特定の人に予定を開示しないようにすることも可能です。共有の設定を変更すると共有する内容が変更されたことが共有相手に届きます。なお、Microsoft 365のOutlookでは［予定表の共有］をクリックすると［予定表プロパティ］画面が表示されます。ワザ459やワザ460を参考に共有相手を追加してください。

➡アクセス権……P.308

［予定表］画面を開いておく

1 ［ホーム］タブをクリック

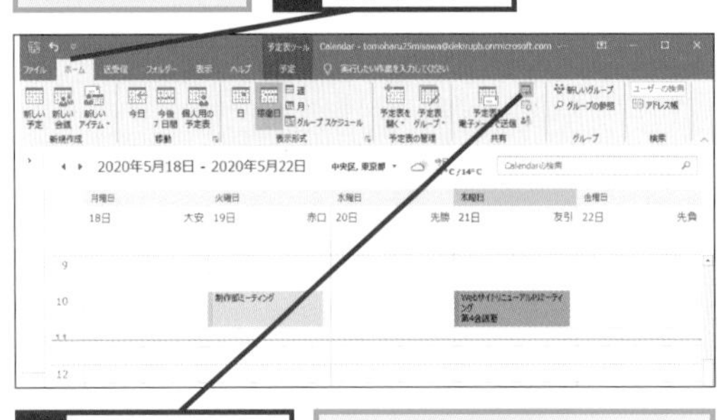

2 ［予定表の共有］をクリック

共有相手に送信するメッセージの作成画面が表示された

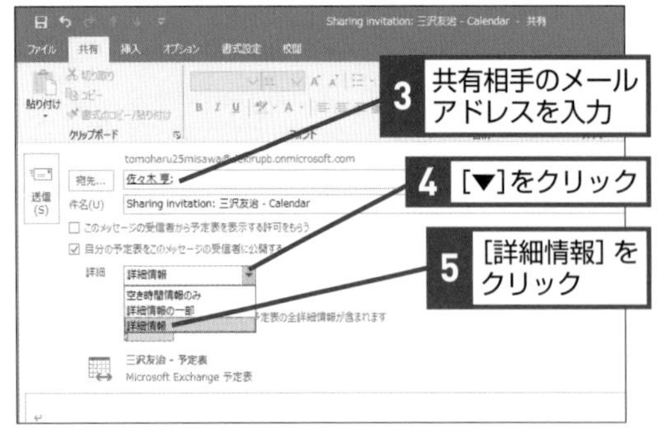

3 共有相手のメールアドレスを入力

4 ［▼］をクリック

5 ［詳細情報］をクリック

6 メッセージを入力

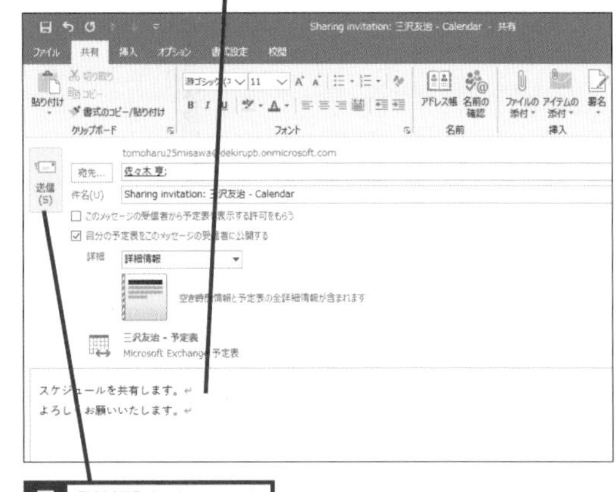

7 ［送信］をクリック

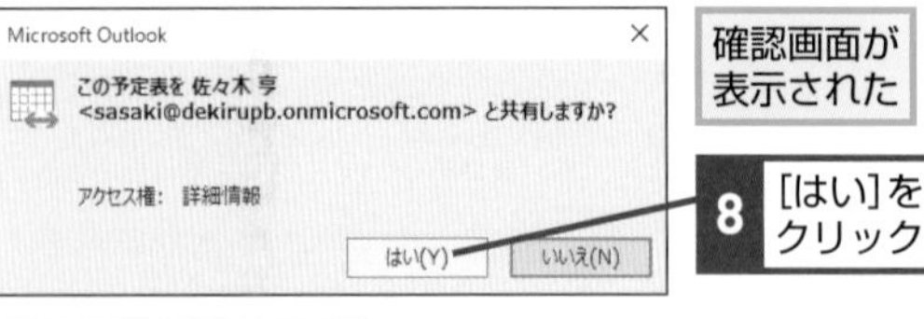

確認画面が表示された

8 ［はい］をクリック

予定表が共有される

関連 Q459 予定表の共有相手を追加したい……………………… P.273

Q458 365 2019 2016 2013 お役立ち度 ★★★

予定表の共有を解除したい

A ［予定表プロパティ］画面で共有を解除します

共有状態を解除したい場合は共有相手に断りを入れてから［削除］ボタンを押しましょう。共有のアクセス権が削除された場合、［予定表プロパティ］ダイアログボックスにある［既定］（Microsoft 365では［My Organization］）のアクセス権が適用されます。［既定］が［空き時間情報］の場合、空き時間は引き続き共有されることを覚えておきましょう。Microsoft 365のOutlookでは［予定表プロパティ］画面が変更され、［すべての詳細を表示可能］や［タイトルと場所の表示が可能］といった項目を選択するだけでアクセス権の設定が可能です。

［予定表］画面を開いておく

1 ［ホーム］タブをクリック

2 ［予定表のアクセス権］をクリック

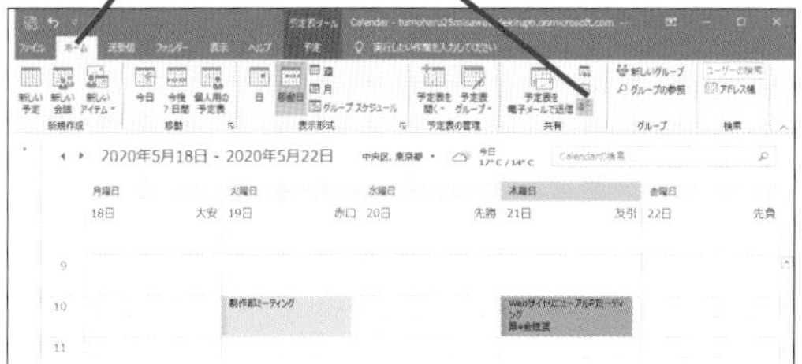

［予定表プロパティ］ダイアログボックスが表示された

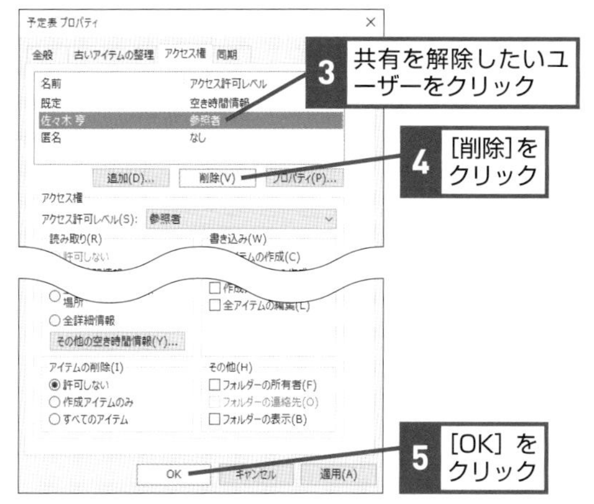

Q459 365 2019 2016 2013 お役立ち度 ★★★

予定表の共有相手を追加したい

A ［予定表プロパティ］画面で共有相手を追加します

ユーザーを選択した後に付与する権限を選びます。付与する内容の詳細はワザ460を参照ください。予定表が共有されたことは共有相手に通知されないため、口頭などメール以外の手段で共有したことを伝えられるときに利用するとよいでしょう。

➡ダイアログボックス……P.311

ワザ450を参考に［予定表プロパティ］ダイアログボックスを開いておく

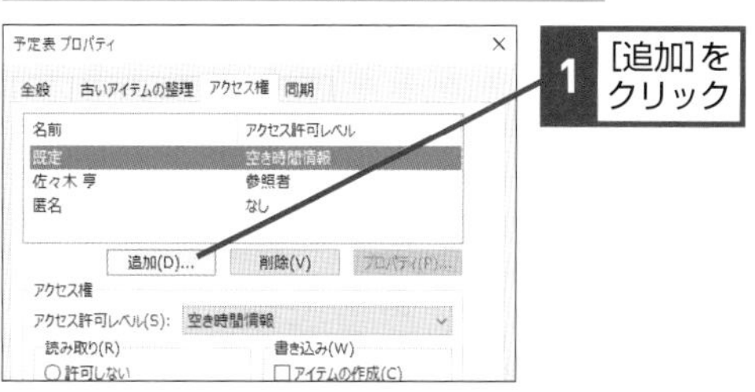

5 ［予定表プロパティ］ダイアログボックスで［OK］をクリック

共有相手が追加される

関連 Q464 みんなの空き時間に予定を入れるには ………… P.276
関連 Q467 空き時間を自動で調整したい ………………………… P.278

Q460 365 2019 2016 2013 お役立ち度 ★★★

予定表のアクセス権で変更できることって?

A 読み取りや書き込みなど、細かく権限を設定できます

［アクセス許可レベル］は細かなアクセス権をまとめたテンプレートです。［アクセス許可レベル］には予定のない時間を表示する［空き時間情報］、空き時間と件名と場所を表示する［空き時間情報、件名、場所］、詳細をすべて開示する［参照者］などがあります。［既定］（Microsoft 365では［My Organization］）のアクセス権を変更すると、組織全体に公開している予定表の公開状況を変更できます。Microsoft 365のOutlookでは予定表では利用しないフォルダーなどの概念が削除されたため、共有画面が大幅に簡略化されていますが行えることは一緒です。

➡Microsoft 365……P.307

●Microsoft 365の［予定表プロパティ］ダイアログボックス

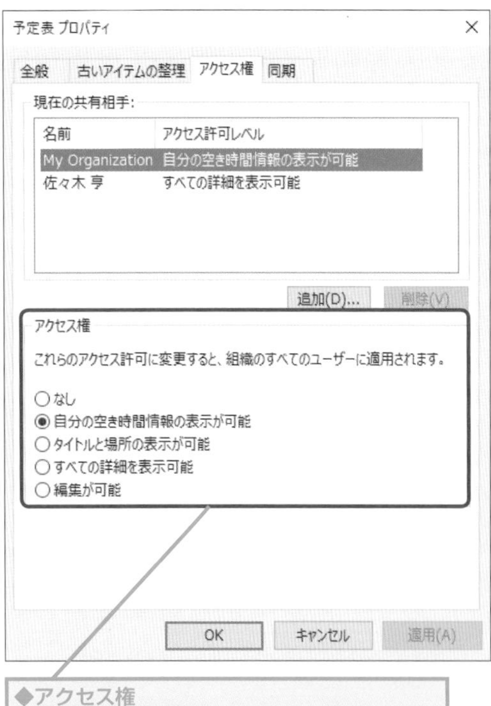

◆アクセス権
アクセス許可の権限をレベルごとに設定できる

Q461 365 2019 2016 2013 お役立ち度 ★★★

予定表の共有を知らせるメールが届いたら

A 共有された予定表をメールから開くことができます

メールが届いたときには相手の予定表を確認するアクセス権が付いています。共有された予定表は［予定表］画面のフォルダーウインドウ内にある［個人の予定表］から開けます。次回からは直接［予定表］画面からアクセスしましょう。

➡アクセス権……P.308

予定表の共有を知らせるメールが届いた

1 ［この予定表を開く］をクリック

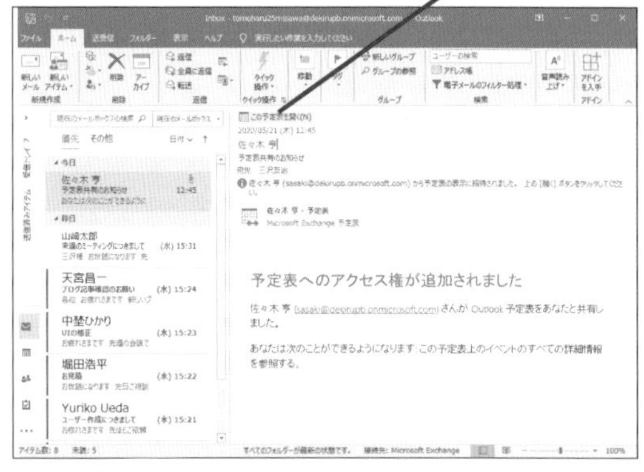

共有された予定表が表示された

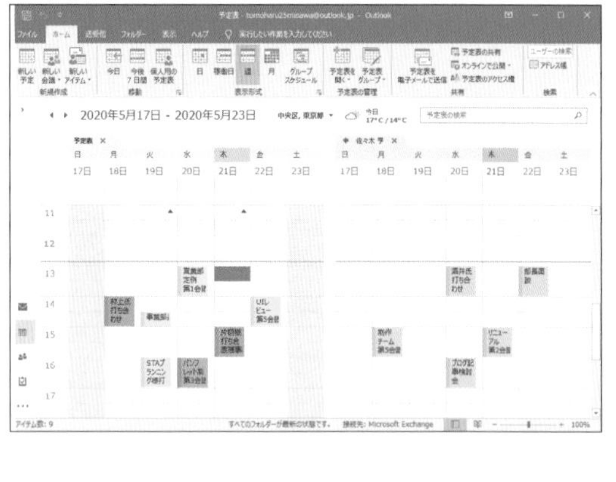

関連 Q464 みんなの空き時間に予定を入れるには………… P.276
関連 Q466 共有された予定表に予定を設定したい………… P.277

Q462 365 2019 2016 2013 お役立ち度 ★★★

予定表の共有を知らせるメールが届かない!

A ユーザーを指定して予定表を表示できます

すでに共有されていた場合など、共有を知らせるメールが届かなくても予定を確認できる場合があります。この手順で予定表が開けた場合、組織の管理者が組織内のスタッフの予定表を見られるように設定している可能性があります。詳細が表示されないときは共有してほしい相手に依頼し、ワザ459の方法で個別に追加してもらいましょう。

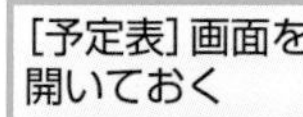

1 [ホーム] タブをクリック

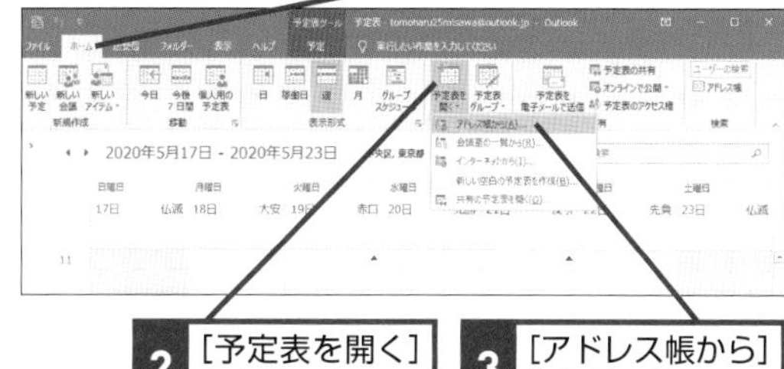

2 [予定表を開く] をクリック

3 [アドレス帳から] をクリック

[名前の選択] ダイアログボックスが表示された

4 ここをクリックしてアドレス帳を選択

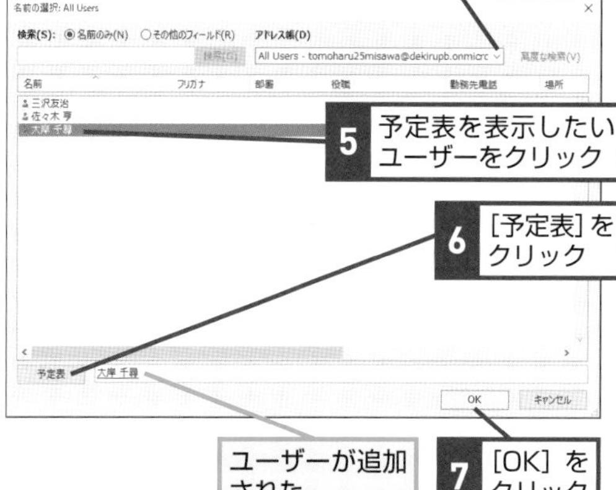

5 予定表を表示したいユーザーをクリック

6 [予定表] をクリック

ユーザーが追加された

7 [OK] をクリック

選択したユーザーの予定表が表示される

関連 Q459 予定表の共有相手を追加したい P.273

関連 Q465 グループで予定を管理したい P.277

Q463 365 2019 2016 2013 お役立ち度 ★★★

予定表をまとめて管理するには

A 予定表グループを使えばまとめて管理できます

予定表の共有が増えてきたら［予定表グループ］を作っておくと、表示の切り替えが簡単になります。Microsoft 365ではフォルダーウィンドウの［個人の予定表］を右クリックすることで［新しいグループの作成］が行えます。

➡予定表グループ……P.313

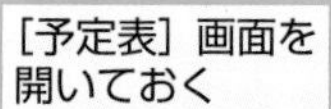

1 [ホーム] タブをクリック

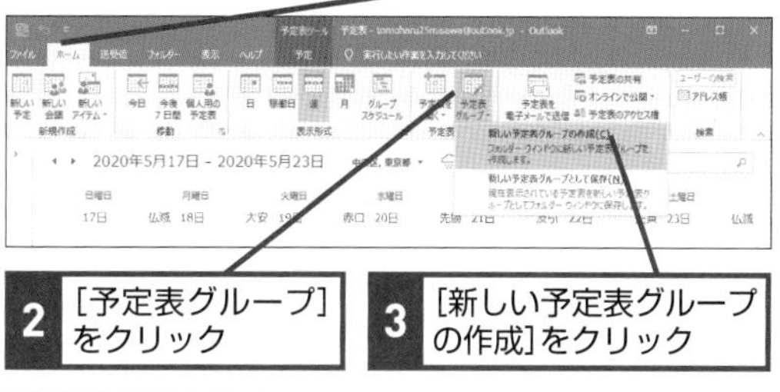

2 [予定表グループ] をクリック

3 [新しい予定表グループの作成] をクリック

[新しい予定表グループの作成] ダイアログボックスが表示された

4 グループの名前を入力

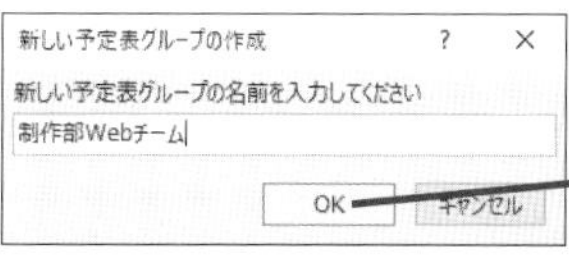

5 [OK] をクリック

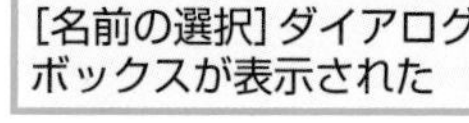

6 アドレス帳を選択

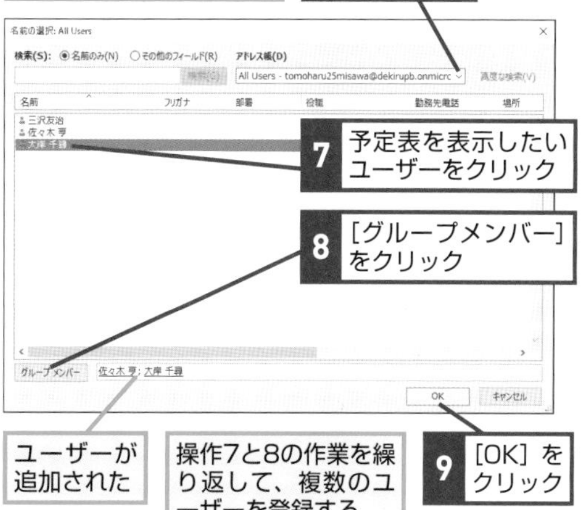

7 予定表を表示したいユーザーをクリック

8 [グループメンバー] をクリック

ユーザーが追加された

操作7と8の作業を繰り返して、複数のユーザーを登録する

9 [OK] をクリック

グループが作成される

Q464 365 2019 2016 2013 お役立ち度 ★★★

みんなの空き時間に予定を入れるには

A 予定表グループを利用します

予定表を重ねて表示することで関係者の空き時間を確認しながら予定を設定できます。予定に参加する人数が5名以内の場合はこの方法が簡単です。5名を超えると［予定表］画面が［グループスケジュール］ビュー以外の表示ができないため、ビューを使い分けたい場合に備え、［予定表グループ］は自分を含め5名以内で作成するとよいでしょう。

➡グループスケジュール……P.310

ワザ463を参考に、予定表グループを作成しておく

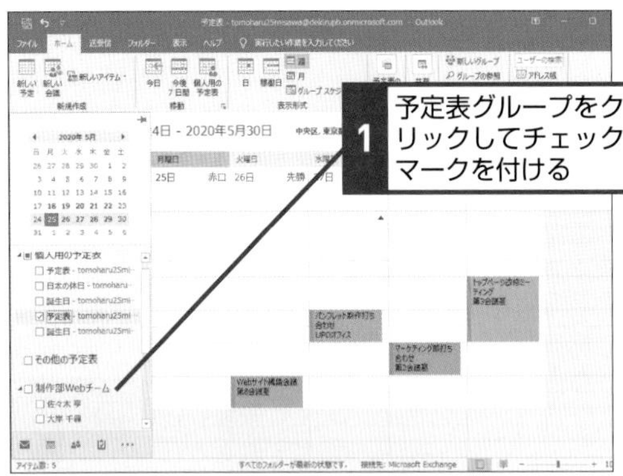

予定表グループの全員の予定表が表示された

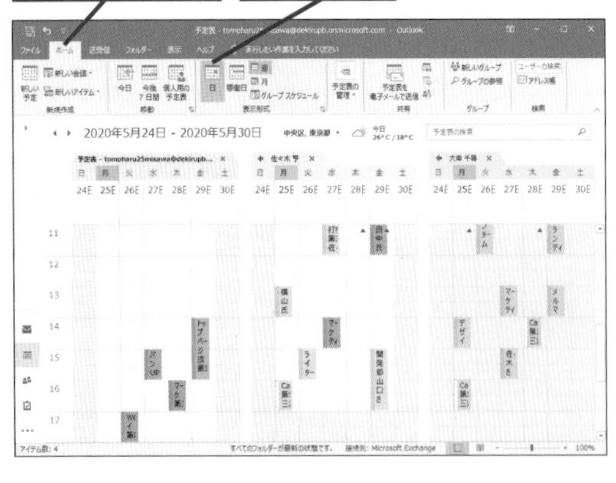

［日］ビューで予定が表示された

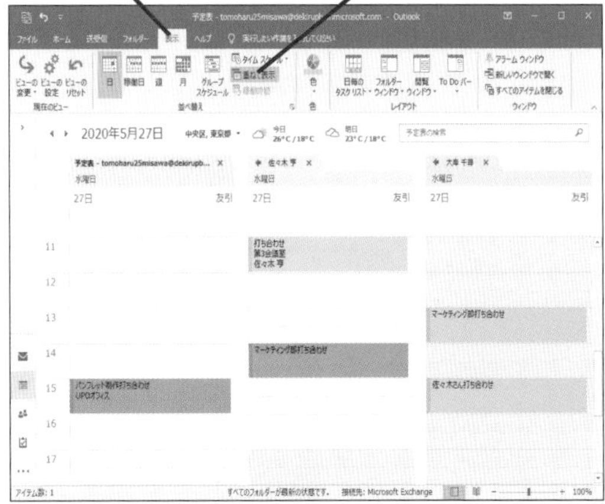

全員の予定が重ねて表示された

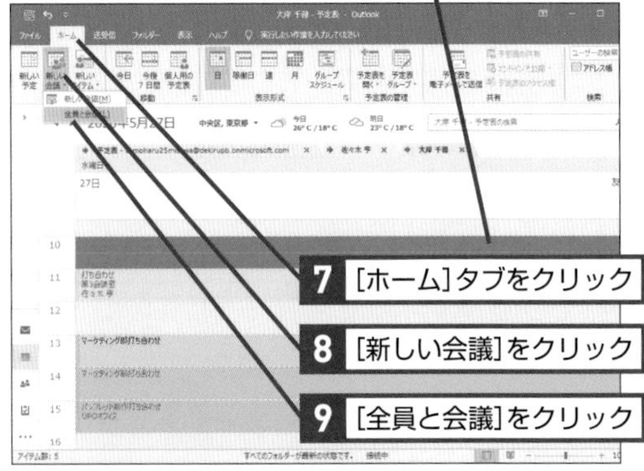

会議の新規作成画面が表示された

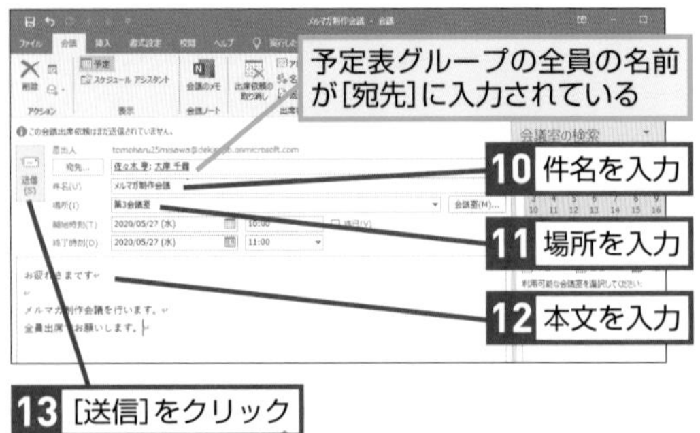

関連 Q478 スケジュールアシスタントのボタンが表示されない！……P.285

Q465 365 2019 2016 2013 お役立ち度 ★★

グループで予定を管理したい

A グループを作成すると専用の予定表を利用できます

グループを作成するとメールだけでなく予定表も扱えるようになります。このグループの予定表は作成したグループのメンバーであれば誰でも見ることができます。そのため、グループメンバー全体で行う会議などの予定はグループの予定表で管理するとよいでしょう。ただしグループの予定は個人の予定表には反映されません。グループの予定表を使い始めたことをメンバーに周知するようにしましょう。

ワザ445を参考に、グループを作成しておく

[予定表]画面を開いておく

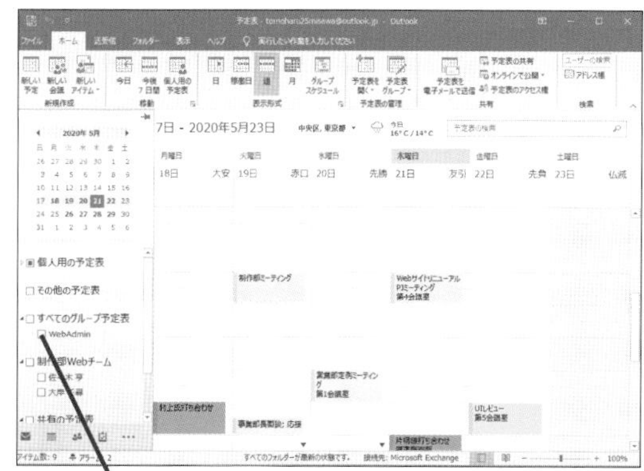

1 フォルダーウィンドウ下部にある［すべてのグループ予定表］内のグループをクリックして、チェックマークを付ける

グループの予定表が表示された

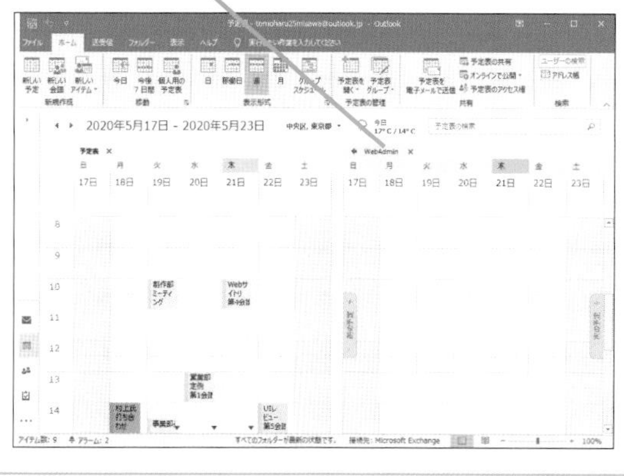

Q466 365 2019 2016 2013 お役立ち度 ★★

共有された予定表に予定を設定したい

A 権限があれば共有された予定表に予定を追加できます

共有された予定表には直接予定を設定できます。予定の登録は選択中の予定表に対して行われます。［新しい予定］をクリックする前に設定したい予定表が選択されているかどうかを忘れずに確認しておきましょう。予定を設定する権限がない場合は、ワザ460を参考に相手に権限を設定してもらいます。

［予定表］画面を開き、予定を設定したい共有された予定表を選択しておく

1 ［ホーム］タブをクリック

2 ［新しい予定］をクリック

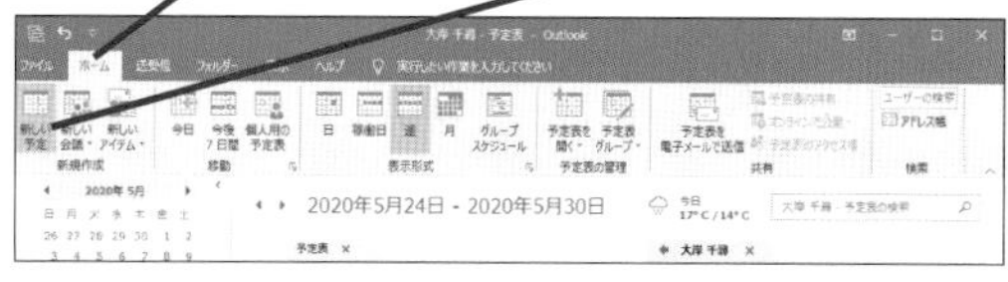

3 予定を追加したい予定表のタブをクリック

新しい予定を登録する画面が表示された

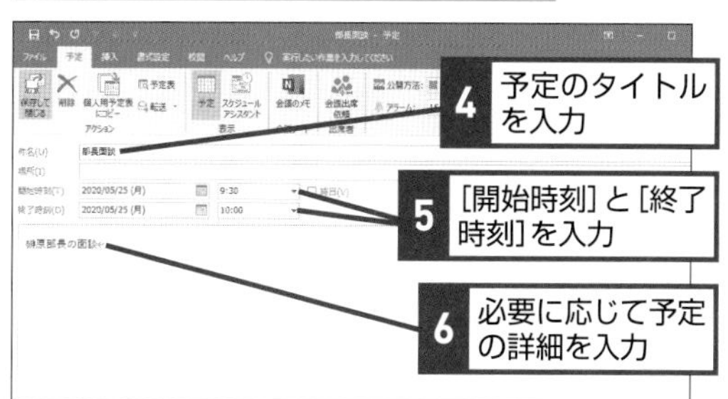

4 予定のタイトルを入力

5 ［開始時刻］と［終了時刻］を入力

6 必要に応じて予定の詳細を入力

7 ［保存して閉じる］をクリック

共有された予定表に予定が登録された

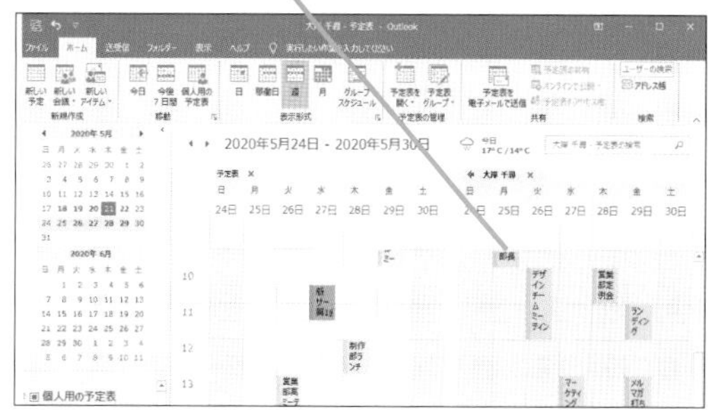

Q467 365 2019 2016 2013　お役立ち度 ★★★

空き時間を自動で調整したい

A スケジュールアシスタントで空き時間を調整します

組織内で会議を招集するときは出席者の空き時間を確認し、自動で空き時間を示してくれる［スケジュールアシスタント］を利用しましょう。会議の出席者と会議室を選択しておくと、空き時間を自動的に探し出してくれます。右側に表示された［会議室の検索］ウインドウでも［スケジュールアシスタント］と同様に時間の候補が表示されます。使いやすい方を選んで利用しましょう。会議室はワザ473の方法で管理者が登録しておく必要があります。なお、Microsoft 365では［自動選択］ボタンは［スケジュールアシスタント］タブに表示されます。

［予定表］画面を開いておく

1 ［ホーム］タブをクリック

2 ［新しい会議］をクリック

会議の新規作成画面が表示された

3 ［宛先］をクリック

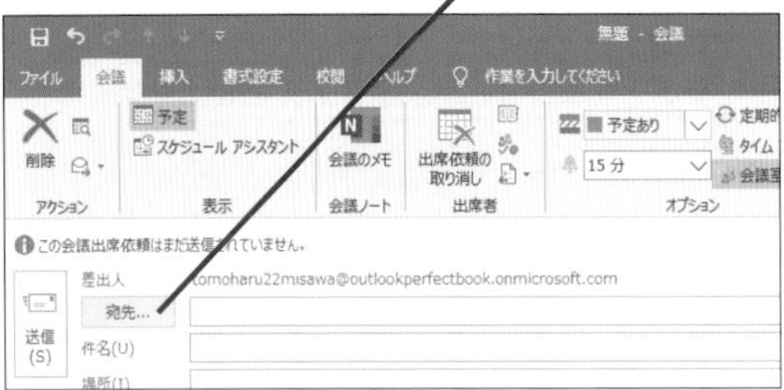

［出席者とリソースの選択］ダイアログボックスが表示された

4 参加させたいユーザーをクリック

5 ［必須出席者］をクリック

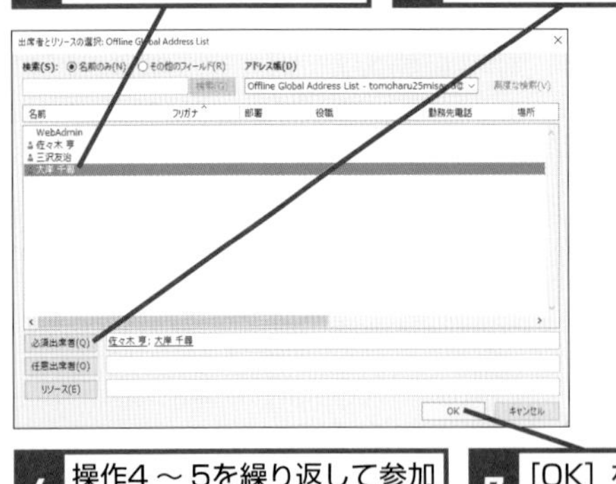

6 操作4～5を繰り返して参加させたいユーザーを選択

7 ［OK］をクリック

会議の新規作成画面に戻った

選択した出席者が表示されている

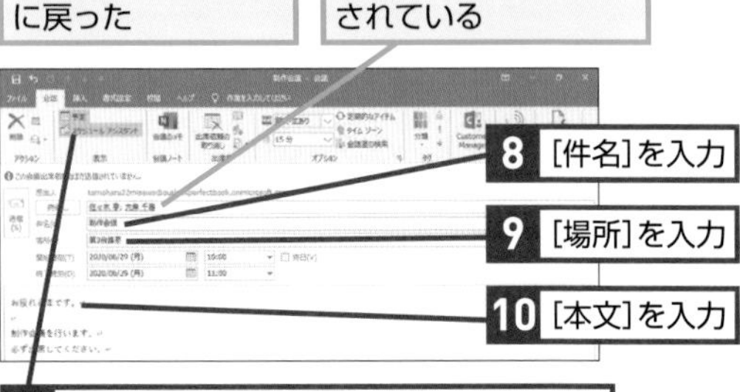

8 ［件名］を入力

9 ［場所］を入力

10 ［本文］を入力

11 ［スケジュールアシスタント］をクリック

スケジュールアシスタントの画面に切り替わった

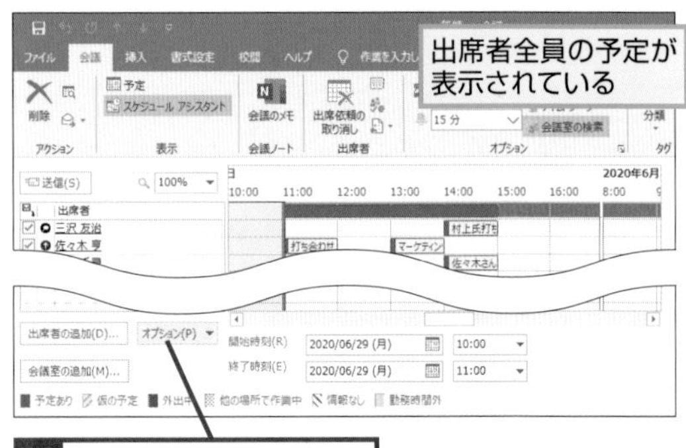

出席者全員の予定が表示されている

12 ［オプション］をクリック

13 ［自動選択］にマウスポインターを合わせる

14 ［すべての出席者と1つのリソース］をクリック

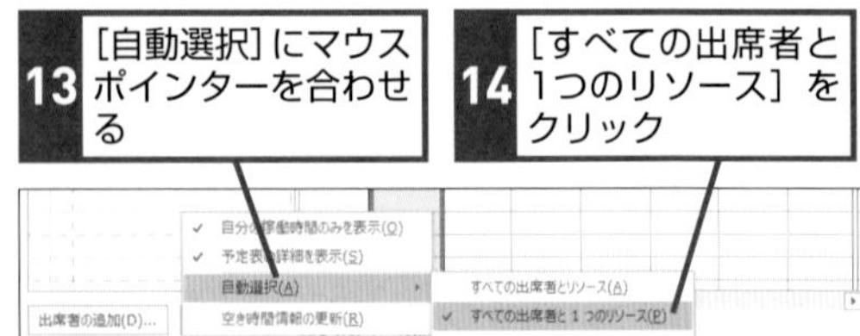

出席者全員の空き時間が自動的に選択される

15 ［送信］をクリック

会議の出席依頼が送信される

Q468 365 2019 2016 2013 お役立ち度 ★★★

会議の出席者を変更するには

A スケジュールアシスタントで変更できます

［スケジュールアシスタント］は既存の会議にも利用できます。出席者が集まる時間が決まったら［送信］ボタンをクリックして会議の変更を出席者に送りましょう。Microsoft 365ではスケジュールアシスタント上の［出席者］列にある［名前をここに追加します］をクリックして出席者を追加することも可能です。よく検索するユーザーの上位30人が自動で表示され、表示されたユーザーをクリックすると出席者に追加できます。

ワザ467を参考に既存の会議の［スケジュールアシスタント］を開いておく

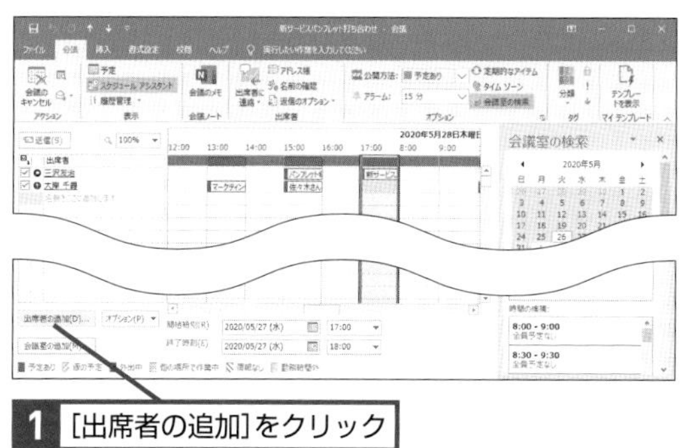

1 ［出席者の追加］をクリック

［出席者とリソースの選択］ダイアログボックスが表示された

2 追加したい出席者をクリック

3 ［必須出席者］をクリック

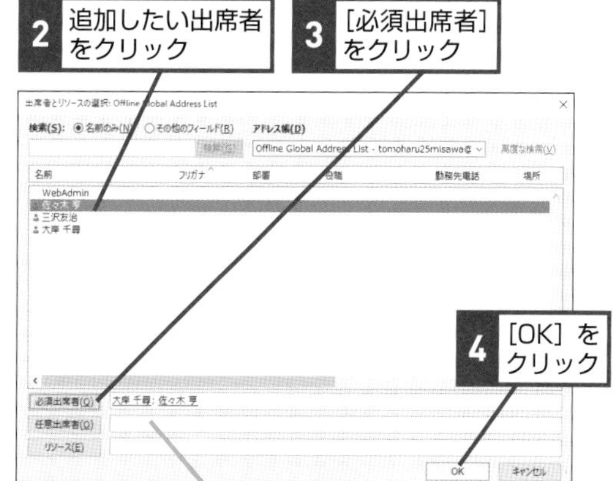

4 ［OK］をクリック

出席者を選択し、Deleteキーを押すと出席者を削除できる

［スケジュールアシスタント］の画面に戻った

出席者が追加されている

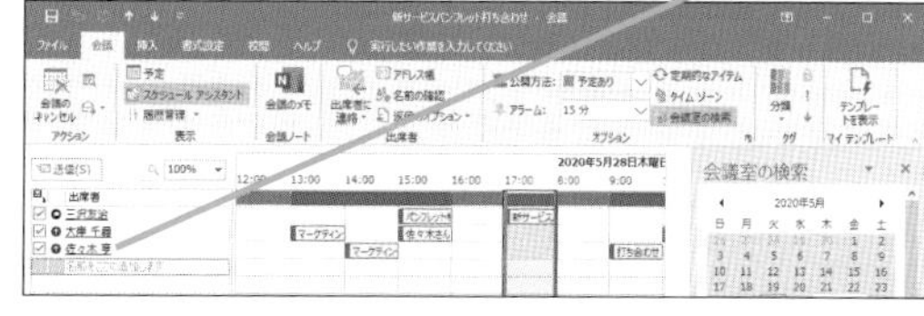

Q469 365 2019 2016 2013 お役立ち度 ★★★

「任意出席者」と「必須出席者」って何？

A 可能なら参加してほしい人が任意出席者、必ず参加すべき人が必須出席者です

［スケジュールアシスタント］で空き時間を探すときは基本的には全出席者が出席可能な時間を選びますが、全員が空いていない場合は［必須出席者］の時間を優先して会議を設定します。実際に予定を承諾するときも自分が必須出席者かどうかで出席を判断する場合があるため、出席が必須ではない人は［任意出席者］に設定しておきましょう。

会議の主催者と必須出席者、任意出席者でアイコンが異なる

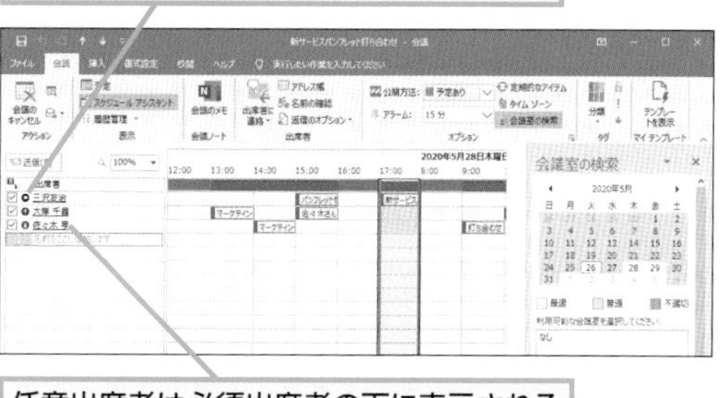

任意出席者は必須出席者の下に表示される

Q470 365 2019 2016 2013 お役立ち度 ★★★

任意で参加してもらいたい人の空き時間も確認したい

A スケジュールアシスタントで確認できます

スケジュールアシスタントでは［必須出席者］［任意出席者］［リソース］の3つを選ぶことができます。［リソース］とはプロジェクターなど、会議で使用する備品などを設定する項目です。任意出席者の時間も並列して確認することで、より人が集まりやすい時間を考慮することができます。空き時間の自動検索を利用する場合も必須出席者、任意出席者を区別して検索できるため、正しい情報を入力するようにしましょう。

ワザ468を参考に［出席者とリソースの選択］ダイアログボックスを表示しておく

1 ［出席者の追加］をクリック

2 ユーザーをクリック

任意出席者が追加された

4 ［OK］をクリック

［スケジュールアシスタント］の画面に戻った

任意出席者の予定が表示された

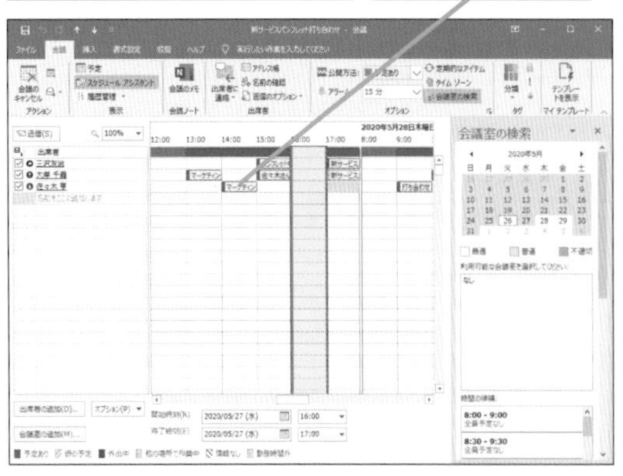

Q471 365 2019 2016 2013 お役立ち度 ★★★

「時間の候補」って何が表示されるの？

A 出席者の予定が重複しない時間帯を素早く探せます

会議室の検索ウインドウの下部にある時間の候補では、会議室ごとの空き状況を確認するのに適しています。時間の候補をクリックすると［スケジュールアシスタント］にその時間が表示され、全員の空き状況を一目で確認できます。

➡スケジュールアシスタント……P.310

［時間の候補］には全員の空き時間が表示される

1 ここを下にドラッグしてスクロール

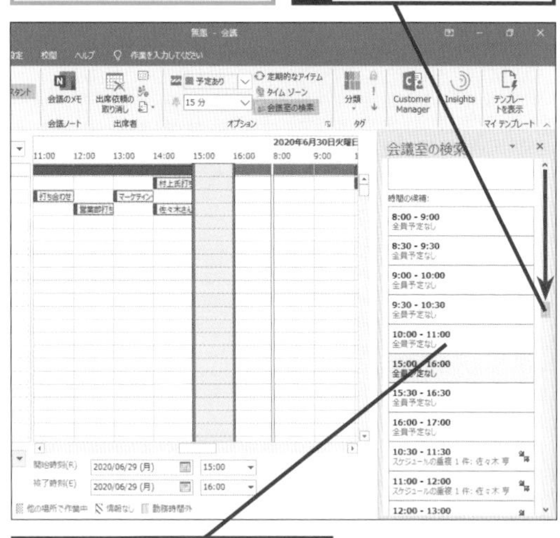

2 全員の空き時間をクリック

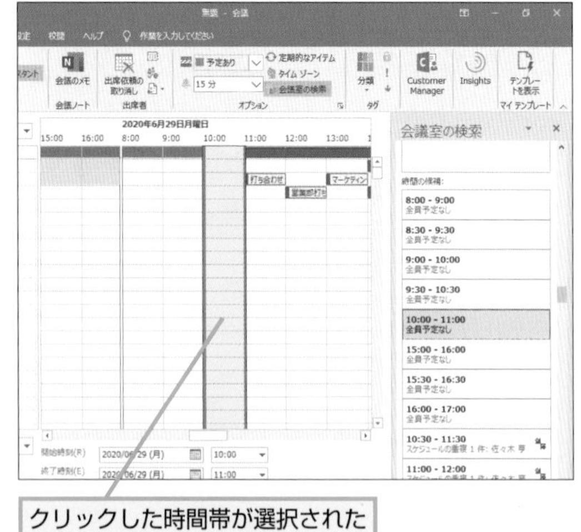

クリックした時間帯が選択された

会議室の空き状況も一緒に確認するには

A スケジュールアシスタントで会議室の空き状況も確認できます

Exchange Onlineでは複数人が同時に会議に参加することも想定しているため、会議室やプロジェクターといった備品を予約する［リソース］機能が追加されています。法人向けのメールサービスとなるExchange Onlineは一般ユーザーとは別にExchange Onlineの全体設定を管理する「管理者」が設定の大半を担っています。管理者は組織の情報システム部門が担当することが多いです。会議室は予約順で利用が確定していくため、空いていれば自動的に予約されます。なお、Microsoft 365では［スケジュールアシスタント］タブに［会議室の検索］ボタンが表示されます。

➡リソース……P.313

［予定表］画面を表示しておく

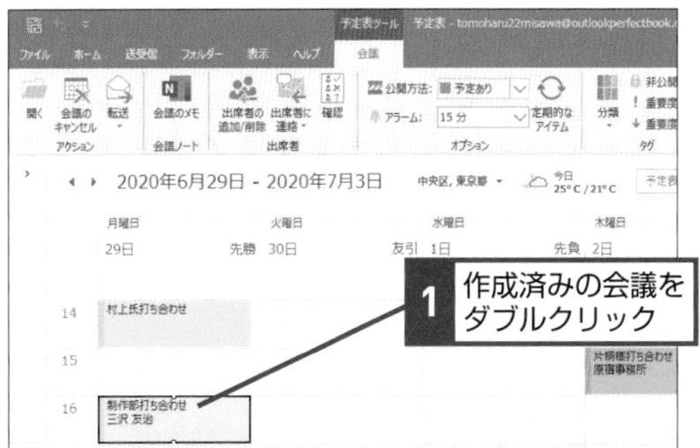

会議の詳細画面が開いた

スケジュールアシスタントの画面に切り替わった

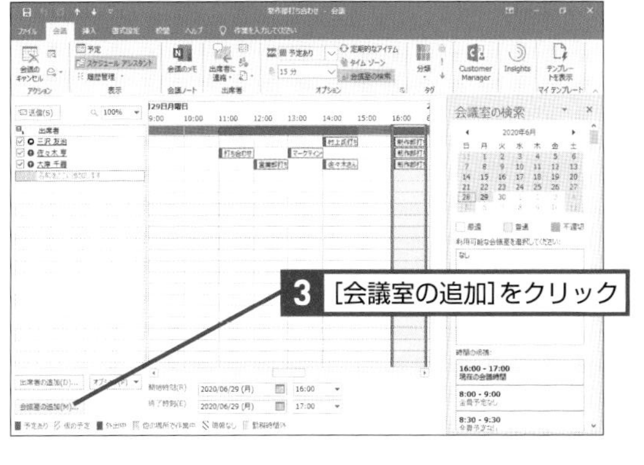

［会議室の選択］ダイアログボックスが表示された

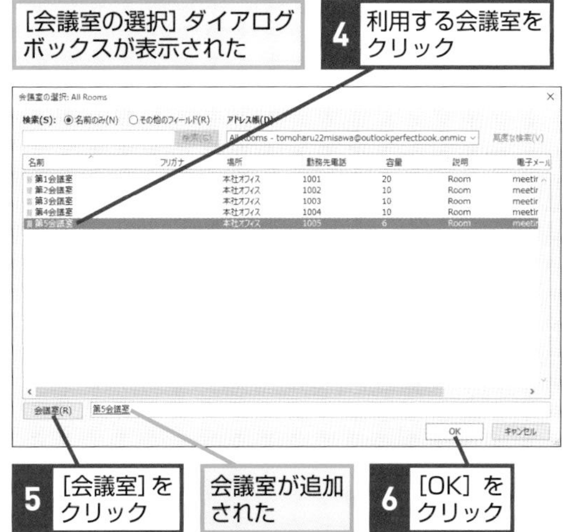

追加した会議室のスケジュールが表示された

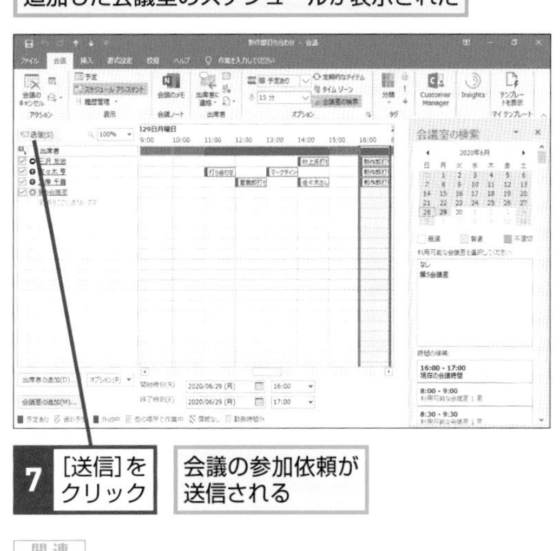

関連 Q464 みんなの空き時間に予定を入れるには………… P.276
関連 Q473 会社の会議室を登録するには………………………… P.282

Q473 365 2019 2016 2013

お役立ち度 ★★★

会社の会議室を登録するには

A 「Exchange管理センター」で「会議室メールボックス」を作成します

会議室は通常一般法人向けのMicrosoft 365の管理者が一元管理するため、Outlookの利用者は設定を行いません。Microsoft 365の管理者の方はこの方法で会議室やリソースを登録しておきましょう。会議室の登録後に編集をクリックするとさらに細かな設定ができます。会議室の占有時間の上限や自動的な利用承諾を行いたくない場合は設定を調整してください。

➡管理者……P.309

Webブラウザーで［Microsoft 365管理センター］にサインインしておく

▼管理センターにサインインするWebページ
https://admin.microsoft.com/

1 ［管理センター］にある［Exchange］をクリック

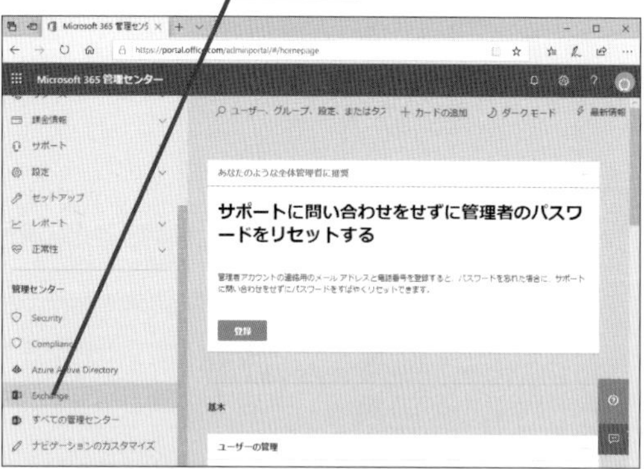

［Exchange管理センター］が表示された

2 ［受信者］をクリック

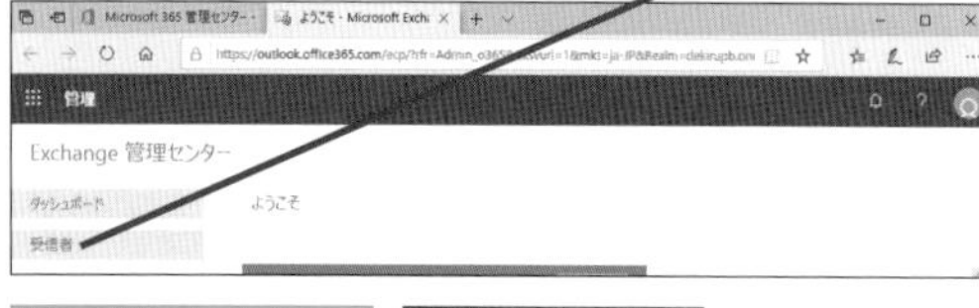

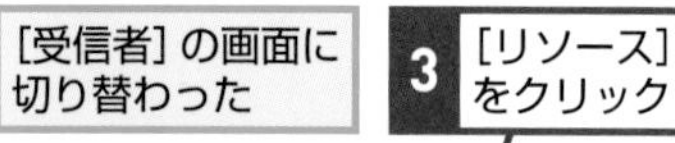

［受信者］の画面に切り替わった

3 ［リソース］をクリック

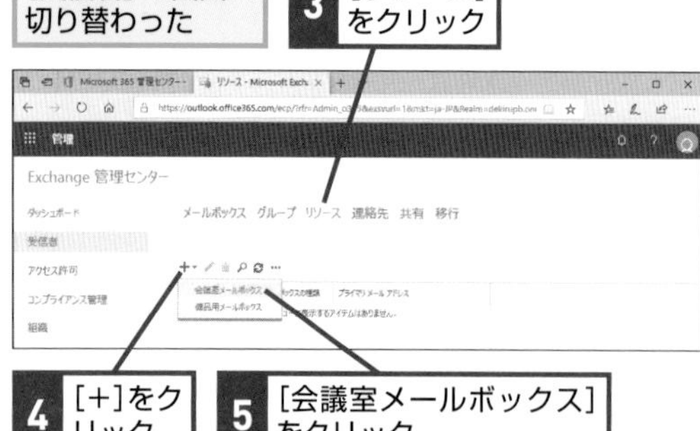

4 ［+］をクリック

5 ［会議室メールボックス］をクリック

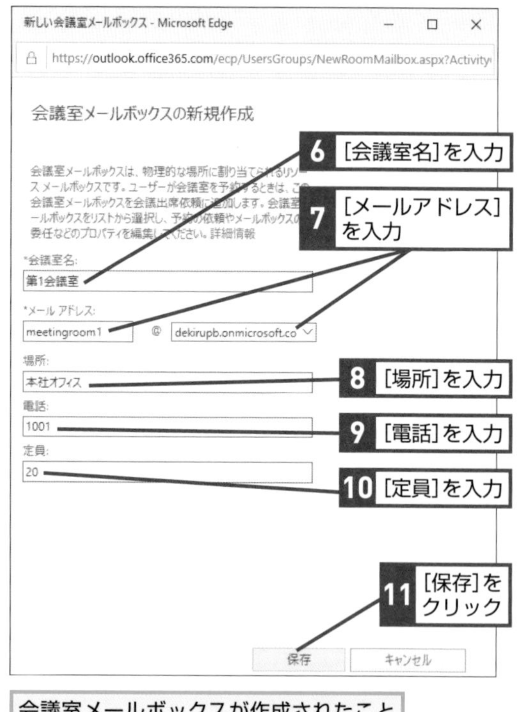

6 ［会議室名］を入力

7 ［メールアドレス］を入力

8 ［場所］を入力

9 ［電話］を入力

10 ［定員］を入力

11 ［保存］をクリック

会議室メールボックスが作成されたことを知らせる画面が表示された

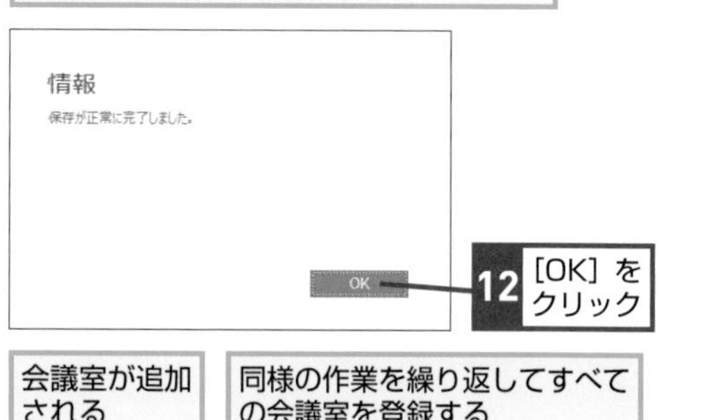

12 ［OK］をクリック

会議室が追加される

同様の作業を繰り返してすべての会議室を登録する

関連 Q472 会議室の空き状況も一緒に確認するには……… P.281
関連 Q474 会議をキャンセルするには ……………………………… P.283

Q474 365 2019 2016 2013 お役立ち度 ★★

会議をキャンセルするには

A 予定の詳細画面でキャンセルできます

キャンセルを行うと、参加者にメールが送信され会議がなくなったことが通知されます。会議室も設定していた場合は、会議室の予約も自動でキャンセルされます。

［予定表］画面を開いておく

1 キャンセルする会議をダブルクリック

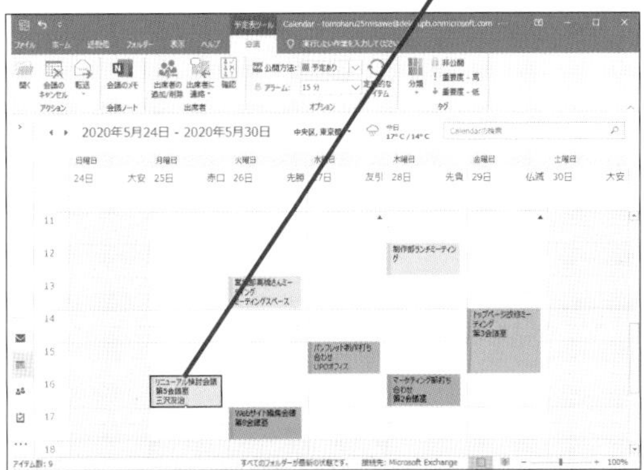

会議の詳細画面が表示された

2 ［会議のキャンセル］をクリック

キャンセル通知を送信する画面に切り替わった

3 ［キャンセル通知を送信］をクリック

会議のキャンセルが参加者に通知される

Q475 365 2019 2016 2013 お役立ち度 ★★

会議依頼に返答するには

A 受信したメールから会議出席依頼に返答できます

会議招集の依頼が来たら返信しましょう。返信すると会議主催者は出席者の応答状況が分かります。［会議］タブより［確認］をクリックして［履歴管理］に移動します。Microsoft 365のOutlookでは［履歴管理］はタブで表示されます。

➡Microsoft 365……P.307

会議出席依頼のメールを受信した

ここでは会議に参加することにする

［メール］画面を開いておく

1 受信した会議出席依頼をクリック

2 ［承諾］をクリック

3 ［コメントを付けて返信する］をクリック

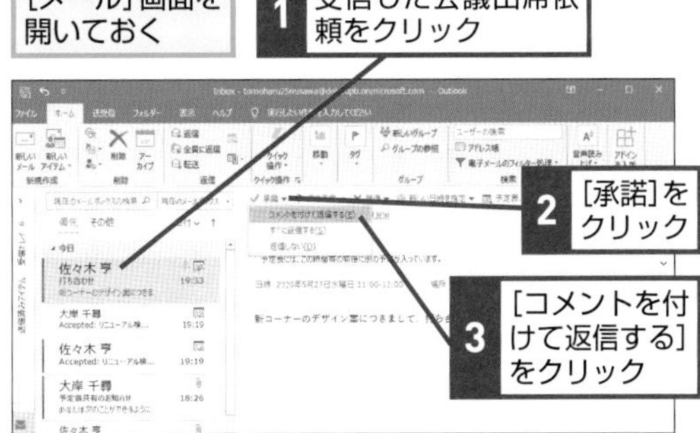

不参加の場合は［辞退］をクリックしておく

参加できるか不明な場合は［仮承諾］を選び、後から確定情報に変更することもできる

会議出席依頼に返信する画面が表示された

4 返信するメッセージを入力

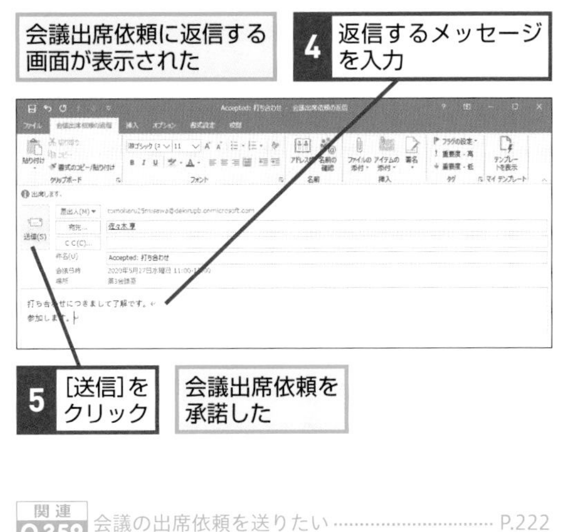

5 ［送信］をクリック

会議出席依頼を承諾した

関連 Q359 会議の出席依頼を送りたい………P.222

Outlookの基本
メールの送受信
メールの保管と分類
連絡先とアドレス帳
予定表
タスク
印刷
ビジネス活用
データ共有と連携

Q476 365 2019 2016 2013 お役立ち度 ★★★

会議相手の予定表を見るには

A 複数の予定表を重ね合わせて表示できます

複数の予定表を開くと通常は右側に予定表のタブが増えていきます。この方式では、[日] ビュー以外の表示方式のときに予定が離れて確認しづらくなります。予定表を重ねることによって、同じ枠内に複数の予定表の情報が重なり分かりやすくなります。

➡ビュー……P.312

[予定表] 画面を開き、予定を確認したいほかのユーザーの予定表も表示しておく

1 [表示] タブをクリック

2 [重ねて表示] をクリック

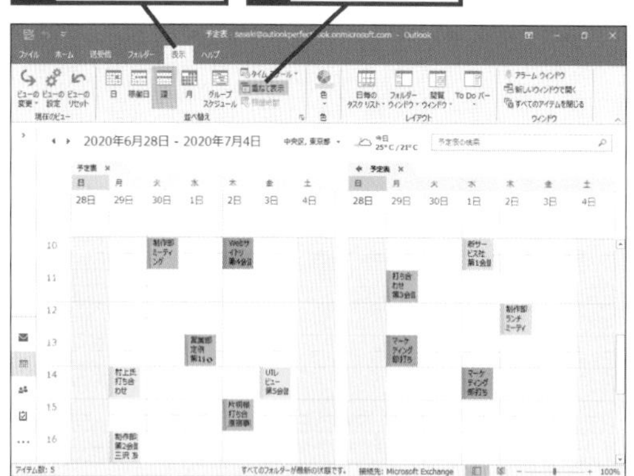

複数の予定表の予定が重ね合わせて表示された

共有された予定表の権限によっては表示が異なる

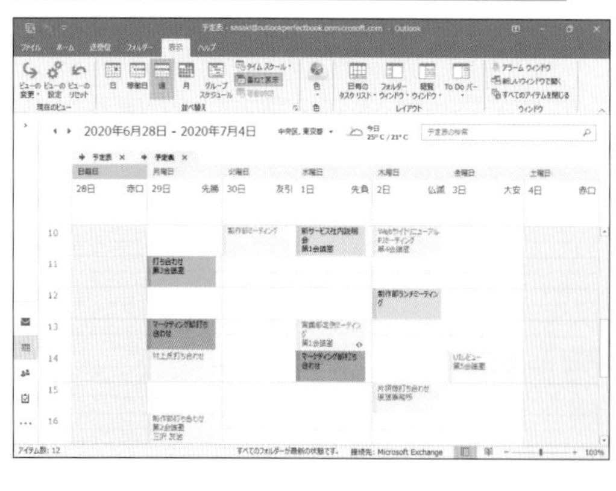

関連 Q474 会議をキャンセルするには ………… P.283

Q477 365 2019 2016 2013 お役立ち度 ★★★

会議の転送を禁止したい

A 転送の許可を取り消します

会議の内容を第三者に転送されたくない場合は転送禁止にしておきましょう。転送禁止にしておくと受信者は[転送]ボタンがクリックできなくなります。ただし、返信や全員に返信は行えます。あくまで転送してほしくない意思表示程度ととらえておきましょう。

➡タブ……P.311

[予定表]画面を開いておく

1 会議の予定をダブルクリック

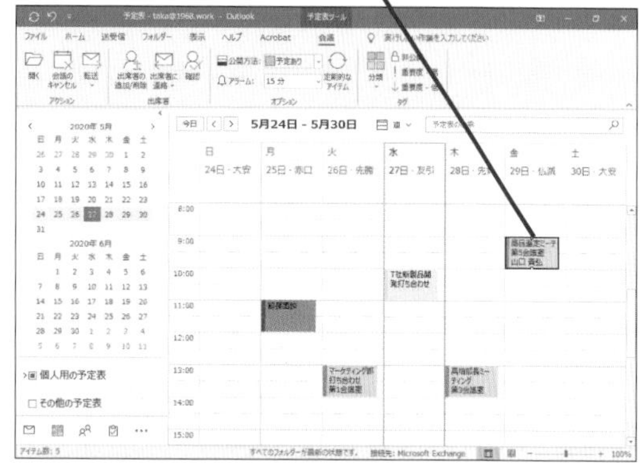

会議の詳細画面が表示された

2 [会議] タブをクリック

3 [返信のオプション] をクリック

4 [転送を許可] をクリックしてチェックマークをはずす

会議の通知メールの転送を禁止できる

関連 Q359 会議の出席依頼を送りたい ………… P.222

Q478 365 2019 2016 2013 お役立ち度 ★★★

スケジュールアシスタントのボタンが表示されない！

A Microsoft 365ではスケジュールアシスタントがタブで表示されます

Microsoft 365のOutlookでは［スケジュールアシスタント］がタブで表示されます。ほかに会議の参加者の返答状況を管理する［履歴管理］もタブに置き換わっています。

➡Microsoft 365……P.307

ワザ359を参考に、会議の予定を作成しておく

1 ［スケジュールアシスタント］タブをクリック

スケジュールアシスタントが表示された

2 ［出席者の追加］をクリック

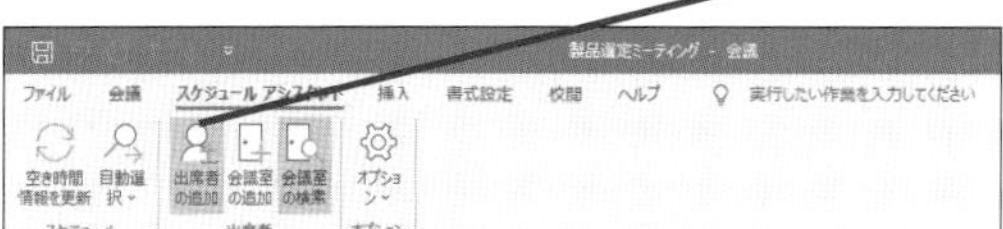

［出席者とリソースの選択］ダイアログボックスが表示された

3 出席者をクリック

4 ［必須出席者］または［任意出席者］をクリック

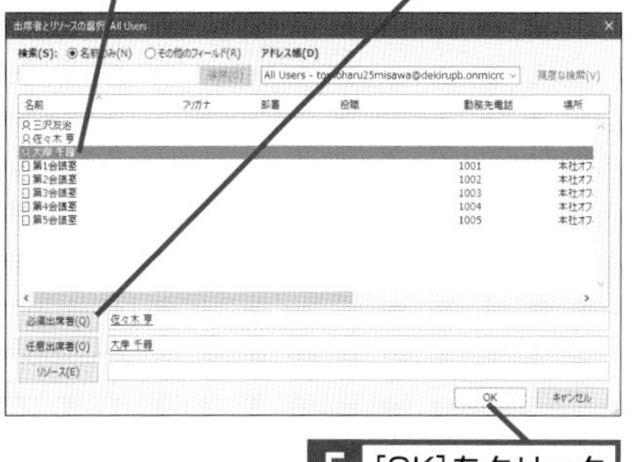

5 ［OK］をクリック

ワザ467を参考に、空き時間を選択し、［送信］をクリックする

Q479 365 2019 2016 2013 お役立ち度 ★★★

会議のメンバーを後から変更するには

A スケジュールアシスタントで変更できます

会議のメンバーを変更したときは会議の招集を再度行いましょう。会議依頼を変更した人だけに送るか全員に送り直すか選べますが、出席と思っていた人が来ないなどトラブルが発生するため、基本的には出席者全員に送るようにしましょう。

➡スケジュールアシスタント……P.310

作成した会議の詳細画面を表示しておく

1 ［スケジュールアシスタント］をクリック

スケジュールアシスタントが表示された

2 会議の参加を取り消したいメンバーをクリック

3 Delete キーを押す

4 ［変更内容を送信］をクリック

メンバーを追加する場合は、［出席者］に名前を追加して Enter キーを押す

出席者に更新を送信するか確認する画面が表示された

5 ［すべての出席者に更新を送信する］をクリック

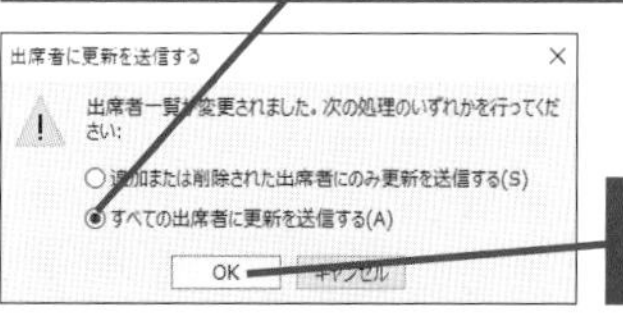

6 ［OK］をクリック

会議のメンバーが変更される

第9章 ほかのソフトとの連携ワザ

OneNoteとの連携ワザ

OneNoteはクラウド保存型の高機能なメモ帳です。会議の議事録などをメモし、Outlookと連携しましょう。ここではOfficeに付属するOneNoteを中心に解説します。

Q480 365 2019 2016 2013 お役立ち度 ★★★

会議メモを共有したい

A OneNoteのメモ機能を連携させせます

OneNoteを利用して会議の議事録を作成しましょう。作成した情報は会議の一部としてOutlookにリンクされ、Outlookの会議とOneNoteの議事録を一体で管理できます。

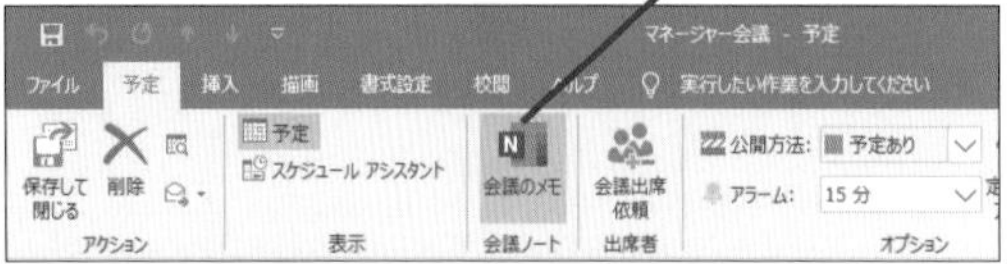

[会議のメモ]ダイアログボックスが表示された

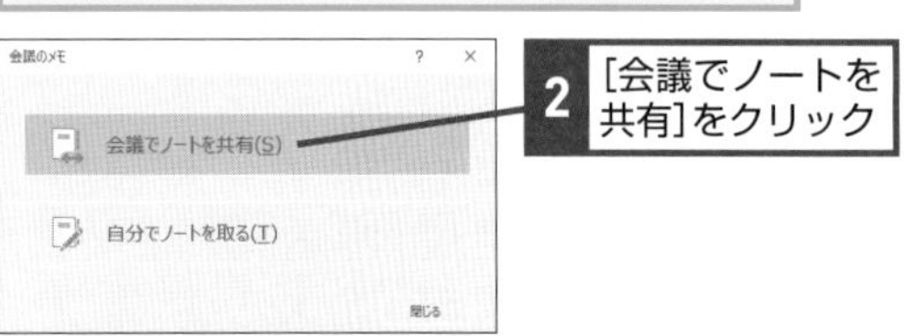

[会議で共有するメモの選択] ダイアログボックスが表示された

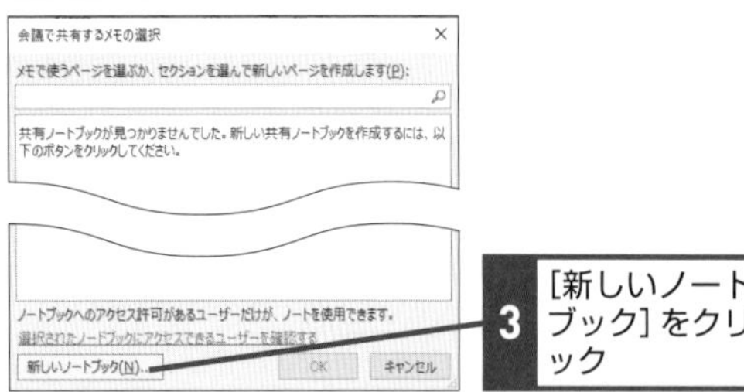

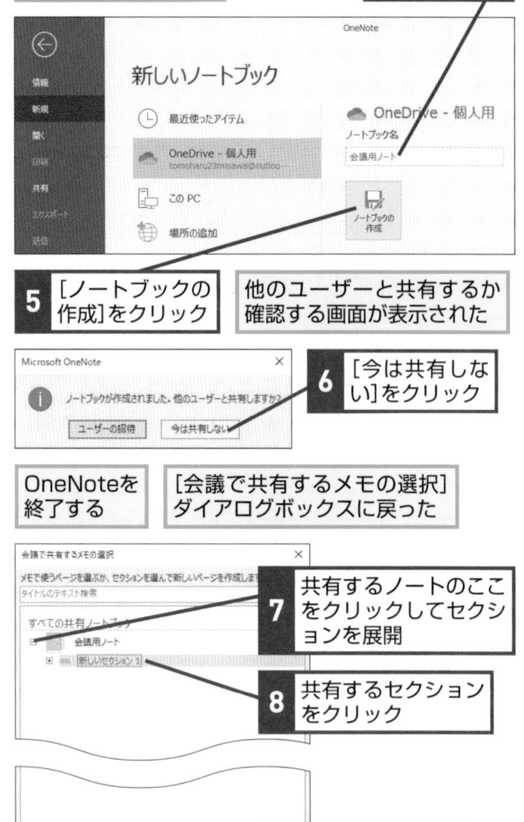

Q481 365 2019 2016 2013 お役立ち度 ★★★

OneNote って何？

A Officeアプリとの連携に優れたノートアプリです

OneNoteはクラウド保存型の高機能なメモ帳アプリです。OneNoteにはOffice製品に含まれている「OneNote」と、Windows 10が搭載されている端末にプリインストールされている「OneNote for Windows 10」の2種類があります。どちらも同じ「OneNote」という名前が付いていますが、Office版の「OneNote」が高機能のためお薦めです。「OneNote」はWebサイトから無料で入手できます。Webサイト上では「OneNote 2016」となっていますが、「OneNote」に改名されています。「OneNote for Windows 10」はファイル保存ができず、クラウドサービスとの連携が必須となりますが、「OneNote」ではファイルに保存できるだけでなく、録画や変更履歴の記録、画面のキャプチャやExcelファイルなどもノート内に添付できるため、打ち合わせ内容をそのまま残しておくことも容易です。本書ではOffice版の「OneNote」を利用しています。

➡Windows 10……P.308

●OneNoteのダウンロードページ
https://www.onenote.com/download?omkt=ja-JP

●Officeアプリとの連携

タスクをコピーして貼り付けるとフラグが設定される

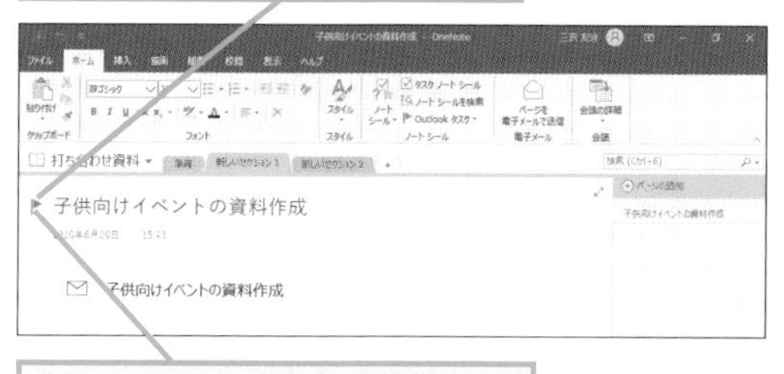

クリックするとタスクが完了になる

Q482 365 2019 2016 2013 お役立ち度 ★★★

会議メモを共有する相手を決めたい！

A OneNoteの設定画面から変更できます

会議の参加者に対してOneNoteで作成した議事録を共有しましょう。共有者全員が書き込めるため、OneNote上に議事確認欄のチェックボックスを用意すれば簡易的な議事録確認システムとして使えます。OneNoteの［ホーム］タブから［タスク］のノートシールを追加するとチェックボックスが作成できます。

ワザ480を参考に、［会議で共有するメモの選択］ダイアログボックスを表示しておく

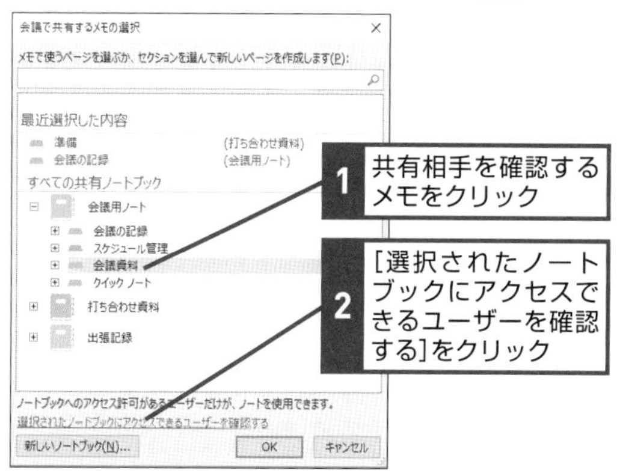

OneNoteが起動して、［ノートブックの共有］画面が表示された

メールアドレスとメッセージを入力して［共有］をクリックすると、他のユーザーを共有相手に招待できる

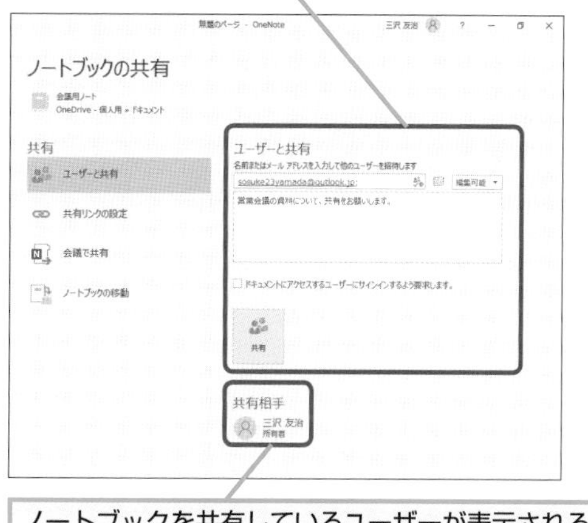

ノートブックを共有しているユーザーが表示される

Q483 365 2019 2016 2013 お役立ち度 ★★★

共有された会議ノートを編集したい

A リンクから編集します

共有されたノートは共有者全員で同時に編集を行えます。同時並行して更新を行えるため、ノートを作成しながら会議の進行を行っていけば、会議終了時には議事録と課題管理表が同時に作成完了することも容易になります。また、「OneNote 2016」を使用すれば会議の状況の録音や録画ができます。打ち合わせの結果をより正確に見返せるため、録音や録画が許させる環境であればぜひ活用しましょう。OneNoteの階層構造は「ノート」「セッション」「ページ」の3つで構成されます。これは文房具のバインダーと同様の構成となり、バインダーは「ノート」、インデックスが「セッション」、リーフが「ページ」という形で管理します。会議で利用するときは議事録のノートを作成し、「定期報告会」といった会議名のセッションを作り、開催会議ごとにページを作るとよいでしょう。

➡ハイパーリンク……P.312

ワザ480を参考に、会議ノートへのリンクを挿入し、[予定]ウィンドウを表示しておく

1 「会議ノートの表示」をクリック

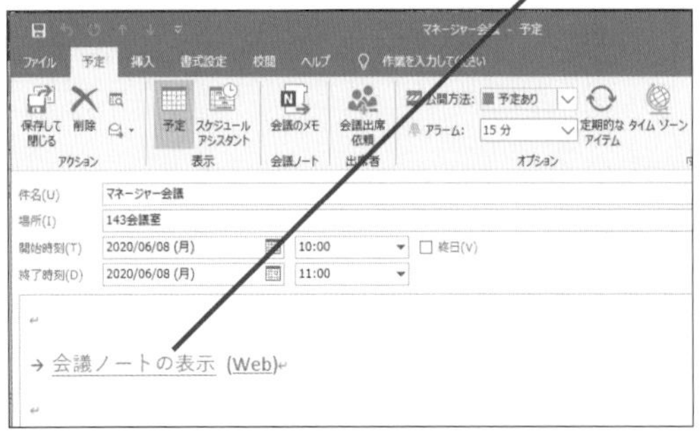

OneNoteが起動し、会議ノートが表示される

Q484 365 2019 2016 2013 お役立ち度 ★★★

会議メモの共有をやめるには

A [会議のメモ] ダイアログボックスから共有を解除します

会議メモが不要となったらOneNoteとの連携を解除しておきましょう。連携を解除しても共有相手にはOneNoteを共有された状態が維持されます。共有権限を削除したいときはワザ482を参考に共有相手を右クリックして [ユーザーの削除] を行ってください。

ワザ480を参考に、会議ノートのリンクを挿入した予定を表示しておく

1 [会議のメモ] をクリック

[会議のメモ]ダイアログボックスが表示された

2 共有済みの会議メモのここをクリック

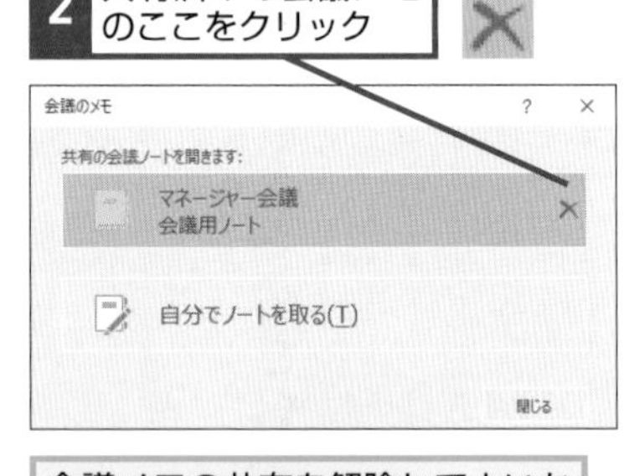

会議メモの共有を解除してよいか確認する画面が表示された

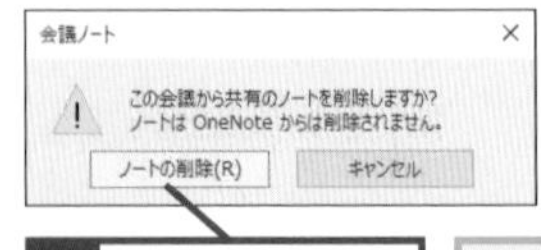

3 [ノートの削除] をクリック

会議メモの共有が解除される

Teamsとの連携ワザ

Teamsはマイクロソフトのチャット系情報連携ツールです。Outlookとの使い分けを覚えておくと円滑なユーザー間コミュニケーションを実現できます。

Q485 365 2019 2016 2013 お役立ち度 ★★★

Teamsを使ったビデオ会議を招集するには

A Teamsアドオンから会議を作成します

Outlookで会議を設定する際、会議室に空きがない場合や同じ場所に集まれないときはオンライン会議を設定するとよいでしょう。オンライン会議を活用すれば、相手の所在や打ち合せ前の移動時間を考慮する必要がなくなります。設定した会議時間になるとOutlookから通知が来るので、通知をクリックしてTeamsを開き会議に参加しましょう。この会議招集を利用するには一般法人向けのMicrosoft 365に含まれる有料版のTeamsが必要です。

➡オンライン……P.309

予定表を表示しておく

1 [ホーム]タブをクリック

2 Teams会議を追加する日付をクリック

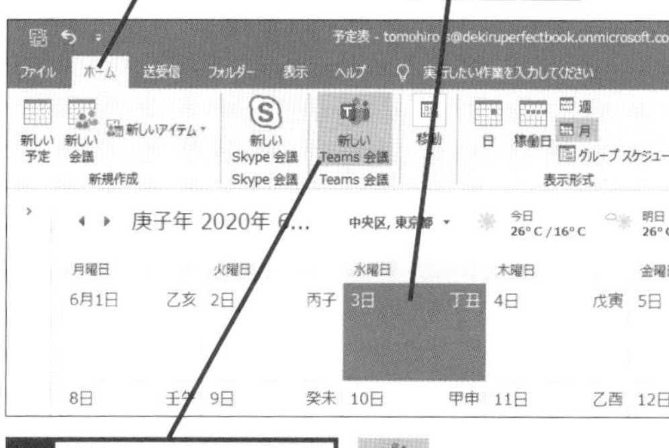

3 [新しいTeams会議]をクリック

[会議]ウィンドウが表示された

ワザ359を参考に、あて先のメールアドレスやメッセージを入力しておく

4 [送信]をクリック

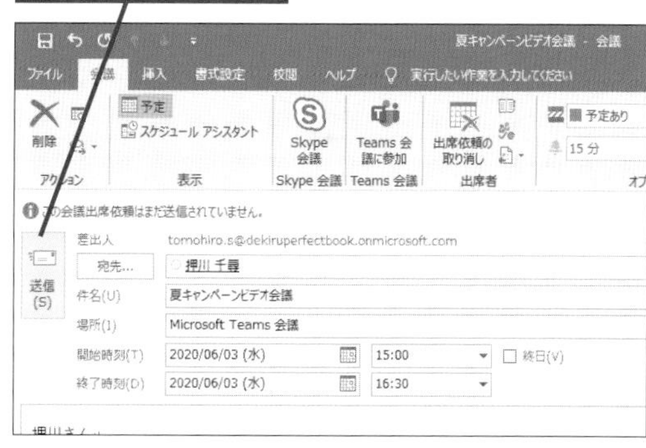

Teams会議の出席依頼が送信された

予定表にTeams会議の予定が追加された

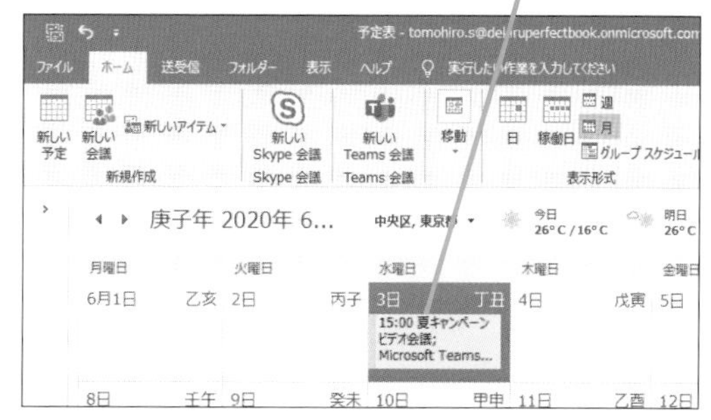

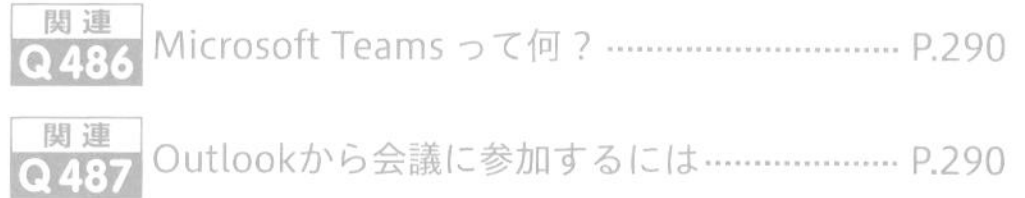
関連 Q486 Microsoft Teamsって何？ ……………… P.290
関連 Q487 Outlookから会議に参加するには……………… P.290

Q486 365 2019 2016 2013 お役立ち度 ★★★

Microsoft Teams って何?

A チームでの業務を推進するコラボレーションツールです

Teamsは「チャット」「テレビ会議」「通話」「ファイル共有」の機能を1つにまとめた情報連携ツールです。これらの機能を利用して、組織内外を問わない形でのリモートでの会議や、情報連携に使えます。Teamsには一般法人向けのMicrosoft 365に含まれる有料版と無償版の2種類があります。違いはMicrosoft 365のサービスと連携が行えるかどうかです。Outlookと連携する場合は有料版を利用する必要があります。Outlookでは会議の招集以外に、メール画面のフォルダーウィンドウにある［会話の履歴］フォルダーでTeamsのチャット履歴を確認できます。TeamsはWindowsアプリ、Linuxアプリ、ブラウザーアプリ、スマホアプリが提供されています。さまざまな環境向けにアプリが提供されているため利用相手がどういった環境か意識する必要もありません。

➡チャット……P.311

●Teamsの画面

文字でのチャットのほか、予定表の共有やビデオ会議ができる

Q487 365 2019 2016 2013 お役立ち度 ★★★

Outlookから会議に参加するには

A 登録された予定からTeamsを起動します

OutlookもしくはTeamsを常時起動にしておくと、会議の時間に通知が届きます。Outlookだけが起動していた場合は自動的にTeamsが起動し、会議参加画面が表示されます。

［予定表］画面を表示しておく

ここではカメラをオフにして参加する

1 Teams会議の予定を右クリック

2 ［Teams会議に参加］をクリック

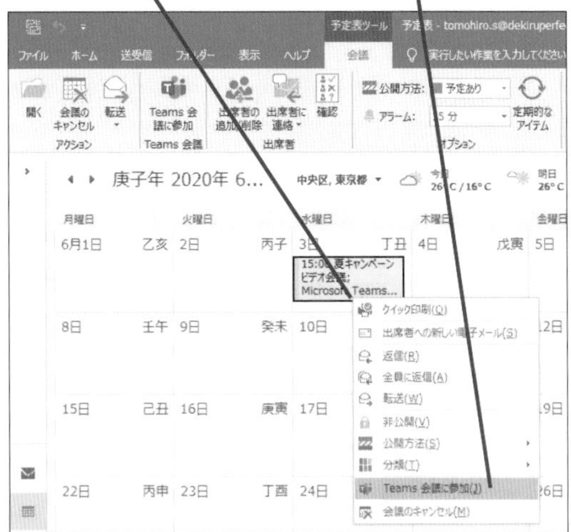

Teamsが起動した

3 ［カメラをオフにする］をクリックしてオフにする

4 ［今すぐ参加］をクリック

Teams会議が開始する

Q488 365 2019 2016 2013 お役立ち度 ★★★

アラームから会議に参加したい

A アラーム画面で［オンラインで参加］をクリックします

ワザ310を参考に開始時間前に通知を設定しておくとアラームから会議に参加できます。どの参加方法をとっても同じ会議となるため、どれか1つの方法を覚えておけば問題ありません。

➡アラーム……P.309

ワザ485を参考に、予定表にTeams会議の予定を追加しておく

予定の日時が近づくとアラームが表示される

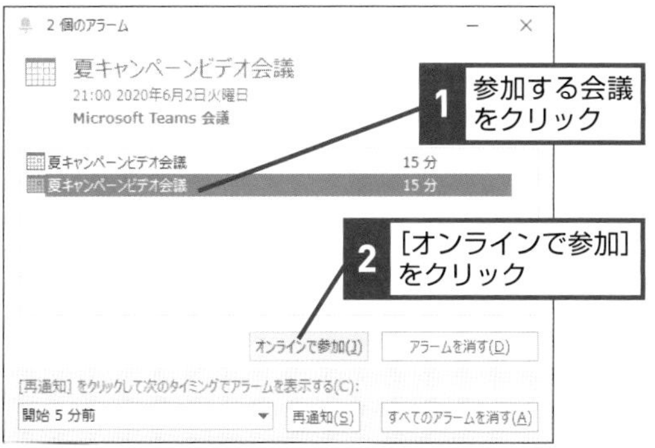

ブラウザーが起動して、［会議に参加］の画面が表示される

自動的にTeamsが起動しない場合は［Teamsアプリに移動する］をクリックする

Teamsが起動した

3 ［今すぐ参加］をクリック

関連 Q487 Outlookから会議に参加するには…………………… P.290

Q489 365 2019 2016 2013 お役立ち度 ★★★

Teamsのボタンが表示されない！

A Teamsを再起動し、サインインし直します

［Teams会議に参加］ボタンが表示されないときはOutlookを閉じた後にTeamsに一般法人向けのMicrosoft 365ユーザーでログインすると再設定が行われます。

ワザ023を参考に、Outlookを終了しておく

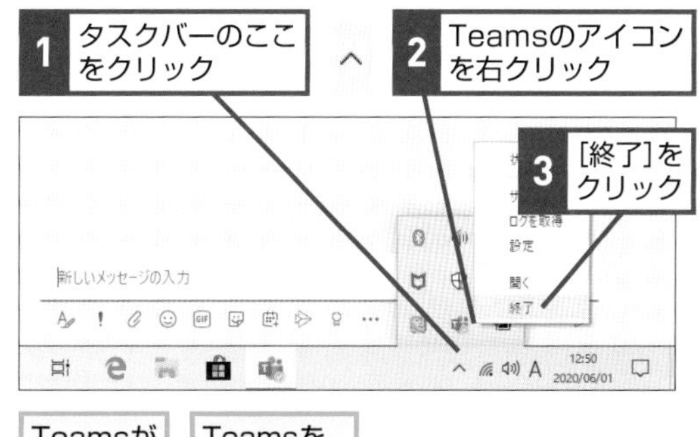

Teamsが終了した

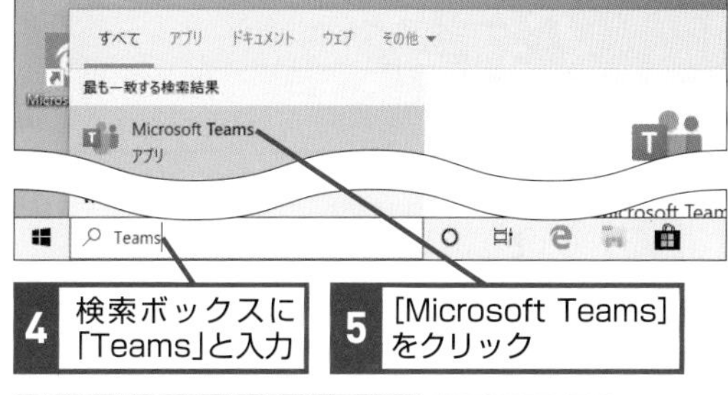

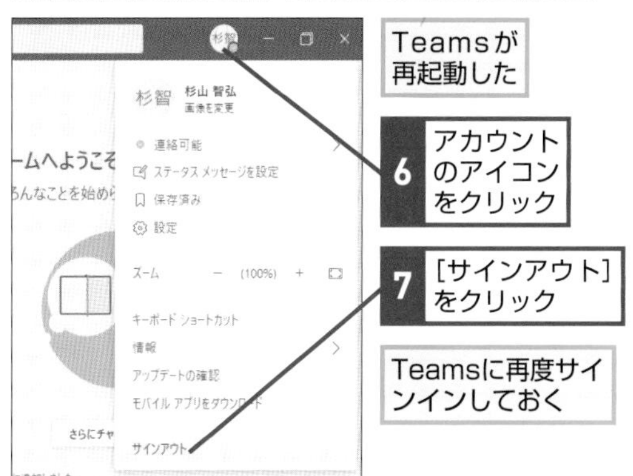

Teamsに再度サインインしておく

Outlookを再起動するとTeamsアドオンが表示されるようになる

Outlook.comの利用

Outlook.comはブラウザーから利用できるメールソフトとしても提供されています。ここではメールソフトとしてのOutlook.comを解説します。

Q490 365 2019 2016 2013　お役立ち度 ★★★

Outlook.comにサインインするには

A ブラウザーでサインインページを表示します

Outlook.comはOutlookのアプリ以外にWebブラウザーからも利用できます。Webブラウザー版はスマホやパソコンなど、どの機器からも利用可能です。基本的な機能は［メール］［予定表］［連絡先］といったOutlookと同じものが用意されています。大きな違いはOutlookにあった［タスク］の機能が［To Do］という機能に置き換わり、画面構成がシンプルになっている点です。また、メールに添付されたファイルのみを一覧表示できる［ファイル］という機能が加わっています。

デスクトップを表示しておく

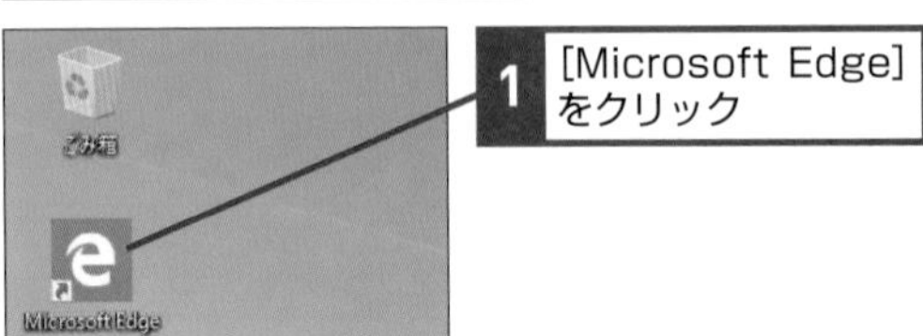

2 以下のURLをアドレスバーに入力

3 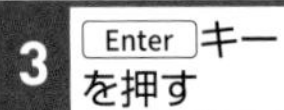キーを押す

▼Outlook.comのWebページ
https://outlook.com

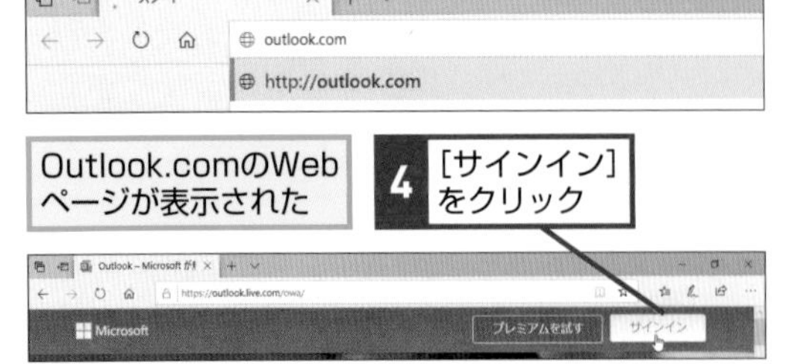

サインインページが表示された

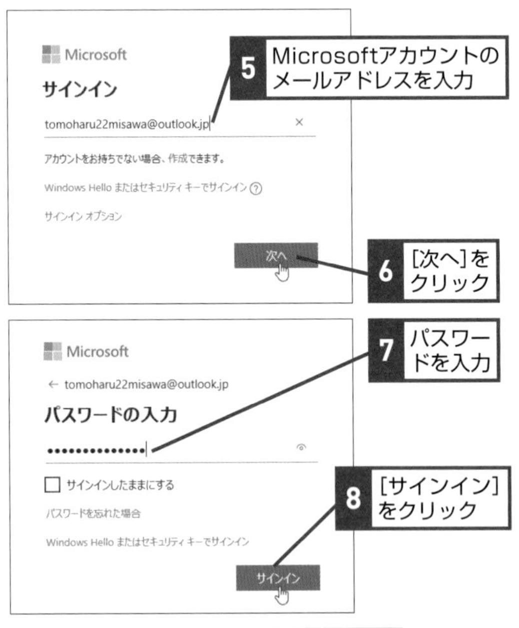

Outlook.comのメール画面が表示された

Q491 365 2019 2016 2013 お役立ち度 ★★★

Outlook.comでメールを送信したい

A ［新しいメッセージ］をクリックします

メールの送信はOutlookと同様の手順で行えます。メールを新規作成すると下にタブが表示されます。メールの一覧を見たいときは左側のタブに切り替えて利用します。また、右上の「新しいウィンドウで開く」ボタンをクリックすると別画面で作業できます。

➡Outlook.com……P.307

ワザ490を参考に、Outlook.comのメール画面を表示しておく

1 ［新しいメッセージ］をクリック

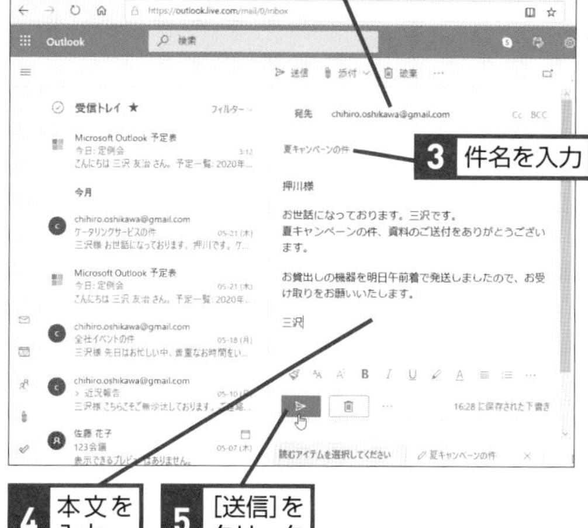

メールが送信される

Q492 365 2019 2016 2013 お役立ち度 ★★★

Outlook.comでタスクを管理したい

A Microsoft To Doでタスク管理します

Outlook.comではOutlookアプリと異なり、タスク管理用に新しく［To Do］というアプリが提供されています。この［To Do］はOutlookで利用可能な［タスク］と別の機能です。Outlookの［タスク］で登録したタスクと［To Do］のタスクは相互に表示されます。新たな機能としてサブタスクを管理する［Step］が追加されました。［Step］はタスク中にタスクを作成する機能です。［Step］を利用することで1つのタスクを終わらせるために必要なタスクを明確化できます。

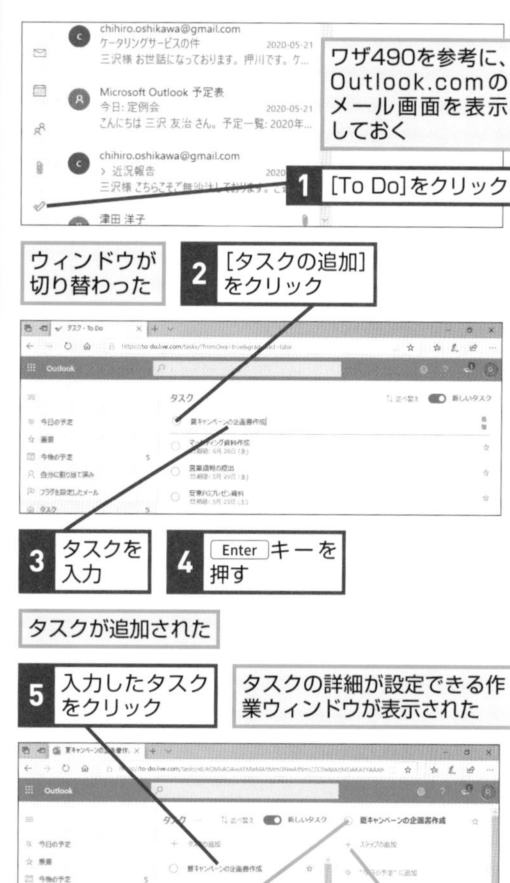

Q493 365 2019 2016 2013 お役立ち度 ★★★

メールに添付された すべてのファイルを確認したい

A [ファイル] 機能ですべての添付ファイルを確認できます

Outlook.comではメールに添付されたすべてのファイルを一覧表示する機能が提供されています。この機能は、大きいファイルを分割して送付されてきたときなどに利用すると、まとめてダウンロードできて便利です。この機能は一般法人向けMicrosoft 365のOutlook.comでは提供されていません。

ワザ490を参考に、Outlook.comのメール画面を表示しておく

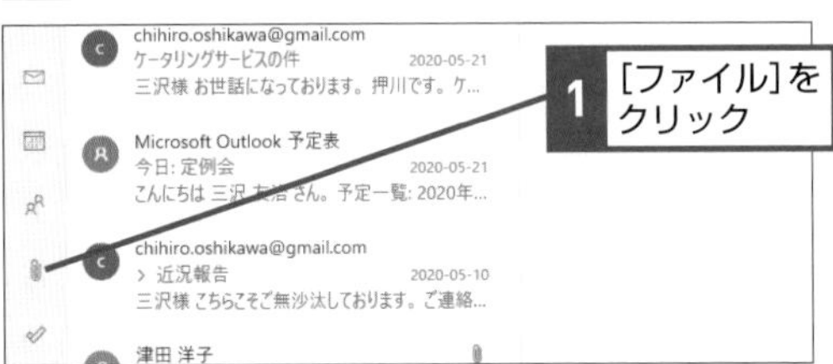

ウィンドウが切り替わった

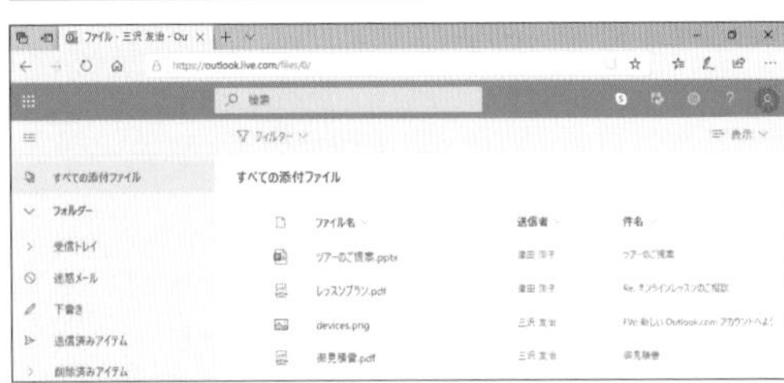

2 [タスクの追加] をクリック

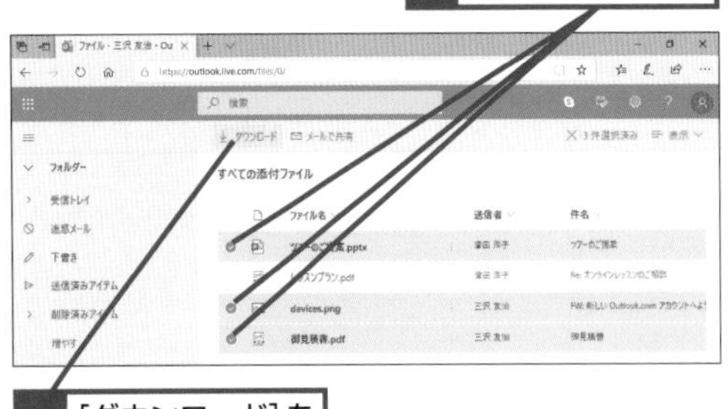

圧縮ファイルの操作を確認する画面が表示されたら[保存]をクリックする

選択したファイルが圧縮ファイルでダウンロードされる

Q494 365 2019 2016 2013 お役立ち度 ★★★

Outlook.comで新しい予定を入れるには

A 予定表の画面で日付をダブルクリックします

Outlookと異なり予定と会議の機能が一体化しています。出席者の有無で予定か会議か分かれます。

ワザ490を参考に、Outlook.comのメール画面を表示しておく

1 [予定表]をクリック

予定表が表示された

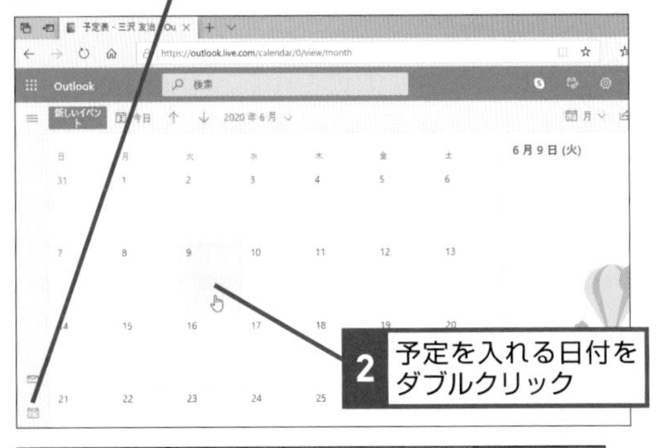

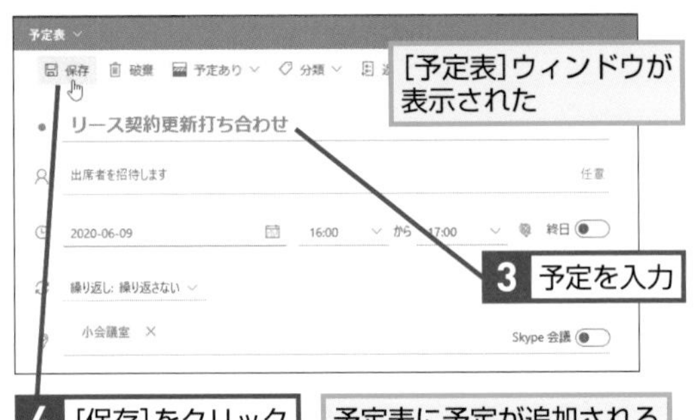

4 [保存]をクリック

予定表に予定が追加される

Q495 365 2019 2016 2013 お役立ち度 ★★★

Outlook.comを終了するには

A Webブラウザーを終了します

右上の閉じるボタンをクリックしてWebブラウザーを閉じましょう。次回Outlook.comを起動したときは自動的にログインしています。再度ログイン画面を表示したい場合は右上の写真をクリックして「サインアウト」ボタンをクリックしましょう。

スマートフォンアプリの利用

Outlookはパソコン、Webブラウザーだけでなく、スマートフォンからも利用可能なアプリ版が用意されています。スマートフォンでもメールを確認しましょう。

Q496 365 2019 2016 2013 お役立ち度 ★★★

スマートフォンにOutlookをインストールするには

A 専用のアプリをインストールします

Outlookのスマートフォンアプリは「iPhone向け」と「Android向け」が用意されています。QRコードを読み取っていただくと、[App Store]と[Google Play]のサイトが表示されインストールできます。アプリはMicrosoft 365のように頻繁に機能の更新が行われます。自動更新を有効にしておきましょう。スマートフォンアプリは個人利用の範囲であれば無償で使えますが、商用利用する場合は一般法人向けのMicrosoft 365の契約が必要です。

➡アプリ……P.308

▼iPhone

▼Android

●iPhoneでのインストール

Androidは[Google Play]をタップして表示し、[アプリ]をタップし、上部の検索ボックスに「Outlook」と入力する

ホーム画面を表示しておく

1 [App Store]をタップ

App Storeが起動した

2 画面下部の[検索]をタップ

[検索]画面が表示された

3 「Outlook」と入力

4 [search]をタップ

検索結果にOutlookのアプリが表示された

5 [入手]をタップ

Outlookがインストールされる

Q497 365 2019 2016 2013 お役立ち度 ★★★

スマートフォンでOutlookを利用するには

A ホーム画面から Outlookを起動します

初めて利用するときはメールアドレスの設定が必要です。パソコン版と同じように複数のメールアドレスを管理できます。複数のメールアドレスを管理するときはよく使うメールアドレスを既定のメールアドレスに登録しておきましょう。左上の人のマークをタップすると左下に出る歯車マークから既定を変更できます。

➡アカウント……P.308

ここではiPhoneの画面で手順を解説する

[Outlook]アプリをタップして起動しておく

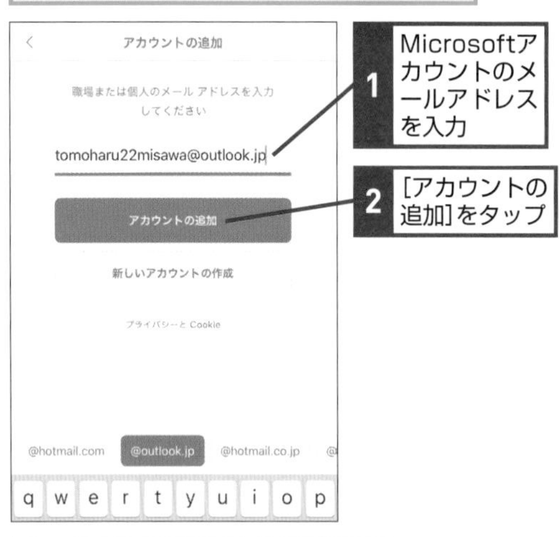

パスワードの入力画面が表示された

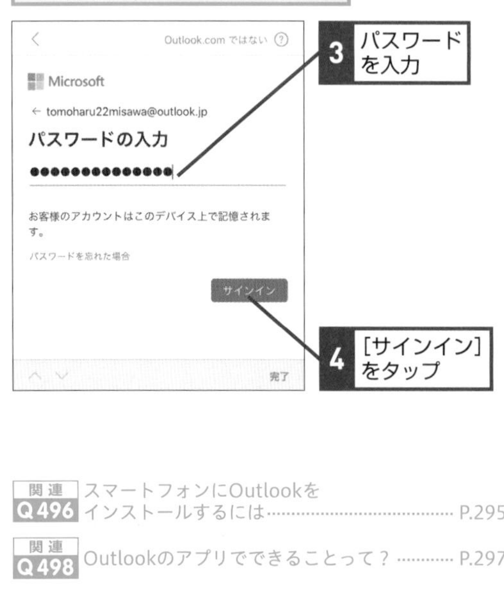

別のアカウントを追加するか確認する画面が表示された

受信トレイが表示された

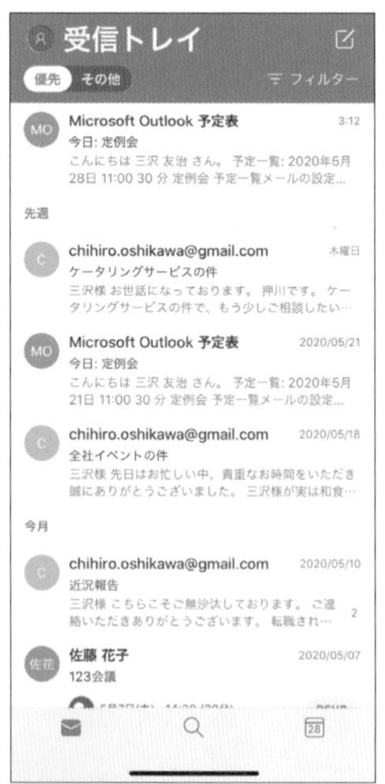

関連 Q496 スマートフォンにOutlookをインストールするには…… P.295
関連 Q498 Outlookのアプリでできることって？…… P.297

Q498 365 2019 2016 2013　お役立ち度 ★★★

Outlookのアプリでできることって?

A メールの送受信や予定表の編集が行えます

スマートフォンアプリではOutlookと異なり［メール］［検索］［予定表］が利用できます。［連絡先］や［タスク］は検索の機能からアクセスします。［タスク］は［To Do］アプリを別途インストールすることで利用できるようになります。

➡アプリ……P.308

●メールの画面

デスクトップ版と同じようにメールを送受信したりフォルダーを移動したりできる

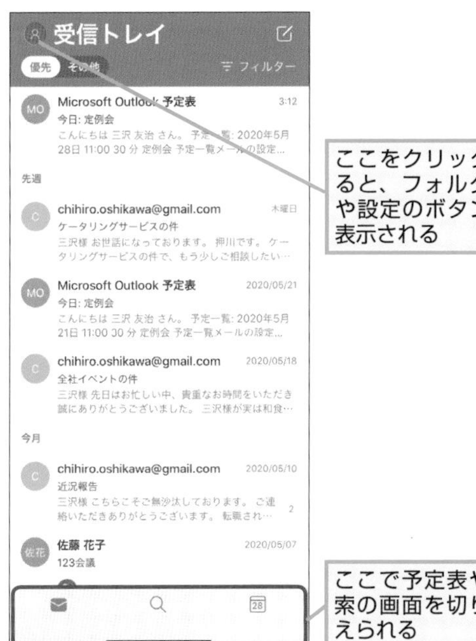

ここをクリックすると、フォルダーや設定のボタンが表示される

ここで予定表や検索の画面を切り替えられる

●検索の画面

メールや連絡先、添付ファイルなどを検索できる

●予定表の画面

予定の追加や編集ができる

●［Outlook］アプリの主な機能

アイコン	機能名	機能
	メール	メールの確認や新規メールの作成を行えます。未読のメールのみを表示するフィルター操作も可能です。
	検索	メールや予定などを検索するときに利用します。連絡先やファイルの一覧、To Doの一部が表示されます。連絡先の作成はここから行います。
28	予定表	既定では3日分の予定が表示され、最大1か月分の予定を表示できます。スマートフォンアプリの予定は「イベント」と呼ばれます。

Q499 365 2019 2016 2013 お役立ち度 ★★★

メールを送信するには

A [新しいメッセージ] の画面を表示します

複数のメールアドレスを登録している場合は送信ボタン左にあるメールアドレス部で選択変更できます。左下の予定表マークをタップと空き時間の送信が行えます。この機能を使うとあて先との予定調整が容易になります。

メールの画面を表示しておく

[新しいメッセージ]の画面が表示された

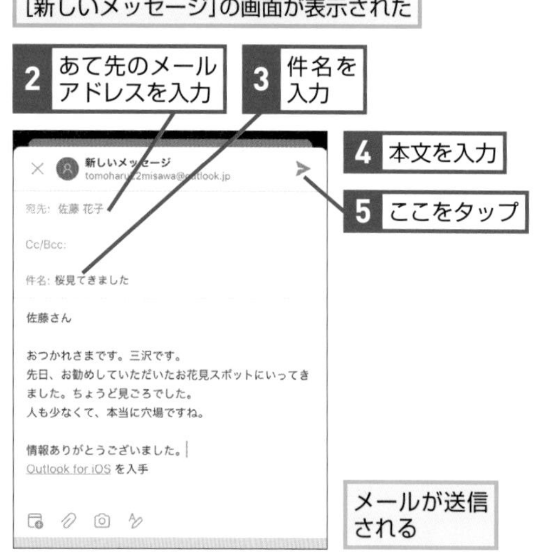

メールが送信される

Q500 365 2019 2016 2013 お役立ち度 ★★★

写真を添付するには

A 写真をライブラリから選択します

スマートフォン内の写真を簡単に添付できます。ファイルを添付する場合もこのボタンを利用しましょう。添付した写真は本文中に表示されます。

➡添付ファイル……P.311

ワザ499を参考に、メールを作成しておく

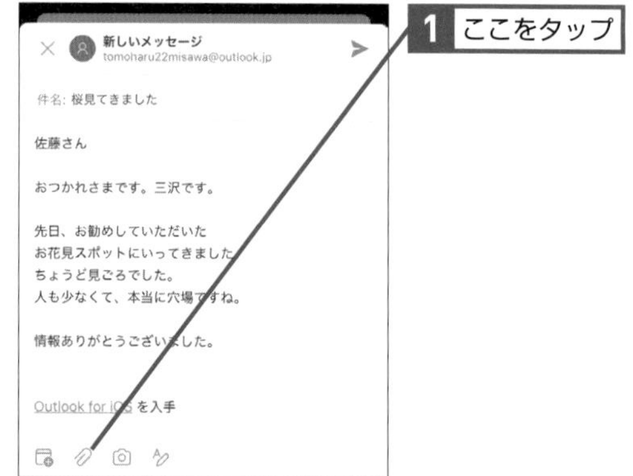

添付するデータを選択する画面が表示された

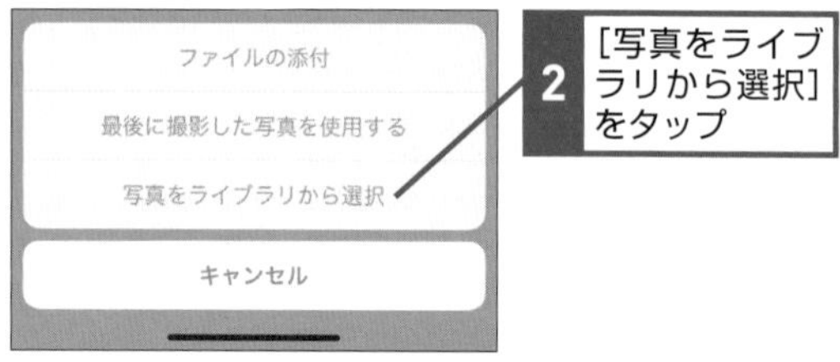

写真へのアクセスを求める画面が表示された

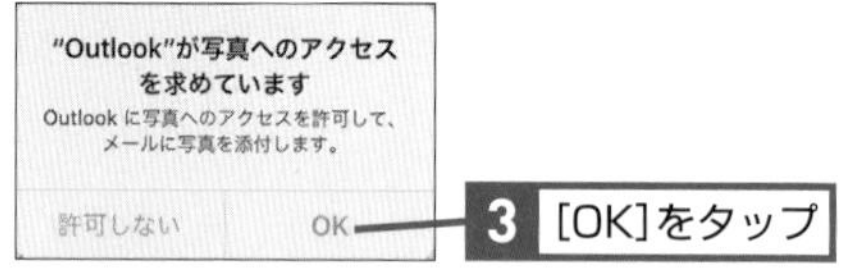

写真を一覧から選択するとメールに写真が添付される

関連 Q501 カメラを使って資料を添付したい…… P.299
関連 Q504 画像をきれいに整えて送りたい！…… P.300

Q501 365 2019 2016 2013 お役立ち度 ★★★

カメラを使って資料を添付したい

A その場で写真を撮ってメールに添付できます

撮影モードを［ドキュメント］に設定しておくと、撮影する資料に青枠が表示され、この青枠に沿って画像内の罫線が直線となるように整形されます。整形したくないときは撮影モードを［写真］にします。

ワザ499を参考に、メールを作成しておく

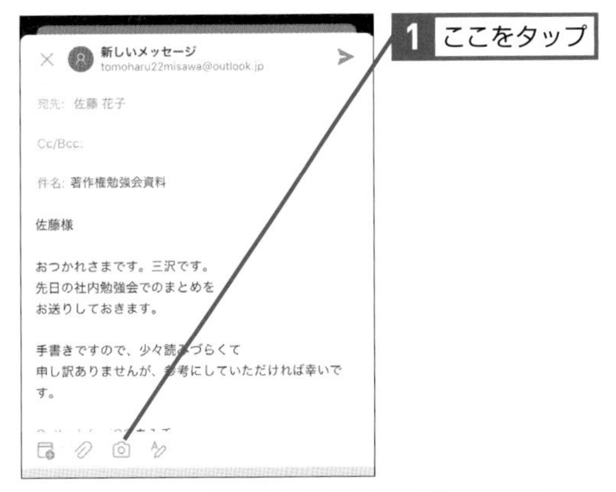

1 ここをタップ

カメラが起動した

撮影モードを［ドキュメント］に変更しておく

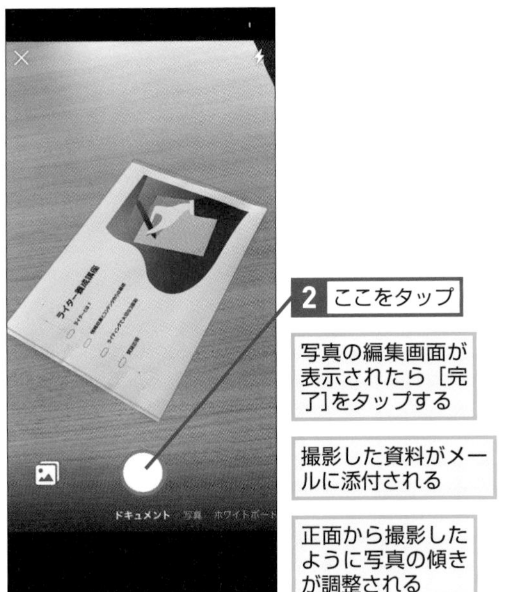

2 ここをタップ

写真の編集画面が表示されたら［完了］をタップする

撮影した資料がメールに添付される

正面から撮影したように写真の傾きが調整される

Q502 365 2019 2016 2013 お役立ち度 ★★★

スマホからメールを送ったときの署名を変えたい

A ［設定］画面から署名を変更できます

初期設定の署名はOutlookの入手を促す内容が入るため、自分の情報に変更しておきましょう。署名はメールアドレスごとに設定できます。 ➡署名……P.310

受信トレイを表示しておく

1 ここをタップ

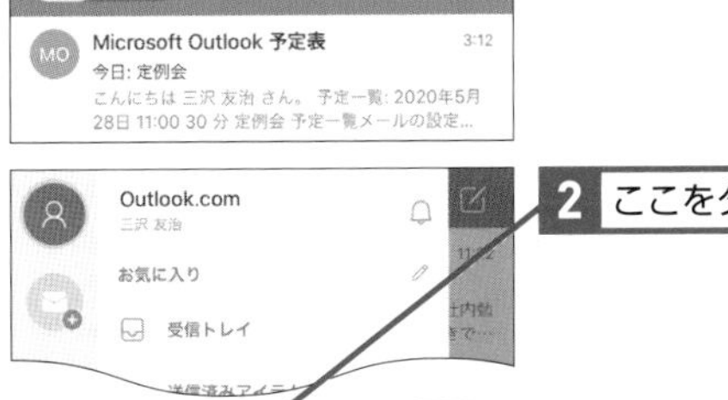

2 ここをタップ

［設定］画面が表示された

3 ［署名］をタップ

［署名］画面が表示された

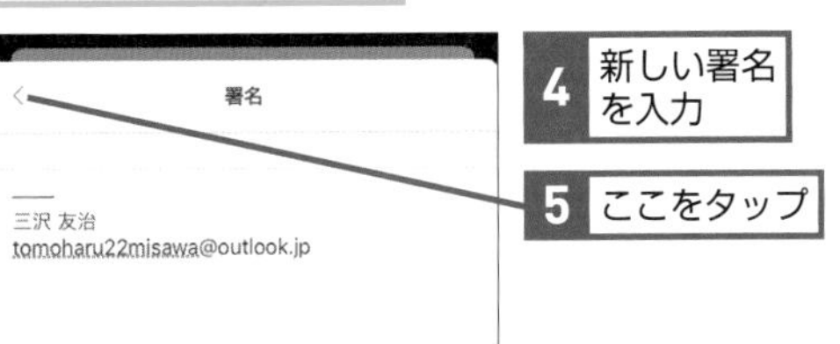

4 新しい署名を入力

5 ここをタップ

署名が変更される

Q503 365 2019 2016 2013 お役立ち度 ★★★

スマホにメールの通知を表示したい

A [設定] アプリで通知をオンにします

メールが届いたことがすぐに分かるように、通知機能をオンにしておきましょう。カレンダーに設定した予定にも通知が有効になり、予定の時刻になったらメールと同様に通知されます。

設定画面を表示しておく

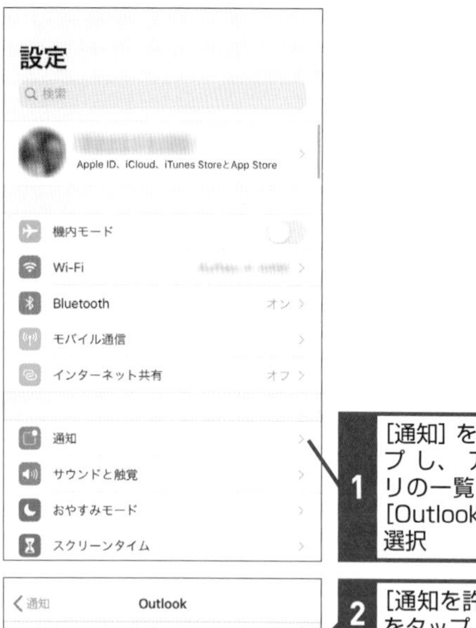

1 [通知] をタップし、アプリの一覧から[Outlook] を選択

2 [通知を許可] をタップ

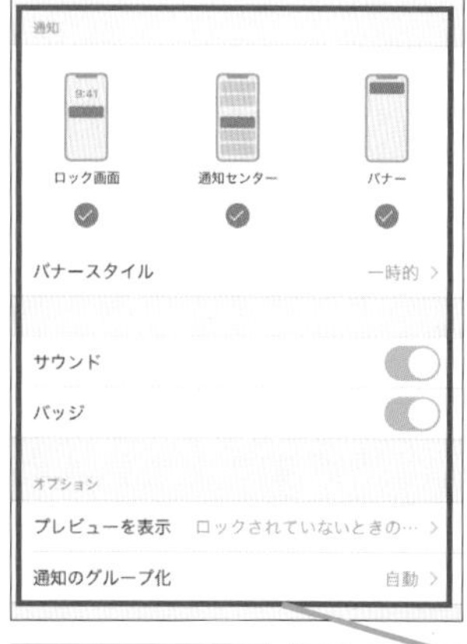

メールの通知がオンになった

ここで詳細な通知の設定を変更できる

Q504 365 2019 2016 2013 お役立ち度 ★★★

画像をきれいに整えて送りたい!

A 斜めから撮った写真も正面から撮ったように調整できます

Outlookのスマートフォンアプリでは一度保存された写真を整形する機能が搭載されています。スキャナーを持っていないときや、書類をメールで送付する場合に使えます。自動補正を行いたくないときは右上のアイコンをタップし、メニューから [写真] を選びましょう。

➡アプリ……P.308

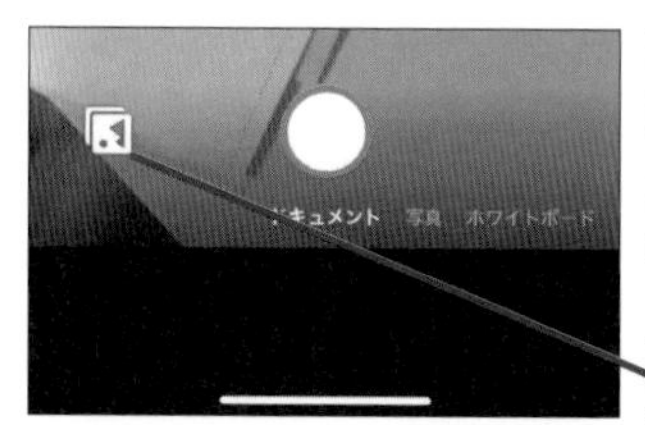

ワザ501を参考に、撮影モードを [ドキュメント]にしておく

1 ここをタップ

写真の一覧が表示された

2 添付する写真をタップ

写真の傾きの調整が自動的に開始される

正面から撮影したように写真の傾きが調整された

3 [完了]をタップ

Q505 365 2019 2016 2013 お役立ち度 ★★★

ファイルが添付されているメールを探したい

A フィルター機能を使用します

フィルター可能な項目は［未読］［フラグ付き］［添付ファイル］［自分をメンション］の4つです。フィルターを解除するときはもう一度［フィルター］をタップしてください。

➡メンション……P.313

受信トレイを表示しておく

1［フィルター］をタップ

フィルターの一覧が表示された

2［添付ファイル］をタップ

ファイルが添付されているメールが一覧で表示された

関連 Q506 すべてのメールから検索するには…………………… P.301

Q506 365 2019 2016 2013 お役立ち度 ★★★

すべてのメールから検索するには

A［検索］画面で［すべてのアカウント］をタップします

フリーワードでメールを探したいときは検索機能を利用しましょう。［すべてのアカウント］を選択するとOutlookのスマートフォンアプリに登録した全メールアドレスから検索を行います。検索範囲を絞りたいときはメールアドレスに紐づく名前を選択してください。

受信トレイを表示しておく

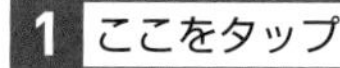

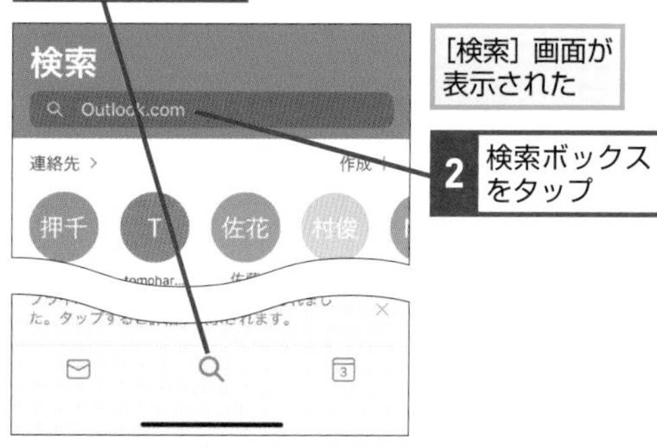

［検索］画面が表示された

2 検索ボックスをタップ

3 ここをタップ

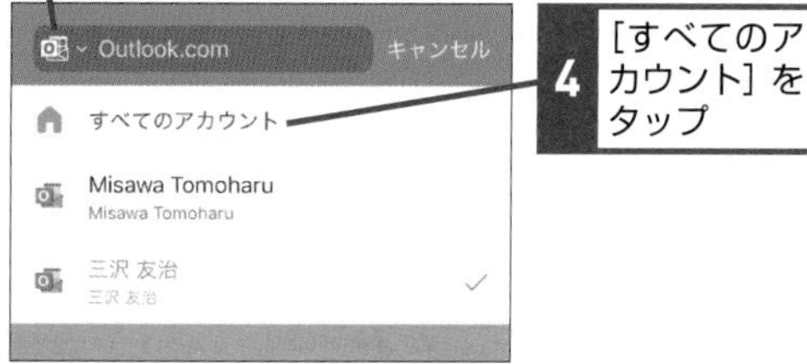

4［すべてのアカウント］をタップ

5 キーワードを入力

検索結果が表示された

付録1　Microsoft 365リボン対応表

Office 2019とMicrosoft 365 Personalのリボンは、ボタンやタブのデザインが異なります。ここではOutlookに用意されている各種のタブを並べて、違いを紹介しています。

●メールの［ホーム］タブ

Outlook 2019

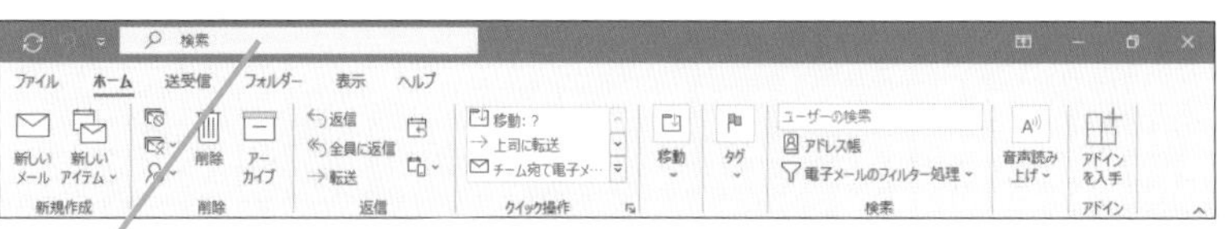

Microsoft 365 Personal

◆検索ボックス
キーワードを入力するとフォルダー内のアイテムを検索できる

●予定表の［ホーム］タブ

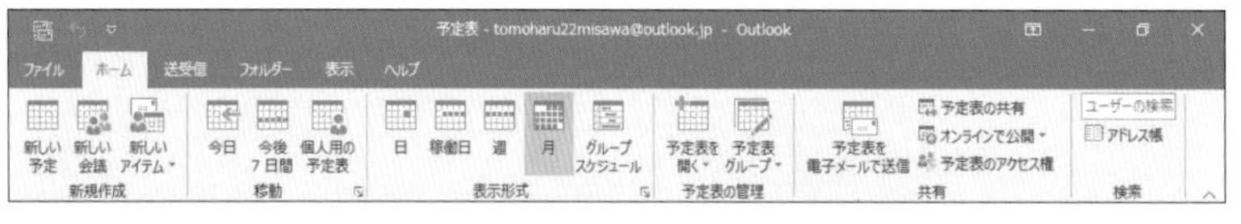

Outlook 2019

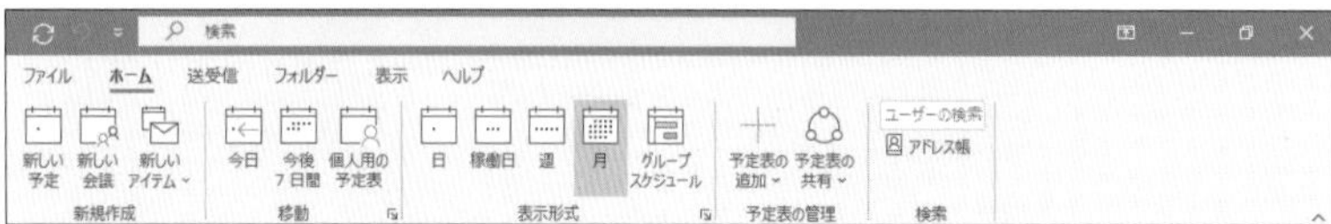

Microsoft 365 Personal

●連絡先の［ホーム］タブ

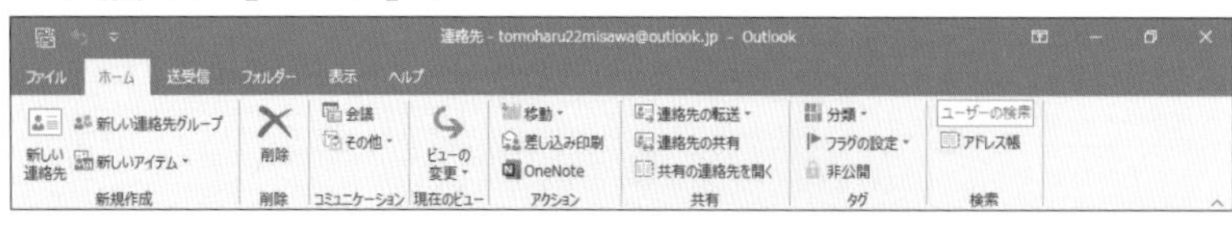

Outlook 2019

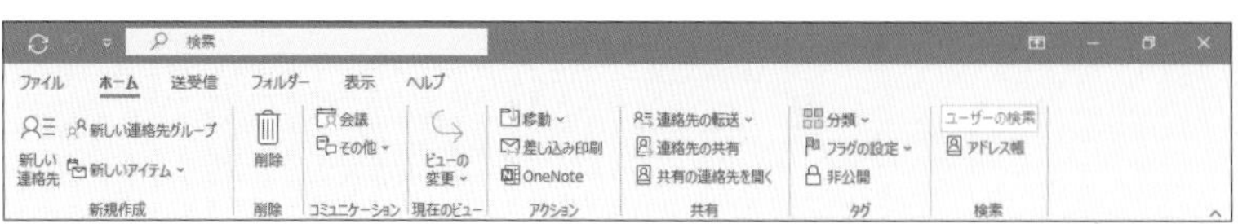

Microsoft 365 Personal

●タスクの［ホーム］タブ

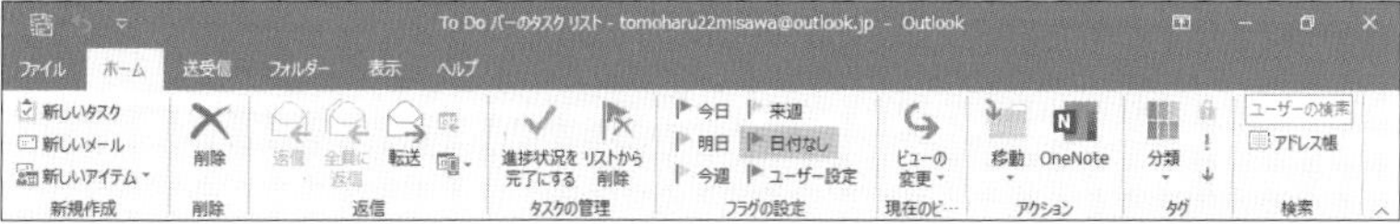

Outlook 2019

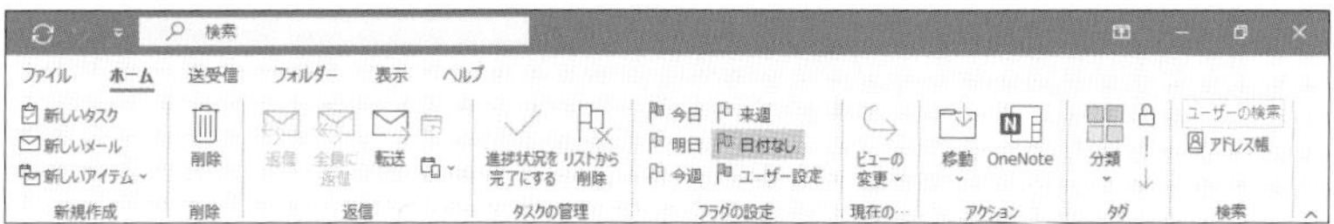

Microsoft 365 Personal

●［メッセージ］ウィンドウの［メッセージ］タブ

Outlook 2019

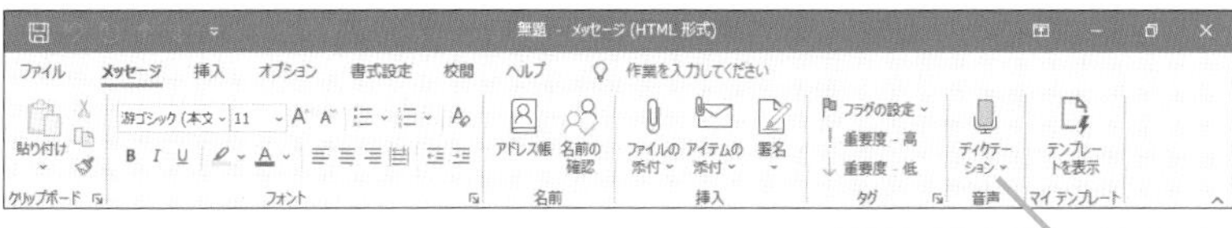

Microsoft 365 Personal

◆ディクテーション
音声で文字を入力できる

●［会議］ウィンドウの［会議］タブ

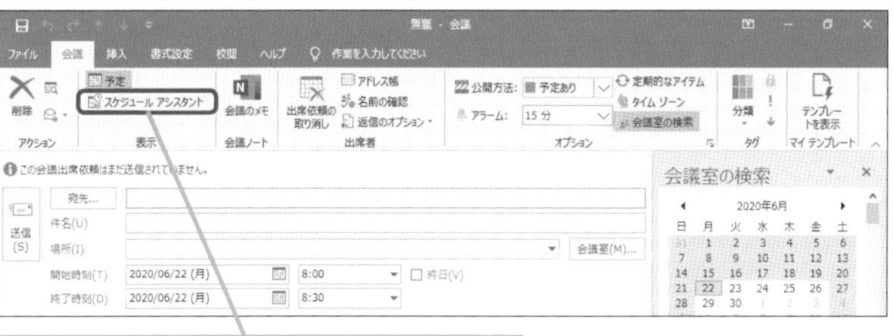

Outlook 2019

◆スケジュールアシスタント
会議の出席者の空き時間を自動で見つけられる

Microsoft 365 Personal

◆［必須］ボタン
必ず会議に参加してもらいたい人のあて先を設定できる

◆［任意］ボタン
会議への参加が必須ではない人のあて先を設定できる

付録2 ショートカットキー一覧

Outlook全般の操作	
ウィンドウを閉じる	Esc ／ Alt + F4
[ホーム] タブに移動	Alt + H
メモ画面を表示	Ctrl + 5
アイテムの削除	Ctrl + D
アイテムの検索	Ctrl + E
アイテムの新規作成	Ctrl + N
アイテムを開く	Ctrl + O
印刷	Ctrl + P
別のフォルダーに移動	Ctrl + Y
直前の操作を元に戻す	Ctrl + Z
フォルダーを作成	Ctrl + Shift + E
高度な検索を使用	Ctrl + Shift + F
フラグを設定	Ctrl + Shift + G
Officeドキュメントを作成	Ctrl + Shift + H
メモを作成	Ctrl + Shift + N
アイテムのコピー	Ctrl + Shift + Y

メールの操作	
スペルチェックを実行	F7
選択したアイテムのプロパティを表示	Alt + Enter
メール画面を表示	Ctrl + 1
転送	Ctrl + F
開封済みにする	Ctrl + Q
未開封にする	Ctrl + U
返信	Ctrl + R
送信	Ctrl + Enter ／ Alt + S
添付ファイルとして転送	Ctrl + Alt + F
会議出席依頼を付けて返信	Ctrl + Alt + R
アドレス帳を表示	Ctrl + Shift + B
スレッドを削除して無視する	Ctrl + Shift + D
[受信トレイ] に切り替える	Ctrl + Shift + I
メッセージの作成	Ctrl + Shift + M
[送信トレイ] に切り替える	Ctrl + Shift + O
[検索] フォルダーの作成	Ctrl + Shift + P
全員に返信	Ctrl + Shift + R
フォルダーに投稿	Ctrl + Shift + S

予定表の操作	
1日間の予定を表示	Alt + 1
2日間の予定を表示	Alt + 2
3日間の予定を表示	Alt + 3
週初めに移動	Alt + Home
週末に移動	Alt + End
前月に移動	Alt + Page Up
翌月に移動	Alt + Page Down
[月] ビューで表示	Alt + = ／ Ctrl + Alt + 4
[週] ビューで表示	Alt + - ／ Ctrl + Alt + 3
前週に移動	Alt + ↑
翌週に移動	Alt + ↓
予定表画面を表示	Ctrl + 2
特定の日付に移動	Ctrl + G
前の予定に移動	Ctrl + ,
次の予定に移動	Ctrl + .
前日に移動	Ctrl + ←
翌日に移動	Ctrl + →
[稼働日] ビューで表示	Ctrl + Alt + 2
予定の作成	Ctrl + Shift + A
会議出席依頼の作成する	Ctrl + Shift + Q

連絡先の操作	
連絡先画面を表示	Ctrl + 3

選択した連絡先を件名にしたメールを作成	Ctrl + F
連絡先を作成	Ctrl + Shift + C
連絡先グループを作成	Ctrl + Shift + L
選択した連絡先にFAXを送信	Ctrl + Shift + X

タスクの操作	
タスク画面を表示	Ctrl + 4
タスクの依頼を辞退	Ctrl + D
タスクを添付ファイルとして転送	Ctrl + F
タスクを作成	Ctrl + Shift + K
タスクの依頼を作成	Ctrl + Shift + Alt + U

書式設定の操作	
太字に設定／解除	Ctrl + B
文字列を中央揃えにする	Ctrl + E
置換の実行	Ctrl + H
斜体に設定／解除	Ctrl + I
［ハイパーリンクの挿入］ダイアログボックスを表示	Ctrl + K
文字列を左揃えにする	Ctrl + L
段落書式を解除	Ctrl + Q
文字列を右揃えにする	Ctrl + R
［フォント］ダイアログボックスを表示	Ctrl + D
下線に設定／解除	Ctrl + U
貼り付け	Ctrl + V
下付きに設定／解除	Ctrl + ;
フォント書式の解除	Ctrl + Space
書式のみコピー	Ctrl + Shift + C
箇条書きに設定	Ctrl + Shift + L
スタイルを適用	Ctrl + Shift + S
書式のみ貼り付け	Ctrl + Shift + V
書式設定を解除	Ctrl + Shift + Z
上付きに設定／解除	Ctrl + Shift + ;
フォントサイズの縮小	Ctrl + Shift + <
フォントサイズの拡大	Ctrl + Shift + >

Windows全般の操作	
スタートメニューを表示	Windows
アドレスバーの選択	Alt + D
プロパティを開く	Alt + Enter
ウィンドウの切り替え	Alt + Tab
新しいウィンドウを開く	Ctrl + N
ウィンドウを閉じる	Ctrl + W
ヘルプの表示	Windows + F1
アクションセンターを表示	Windows + A
通知領域を選択	Windows + B
デスクトップを表示	Windows + D
エクスプローラーを起動	Windows + E
［設定］を表示	Windows + I
画面ロック	Windows + L
ウィンドウをすべて最小化	Windows + M
［ファイル名を指定して実行］ダイアログボックスを開く	Windows + R
検索の開始	Windows + S
画面の表示方法を選択	Windows + P
タスクバーを選択	Windows + T
クリップボードの履歴を表示	Windows + V
［スタート］ボタンの右クリックメニューを表示	Windows + X
タスクビューを表示	Windows + Tab
デスクトップをプレビュー	Windows + ,
ウィンドウを最大化	Windows + ↑
ウィンドウを最小化	Windows + ↓
仮想デスクトップを移動	Windows + Ctrl + ← ／ Windows + Ctrl + →
仮想デスクトップを作成	Windows + Ctrl + D
仮想デスクトップを終了	Windows + Ctrl + F4
タスクマネージャーを起動	Ctrl + Shift + Esc

用語集（キーワード）

本書を読むにあたって、知っておくと役に立つと思われるキーワードを用語集にまとめました。なお、この用語集のなかに関連するほかの用語があるものには➡が付いています。合わせて読むことで、はじめて目にした専門用語でも難なく理解できます。ぜひご活用ください。

数字・アルファベット

Backstageビュー（バックステージビュー）
Outlookの設定を変更する画面。［ファイル］タブをクリックすると表示される。設定以外にメールボックスの空き容量なども確認できる。　➡タブ、メールボックス

◆Backstageビュー

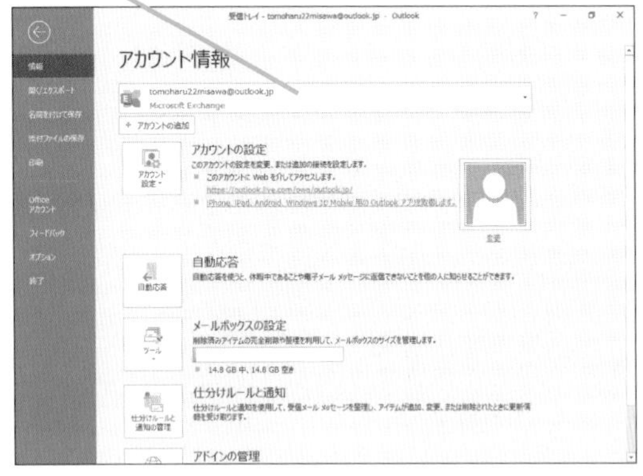

BCC（ビーシーシー）
Blind Carbon Copyの略。メールのあて先に関する設定情報の1つで、BCCに設定したあて先の情報はメールの受信者は見ることができない。

Bing（ビング）
マイクロソフトが提供する検索サービス。一般法人向けのMicrosoft 365を利用している場合に利用する「Microsoft Search」の検索エンジンでもある。
➡Microsoft 365

CC（シーシー）
Carbon Copyの略。CCに設定したアドレスにはあて先と同様のメールが送付される。CCにはメールの内容を共有しておきたい人を指定する。

CSV形式（シーエスブイケイシキ）
Comma Separated Valuesの略。カンマ記号（,）で項目を区切った形式のテキストファイル。データの管理に適した形式で、テキストのためユーザーの可読性がよい。

Exchange Online（エクスチェンジ オンライン）
マイクロソフトが提供する有料のメールサービス。組織内にサーバーを構築して利用する「Exchange Server」と合わせて「Microsoft Exchange」と呼ばれる。Exchange Onlineを利用すると、Outlookの機能をフルに利用できる。メールボックスの容量は100GB。
➡Microsoft Exchange、サーバー、メールサービス、メールボックス

FW:（フォワード）
メールを転送したときにタイトルの先頭に付く。FW:は受信したメールを差出人以外に展開したいときに利用する。
➡差出人

Gmail（ジーメール）
Googleが提供するメールサービス。無料で利用できる。利用にはGoogleアカウントが必要。
➡Googleアカウント、メールサービス

Googleアカウント（グーグルアカウント）
Gmailなど、Google社が提供するサービス全般を利用するときに使うユーザーアカウント。アカウント連携機能を使い、他社サービスを利用するときにGoogleアカウントが利用できる場合もある。　➡Gmail、アカウント

HTML形式（エイチティーエムエルケイシキ）
Web画面の記述方式。Webブラウザーで表示するようにグラフィカルなメールを作成できる。HTMLは「Hyper Text Markup Language」の略。　➡Webブラウザー

IMAP（アイマップ）
メールの受信の方式の1つ。IMAPではメールをサーバーに残したままクライアントに同期したメールを閲覧する。
➡サーバー

Internet Explorer（インターネット エクスプローラー）
Webブラウザーの1つ。1990年代から利用されており、主に古いサイトや社内で構築したWebサイトを閲覧するときに使う。Windowsアプリとの連携を得意とする。
➡Webブラウザー、アプリ

Microsoft 365（マイクロソフト サンロクゴ）
マイクロソフトが提供するサブスクリプションサービスのこと。月額利用料を支払うことでメールやオンラインストレージ、セキュリティ機能などを利用できる。
➡オンライン、ストレージ

Microsoft 365管理センター（マイクロソフト サンロクゴカンリセンター）
Microsoft 365を管理する画面。管理センターからはサービスの購入やユーザーメンテナンス、メールの全体設定などが可能。
➡Microsoft 365

Microsoft Edge（マイクロソフトエッジ）
Internet Explorerの後継のWebブラウザー。Windows 10 1909までに搭載されていたバージョンと2004以降に搭載されているバージョンでは、同じ名前だが別のものとなっている。
➡Webブラウザー

Microsoft Exchange（マイクロソフト エクスチェンジ）
マイクロソフトが提供する有料のメールサービス。クラウド型のメールサービスのExchange Onlineと組織内にサーバーを構築して利用するExchange Serverの2種類ある。
➡Exchange Online、クラウド、サーバー、メールサービス

Microsoftアカウント（マイクロソフトアカウント）
Outlook.comを利用するときに使うユーザーアカウント。マイクロソフトが提供するサービス全般で利用できるほか、Windows 10のログインアカウントとしても利用可能。
➡Outlook.com、Windows 10

Office（オフィス）
マイクロソフトが提供する総合オフィス製品の総称。ワープロソフトの「Word」や表計算ソフトの「Excel」といったアプリを1つのパッケージにしたもの。OutlookもこのOfficeに含まれる。
➡アプリ

Office.com（オフィスドットコム）
Microsoft 365のポータル画面のアドレス。Microsoft 365 Personalなどの契約を行っている場合、このサイトからOfficeアプリをダウンロードできる。
➡Microsoft 365、Office、アプリ、ダウンロード

Officeテーマ（オフィステーマ）
タイトルバーやリボンの色味など、デザインを統一させるためのテーマ。テーマをそろえることでそれぞれのアプリで同じ色合いを利用できる。
➡アプリ、タイトルバー、リボン

OneDrive（ワンドライブ）
マイクロソフトが提供するストレージサービスの名前。消費者向けのOneDriveと一般法人向けのOneDrive for Businessの2種類ある。
➡ストレージ

OS（オーエス）
Operating Systemの略。パソコンなどIT機器の制御を行うためのアプリ。Windows 10やMacOSといったものが該当する。
➡Windows 10、アプリ

Outlook Today（アウトルック トゥデイ）
今日の予定やタスクなどが1つにまとめられたOutlookの画面の1つ。
➡タスク

◆Outlook Today

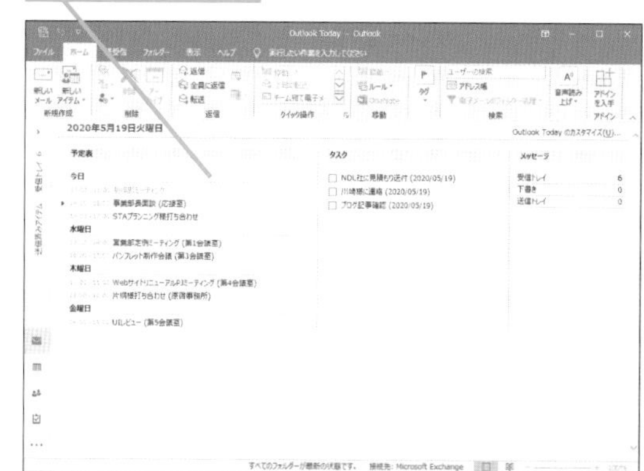

Outlook.com（アウトルックドットコム）
マイクロソフトが提供するメールサービス。Exchange Onlineの消費者向けバージョン。無償のものとMicrosoft 365 Personal付属のものがある。無償のものでは15GB、Microsoft 365 Personal付属のものでは50GBの容量が利用可能。
➡Exchange Online、Microsoft 365、メールサービス

Outlookのオプション
Backstageビューから起動するOutlookの設定画面。メールや予定表などさまざまな設定をこの画面から行える。
➡Backstageビュー、起動

PDF（ピーディーエフ）
Portable Document Formatの略。Adobeが開発したドキュメントファイルの形式。対応するすべての機器で、全く同じレイアウトで表示できるのが特徴。

POP（ポップ）
Post Office Protocolの略。メール受信の方式の1つ。POPではメールをサーバーに残したままクライアントに同期したメールを閲覧する。
➡サーバー

PSTファイル（ピーエスティーファイル）
Outlookのデータファイルを指す。PSTファイルにはMicrosoft Exchangeに格納できない、仕分けルールなどのデータが格納される。
➡Microsoft Exchange、仕分けルール

RE:（リ）
メールを返信するときにタイトルの先頭に付く。諸説あるが「～に関する件」という意味の前置詞。

SMTP（エスエムティーピー）
Simple Mail Transfer Protocolの略。メール送信の方式の1つ。SMTPはメールサービスとクライアントの間でメールを送ることができる。SMTPは受付に制限がない仕組みだが、近年SMTPSやAuth-SMTPという認証、暗号化を備えたタイプが出てきている。 ➡メールサービス

To Doバー（トゥードゥーバー）
予定表、連絡先、タスクの3つの機能を並べて表示できる画面。Outlookのどの画面でも表示可能。 ➡タスク

URL（ユーアールエル）
WebブラウザーからWebサイトへアクセスする際のあて先情報。Webサイトのリンク先などを指すときにも使う。
➡Webブラウザー

vCardファイル（ブイカードファイル）
電子名刺のファイル。住所や電話番号、写真などを含めることができる。 ➡VFC形式

VCF形式（ブイシーエフケイシキ）
Vcardファイルの拡張子のこと。1枚の電子名刺だけでなく複数枚の電子名刺を1つのファイルにできる。
➡Vcardファイル

Webブラウザー（ウェブブラウザー）
Webサイトを閲覧するためのアプリ。主なWebブラウザーとして、Internet Explorer、Google Chrome、Microsoft Edge、Safariなどがある。
➡Internet Explorer、Microsoft Edge、アプリ

Windows 10（ウィンドウズ テン）
マイクロソフトが販売しているパソコン用OS。年2回の機能更新と毎月の品質更新が無償提供されている。 ➡OS

あ

アーカイブ
メールを容易に削除できないように保管するフォルダー。Exchange Onlineでは証跡としても利用できるよう、絶対に消えない領域としてアーカイブ領域を提供するオプションが販売されている。 ➡Exchange Online、フォルダー

アイテム
メールや予定表に登録した予定、設定したタスクなど、Outlookに登録した1つ1つのデータを指す。Outlookでは最小の単位としてすべてのものをアイテムとして管理している。 ➡タスク

アカウント
ユーザーとしてログインするための情報。ID、パスワードだけで成り立つが、名前や住所、メールアドレスなどを付加情報として持つことが多い。

アクセス権
ファイルや予定にアクセスするための権利。読み取りや書き込み、詳細閲覧などアクセス権を付加する対象によってさまざまな粒度で制御できる。

アップロード
クラウドサービスなどのインターネット上にあるシステムにデータを移動させることを指す。OneDriveにファイルを置くときも「ファイルのアップロード」という使い方をする。 ➡OneDrive、インターネット、クラウド

アドイン
Outlookに追加できるオプション機能のこと。Outlookだけでなく、Office全般にアドインを導入できる機能が付いている。 ➡Office

アドレス帳
メールを送付する際に参照するユーザー情報一覧。予定表の連携やタスクの依頼などにも利用できる。 ➡タスク

◆アドレス帳

アプリ
アプリケーションの略。パソコンなどの情報機器上で動く機能を指す。本書で取り扱うOutlookもアプリの1つ。

アラーム
所定の時間になると音で時間を知らせる、予定表やタスクに紐づく機能。アラームウィンドウも同時に起動する。
➡アラームウィンドウ、起動、タスク

アラームウィンドウ
アラームと同時に表示される画面。アラームウィンドウには予定アラームの時刻を過ぎた予定やタスクが一覧表示される。 ➡アラーム、タスク

イベント
終日行われる予定のこと。

印刷プレビュー
印刷を実行前に印刷イメージを確認する機能。紙に印刷する前にどのような印刷が行われるか確認できる。

◆印刷プレビュー

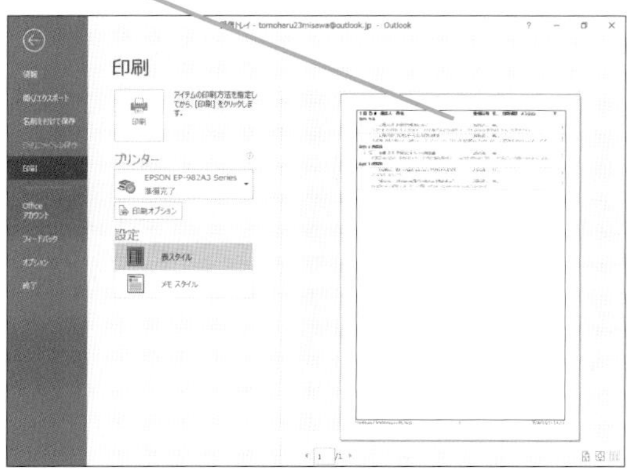

インターネット
全世界とつながっている通信網。Webサイトやメールサービスなどが接続されている。Outlookで利用する天気データなどもインターネットから取得している。
➡メールサービス

インターネットカレンダー
予定表をインターネット上でやり取りするときの標準形式。Googleなどが実装を提供している。
➡インターネット

インポート
システム内にファイルを取り込むこと。Outlookでは、PSTファイルやCSVファイルをインポートできる。
➡PSTファイル

エクスポート
システム外にファイルを出力すること。Outlookでは、PSTファイルやCSVファイルをエクスポートできる。
➡PSTファイル

閲覧ウィンドウ
メールの内容をプレビュー表示する画面。右や下に表示位置を切り替えられる。非表示に設定することも可能。

エンコード
パソコンで扱うデータを日本語や英語に変換するための約束事。メールの文章はシステム上コード値で保存されており、文章をコード値に変換することをエンコードという。有名なものとしてS-JIS、Unicodeなどがある。

オフライン
インターネットに接続していない状態のこと。Outlookのオフラインモードはインターネットに接続していなくても受信済みのメールを確認できる。 ➡インターネット

オンライン
インターネットに接続している状態のこと。Outlookはオンライン時に自動で送受信を開始するため、オンライン状態を意識することはほとんどない。 ➡インターネット

か

稼働時間
1日の中で稼働する時間のこと。初期設定では月曜日から金曜日の5日間。予定表画面では稼働時間外がグレーで表示される。

稼働日
1週間のうち稼働する曜日のこと。初期設定では8時から17時。予定表の［稼働日］ビューを利用すると稼働日のみが表示される。 ➡ビュー

カレンダーナビゲーター
フォルダーウィンドウに表示されるカレンダー型のナビゲーター。日付を選択すると選択した日付が表示される。
➡フォルダーウィンドウ

管理者
一般法人向けのMicrosoft 365の設定やユーザー全般を管理する役割やそれらを担当する人物を示す。管理者はOutlookアプリの設定を一元管理したり、Exchange Onlineで会議室を作成したりできる。組織の情報システム部門が担当することが多い。
➡Exchange Online、Microsoft 365、アプリ

起動
WindowsやOutlookを使えるようにすること。

キャッシュ
メールをオフラインでも利用できるようにする仕組み。一時的にデータを貯めておくことができる。このデータは削除してもデータの損失は発生しない。 ➡オフライン

クイックアクセスツールバー
Office全般に搭載されている画面左上の領域。よく使う機能をボタンで配置できる。 ➡Office

クイッククリック
ワンクリックで利用できるメールのオプション機能。タスク設定や、メールの削除などが行える。 ➡タスク

クイック操作
メールを転送した後に通知を送るといった、複数のアクションをボタンでまとめて実行できる機能。使いやすいようアクションを組み合わせることで作業を自動化できる。

クイックパーツ
よく使う文章を事前に登録し、ワンクリックで登録した文章を挿入できる機能。また、定型句パーツを格納されたリボンのグループのこと。 ➡リボン

クラウド
インターネット上に保存したデータを介するサービスや仕組みのこと。マイクロソフトではOneDriveやOutlook.comなどを提供している。
➡OneDrive、Outlook.com、インターネット

グループウェア
メールやファイル共有など、複数の人で業務を行うための機能を持ったツールの総称。Microsoft Exchangeはグループウェアの1つである。 ➡Microsoft Exchange

グループスケジュール
複数の予定表を縦に並べて表示する機能。同時に30件の予定表を並べて表示できる。

検索フォルダー
検索条件を設定し、条件と一致した検索結果が表示されるフォルダー。検索フォルダーを利用するとフォルダーを選択したタイミングで検索が行われ、常に最新の検索結果を確認できる。 ➡フォルダー

コマンド
Outlookの機能ボタンをコマンドと呼ぶ。リボンにはよく使うコマンドを組み合わせて配置できる。 ➡リボン

コンテキストタブ
画像を張り付けたときや表を差し込んだときに出現する一時的なタブ。選択したオブジェクトなどによってタブの内容が変化する。 ➡タブ

さ

サーバー
メールなどのサービスを提供するコンピューター。クラウドサービスの対極として表現されることもあるが、クラウド事業者はサーバーを構築してサービスを提供している。
➡クラウド

サインアウト
パソコンやサービスの利用を終えたときに行う操作。利用を開始するときは「サインイン」と呼ばれる操作をする。
➡サインイン

サインイン
パソコンやサービスを利用するときに行う操作。サインインした状態では追加のパスワード入力することなくサービスを利用できる。

削除済みアイテム
削除したメールが格納される場所。このフォルダーに格納されると30日前後で復元できなくなる。 ➡フォルダー

差出人
メールを送付してきた人のこと。差出人は人物以外にシステムのケースもある。

自動応答
ゴールデンウイークなど、長期休暇でメールを受け取っても返信できないときに利用する機能。設定すると受信したメールに対し自動で返信が行われる。

重要度
メールに付けられる区分情報。Outlookでは高、低、通常の3つから選択できる。

ショートカットキー
通常複数のボタンを押して実行する作業を、キーボードの組み合わせで操作すること。例えばOutlookでは Ctrl + Shift + M キーで新しいメールを作成できる。

書式設定
フォントやフォントサイズ、色などを設定すること。

署名
メールを送付するとき、メールの最後に付ける自分の情報。名前やメールアドレスなどを記入するだけでなく、写真を付ける場合もある。

仕分けルール
受信したメールをフォルダーなどに区分け保存する際のルールとその機能。受信メールには会社からのメールや広告まで多様な属性があるが、それらの属性に応じて仕分けルールを決めてメールを整理できる。 ➡フォルダー

シンプルリボン
Microsoft 365のOutlookで使える簡略化されたリボンのこと。Outlook 2019以前のアプリでは採用されていない。
➡Microsoft 365、リボン

◆シンプルリボン

スケジュールアシスタント
予定を決めるときに参加者の空き時間を探すための補助機能。タイムスケジュールを並べて表示できるだけでなく、自動的に空いている時間を探す機能も提供されている。

ステータスバー
メールの受信状況などが表示されるOutlookの下部にあるバー。画面の拡大率変更や表示形式の変更も行える。

ストレージ
データを格納する場所。メールサービスのメールボックス容量もストレージの一種だが、一般的にファイルを格納する領域を指す。マイクロソフトではOneDriveというストレージをサービス提供している。無償利用では5GBの容量だが、Microsoft 365では1TBの容量が提供される。
➡Microsoft 365、OneDrive、メールサービス、メールボックス

スレッド
同一のタイトル（FW:やRE:といった接頭語を除く）のメールを1つの塊として扱う方式。スレッドを利用すると関連する新着メールは関連メールの最後に表示される。
➡FW:、RE:

ソフトウェア
操作を実行するためのプログラムや広義的な意味でアプリを指す。プログラムによってどのようにも変更でき、柔軟な対応ができることからソフトの文字が付いている。
➡アプリ

た

ダイアログボックス
詳細設定を行う画面。ダイアログボックスを閉じないと元の画面に戻れない。OutlookではBackstageビューから開く［オプション］画面などがこれにあたる。
➡Backstageビュー

タイトルバー
画面最上部に表示される領域のこと。メール画面では選択中のフォルダー名が表示され、新しいメールを作っているときはメールの件名が表示される。Microsoft 365のOutlookでは検索バーもここに表示される。
➡Microsoft 365、フォルダー

代理人
自分以外の人がメールや予定表を確認できる機能。代理人機能を利用して送付したメールは代理送信であることが表示される。

ダウンロード
添付ファイルなどを自分のパソコンに移動させること。受信メールからの添付ファイルの取り込みだけでなく、OneDriveのファイルを添付して送信するときにも使われる。
➡OneDrive、添付ファイル

タスク
Outlookの主な機能の1つ。また、一定の期間内に処理するべき作業のこと。タスクを書き出しておくことで、作業漏れを防止できる。Microsoft 365のWebブラウザー版ではタスクの機能がTo Doという名前で提供されている。
➡Microsoft 365、Webブラウザー

タスクバー
Windowsのスタートボタンの横にある起動しているアプリを表示する領域。Outlookを起動するとタスクバーにOutlookのアイコンが表示される。
➡アプリ、起動

タスクリスト
複数のタスクをまとめるリストまた、タスクを一覧表示するビューの名前のこと。
➡タスク、ビュー

タッチモード
タッチパネルを搭載したパソコン向けのモード。リボンのボタン幅が広くなり指でも押しやすくなる。
➡リボン

タブ
リボンの上部にある機能を切り替えるラベルのこと。タブをクリックすると、機能に応じたボタンが格納されたリボンが表示される。
➡リボン

チャット
メールよりも簡易的な連絡方法。一般的にタイトルを決めずに短い文章でやり取りを行う。マイクロソフトではTeamsやSkypeという製品でチャット機能を提供している。

テキスト形式メール
メールの表現方法の1種。フォントサイズや色などの書式情報を廃し、文字だけで構成される形式。データ量が少なくて済む。

デスクトップ
Windowsのアプリを起動していない状態の画面のこと。Windowsをインストールした初期状態ではごみ箱が置かれているだけだが、アプリ起動用ショートカットを配置することができる。
➡アプリ、起動

添付ファイル
メールや予定に付けるファイルのこと。添付ファイルを利用するとWordやExcelなど別のアプリで作ったファイルを送れる。
➡アプリ

ドメイン
メールアドレスのアットマーク「@」より後ろに付いている文字のこと。一般法人ではオリジナルのドメインを利用していることが多い。

な

ナビゲーションバー
Outlookの機能を切り替えるためのバー。Outlookをインストールした状態ではフォルダーウィンドウの下部に表示される。設定によって分離させることも可能。
➡フォルダーウィンドウ

は

ハイパーリンク
クリックするとWebブラウザーが起動しWebサイトへアクセスできるリンク。メール作成時はURLを記述することでハイパーリンクが自動的に生成される。
➡URL、Webブラウザー、起動

バックアップ
Outlookのデータや設定をファイルとして保存すること。バックアップしたファイルはインポートすることでデータを取り込むことができる。 ➡インポート

ビュー
Outlookのアイテムを表示する画面のこと。Outlookはビューを切り替えながら利用する。 ➡アイテム

フォルダー
メールを格納する場所のこと。フォルダーは複数作成することができる。分かりやすい名前を付けてメールを格納することで整理を容易に行える。

フォルダーウィンドウ
フォルダーの階層構造が一覧表示されるウィンドウ。予定表画面ではカレンダーナビゲーターも表示される。本書では基本的に折りたたんだ状態で解説を行っている。
➡カレンダーナビゲーター、フォルダー

◆フォルダーウィンドウ

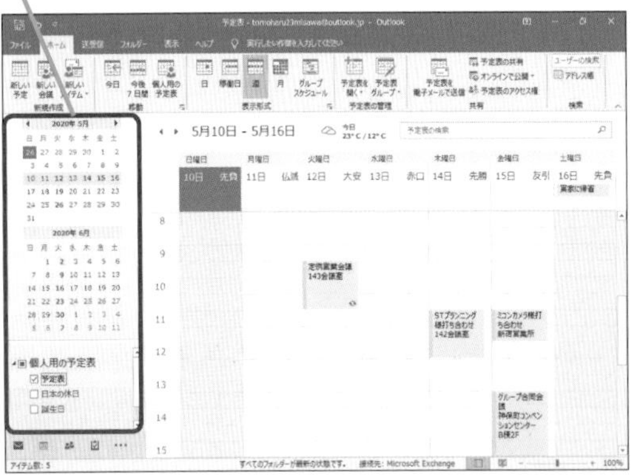

フッター
印刷時の下部に表示される領域。紙のページ数や印刷者、印刷日などを追加することができる。

フラグ
タスクやメールに付ける付帯情報。対応予定日や完了予定日を設定できる。フラグを設定した日になったらアラームで通知する機能などもある。 ➡アラーム、タスク

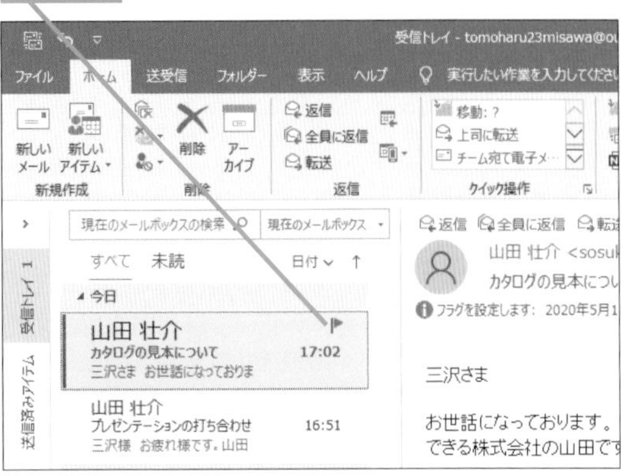

プロバイダー
インターネットに接続するときに利用する業者。スマホからインターネットに接続するときはキャリアがプロバイダーの役割を担う。 ➡インターネット

プロバイダーメール
プロバイダー事業者が提供するメールアドレスのこと。プロバイダーによっては提供していないこともある。
➡プロバイダー

分類項目
メールや予定、タスクを色分けして分類する機能。文字だけで分類するよりも分かりやすくなる。また分類項目でアイテムを検索することもできる。 ➡アイテム、タスク

ヘッダー
メール送信時に付加されるあて先や差出人などの情報。重要度もヘッダーの1つとして扱われる。印刷時の紙上部に表示する付帯情報のことも「ヘッダー」と呼ぶ。
➡差出人、重要度

翻訳ツール
英語など、通常利用している言語とは別の言語に翻訳するためのツール。インターネットに接続した環境でのみ利用可能。主に海外から来たメールを日本語に変換するときに利用する。 ➡インターネット

ま

マウスポインター
マウスの画面位置を示すアイコン。矢印の形をしていたりIの形をしていたり読み込み中の形となっていたりと、位置や操作によって形状が変わる。

迷惑メール
見知らぬ相手からいきなり送付されてくるメールや、コンピューターウイルスなどを送ってくるメールのこと。広告なども迷惑メールに分類とされることもある。迷惑メールは開かないようにするのがよい。迷惑メールフォルダーに格納されたメールは危険な動作をしないように制御されている。
➡フォルダー

メールアカウント
メールアドレスを利用するためのID。アカウントと同類となるが、メールアカウントはメール用途のものを指す。
➡アカウント

メールサーバー
メールの送受信機能を提供するコンピューターのこと。Exchange Serverなど法人内で作成・管理を行っているものを指す。

メールサービス
メールの送受信機能を管理するメールサービスを提供するサービスのこと。

メールボックス
受信したメールや送信したメールを格納する場所のこと。メールボックスはパソコン内に作ることもできるが、クラウドサービスを利用してクラウド上に作られることもある。
➡クラウド

メンション
「名前を取り上げる」という意味。Outlookでは@の後ろに名前を書くことでメールのあて先を設定できる機能のこと。メールを受信した側ではメンションされたかどうかでメールを検索することも可能。

や

優先受信トレイ
AIが自動で優先的に処理するべきメールを判断する機能。受信トレイ内に作られ、[優先受信トレイ] と [その他] の2種類に区分けされる。

予定表グループ
予定表を同時に表示したいときに利用する機能。予定表グループまとめておくと複数の予定表の表示と非表示を同時に切り替えられる。

ら

ライセンス
製品などを利用する権利。Outlookを利用するにはOutlookのライセンスが必要となる。メールサービスにもライセンスがあるため、Outlookを利用してメール送受信を行うためにはWindows、Outlook、メールサービスの3つのライセンスが必要となる。ライセンスは有償のものと無償のものがある。
➡メールサービス

リソース
会議室やプロジェクター、社用車などユーザーではないものを登録できる機能。Exchange Onlineを利用している場合のみ利用可能。一般法人向けのMicrosoft 365を利用している場合は、管理者が設定することが多い。リソースは予定作成時に予約できる。
➡Exchange Online、Microsoft 365、管理者

リッチテキスト形式メール
HTML形式と同様にグラフィカルな表現が可能なメール形式。HTML形式との大きな違いは法人内など同じメールサービスを利用している場合にのみ利用できる形式であること。別のメールサービスにメールを送るときには自動的にHTML形式に変換される。
➡HTML形式、メールサービス

リボン
Office 2007から導入されているメニューの形式。リボンはタブとグループ、ボタンで構成されており、用途ごとに機能がまとめられている。
➡Office、タブ

連絡先グループ
連絡先をまとめたグループ。メールのあて先として設定すると、グループに所属した人全員にメールが送付される

索引

サ

タ

本書を読み終えた方へ
できるシリーズのご案内

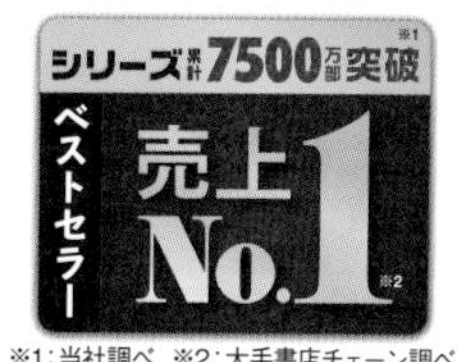

※1：当社調べ　※2：大手書店チェーン調べ

Office 関連書籍

できるPowerPoint パーフェクトブック

困った！＆
便利ワザ大全
Office 365/
2019/2016/
2013対応

井上香緒里＆
できるシリーズ編集部
定価：本体1,800円＋税

基本操作から、クオリティの高い資料を作るための応用的なテクニックまで網羅！　この1冊でPowerPointの疑問がすべて解決。

できるExcel パーフェクトブック

困った！＆
便利ワザ大全
Office 365/
2019/2016/
2013/2010対応

きたみあきこ＆
できるシリーズ編集部
定価：本体1,480円＋税

Excelの便利なワザ、困ったときの解決方法を中心に1000以上のワザ＋キーワード＋ショートカットキーを掲載。知りたいことのすべてが分かる。

できるWord&Excel パーフェクトブック

困った！＆
便利ワザ大全
Office 365/
2019/2016/
2013/2010対応

井上香緒里、
きたみあきこ＆
できるシリーズ編集部
定価：本体1,980円＋税

業務に役立つ文書作成、表計算のノウハウを1冊に凝縮。どこからでも引けてすぐに役立つ便利ワザ＋用語＋ショートカットキーが満載！

できるWord 2019
Office 2019/Office 365両対応

田中 亘＆
できるシリーズ編集部
定価：本体1,180円＋税

文字を中心とした文書はもちろん、表や写真を使った文書の作り方も丁寧に解説。はがき印刷にも対応しています。翻訳機能など最新機能も解説！

できるExcel関数
Office 365/2019/2016/2013/2010対応

データ処理の
効率アップに
役立つ本

尾崎裕子＆
できるシリーズ編集部
定価：本体1,580円＋税

豊富なイメージイラストで関数の「機能」がひと目で分かる。実践的な作例が満載されているので、関数の「利用シーン」が具体的に学べる！

できるAccess 2019
Office 2019/Office 365両対応

広野忠敏＆
できるシリーズ編集部
定価：本体1,980円＋税

データベースの構築・管理に役立つ「テーブル」「クエリ」「フォーム」「レポート」が自由自在！　軽減税率に対応したデータベースが作れる。

テレワーク・オンライン授業 関連書籍

できるテレワーク入門
在宅勤務の基本が身に付く本

法林岳之・清水理史＆
できるシリーズ編集部
定価：本体1,580円＋税

チャットやビデオ会議、クラウドストレージの活用や共同編集などの基礎知識が満載！　テレワークをすぐにスタートできる。

できるGoogle for Education
クラウド学習ツール実践ガイド

株式会社ストリートスマート＆
できるシリーズ編集部
定価：本体2,000円＋税

課題提出・採点・集計が簡単！ 協同学習と校務省力化、対話的な学びの実現方法がわかる！ 多忙な先生を助ける機能を分かりやすく紹介。

読者アンケートにご協力ください！

https://book.impress.co.jp/books/1119101188

このたびは「できるシリーズ」をご購入いただき、ありがとうございます。
本書はWebサイトにおいて皆さまのご意見・ご感想を承っております。
気になったことやお気に召さなかった点、役に立った点など、
皆さまからのご意見・ご感想をお聞かせいただき、
今後の商品企画・制作に生かしていきたいと考えています。
お手数ですが以下の方法で読者アンケートにご回答ください。
ご協力いただいた方には抽選で毎月プレゼントをお送りします！

※プレゼントの内容については、「CLUB Impress」のWebサイト（https://book.impress.co.jp/）をご確認ください。

1 URLを入力して Enter キーを押す

2 [アンケートに答える]をクリック

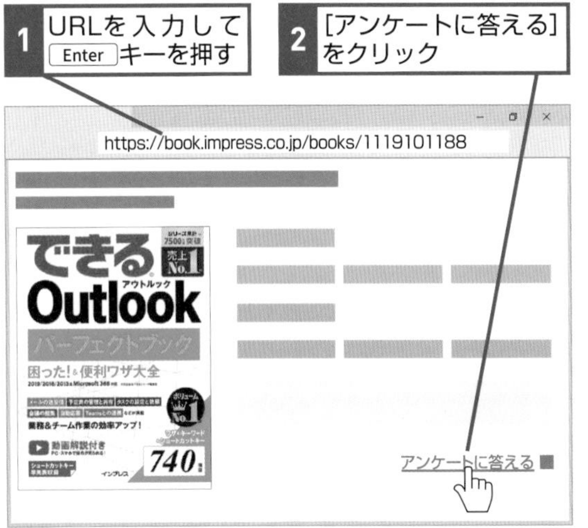

※Webサイトのデザインやレイアウトは変更になる場合があります。

◆会員登録がお済みの方
会員IDと会員パスワードを入力して、[ログインする]をクリックする

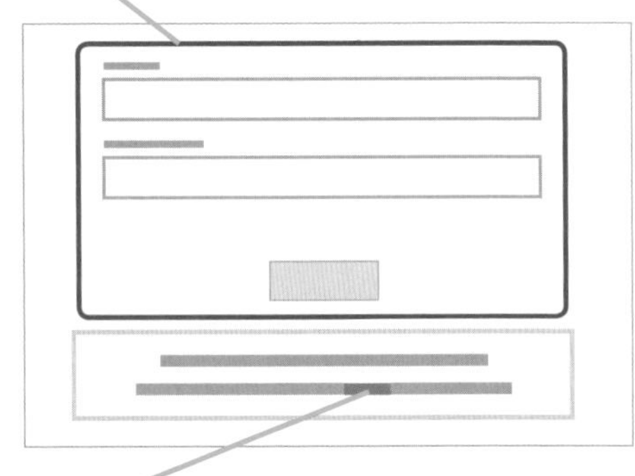

◆会員登録をされていない方
[こちら] をクリックして会員規約に同意してからメールアドレスや希望のパスワードを入力し、登録確認メールのURLをクリックする

本書のご感想をぜひお寄せください　https://book.impress.co.jp/books/1119101188

「アンケートに答える」をクリックしてアンケートにご協力ください。アンケート回答者の中から、抽選で**商品券（1万円分）**や**図書カード（1,000円分）**などを毎月プレゼント。当選は賞品の発送をもって代えさせていただきます。はじめての方は、「CLUB Impress」へご登録（無料）いただく必要があります。

読者登録サービス

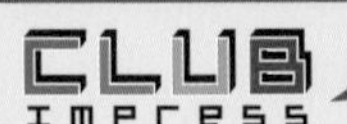

アンケートやレビューでプレゼントが当たる！

■著者

三沢友治（みさわ　ともはる）

2004年より富士ソフト(株)に勤務。マイクロソフト製品の利用研究に明け暮れるフェロー。小規模から大規模まで、WindowsやOfficeの導入を中心に業務従事中。15年以上Microsoft 製品を触り続け、気が付いたのは「情報も技術も更新は早い方が良い」ということ。この気づきを活かし、日々情報収集とアウトプットを心掛け、自身のブログでは技術者の視点でWindowsやOffice製品の情報を発信している。2017年より「Microsoft MVP Office Apps & Services」、2019年より「Windows Insider MVP」を受賞。

Blog
https://mitomoha.hatenablog.com/
https://www.fsi.co.jp/blog/teclist/misawa/

STAFF

シリーズロゴデザイン　山岡デザイン事務所<yamaoka@mail.yama.co.jp>
カバーデザイン　伊藤忠インタラクティブ株式会社
本文イメージイラスト　ケン・サイトー
本文イラスト　松原ふみこ
DTP制作　町田有美・田中麻衣子

編集協力　荻上　徹・濱野紗妃

デザイン制作室　今津幸弘<imazu@impress.co.jp>
　鈴木　薫<suzu-kao@impress.co.jp>
制作担当デスク　柏倉真理子<kasiwa-m@impress.co.jp>
編集制作　株式会社トップスタジオ
編集　高橋優海<takah-y@impress.co.jp>
デスク　進藤　寛<shindo@impress.co.jp>
編集長　藤原泰之<fujiwara@impress.co.jp>

■商品に関する問い合わせ先
インプレスブックスのお問い合わせフォーム
https://book.impress.co.jp/info/
上記フォームがご利用いただけない場合のメールでの問い合わせ先
info@impress.co.jp

■落丁・乱丁本などの問い合わせ先
TEL　03-6837-5016　FAX　03-6837-5023
service@impress.co.jp
受付時間　10:00～12:00 ／ 13:00～17:30
（土日・祝祭日を除く）
●古書店で購入されたものについてはお取り替えできません。

■書店／販売店の窓口
株式会社インプレス 受注センター
TEL　048-449-8040　FAX　048-449-8041

株式会社インプレス 出版営業部
TEL　03-6837-4635

できるOutlook パーフェクトブック 困った！ & 便利ワザ大全 2019/2016/2013&Microsoft 365対応

2020年8月1日　初版発行

著　者　三沢友治&できるシリーズ編集部

発行人　小川 亨

編集人　高橋隆志

発行所　株式会社インプレス
〒101-0051　東京都千代田区神田神保町一丁目105番地
ホームページ　https://book.impress.co.jp/

印刷所　株式会社廣済堂
ISBN978-4-295-00921-4 C3055

Printed in Japan